水泥的制造与使用

Friedrich W. Locher ［德］著

汪　澜　崔源声　杨久俊　**主　译**
李　辉　王栋民　吴小缓　**副主译**
戎培康　李家和　于兴敏　**主　审**

中国建材工业出版社

图书在版编目(CIP)数据

水泥的制造与使用/(德)劳赫(Locher,F.W.)著;汪澜,崔源声,杨久俊译.--北京:中国建材工业出版社,2017.1

书名原文:Cement principles of production and use

ISBN 978-7-5160-1372-4

Ⅰ.①水… Ⅱ.①劳… ②汪… ③崔… ④杨… Ⅲ.①水泥－生产工艺－研究②水泥－应用－研究 Ⅳ.①TQ172

中国版本图书馆CIP数据核字(2016)第024440号

内 容 简 介

本书旨在为水泥行业、机械制造、建筑行业、材料测试、环境保护等领域的化学专家、物理学家、工程师和技术人员提供工作中所必需的水泥化学知识。

本书主要从水泥的分类、历史、熟料、主要成分、粉磨、水泥生产中的环境保护、水泥硬化、硬化水泥浆体的组成和性能、特种水泥、水泥和混凝土的环境相容性等方面进行阐述。

水泥的制造与使用

Friedrich W. Locher ［德］著

汪　澜　崔源声　杨久俊　主　译
李　辉　王栋民　吴小缓　副主译
戎培康　李家和　于兴敏　主　审

出版发行：	中国建材工业出版社
地　　址：	北京市海淀区三里河路1号
邮　　编：	100044
经　　销：	全国各地新华书店
印　　刷：	北京雁林吉兆印刷有限公司
开　　本：	787mm×1092mm　1/16
印　　张：	28
字　　数：	470千字
版　　次：	2017年1月第1版
印　　次：	2017年1月第1次
定　　价：	258.00元

著作权合同登记图字：01-2016-3399号

本社网址：www.jccbs.com　　微信公众号：zgjcgycbs
广告经营许可证号：京海工商广字第8293号
本书如出现印装质量问题，由我社市场营销部负责调换。联系电话：(010)88386906

专家审译委员会

名誉主任：徐德龙
主　　任：狄东仁　徐洛屹
副 主 任：田　键　崔素萍
委　　员：(按姓氏拼音排序)
　　　　　陈智丰　陈延信　程　伟　程佩福　陈晓东
　　　　　曹红红　冯绍航　方艳欣　顾金土　郝利炜
　　　　　蒋永富　兰明章　凌庭生　李　江　李应权
　　　　　吕裕清　刘姚君　马军涛　宁　夏　彭春艳
　　　　　孙继成　邵　升　田桂萍　王莎莎　王子明
　　　　　王　政　王亚丽　王雪平　王　硕　吴　颖
　　　　　徐　荣　谢克平　杨　康　俞卫良　张文生
　　　　　周　伟　张　迪　张洪滔

主　　译：汪　澜　崔源声　杨久俊
副 主 译：李　辉　王栋民　吴小缓
主　　审：戎培康　李家和　于兴敏

中文版前言

德国劳赫教授编著的《水泥的制造与使用》一书，具有广泛的国际影响，受到业界同仁的一致认可和赏识。为此，在获得国际水泥杂志主编戴克思博士（Dr.Stefan Deckers）及其所属出版公司（Verlag Bau+Technik GmbH）的授权许可下，我们几年前组织了行业力量对本书进行了中文版的翻译工作。

很遗憾，由于各方面原因，中间出现了许多耽搁，组织的翻译和校对历时多年，终于将此书翻译、校对和审阅完成。由此造成的长时间等待和损失，作为主要负责人，我深感歉疚！

中文版的组织翻译工作，主要由西安建筑科技大学李辉教授和陈延信教授及其研究生、哈尔滨工业大学李家和教授及其研究生，以及中国矿业大学王栋民教授及其研究生完成。之后，第一、二章由北京工业大学兰明章老师校对；第三章由哈尔滨工业大学李家和老师校对；第四章由北京工业大学崔素萍老师校对；第五章由中国建筑材料科学研究总院程伟教授校对；第六章由中国建筑材料科学研究总院汪澜教授校对；第七、九章由中国建筑材料科学研究总院陈智丰教授校对；第八章由中国建筑材料科学研究总院张文生教授校对，知名水泥实战专家谢克平先生参加了该章文稿的最终审定；第十章由北京工业大学王子明老师校对；全书最后又由戎培康教授进行英文校对及审定，汪澜教授及其研究生刘姚君再次进行专业校对；最终由我来全面审阅与最终定稿，始今交付正式出版。

《水泥的制造与使用》从组织翻译、校对，到最终的审阅和出版等环节，历经 5 年多时间，组织、翻译、多次校对、包括审定和最终决定出版，众多参与者付出了巨大的劳动和辛苦。在整个出版过程中，得到了各方面的专家和领导的支持与帮助。中国工程院副院长徐德龙院士亲自为本书审定和题写书名；李辉、王栋民、陈延信、兰明章、李家和、崔素萍、程伟、汪澜、陈智丰、张文生、王子明、谢克平、徐洛屹、戎培康、杨久俊、吴小缓、于兴敏、狄东仁、田键等专家对本书的翻译、校对和审阅做出了重要的贡献。参加本书翻译、校对、编辑和组织的人员还有：周伟、杨康、蒋永富、田桂萍、徐荣、程佩福、陈晓东、冯绍航、顾金土、郝利炜、王亚丽、王雪平、方艳欣、凌庭生、李江、李应权、吕裕清、马军涛、宁夏、彭春艳、孙继成、邵升、王政、王莎莎、王硕、俞卫良、张迪等，包括中国建材工业出版社的领导和编辑同志们，都倾心费力，等等。在此，我对所有为本书出版做出各方面努力和贡献的朋友和业界人士，致以最真诚的敬意和感谢！

毋庸讳言，由于水平和精力所限，翻译、校对和审阅过程中还存在不少遗漏和瑕疵，敬请读者批评指正！

崔源声

2016 年 10 月 于北京管庄大院

前　　言

　　水泥生产和使用包含很多复杂的过程,其中运行的成本效益和环境保护措施起着重要的作用。要掌握和解决其中出现的问题,必须了解材料的加工处理技术和相互间的关系,这就涉及水泥化学。自水泥第一次应用到建筑以来,水泥化学的领域已经大大拓宽,长时间以来它包括了矿物学及结晶学的方法和发现,也包括化学和物理的研究。编写此书的目的是概括和综述水泥化学目前重要的理论认知。本书不仅涵盖了水泥组成和性质,水泥在生产和应用中发生的反应,还包括环境保护所涉及的材料问题。

　　此书旨在为水泥行业、机械制造、建筑行业、材料测试、环境保护等领域的化学专家、物理学家、工程师和技术人员提供工作中所必需的水泥化学知识。它也试图用作高等院校学习材料科学的教材。因此,本人试图用尽可能通俗易懂的方式揭示相互间关系,诠释科学术语并阐述作为科学技术研究方法基础的测试原理。

　　自19世纪中叶开始生产波特兰水泥以来,水泥工业的工厂实验室和研究机构的研究就直接针对水泥生产和应用过程中出现的问题而展开。最初的重点是研究煅烧水泥熟料所需的原料混合物的最佳配比和用水泥生产的建筑砂浆的安定性。之后,备受争议的问题是潜在水硬性物质和火山灰物质作为水泥成分的应用,尤其是这些组分对应用这类水泥建造的建筑物耐久性的影响。随着节能煅烧工艺的逐渐引入和因原油价格不断上涨而导致的燃料从石油转变到煤,新的问题又出现了。预拌混凝土的迅速发展,对水泥工作性能要求发生根本变化,也需要更深入的研究,尤其是关于最适宜的缓凝问题。长期以来,水泥工业越来越多地涉及环境保护和在水泥窑煅烧系统中环境友好地利用高热值废弃物的问题。现在,研究重点又逐渐转移到化学问题上来,比如与环境有关的气体和悬浮微粒的组分问题。

　　本书的英文版考虑到了自2000年德文版出版以来,欧洲采用了新的环保法及水泥和混凝土标准的变化情况。

　　本书是以本人从1959到1999年在克劳斯塔尔科技大学的讲义为基础的。我要特别感谢德国水泥工业协会及其董事会以及管理团队各方面的关心和鼓励。在准备原稿期间,我能博览杜塞尔多夫水泥工业研究院图书馆丰富的国际技术文献馆藏,受益匪浅。还要感谢为我提供帮助的杜塞尔多夫研究院、克劳斯塔尔科技大学非金属材料学院、亚琛大学岩石冶金学院、魏玛和柏林大学学院以及其他大学研究机构的同仁们。

　　感谢英国Cranbrook的Robin B.C. Baker先生专业可靠地将本书翻译成英文,同时还要感谢 Verlag Bau+Technik GmbH 公司的全体职员的合作和诸多建设性意见以及为本书的出版所做的工作。

我要把这本书献给我亲爱的妻子 Eva Locher,她一直怀着极大兴趣关注此书的进展;还要献给我们的儿子,Dietrich, Christian 和 Georg,感谢他们在环境保护最新进展方面所给予的建议和在计算机操作方面所提供的帮助。

Friedrich W. Locher

Ratingen, August 2005

目　　录

1 水泥的分类 ··· 1
　1.1 定义 ··· 1
　1.2 欧洲和德国的标准水泥 ··· 1
　　1.2.1 综述 ··· 1
　　1.2.2 欧洲和德国标准水泥的组分 ·· 1
　　1.2.3 DIN EN 197-1:2000 标准(2001 年 2 月)中的水泥种类 ································· 4
　　1.2.4 DIN EN 197-1:2000(2001 年 2 月)在德国的应用 ·· 5
　　1.2.5 符合 DIN EN 197-1:2000 标准(2001 年 2 月)的水泥的要求 ·························· 5
　1.3 ASTM 标准所涉及的水泥 ·· 9
2 水泥的历史 ·· 12
　2.1 水硬性胶凝材料的材料基础 ·· 12
　2.2 水泥熟料的煅烧 ··· 12
　2.3 原料和水泥的粉磨 ·· 13
　2.4 环境保护 ··· 13
　2.5 玻璃化高炉矿渣 ··· 13
　2.6 特种水泥 ··· 14
　2.7 水泥标准 ··· 14
3 水泥熟料 ··· 15
　3.1 水泥熟料的组成 ··· 15
　　3.1.1 概述 ··· 15
　　3.1.2 硅酸三钙 ·· 16
　　3.1.3 硅酸二钙 ·· 18
　　3.1.4 铝酸三钙 ·· 19
　　3.1.5 七铝酸十二钙 ·· 20
　　3.1.6 铝酸一钙 ·· 21
　　3.1.7 二铝酸钙 ·· 21
　　3.1.8 铁铝酸钙 ·· 21
　　3.1.9 含碱熟料化合物 ··· 23
　　3.1.10 游离 CaO 和游离 MgO(方镁石) ·· 24
　　3.1.11 玻璃态 ·· 25
　　3.1.12 阿利尼特 ··· 25
　　3.1.13 硫铝酸钙 $3CaO \cdot 3Al_2O_3 \cdot CaSO_4$ ··· 26
　　3.1.14 灰硅钙石 ··· 26
　3.2 水泥熟料生产 ·· 27

	3.2.1	引言	27
	3.2.2	生料的性质	27
	3.2.3	原料的开采和加工	29
	3.2.4	燃料	32
	3.2.5	煅烧和冷却水泥熟料的工艺技术	33
	3.2.6	水泥熟料煅烧及冷却过程中的各种反应	39
	3.2.7	熟料烧成过程中各种反应的影响因素	43
	3.2.8	烧成过程能量的需求	45
	3.2.9	影响热能需求的因素	48
	3.2.10	熟料冷却对水泥熟料和水泥质量的影响	50
	3.2.11	水泥窑气氛对水泥熟料和水泥质量的影响	51
	3.2.12	水泥窑系统中结皮的形成	53
3.3	评估水泥熟料		55
	3.3.1	微观评估	55
	3.3.2	用 X 射线衍射分析确定相组成	57
	3.3.3	相组成的计算	57
	3.3.4	石灰饱和系数	59
	3.3.5	硅率	60
	3.3.6	铝率	60
	3.3.7	游离 CaO,立升重	61

4 其他主要水泥成分 ··· 62
  4.1 概述 ··· 62
  4.2 粒化高炉矿渣 ··· 63
  4.3 页岩残渣(油页岩) ··· 67
  4.4 天然火山灰 ··· 68
  4.5 人造火山灰 ··· 70
   4.5.1 粉煤灰 ··· 70
   4.5.2 硅灰 ··· 73
   4.5.3 稻壳灰 ··· 74
   4.5.4 煅烧黏土 ··· 74
  4.6 石灰石 ··· 75

5 水泥粉磨 ··· 77
  5.1 粉磨工艺 ··· 77
  5.2 细度和粒径分布 ··· 79
  5.3 易磨性 ··· 82
  5.4 助磨剂 ··· 84

6 水泥生产中的环境保护 ··· 85
  6.1 综述 ··· 85

6.2 粉尘 ... 86
6.2.1 粉尘排放 ... 86
6.2.2 粉尘的扩散、沉淀 ... 93
6.2.3 粉尘的作用 ... 94
6.3 可蒸发组分,循环系统,平衡,排放和引入 ... 94
6.3.1 基本原则 ... 94
6.3.2 循环收尘系统 ... 98
6.3.3 碱 ... 99
6.3.4 硫 ... 103
6.3.5 氟化物 ... 104
6.3.6 氯化物、溴化物和碘化物 ... 105
6.3.7 与环境有关的微量元素 ... 107
6.3.8 挥发组分的排放 ... 118
6.3.9 汽态组分的输入及对环境的影响 ... 122
6.4 气体 ... 123
6.4.1 总述 ... 123
6.4.2 二氧化碳 ... 124
6.4.3 一氧化碳 ... 124
6.4.4 有机化合物 ... 125
6.4.5 二氧化硫 ... 126
6.4.6 氮氧化物 ... 127
6.4.7 气态成分的排除 ... 132

7 水泥硬化 ... 134
7.1 引言 ... 134
7.2 水化产物 ... 134
7.2.1 概述 ... 134
7.2.2 氢氧化钙,氢氧化镁 ... 134
7.2.3 水化硅酸钙 ... 135
7.2.4 水化铝酸钙 ... 143
7.2.5 水化铁酸钙 ... 145
7.2.6 水化硫酸盐和相关化合物 ... 146
7.2.7 水榴石 ... 151
7.2.8 水化钙铝石 ... 152
7.3 水化反应 ... 152
7.3.1 水需求量 ... 152
7.3.2 泌水 ... 156
7.3.3 水溶液的成分 ... 156
7.3.4 水化过程 ... 158

        7.3.5 凝结 ········ 168
        7.3.6 硬化 ········ 182
        7.3.7 水化热 ········ 197
8 硬化水泥浆体（水泥石）的组成和性能 ········ 201
    8.1 结合水 ········ 201
    8.2 水化产物的比表面积和颗粒粒径 ········ 208
    8.3 微结构 ········ 209
        8.3.1 模型 ········ 209
        8.3.2 孔隙的充填 ········ 210
        8.3.3 "外部的"和"内部的"水化产物 ········ 216
        8.3.4 水泥石与骨料的接触区 ········ 216
    8.4 孔隙率 ········ 217
        8.4.1 概述 ········ 217
        8.4.2 测量方法 ········ 218
        8.4.3 结果和讨论 ········ 221
    8.5 强度 ········ 226
        8.5.1 概述 ········ 226
        8.5.2 孔隙率的影响 ········ 226
        8.5.3 水泥石的比强度 ········ 228
        8.5.4 硬化，水灰比和水化程度的影响 ········ 229
        8.5.5 DSP 和 MDF 材料 ········ 230
    8.6 形变 ········ 231
        8.6.1 概述 ········ 231
        8.6.2 弹性模量 ········ 232
        8.6.3 收缩和膨胀 ········ 232
        8.6.4 徐变 ········ 233
        8.6.5 温度变形 ········ 235
    8.7 渗透性 ········ 238
        8.7.1 综述 ········ 238
        8.7.2 渗透性 ········ 238
        8.7.3 扩散 ········ 238
        8.7.4 毛细作用 ········ 239
        8.7.5 影响水泥石、砂浆和混凝土抗渗透性的因素 ········ 240
        8.7.6 防水混凝土 ········ 243
    8.8 对金属的影响及防腐保护 ········ 243
        8.8.1 综述 ········ 243
        8.8.2 电化学反应，标准电势 ········ 243
        8.8.3 铁的腐蚀反应 ········ 246

8.8.4	水泥石、砂浆和混凝土的碳化	249
8.8.5	氯离子作用	252
8.8.6	应力腐蚀	256
8.8.7	钢筋的防腐	259
8.8.8	有色金属的腐蚀与防腐	260

- 8.9 抗化学腐蚀 260
  - 8.9.1 综述 260
  - 8.9.2 侵蚀混凝土物质的作用 261
  - 8.9.3 化学侵蚀的评估 264
  - 8.9.4 结构性的预防措施 265
  - 8.9.5 褪色和风化 266
- 8.10 碱-骨料的反应 267
  - 8.10.1 综述 267
  - 8.10.2 骨料中对碱敏感的硅石和硅酸盐 267
  - 8.10.3 碱-硅反应机理 268
  - 8.10.4 碱-硅反应破坏混凝土的预防措施 273
  - 8.10.5 碱-碳酸盐反应 278
- 8.11 抗冻融性 279
  - 8.11.1 冻融侵蚀机制 279
  - 8.11.2 冻融侵蚀过程 280
  - 8.11.3 影响冻融侵蚀的因素 281
  - 8.11.4 抗冻融性以及除冰剂抗冻融的测试 286

9 具有特殊性能的标准水泥——特种水泥 290

- 9.1 综述 290
- 9.2 高抗硫酸盐水泥 291
  - 9.2.1 特性描述 291
  - 9.2.2 加速试验方法 291
  - 9.2.3 水泥组成和外加剂对抗硫酸盐性的影响 295
- 9.3 低水化热水泥 298
- 9.4 低碱水泥 298
- 9.5 调凝水泥(快硬水泥) 300
- 9.6 膨胀水泥 300
- 9.7 油井水泥 303
- 9.8 憎水水泥 305
- 9.9 超细粘结剂 305
- 9.10 喷射混凝土用水泥 306
- 9.11 砌筑水泥 307
- 9.12 超硫酸盐水泥 307

9.13 高铝水泥 · 308
　　　　9.13.1 定义和描述 · 308
　　　　9.13.2 生产 · 309
　　　　9.13.3 成分 · 309
　　　　9.13.4 水化 · 311
　　　　9.13.5 硬化高铝水泥的微观结构和性能 · 313
　　　　9.13.6 硬化高铝水泥水化产物的转变及其对性能的影响 · 313
　　　　9.13.7 其他水泥混合物和水泥成分 · 314
　　　　9.13.8 高铝水泥基耐火混凝土 · 315
10 水泥和混凝土的环境相容性 · 316
　　10.1 水泥粉尘 · 316
　　10.2 碱的作用 · 316
　　10.3 铬酸盐作用 · 316
　　10.4 水泥和环境相关物质的固定性 · 317
　　10.5 放射性与混凝土 · 317
　　　　10.5.1 放射性辐射 · 317
　　　　10.5.2 放射性元素的半衰期 · 318
　　　　10.5.3 放射性的度量单位 · 318
　　　　10.5.4 人类的放射性暴露 · 319
　　　　10.5.5 建筑材料的放射性 · 320
　　　　10.5.6 氡 · 322
11 参考文献 · 324
12 化学方程式 · 423

1 水泥的分类

1.1 定义

水泥是一种水硬性胶凝材料,也就是一种磨细的无机非金属材料。水泥在与水混合后能与混合水发生化学反应而独自凝结和硬化,硬化之后,甚至在水下也能保持它的强度和稳定性。因此水泥最主要的用途是生产砂浆和混凝土,也就是将天然集料和人造集料胶结形成一种在正常环境作用下耐用而坚固的建筑材料。砂浆和混凝土的差异取决于集料的颗粒尺寸,在砂浆中集料颗粒的最大尺寸约为 4mm,而在混凝土中集料颗粒的尺寸可以高达 32mm,但在特殊情况下集料颗粒尺寸也可以更小或更大。

水硬性硬化主要是由水化硅酸钙的形成而导致的。因此水泥是由那些通过与拌合水快速充分反应形成足够数量水化硅酸钙,以提供强度和耐久性的物质或者混合物组成的。然而,其他组分,例如铝酸钙,也可能会参与到硬化过程中。

和这些波特兰水泥相比,高铝水泥主要是由铝酸钙组成。它们的硬化是以水化铝酸钙的形成为基础的。

1.2 欧洲和德国的标准水泥

1.2.1 综述

水泥作为生产砂浆和混凝土的一种基本材料,几乎在所有的国家都有标准。由于经济和工业发展水平的不同,原料矿床以及气候条件的差异导致不同国家发展不同的建筑材料和施工方法,因此也产生不同类型的水泥。所以这些国家在水泥标准方面有着实质性差异,而这些差异也会影响用水泥生产的混凝土的耐久性规范。

在欧洲,汇编欧洲水泥标准的技术基础工作从 1975 年就开始了。最初强调测试方法的一致性,这列在 EN 196[D 42] 中。欧洲适用的各类水泥的名称、组成和水泥强度等级在标准 EN 197-1:2000 [E 26] 中都有规定。该标准是针对在中欧和西欧各国普遍使用的所有硬化硅酸钙水泥制定的 [A 19]。这一标准的补充部分将涉及具有特殊性能的水泥(特种水泥)和具有不同硬化机理的水泥 [E 26, S 193]。最初,在 EN 197-1 标准中的 27 种水泥中只有 12 种水泥被列入德国的 DIN 1164 水泥标准中(1994 年 10 月)[D 51],因为用这 12 种水泥生产的混凝土的耐久性已经被成功地验证了。

从 2001 年 4 月 1 日开始,欧洲水泥标准 DIN EN 197-1:2000(2001 年 2 月)已拥有德国水泥标准的地位,因此该标准取代了 DIN 1164-1(1994 年 10 月)。新标准 DIN EN 197-1 中规定的水泥用途已在标准 DIN EN 206-1 和 DIN 1045-2 [D 44, D 49, w 2](1.2.4 节)中作了规定。

1.2.2 欧洲和德国标准水泥的组分

在 DIN EN 197-1:2000 中规定的水泥成分(2001 年 2 月)[D 43] 有:

1. 波特兰水泥熟料(K)
2. 粒化高炉矿渣(S)
3. 火山灰材料(P 和 Q)
4. 粉煤灰(V 和 W)
5. 烧页岩(T)
6. 石灰石(L,LL)
7. 硅灰(D)
8. 次要掺加组分
9. 硫酸钙
10. 外加剂

水泥的成分进一步划分为主要和次要掺加组分 [E26,D51]。序号 1~7 列出的物质是主要组分,其在水泥中的质量分数超过 5%。次要掺加组分可以是序号 1~8 列出的全部物质,其在水泥中的质量分数不超过 5%,还包括熟料生产过程中产生的无机矿物。这些关于水泥组成及硫酸钙和外加剂掺加比例的数据,总是与水泥中除硫酸钙和外加剂以外的所有主要组分和次要掺加组分的总量有关。

1. 波特兰水泥熟料(K)

波特兰水泥熟料即是通常说的水泥熟料或者熟料。熟料成分中 2/3 以上的组分是由两种硅酸钙组成,即硅酸二钙和硅酸三钙,其富含 CaO,可以与拌合水反应并以适宜速度硬化。因此波特兰水泥熟料是一种水硬性物质。

2. 粒化高炉矿渣(S)

粒化高炉矿渣是粒状、经快速冷却的、主要呈玻璃体的碱性高炉矿渣。它是一种潜在水硬性物质,因为它只和水缓慢反应,但是当它和水泥熟料等类的激发剂混合时,能够反应并快速硬化形成水化硅酸钙。按质量来算,其至少有 2/3 的组分为玻璃化矿渣,即 2/3 以上为 CaO、MgO 和 SiO_2。

3. 火山灰材料(P 和 Q)

火山灰材料是天然的或者工业的物质,因为含有活性二氧化硅 SiO_2,磨细后在水的参与下可于常温与溶解的氢氧化钙反应,形成水化硅酸钙,并最终能够水化硬化。因此,以游离 SiO_2 或复合硅铝酸盐形式存在的活性二氧化硅对于火山灰硬化来说至关重要。同样也会形成水化铝酸钙,其对强度的形成也有贡献。活性 CaO 的比例并不重要。但活性 SiO_2 的质量分数必须不小于 25%。

粉煤灰和硅灰也有火山灰性质,将在第 4 和第 7 节分别介绍。

天然火山灰(P)一般是火山喷发的产物或者有着适当化学组成和矿物组成的沉积岩。它也包括 DIN 51043 中定义的火山土 [D 64]。

工业火山灰(Q)可以是经热处理和活化的黏土和页岩,冶炼铅、黄铜和锌过程中产生的淬冷矿渣，只要其中含有足够量的活性 SiO_2。

4. 粉煤灰（V 和 W）

粉煤灰是通过静电或者机械方式收捕锅炉废气中粉尘粒子而得到的。如果它来源于煤粉锅炉，则只能用于水泥生产。粉煤灰组成既可以是铝硅酸盐也可以是硅酸钙，这取决于二氧化硅的化合形态。由于含有活性二氧化硅成分，这两种粉煤灰都具有火山灰性能，并且硅酸钙粉煤灰也具有水硬性。为了限制未充分燃烧物质的含量，粉煤灰的烧失量不能超过 5%（质量分数）。

硅质粉煤灰（V）是一种细粉末，其主要成分是有火山灰特性的球型玻璃微珠。这种粉煤灰必须含有小于 5%（质量分数）的活性 CaO 和至少 25%（质量分数）的活性 SiO_2。

钙质粉煤灰（W）是一种具有水硬性和/或火山灰性能的细粉末，其活性 CaO 的质量分数必须不少于 5%。含有 5%~15%（质量分数）活性 CaO 的钙质粉煤灰必须含有质量分数大于 25% 的活性 SiO_2。

5. 烧页岩（T）

烧页岩作为一种水硬性胶凝材料，十分重要。它是在温度为 800℃ 左右的特殊高炉中产生的。因为其天然原料中含有碳酸钙和硫，烧页岩含有熟料相，主要是硅酸二钙和铝酸一钙，以及少量的游离氧化钙和硫酸钙，和较大量的火山灰性反应物质。因此在磨细后，这种烧页岩不仅具有波特兰水泥的水硬性，还具有火山灰特性。

按照水泥标准 DIN EN196[D 42]，在砂浆强度测试中，用湿养护代替水中养护后 [D 51]，磨细烧页岩的 28d 抗压强度必须达到 $25.0 \ N/mm^2$。磨细烧页岩在和 70%（质量分数）的波特兰水泥混合后，其安定性要符合标准规定 [D 51，D 42]。

6. 石灰石（L 和 LL）

石灰石必须满足下面的要求：

a）按 CaO 含量计算，石灰石中必须含有质量分数至少为 75% 的碳酸钙。

b）用亚甲基蓝吸附法 [D46] 测定的石灰石粉的黏土含量，不得超过 1.20g/100g。

c）用于衡量石灰石中有机成分含量的总有机碳含量 [C8, D47] 不能超过以下值：

LL 级石灰石 0.20%（质量分数）

L 级石灰石 0.50%（质量分数）

7. 硅灰（D）

硅灰由非常细小的球形颗粒组成，其无定型 SiO_2 质量分数至少是 85%。硅灰必须满足下面的要求：

a）烧失量不得超过 4%（质量分数）。

b）比表面积（BET）[B 122, I 11] 至少为 $15m^2/g$。

8. 次要掺加组分

次要掺加组分是天然或者人工合成的无机矿物质，经适当的处理后，能改进水泥的物理性能,例如,通过调整其粒度分布改善水泥的工作性和保水性。这类组分可以是惰性或具有轻微水硬性、潜在水硬性或火山灰性能的物质,然而,并不需考虑要求它们具备这些性能。对这类材料必须经正确处理(例如筛选、均化、烘干和粉碎等),以满足生产或者运送的需要。次要掺加组分绝不能增加水泥的需水量,降低混凝土或砂浆的耐久性,或者降低钢筋的抗腐蚀保护性。

9. 硫酸钙

硫酸钙,以二水石膏 $CaSO_4 \cdot 2H_2O$ 或者无水石膏 $\beta-CaSO_4$ 或者这两种物质的混合物形式存在,其在水泥生产过程中被少量加入以控制凝结。$\beta-$硬石膏是一种天然形成的无水硫酸钙的变体,因此也被称为硬石膏 II。$\alpha-$硬石膏(硬石膏 I)是无水硫酸钙在高温时的变体,它只在温度高于 1180℃ 时稳定。如果石膏的部分水被脱除,就形成了半水石膏 $CaSO_4 \cdot 1/2H_2O$,当完全脱水就形成可溶的 $\gamma-$硬石膏,$\gamma-CaSO_4$,也被称为硬石膏 III。半水化合物以两种形式存在,即 $\alpha-$ 和 $\beta-$半水石膏。它们具有相同的晶格,只是形成方法有所不同,因此并不是多形态的变体。石膏在高压釜中脱水形成需水量较少、晶形较粗大的 $\alpha-$半水化合物,而在 120~180℃ 的回转窑或者锅炉中干燥脱水则形成比表面积大大增加、需水量较多的 $\beta-$半水化合物 [B 66, W 55, H 80, H 12, g 1]。

石膏和 $\beta-$硬石膏是自然形成的,但是在很多工业过程中形成的硫酸钙也可以用作调凝剂。适用于调凝剂的主要是化学石膏,是从磷酸钙(磷石膏)里提取磷酸或者从氟石(氟石膏)里提取氢氟酸过程产生的,也可能是 FGD 石膏,即工厂(主要是发电厂)的烟气脱硫石膏。

10. 外加剂

欧洲和德国水泥标准中的外加剂是用于改善水泥生产或性能的组分,如助磨剂。这些外加剂的总质量分数不能超过 1%。如果这个数值超出了,必须在包装和/或交付文件上标出精确数值。这些外加剂不得加剧钢筋的腐蚀,或对水泥的性能、用水泥制备的混凝土或砂浆性能产生不利影响。

1.2.3 DIN EN 197-1:2000 标准(2001 年 2 月)中的水泥种类

DIN EN 197-1:2000 [D 43] 只包含一般用途的水泥,而非特种性能用途的水泥。它分为以下 5 个主要类别:

CEM I 波特兰水泥

CEM II 波特兰复合水泥

CEM III 高炉矿渣水泥

CEM IV 火山灰水泥

CEM V 复合水泥

这 5 个主要水泥类别又细分为 27 个水泥类型,这 27 个水泥类型和名称如表 1.1 所示。

CEM I 是至少包含 95%(质量分数)波特兰水泥熟料的波特兰水泥。主要水泥种类 CEM II,这种水泥除了含有水泥熟料外,还含有一种或者多种主要掺加组分,其所占比例在 6%~35%(质量分数)之间(硅灰的质量分数最高可达 10%)。再将该比例按 20%(质量分数)细分,主要掺加组分质量分数低于20%的水泥定为A型,主要掺加组分质量分数高于20%的水泥为B型。CEM III是粒化高炉矿渣水泥,粒化高炉矿渣质量分数在36%~95%之间,按<65%,65%~80%和>80%分为A,B,C三种高炉矿渣水泥。CEM IV火山灰水泥,火山灰质量分数在11%~55%之间,按<35%和>35%细分为两种(A和B)火山灰水泥,这些水泥必须通过火山灰测试(第4.4节)。CEM V复合水泥,含有36%~80%(质量分数)的粒化高炉矿渣(S)和/或天然(P)和/或工业(Q)火山灰,和/或硅质粉煤灰(V),并按<60%和>60%细分为A和B两种复合水泥。

1.2.4 DIN EN 197-1:2000(2001年2月)在德国的应用

目前(2001年年中)在德国应用的98%的水泥只是DIN EN 197-1标准所规定的27种水泥中的6种。除了波特兰水泥和高炉矿渣水泥外,还有两种波特兰矿渣水泥和波特兰石灰石水泥。近年来随着波特兰水泥逐渐被取代,波特兰复合水泥市场份额显著增多。其他的水泥主要为仅在部分地区使用的或用作特殊用途的水泥[S 264, V 89, V 88]。

以前德国水泥标准DIN 1164所包括的各种水泥(在表1.1中的阴影部分标出),作为工程混凝土施工的胶凝材料,长期以来都满足强度发展和耐久性的各项要求。然而,对于在标准中新包含的15种水泥的大多数仍然没有足够的实际经验,所以它们的应用领域不得不受到限制。这取决于周围的环境,由标准DIN EN 206-1和DIN 1045-2 [D 44, D 49, w 2]所规定的暴露等级表征,其中对于特定的组分给予了限定 [V 87, V 90]。例如,当火山灰水泥CEM IV、复合水泥CEM V、高炉矿渣水泥CEM III/C和一些波特兰复合水泥CEM II-M暴露于冰冻和/或氯化物作用时,其组分有一些限制。标准水泥符合DIN EN 197-1:2000(2000年2月)或DIN 1164(2000年11月)的要求。这些材料必须由厂家生产控制和另外一家厂外检测实验室一起进行定期监测。符合DIN EN 197-1标准规定的水泥被标上EG认证标志(CE标志),连同认证实验室的识别标志和有关水泥的信息一起打印在交货单和包装袋上[F 44]。标准DIN1164(2000年11月)规定的特种水泥将继续用德国认证标志(Ü标志)来识别。

1.2.5 符合DIN EN 197-1:2000标准(2001年2月)的水泥的要求

1. 强度

DIN EN 197-1:2000 [D 43]水泥标准规定的水泥强度等级,相关限值和强度等级的代号都列于表1.2。基于28d的标准强度,有三种强度等级——325,425,525。这三种等级基于它们的初始强度,又进一步细分成标准硬化水泥(用N表示标准)和快硬水泥(用R表示快速)。标准DIN 1164-1[D 51]规定的水泥包装袋识别颜色和筒仓标签列于表1.2的最后两列。

2. 物理和化学要求

根据DIN EN 197-1:2000(2001年2月)[D 43]和德国标准DIN 1164-1[D 52],对于32.5强度等级的水泥,按照DIN EN 1963[D 42]标准检测初凝时间不能早于75min,对于42.5强度等级的水泥不能早于60min,对于52.5强度等级的水泥不能早于45min。对于终凝时间没有限制。

安定性检测是按照标准DIN EN 196-3[D 42]规定的雷氏夹法测量膨胀;其值不能超过10mm。

表 1.1 DIN EN 197-1(2001.2) [D 43] 所规定的 27 种水泥的水泥类型和组成(质

Table 1.1: Cement types and composition of 27 cements as defined in DIN EN 197-1 (Febr. 2001) [D 43].

水泥类型 Cement type				波特兰水泥熟料 Portland cement clinker	粒化高炉矿渣 Granulated blastfurnance slag
主要类别 Main category	名称 Name		标号 Designation	K	S
CEM I	波特兰水泥 Portlandcement		CEM I	95…100	—
CEM II	波特兰矿渣水泥 Portland slag cement		CEM II/A-S	80…94	6…20
			CEM II/B-S	65…79	21…35
	波特兰硅灰水泥[1] Portland silica fume cement[1]		CEM II/A-D	90…94	—
	波特兰火山灰水泥 Portland puzzolana cement		CEM II/A-P	80…94	
			CEM II/B-P	65…79	
			CEM II/A-Q	80…94	
			CEM II/B-Q	95…79	
	波特兰粉煤灰水泥 Portland fly ash cement		CEM II/A-V	80…94	
			CEM II/B-V	95…79	
			CEM II/A-W	80…94	
			CEM II/B-W	65…79	
	波特兰烧页岩水泥 Portland bumt shale cement		CEM II/A-T	80…94	
			CEM II/B-T	65…79	
	波特兰石灰石水泥 Portland limestone cement		CEM II/A-L	80…94	
			CEM II/B-L	65…79	
			CEM II/A-LL	80…94	
			CEM II/B-LL	65…79	
	波特兰复合水泥[2] Portland composite cement[2]		CEM II/A-M	80…94	
			CEM II/B-M	65…79	
CEM III	高炉矿渣水泥 Blastfurnance cement		CEM III/A	35…64	36…65
			CEM III/B	20…34	66…80
			CEM III/C	5…19	81…95
CEM IV	火山灰水泥[2] Puzzolanic cement[2]		CEM IV/A	65…89	
			CEM IV/B	45…64	
CEM V	复合水泥[2] Composite cement[2]		CEM V/A	40…64	18…30
			CEM V/B	20…38	31…50

1) 硅灰的比例不超过 10%(质量分数);
2) 波特兰复合水泥、火山灰水泥和复合水泥的标准名称必须包括除波特兰水泥熟料以外其他主要组分的特征字母。
1) The proportion of silica fume is limited to 10% by mass.
2) The standard designation of Portland composite cements pozzolanic cements and composite cements must include the characteristic

必须符合 DIN EN 197-1:2000 标准的水泥化学要求列于表 1.3 中。其值与供应条件下的样品有关。

3. 特种水泥

目前尚无特种水泥的欧洲标准。现有的规定在新版 DIN EN 197-1 标准中得以保留,并在标准 DIN 1164(2000 年 11 月)[D 52] 中予以总结。下列特种水泥在德国有相应标准:

1 水泥的分类

量分数%)，以前在 DIN 1164 (1994年10月)[D 51] 标准中适用的水泥用阴影表征
Proportion in % by mass The cements of previously applied DIN 1164 (Oct. 1994) [D 51] are characterized by shading

主要组分 Main constituents								次要掺加组分 Minor additional constituents
硅灰 Silicafume	火山灰 Pozzolana		粉煤灰 Fly ash		烧页岩 Burnt Shale	石灰石 Limestone		
	天然 Natural	天然,调和 Natural, tempered	硅质 Siliceous	钙质 Caleareous				
D[1)]	P	Q	V	W	T	L	LL	
—	—	—	e	—	—	—	—	0…5
—	—	—	—	—	—	—	—	0…5
—	—	—	—	—	—	—	—	0…5
6…10	—	—	—	—	—	—	—	0…5
—	6…20	—	—	—	—	—	—	0…5
—	21…35	—	—	—	—	—	—	0…5
—	—	6…20	—	—	—	—	—	0…5
—	—	21…35	—	—	—	—	—	0…5
—	—	—	6…20	—	—	—	—	0…5
—	—	—	21…35	—	—	—	—	0…5
—	—	—	—	6…20	—	—	—	0…5
—	—	—	—	21…35	—	—	—	0…5
—	—	—	—	—	6…20	—	—	0…5
—	—	—	—	—	21…35	—	—	0…5
—	—	—	—	—	—	6…20	—	0…5
—	—	—	—	—	—	21…35	—	0…5
—	—	—	—	—	—	—	6…20	0…5
—	—	—	—	—	—	—	21…35	0…5
—	—	—	6…20	—	—	—	—	0…5
—	—	—	21…35	—	—	—	—	0…5
—	—	—	—	—	—	—	—	0…5
—	—	—	—	—	—	—	—	0…5
—	—	—	—	—	—	—	—	0…5
—	—	11…35	—	—	—	—	—	0…5
—	—	36…55	—	—	—	—	—	0…5
—	—	18…30	—	—	—	—	—	0…5
—	—	31…50	—	—	—	—	—	0…5

letters of the main constituents other than Portland cement clinker.

——低水化热 NW 水泥
——高抗硫酸盐 HS 水泥
——低活性碱 NA 水泥

水泥的种类和标准要求列于表 1.4 中 [D52]。

表 1.2 DIN EN 197—1:2000 标准(2001 年 2 月)规定的水泥强度等级和颜色代码 [D 51]
Table 1.2: Strength classes of cements as defined in DIN EN 197—1:2000 (Febr. 2001) and colour codes [D 51]

强度等级 Strength class	抗压强度 Compressive strength(N/mm^2)				颜色代码 Colour code	颜色印记 Colour of imprint
	早期强度 Early strength		标准强度 Standard strength			
	2d 最小 2 days min	7d 最小 7 days min	28d 最小 28 days min	28d 最大 28 days max		
32.5	—	16	32.5	52.5	浅褐色 light brown	黑色 black
32.5R	10	—				红色 red
42.5	10	—	42.5	62.5	绿色 green	黑色 black
42.5R	20	—				红色 red
52.5	20	—	52.5		红色 red	黑色 black
52.5R	30	—				白色 white

表 1.3 标准 DIN EN 197-1:2000(2001 年 2 月)[D 43] 中所规定水泥的化学要求
Table 1.3: Chemical requirements for the cements as defined in DIN EN 197-1:2000 (Febr. 2001) [D 43]

性质 Property	检测依据的标准 Testing in accordance with	水泥类别 Cement type	强度等级 strength class	最大含量要求 Requirement in % by mass maximum
烧失量 loss on ignition	DIN EN 196-2	CEM I CEM III	all	50
不溶物 insoluble residue	DIN EN 196-2[1]	CEM I CEM III	all	50
硫酸盐成分 (以 SO_3 计) sulfate content (as SO_3)	DIN EN 196-2	CEM I CEM II[2] CEM IV CEM V	32.5N 32.5R 42.5N	35
			42.5R 52.5N 52.5R	40
		CEM III[3]	all	
氯化物成分 chloride content	DIN EN 196-21	all[4]	all	010[5]
火山灰成分 pozzolanicity	DIN EN 196-5	CEM IV	all	满足检测 satisfies test

1) 测定盐酸和碳酸钠溶液中不溶性残渣；
2) 所有的强度等级的 CEM II/B-T 型水泥含有的 SO_3 的质量分数可以高达 4.5%；
3) CEM III/C 型水泥含有的 SO_3 的质量分数可以高达 4.5%；
4) CEM III 型水泥可含有超过 0.1% 质量分数的氯化物,但是在这种情况下,实际氯化物含量必须在包装或者交货单中说明；
5) 在预应力混凝土的生产中可能会使用低氯化物成分的水泥,但是在这种情况下,应该用更低的含量取代 0.1% 的质量分数值,并且应该在交货单上说明。

1) Determination of the residue insoluble in hydrochloric acid and in sodium carbonate solution.
2) Cement type CEM II/B-T may contain up to 4.5 % by mass of SO_3 in all strength classes.
3) Cement type CEM III/C may contain up to 4.5 % by mass of SO_3.
4) Cement type CEN III may contain more than 0.1 % by mass of chloride but in that case the actual chloride content must be declared on the packing or in the delivery note.
5) For application in the manufacture of prestressed concrete cements with lower chloride content may be produced but in that case the value of 0.1 % by mass shall be replaced by the lower value and shall be declared in the delivery note.

表 1.4 标准 DIN 1164(2000 年 11 月)规定的特种水泥的要求 [D 52]
Table 1.4: Requirements for cements with special properties as defined in DIN 1164 (Nov. 2000) [D 52]

水泥类型 Cement type	要求 Requirements	测试方法 Test methods
低水化热水泥——NW 水泥 Cement with low heat of hydration, NW-Cement		
CEM I ~ CEM V	77d 后的水化热≤270J/g Heat of hydration after 77 days ≤ 270 J/g	DIN EN 196-8
高抗硫酸盐水泥——HS 水泥 Cement with high sulfate resistance, HS-Cement		
CEM I	C_3A 含量≤3.0%(质量分数,下同)[1)] Al_2O_3 含量≤5.0% C_3A-content ≤ 3.0 % by mass 1 Al_2O_3-content ≤ 5.0 % by mass	DIN EN 196-2
CEM III//B CEM III/C	组成符合标准 DIN EN197-1:2000(2001 年 2 月)中表 1 的要求(表 1.1) Composition according to table 1 of DIN EN 197-1:2000 (Febr. 2001) (table 1.1)	
低活性碱水泥——NA 水泥 Cement with low effective alkali content, NA-Cement		
CEM I ~ CEM V	Na_2O 当量≤0.6%[2)] ≤ 0.60 % by mass Na_2O-equivalent[2)]	DIN EN 196-21
CEM II//BB-S	高炉矿渣含量≤21%,Na_2O 当量≤0.7% ≤ 21 % by mass blastfurnance slag and ≤ 0.70 % by mass Na_2O-equivalent	
CEM III/A	高炉矿渣含量≤49%,Na_2O 当量≤0.95% ≤ 49 % by mass blastfurnance slag and ≤ 0.95 % by mass Na_2O-equivalent	
CEM III/B	高炉矿渣含量≤50%,Na_2O 当量≤1.10% ≤ 50 % by mass blastfurnance slag and ≤ 1.10 % by mass Na_2O-equivalent	
CEM III/B	组成符合 DIN EN1977-1:2000(2001 年 2 月)中表 1 的要求(表 1.1) Na_2O 当量≤2.00% Composition according to table 1 of DIN EN 1977-1: 2000 (Febr. 2001) (table 1.1) and ≤ 2.00 % by mass Na_2O-equivalent	
CEM III//C	组成符合 DIN EN1977-1:2000(2001 年 2 月)中表 1 的要求(表 1.1) Na_2O 当量≤2.00% Composition according to table 1 of DIN EN 1977-1: 2000 (Febr. 2001) (table 1.1) and ≤ 2.00% by mass Na_2O-equivalent	

1) 铝酸三钙 ($3CaO \cdot Al_2O_3, C_3A$) 的质量分数用以下公式计算:$C_3A = 2.65 \cdot Al_2O_3 - 1.65 \cdot Fe_2O_3$
该公式的原理是水泥化学组成去掉了烧失量,用水泥中 CO_2 和 SO_3 含量近似计算 $CaCO_3$ 和 $CaSO_4$ 化合物的含量。CO_2 含量是按照 DIN EN 196-21 标准计算的;
2) 适用于所有水泥。

1) The content of tricalcium aluminate ($3CaO \cdot Al_2O_3, C_3A$) in % by mass is to be calculated by the following formula: $C_3A = 2.65 \cdot Al_2O_3 - 1.65 \cdot Fe_2O_3$
The basis is the chemcal composition of the cement without loss on ignition, considering the $CaCO_3$ and $CaSO_4$ compounds calculated aproximately from the contents of CO_2 and SO_3 of the cement. The content of CO_2 is to be determined according DIN EN 196-21.
2) Applied to all cements.

1.3 ASTM 标准所涉及的水泥

美国的 ASTM 标准也是很重要的。其对下述水泥作了规定:

——ASTM C 150[A 46] 标准中规定的波特兰水泥

——ASTM C 595M[A 60] 标准中规定的限定组分的水硬性混合水泥

——ASTM C 1157M[A 66] 标准中规定的限定性能特征的水硬性混合水泥

——ASTM C 845[A 64] 标准中规定的膨胀水泥

表 1.5　波特兰水泥和由标准 ASTM C 150 和 C 595 定义的由几种主要组分组成的水泥
Table 1.5: Portland cements and cements consisting of several main constituents as defined in ASTM C 150 and C 595

除了波特兰水泥 IV 和 V,所有水泥都可包含引气剂,用 A 表示。
符号含义如下:

RH	快硬型
MS	中抗硫酸盐型
SR	高抗硫酸盐型
MH	中水化热型
LH	低水化热型

With the exception of Portland cements IV and V all cements can contain air-entraining additives, designated by A
The designations have the following meanings

RH	rapid hardening
MS	moderate sulfate resisting
SR	high sulfate resisting
MH	moderate heat of hydration
LH	low heat of hydration

	类型 Type	ASTM 类型 ASTM Type	性能 Properties
标准 ASTM C 150 规定的波特兰水泥(P) Portlandcement (P) nach ASTM C 150 Portland cement	P	I	普通 normal
	P MS	II	中抗硫酸盐 moderate sulfate resistance
	P MH	II	中水化热 moderate heat of hydration
	P RH	III	高早强性 high early strength
	P LH	IV	低水化热 low heat of hydration
	P SR	V	高抗硫酸盐 high sulfate resistance

类型 Type	ASTM 类型 ASTM Type	性能 Properties	类型 Type	ASTM 类型 ASTM Type	性能 Properties
标准 ASTM C 595 中定义的含高炉矿渣水泥 Cements containing blastfurnace slag as defined in ASTM C 595					
矿渣改性的波特兰水泥 Slag-modified Portland cement			波特兰高炉矿渣水泥 Portland blastfurnace slag cement		
PS	I SM	普通 normal	BLF	I S	普通 normal
PS MS	I SM (MS)	中抗硫酸盐 moderate sulfate resistance	BLF MS	I S (MS)	中抗硫酸盐 moderate sulfate resistance
PS MH	I SM (MH)	中水化热 moderate heat of hydration	BLF MH	I S (MH)	中水化热 moderate heat of hydration
标准 ASTM C 595 中定义的含火山灰水泥 Cements containing pozzolana as defined in ASTM C 595					
火山灰改性的波特兰水泥 Pozzolan-modified Portland cement			波特兰火山灰水泥 Portland pozzolan cement		
PZ	I PM	普通 normal	POZ	I P	普通 normal
PZ MS	I PM (MS)	中抗硫酸盐 moderate sulfate resistance	POZ MS	I P (MS)	中抗硫酸盐 moderate sulfate resistance
PZ MH	I PM (MH)	中水化热 moderate heat of hydration	POZ MH	I P (MH)	中水化热 moderate heat of hydration

1　水泥的分类

根据 ASTM C 219[A 49] 标准中关于水泥的规范术语,水硬性混合水泥是由两种或两种以上的无机物制成,其中至少有一种无机物不是波特兰水泥或水泥熟料,并且它是通过混合粉磨或单独粉磨后再混合而制成的。其正确的名称因此应是"由几种主要组分制成的水泥",而非"混合的水硬性水泥"。ASTM C 595M 标准 [A 60] 中有一条注释指出,适当的设备和控制手段对保证这些水泥的均质性和均一性是必要的。

标准 ASTM C 150 规定的对波特兰水泥和标准 ASTM C 595[A 60] 规定的由几种主要组分制成的水泥列于表 1.5 中。除了 P LH 和 P SR 型水泥外(对应于 ASTM 的 IV 和 V 型水泥),所有水泥也可包含引气剂,用 A(引气)表示。标准 ASTM C 845 规定的膨胀水泥和在美国生产的其他水泥在第 9 章阐述。

2 水泥的历史

2.1 水硬性胶凝材料的材料基础

"cement 水泥"一词可以追溯到罗马人用术语 "opus caementitium" 来描述类似于混凝土的石块,这种石块是用烧石灰作为粘合剂粘接碎石制成。加入烧石灰来制备水硬性胶凝材料的火山灰和粉碎的块状添加剂随后被称为 cementum, cimentum, cäment 和 cement [Q 1, h 1, d 2, l 2]。

英国人约翰·史密顿 [John Smeaton(1724~1792)] 在准备修建普利茅斯近海的"艾迪石灯塔"(Eddystone lighthouse)时,寻找一种用于抗水性砂浆的粘合剂,发现黏土成分对于用石灰石和黏土的天然混合物生产的水硬性石灰的水硬性有重要作用。1796 年他的同胞詹姆斯·帕克将自己用伦敦地区黏土中的泥灰岩碎块烧制而成的罗马石灰命名为"罗马水泥"。法国人路易斯·约瑟夫·维卡特 [Louis-Joseph(1786~1861)] 和德国人 J.F. 约翰 [Johann Friedrich John(1782~1847)] 各自先后发现将石灰石和 25%~30% 质量分数的黏土混合最适于制造水硬性石灰。约瑟夫·阿斯普丁 [Joseph Aspdin(1778~1855)] 用生石灰和黏土的人工混合物煅烧制成的粘合剂在 1824 年获得了名为"波特兰水泥"的专利权,由于其还没有煅烧至烧结点,故它最初也只是符合罗马石灰的成分和性能。用此方法烧制的人造石与波特兰石(一种在英吉利海峡岸边的 Dorset 县波特兰半岛出产的鲕状天然石灰石)相近。当威廉姆·阿斯普丁(William Aspdin)(约瑟夫·阿斯普丁的儿子)于 1843 年在伦敦附近的罗瑟希德的一个新建工厂开始生产波特兰水泥时,尤其在伦敦议会大厦的建设过程中,波特兰水泥已显著优于罗马水泥。这主要是因为在煅烧过程中,很大比例的混合物已经烧结。艾萨克·查尔斯·约翰逊 [Isaac Charles Johnson(1811~1911)] [Q 1, d 2, h 1] 于 1844 年首次清楚确认了这种烧结的重要性。

德国首批按英国生产方式生产的波特兰水泥于 1850 年出产于布克斯特胡德(Buxtehude)。不过,德国波特兰水泥的生产原理是由 Hermann Bleibtreu(1824~1881) 提供的,他在位于斯德丁附近的 Züllchow(1855) 和在波恩附近的 Oberkassel(1858) 建造了两个水泥厂。

法国的波特兰水泥生产大约始于 1850 年,当时人们在烧石灰的熟化过程中用磨石研磨烧结的残留物得到了一种慢凝粘合剂。

1870 年,美国的大卫·塞勒(David Saylor)首次制得烧结的水泥熟料。他将原料粉碎均化,再将原料模压制成砖状煅烧。

威廉·米品利斯(Wilhelm Michaëlis)(1840~1911) 对后续的水泥发展有至关重要的影响。他在自己 1868 年出版的 "Die hydraulischen Mörtel"(《水硬性灰浆》)一书中,首次针对原料的最佳配比给出了精确数据。S.B. 和 W.B. 纽贝里(1897) 兄弟 [N 18] 以及 E. Wetzel (1911/ 1914) [W 37]、E. Spohn (1932) [S 173], F.M.Lea、T.W. Parker (1935) [L 26] 和 H. Kühl (1936) [K 104] 通过研究首次提供了关于石灰限值(也就是在煅烧过程中原料混合物里可与二氧化硅,三氧化二铝以及三氧化二铁结合的氧化钙成分的最高含量)以及在水泥熟料煅烧和冷却过程中所发生工艺过程的信息。

2.2 水泥熟料的煅烧

间歇式操作的立窑是最初唯一可用于煅烧工艺的设备。向连续式操作迈出的第一步是赫夫曼环形窑的引入。术语"水泥熟料"也来自于这一阶段，因为在环形窑中煅烧的炉料要先成型为砖状，然后以类似于烧砖块的方式煅烧。水泥回转窑可追溯到1885或1886年间英国人弗雷德里克·兰瑟姆(Frederick Ransome)申请的专利。德国于1897年开始回转窑的煅烧试验，而工业熟料两年后才开始生产[S 137, S 219]。第一台笼式预热器窑(立波尔窑)(1929)和第一台旋风预热器窑(1950)也开始在德国投产。

2.3 原料和水泥的粉磨

最初用颚式破碎机来完成坚硬原料和熟料的初级粉碎；对辊磨用于粗磨，而由两块直径0.8~1.5m的磨盘叠放而成的磨盘组合(包括两块磨盘，一块置于另一块之上)则用于细磨[S 137]。磨料通过上面磨石中央的孔进入，在上面固定的磨石和下面由中心轴驱动的磨石之间的缝隙中被粉碎。

后续发展的主要目标是提高细度和产量。水泥必须经过筛分从而达到细度标准，即0.2mm筛余最多20%。研磨设备因此和筛选设备组合在一起使用，该系统存在高磨耗低产出的缺陷。1889年引入的机械化空气选粉机因而成为很重要的进步。

除此之外，更进一步的粉磨设备有用于原料湿法处理的轮碾机，各种类型的辊式磨和格里芬磨碎机以及从美国引进用于粉磨水泥的悬环辊磨。摆锤头组成了磨辊并在钢制磨环中循环。粉碎作用是由旋转摆锤的离心力形成的[h 1]。

合理产量下的更大的细度主要通过1892年引进德国水泥工业的管磨机来达到的。第一批管磨机是直径1.2m、长5~6m的单仓磨机。这些管磨机每小时大约生产3吨0.09mm 15%筛余细度的水泥，单位电耗为20kWh/t。到1920年，各种类型的管磨机已经大部分取代了粉磨生料和水泥[S 137]的其他类型磨机。

2.4 环境保护

1887年德国水泥工业产生了第一份关于收尘系统的报告，目的在于防止水泥粉磨和包装过程中产生的粉尘污染和物料损失。它们包括捕尘罩，一个抽吸系统和一个悬挂织物或植物纤维线带的收尘室[K 1, S 73]。空气或振打式清灰的袋式收尘器系统得到推广并很快得到了普遍认可。1895年德意志帝国的第一部"Technische Anleitung"(《法律规定》)第十六款中规定，从粉碎机中抽出的空气必须经过收尘，而且只能无尘排出。一战后，这些规定也相应被运用于窑炉系统[S 137]。

美国于1906年由F.G. Cottrell [D 84]开始实施静电收尘的开创性工作。第一个水泥窑废气的静电收尘系统于1913年在加利福尼亚州"河畔波特兰水泥公司"正式投产[H 71]。这一成功事实进一步致使美国的14个工厂都配备了静电收尘器。这样做也是因为窑灰可以用来作为钾肥。

2.5 玻璃化高炉矿渣

1862年Emil Langen发现了粒化技术，也即快速冷却和大部分玻璃化的高炉矿渣赋潜在的水硬性能，他指出可以通过粒化高炉矿渣和烧石灰混合得到高强度。1882年Godhard Prüssig (1828~1903)第一次将粒化高炉矿渣加入波特兰水泥。1901年间，德国将矿渣含量相对低的水泥命名为"铁波特兰水泥";从 1907 年开始,矿渣含量相对高的水泥被称为"矿渣水泥"。在德国通常被用于粒化高炉矿渣的术语"Hüttensand"(冶金砂)可以追溯到 Hermann Passow(1902)时期 [P 17]。1908 年 H. Kühl 发现了粒化高炉矿渣的硫酸盐激发机理 [k 6],并为超硫酸盐水泥生产奠定了基础。

2.6 特种水泥

第一批高早强水泥最初被称为高强水泥,它是于 1912/1913 年间在奥地利福拉尔贝格的 Lorüns 水泥厂生产的。这是一种磨得非常细的波特兰水泥,是用一种特别制备的混合原料在相当高的温度下煅烧而成的熟料制成的。

第一批对硫酸盐具有高抵抗力的波特兰水泥是产于黑摩尔水泥厂的"Erzzement"(铁矿石水泥),马格德堡的 Krupp-Grusonwerk 于 1901 年为此获得了一项专利。这种水泥氧化铝含量低,氧化铁含量高,氧化铝与铁的比例仅为 0.3,非常低。如今的高抗硫波特兰水泥和所谓的佛拿里水泥类似。佛拿里水泥是一种于 1919/1920 授予 F. 佛拿里专利权的基础上首次在意大利生产的波特兰水泥,其氧化铝 - 铁的比例为 0.64。自从 20 世纪以来,高炉矿渣水泥中高炉矿渣含量对抗硫性的重要作用逐渐广为人知。

早在 19 世纪 80 年代,海德堡波特兰水泥厂就已生产了少量白色波特兰水泥,随后很多其他水泥厂也开始生产。

当提取原油必须加深井孔深度时,油井水泥大约于 1930 年开始发展起来。这意味着井孔需要内衬有一种水泥,这种水泥甚至在高温高压下也能在相对较长时间粘稠后凝固。

1920 年 A. Guttmann [G 92] 出版了第一本与膨胀水泥相关的书并在当年凭借此书获得专利 [G 93]。除此之外,H. Lossier[L 99] 稍后也开始涉及膨胀水泥的研发。现在许多国家生产的膨胀水泥都是在前苏联(1955)V.V.Mikhailov 和美国 A. Klein(1958/61)[K 52] 工作的基础上进行的。

快凝水泥是由美国的波特兰水泥协会研发出来的,并于 1968 年 [P 46] 提出专利申请。1970 年 [O 35] 申请专利的喷射水泥与快凝水泥类似,在日本生产。

一战期间 1914/1918 年,高铝水泥基于一项专利首次在法国制造,此专利可以追溯到 1908 年,专利权属于法国化学家 J. Bied,他发现由铝酸钙组成的结晶熔体可以水化硬化,达到高强度。

2.7 水泥标准

第一部水泥标准于 1878 年以 "Normen für die einheitliche Lieferung und Prüfung von Portland-Cement"(《波特兰水泥统一供货与测试标准》)为标题引入德国。此标准是由"Verein Deutscher Cement- Fabrikanten"(德国水泥制造商协会)起草的,该协会是当今 VDZ(德国水泥厂协会)的前身,成立于 1877 年。波特兰水泥标准在 1887 年和 1909 年从根本上进行了修订。含铁波特兰水泥标准于 1909 年引进,1917 年又引进了高炉水泥标准。自从 1917 年以来就存在的"Deutscher Normenausschuss DIN"(德国标准协会)首次发布了 DIN1164 水泥标准,该标准是由 1932 年的三种水泥的标准组成的 [W 65]。1885 年法国批准该水泥可用于政府建筑。1904 年英国和美国的水泥标准编写于 1904 年。

3 水泥熟料

3.1 水泥熟料的组成

3.1.1 概述

水泥熟料本质上由硅酸三钙、硅酸二钙、铝酸三钙和铁铝酸钙组成,是以生料混合物为原料生产得到的,生料混合物主要包含有一定比例的氧化钙 CaO、二氧化硅 SiO_2、氧化铝 Al_2O_3 及氧化铁 Fe_2O_3。当生料混合物被加热到烧结的程度时,将会有新的化合物形成,即所谓的熟料化合物或熟料相。表 3.1 列出了其成分比例、名称和化学式。名称"阿利特"和"贝利特"出自 A.E.Törnebohm[T 54],他在 1897 年命名显微镜下识别的各主要组成相时,由于还不知道各相的组成,就用字母表的首字母命名。为了将熟料中的硅酸盐成分区分开来,"阿利特"和"贝利特"的名称被沿用至今,熟料中除了纯硅酸盐外,还常含有少量的铝、铁和镁的氧化物和碱化物。而名称"才利特"和"菲利特"目前则不再被使用;其中,铁铝酸钙被命名为才利特,而一定形态的硅酸二钙则被命名为菲利特。

表 3.1 根据德国水泥工业研究所的资料
由化学组成计算得到的德国水泥熟料的潜在相组成
Table 3.1: Potential phase composition of German cement clinker, calculated from chemical composition [V 47], and according to data of the Research Institute of the German Cement Industry, Düsseldorf)

熟料相 Clinker phases	化学式 Chemical formula	化学式缩写 Abbreviated formula	质量含量 Content in % by mass	
硅酸三钙 阿利特 Tricalcium silicate Alite	$3CaO \cdot SiO_2$	C_3S	最大 max 平均 av 最小 min	85 65 52
硅酸二钙 贝利特 Dicalcium silicate Belite	$2CaO \cdot SiO_2$	C_2S	最大 max 平均 av 最小 min	27 13 0.2
铁铝酸钙 (铁铝酸盐) Calcium aluminoferrite (Aluminoferrite)	$2CaO \cdot$ $(Al_2O_3 \cdot Fe_2O_3)$	$C_2(A,F)$	最大 max 平均 av 最小 min	16 8 4
铝酸三钙 (铝酸盐) Tricalcium aluminate (Aluminate)	$3CaO \cdot Al_2O_3$	C_3A	最大 max 平均 av 最小 min	16 11 7
游离 $CaO^{1)}$ free $CaO^{1)}$		CaO	最大 max 平均 av 最小 min	5.6 1.2 0.1
MgO,总量[1)] MgO, total [1)]		MgO	最大 max 平均 av 最小 min	4.5 1.5 0.7

1) 通过化学分析测定。
1) Determined by chemical analysis.

水泥化学中通常使用简写形式来简化化学式,其中
C = CaO

M = MgO
S = SiO$_2$
A = Al$_2$O$_3$
F = Fe$_2$O$_3$
N = Na$_2$O
K = K$_2$O
H = H$_2$O
s = SO$_3$

以下几节将对熟料化合物及其特性进行描述。这也包括那些在水泥熟料煅烧过程中在窑炉或预热器结皮中能形成的一定温度范围内的过渡相化合物、或者组成特种水泥或高铝水泥的化合物。

3.1.2 硅酸三钙

硅酸三钙是 CaO-SiO$_2$ 二元系统中最富含 CaO 的化合物(图 3.1),它在 2150℃时不一致熔融形成固体 CaO 和液相 [G 89],在大约 1250℃以下它是不稳定的,会分解成 CaO 和硅酸二钙。然而,这个分解反应只有在低于 (1264±3)℃的温度范围内进行极缓慢地冷却或很长时间回火的过程中才会发生 [L 114]。分解产物 CaO 和 C$_2$S,水分或硫酸盐熔体的存在会促进该反应的进行

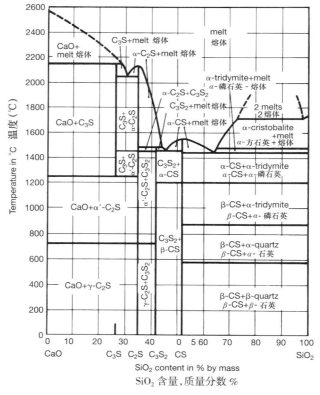

图 3.1 CaO-SiO$_2$ 二元系统 [R 5, W 30]
Figure 3.1 CaO-SiO$_2$ binary System [R5, W30]

[M 106],硅酸三钙晶格中的杂质离子会降低分解温度。某些杂质离子也能够延缓分解反应,而其他的则可以加速反应进行。

二价铁离子 Fe^{2+} 对工业熟料的生产尤其重要,因为它们能大大加快在大约 1180℃ 下发生的分解反应 [W 78]。含有铁氧化物的水泥熟料因此通常必须在氧化条件下煅烧和冷却以使铁以 3 价形态存在并被结合为铁铝酸钙。

在介稳区,当温度低于 1260℃ 时,已知硅酸三钙会出现七种变型体,它们可以通过 X-射线衍射分析及/或它们的光学晶体特征加以区分 [B 68,M 11]。表 3.2 列出了它们存在的温度范围。表中,T、M、R 分别代表了晶格中的三斜、单斜及斜方六面体对称结构。在较高温度下处于介稳状态的变体可通过在其晶格中固熔杂质离子得以稳定,使其冷却时在较低温度下不再转变成介稳状态的变体。例如锌 [S 230] 就是一种有效的稳定剂,能够稳定除 T3 及 M3 以外的每一种变体,这取决于锌的浓度。按照 ZnO[B 68, H 7] 的质量分数计算,锌的溶解度最高可达到大约 5.0%。加入质量分数高达 1% 的钛可以促进 C_3S 的形成,而较高的钛含量则会抑制 C_3S 的形成 [K 20]。在工业熟料中形成的主要变体是 M1 和 M3,需要用 MgO 来稳定。MgO 的质量分数低于 0.8% 的熟料中仅含有 M1 变体,而熟料中的 MgO 质量分数至少达 1.2% 才会出现 M3[M 12]。尽管如此,随着熟料中硫酸盐浓度的增加,稳定 M3 变体所需的 MgO 浓度也会增高。硅酸三钙的晶格中最多能够填充 2.0%(质量分数)的 MgO。按照 Al_2O_3 和 Fe_2O_3 的质量百分比算,其对铝离子和三价铁离子吸收能力的上限则分别是 1.0% 和 1.1%。吸收 Al_2O_3 和 Fe_2O_3 的量较低的原因是,与 Al^{3+} 和 Fe^{3+} 相比,Mg^{2+} 的离子半径与 Ca^{2+} 更相近,因此镁与铝和铁相比能够更易于进入硅酸三钙的晶格结构。

表 3.2 不同温度范围内、晶格中加入杂质离子稳定后的硅酸三钙变体 [B 68, H 7, M 12]
Table 3.2: Modifications of tricalcium silicate, temperature ranges, stabilization by incorporation foreign ions in the crystal lattice [B 68, H 7, M 12]

变体 Modification	温度范围 (℃) Temperature range in °C	掺杂离子的氧化物质量分数(%) Incorporated ions as oxides in % by mass			
		Fe_2O_3	Al_2O_3	MgO	ZnO
T1	<620	0···0.9	0···0.45	0···0.55	0···0.8
T2	620···920	0.9···1.1	0.45···1.0	0.55···1.45	0.8···1.8
T3	920···980	—	—	—	—
M1	980···990	—	—	1.45···2.0	1.8···2.2
M2	990···1060	—	—	—	2.2···4.5
M3	1060···1070	—	—	>1.2	—
R	>1070	—	—	—	4.5···5.0
掺杂类型 Type of Incorporation		2 个 Fe 替换 1 个 Ca 和 1 个 Si 2 Fe for 1 Ca + 1 Si	Al 替换 Ca、Si 和晶格空位 Al for Ca, Si and lattice vacancies	1 个 Mg 替换 1 个 Ca 1 Mg for 1 Ca	1 个 Zn 替换 1 个 Ca 1 Zn for 1 Ca

硅酸三钙这种化合物使水泥具有一些重要特性。当水泥细磨并与水混合形成浆体后,它会迅速硬化,并达到很高的强度。硅酸三钙是在高温条件下由固态的氧化钙和二氧化硅发生化学反应生成的,因此,可以用譬如加热石灰石和石英砂混合物的方法来生产硅酸三钙。然而,这需要将原料磨得极细,而且要将按适当比例混合后的物料在至少 1500℃ 的温度下进行充分的长

时间煅烧。在工业熟料的烧成过程中,由于以氧化钙、氧化铝及氧化铁为主要组分的共熔体的出现,使得该反应在大约1350℃至1500℃的温度范围内明显更快地进行。

阿利特,即由各种杂质离子稳定后的硅酸三钙变体,通常具有更高的水硬活性,因此其硬化速度实际上比纯硅酸三钙要快[O 34]。各个变体间的转化焓很低,大概在0.2J/g到4J/g之间[R 30],由此可以看出,各个C_3S变体的晶格之间差别不大,所以造成其水硬活性不同的主要原因可能是引入杂质离子所造成的晶格位错。

3.1.3 硅酸二钙

当熟料中的氧化钙不充分饱和时,将会出现硅酸二钙,其熔点为2130℃[G 89](图3.1),是一种非常稳定的化合物,是在富含石灰混合物中作为固相反应最初形成的。

硅酸二钙有五种已知的变型体:$\alpha-$、α'_H-、α'_L-、$\beta-$ 及 $\gamma-C_2S$。下标 H 及 L 分别表示高温和低温下的 $\alpha'-C_2S$ 变体。图3.2给出了关于各种变体间相互转化的一般观念,这种理解已经过反复的研究(有时会有不同的结果和结论)[S 143, S 144, S 18, N 22, L 35, C29]。由此可以看出,冷却过程中的 $\beta \rightarrow \gamma$ 转化及加热过程中的 $\gamma \rightarrow \alpha'_L$ 转化不是可逆的(不可逆的,单向的)。在 $\beta \rightarrow \gamma$ 的转化中晶格发生了本质变化,这可由下述事实证明:γ-变体的密度为2.94g/cm³,比 β-变体的密度3.20 g/cm³ 低了10%。这种变化导致冷却过程中温度降低到大约500℃以下,变体中一种开始时致密的煅烧产物就会开裂并迅速碎裂成粉尘。然而,如果煅烧的样品主要或全部由硅酸二钙组成,温度不超过加热条件下 α'_L-变体转变成 α'_H-变体的转变温度(1160±10℃),β-变体向 γ-变体的转变将大大受阻。

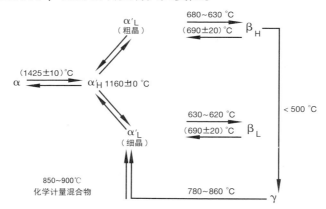

图3.2 硅酸二钙各变体间的相互转化 [N 32, L 35]
Figure 3.2: Changes between dicalcium silicate modifications [N 22, L 35]

关于 $\beta \rightarrow \gamma$ 多晶形转化,观察到它与 α'_L-C_2S 晶体的尺寸有关[G 89, Y 7, L 35]。煅烧过程中,较之在 α'_H-C_2S 存在的温度范围(高于1160℃)形成的较大尺寸晶体,在 α'_L-C_2S 稳定的温度范围(低于1160℃)形成的小尺寸晶体转化成 γ-变体的趋势较小。导致这种转化趋势差异的原因被认为是阻碍了可长大的 $\gamma-C_2S$ 晶核的形成。当 C_2S 样品被加热到1160℃以上时就会生成

α'_H-C_2S 粗晶,其晶格的无序程度要高于煅烧过程中低于 1160℃ 时所形成的 α'_L-C_2S 细晶。由于在 β-C_2S 和 γ-C_2S 的晶格结构间存在本质差异,形成 γ-C_2S 晶核需要相对大量的成核能。而这种能量显然可以由较粗的 α'_L-C_2S 晶格提供,因为其无序程度相对较高,含有比细粒的 α'_L-C_2S 晶体更多的能量 [N 23, S 1]。各种研究已经表明"临界"颗粒尺寸大概在 5~10mm 之间。还原性煅烧条件和研磨过程中机械应力也有助于使 β-C_2S 转化成 γ-C_2S。

硅酸二钙变体可在其晶格中吸纳比硅酸三钙更多的杂质离子。各种变体可通过这种方法达到化学稳定,使其在高温下和冷却至常温时均保持稳定。对工业水泥熟料的微探针检测表明贝利特晶体中总是含有 Al 杂质离子,也可能存在 Na、Mg、P、S、K、Ti、V、Cr、Mn 和 Fe [B 11]。吸纳能力从 a 通过 α'- 型到 γ- 型变体,逐渐减小。因此,在冷却过程中当各变体间发生相互转化时,那些在较低温下稳定的变体所包含的杂质成分将沉积在晶体形成的层状双晶间 [M 54, R 28]。

一定的异质成分可以使高温变体稳定。根据异质物质或其异质物质混合物的性质和浓度的不同,可以有选择地生成一定的变体。例如,$Ca_3(PO_4)$、$Na_4P_2O_7$、V_2O_5、B_2O_3、SrO、BaO、K_2O 以及 Na_2O 和 Fe_2O_3 的化合物都是可靠的稳定剂。

硅酸二钙的 γ- 变体不具有水硬性,仅极其缓慢地与水反应。高温变体的水化速度快得多,但比硅酸三钙仍要慢得多。很多研究均表明,造成水硬特性不同的原因主要归于晶格中掺入了作为稳定剂的异质成分。然而,在含有相同量磷酸盐作为稳定剂的条件下,β-C_2S 比 α'_L-C_2S 拥有高得多的活性。稳定后的高温变体,尤其是 β-C_2S,在有硅酸三钙存在的条件下水化和硬化显著加快 [O 21, S 83](7.3.6 节)。

例如,当用热液法生成的水硅钙石(C_2SH)被加热到 600℃ 时 [I 8, I 9],也可生成极细粒的、高反应活性的 β-C_2S。但目前这种方式的经济意义有限。

3.1.4 铝酸三钙

铝酸三钙是二元 CaO-Al_2O_3 系统中最富含 CaO 的化合物(图 3.3)。其不一致熔融的温度为 1542℃,此时铝酸三钙分离成固态 CaO 和一种 CaO 相对较少的熔体。纯铝酸三钙仅产生在一种变体的结晶立方体中 [M 112]。其晶格在固溶状态下能够吸收多种异质离子,特别是 Fe^{3+}、Mg^{2+}、Si^{4+}、Na^+ 和 K^+,还有 Cr^{3+}、Ni^{2+} 和 Zn^{2+}[S 230]。碱金属离子起着特别的作用,其加入能够改变晶格的对称性,使晶格从立方结构经由斜方晶系转变成单斜晶系结构(3.1.9 节)。

实际上铝酸三钙与水反应非常迅速,但其水硬特性并不是十分地明显。然而,碱金属的引入仍然会改变其与水的反应活性。较之含有极少或不含碱金属的立方晶相,含有碱金属的斜方和单斜晶相在最初 5~15min 内的初始反应要剧烈得多;尽管如此,在反应开始 2~4h 之后,碱金属将极其强烈地阻碍反应的进行(第 7.3.6 节)。

在与硅酸盐相结合时,铝酸三钙能够提升水泥的早期强度。

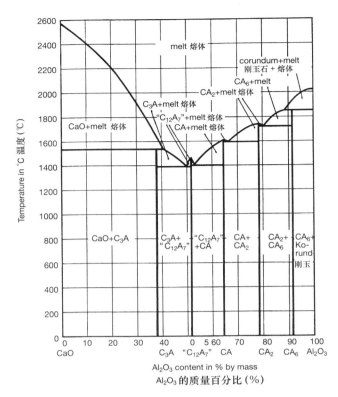

图 3.3　在含有正常水分含量的空气存在下的 CaO-Al_2O_3 二元系统相图 [R 5, N 41, N 38]
Figure 3.3: CaO-Al_2O_3 binary system in the presence of air with normal moisture content [R 5, N 41, N 38]

3.1.5　七铝酸十二钙

最初确定的铝酸钙方程式为 $5CaO \cdot 3Al_2O_3$[S 125],后来又确定为 $12CaO \cdot 7Al_2O_3$ [B 141],并通常含有羟基水 [R 72, J 11, N 38, N 39] 和过氧基(–O–O–)[I 14, B 113, B 114, L101]。铝酸钙的分子式为 $(12-x)CaO \cdot 7Al_2O_3 \cdot xCa(O, OH)_2$[L 101]。

因此,它并不是二元 CaO-Al_2O_3 系统中的一种晶相,而是 CaO-Al_2O_3-H_2O 三元系统中的一种晶相。然而,与空气或窑气接触的熔融物质中总是含有少量的水分。所以除非能保持其干燥,否则在正常实验室研究和结晶过程中,总会形成相应组成的熔融体。即使在高温情况下熔融体中也可能含有 O_2、CO_2 和 CO 气体,这些气体看来对七铝酸十二钙的结晶过程也十分重要 [Z 7, Z 8]。

与空气接触的七铝酸十二钙的同成分熔融点为 1392℃,如果完全没有水分参与反应,它就无法形成。接着在 1360℃时将形成铝酸三钙和铝酸一钙的共熔混合物 [N 38, N 39]。

但是,如果将水分排除在外,方程式为 $5CaO \cdot 3Al_2O_3$[A 42, B 114] 的铝酸钙至少在 1200℃左右的温度范围内是稳定的,并在一定情况下能够与七铝酸十二钙共存 [L 101]。

七铝酸十二钙的晶体为立方结构。根据分子式 $(12-x)CaO \cdot 7Al_2O_3 \cdot xCa(O, OH)_2$,在一定限度内氧可以被 $(OH)^-$ 所替换。但是这一序列的末端单元肯定含有 $(OH)^-$ 基。随着 $(OH)^-$ 含量的增加,晶格尺寸减小,而密度和折射率增加 [R 72]。七铝酸十二钙晶格中的$(OH)^-$基离子可以被其他离子所替代,例如氯离子或氟离子。其稳定性从OH^-,经氯化物到氟化物显著增加。化学式为$11CaO \cdot 7Al_2O_3 \cdot CaF_2$的氟化物是一种调凝水泥的主要成分。七铝酸十二钙作为一种天然形成矿物被称为钙铝石 [H 45]。

七铝酸十二钙与水反应相对较快,但明显慢于铝酸三钙。从与水的反应活性看,$(OH)^-$到被氯离子及氟离子替代明显降低。然而,其水硬性并不非常显著。

3.1.6 铝酸一钙

最初认定铝酸一钙$CaO-Al_2O_3$的同成分熔融点大约为1600℃(图3.3)。然而,高温显微镜研究表明,铝酸一钙的不一致熔融点为(1602 ± 5)℃,此时会形成一种仅轻微富集CaO的熔融物和一种相对少量的缺石灰的二铝酸钙固相 [N 39]。

在显微镜下,铝酸一钙以不规则的或单斜、假六方对称棱状结晶体形态出现,且大多数情况以双晶形式存在。

铝酸一钙是高铝水泥的主要组成部分。与水混合时,这种纯化合物以较快速度水化硬化并达到很高的强度。

3.1.7 二铝酸钙

在关于$CaO-Al_2O_3$系统的初期出版物上,这种化合物的分子式被认定为$3CaO \cdot 5Al_2O_3$[S 125]。然而,意大利和瑞典科学家们的研究表明,这种化合物的分子式为$CaO \cdot 2Al_2O_3$(图3.3)。

二铝酸钙的不一致熔融点为1762℃,此时形成的熔融体仅少量富集CaO并析出相对少量的缺CaO的$CaO-6Al_2O_3$化合物。其通常结晶成板条状颗粒,但有时也会结晶成圆形颗粒。其晶格是单斜对称的。

纯二铝酸钙的水化非常缓慢。在碱性混合水溶液中或固溶体的晶格中含有碱性离子时,其水化速度将明显变快 [R 72]。二铝酸钙主要存在于富含Al_2O_3而CaO含量却相对较少的高铝水泥中。

3.1.8 铁铝酸钙

水泥熟料中的Fe_2O_3化合物最初被认定其组成符合化学式$4CaO \cdot Al_2O_3 \cdot Fe_2O_3$或$C_4AF$[H 19]。因此,它被称为铁铝酸四钙,也被它的发现者称之为钙铁石,它也作为一种天然矿物 [H 45]。铁铝酸钙是一种介于铁酸二钙$2CaO \cdot Fe_2O_3$和铝酸二钙$2CaO \cdot Al_2O_3$之间的不完全固溶体晶相,在一般情况下铁酸二钙是稳定的,而铝酸二钙仅能在高压下(1250℃,250 MPa)生成 [A 10]。这意味着在一定限制条件下这种化合物中Fe^{+3}和Al^{+3}是可以互换的。因此,这一系列混合晶体的分子式为$2CaO \cdot (Al_2O_3 \cdot Fe_2O_3)$或$C_2(A,F)$。这种富含$Al_2O_3$的固溶体末端单元体是由70mol.%$C_2A$和30mol.%$C_2F$组成 [M 9]。因此,其$Al_2O_3$含量稍高于相组成为66.7mol.%$C_2A$和33.3mol.%$C_2F$的分子式为$6CaO \cdot 2Al_2O_3 \cdot Fe_2O_3$的组成 [N 19]。在图3.4再现的三元$CaO-Al_2O_3-Fe_2O_3$系统内的部分,铁铝酸钙固溶体系列用标注有阴影的直线表示。

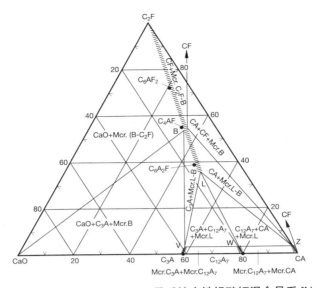

图 3.4　CaO—Al_2O_3—Fe_2O_3 三元系统中铁铝酸钙混合晶系 [N 19]
Figure 3.4: Calcium aluminoferrite mixed crystal series in the CaO–Al_2O_3–Fe_2O_3 ternary system [N 19]

In which:
Mcr　　mixed crystals　混合晶体
B　　　mixed crystals which contain somewhat less Fe_2O_3 than C_4AF　Fe_2O_3 含量低于 C_4AF 的混合晶体
L　　　end member of the $C_2(A,F)$ mixed crystal series which is lowest in Fe_2O_3
　　　　$C_2(A,F)$ 混合晶体系列的末端单元体，Fe_2O_3 含量最低

将三元系统细分而成的辅助三角形显示了可在热平衡中互相依存的化合物。这说明同 CaO 和 C_3A 达到稳定平衡并由 B 点显示出的其化学组成的铁铝酸钙混合晶体是由 48mol.%C_2A 和 52mol.%C_2F 组成，这与 $4CaO·Al_2O_3·Fe_2O_3$ 或 C_4AF 的组成非常相近。混合晶体的组成可以用 X-射线衍射分析测定，而富含氧化铁的熟料也可以用氧化铁及氧化铝的含量来计算其组分 [M 88]。

铁铝酸钙混合晶体能够在其晶格中吸纳异质离子 [S 230]。对水泥熟料及波特兰水泥颜色影响很大的镁离子 Mg^{2+} 的加入，尤其具有工业意义。铁铝酸钙固溶体的晶体结构由斜方铁酸二钙结构衍生而来，这种结构由 $[FeO_6]^{9-}$ 八面体层和 $[FeO_4]^{5-}$ 四面体交替组成，而钙离子 Ca^{2+} 分布在铁铝酸钙混合晶空隙中 [C 42]。在铁铝酸钙混合晶中，铝离子 Al^{3+} 首先取代了四面体层中半数的铁离子 Fe^{3+}，然后铝离子会均衡地分散在四面体及正八面体层中。

镁离子会取代相应比例的铁离子或钙离子吸收在晶格结构中，也会结合在间隙晶格位置 [W 76]。镁离子的吸收使铁铝酸钙的颜色发生变化，因而也对熟料和水泥的颜色产生影响，因为铁铝酸钙本来就是唯一的有色成分。无 MgO 的熟料被染成棕色到黑棕色，对应的水泥是浅棕色到棕色，而含有 MgO 的熟料的颜色是深灰色的，对应水泥的颜色则是浅灰色到灰色的，两种情况下都有轻微的浅绿色。由于以特定朝向吸入铁铝酸钙晶格的镁离子电场的作用，铁离子电子层产生极化，也就是扭曲，这实际上就是造成上述颜色变化的原因 [S 96]。

在弱还原条件下煅烧的熟料,含有质量浓度约 0.2% 到 0.3% 二价铁离子,铁铝酸钙的颜色是棕色的。这是由于大多数铁离子仍以三价形态存在,这决定了铁铝酸钙的颜色。也许是对 Fe^{3+} 离子没有极化作用的 Fe^{2+} 离子被吸入晶格取代了 Mg^{2+} 离子的位置。

在固溶体中,铁铝酸钙同样也能吸收锰离子 Mn^{3+}[G 91, G 45, A 16, P 6, K 79]、钛离子 Ti^{4+}[M 36] 和铬离子 Cr^{6+}[S 12]。硅离子 Si^{4+} 显然不能被吸入晶格 [O 33],而是以 C_2S 夹杂物的形式出现 [N 13]。

铁铝酸钙与水反应非常缓慢;Fe_2O_3 含量越高,Al_2O_3 含量越低,反应活性就越低。铁铝酸钙对水硬性仅有很少的贡献。

3.1.9 含碱熟料化合物

水泥熟料中含有质量含量最高可达 2% 的碱金属(Na_2O 与 K_2O 的质量百分含量之和)。其平均质量分数约为 1%,主要来自于生料混合物黏土中的黏土矿物及长石。欧洲生产的水泥熟料中一般含有的钾比钠多,K_2O 质量分数大约 0.4% 到 1.8%,Na_2O 质量分数约 0.05% 到 0.5%。含有大量 K_2O 的熟料中通常仅含有少量到适中的 Na_2O。因此 K_2O/Na_2O 的质量比在相对宽的范围内(在小于 4/1 到大于 10/1 之间)变化。在其他国家,包括美国,Na_2O 的含量可能高于 K_2O 含量。总的碱金属含量通常用 Na_2O 当量质量百分比来表示,用下面的公式进行计算:

$$Na_2O \text{ 当量的质量分数 \%} = 0.658 \cdot K_2O \text{ 质量分数 \%} + Na_2O \text{ 质量分数 \%} \tag{3.1}$$

少量使用 K_2O 当量的,相应地用下面公式计算:

$$K_2O \text{ 当量的质量分数 \%} = 1.520 \cdot Na_2O \text{ 质量分数 \%} + K_2O \text{ 质量分数 \%} \tag{3.2}$$

其中系数 0.658 和 1.520 为 Na_2O/K_2O 和 K_2O/Na_2O 的摩尔质量比。水泥熟料也含有质量分数高达 2% 以上的硫酸盐,用 SO_3 来计算。硫酸盐是熟料在氧化条件下煅烧时产生的,来自于生料和燃料带入窑炉中的硫化物。

在煅烧水泥熟料的过程中,硫酸盐优先与碱金属结合。在烧结温度产生的碱金属硫化物 [S 196, S 204] 以熔体形式存在,很难与铁铝酸盐熟料固熔体混合 [G 39]。在熟料冷却过程中,硫酸盐熔体会结晶形成不同 Na_2O/K_2O 摩尔比的碱金属硫酸盐 K_2SO_4(单钾芒硝)、Na_2SO_4(无水芒硝)和 $(Na,K)_2SO_4$(钾芒硝)的混合晶相。另一方面,钾芒硝 $K_3Na(SO_4)$ 是一种海洋沉积盐中的矿物。硫酸盐熔体结晶的过程中也能够形成分子式为 $K_2Ca_2(SO_4)_3$ 或 $K_2SO_4 \cdot 2CaSO_4$ 的化合物,由于其分子式类似于从海洋沉积盐中发现的无水钾镁矾 $K_2Mg_2(SO_4)_3$,所以被称为钙-无水钾镁矾 [P 43, O 42, M 22, T 26]。

硫酸盐对碱金属的摩尔比就是硫化度 DS。它表示以碱金属硫酸盐形态存在的碱金属的百分数,可以用下面公式计算:

$$DS \text{ 质量分数 \%} = 77.41 \cdot \frac{SO_3 \text{ 质量分数 \%}}{Na_2O \text{ 质量分数 \%} + 0.658 \cdot K_2O \text{ 质量分数 \%}} \tag{3.3}$$

因此 100% 的硫化度意味着熟料中的碱金属元素全部化合成了硫酸盐。若硫化度大于 100%,则硫并不完全都化合为碱金属硫酸盐。过量的硫会形成钙-无水钾镁矾($K_2SO_4 \cdot 2CaSO_4$)

和/或 β-无水石膏(β-CaSO$_4$)[R 24]。

然而,通常熟料中都会有过量的碱金属,所以在烧结温度下没有化合成硫酸盐的碱金属将会出现在铁铝酸熟料熔体和此时为固态的硅酸三钙和硅酸二钙中。在固相和熔体的浓度间存在一个与温度有关的平衡点。当熔体析晶时,其中所包含的碱金属元素总是优先被铝酸三钙所吸收。下面是吸收 Na$_2$O 时出现的主要关系 [F 36, R 27, M 17, M 16, C 9, T 4]:

若 Na$_2$O 的质量分数达到 2.4% 时,其有两种立方变体 C$_I$ 和 C$_{II}$,当 Na$_2$O 的质量分数约为 1.0% 时,C$_I$ 和 C$_{II}$ 稳定,但在晶格对称性上有轻微差异。

Na$_2$O 的质量分数在 2.4%~3.7% 之间时,除了立方相 C$_{II}$ 之外还有一个正交相位 O;立方相的比例会随 Na$_2$O 含量的增加而减少,而正交相的比例则会增加。

Na$_2$O 的质量分数在 3.7%~4.6% 之间时,正交相 O 是唯一出现的相。

Na$_2$O 的质量分数在 4.6%~5.7% 之间时,单斜相 M 是稳定的。

化合物 Na$_2$O·8CaO·3Al$_2$O$_3$ 或 NC$_8$A$_3$[B 118, N 28] 的理论 Na$_2$O 质量含量高于 5.9%~7.6% 的,高 Na$_2$O 含量显然只有在同时吸收硅 [M 15, T 5, T 4] 或在一定的温度条件下 [T 18] 才有可能。

在工业水泥熟料中,钾的浓度通常都高于钠,因此对于熟料和水泥的特性而言,钾更重要,它也可以被铝酸三钙所吸收,但一般会与硅和/或三价铁结合,也可观察到一种正交相的形成 [R 31]。

含有碱金属的铝酸三钙相对水泥硬化的作用与纯铝酸三钙类似。然而,由于碱金属,它们与水反应的能力有着明显的不同;在诱导期(第 7.3.4 节)开始前的初始反应明显增多,但诱导期之后的反应则被大为延迟 [L 65, R 31]。

化合物 K$_2$O·23CaO·12SiO$_2$ 或 KC$_{23}$S$_{12}$ 最初被认为是水泥熟料中另一个含有碱金属的相 [T 31],有时候在文献中仍然会被提到,它可能是受碱金属或其他异质离子稳定的硅酸二钙的 α'-变形体。

3.1.10 游离 CaO 和游离 MgO(方镁石)

游离 CaO 或游离石灰是指没有与 SiO$_2$、Al$_2$O$_3$ 或 Fe$_2$O$_3$ 化合的那部分 CaO。游离 MgO,方镁石,是水泥熟料化合物中所有 MgO 里没有成为固溶体的那部分。高含量的游离 CaO 或游离 MgO 是不符合需要的,因为它们会造成石灰或氧化镁的膨胀及对其安全性产生不利影响。原因是与水的反应会产生氢氧化钙 Ca(OH)$_2$ 或氢氧化镁 Mg(OH)$_2$。由于两种氢氧化物占据了比相应氧化物更多的空间,反应伴随着膨胀并令膨胀抵住外来阻力。在硬化反应的第一阶段,如果水泥浆、砂浆或混凝土仍然是充分可塑的,反应不会对其稳定性产生不利影响。只有在水泥胶合的建筑材料达到一定下限的强度时,才能产生开裂破坏作用。颗粒尺寸越小,安全性需求可接受的游离态 CaO 和 MgO 的数量越多。随着颗粒尺寸的减小,膨胀组分的分布变得越发均匀,结果在任何一点导致膨胀的机械应力就越小。

游离 CaO 含量增加的可能原因有:

1. 生料混合物中的石灰含量太高,以至于超越了石灰饱和度,过量的 CaO 无法继续参与反应。

2. 对生料混合物粉磨不充分,使石灰石和石英颗粒过粗。这使得过量 CaO 区域紧接着 CaO 不足的区域,使得形成硅酸三钙的扩散路径变得太长。

3. 窑炉喂料的不充分均化,使得一些部位 CaO 过量,而其他部分则缺少 CaO。

4. 烧结温度太低导致欠烧。

5. 窑内还原气氛使生料混合物的石灰结合能力减小。在这些情况下产生的二价铁结合到阿利特中,导致阿利特变得不稳定并分解成贝利特和游离 CaO。二价铁也不能用于形成铁铝酸钙,因此,不同于三价铁,二价铁对石灰的化合不能产生有利影响。

白云石 $CaMg(CO_3)_2$ 是许多石灰石沉积矿床的组成部分,水泥熟料中的氧化镁主要来自于白云石。生料中的黏土成分也包含有镁,按 MgO 的质量算大概有 0.5%~5%。在烧成水泥熟料时,一些 MgO 溶解在熟料熔体中,一些则被结合在硅酸三钙及硅酸二钙相中,此二者在烧结温度仍为固相。MgO 浓度在熔体和固体两相之间,确定了一个依赖于温度的平衡。在熔体析晶过程中,MgO 被铝酸三钙和铁铝酸钙晶格中的固溶体所吸收。在 MgO 浓度较高时,其中一些由方镁石熔体中沉淀出来。如果窑炉喂料中 MgO 含量高过烧结温度下熔体和硅酸盐化合物的吸收能力,剩余部分迅速形成方镁石。

因此,熟料的冷却速度越快,方镁石及氧化镁膨胀物质的颗粒尺寸越小。

3.1.11 玻璃态

烧结温度时,熟料中含有质量分数平均大约 25% 的熔体,此熔体本质上由氧化钙、氧化铝、氧化铁和较少量的二氧化硅、氧化镁及碱金属组成。依赖于熟料冷却速度,整个熔体或者部分铝酸三钙和铁铝酸钙结晶后剩余的熔体,将固化成玻璃态 [M 14]。

在工业水泥熟料中,一般玻璃态是不能被直接识别的 [N 40]。当熟料迅速冷却时,由熔体沉淀而来的铝酸三钙和铁铝酸钙这些化合物将形成非常细密的微晶。玻璃相通过光学显微镜并不能充分观察到,因其可能填充了微晶之间的中间部位。

3.1.12 阿利尼特

阿利尼特是阿利尼特水泥中的主要化合物,该种水泥已经被开发出来 [N 33, N35, N36, L85] 并在乌兹别克斯坦实现了工业化生产。垃圾焚烧工厂净化过的废气中富含氯化物的残渣可以用来作为烧成阿利尼特水泥熟料的原料 [O3, O 4]。

矿物阿利尼特所对应的氧化物分子式如下:

$3[(CaO)_{0.875} \cdot (MgO)_{0.070} \cdot (CaCl_2)_{0.055}] \cdot [(SiO_2)_{0.885} \cdot (Al_2O_3)_{0.115}]$ [M 44]。

其结构式如下:

$Ca_{10}Mg_{1-x/2} \square_{x/2}[(SiO_4)_3 + x(AlO_4)_{1-x}/O_2/Cl]$

其中 $0.35 < x < 0.45$ [N 12]。

(□指晶格中的空位)

镁离子替代钙离子以及铝离子替代硅离子仅能在较窄的范围内发生 [L 8]。铝离子也可以被三价铁离子所替代,氯则可以被氟或溴取代,但氯不能被(OH)替换 [B 140, K 125, K 127, L 113, P 42, W 84, L 10]。

阿利尼特呈正方对称结晶；与阿利尼特水泥一样，当氯化钙在1000~1100℃熔融时就会产出阿利尼特[M 44, A 9]。阿利尼特和水的反应与硅酸三钙类似，形成相似的水化物并产生相近的强度。然而，尽管当氯化物的质量分数不超过2.5%时，并没有观察到钢筋锈蚀，但是阿利尼特中的氯化物确实不利于钢筋的防腐[L 86]，但是上述问题则在氟化物阿利尼特中不会出现[L 114]；然而，其硬化速度则相对缓慢[B 140, L 113, L 86, P 42, W 84]。

与阿利尼特相对应，但是CaO含量较少的另一种矿物是贝利尼特[L 9]，其化学式如下：

$7CaO \cdot MgO \cdot 4SiO_2 \cdot CaCl_2$ 或 $Ca_8Mg[(SiO_4)_4Cl_2]$。

在贝利尼特中没有发现阿利尼特中的那样同构替代，比如Al^{3+}替代Si^{4+}。与阿利尼特一样，贝利尼特也是氯化钙在750~900℃熔融过程中形成的。显然在阿利尼特水泥中没有贝利尼特，且贝利尼特的水化能力较低[L 9]。

3.1.13 硫铝酸钙 $3CaO \cdot 3Al_2O_3 \cdot CaSO_4$

硫铝酸钙（$3CaO_2 \cdot 3Al_2O_3 \cdot CaSO_4$）是K型膨胀水泥中基本的膨胀组分[K 54, M 9, K 123, K 128]（第9.6节），但它也会在水泥回转窑中富硫的窑皮圈[V 23, S 275, S 70]中出现。硫铝酸钙显然是$CaO-Al_2O_3-SO_3$三元系统中唯一的三元化合物，以立方对称结晶，在两种变型体中出现[A 29]。当碳酸钙、氧化铝和硫化钙相应的混合物煅烧至1300~1400℃时形成硫铝酸钙[H 10, M 62]。在工业生产中，通常将石灰石、铝矾土和石膏或无水石膏组成的生料混合物煅烧至约1300℃制成硫铝酸钙[M 60]。但甚至在1400℃下，硫铝酸钙明显比无水石膏稳定，这可由释放出SO_3的分离速度明显变慢看出，其熔点可能在1590~1600℃之间[H 10]。但是硫铝酸钙的熔点取决于环境中SO_3分压。在游离SO_3环境中硫铝酸钙的分解温度高于1300℃[S 70]。其他硫酸盐也能被$3CaO \cdot 3Al_2O_3 \cdot CaSO_4$吸收以取代硫酸钙[T 35]，且全部的钙都能被锶所取代[G 31]。

3.1.14 灰硅钙石

灰硅钙石存在于回转窑的窑皮圈中，其化学式为$2(2CaO \cdot SiO_2) \cdot CaCO_3$。它仅在有矿化剂存在的高$CO_2$分压下，例如，至少0.05%质量分数的氯化物或至少0.4%质量分数的K_2O存在的情况下，由纯的各组分生成。灰硅钙石也可在常压、温度700~800℃条件下由水泥生料生成[H 47, S 275]。在CO_2气氛下，硅酸三钙加热至900℃，即使没有矿化剂也可生成灰硅钙石[B 89]，该反应正是灰硅钙石出现在窑皮中的原因[O 39, S 275]。然而，β-硅酸二钙矿物要生成灰硅钙石，矿化剂却是必不可少的。在750~950℃的温度范围内，灰硅钙石的蒸气压力比方解石$CaCO_3$要低[S 231, G 41]，因此在这种条件下，灰硅钙石是一种更稳定的化合物。

相应于灰硅钙石的化合物，其中$CaCO_3$被$CaSO_4$取代，就是硫化灰硅钙石，其化学式为$2(2CaO \cdot SiO_2) \cdot CaSO_4$[V 23, G 88]。例如，在含4%（体积分数）SO_2的CO_2气流中，将混有0.9%（质量分数）的碱金属、0.1%（质量分数）的氯化物和0.5%（质量分数）的SO_3的水泥生料加热至900~1150℃之间，就会产生硫化灰硅钙石。满足这些条件时，灰硅钙石在750~900℃这一较低的温度范围内就可形成[S 275]。

灰硅钙石和硫化灰硅钙石的晶格结构与磷灰石$Ca_5(PO_4)_3(OH,F)$的相似，也可形成板条状结晶。该晶形有助于固态微观结构的形成，并被认定为预热器及回转窑内未烧结的窑皮固结的原因[B 31, O 39]。

3.2 水泥熟料生产

3.2.1 引言

波特兰水泥的水化特性几乎完全依赖于硅酸三钙，β-硅酸二钙仅起较小的作用。然而，这两种化合物的混合物的生产则要求使用纯的原料，例如纯的石灰石和纯的石英砂，而且原料要经过充分地粉磨，并必须在1500℃以上极高的温度下进行煅烧。因此，波特兰水泥生产非常昂贵。在实际生产中，所使用的原料中不仅含有CaO和SiO_2，也有Al_2O_3和Fe_2O_3。这样的混合物在烧结的过程中，形成的熔体能够极大地促进硅酸三钙的生成。因此，在生产中可以采用价格较低的原料，它们不需要进行过细的粉磨，并可在约1350~1500℃之间的温度下进行烧结。硬化后的熔体虽然具有可使水泥熟料与玄武岩相比拟的强度，但是却需要大量能量用来粉磨水泥。

3.2.2 生料的性质

水泥熟料中主要化合物的质量分数如下[V 47]：

CaO   63%~70%，平均66.5%
SiO_2 19%~24%，平均21.5%
Al_2O_3+TiO_2 3%~7%，平均5.5%
Fe_2O_3 1%~5%，平均2.5%

提供氧化钙CaO的原料为碳酸钙$CaCO_3$，以方解石的形式存在，是石灰石和白垩的主要成分。为了按照给定的组成生产熟料，原料混合物中$CaCO_3$的质量分数必须在75%~79%之间。通常用作燃料的煤中的灰分也会与熟料结合。粉煤灰主要由SiO_2、Al_2O_3和Fe_2O_3组成，其CaO含量较低，当设定$CaCO_3$含量时，要考虑粉煤灰的量，所以在原料混合物中必须含有相对过剩的$CaCO_3$。考虑到熟料和水泥的质量，要尽可能保证原料混合物中$CaCO_3$的含量一致。这是因为如果$CaCO_3$的质量分数减少1%，那么熟料中的硅酸三钙的计算含量就会减少10%~13%质量分数，而硅酸二钙的含量却会增加大约相同的质量分数。

黏土主要用于提供SiO_2、Al_2O_3和Fe_2O_3的原料，这些是水泥熟料中另三种主要的组成。生产水泥熟料的生料混合物需要75%~79%质量分数的$CaCO_3$和25%~21%质量分数的黏土。与生料组分相近的天然岩石是石灰石泥灰岩。实践中，生料混合物中所需的$CaCO_3$成分一般是用富含$CaCO_3$的石灰石泥灰岩和$CaCO_3$含量较低的石灰石泥灰岩混合而成的。个别情况下，石灰石和黏土组分也可分别制备，然后再将它们混合，比如使用含有$CaCO_3$质量分数占到90%以上的白垩作为原料。

原料混合物中，黏土的SiO_2、Al_2O_3和Fe_2O_3的质量分数如下：

SiO_2 60%~70%，平均为66%
Al_2O_3 12%~25%，平均为18%
Fe_2O_3 5%~20%，平均为9%

总体而言，黏土的主要矿物成分是伊利石和高岭石，通常还有少量的蒙脱石。其中还包含了平均约7%的吸附水和化学结合水，黏土的其他组分还有长石和石英。

黏土矿物中的SiO_2含量一般很低、Al_2O_3含量很高，这就显出了石英成分的重要性；在所有的黏土中石英的质量分数可高达30%。极少的情况下，黏土甚至可主要或者全部由石英构成，这样的岩石被称为硅质灰岩。如果石英的粒径较细，例如，其颗粒尺寸不超过约5 μm[D 86]，由它们制得的生料混合物就能正常地烧结。天然原料中粒径小的石英含量高归因于特殊的地质粉碎和加工条件，其中由水或风搬运的分级可能起着重要的作用。

如果二氧化硅的含量太低，则可在生料中加入SiO_2替代物，一般为石英砂。但是石英砂很难研磨，所以在粉磨生料混合物时，石英砂不能粉磨至自然加工过程得到的那样小的颗粒尺寸。上述结论已经被相关研究所证明，如图3.5所示 [R 48]。在图3.5的四幅图中，上端的连续曲线代表了整个黏土组分的颗粒尺寸分布，而阴影区域上面的虚线则代表了石英成分的颗粒尺寸分布。生料 I 和 II（左边两幅图）仅含有天然石英，而生料 III 和 IV（右边两幅图）在粉磨之前加入了石英砂。从图中可以看出，在正常的工业加工过程，原料中原来粗的石英在粉磨过程中磨成最大颗粒尺寸约50μm。如果石英经过天然加工过程细度实际上很小，就如原材料 I（左上图）所示，其最大颗粒尺寸约为2μm。生料 III（右上图）中经过自然过程粒径极细的石英可以与加入较粗石英明显地区分开来。

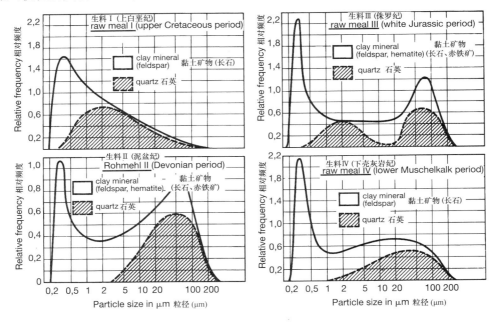

图 3.5 生料中黏土及其石英组分的粒度分布 [R 48]
Fig. 3.5: Particle size distribution of the clay component in raw meal and of the quartz fraction contained in it [R 48]

在生料混合物加工和烧结过程中，黏土的矿物组成对生料混合物的特性有着很大的影响。例如，甚至少量的膨胀黏土矿物，特别是蒙脱石，会增加料浆的用水量，而料浆的用水量则决定着湿法水泥窑炉对燃料能量的需求量。黏土用量多实际上有助于生料的成球，这对炉箅预热器或立窑中进行烧成是必需的，但却会降低表层对水蒸气的渗透性，进而导致加热过程中生料球内水蒸气气压较高，因此，在生料干燥过程中，大部分生料球会爆裂。

如果必须增加生料混合物中氧化铁的含量,比如氧化铝的含量过高或生产具有特殊性能的水泥时,可以添加 Fe_2O_3,通常是煅烧黄铁矿(焙烧硫化铁,例如,黄铁矿 FeS_2)或铁矿石。这些添加料,根据它们来源的不同,可能含有次要组分或其他微量成分。这些成分可能会影响水泥窑的排放或水泥熟料的质量。

为了保证水泥质量,如果生料混合物中含有较多的碱性组分,可能有必要将适当的碱性组分、固化成硫酸盐。在这样的情况下必须增加熟料中的硫酸盐含量,例如,使用富含硫的燃料或在生料混合物中加入硫酸盐,尤其是石膏或无水石膏形式的硫酸钙。

生产具有如表3.1给定的潜在相组分的水泥熟料要求生料具有表3.3中所列的化学组成。水和 CO_2 在煅烧过程中会释放到环境,这就意味着生产1kg的熟料平均需要1.55kg生料。上述比例称为生料-熟料因子,实践中,生料-熟料因子在1.5~1.6的范围变化。

表3.3 德国水泥生料的化学组成(根据德国水泥工业研究所资料)
Table 3.3: Chemical composition of German cement raw meals (according to documentation from the Research Institute of the German Cement Industry, Düsseldorf)

成分 Constituent	各成分的质量分数(%) Content in % by mass		
	最大值 max	平均值 av	最小值 min
CO_2	38.0	34.5	31.0
H_2O	1.5	1.0	0.5
SiO_2	16.0	14.0	12.0
Al_2O_3	5.0	3.5	2.0
TiO_2	0.3	0.2	0.1
P_2O_5	0.15	0.08	0.01
Fe_2O_3	3.0	1.8	0.5
Mn_2O_3	0.4	0.05	0.02
CaO	45.0	42.5	40.0
MgO	2.5	1.0	0.5
SO_3	1.5	0.5	0.05
K_2O	1.2	0.7	0.2
Na_2O	0.25	0.10	0.01

高炉炉渣也可以作为原材料使用;其中的CaO组分可以部分取代 $CaCO_3$,其 SiO_2 和 Al_2O_3 组分则可以替代黏土组分,那么生料混合物就由高炉炉渣、石灰石和作为校正原料的氧化铁混合得到[E 30, M 136]。

特别情况下,生料混合物中的CaO也可以由石膏或无水石膏形成的硫酸钙提供。窑炉煅烧过程中,与 $CaSO_4$ 化学计量当量匹配的碳以煤的形式加入,而用于生成硫酸的氧化钙和二氧化硫在有控制的窑内气氛燃烧过程中生成[A 33, D 81, W 79]。这个过程被称作水泥-硫酸工艺、石膏-硫酸工艺或米勒-库内工艺。

3.2.3 原料的开采和加工

石灰石和石灰石泥灰岩一般是在采石场爆破采掘。这些大块岩石通过挖掘机或轮式前载机装上卡车运至锤式或辊式破碎机,将其破碎成尺寸小于 30 mm 的碎石。经常使用的装置有履带传动或步行垫式的移动破碎机,它们可以和挖掘机一起随工作面推进。开裂的岩石也可以用带有松土齿的重型履带车进行碎开,且在不用爆破的情况下推入挖掘机。白垩和黏土是直接在采石场作业面用多斗挖掘机或者斗轮式挖掘机或拉铲进行采掘的。

保证水泥熟料质量和均匀性的根本前提是生料混合物的组分,在喂窑时,必须保证投料精确和稳定。如果原料的化学组成波动较大,那么破碎后的岩石经常需要在均化库中进行预均化。两个或两个以上的直线或圆形的储料堆分层建立,其规则是每个储料堆需备足一周的碎石(10000~50000 吨)。当一个料堆堆完后,垂直于堆层取料。这样的混合床可在很大程度上抚平岩石成分的波动。将原料从采矿场的特定位置或平衡物料的原先备料库运送到混合床的堆料过程中,进行连续抽样可以控制生料的平均化学组成。

随后,原料可以干法制备成生料或者湿法制备成生料浆。

在干法工艺过程中,原材料在混合床中被预均化后,可能在石灰和黏土成分的基础上再次分离,要按照预先确定的混合比率通过控制计量装置喂入磨机,进行细磨。校正组分,比如石英砂和/或铁矿石,按照所需数量加入以得到所需化学组成的生料混合物。

磨机喂料在研磨时,由经过粉磨设备的热风进行烘干。窑废气带出的热量主要用于这一目的。废气热量可干燥高达 15% 的生料水分,这主要取决于粉磨设备的设计。获得更高的生料水分干燥水平需要额外的加热系统。极其潮湿的生料在磨机内是无法完全干燥的,这是因为干燥需要大量的热,这种情况下,可在粉磨之前先在转筒式烘干机中进行干燥。

常见的粉磨生料的磨机有球磨机、立磨或卧式辊压机(辊磨、辊式磨)或高压细碎辊压机(辊压机)[R 81, E 15, E 20, B 119, T51, S241, F 7, B146, B 147, C 53]。使用球磨机粉磨时,球磨机中的钢球在圆筒中循环地破碎物料,圆筒有内衬,并围绕着它的纵轴进行旋转(图 3.6)。使用立磨粉磨时,在固定位置的辊子不断地滚过转盘上需要粉磨的物料(图 3.7)。卧式辊磨机是最新型的磨机,自从 1992 年以来,越来越多地应用于粉磨石灰石、硬石膏、水泥生料和水泥。卧式辊磨机有一个水平支撑着的短磨筒,其内部铠装的磨辊用液压压向铠装的磨机内表面(图 3.8),由于所采用的粉磨原理,卧式辊磨机的粉磨能量利用效率较高 [B 146, B 147, C 53, A68, R 81]。

在高压细磨辊压机中,物料在两个转向相反的旋转辊间的间隙中被挤压粉碎(图 3.9)。在粉磨过程中,粗颗粒在分级器中与被磨得足够细的物料分离开来,并被送回磨机。立磨和辊压机的能耗比球磨机低。与球磨机相比,立磨的干燥能力较强,但对于磨蚀性极强的原料,其应用受到限制。磨生料的球磨机的直径可达 6m,其生产能力高达 400t/h,单位电耗在 12~16kWh/t 之间。立磨的生产能力可达 400t/h,单位电耗在 10~14kWh/t 之间。从矿床采出的原料含水量超过 20%,湿法处理特别合适。在球磨中再加水将生料磨成生料浆。生料在洗浆滚筒中制成生料浆。过去,由于干生料还不能像现在那样可靠地进行混料和均化,所以水分较低,但化学组成波动大的原料也可选湿法工艺进行处理。

3 水泥熟料

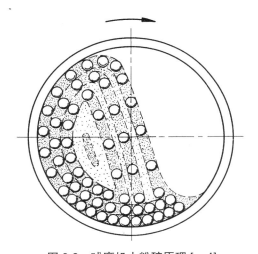

图 3.6 球磨机中粉碎原理 [m 4]
Figure 3.6: The principle of comminution in ball mills [m 4]

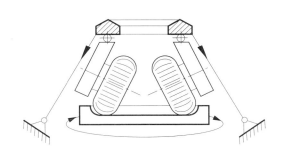

图 3.7 立磨中的粉碎原理 [d 3, F 4]
Figure 3.7: The principle of comminution in vertical roller mills [d 3, F 7]

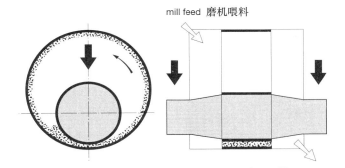

图 3.8 卧式辊压机(筒辊磨)的破碎原理 [R 81]
Figure 3.8: The principle of comminution in horizontal roller mills [R 81]

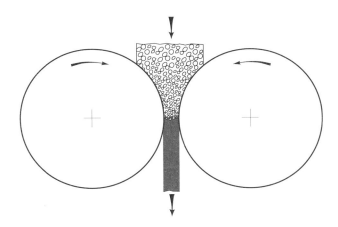

图 3.9 辊压机的粉碎原理 [V 38]
Figure 3.9: The principle of comminution in high-pressure grinding rolls [V 38]

制备好的生料或生料浆需要进行连续地分析,生料组成的变化要按组分计量系统进行调整消除。任何残存的质量波动可在均化库中加以平衡,均化库可容纳磨机 8~10h 产量的物料。生料在均化库中被空气流态化,并在流化床中循环或用机械方法通过几个料仓反复循环实现均化。生料也可以通过从料仓不同点进行旋转取料并在混料仓中进行均化。生料浆在均化库中用搅拌器喷入气体进行均化。

3.2.4 燃料

烧成水泥熟料所需的燃料主要有无烟煤、褐煤、重油和天然气。废弃物燃料可以依不同的比例取代这些燃料。替代燃料主要有:废旧汽车轮胎(旧轮胎)、加工原油时产生的酸渣、油和油脂提取时所产生的废料漂白黏土、废油、碎料和生活垃圾。标准燃料和替代燃料的净热值分别列于表 3.4 和表 3.5。

表 3.4 标准燃料的热值、组成和烟气的最小量及其组成
(根据 [V 102, S 226] 和德国水泥工业研究所的资料)

Table 3.4: Standard fuels, calorific value and composition, as well as minimum quantity and composition of the flue gas (according to [V 102, S 226] and documentation from the Research Institute of the German Cement Industry, Düsseldorf)

	一般烟煤 Average bituminous coal	褐煤 Lignite	石油焦 Petroleoum coke	重油 Heavy fuel oil	天然气(斯洛赫特仑) Natural gas (Slochteren)
净热值(干燥,无灰分)(MJ/kg), 气体 $[MJ/m^3_{(st,m)}]$ Net calorific value (dry, ash free) in MJ/kg, $MJ/m^3_{(st,m)}$ for Gas	34.75	25.60	30.20…34.86	40.20…41.45	31.60
质量组成分数(%) Composition in % by mass					
水分 Water	2.0…7	—	—	0.1…0.2	—
灰分 Ash	6…20	5	2.5…4	小于 0.1	—
碳 C Carbon C	88.4	—	—	86.0	57.9
氢 H Hydrogen H	4.9	—	—	11.7	18.9
硫 S Sulfur S	1.2	—	5…6	1.5	—
氮 N Nitrogen N	1.3	—	—	0.2	21.8
氧 O Oxygen O	4.2	—	—	0.6	1.4
烟气最小量,$[m^3_{(st,m)}/kg]$,气体最小量 $[m^3_{(n,f)}/m^3]$, Flue gas Minimum quantity in $m^3_{(st,m)}/kg$, for Gas $m^3_{(n,f)}/m^3$	9.35	—	—	11.42	9.35
组分,体积分数(%) Constituents in vol.%					
CO_2	17.4	—	—	13.7	9.6
H_2O	7.6	—	—	12.8	18.5
N_2	75.0	—	—	73.8	71.9

煤的热值随着灰分和水分的增加而减少,天然气的热值则随氮或 CO_2 含量的增加而减少。

烧成水泥熟料所使用的无烟煤中挥发分的质量分数在 15%~30% 之间。灰分质量含量超过 30% 的低质煤则用作二次燃烧系统的燃料。干燥后的莱茵褐煤粉的水分质量分数仍然约为 10%,其挥发分的质量分数约为 44%[W 80]。

3 水泥熟料

表 3.5 替代燃料的热值、灰分和硫的含量 [S 204]
Table 3.5: Waste fuels, calorific value, ash and sulfur content[S204]

		废油 Waste oil	旧轮胎 Used tyres	漂白黏土 Bleaching clay	酸渣 Acid sludge
净热值(MJ/kg) Net calorific value in MJ/kg	最高 max 最低 min	42.42 34.86	33.60 27.09	17.60 12.60	22.70 13.40
灰分, 质量分数(%) Ash in % by mass	最高 max 最低 min	1.3 0.1	18.6 12.5	70 40	6 2
硫, 质量分数(%) Sulfur in % by mass	最高 max 最低 min	0.7 0.2	2.2 1.3	1.8 0.5	16 10

燃料中的全部灰分和很大部分的硫会固化到水泥熟料中。灰分中,尤其是无烟煤中的灰分,根据产地的不同,其 SiO_2 含量的质量分数为 20%~60%,Al_2O_3 含量的质量分数为 10%~40%,Fe_2O_3 含量的质量分数为 2%~40%,CaO 含量的质量分数则仅为 1% 到 20%,因此,它会大大改变烧成物料的组成,煤的灰分含量越高,熟料生产所需的燃料能量就越多。熟料熔体的比例也会增大 [S 204]。这不得不用 CaO 含量相应较高的生料混合物来进行补偿。需要注意的是,在有炉篦预热器的窑炉中,燃料灰分并不是均匀地分散在熟料中,而是沉积在窑喂料料粒的表面,结果只是改变了不同厚度表面层的化学反应 [G 32]。莱茵褐煤的灰分中一般含有仅 6% 质量分数的 SiO_2,5% 质量分数的 Al_2O_3,15% 质量分数的 Fe_2O_3,却含有 54% 质量分数的 CaO 和 20% 质量分数的 SO_3[G 82]。其他产地的褐煤中的灰分的组成则和无烟煤中灰分类似。

燃料中的含硫化合物,例如随着窑喂料引入窑内的硫,在氧化燃烧条件下会形成二氧化硫 SO_2,随后在有氧情况下,它会和窑喂料中的碱金属和燃料反应生成碱金属硫化物。因此,燃料中硫的含量对熟料中碱金属的硫化程度有着重要的影响(第 3.1.1 节,方程 3.3),从而也会对需水量和水泥的凝结有重要影响(第 7.3.1 和 7.3.5 节)。因此采用不同硫含量的燃料会引起水泥质量的波动。

3.2.5 煅烧和冷却水泥熟料的工艺技术

大多数水泥熟料是在回转窑内进行煅烧生成的,而立窑则处于次要地位,现在仅在特殊情况下才会使用。

现代化高效立窑(图 3.10)通常高为 8~10m,直径超过 3m,熟料产量最高可达约 300t/d。立窑的外壳由片状金属构成,耐火内衬呈圆锥状向顶部扩展。通过它喂入物料和抽出废气。窑喂料一般通过循环布料机均匀地分布在窑横断面上。窑中的各种成分支撑在一个移动的篦子(旋转篦或辊篦)上;这样可以确保均匀地取出烧结熟料块。熟料经由三段自动控制的闸门掉落。从闸门和篦板之间用涡轮式风机或强制排量式鼓风机注入助燃空气,空气压力在 1000~2000mm w.g. 之间。

生料喂入立窑中煅烧时,同颗粒状燃料(焦炭、石油焦或贫煤)混合在一起,在成球盘上形成含水量为 8%~14%(质量分数)的料球。粗颗粒燃料的缺点在于其灰分在熟料中不能均匀分布。另外,根据鲍多尔德平衡:

$$C+CO_2 \longleftrightarrow 2CO$$

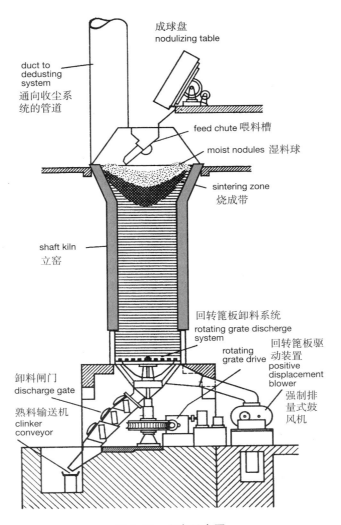

图 3.10 立窑示意图
Figure 3.10: Diagram of shaft kiln

其中，CO_2 源自石灰石。上述反应会导致熟料核心部分还原气氛的产生。要想避免上述反应的发生，需要采用全黑生料包壳粒球法，即将燃料与生料一起粉磨，生料球外包覆无煤外壳。由煅烧熟料颗粒组成的疏松熟料，需要使用一种圆锥形回转式卸料笼子，这样疏松熟料颗粒就不会像在辊式笼子上那样容易地被冲掉[S 175, L 96]。

烧成带位于立窑顶部、潮湿料层（厚度 1~1.5m）下。烧成带以下完全煅烧的熟料将热量传递给助燃空气，其出窑温度在 100~200℃。熟料的能耗在 3.1~4.2GJ/t 之间。

回转窑是具有耐火材料衬里的圆筒，直径可达约 6m，倾斜角可达 3.5°，围绕其纵轴以每分钟 1.5 到 3 圈的转速旋转。由于窑体是倾斜和旋转的，喂料在上端喂入，与旋转筒体下端喂入的煤粉、油或气的火焰形成对流。在火焰区，即回转窑的烧成带，气体温度在 1800~2000℃，窑喂料达到熟料形成温度所需的 1350~1500℃。烧成后，熟料离开回转窑落入熟料冷却机，冷却

机的作用如下 [V 103]：

1. 连续操作过程中以适合产品质量要求的控温方式将水泥熟料冷却至尽可能的最低温度，使熟料经输送、储存和粉磨等工艺制成水泥；

2. 预热煅烧工艺所需的助燃气体使其达到较高温度，以使回转窑烧成带烧成熟料要求的窑喂料温度所需消耗的热量尽可能地少。

熟料冷却机的种类有篦式冷却机、回转式和行星式冷却机。在篦式冷却机中，熟料床上的熟料通过篦板传送，用横向气流冷却。在回转式冷却机和行星式冷却机中，围绕着窑筒周边分布九至十一个冷却管，熟料的热量释放到对流的冷却空气流中。

熟料冷却过程中，冷却空气被加热到600~1000℃，然后被作为二次风，有时也可以作为三次风用于燃料的燃烧。这样一来，熟料中的大部分能量再次用于燃烧过程。一次风是用来向窑里注入燃料并通过旋流风和轴向风形成火焰。

篦式冷却机所需冷却空气的量比燃料燃烧多。多余的冷却机内废气可以用于干燥生料或通过收尘系统排入大气。

燃料燃烧过程中，回转窑所释放的热量将直接通过辐射或间接通过窑壁传递给入窑的生料。入窑生料形成连续流，仅占据窑横断面的一小部分，而窑内的气体在生料流上面流过，所以热量传递区域面积是很小的。另一方面，连续的生料流促进水泥熟料的生成和硅酸三钙的生成。当烧结温度平均达到1450℃，熔体出现后，很快生成熟料。回转窑可在前面加上预热器，或者增加窑的长度，以确保熟料开始形成之前在温度范围的热量能够得到充分的传递。

长型回转窑的长度是其直径的32~35倍，最大回转窑的长度超过200m。长窑既可以采用湿法也可以采用干法生产，产量可达到3000t/d以上，长窑因其结构简单及可靠性高而著名。在回转窑上端有粗料定量控制器链幕和固定的内部配件，这些配件可以提高热量传递效率。带有预热器的回转窑的长度仅为其直径的10~17倍。

熟料产量对应的热量需求如下 [E 39]：

——长湿法窑需要 5.5~6.0GJ/t；
——有内部配件的长干法窑需要 3.4~5.0GJ/t；
——具有四级旋风预热器的短干法窑平均需要 3.3GJ/t；
——拥有六级预热器的预分解窑平均需要 3.0GJ/t。

表3.6进一步列出了操作参数。

目前使用的预热器有炉篦式预热器和旋风预热器。喂入炉篦式预热器的是生料球或挤压条。生料球是生料混合水后在成球盘上制成的（半干法工艺）。而挤压条是在机械压滤机内将生料浆脱水，然后用筛网捏合机加压制得的（半湿法）。使用炉篦式预热器（图3.11）时，生料球或挤压条喂入移动炉篦上，并进入一个封闭的通道。这个通道被一道延伸至物料层的间隔墙分为加热室和干燥室。中间风机将废气由回转窑经物料层吸入加热室，然后通过中间气体收尘系统的旋风分离器，此时粗粒粉尘由收尘系统收集，否则风机就会很快磨损。随后废气风机将气体再次吸入干燥室中潮湿的窑物料层,并再次送入收尘装置。

表 3.6 各种水泥窑型的操作参数
（根据 [V 6] 和德国水泥工业研究所的资料）
Table 3.6: Operational data from kilns for burning cement clinker (according to [V 6] and documentation from the Research Institute of the German Cement Industry, Düsseldorf)

	回转窑 Rotary kiln				立窑 Shaft kiln
	旋风预热器窑 with cyclone preheater	炉篦式预热器窑 with grate preheater		长湿法窑 long, wet process	
熟料产量(t/d) clinker output in t/d	3000…5000	300…3300		300…3600	120…300
喂入物料 feed material	干燥生料 dry raw meal	生料球,挤压条 nodules ex-truded strands		生料浆 raw slurry	生料球 nodules
水分质量含量(%) water content in % by mass	0.5…2.0	11…14[1]		32…40	8…14
进入集尘器前的废气 exhaust gas before collector	利用废气 with exhaust gas utilization	不利用废气,注入 H_2O without exhaust gas utilization, with H_2O-injection			
每千克熟料对应的废气体积(m^3/kg) spec. exhaust gas volume in m^3/kg clinker	2.1…3.0	1.7…2.2	1.8…2.2	3.2…4.2	2.0…2.8
废气中各组分体积分数(%),CO_2 exhaust gas composition in vol. % CO_2	14…22	20…35	20…29	18…25	10…26
O_2	5…14	3…9	4…10	4…8	5…10
CO	>0.1	<0.1	<0.1	<0.1	1…4
废气温度(℃) exhaust gas temperature in ℃	90…150	120…200	90…150	130…180	45…125
露点温度(℃) dew point in ℃	45…60	50…65	50…65	65…75	40…44
粉尘收尘前气体含尘浓度(g/$m^3_{(st,m)}$) dust raw gas dust content in g/m^3	35…1000[2]	20…100	2…14	3…22	2…7
粒径 <10μm 的粉尘的质量分数(%) proportion < 10 μm in dust in % by mass	80…99.5	85…99.5		20…60	15…30

1) 半湿法工艺可达 22%；
2) 在用电收尘器收集前,在干燥和粉磨系统中,气体粉尘浓度最大为 150g/m^3。
1) Up to 22 % in the semi-wet process
2) High raw gas dust content before the collector in drying and grinding system, max 150 g/m^3 before electrostatic precipitator

废气离开回转窑时的温度在 1000~1100℃。当通过加热室中窑物料层时,废气冷却至 250~300℃,离开干燥室时其温度仍达 90~150℃。

干燥室内,与废气的紧密接触的窑喂料被预热到约 150℃,在加热室内窑喂料被预热到 700~800℃。

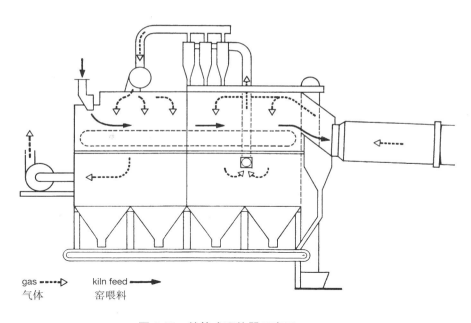

图 3.11 炉篦式预热器示意图
Figure 3.11: Diagram of grate preheater

炉篦式预热器窑是由勒莱普和伯利休斯公司共同研发的,因此又称作立波尔窑。最大的炉篦式预热器窑的熟料产量超过 3000t/d(表 3.6)。

旋风预热器(图 3.12)有很多种设计方案。第一个旋风预热器系统是由克勒克纳-洪堡-多伊茨公司研发的,由四级旋风筒组成的(图 3.12),但较新型的窑系统则是采用一级置于另一级之上的六级预热器塔。最顶部的一级一般由两个并排的旋风筒组成,以便将粉尘更好地分离。回转窑的废气以从底端到顶部的方式通过旋风预热器。在废气到达顶部旋风筒之前,干燥后的粉末状生料混合物混入废气,并在旋风筒内与气体再次分离,然后在进入下一级旋风筒之前落回气流。上述过程最多重复五次,直到生料从底部旋风筒卸入回转窑为止。气体与生料的交替混合、分离和在较高温度下的重新混合,确保气体与生料之间的热焓交换及温度平衡过程以非常快的速度进行,甚至在各级旋风筒之间的相对较短的上升管道内也能重复进行上述过程。这样将生料预热到 810~840℃,而废气离开顶部旋风筒时的温度仍高达 330~380℃,因此废气可以用来干燥生料。废气中的热量足以干燥生料含湿量达 15% 左右。通常是无法利用从炉篦式预热器出来的废气热量的,这是由于窑喂料不是像旋风预热器那样的干燥的粉料,而是生料球或挤压条,且其含湿量至少为 11%(表 3.6),因此,废气温度较低。传统方法设计的最大旋风预热器的熟料产量超过 4000t/d。

约自 1970 年开始,连续式水泥窑系统转向预分解工艺水泥窑系统发展。燃料能量由两个分离的点火系统提供,二级点火系统可以在回转窑和预热器之间为窑喂料中碳酸钙分解提供足够的能量,当窑喂料进入回转窑时,碳酸钙分解可达 90% 以上。传统的煅烧工艺中,进入回转窑时窑喂料的分解率(煅烧程度)在 40%~50% 之间。旋风预热器窑的预分解系统如图 3.13

所示。二级点火系统也可以以相应的方式安装在炉篦式预热器窑系统中。

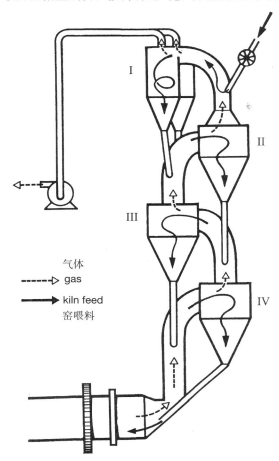

图 3.12 旋风预热器示意图
Figure 3.12: Diagram of cyclone preheater

预分解过程中,二次燃烧系统所需的助燃空气可以通过回转窑获得或通过特殊管道(三次风管)直接从熟料冷却机通到二次燃烧系统。基于克虏伯-伯利休斯公司的建议,上述两种提供助燃气体的方式分别命名为 AT 和 AS(图 3.14)。AT(air through)表示助燃空气由窑提供, AS(air separate)表示助燃空气通过三次风管提供。上述两种预分解系统都有多种设计方法 [K 136, R 24, S 225]。传统的预热器一般提供总燃料能量需求的 20%~30%。AT 预分解系统特定设计的旋风预热器中,总燃料能量的 30%~40% 都由预热器提供,而在 AS 预分解系统中,这个比例提高到了 60%~70%[B 94, E 35]。

传统的煅烧过程中,碳酸钙分解所需的燃料能量占煅烧水泥熟料所需总能量的三分之二(3.2.8 节),产生在回转窑末端烧成带的高温区,并随着窑气被输送到窑内和预热器中碳酸钙分解反应发生的区域。预分解工艺的主要优点在于:二次燃烧系统中温度约 900℃时就提供了碳酸钙分解所需的热量,而且其大部分热量是通过无焰燃烧得到的,并立即用于分解反应的。这样一来,二次燃烧系统就允许使用低热值的燃料,即低活性无烟煤和褐煤及可燃废弃物。

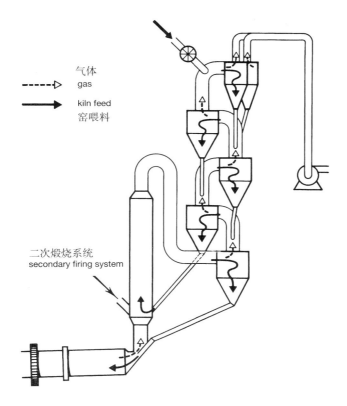

图 3.13　带分解炉的旋风预热器系统示意图 [R 24]
Figure 3.13: Diagram of cyclone preheater with precalcination [R 24]

预分解的一个重要优点就是它提供了一种更为统一的窑操作方法,这是由于入窑物料具有较高的分解率的结果,窑内物料较充分地煅烧出现意外冲料的可能较小。AS 预分解系统允许在直径小的窑上使用,可以减少机械应力,特别是对耐火内衬的机械应力,或者在同样窑尺寸的条件下,AS 能增加窑熟料的产量。带有预分解炉的最大旋风预热器水泥窑的熟料产量可达 8000t/d 以上。

物料在窑系统中停留的时间为 1.5~5h 之间。其中,物料在四级旋风预热器中停留的时间约为 25s(平均每级停留的时间为 0.8~5s),在炉箅式预热器中停留的时间为 20~40min,在长回转窑停留的时间可达 4h 左右,短回转窑为 30~60min;在箅式、行星式或回转式冷却机中停留 30~45min,物料在烧成带停留时间为 10~20min[S 226,L 102]。

3.2.6　水泥熟料煅烧及冷却过程中的各种反应

预热和煅烧过程中,水泥窑喂料中的反应主要受生料混合物、燃料和窑气的组成以及预热器和窑内的温度制度的控制。虽然这意味着不能期待所有水泥窑内的反应都是一样的,但是其化学过程在本质上是类似的,尤其当温度超过约 1000℃。

工业生产过程中,通过在窑壁和预热器的测孔对窑物料进行取样研究,深入认识了工业煅烧过程中熟料形成的化学反应。带有旋风预热器的水泥窑的研究结果如图 3.15 所示。在炉箅式预热器窑和湿法窑中也会发生类似的反应形式 [W 16]。

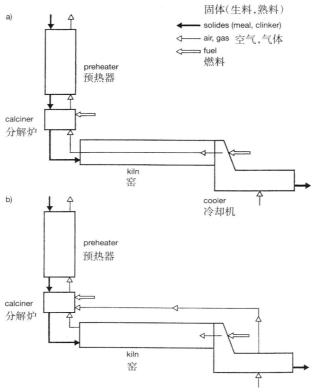

图 3.14 分解炉内提供不同助燃空气的系统图
a) 通过回转窑提供的空气：AT 预分解系统
b) 通过三次风管提供的空气：AS 预分解系统

Figure 3.14: Different combustion air supply systems for precalcination
a) Air supply through rotary kiln: AT precalcination
b) Air supply through tertiary air duct: AS precalcination

加热窑内物料时，第一个阶段就是 100℃时液态水蒸发。在湿法工艺中，料浆中的液态水份质量分数占 30%~45%，半湿法工艺中挤压条中液态水量约占 22%，半干法中的生料球中液态水占 11%~14%，干法工艺中液态水质量分数则最多占 1%。化合物中吸附的结合水，包括黏土矿物晶格中的层间水，于 100~250℃释放出来。氢氧根离子(OH)$^-$则于 500~700℃被释放出来。氢氧根离子是矿物晶格的主要组成，这样就破坏了黏土矿物的晶格，进而增加了晶格中其他组分的活性。

碳酸钙在生料混合物中以方解石的形式存在，当存在反应物 SiO_2、Al_2O_3 和 Fe_2O_3 时，碳酸钙分解反应始于 550~600℃（反应中释放出 CO_2，并转移到窑气中去）。分解反应生成的氧化钙立即形成新的化合物，因此当温度至 800℃时，游离 CaO 的含量很低，其质量分数最高为 2%。温度高于 800℃时，当 CO_2 分压达到大气压力，游离 CaO 的质量分数会增加到 15%~20%，这是由于碳酸钙分解反应的速度比结合释放出的氧化钙形成其他钙化合物的速度快得多。当温度超过 1200℃时，游离 CaO 的含量才会再次降低。

3 水泥熟料

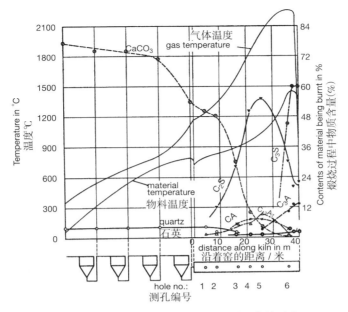

图 3.15 旋风预热器窑中水泥熟料煅烧过程中的反应 [W 16]
Figure 3.15: Reactions during the burning of cement clinker in a rotary kiln with cyclone preheater [W 16]

首先反应生成的化合物是铝酸一钙、七铝酸十二钙、铁铝酸钙和硅酸二钙。窑内物料温度在 700~800℃阶段，通过 X 射线衍射(XRD)分析就可以探测出上述化合物。上述产物的比例首先随着温度的升高而增加，随后当温度升高至约 1000℃，它们的比例减少。水泥熟料工业生产过程中，硅酸三钙在温度升高至 1200℃时就出现了，但是当温度升至 1250℃以上时，硅酸三钙才会稳定。1200℃时出现的硅酸三钙是由于来自熟料冷却机和窑内烧成带的熟料粉尘被窑气流输送至窑的冷却机区域所导致的结果。原先生成的硅酸二钙与游离 CaO 发生反应生成硅酸三钙时，游离 CaO 的含量会随着硅酸三钙的出现而减少。熟料熔体的形成会大大地有助于这一反应。

熟料熔体形成所需的最低温度与多组分系统的固熔点温度一致。$CaO-Al_2O_3-Fe_2O_3-SiO_2$ 四元系统的混合物中(图 3.16)，四种熟料化合物 C_3S、C_2S、C_3A 和 $C_2(A, F)$ 以平衡相的形式出现，第一个熔体在温度 1338℃时形成，即固熔点温度 T 时形成。四元系统中，这个点的位置由熔体的组成决定，此时，所述四种熟料化合物在 1338℃下达到平衡。约 5% 质量分数的 MgO 可在这个组成的熔体中溶解，降低固熔点温度约 40K [S 258]。熟料熔体也可以吸收没有与硫化合的碱金属。对相应含有 Na_2O 系统的研究 [G 61, E 36]，可以推断出，通常水泥熟料中碱金属的浓缩也会降低固熔点温度约 20K。因此可以假设第一个熔体会在 1280℃时出现。加入其他元素，特别是氟甚至在低浓度下，也会不同程度进一步降低固熔点温度。

在可能的最低温度(固熔点温度)下形成的熔体的质量对煅烧行为有着重要的影响。这主要取决于窑喂料的化学组成，尤其是 Al_2O_3/Fe_2O_3 的比率及氧化铝的比率 AR。表 3.7 列出了在 [L 26, L 27, L 28] 和 [S 258] 中给出的固熔点 S 和 T 下熔体的各种组分。除了一固定点坐

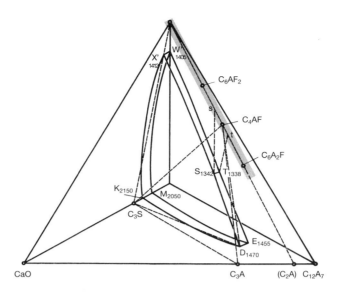

图 3.16　CaO—Al_2O_3—Fe_2O_3—SiO_2 四元系统的 CaO 角 [S 258, W 30, G 89, P 33]
Figure 3.16: CaO corner of CaO–Al_2O_3–Fe_2O_3–SiO_2 quaternary system [S 258, W 30, G 89, P 33]

标所示组成的熔体外，固熔点 S 的平衡相是固相 CaO、C_3S、C_3A 和 $C_2(A,F)$，T 点的固相是 C_3S、C_2S、C_3A 和 $C_2(A,F)$。固熔点 T，形成氧化铝的比率在 1.2~1.6 之间。如果窑内物料中氧化铝的比率在此范围内，那么 Al_2O_3 和 Fe_2O_3 在固熔点温度将全部熔融。也就是说，在可能的最低温度条件下，给定组分组成的窑物料将可能形成最大量的熔体。如果氧化铝的比率过高或过低，将会有 Al_2O_3 或 Fe_2O_3 残留。当温度升高时，残留的 Al_2O_3 或 Fe_2O_3 才会熔化。这意味着对于氧化铝含量高的正常窑物料组成而言，加入 Fe_2O_3 起着助熔剂的作用，而对于氧化铝含量较低的物料而言，加入 Al_2O_3 则起着助熔剂的作用。

表 3.7　熔体各组分含量的质量分数，氧化铝比率 AR 及
不加和加 5% 质量分数的 MgO 时 CaO—Al_2O_3—Fe_2O_3—SiO_2 四元系统中固熔点 S{CaO、C_3S、C_3A 和 $C_2(A,F)$} 和固熔点 T{C_3S、C_2S、C_3A 和 $C_2(A,F)$} 处的熔化温度，单位℃[L 26, S 258]
Table 3.7: Composition of the melts in % by mass, alumina ratio AR and fusion temperatures in °C at the invariant points S {CaO, C_3S, C_3A, and $C_2(A,F)$} and T {C_3S, C_2S, C_3A and $C_2(A,F)$} of the CaO–Al_2O_3–Fe_2O_3–SiO_2 quaternary system without and with the addition of 5 % by mass of MgO [L 26, S 258]

	不加 MgO/without MgO				加 5% 质量分数的 MgO with 5 % by mass of MgO	
	S [L 26]	T [S 258]	S [L 26]	T [S 258]	S [S 258]	T [S 258]
CaO	55.0	53.9	54.8	53.5	50.9	50.5
MgO	—	—	—	—	5.0	5.0
Al_2O_3	22.7	21.2	22.7	22.3	22.7	23.9
Fe_2O_3	16.5	19.1	16.5	18.2	15.8	14.7
SiO_2	5.8	5.8	6.0	6.0	5.6	5.9
AR	1.38	1.11	1.38	1.23	1.44	1.63
温度(℃) Temp. in °C	1341	1342	1338	1338	1305	1301

烧结温度下，熟料中含有15%~25%（质量分数）的熔体。特殊情况下这个比例可能显著低于15%（质量分数）或高于25%（质量分数），最高约30%（质量分数）[k 6]。1400℃时熔体质量分数S可以用以下公式计算[J 21]：

$$S=2.95 \cdot (Al_2O_3 \text{质量分数}) + 2.2 \cdot (Fe_2O_3 \text{质量分数}) \tag{3.4}$$

熟料含有的部分Al_2O_3和Fe_2O_3会与阿利特和贝利特结合，因此，与实际熔体质量分数相比，根据公式计算所得的熔体比例可能过高，最高可达5%。

熔体在促进了硅酸二钙与游离CaO反应生成硅酸三钙的同时，也能够吸收大颗粒的石灰石及石英。

水泥窑的烧成带内，窑喂料温度在1350~1500℃之间时，能迅速地达到热平衡。这意味着当窑喂料加热到此温度时，将产生相同的相组成，即温度足够高时，窑喂料完全熔融，之后平衡冷却至烧结温度。

达到最高温度之后，熟料需进行充分迅速地冷却，以确保烧结温度达到热动力平衡时所生成的硅酸三钙能尽量地保留下来。冷却过程中，熟料熔体内的氧化钙含量过低不能形成铝酸三钙和铁铝酸钙。因此如果平衡冷却速度过慢，固相硅酸三钙将脱离熔体(L)，即硅酸三钙相应部分会与熔体反应生成硅酸二钙，并释放出氧化钙，且氧化钙将促进熔体L的结晶化。

相应的反应方程如下：

$$L + C_3S \longrightarrow C_2S + C_3A + C_2(A,F)$$

这说明冷却过慢会减少水泥强度发展所需的硅酸三钙的含量，因此熟料冷却速度要尽可能地快。冷却速度快阻止了硅酸三钙的损耗，并且熔体会独立于已经存在的固体相进行结晶化。此时，熔体中的氧化钙含量不足以生成平衡相，尤其是铝酸三钙，因此，会生成相应数量氧化钙含量低的铝酸钙，或者残留的熔体将固化为玻璃体。

根据窑喂料发生的化学反应可以将窑系统分为五个带，如下：

——干燥带，物料被加热到约100℃，

——预热带，物料温度可达550℃，

——分解带，温度在550℃至约1200℃，

——烧成带，窑喂料从1200℃加热到最高温度，约为1350~1500℃之间，

——预冷却带，熟料落入冷却机前，从最高温开始冷却。

如果预冷却带相对较长，熟料送至窑炉出口时的温度约为1150℃，但如果烧成带离窑出口较近，预冷却带极短，此时熟料温度可高达1350℃。对带有预热器的水泥窑，干燥、预热及部分分解反应都在预热器中进行。对带有预分解的水泥窑，在窑喂料送至回转窑前，分解反应基本全部完成。

3.2.7 熟料烧成过程中各种反应的影响因素

1. 窑喂料的结块

通常在水泥窑烧成带温度下，如果生料堆积紧密，扩散路径很短，熟料化合物快速生成[L 115]。尤其在实验室研究中，为了检测生料混合物的烧成机制，这是必须要记住的。这种情

况下,建议混入少量水将生料制成团粒或压干成薄片。工业水泥熟料烧成过程中,生料喂入回转窑后,窑喂料颗粒的结块对化学反应的进程有着重要的影响。物料结块原理包括粒径相近的颗粒聚积及细颗粒层在较大集料表面的沉积(雪球原理)[P 29, P 28, P 30]。物料结块始于500~600℃时黏土矿物脱水和高于800℃碳酸钙的分解过程 [L 115]。

然而,温度高于约1250℃熔体出现对熟料的形成可能更重要。因此,生料混合物结块的趋势受固相窑喂料组分及熔体的物理性质的控制,特别是黏度和表面能。这些都可以通过加入相对少量的异质成分来改变。例如,对于$CaO-Al_2O_3-Fe_2O_3-SiO_2$四元系统的富CaO熔体而言,可以通过添加对应$SO_3$最大含量4%(质量分数)的硫酸钙就可以极大地降低熔体的黏度 [B 142],同时熔体的表面张力也会降低。这可能是在游离碱金属生料混合物中加入$CaSO_4$会促进熟料生成的原因。阿利特及贝利特晶体尺寸随着硫酸盐含量的增加而增大就说明了这一点 [V 24],但对熟料的工业生产过程,随着窑内硫含量的增加,熟料颗粒粒径变得越来越小,而冷却气体和水泥窑气氛中粉尘的含量明显上升 [S 204]。

由于窑筒的旋转,回转窑内的窑喂料形成了卷状的松散物料,并借由窑的倾斜缓慢地移向窑体末端。窑喂料的滚动有助于致密熟料颗粒的形成。然而,这也导致了物料一定程度的分离。甚至在颗粒形成前,较粗的颗粒会聚集在松散物料表面,而较细的颗粒则聚集在其核心位置。通过火焰直接热辐射和间接地通过窑壁传热,物料流的周边区域也会快速升温。物料流的自由表面直接与窑气组成直接接触,特别是氧气(或一氧化碳)、二氧化硫、碱金属蒸气和粉尘,因此,熟料颗粒核心和表面层的组成及显微结构会出现明显不同 [M 13]。

2. 窑喂料的烧结行为

生料混合物的燃烧行为,即烧结行为或可烧结性,是水泥熟料工业制造的重要性质;有时也用"易烧性"这一含混的术语。一般,就对实验炉内适当样品的烧成过程,游离CaO的含量减少的基础上进行评价。样品在不同温度下进行定时(等时)烧成,或相同温度下(等温)进行不同时间的烧成,研究发现,技术可行的限度内,石灰饱和系数、二氧化硅比率和氧化铝比率越低,成分颗粒尺寸越小,物料越容易烧成 [R 9, B 128, L 115]。较高含量的碱金属Na_2O和K_2O或者较高含量的SO_3都能促进物料在较低温度烧结,同时也能抑制物料在较高温度烧结。MgO只能在一个适度的范围内改进烧结 [A 3]。当评估颗粒尺寸的影响时,需要区分哪些位置的粗颗粒有均匀的组成,哪些位置它们由几种不同的紧密共生的组分组成。

烧结时间也对反应进程有着明显的影响。对窑喂料迅速加热有利于熟料生成。加热过程中,会有更多的游离氧化钙生成,但由于形成的氧化钙颗粒极细,在烧结过程中氧化钙结合的速度,比较慢加热的情况下要快得多 [L 115]。

3. 添加剂对熟料生成及水泥性质的影响

原料含有的或为了促进熟料生成而加入的异质成分对烧成行为有着重要的影响。一些添加剂可以被用作助熔剂,温度相同的条件下,即使少量的异质成分也能显著降低熔体黏度。添加剂会降低熟料熔体开始形成的温度。矿化剂就是在不参与形成反应的情况下能够促进熟料化合物形成的添加剂。许多异质成分既可作为矿化剂又可作为助熔剂，通常是很难区分的。

许多已出版的文献研究了不同添加剂对熟料生成及水泥性质的影响 [W 29, K 56, J 7, O 6]。氟化物和氟硅酸盐特别有效，它们能够强烈地促进硅酸三钙生成，并降低 C_3S 稳定存在的温度下限，从 1250℃降到 1200℃以下；但另一方面，它们也能促进 C_3S 在较低温度下分解成 C_2S 和 CaO。氟化物存在时，会生成含有铝酸 12/7 钙的氟化物，其分子式为 $11CaO \cdot 7Al_2O_3 \cdot CaF_2$，而不会生成铝酸三钙，其富含 CaO 而且与水的反应速度更快 [E 13]。氟化物的这种性能用于工业化生产调凝水泥（第 9.5 节）。窑喂料中氟化物的 F^- 含量达 1%（质量分数）并不会改变水泥熟料的组成，但却能促进熟料的生成，并使烧成温度降低约 150K [C 27]。加入 0.5%~1.0%（质量分数）的氟化钙也能降低碳酸钙的分解温度 [P 42]。使用水泥硫酸化工艺（石膏硫酸化工艺、穆勒-库恩法）煅烧含有石灰石和硫酸钙的生料混合物时，加入 1.6%（质量分数）的氟化钙能够有效促进石灰的结合 [G 86]。氟化物添加剂加入生料混合物，能够促进熟料生成，提高波特兰水泥的 7d 和 28d 标准强度，但一般会降低 1d 和 2d 早期强度。特别是，氟化钙和硫化钙两种添加剂混合加入时能够提高水泥强度。添加剂的加入必须按比例，氟化物在熟料中的含量为 0.25%（质量分数）的 F；硫化钙添加量必须与熟料中碱金属的含量相匹配 [M 109]。

重金属也能促进熟料生成，尤其是锌、铜和钴等，其添加量在熟料中可达 2%~3%（质量分数）[O 5, K 3, K 4, B 101]，Mn 浓度依 Mn_2O_3 计质量分数，可达 1.0% [K 58]，Ti 浓度依 TiO_2 计可达约 4%（质量分数）[K 62]。这些添加剂也能增加水泥强度 [K 61, K 58, K 62]。钼和钒的氧化物则能促进 C_3S 和 C_3A 的结晶化 [K 18, K 17]。生料混合物中较高含量的 Cd、Pb 和 Zn 在能够延缓水泥凝结的同时降低水泥强度，而添加较高含量的 Cr 则能加速水泥的凝结和硬化 [M 133]。

按 P_2O_5 的质量分数算，含量高于 2% 的磷酸盐会阻碍石灰化合并降低水泥的硬化能力，这是因为磷酸盐使得硅酸二钙的 α- 和 α'- 高温异构体在高温下稳定存在，进一步阻碍了硅酸三钙的生成。因此，伴随着熟料中 P_2O_5 浓度的增加，相同含量的游离氧化钙也增加，进而降低水泥的强度。可能补救办法是在生料混合物中加入氟化物和硫酸盐 [G 87, G 90]。然而，窑喂料中磷酸盐的含量低，以 P_2O_5 计质量分数最高不超过约 1%，能够促进熟料的生成并增加水泥强度 [S 13]。实验室研究证明，氧化铬、氧化锰和氟化钙等混合添加剂对增加水泥早期强度特别有效 [T 38]，同时还能提高硅酸三钙的水化活性 [F 33]。然而，氧化铬、氧化锰和氟化钙等添加剂会改变水泥的颜色 [A 15]，基于安全生产及环境保护方面的疑虑，上述添加剂在工业生产中的应用受到质疑。

3.2.8 烧成过程能量的需求

用于熟料烧成的燃料能量可分为以下几种 [V 105]：

1. 理论上熟料生成所需的能量
2. 蒸发水分所需能量
3. 窑废气各成分的热焓

4. 冷却机废气各成分的热焓

5. 预热器、窑及冷却机的壁面热损失

6. 出冷却机熟料各成分的热焓

1. 理论所需能量是指在将生料混合物从20℃加热至100℃干燥,并生成1kg水泥熟料所需的反应焓[S 237, V 105]。本质上它包括以下几种子反应焓,正号代表吸热反应,负号代表放热反应:

黏土矿物脱水反应 +40 kJ/kg 至 +170 kJ/kg

碳酸盐分解反应 +2100 kJ/kg 至 +2200 kJ/kg

熟料相形成反应 –460 kJ/kg 至 –550 kJ/kg

计算公式也考虑了有氧存在时碱金属与二氧化硫的反应,以及一般原料含有的有机材料的燃烧[S 237, V 105]。理论上熟料所需的总能量在1590~1840 kJ/kg之间。

表3.8给出了熟料形成过程中各独立反应所需的总能量[R 85]。计算以表3.3所示的窑喂料组成为基础,并假定黏土成分以高岭石的形式存在。

表 3.8 波特兰水泥熟料生产中的窑喂料反应及反应焓 [R 85]
Table 3.8: kiln feed reactions and reaction enthalpies during the production of portland cement clinker[R85]

反应名称	反应方程	反应的标准焓	
		kJ/kg[1)]	kJ/kg Kl[2)]
I. 氧化物的形成及分解反应 I. Formation of the oxides, and decomposition reactions			
1. H_2O 的蒸发 1. Evaporation of H_2O	$H_2O_{liq} \longrightarrow H_2O_{vap}$	+ 2453	+ 4
2. 高岭石分解 2. Kaolinite decomposition	$Al_2O_3 \cdot 2SiO_2 \cdot 2H_2O \longrightarrow Al_2O_3 + 2SiO_2 + 2H_2O$	+ 780	+ 78
3. 有机黏土成分 3. Organic clay constituents	$C + O_2 \longrightarrow CO_2$	– 33913	– 136
4. $MgCO_3$ 分解 4. $MgCO_3$ dissociation	$MgCO_3 \longrightarrow MgO + CO_2$	+ 1395	+ 22
5. $CaCO_3$ 分解 5. $CaCO_3$ dissociation	$CaCO_3 \longrightarrow CaO + CO_2$	+ 1780	+ 2111
		1 到 5 总计 total 1 to 5	+ 2079
II. 中间产物的形成 II. Formation of intermediate products			
6. CA 的形成 6. Formation of CA	$CaO + Al_2O_3 \longrightarrow CA$	– 100	– 8
7. C_2F 的形成 7. Formation of C_2F	$2CaO + Fe_2O_3 \longrightarrow C_2F$	– 114	– 6
8. β-C_2S 的形成 8. Formation of β-C_2S	$2CaO + SiO_2 \longrightarrow \beta$-$C_2S$	– 732	– 493
		6 到 8 总计 total 6 to 8	– 507
10. C_3A 的形成 10. Formation of C A	$CA + 2CaO \longrightarrow C_3A$	+ 25	+ 1
11. C_3S 的形成 11. Formation of C S	β-$C_2S + CaO \longrightarrow C_3S$	+ 59	+ 35

3 水泥熟料

续表

反应名称	反应方程	反应的标准焓	
		kJ/kg[1]	kJ/kg Kl[2]
		9 到 11 总计 total 9 to 11	+ 39
IV. 总体反应 IV. Overall reaction	窑生料 ⟶ 熟料 kiln meal ⟶ clinker		
a) 包含燃烧反应 a) Including combustion		1 到 15 总计 total of 1 to 5	+ 1611
b) 不包含燃烧反应 b) Without combustion		1+2+4 到 11 总计 total of 1+2+4 to 11	+ 1747

1) 与左边列中物质相关；
2) 与由表 3.3 所列出的窑生料组成得到的熟料相关。
1) Related to substance in left-hand column.
2) Related to clinker from kiln meal composition given in Table 3.3.

2. 蒸发水分所需的能量只与自由水有关，计算理论上熟料形成所需能量已经考虑了以化合物形式存在于黏土矿物中的水分。

3. 窑废气各成分的热焓与气体的质量流量、废气的比热容及废气与环境之间的温度差成正比。必要的时候，必须考虑不完全燃烧带来的能量损失；不完全燃烧引起的能量损失可以由废气中一氧化碳的浓度来计算。

4. 冷却机废气各成分的热焓与空气质量流量、空气的比热容及废气与周围环境之间温度差成正比。

一般而言，废气含有的粉尘所造成的能量损失可以忽略不计，这是由于粉尘浓度通常很低。如果特殊情况下需要计算粉尘浓度，则还必须考虑粉尘中未分解的碳酸钙。

5. 由预热器、窑和熟料冷却机的壁面带来的热量损失则需要借助于表面温度测量（例如利用红外设备测量），热辐射系数和热对流换热系数，以及热量损失表面积的大小来确定 [G 5]。

6. 出冷却机时熟料各成分的热焓由熟料温度、熟料的平均比热容和熟料质量流量计算得出。表 3.9 列出了根据大量现代水泥窑系统测量得到的水泥窑的能量消耗，也列出了生产 1t 熟料所消耗的电能，包括相对于 1kg 熟料的一次空气、窑和冷却机风机及窑传动系统以及废气量所需的能量和废气的温度。

分解和烧成所需的热量本质上仅依赖于窑喂料性质；对于所有的窑系统都是一样的。因此提供给窑系统分解和烧成带的热量必须满足以下方面的需求：碳酸钙分解，窑喂料烧结，加热产生的 CO_2 使其温度与窑气相同，补充分解带和烧成带壁面热损失以及熟料和废气出冷却机时的热焓热损失。

碳酸钙开始分解时窑喂料的温度约为 550℃，此时窑系统中窑气温度必须适当地高出此温度，一般约 250K[W 15, W 16]。窑的物料低温区中不可避免地有一定量的能源不能再用于分解和烧成。其中有一定比例的能量用于窑废气以便水分以水蒸气排出，因此废气温度不能低于露点温度。其余热量则用于加热窑喂料及蒸发原料混合物中的水分,这些能量一般足以蒸发生料中 15%(质量分数)的水分。如果窑喂料含水量较低,如旋风预热器窑,这部分能量可不再用于窑系统,而用于其他方面,比如干燥原材料,但是这必然导致废气中热损失的增加。如果窑喂料含有高达 15%(质量分数)的水分,如炉箅式预热器窑或立窑,这部分能量则用于蒸发窑物料中的水分。因此废气不再含有用于煅烧或干燥的能量。当煅烧含水量高达 15%(质量分数)的窑喂料时,窑系统的燃料消耗主要由分解和烧成所需能量决定。原则上讲,旋风预热器窑和炉箅式预热器窑有同样的燃料需求,然而,与炉箅式预热窑不同的是,旋风预热窑能提供可用于干燥物料的废气。

然而,如果喂料水分超过 12%~15%,例如半湿法或湿法窑,那么分解和烧成过程所产生的能量则不足以蒸发物料的全部水分。这种情况下,窑系统所需的热能不取决于分解和烧成的热能需求,而是取决于物料中必须蒸发的水量。半湿法及湿法水泥窑中,可以通过降低物料中的含水量来降低窑系统的热能需求量。

3.2.9　影响热能需求的因素

对带有预热器的干法工艺而言,现代化水泥窑的燃料能量需求约为 3100kJ/kg,湿法水泥窑最少需要 5500 kJ/kg[B 94, L 86, E 35]。每生产 1 千克熟料,碳酸盐分解消耗的能量为 2100~2200kJ,而湿法水泥窑需要 1670~2720kJ 的热能用于蒸发水分(表 3.9)。

表 3.9　水泥熟料烧成的能量消耗（根据 [V 6] 及德国水泥工业研究所的资料）
Table 3.9: Energy expenditure for burning cement clinker (according to [V6] and documentation from the Research Institute of the German Cement Industry, Düsseldorf)

	回转窑 Rotary kiln			立窑 Shaft kiln
	旋风预热器窑 with cyclone preheater	炉箅式预热器窑 with grate preheater	长湿法窑 long, wet process	
熟料产量(t/d) clinker output in t/d	3000…5000	300…3300	300…3600	120…300
生产熟料所需热量, kJ/kg 熟料 fuel energy in kJ/kg clinker				
熟料形成 clinker formation	1590…1840	1590…1840	1590…1840	1590…1840
水分蒸发 water evaporation	8…38	420…590	1670…2720	420…590
废气(未净化气体) exhaust gas (raw gas)	600…1200	250…380	500…1050	80…840
冷却机废气 cooler exhaust air	0…500	0…500	0…300	—
熟料 clinker	40…210	40…170	40…210	80…250
壁面热损失 wall losses	250…750	330…670	330…700	20…80
总计 total	3000…3800	3100…3800	5000…6000	3100…4000
消耗的电能, kWh/t 熟料 electrical energy in kWh/t clinker	10…20	12…20	10…20	12…16
废气体积, m³/kg 熟料 exhaust gas volume in m³/kg clinker	2.1…2.5	1.8…2.2	3.2…4.2	2.0…2.8
废气温度(℃)未净化气体 exhaust gas temperature in °C (raw gas)	330…150	90…150	130…180	45…125

除此之外，相当大的热能不得不用于抵消能量损失，特别是气体热焓损失和壁面热损失。然而，对干法工艺而言，高温废气还可用于其他方面，如干燥原料。通过挥发性化合物的蒸发和冷凝使得能量从高温区域转移到低温区域，也会增加热能的损失，例如，碱金属氯化物在回转窑内的蒸发及在预热器内的再凝结[R 82]。循环粉尘系统和入口漏风也会带来热损失。

由于窑喂料与窑气的对流，窑系统不同部位的热能损失之间存在着相互作用，也不同程度地影响窑系统的能耗。结合模型计算工业窑系统的研究表明[R 85]，熟料冷却机内热能损失的变化会影响燃料消耗量的变化，影响因子约为1.5。回转窑壁面热损失的影响因子约为1.2，预热器的则为0.8。

如果熟料形成烧成带所需的温度降低，如使用助熔剂，那么燃料消耗就会减小。有关文献表明，当烧结温度降低100~200K时，那么生产1千克熟料能节省热能625kJ/kg [K 56]和105kJ/kg[C 27]。对带有旋风预热器和预分解的现代水泥窑而言，通过模型计算可知，烧结温度每降低200K就会节省低于5%的燃料能量[G 8]。根据上述结论，例如能量需求就从3100 kJ/kg减少到2950 kJ/kg，即节省了能量150 kJ/kg。

上述估算假定加入助熔剂或矿化剂不会改变碳酸钙分解的温度，但是如果分解温度降低约80K，那么节省的能量将从5%增加到6%[P 42, G 8]，即节省的能量从150 kJ/kg增大到180kJ/kg。因此，添加助熔剂和矿化剂只能节省有限的能量。另一方面，降低烧结温度使得高温生成的一氧化氮NO的量不成比例地大量减少（第6.4.6节）。因此，使用助熔剂和矿化剂对降低NO_x的排放量起着重要作用。

回转窑预冷却带和熟料冷却机中冷却速度对水泥熟料的热能要求有着明显的影响。普通熟料冷却机中，熟料脱离窑后以约100K/min的速度冷却至1200℃。回转窑的预冷却带的冷却速度为20K/min，整个箅式冷却机则为70K/min[S 217]。颗粒尺寸越小，冷却速度越快。如果回转窑预冷带变短，那么熟料进入冷却机时的温度就会偏高，或者冷却机的冷却速度提高，那么冷却机的热损失和整个窑系统的热能需求量都会增加，影响因子约为1.5。

干法工艺烧成水泥熟料时，大部分热能不得不用于碳酸盐的分解（表3.8）。所以人们反复尝试采用其他措施来改进对于CaO含量较低、C_2S含量很高（贝利特熟料）的水泥熟料制成的水泥硬化性能以节约燃料能量。例如，快速地冷却熟料和/或在生料中添加Na_2O以稳定具有活性较高的α或α'型C_2S高温异构体[B 140, M 94, G 29, G 30, S 218, S220, C 13]。然而，从技术和工业经济角度考虑，用较高石灰标准值来生产熟料并用它混合其他成分（比如粒化高炉矿渣、火山灰、粉煤灰、油页岩或石灰石）来制造水泥具有很大的优势[L 86]。

先前针对带炉箅式预热器及箅式冷却机的工业窑系统进行的初步研究也得出了相似的结论[F 42]。窑生料的石灰饱和比从100降到88使得能耗从3800 kJ/kg降至3400 kJ/kg，能量和原材料带来的CO_2排放量降低了10%，NO_x排放量从约1400mg/m³降至850mg/m³。另一方面，对于CaO含量低的熟料而言，C_2S的质量分数由7%增加到35%，使得熟料更难磨。

3.2.10 熟料冷却对水泥熟料和水泥质量的影响

水泥熟料必须以足够快的速度从烧成温度冷却,使得生成的硅酸三钙含量能够尽可能充分地保留下来。如果冷却速度较慢,熟料熔体会重新吸收一定量的硅酸三钙,即熔体会同部分硅酸三钙反应生成贝利特晶体,而贝利特晶体会围绕在阿利特晶体周围生成一个贝利特毛边[H 68]。反应过程中释放出来的 CaO 用于铝酸三钙的晶化。硅酸三钙重新吸收,甚至于发生在窑的预冷区,这个过程越强烈,熟料中铝酸三钙的含量越高。当 C_3A 含量高于约 11%(质量分数)的熟料在煅烧时,窑的预冷却区不应过长[H 68]。除此之外,温度低于 1250℃时,硅酸三钙不能再稳定存在,并趋向于分解成硅酸二钙和游离 CaO。硅酸三钙晶格中的二价离子能够大大促进硅酸三钙的分解(第 3.12 节)。所以必须快速冷却熟料,以防止上述反应的发生。

快速冷却熟料也会降低控制水泥凝结的铝酸三钙的反应活性[L41, C 16, S 266]。这对 C_3A 含量高的熟料是非常重要的,如果熟料冷却速度较慢,会导致水泥较快地凝结。实际经验表明,高温范围内的水泥熟料的快速冷却会降低根据 ASTM C 151 标准规定测试的水泥蒸压膨胀。可能的原因就是由于方镁石(游离 MgO)的生成。熟料冷却速度越快,方镁石晶核尺寸越小;方镁石晶核越细,蒸压膨胀越小[G 35]。然而,对 MgO 含量低的水泥熟料制成的水泥,熟料冷却和蒸压膨胀之间也明显存在着相似的关系。因此认为受冷却速度影响的水泥熟料的其他反应是重要的,例如慢速冷却硅酸三钙的重新吸收或早期分解。

另一方面,熟料的过快冷却会降低水泥强度[S 269],尽管这很大程度上取决于快速冷却发生的温度范围[S 274]。较低的水泥强度仅在熟料极快速冷却时才会出现,例如,在水中冷却,从烧成温度到低于 100℃的整个温度范围。这可能是由于熟料熔体仅与混合水极缓慢地反应,熟料熔体在这些条件下硬化而成玻璃体,它紧紧地黏附在硅酸盐表面,抑制了硅酸盐与混合水的反应。然而,如果在烧结温度仅用非常短时间(少于 1s)用水骤冷,然后再慢冷得到的熟料,其强度要高得多。强度的增加是由于短暂的淬火得到的阿利特活性明显增大的缘故。针对纯阿利特的研究也得到了相似的结果[L 36]。

熟料在水泥窑的预冷却带用水简单淬火是不可能实现高成本效率的。因此,水泥凝结和强度发展的最佳冷却条件是将水泥熟料从烧成温度以足够快的速度降至 1250~1300℃,以免阿利特的重新吸收和分解;但另一方面又要求熟料在此处足够慢地冷却,使熟料熔体晶化成细粒微观结构,而不是凝结成玻璃体。低于约 1250℃的温度范围内,冷却速度应该尽可能快,以使铝酸三钙的活性达到最有效的降低。

只有当各种温度范围内的冷却速度变化很大时,熟料冷却才对水泥性能有非常重要的影响。实际上,上述研究在实验室是可能实现的,但用工业生产中的熟料冷却机是不可行的。因此从实际操作试验得出的结论是:工业熟料冷却过程对水泥特性没有或者有很小影响[E 32, L 80, J 17]。然而,通过改变窑内燃烧器的调节或位置使得预冷却带变短或变长,冷却条件可以明显变化,因此,回转窑的预冷却带应当包括到上述研究中去。预冷却带和熟料冷却机中冷却过程对水泥特性的影响,可以从窑出口取出的熟料样品进行对比研究得到。对比时使熟料样品分摊在金属片上,并用压缩空气快速冷却。检测熟料和水泥的性能时,需要考虑铝酸三钙的反应活性,其活性随熟料冷却特性的变化发生明显的变化[S 266,S33]。如果熟料是在还原条件进行烧成的,那么冷却对熟料的影响是相当大的(3.2.11节)。

3.2.11 水泥窑气氛对水泥熟料和水泥质量的影响

为了将窑喂料中的含有Fe尽可能充分地转化为铁铝酸钙中三价氧化物,在烧成正常组分的水泥熟料时必须采用氧化气氛。生产含有微量或不含氧化铁的熟料时可在还原气氛中进行煅烧,例如,生产白水泥的熟料。

为了节约能量,要在过剩空气尽可能少的气氛中操作窑点火系统,这样窑气氧含量一般是很低的,体积分数最多为1%~2%,但常常仅有该比例的十分之几。但是在氧含量低的空气中,窑喂料也含有可氧化组分,如含有碳或硫的化合物,则会产生还原气氛,尤其在熟料颗粒中。

实验研究[S 271,L 84]表明,实际操作过程中有时会产生还原气氛,水泥熟料中出现的二价铁浓度可达FeO(质量分数)的千分之几。如此低的FeO浓度对熟料和水泥的颜色及性质起着很大的作用。考虑到与窑气氛的协同作用,熟料冷却过程中的各种工况也是相当重要的[I 1]。二价铁含量越高,在窑内还原气氛下熟料缓慢冷却时的温度就越低,即窑内预冷却带越长。如果窑喂料中含有氧化成分,特别是硫化物,这种趋势就会更加明显。

针对窑气氛和熟料冷却对水泥熟料和水泥颜色影响的实验室研究结果汇总在表3.10中。所有的熟料样品均在表中第一栏描述的窑气氛中在1450℃下煅烧了30min,然后,在这种气氛中关炉的情况下,缓慢地冷却到第二栏所指的温度,第三和第四栏分别给出了随后在空气和水中迅速冷却后熟料颜色的信息。结果表明,氧化气氛下烧成,然后在空气中缓慢冷却以使熔体结晶,水泥熟料颜色为水泥灰色。如果在1450℃进行氧化烧成,1350℃时将熟料从炉中移出,并用水进行冷却,所得熟料的颜色为棕褐色。这是因为镁离子可以使三价铁的电子层发生极化,这种情况仅发生在Mg离子作用在铁铝酸钙晶格中Fe^{3+}的电子层时(3.1.8节),不会出现在结构混乱的玻璃体中。熟料于氧化气氛中烧成并在炉子中缓慢冷却达到大于等于1200℃时,其颜色也是水泥灰色,熟料在水中迅速冷却之前,铁铝酸钙仍然能够晶化。如果在1250℃时将熟料移出炉子后淬火,熟料的颜色为灰棕色,这是由于熔体的结晶化虽然已经开始,但还没有完成,使得熟料在随后的快速冷却中部分地仍固化为玻璃体。即使在还原炉气氛下进行烧成和冷却,如果熟料在大于等于1250℃下,此时熔体还没固化,熟料的颜色仍然是水泥灰色。在熔体结晶化过程中,空气中氧的作用足以将铁氧化,至少是熟料表层的Fe。然而,如果熔体在炉中的还原气氛下结晶化,那么熟料的颜色为棕色,这显然是由于生成二价铁取代了铁铝酸钙晶格中的镁离子的缘故(3.1.8节)。如果在炉内还原气氛下进行短期或长期的烧成和缓慢冷却后再用水冷却熟料,那么在这两种情况下熟料的颜色都是棕色。事实上,玻璃体在冷却条件下固化时,熟料的颜色为深棕色,而熔体结晶化的冷却过程中,熟料颜色为浅棕色。

表 3.10 窑气氛和熟料冷却制度对水泥熟料和水泥颜色的影响 [S 265, L 83]
Table 3.10: Influence of kiln atmosphere and clinker cooling on the colour of the cement clinker and cement [S 265, L 83]

1	2	3	4
气氛 Atmosphere	熟料出炉温度(℃) Clinker temperature in °C on removal from furnace	炉外冷却后熟料的颜色 Colour of the clinker after cooling outside the furnace	
		空气中 in air	水中 in water
氧化 (空气) (箱式电炉) oxidizing (air) (chamber furnace)	1450	灰色 grey	棕色 brown
	1350	灰色 grey	棕色 brown
	1250	灰色 grey	灰棕色 grey-brown
	1200	灰色 grey	棕色 brown
	1150	灰色 grey	棕色 brown
	1050	灰色 grey	棕色 brown
还原 (CO) (管式炉) reducing (CO) (tube furnace)	1450	灰色 grey	棕色 brown
	1350	灰色 grey	棕色 brown
	1250	灰色 grey	棕色 brown
	1200	棕色 brown	浅棕色 light brown
	1150	棕色 brown	浅棕色 light brown
	1050	棕色 brown	浅棕色 light brown

显微镜下观察到的水泥熟料微观结构的变化与其颜色的变化相似。熟料在离开还原炉气氛并在空气或水中迅速冷却时的温度越高,氧化气氛下烧成的熟料,彼此间微观结构差异越小。对还原气氛下缓慢冷却熟料,阿利特会分解为贝利特和游离 CaO,以消耗铁铝酸钙为代价增高铝酸三钙的含量。还原气氛中物料在烧成温度下停留的时间越长,熟料微观结构变化就越显著,而且停留时间长甚至可能形成金属铁。

窑炉气氛和熟料冷却制度对水泥强度的影响如图 3.17 所示 [S 271]。图中曲线显示了按照 DIN 1164 测试尺寸为 $1.5cm \times 1.5cm \times 6cm$ 的棱柱体砂浆 2d 和 28d 的抗压强度与熟料在 1450℃的还原炉气氛中燃烧 30min 后缓慢冷却至熟料可以冷却的温度的函数关系。不同炉气氛的曲线形状表明,当熟料在还原气氛的炉内缓慢冷却,可以看到强度损失。如果熟料在不低于 1250℃的温度离开炉子,且快速冷却,那么还原炉气氛的降低作用很轻微。强度损失主要是由于 Fe^{2+} 离子进入阿利特晶格,且在低于 1250℃的温度范围内加速了它的分解(3.1.2 节)。

还原窑气氛中煅烧时,铁铝酸钙的量会减少,这是由于只有 Fe 离子以三价的形式存在时才能生成铁铝酸钙。还原气氛中煅烧时,铝酸三钙的量会增加,这是由于生成铁铝酸钙的量降低,氧化铝的比例较高。基于上述原因,还原气氛中生成的熟料制成的水泥倾向于较快速地凝结。

如果生料混合物含有硫化物,主要以硫铁矿 FeS_2 形式出现,那么实际中有可能采用还原性燃烧条件。即使窑燃烧系统有足够的过剩空气,且硫化物中 S^{2-} 质量分数低至 0.2% 时,还会出现明显的还原气氛。这种情况下,建议生料混合物可以不用磨得很细,以改善原料的均匀性,并在不改变窑进料量的情况下,提高窑的转速。这样就会增加熟料的孔隙率,降低入窑物料层的厚度,从而改善氧气与入窑物料的接触 [O 49]。

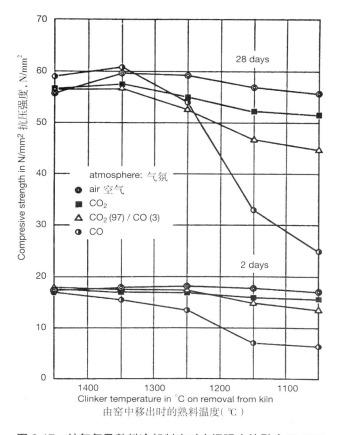

图 3.17 炉气氛及熟料冷却制度对水泥强度的影响 [S 265]
Figure 3.17: Influence of furnace atmosphere and clinker cooling on cement strength [S 265]

3.2.12 水泥窑系统中结皮的形成

窑喂料结皮可以出现在窑系统中的各个部位 [O 39],特别是废气风机和中间气体鼓风机的叶片、旋风预热器两个底部段、箅式预热器壁面和顶部、预热器窑的入口区域、熟料冷却机进口槽等部位。回转窑内,结皮通常呈环形,同时在一定程度上向纵向延伸。分解带的结皮环就是生料环,烧成带起始的烧结环,烧成带末端的熟料环,湿法长窑干燥带的料浆环。结皮环影响窑喂料和窑气的流量,给窑炉操作带来问题。破坏性结皮还包括直径可达 1m 的窑喂料球,其质量会破坏窑砖砌体和熟料冷却机。另一方面,回转窑烧成带出现 10~20cm 厚的均匀和耐磨的结皮正是我们所期望的,因为它不仅可以保护耐火砖砌体,还可以减少烧成带墙体的热损失,平均约 20%。然而,超过平均厚度的结皮会显著降低水泥窑的熟料产量。

回转窑系统中不同部位出现的结皮,化学成分和矿物组成是不同的。预热器和回转窑入口区域的结皮主要是富含碱,硫酸盐和氯化物的结皮,这些成分源自原料和燃料,并因循环过程的不断进行而富集。除了生料和熟料成分之外,结皮化合物可能有 $CaSO_4$(硬石膏)、KCl(钾盐)、K_2SO_4、$K_2SO_4 \cdot CaSO_4$,可能还有 $2C_2S \cdot CaCO_3$(灰硅钙石)和 $2C_2S \cdot CaSO_4$(硫酸灰硅钙石)。生料圈可以是多孔质、松软的以及致密坚硬的,由窑喂料组成,但在接近表面的各层中,即暴露在窑气流中,也可以含有大量的熟料化合物,并在较深结皮层可含有方解石,灰硅钙石和硫酸灰硅钙石。结皮表面的碱含量比熟料中碱含量低,但是较深的结皮层碱含量高。烧结圈和熟料圈主要都是由熟料组成,但是可能会富含铝酸三钙和铁铝酸钙 [S 275]。

结皮主要是由水或熔体湿润薄膜的表面张力与纤维,叶或板条型颗粒缠结在一起的粘结力形成的 [R 99]。湿法长窑烘干区料浆圈中的水膜是可以消除的。由熔融膜(碱盐熔体)和熟料熔体形成两种粘结熔体。预热器中和回转窑入口区域的结皮主要是碱盐熔体形成的,其组成主要是碱金属硫酸盐,在预热器中和窑入口形成的碱金属氯化物和硫酸钙结皮,是由于循环过程堆积起来的,它们在 650~900℃ 之间形成 [O 39, S 268]。水泥窑烧成带结皮是由熟料加热至 1280℃ 以上生成的铁铝酸盐熟料融化而引起的。熟料的粒径随着入窑喂料中熔体的增加而增大 [O 40]。生料圈也可能是由火焰的直接作用形成的熟料熔体的粘结作用而引起的 [O 39]。但是,板条型灰硅钙石和硫酸灰硅钙石晶体的缠结也起着作用。实验室试验证实,生料可以由灰硅钙石的形成而固化 [S 275]。另一方面,显微镜研究显示,这样的结皮圈中灰硅钙石只是由硅酸三钙在窑气含有的二氧化碳的作用下形成的 [O 39]。

避免出现破坏性结皮的措施已有很多的描述 [L 70, O 39]。但是,由于操作条件不同,不存在固定的模式。这意味着只能简要提供几种普遍有效的建议,但是这些建议可以作为个别情况处理时补救措施选择的出发点。

尽量减少形成破坏性结皮的一个重要的前提条件就是统一的窑炉操作,这主要关系到窑喂料和燃料的组成、细度和计量。如果窑气中粉尘量降低,那么形成结皮的趋势也会减少。以下简要介绍几种适用于窑各部分避免结皮的方法:

窑预热器中和窑入口区域的结皮形成主要是由于碱金属硫酸盐和碱金属氯化物熔体引起的。如果减少相应的循环系统,那么形成结皮的可能性会降低。例如,如果在生料混合物中加入硫酸钙,碱金属的硫酸化程度得到提高,由于原料中高比例的碱以碱金属硫酸盐的形式随熟料推出窑,碱循环的次数会减少。同时,也可以通过排除富碱的粉尘或抽出一些气体(旁路)来减少碱循环次数。部分窑气在进入预热器前就被转移并直接进入气体净化系统 [M 134]。如果窑喂料中含有超过 0.02%(质量分数) 的 Cl^-,超过 1.2%(质量分数) 的碱(K_2O+Na_2O),这个方法特别适用。预热器、窑尾区和回转窑中耐火砖砌体对结皮形成也有影响 [K 115, S 49]。

避免分解带生料圈出现烧结结皮和烧成带过大结皮,最有效的措施就是把生料混合物硅率至少提高到 2.4,从而可以降低窑喂料熔体的比例。使用过长火焰,会出现分解带生料圈烧结结皮。可以通过大大缩短火焰把过长火焰移至烧成带的起始端,从而将火焰限定到无害程度。

如果工艺技术措施不能阻止破坏性结皮的形成,那么只能是不断地排除结皮。根据窑结皮出现位置的不同,可能的方法如下:使用工业枪射击结皮,用气态二氧化碳的压力激增爆破结皮(卡道克斯法),用高压或低压水射流切割结皮,用压缩空气压力冲击设备排除结皮 [O 39, B 63]。

3.3 评估水泥熟料

3.3.1 微观评估

显微镜下检测熟料可以提供熟料化合物的性质、含量以及生成和分布等相关信息。熟料化合物的性质和含量主要取决于窑喂料的化学成分,但熟料化合物的生成和分布及其共生,即熟料的微观结构可以提供有关生料混合物加工工艺和熟料煅烧、冷却期间的信息[v 3, M 125, M 124, T 40]。

光学显微镜下检测熟料,通常是在入射光照射的熟料抛光、蚀刻的切片上进行的。切片一般是用蒸馏水,氢氧化钾溶液,乙醇硝酸,二甲基柠檬酸,或氢氟酸蒸气进行酸洗[v 3, T 40]。各种熟料相主要是根据光的反射强度、酸洗中的行为和/或颜色来进行区分的。阿利特、贝利特和熟料熔体也可以借助于计算机系统迅速和自动地确定出来[T 40]。

熟料相的小颗粒使得薄片和粉末制备的检验难以进行。抛光的薄片,即具有表面抛光、浸蚀过的薄片,也用于研究一些特定的问题。这样使得薄片上的同一个点可以用显微镜在入射光和透射光下进行检验[G 33]。

图 3.18 和图 3.19 所示为抛光和浸蚀的熟料切片显微镜照片。由图 3.18 可知,阿利特(硅酸三钙),浸蚀程度较高,因此呈暗色,自形晶体(即按照自身的晶形生长);圆形贝利特(硅酸二钙),浸蚀程度较弱,因此呈浅灰色;填充在阿利特和贝利特颗粒之间间隙空间的基体,主要由熟料熔体中结晶的暗色硅酸三钙和浅色铁铝酸钙组成。C_3A 含量低的熟料的显微照片如图 3.19

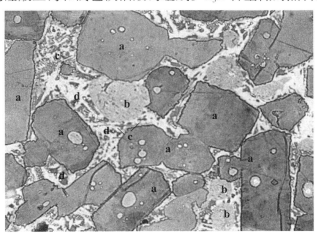

图 3.18 水泥熟料;经水洗抛光的熟料薄片的光学显微照片
(图片由德国水泥工业研究所提供)

Figure 3.18: Cement clinker; light–optical photomicrograph of a polished clinker section etched with water
(illustration courtesy of Research Institute of the Cement Industry, Düsseldorf)

a. 硅酸三钙 $3CaO \cdot SiO_2$, C_3S
b. β-硅酸二钙 $\beta\text{-}2CaO \cdot SiO_2$, $\beta\text{-}C_2S$
c. 铝酸三钙 $3CaO \cdot Al_2O_3$, C_3A(暗色间隙相)
d. 铁铝酸钙 $2CaO \cdot (Al_2O_3, Fe_2O_3)$, $C_2(A,F)$(淡色间隙相)

a tricalcium silicate $3CaO \cdot SiO_2$, C_3S
b β-dicalcium silicate $\beta\text{-}2CaO \cdot SiO_2$, $\beta\text{-}C_2S$
c tricalcium aluminate $3CaO \cdot Al_2O_3$ C_3A (dark interstitial phase)
d calcium aluminoferrite $2CaO \cdot (Al_2O_3, Fe_2O_3)$ $C_2(A, F)$ (light interstitial phase)

所示,基体几乎全部由浅色铁铝酸钙组成。采用图像分析系统和根据不同相的颜色可以自动分析熟料组成 [C 28, S 251]。

图 3.19　C_3A 含量低的水泥熟料;经含二甲基柠檬酸和氢氧化钾的酒精溶液浸蚀抛光的熟料光学显微照片(图片由德国水泥工业研究所提供),图例说明如图 3.18。
Figure 3.19: Cement clinker which is low in C_3A; light– optical photomicrograph of a polished clinker section etched with an alcoholic solution of dimethylammonium citrate and potassium hydroxide (illustration courtesy of Research Institute of the Cement Industry, Düsseldorf) For legend see Figure 3.18

最适合扫描电镜(SEM)观察的物体表面(德语:Raster Elektronen Mikroskopie,REM)是熟料颗粒的新开裂的表面,为了显微照相,其表面用真空喷镀了金属原子(一般为金),图 3.20 示出了一幅这类显微照片。

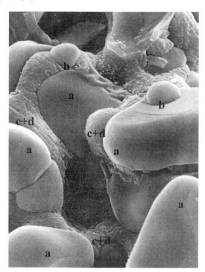

图 3.20　水泥熟料;熟料断裂面的扫描电镜显微照片(图片由德国水泥工业研究所提供)
图例见图 3.18,SEM 显微照片中不能区分基质中的铝酸三钙和铁铝酸钙

Figure 3.20: Cement clinker: Scanning electron microscopic (SEM) photomicrograph of a clinker a fracture surface (illustration courtesy of Research Institute of the Cement Industry, Düsseldorf) For legend see Figure 3.18 The tricalcium aluminate and calcium aluminoferrite constituents of the matrix cannot be differentiated in the SEM photomicrograph

图中可以辨认出阿利特、贝利特和基质。采用背射电子扫描电镜可以检测平整抛光的熟料切片上基质的微观结构，特别是结构中的硅酸三钙和铁铝酸钙成分(图3.21)。

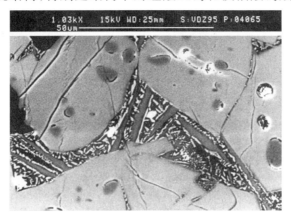

图3.21 水泥熟料；采用背向散射电子照射得到的样品表面气相沉积碳的熟料光片的扫描电镜显微照片（图片由德国水泥工业研究所提供）在结晶的熔体中，能够清楚地看出：浅色的铁铝酸钙、暗色的铝酸三钙富含碱金属的暗色板条状的铝酸三钙

Figure 3.21: Cement clinker; SEM photomicrograph of a polished clinker section with vapour-deposited carbon, taken with backscattered electrons (illustration courtesy of Research Institute of the Cement Industry, Düsseldorf)The light calcium aluminoferrite, the dark tricalcium aluminate and the dark, lath-shaped tricalcium aluminate, which is richer in alkalis, can be clearly differentiated in the crystallized melt between the silicates

3.3.2 用X射线衍射分析确定相组成

定量X射线衍射分析的常规方法中，晶体浓度是根据一条或几条衍射线的强度来确定的。样品一般是在环己烷，丙酮，苯或1,1,1-三氯乙烷悬浮液中研磨至粒径小于5mm [S 153, L 67, A 20, A 21]。分析线的强度一般与相关的外部或内部标准的测量方法有关，例如，萤石 CaF_2，刚玉 $α-Al_2O_3$ 或金红石 TiO_2，以计定的量加入样品中。需要考虑X射线辐射强度波动和样品质量衰减变化。X射线的干扰强度和浓度之间的关系根据合适的校准标准方法测量找出。

Rietveld法不需要校准标准，是一种基于粉末分析样品中不同相晶格的方法。从计算晶格开始，根据电子数据可以得到晶体和结晶混合物的X射线衍射图。计算假定的组成与实测数据不断比较直至计算和测量衍射图之间的差异达到最低为止，进而快速分析出混合物中的相 [R 59, R 60, T 30, M 110, M 111, K 132, N 10, N 11, N13, N 14, M 125, M 124, G 52]。

3.3.3 相组成的计算

R.H. Bogue认为，根据化学分析值可以计算出水泥熟料相组成 [B 87]。对于正常组成的熟料而言，Fe_2O_3 的含量转化为铁铝酸钙，其分子式为 C_4AF。根据计算可知，没有与 C_4AF 结合的 Al_2O_3 以 C_3A 的形式出现。然后，将 SiO_2 含量首先转换为 C_2S。然后根据剩余 CaO 的量和从相应的 C_2S 比例计算 C_3S，这部分 CaO 没有与 C_4AF，C_3A 和 C_2S 结合。

如果熟料的 Al_2O_3 含量过低或 Fe_2O_3 过高，那么理论上认为氧化铝都存在于 C_4AF，然后从计算以 C_4AF 形式存在的 Al_2O_3 含量，剩余的 Fe_2O_3 转化为 C_2F。不能单独计算 C_4AF 和 C_2F 的量，

可将全部 Al_2O_3 和 Fe_2O_3 转化为固溶体 $C_2(A,F)$。

如果熟料中石灰含量较高，根据计算可知，熟料中不会出现 C_2S，只有 C_3S 和游离 CaO，所有的 SiO_2 存在于 C_3S 中，则剩余的 CaO 以游离 CaO 的形式存在。

上述计算都已总结在公式中。考虑到各种可能性，即 Al_2O_3、Fe_2O_3 或 CaO 过剩，结果形成表 3.11 中所列的四组公式，表中化学符号代表相关氧化物的质量百分数。根据铝率 AR 和两个公式中的一个，决定选用一组公式，列于表 3.11，用于检查过量的 CaO[V 95]。

表 3.11 水泥熟料组成中可能的相计算 [V 95]
表中化学符号代表有关氧化物的质量分数 %
Table 3.11: Calculation of the potential phase composition of cement clinker [V 95] The chemical symbols represent the contents of the relevant oxides in % by mass

CaO 过量，C 表示 C_3A 或 C_2F Checking for excess CaO; $C(C_3A)$ or $C(C_2F)$ at   如果 AR > 0.638：$C(C_3A) = CaO - (2.800\ SiO_2 + 1.650\ Al_2O_3 + 0.351\ Fe_2O_3)$,   AR > 0.638: $C(C_3A) = CaO - (2.800\ SiO_2 + 1.650\ Al_2O_3 + 0.351\ Fe_2O_3)$,   如果 AR < 0.638：$C(C_2F) = CaO - (2.800\ SiO_2 + 1.100\ Al_2O_3 + 0.702\ Fe_2O_3)$,   AR < 0.638: $C(C_2F) = CaO - (2.800\ SiO_2 + 1.100\ Al_2O_3 + 0.702\ Fe_2O_3)$
计算可能的相组成的公式如下：   Formulae for calculating the potential phase composition
对于含有 C_3S、C_2S、C_3A 和 C_4AF 通常组成的水泥熟料：   AR > 0.638，$C(C_3A)$ 为负   For cement clinker of usual composition which contains C_3S, C_2S, C_3A and C_4AF: AR > 0.638; $C(C_3A)$ negative $C_3S = 4.071\ CaO - 7.600\ SiO_2 - 6.718\ Al_2O_3 - 1.430\ Fe_2O_3$ $C_2S = 8.600\ SiO_2 + 5.068\ Al_2O_3 + 1.079\ Fe_2O_3 - 3.071\ CaO$ $C_3A = 2.650\ Al_2O_3 - 1.692\ Fe_2O_3$ $C_4AF = 3.043\ Fe_2O_3$
对于 Fe_2O_3 含量高和 / 或 Al_2O_3 含量低及含有 C_3S、C_2S、C_4AF 和 C_2F 的熟料   AR < 0.638，$C(C_2F)$ 为负   For cement clinker which is rich in Fe_2O_3 and/or low in Al_2O_3 and contains C_3S, C_2S, C_4AF and C_2F: AR < 0.638; $C(C_2F)$ negative $C_3S = 4.071\ CaO - 7.600\ SiO_2 - 4.479\ Al_2O_3 - 2.860\ Fe_2O_3$ $C_2S = 8.600\ SiO_2 + 3.379\ Al_2O_3 + 2.157\ Fe_2O_3 - 3.071\ CaO$ $= 2.867\ SiO_2 - 0.754\ C_3S$ $C_2F = 1.702\ Fe_2O_3 - 2.666\ Al_2O_3$ $C_4AF = 4.766\ Al_2O_3$ 或 or $C_2(A,F) = 2.100\ Al_2O_3 + 1.702\ Fe_2O_3$
对于水泥熟料中 CaO 过量，含有 C、C_3S、C_2S 和 C_4AF AR > 0.638，$C(C_3A)$ 为正   For cement clinker with excess CaO, which contains C, C_3S, C_3A and C_4AF: AR > 0.638; $C(C_3A)$ positive $C = CaO - 2.800\ SiO_2 - 1.650\ Al_2O_3 - 0.351\ Fe_2O_3$ $C_3S = 3.800\ SiO_2$ $C_3A = 2.650\ Al_2O_3 - 1.692\ Fe_2O_3$ $C_4AF = 3.043\ Fe_2O_3$
对于 Fe_2O_3 含量高和 / 或 Al_2O_3 含量低，CaO 过量及含有 C、C_3S、C_4AF 和 C_2F 的熟料   AR < 0.638，$C(C_4AF)$ 为正   For cement clinker which is rich in Fe_2O_3 and/or low in Al_2O_3 with excess CaO and which contains C, C_3S, C_4AF and C_2F: AR < 0.638; $C(C_4AF)$ positive $C = CaO - 2.800\ SiO_2 - 1.100\ Al_2O_3 - 0.702\ Fe_2O_3$ $C_3S = 3.800\ SiO_2$ $C_2F = 1.702\ Fe_2O_3 - 2.666\ Al_2O_3$ $C_4AF = 4.766\ Al_2O_3$ 或 or $C_2(A,F) = 2.100\ Al_2O_3 + 1.702\ Fe_2O_3$

当应用上述公式计算相组成时,认为熟料相就是由化学式中给出的组成构成的。事实上,熟料不会完全按照公式中的组成存在,因为所有的熟料相都存在外来成分。为此,通过将氧化锰含量 Mn_2O_3 乘以1.01,并将其加至 Fe_2O_3 含量中,再包括 TiO_2 含量和 Al_2O_3 含量,对此进行部分修正。熟料中含有的硫酸盐和碱含量通常未予考虑。计算波特兰水泥的相组成时,通常假设硫含量全部都是由用于控制凝结时间的硫酸钙而来的。

只有当熟料熔体始终同固体熟料相中的硅酸三钙和硅酸二钙不仅在烧结温度下,而且在冷却结晶过程中处于热力学平衡时,上述方法计算的相组成才是正确的,其主要的含义就是第3.2.6节中描述的对应于铝酸三钙含量的硅酸三钙部分完全被重吸收了。然而,这在实际生产过程中是无法满足上述先决条件的。Bogue 计算得到的熟料组成中的硅酸三钙含量总是过低,硅酸二钙含量总是过高。采用定量显微镜分析法或 X 射线衍射分析法,确定计算得到的熟料组成和实际熟料组成的差异可达 10% 以上 [L 77, N 14]。

L.A.Dahl 规定的熟料组成计算方法是建立在 $CaO-Al_2O_3-Fe_2O_3-SiO_2$ 四元体系在快速冷却过程中发生的反应基础上的 [D 1, D 2]。因此,采用该法计算得到的熟料组分大大接近于实际的熟料组成。然而,该法很复杂,只在特殊情况下才使用。

3.3.4 石灰饱和系数

Bogue 可能的熟料组分的计算是描述性的,但它不能给出熟料中 CaO 缺乏或过剩程度的适当范围。因此,实际上,原料和熟料组成一般用率值表征,即石灰饱和系数 LSF、硅率 SR 和铝率 AR。水硬率,即应用于德国早期水泥标准的质量比 $CaO/(SiO_2+Al_2O_3+Fe_2O_3)$ 和英国早期标准中的摩尔比 $CaO/(SiO_2+Al_2O_3)$ 已不再使用。

石灰饱和系数表示原料混合物或水泥熟料实际存在的 CaO 含量与 CaO_{max} 的比值。CaO_{max} 表示在工业煅烧和冷却过程中,可以与 SiO_2、Al_2O_3 和 Fe_2O_3 结合的 CaO 最大数量:

$$LSF = \frac{CaO}{CaO_{max}} \tag{3.5}$$

石灰饱和系数通常以百分数的形式表示。

CaO_{max} 是指烧结温度下氧化钙的总量,包括固相硅酸三钙中和 CaO 含量最高的熔体中含有的 CaO。这样得到的最大 CaO 含量不包括作为平衡相的游离 CaO,CaO 最大含量可以直接从图 3.16 中 $CaO-Al_2O_3-Fe_2O_3-SiO_2$ 四元体系中得到 [L 27, S 258]。基于熟料加热和快速冷却的四元体系中的反应,即熟料熔体的独立结晶,石灰的极限是一个穿过点 C_3S 和相边界 D-S 的轻微弯曲表面。这个表面几乎与通过点 C_3S,D 和 C_4AF 的面重合,因此,计算 CaO_{max} 的公式如下:

$$CaO_{max} = 2.80\, SiO_2 + 1.18\, Al_2O_3 + 0.65\, Fe_2O_3 \tag{3.6}$$

一般认为,通过上述公式计算得到的石灰饱和系数 LSF[德语 KSt] 是最可靠的。为了与其他石灰标准公式相区别,也可定义为 KSt II[S 171]。最初使用的 KSt I 是基于平面 $C_3S-(C_2A)-C_4AF$[K 103] 的方程得到的石灰极限:

$$CaO_{max} = 2.8\ SiO_2 + 1.1\ Al_2O_3 + 0.7\ Fe_2O_3 \tag{3.7}$$

后来，用于计算石灰饱和系数的公式也考虑到了氧化镁，氧化镁在一定范围内可以取代氧化钙，MgO 的含量可以通过分析原料混合物或熟料中 CaO 含量得到 [S 171]：

MgO 的含量（质量分数）最多为 2.0% 时：

$$CaO + 0.75\ MgO$$

MgO 的含量（质量分数）为 2.0% 以上时：

$$CaO + 1.50\ MgO$$

相应的石灰饱和系数为 KSt Ⅲ。

石灰饱和系数也可以采用所谓的石灰偏差法通过实验得出 [S 172]。一定量的碳酸钙加入原材料混合物或者加入到按照 CaO 含量计算的磨细熟料样品中，在 1450℃ 燃烧并在空气中冷却后，采用化学分析方法确定游离 CaO 的含量。根据样品最初的 CaO 含量、加入的 CaO 含量和游离 CaO 的含量，可以计算出石灰饱和系数。

德国水泥工业生产的水泥熟料的石灰饱和系数如表 3.12 所示。

3.3.5 硅率

硅率 SR 是二氧化硅含量与所有氧化铝和氧化铁含量总量的质量比：

$$SR = \frac{SiO_2}{Al_2O_3 + Fe_2O_3} \tag{3.8}$$

烧结温度下的二氧化硅主要是与在固相中的硅酸三钙和硅酸二钙结合，而氧化铝和氧化铁在熔体中出现，因此，硅率反映了水泥窑烧结带的固/液比。硅率一般介于 1.5~4 之间（表 3.12）；最常见的和最有利的硅率在 2.3~2.8 之间。其他条件相同的情况下，硅率越低，生料易烧，并易于形成窑皮。

有时也采用硅酸率评价水泥窑的烧结行为，即二氧化硅含量与氧化铝含量的比例 [M 134]：

$$硅酸率 = \frac{SiO_2}{Al_2O_3} \tag{3.9}$$

3.3.6 铝率

铝率表示氧化铝与氧化铁含量的质量比：

$$AR = \frac{Al_2O_3}{Fe_2O_3} \tag{3.10}$$

铝率反映了铝酸钙与铁铝酸钙的质量比，因此，也反映了熟料熔体的性质。对于正常组成的熟料而言，其铝率一般在 1.5~4 之间（表 3.12）。其他条件相同的情况下，由于多元系统达到平衡，窑喂料所有的氧化铝和氧化铁完全熔融，铝率为 1.4~1.6 之间，煅烧特性极佳，因此，在尽可能低的温度下能够获得最大量的熔体。

潜在熟料组成的计算表明，铝率为 0.638 时，熟料中不再含有铝酸三钙，这是由于熟料中所有的氧化铝在理论上已经完全生成铁铝酸钙 $4CaO \cdot Al_2O_3 \cdot Fe_2O_3$。然而铝率最大值只能设定大约为 0.55，这样生产的水泥熟料中才不会有 C_3A。

3 水泥熟料

表3.12 根据化学组成计算出的德国水泥熟料率值，
（根据[V 47]和来自德国水泥工业研究所的资料）

Table 3.12: Moduli of German cement clinker, calculated from the chemical composition (according to [V 47] and documentation from the Research Institute of the German Cement Industry, Düsseldorf)

		最大值 max	平均值 av	最小值 min
石灰饱和系数 Lime saturation factor	LSF	104	97	90
硅率 Silica ratio	SR	4.1	2.5	1.6
铝率 Alumina ratio	AR	3.7	2.3	1.4
硫酸化程度 Degree of sulfatization	DS	109	77	35

3.3.7 游离CaO，立升重

假若入窑原料的化学成分没有变化，游离CaO的含量说明了水泥熟料的煅烧程度，即一种熟料形成反应的量度。采用X射线衍射分析，或采用乙基乙酰乙酸乙酯和异丁醇或异丙醇酸滴定法提取钙的化学分析来确定CaO的含量[F 49, V 95]。水泥熟料中约包含质量分数可高达3%的游离CaO。

现在已经很少采用立升重评价熟料[A 37, A 30]。立升重是一种能一定程度上反映熟料煅烧程度的方法。通常采用筛选后得到的5mm/7mm粒级颗粒粒度分数表示立升重，是位于$1.2kg/dm^3 \sim 1.6kg/dm^3$之间。细颗粒粒级，例如3mm/4mm，表示立升重较大；粗颗粒粒级，例如9mm/12mm，表示立升重较小。

水泥熟料的化学组成和孔隙率对立升重也有较大的影响。因此，立升重主要只适用于对同一水泥窑中的不同熟料样品的比较。

4 其他主要水泥成分

4.1 概述

除水泥熟料外，水泥生产过程中也会使用其他矿物质。这些物质要么参与化学硬化反应，要么用于调节水泥的和易性能。根据欧洲水泥标准 EN 197-1:2000 [E 26] 水泥成分可细分为主要成分、辅助添加成分、硫酸钙和外加剂。主要成分是特定水硬性的、潜在水硬性的或火山灰材料和石灰石。辅助添加成分是专门选用的一些天然形成的或在熟料生产过程中衍生的无机矿物材料。上述水硬性、潜在水硬性或火山灰性质的物质以及石灰石，即使不包括在水泥的主要组分中，也可作为辅助添加成分使用。

水硬性材料的水化、硬化行为与水泥熟料和水硬性石灰相似。磨细并与水混合后，潜在水硬性物质会自发地水化硬化，不需要任何其他外加剂，它们在与水反应时会生成含有石灰的能产生强度的水化产物。但是，这种反应速度很慢，所以在工业应用中必须使用激发剂来加速反应。另一方面，火山灰因只含有少量的氧化钙，只有和水混合后能产生氢氧化钙的物质配合使用时，才会形成可以硬化的水化产物。石灰石并不参与水泥的硬化反应，但因其易磨，在与其他一些难磨得多的主要成分，尤其是水泥熟料混合粉磨时，石灰石颗粒会聚集在水泥中较细的部分中，弥补颗粒粒径分布的缺陷，这样可以有助于砂浆或者混凝土形成密实的结构，提高强度。

煅烧过的油页岩残渣是一种水硬性物质，这种残渣可快速独立硬化，这是因为其成分为富含 CaO 的硅酸钙和铝酸钙。

主要的潜在水硬性材料是玻璃态的粒化高炉矿渣，其水硬效果取决于能够形成水化硅酸钙和水化铝酸钙的活性氧化钙、氧化硅和氧化铝所占的比例，水化硅酸钙和水化铝酸钙可以在水中硬化。

火山灰是天然的或合成的细颗粒物料，其基本组分是活性氧化硅，遇水可与氢氧化钙反应生成水化硅酸钙。水化铝酸钙也对硬化有贡献，它通常由火山灰物质中所含有的活性氧化铝反应生成。天然火山灰物质主要包括由火山灰沉积而成的火山凝灰岩以及各种含有大量活性氧化硅的沉积岩，后者只有在干燥后才可作为水泥组分使用。火山灰(pozzolana)一词源于那不勒斯(Naples)附近的 Pozzuoli 产的火山灰(volcanic ash)，这种材料在古代就被用来生产胶粘剂。合成火山灰主要包括粉煤灰和硅灰。其他的一些物质，如烧黏土、稻壳灰等，只是区域性的主要辅助添加成分。

掺量不超过 5%(质量分数)的辅助外加组分，虽然并不是绝对的惰性物质，但实际上不参加水泥的水化反应。

水硬性、潜在水硬性和火山灰性物质的活性一般是通过其与波特兰水泥组成的特定混合物的强度贡献来度量的 [H 5, K 26, K 27]。其大小可通过比较混合物的标准强度来获得，比如将按质量比例掺有30%的需要评价的火山灰和70%的波特兰水泥的混合物的强度与将30%火山灰替换为30%惰性物质(如磨至水泥细度的石英粉)的混合物相应的标准强度相比较。通常在硬化2d、3d或7d和28d时进行测试,水硬系数HI通过用下述公式计算28d标准强度获得:

$$HI = 100 \cdot \frac{(a-c)}{(b-c)} \tag{4.1}$$

式中 a——波特兰水泥+混合材的混合物的标准强度;

b——波特兰水泥的标准强度;

c——波特兰水泥+惰性物质的混合物的标准强度。

水硬系数为100是指波特兰水泥和待评价物质的混合物具有和纯波特兰水泥一样的标准强度。

标准ASTM C 311中定义的用作波特兰水泥混凝土矿物掺合料的粉煤灰和天然火山灰的检测方法也是一种基于强度测试的方法。该方法是通过比较掺加80%(质量分数)的波特兰水泥和20%的火山灰混合物的标准强度与纯波特兰水泥的标准强度的相对大小来表征的。其值用同样和易性下标准砂浆强度的百分数来表示。

不能仅仅依据其强度贡献来评定水硬性、潜在水硬性和火山灰性混合材的活性,主要原因是惰性混合材通过其填充作用也能增加强度[W 58]。而火山灰也有一定的填充作用,因为含有火山灰的砂浆和混凝土的需水量会减少。因此不能根据火山灰对硬化水泥浆体、砂浆和混凝土的强度贡献来准确度量其化学活性(也就是其形成水化产物的能力)。但密实的水化产物微观结构对溶液和气体的低渗透性及砂浆和混凝土的耐久性至关重要。因此不仅可基于强度来评价材料的水化活性,也可用其他适用于单一物质的标准来评价。这些评价标准在稍后关于单一矿物掺合料的章节中讨论。

受技术和经济发展及当地经济环境的影响,不同水泥企业、不同国家甚至是不同大洲间用于水泥生产的混合材的种类和数量是不一样的[W 67]。最适于西欧的水泥水化混合材组成配比见表4.1。

4.2 粒化高炉矿渣

玻璃态的粒化高炉矿渣是用铁矿石炼铁过程中形成的副产品。高炉渣中含有铁矿石杂质、焦炭灰和其他可能的添加材料和助熔剂。离开高炉的矿渣为温度在1350~1550℃之间的黏性熔融体[S 155]。通常在水(偶尔也可以是压缩空气)的作用下,离开高炉后流动的矿渣熔融体分裂成3~5 mm之间的小颗粒,这种作用使矿渣快速冷却、固化为以玻璃体为主的物质。水淬化的高炉矿渣由直径在0.3~3mm之间的碎裂颗粒组成[S 75]。

高炉渣的化学组成随矿石的成分和助熔剂的种类和掺量的不同而变化。其化学组成通常如表4.2所示。由该表可知矿渣通常由47%(质量分数)$CaO+MgO$、35% SiO_2和12% Al_2O_3组成。由于高炉中为还原性条件,铁和锰在矿渣中以二价的Fe^{2+}和Mn^{2+}存在,而硫主要以负二价的硫化物S^{2-}存在。硫含量很低,至多只有0.2%(质量分数)。

表4.1 西欧水泥除波特兰水泥熟料之外的其他主要组分及第二主要组分的最佳配比 [W 67]
Table 4.1: Cements with main constituents in addition to Portland cement clinker in Western Europe, optimum percentages of the second main constituent [W 67]

除熟料外的其他主要组分 Main constituent other than clinker	第二组分的最佳配比 Optimum percentage of 2nd constituent % by mass	较之波特兰水泥在性质上的显著变化 Substantial changes in properties compared with Portland cement
石灰石 Limestone	15±5	—
天然火山灰 Natural pozzolana	25±10	硬化较慢,养护时间较长 Slower hardening, longer curing
粉煤灰 Coal fly ash	25±10	硬化较慢,养护时间较长 Slower hardening, longer curing
粒化高炉矿渣 Granulated blastfurnace slag	25±10 60±15	硬化较慢,养护时间较长 Slower hardening, longer curing

表4.2 粒化高炉矿渣的化学组成(质量%,源自文献 [G 85, S 155, S 19] 和德国水泥工业研究所的文件)
Table 4.2: Chemical composition of granulated blastfurnace slag in % by mass (according to [G 85, S 155, S 19] and documentation from the Research Institute of the Cement Industry, Düsseldorf)

	西欧 * Western Europe1)	俄罗斯/乌克兰 Russia/Ukraine	美国和加拿大 USA and Canada	南非共和国 Republic of South Afric	印度 India	日本 Japan	澳大利亚 Australia
SiO_2	30⋯39	30⋯40	33⋯42	30⋯36	27⋯39	31⋯40	33⋯38
Al_2O_3	9⋯18	5⋯17	6⋯16	9⋯16	17⋯33	13⋯17	15⋯19
CaO	33⋯48	30⋯50	36⋯47	30⋯40	30⋯40	38⋯45	39⋯44
MgO	2⋯13	2⋯14	1⋯16	8⋯21	0⋯17	2⋯8	1⋯4
FeO	0.1⋯1	0.2⋯0.9	1.3⋯4.5	—	<0.5	<0.7	—
MnO	0.2⋯3	0.2⋯1.4.	—	—	<1	0.3⋯1.5	—
Na_2O	0.2⋯1.2	—	—	0.2⋯0.9	—	—	<0.2
K_2O	0.4⋯1.3	—	—	0.5⋯1.4	—	—	<0.5
SO_3	0⋯0.2	—	—	—	—	—	—
S^{2-}	0.5⋯1.8	—	—	1.0⋯1.6	<1	—	0.6⋯0.8

* 其值为比利时、克罗地亚、法国、德国、英国、意大利、荷兰、塞尔维亚和西班牙高炉矿渣的平均值。
1) Average ranges for granulated blastfurnace slag from Belgium, Croatia, France, Germany, Great Britain, Italy, Netherlands, Serbia and Spain.

  粒化高炉矿渣一般由质量分数为90%以上的玻璃体组成,大多数情况下质量分数在95%以上(图4.1)。稳定的冷却条件下熔渣形成玻璃体的趋势随着氧化钙含量的减少而增加。在富含氧化钙的熔体中,硫化物离子的溶解度显著增强的趋势特别明显。高炉矿渣还可能包含少量的晶相,主要是黄长石——由钙铝黄长石 $2CaO \cdot Al_2O_3 \cdot SiO_2$ 和 Åkermanite $2CaO \cdot MgO \cdot 2SiO_2$ 组成的混合晶体。富含氧化钙的高炉矿渣中还会出现β-硅酸二钙 $2CaO \cdot SiO_2$,而在含氧化钙较少的高炉矿渣中,会出现假硅灰石 α-硅酸钙,镁硅钙石 $3CaO \cdot MgO \cdot 2SiO_2$ 和钙镁橄榄石 $CaO \cdot MgO \cdot SiO_2$ 也可能会出现。当高炉矿渣中氧化镁含量(质量分数)在12%到20%之间时,也可以形成尖晶石 $MgO \cdot Al_2O_3$,只有在氧化镁含量在16%以上时才能形成方镁石 [S 252, S 253]。将高炉矿渣加热到至少800~900℃析晶时,这些相也会出现 [K 102]。该反应焓约为300J/g至350J/g[B 83]。

4 其他主要水泥成分

图 4.1 粒化高炉矿渣中相对大的玻璃颗粒的 SEM 照片（由德国水泥工业研究所提供）
Figure 4.1: Granulated blastfurnace slag, SEM photomicrograph of fairly large grains of glassy blastfurnace slag (illustration courtesy of Research Institute of the Cement Industry, Düsseldorf)

矿渣玻璃相从本质上讲与矿渣熔融体具有相同的结构组成。假定硅酸盐熔融体和矿渣玻璃相由不同聚合度的硅酸根离子和钙、镁离子组成 [R 29, D 79]。硅酸根离子的结构单元是硅元素在中央、氧原子在四角的 $[SiO_4]^{4-}$ 四面体。对于聚合度最高的纯 SiO_2 的硅玻璃，所有的硅氧四面体都是按照两个四面体共用一个居于四面体角上氧原子的方式与其他四面体相连的。这些氧原子被称为桥氧原子。如果 Ca^{2+} 和 Mg^{2+} 被纳入连续的 $[SiO_4]$ 网络，就必须打破氧桥，以产生相应数量的负电荷来平衡这些阳离子的电荷。只属于一个硅氧四面体的氧原子称为非桥氧原子。对玻璃网络结构至关重要的离子（如硅离子）称为网络构成离子。相应地打破网络的离子（如钙离子），称为网络改性离子。网络构成离子除了硅，还有硼和磷。网络改性离子除钙以外，主要是碱金属离子。铝占据中间位置，可以像钙和镁一样呈 3 价阳离子状态。然而，由于偏中性，铝元素还可与氧原子以一价阳离子形态存在。

高炉渣中 CaO 和 MgO 的含量越高，也即网络改性离子的含量越高，相应的硅阴离子的浓度越低，给定温度下熔融矿渣的黏度越低，结晶化趋势越强，相应地形成玻璃的趋势越弱。矿渣熔体仅能溶解极少量的可引起其黏度降低的硫化物 [S 14]，增加形成玻璃相的趋势。显然硫化物被纳入玻璃网络代替 $[SiO_4]^{4-}$ 中的氧。

其他条件都相同时，粒化高炉矿渣中的 CaO 含量越高时，粒化过程中矿渣的熔融温度越高，则渣的颜色越浅，泡沫越多，活性也越高 [k 3]。碱度，也就是下述基于化学分析结果计算的质量比，用于粒化高炉矿渣的初始化学表征：

$$p \text{ 或 } p_1 = CaO/SiO_2 \tag{4.2a}$$

$$p_2 = (CaO + MgO)/SiO_2 \tag{4.2b}$$

$$p_3 = (CaO + MgO)/(SiO_2 + Al_2O_3) \tag{4.2c}$$

为了便于判断可用于水泥生产的粒化高炉矿渣,欧洲水泥标准 [E26] 规定粒化高炉矿渣中至少应有三分之二(质量分数)的玻璃体及 CaO、MgO 和 SiO_2 必须至少三分之二,$(CaO+MgO)/SiO_2$ 质量比也必须大于 1.0。

为使粒化高炉矿渣快速硬化,水泥熟料、其他碱性物质或硫酸盐,尤其是天然形态的 β 型硬石膏型的硫酸钙被用作激发剂。各种激发剂的作用下,硬化过程中控制硬化的水化产物水化硅酸钙产生了。根据激发剂种类的不同,会生成不同的既影响水化进程、也影响硬化水泥浆体的微观结构及其强度的含水化合物。生产波特兰矿渣水泥和矿渣水泥时用熟料作激发剂,生产超硫酸盐水泥时用硫酸盐作激发剂。对水硬性石灰的生产起作用的是含有氢氧化钙的碱性激发剂。其他碱性化合物如氢氧化钠、碳酸钠或硅酸钠也可作为激发剂使用[S 115, I 12, R 95, B 3],还可与塑化剂结合使用[F 47]。产生强度的水化产物主要是水化硅酸钙,由于孔溶液 pH 值增加,CaO 含量可能会减少 [T 37, W 10, S 163]。

粒化高炉矿渣作为水泥的组分时,可能会被熟料组分所激活,并很快地与水混合,发生化学反应以提供足量的反应产物,从而使砂浆或混凝土中集料颗粒间原先充满水的间隙形成坚固、密实的微观结构。因此化学活性是用于水泥生产的粒化高炉矿渣的一项重要质量特征。推荐用下列评价标准来检测粒化高炉矿渣的化学活性:

1. 粒化高炉矿渣和氢氧化钙混合物在水化过程中 $Ca(OH)_2$ 的减少 [S 59]。
2. 粒化高炉矿渣与 5% 氢氧化钠溶液的混合物中粒化高炉矿渣结合水量的增加 [L 50]。
3. 检测粒化高炉矿渣在 0.4N 氢氧化钠溶液中及在相同 pH 值时饱和氢氧化钙溶液中的溶解特性。$CaO+Al_2O_3+SiO_2$ 的溶解量随下式计算的摩尔比 R 的增加而线性地增加 [D 79]。

$$R = \frac{(Al \cdot Si)}{(Al + Si)^2} \tag{4.3}$$

4. 初步研究表明核磁共振(NMR)波谱(7.2.3.4 节)也能提供粒化高炉矿渣水化性质的信息 [F 43]。

然而,评价这些检测结果时必须注意:熟料活性是水泥质量的决定因素,它因熟料的不同而有所差异,特定的活化条件并不代表熟料的活性。

由化学分析计算出的 F 值 [k 2] 也能提供化学反应的信息,即质量比

$$F = \frac{CaO + CaS + \frac{1}{2}MgO + Al_2O_3}{SiO_2 + MnO} \tag{4.4}$$

具有极好水化性质的粒化高炉矿渣的 F 值至少应为 1.9,而 F 值 ≤ 1.5 的粒化高炉矿渣只能被评定为普通的水化矿渣。因为没有考虑熟料的激发作用或水化条件对硬化水泥浆体微观结构形成的影响,或硬化水泥浆体微观结构和强度之间的关系,因此,不能指望这样的公式能为对水泥强度有贡献的粒化高炉矿渣水化活性提供更深入的评价。

任何对粒化高炉矿渣化学成分与利用粒化高炉矿渣生产的矿渣水泥标准强度之间关系的描述都需要一个充分考虑高炉矿渣的五个化学参数,即 $CaO+MgO$, Al_2O_3, Na_2O 当量, P_2O_5 和

MnO [S 157, K 73, P 22] 的较复杂的公式。从这一公式可以推断,水泥强度的增加主要是由于粒化高炉矿渣中的 CaO+MgO 和 Al_2O_3 含量的增加而 SiO_2 成分的减少。

然而,即使是这一公式也并未把一些影响强度形成的重要因素考虑在内,只在极窄的范围内适用。这些因素包括不同水泥熟料的活化作用 [S 158]、水泥中高炉矿渣的含量、矿渣和熟料组分的细度和粒度分布以及硫酸盐外加剂的性质和掺加量等诸如此类的因素。

粒化高炉矿渣在进一步被处理之前通常放在中间贮库中。在贮藏过程中,矿渣会失去一部分在粒化过程中获得的水,但是另一方面,它会和空气中的水及 CO_2 化合。虽然在贮存过程中,矿渣的易磨性会改善,需水量会增加,凝结时间会延长,但是即使经过长时间贮存,其水化硬化能力也不会从根本上减弱。只有在相当严重的压实情况下才会发生严重固结 [L 12]。

在铁的冶金处理和其他冶金工艺中产生的别的矿渣对水泥制造的经济价值不大。大部分关于应用可能性的检测是针对产量很大的结晶钢渣开展的,因为这种渣由于其 CaO, FeO 和 Fe_2O_3 含量高,主要由硅酸二钙、铁酸二钙和与 Fe^{2+}, Mn^{2+} 和 Mg^{2+} 固融的游离 CaO 组成。因此这种矿渣主要作为制造水泥熟料的原料成分使用 [G 47]。其水化活性较之粒化高炉矿渣要低得多,因此最好只是作为次要的辅助添加组分在水泥中少量添加 [K 75, D 80]。

4.3 页岩残渣(油页岩)

油页岩是遍布全球的沉积岩。它含有 5%~65% 质量分数的有机物质——油母岩质——借助 400~500℃条件下的热处理(低温干馏)和蒸汽浓缩可以获得其中的油 [B 34]。然而,通常将油页岩用诸如循环流化床炉 [R 58, R 77] 或电站粉碎燃料燃烧系统 [K 38] 等设备在 800℃下燃烧,从而直接产生蒸汽和电能。因此产生的灰具有水化和火山灰性质,这些性能取决于灰的成分。

油页岩的无机成分基本上是黏土矿物、石英和长石,以及含不同比例 CaO 的化合物,尤其是含有极少量白云石或石膏的方解石。油页岩灰的化学组成见表 4.3。CaO 含量低的油页岩,其灰渣由具有火山灰性质的煅烧黏土组成,而 CaO 含量足够高的油页岩,其灰渣主要由产生水硬性的硅酸二钙、铝酸钙和不同比例的游离 CaO 组成。因此欧洲水泥标准 [E26] 要求用作胶粘剂的页岩残渣标准砂浆在潮湿空气中存放 28d 后的抗压强度至少应达到 25 N/mm^2。页岩残渣与波特兰水泥组成的混合物也必须安定性良好。

表 4.3 页岩残渣的化学组成(质量分数 %,无烧失量) [I 10, K 38, L 20, R 77]
Table 4.3: Chemical composition of burnt oil shale in % by mass (l.o.i.–free) [I 10, K 38, L 20, R 77]

组成 Component	质量分数浓度范围(%) Concentration range % by mass
SiO_2	12⋯51
Al_2O_3	5⋯16
Fe_2O_3	6⋯7
CaO	18⋯60
MgO	1⋯4
Na_2O+K_2O	1⋯2
SO_3	5⋯10

含有足够高 CaO 含量的页岩残渣,加入所需水泥熟料后(如必要),可用于生产水硬石灰和水硬胶凝材料。

4.4 天然火山灰

天然火山灰是指那些只需在大约 150℃ 温度干燥,大部分可用作水泥生产主要组分的岩石和泥土。人造火山灰是岩石或泥土(如黏土)在更高的温度 [C56] 下经工业煅烧以获得足够火山灰活性而形成的。

所有天然火山灰的水化活性组分是活性 SiO_2。这种活性组分可与水泥熟料水化过程中产生的氢氧化钙,以足够的反应速率化合形成具有水化硬化功能的 C-S-H(水化硅酸钙)。活性状态下,SiO_2 主要出现在主要由 SiO_2、Al_2O_3 和碱金属组成的某些岩石的玻璃相中,也可能出现在某些岩石中含量很大的沸石中。沸石是一类具有独特宽空晶格的含水硅酸盐,其中水分被松散地吸纳在宽孔晶格中,只要轻微加热就可轻易被释放,但潮湿环境下,即使晶格未发生任何本质改变,这些水分也会被重新吸收。然而,含沸石岩石的火山灰的性质可通过在 350~400℃ 温度下煅烧而显著改善 [K 15],因此可以认为,沸石的相关活性也会随着可逆脱水而提高。火山灰中的典型沸石是钙十字沸石、菱沸石和碱菱沸石 [G 18, M 45, P 16] 以及钠沸石和钙沸石的混合晶体 [K 15]。来源于有机物和无机物的含水无定形硅也具有显著活性。

表 4.4 给出了天然火山灰化学成分的参考值。

表 4.4 天然火山灰的化学成分的质量分数 [M 46, M 93, C 45]
Table 4.4: Chemical composition of natural pozzolanas in % by mass [M 46, M 93, C 45]

来源 Origin	SiO_2	Al_2O_3	Fe_2O_3	CaO	MgO	Na_2O+K_2O	L.O.I.
火山灰,罗马,拉丁姆(意大利) Pozzolana Latium, Rome (I)	45	20	10	9	5	7	4
坎帕尼亚火山灰,那不勒斯(意大利) Pozzolana Campagna, Naples (I)	53	18	4	9	1	11	3
圣托里尼土 Thera(希腊) Santorin earth Thera (GR)	64	13	6	4	2	6	5
莱茵河火山土(德国) Rhine Trass (D)	53	16	6	7	3	6	7
Suevite "巴伐利亚火山土"(德国) Suevite "Bavarian Trass" (D)	61	14	5	4	3	3	8
流纹岩浮石(美国) Rhyolite pumice (USA)	67	14	2	3	1	7	3
硅藻土(德国,丹麦) Diatomaceous earth (D, DK)	80	8	2	1	1	1	8
萨克洛凡诺土(意大利) Sacrofano earth (I)	89	3	1	2	—	—	5

最具经济价值的火山灰是火山喷发形成的火山灰沉积。它们由岩浆的碎片组成,因而被称为火成碎屑岩。火山灰活性是来源于火山爆炸性喷发时产生的相对较小的岩浆碎片快速冷却过程中所形成的高含量玻璃相。喷发过程中,压力突然释放,含在岩浆中的挥发性组分溢出并形成气泡,玻璃发泡程度不同。火山灰沉积可以是松散和不固结的,这种性能被称为无粘结性即没有结合力。然而,它们往往通过沉积后的化学过程固结,然后形成不同强度、多孔的凝灰岩微观结构,因此,属于粘结性的,即有结合力的火山灰材料。

典型的意大利火山灰是位于罗马北部的拉丁姆和那不勒斯西部的坎帕尼亚非固结火山灰

沉积层。主要成分是已经有不同程度变蚀的多孔玻璃相。那不勒斯灰含有钾长石晶体和透长石,而由于 SiO_2 含量低,罗马火山灰沉积物含有较少二氧化硅的长石的代表——白榴石。某些情况下,火山灰中含有的其他矿物源自喷发时被抛出的周边岩石。也是火山起源的那不勒斯的黄色凝灰岩,它有类似的化学组成,并由最初的松散灰通过之后的凝固生成。

圣托里尼土是从希腊希拉岛(Santorin)的微弱固结的火山灰沉积物中获得的火山灰。主要组成是高含量玻璃相的浮岩颗粒,相应的 SiO_2 和 Na_2O 含量有点高,它含有中长石晶体,这是斜长岩的固液系列的一个相,处于钠长石(albite)和钙长石(anorthite)之间。

莱茵河火山土在德国西部被用于建筑材料已经有很长的时间,这也是一种结合程度不同的火山灰。它含有玻璃相的质量分数是50%~60%,其他物质还有石英和长石,以及菱沸石 [S 93, S 94, L 108, L 111]。与此相反,冲击凝灰角砾岩,也称之为巴伐利亚火山灰,产生在德国南部的讷德林根的里斯,但不是火山成因。它是由大约1500万年前穿入地壳将近1000m的石质陨星撞击而成。它的压力波变蚀了受到冲击的结晶基底岩和水成岩。冲击凝灰角砾岩的玻璃体质量分数是62%~67%,比莱茵火山灰多,因此也具有火山灰的性质 [S 93, S 94, L 108, L 111]。弗赖堡附近的凯泽施图山脉产出的某些响岩也可以用作火山灰。它们一点玻璃相都不含,但是如果含有质量分数超过40%的沸石就具有足够的火山灰活性。然而,它们也需要通过于350~400℃[K 15]温度下煅烧,所以不再被归为天然火山灰。

在美国被用作火山灰的流纹质浮石是一种富 SiO_2 火山灰沉积物,只有少量固结或完全不固结,这种灰中玻璃相的质量分数是40%~100%[M 93]。当然在其他许多国家也有其他的火山灰矿床被用作火山灰,如西班牙,西班牙的加那利群岛和亚述尔群岛、印度、印度尼西亚、新西兰和日本的九州岛 [C 45]。

含有较多高活性 SiO_2 的沉积岩系也被列为天然火山灰。这包括硅藻土,硅藻土主要是由含水的无定形 SiO_2、硅藻分解的残留物和作为杂质的不同比例的黏土组成。许多国家发现了硅藻土,如美国(加利福尼亚)、加拿大、俄罗斯、阿尔及利亚、德国和丹麦。德国北部的硅藻土叫做 Kieselguhr,而丹麦的硅藻土叫做 moler。法国产出的海绿云母细砂岩有类似的高活性 SiO_2 含量。它是一种有高含量有机来源无定形硅的富 SiO_2 的岩石。这些物质一般有较高的需水量,所以它们被用作胶凝材料的组分是受限的。如果它们含有相对较高比例的黏土,必须通过煅烧以达到充分的火山灰性质。在这样的情况下,它们被归类为人造火山灰。

在罗马北部的维泰博附近产出的浅色的 Sacrofano 土(表4.4)也有火山灰性质。它是一种软的水成岩,除了含有各种造岩矿物之外,还含有各种沸石、硅藻残渣和有不同程度变蚀的火山玻璃。亚洲中部发现的被称为 gliezh 的火山灰也是天然来源的。它通过黏土与地下燃烧的煤矿床接触自然煅烧形成。来自特立尼达岛的白陶土也以类似的自燃烧结的方法生成 [G 84]。

火山灰的活性通常经过它对砂浆或混凝土强度的贡献和对一种惰性物质强度的贡献的比较来衡量。然而,4.1节中解释的理由,单独用强度是不够的,因此其他的方法也被用来确定火山灰纯化学活性。根据欧洲水泥标准 EN 197-1,火山灰的化学活性以它的活性 SiO_2 含量作为评估基础。这就要求火山灰质量分数至少要达到 25% 才能用于水泥生产。活性 SiO_2 含量占总的 SiO_2 含量的百分比是这样测得的:SiO_2 先在浓盐酸中溶解,随后用煮沸的氢氧化钾溶液对其进行处理,从 SiO_2 总量中减去不溶性残留物中 SiO_2 的含量即为活性 SiO_2 含量。上述两种情况都要加热到 (1150 ± 50) ℃。

火山灰的化学活性也可以通过它的石灰结合能力来测量 [L 111],是以火山灰和氢氧化钙的混合物为基础进行测定的。将这种混合物振荡成悬浮液或以糊状储存在潮湿的环境中,适当的反应时间后可以确定游离氢氧化钙的减少量。这种方法尤其适合用于确定不同火山灰活性的差异性。

石灰结合能力也可以用火山灰特性测试来测定,这个测试已有国际标准为 ISO R 863,并且欧洲水泥标准也采纳为 EN 196-5。这个测试中首先让火山灰水泥浆体在 40℃ 水中养护 8d,然后测试倾析溶液和滤过溶液对于氢氧化钙是欠饱和还是过饱和,用化学分析方法来确定碱度和钙离子的含量。氢氧化钙的饱和度越低,则它含有更多的碱性氢氧化物溶液的碱度越高 [F 51,F 52]。被列入标准的一个曲线图表明,Ca^{2+} 离子的饱和度依赖于 OH^- 离子的浓度。对火山灰水泥的要求是,代表它们的点位于曲线的下方,即测试溶液对氢氧化钙是欠饱和的。波特兰水泥以及一般含有高炉矿渣的普通水泥,为这个测试提供的是氢氧化钙过饱和的溶液。

对火山灰水泥来说,欠饱和度越高,火山灰的活性越好,火山灰水泥中可掺加的火山灰量越多。所以,为了通过火山灰性测试,火山灰水泥必须含有更多火山灰以降低其活性。另一方面,火山灰的掺加量不能太高,因为标准强度随着火山灰的增加而降低,尤其是早期强度,同时加入过量的高火山灰含量的水泥不能再达到水泥标准强度的最低值。这意味着火山灰加入量的下限源自火山灰性测试的要求,上限源自水泥标准规定强度的要求。所以,对于水泥生产就存在介于两个极限之间的一个范围,在这个范围内随着火山灰活性的降低而变小。因此,火山灰添加物的活性有一个最低要求,水泥标准规定的强度的最小值越高,它的变动范围就越窄。

4.5 人造火山灰
4.5.1 粉煤灰

粉煤灰是煤粉燃烧的细粒残留物。它是在发电厂蒸汽发电机下游的电或机械收尘器中收集得到的。

粉煤灰在约 1600℃ 到 1700℃ 的液态排渣炉和 1000℃ 至 1200℃ 的干式炉中形成 [B 15]。在液态排渣炉中有 5% 至 50% 的灰形成粉煤灰,但实际生成的粉煤灰平均大约只占煤中的总灰分的 15%;大多数煤灰在燃烧室融化或水淬形成玻璃态颗粒炉渣而排出。干式炉形成的粉煤灰在灰分中约占 85%,其余为粗颗粒状灰 [J 3]。

和天然火山灰相比,粉煤灰的水硬活性成分是活性二氧化硅。它可以足够迅速地和熟料激发剂水化过程中释放出来的氢氧化钙反应,形成提供水硬性的水化硅酸钙。活性二氧化硅存在于粉煤灰的玻璃态部分,该玻璃态部分主要由二氧化硅、氧化铝、氧化铁和碱组成。粉煤的结晶成分几乎是惰性的[K 70, H 9]。因此,用于生产粉煤灰水泥的粉煤灰,通常具有至少约60%(质量分数)的玻璃体。粉煤灰玻璃体也可以作为活化剂与碱发生反应,形成有硬化能力的铝硅水化凝胶[P 3]。

粉煤灰的化学成分相当于煤中不可燃烧的无机部分的成分,因此,它会因为所用煤炭的性能及其产地在一定程度上有所变化。

美国 ASTM C 618 根据两种粉煤灰的化学成分对它们进行了区分:粉煤灰 F($SiO_2+Al_2O_3+Fe_2O_3$)质量之和(质量分数)至少为 70%,粉煤灰 C($Al_2O_3+SiO_2+Fe_2O_3$)质量之和(质量分数)至少为 50%。粉煤灰 F 有火山灰的性能,而粉煤灰 C 因为氧化钙的含量较高,超过 10%(质量分数),这使其不仅具有火山灰性,而且具有一定的类似水泥的性能。一般来说,氧化钙含量主要来自于煤中惰性物质石灰石颗粒,后者在煤粉火焰中燃烧过程中或多或少地与其他灰分相隔离,因此 CaO 不会在粉煤灰玻璃体中完全融化,特别是在相对较低的燃烧温度下。最终也能形成硅酸钙和铝酸钙,以及可能起活化剂作用的游离氧化钙。另一方面,游离氧化钙对安定性也有不利的影响。

表 4.5 所示为粉煤灰的化学组成。它主要包括那些在混凝土生产中作为矿物掺合料使用的粉煤灰。它也包括了两种澳大利亚粉煤灰和分布于德国西部莱茵褐煤燃烧的粉煤灰,该粉煤灰中二氧化硅、氧化铝含量低,氧化钙和三氧化硫含量高,使得它通常不适合作为混凝土掺合料使用。根据化学组成,美国 ASTM C 618 定义的 C 级粉煤灰,富含氧化钙的粉煤灰,其氧化钙质量分数约在 15 % 到 25 % 之间,其相应的二氧化硅含量[S 233]介于 ASTM C 618 定义的 F 级氧化钙含量很少的低钙粉煤灰和莱茵褐煤粉煤灰之间。

玻璃微珠中有些是空心结构并常含有细小微珠,它成为富硅粉煤灰的主要组成(图 4.2)。液态排渣炉的粉煤灰,玻璃体(质量分数)达到 82% 至 98%,比干排炉粉煤灰中玻璃体含量 44% 至 80% 要高很多[R 51, B 15, H 72]。尽管总体组分差异很大,与干排炉粉煤灰相比,液态排渣炉粉煤灰玻璃体中二氧化硅,氧化铝和碱的含量要均匀得多。除了结晶成分外,几乎所有粉煤灰中还含有多孔焦炭颗粒、石英二氧化硅、莫来石 $3Al_2O_3 \cdot 2SiO_2$、磁铁矿 Fe_3O_4、赤铁矿 Fe_2O_3 和硬石膏硫酸钙。莫来石,磁铁矿和赤铁矿常常被鞘玻璃所包裹;它们只能在玻璃被稀氢氟酸溶解后在显微镜下才能观察到。硬石膏通常在玻璃微球表面形成厚度只有 0.1mm 的颗粒包层;磁铁矿也作为表面包层出现[R 51]。各种碱硫酸盐也凝聚在粉煤灰颗粒表面[R 93]。富含钙的粉煤灰可能含有钙黄长石 $2CaO \cdot Al_2O_3 \cdot SiO_2$[D 37]。

含有大量氧化钙和硫酸盐及少量的二氧化硅和氧化铝的粉煤灰,如德国西部的莱茵褐煤灰,主要由石英、硬石膏、游离氧化钙和铁酸钙组成[S 44]。

粉煤灰颗粒的细度采用布莱恩比表面积来表征[B 79],通常介于 2400 ~ 6700 cm^2/g 之间。小于 8mm 或 10mm 的超细颗粒体积分数对粉煤灰作为水泥成分或混凝土生产的矿物掺合料特别重要。液态排渣炉粉煤灰的超细颗粒的质量分数平均比干排炉粉煤灰要大很多。液态排渣炉粉煤灰中小于 8mm 超细颗粒的质量分数介于 18% ~ 70%,干排炉粉煤灰中质量分数介于 7% ~ 24%[R 51]。

表 4.5　粉煤灰的化学组成(质量分数 %)　该表中的飞灰大部分
Table 4.5: Chemical composition of fly ash in % by mass Most of the fly ashes in the table are coal

煤的种类 Type of coal	硬煤 Hard coal					
产地 Origin	德国 D	英国 GB	法国 F	比利时,荷兰,波兰,罗马尼亚 BG, H, PL, RO	GUS	美国 USA
资料来源 Literature	R 51	H 77, S 145	G 85, K 85	K 126, K 85	G 85, K 85	G 14, M 33, M 71, S 233
SiO_2	35…53	39…56	43…54	35…60	36…63	23…58
Al_2O_3	21…30	20…35	10…33	6…36	11…40	13…32
Fe_2O_3	6…12	5…16	5…15	5…21	4…17	3…21
FeO	0.2…1	1…4	—	—	—	—
CaO	0.5…10	1…8	1…39	1…35	1…32	0.3…30
MgO	2…5	1…3	1…5	1…7	0…5	0.7…8
Na_2O	0.4…2	0.1…5	0.1…1	0.1…2.5	1…2	0.1…7
K_2O	1…5	1…5	0.7…6	0.1…2.7	—	0.2…4
SO_3, 全部	0.3…1.5	0.1…0.3	0.1…7	0.1…10	0.2…0.6	0.2…9
烧失量 L.o.i.: $C+CO_2+H_2O$	1…23	1…25	0.3…15	0.2…21	0.2…23	0.1…5
C	0.7…22	0.3…19	—	—	—	0.1…4

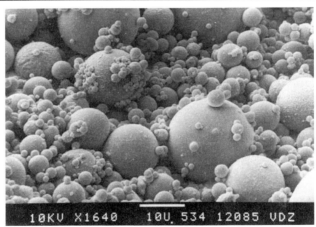

图 4.2　球形粉煤灰颗粒,扫描电镜显微照片(插图提供:德国水泥工业研究所)
Figure 4.2: Spherical fly ash particles, SEM photomicrograph (illustration courtesy of Research Institute of the Cement Industry, Düsseldorf)

粉煤灰的火山灰活性完全基于其玻璃体的含量。玻璃体的二氧化硅部分可以与氢氧化钙反应形成硅酸钙水化物。根据欧洲水泥标准 EN 197-1,用于生产波特兰粉煤灰水泥的粉煤灰至少有三分之二,必须由玻璃体颗粒组成,且作为天然火山灰其活性二氧化硅含量(质量分数)至少为 25%(4.4 节)。

特定的粉煤灰/水泥混合物水化过程中酸性不溶物的减少,可以用来作为粉煤灰活性的一种量度 [W 49]。欧洲水泥标准 EN 196-5 中对火山灰水泥指定的火山灰性测试(第 4.4 节)也适用于这一目的。该火山灰性测试是对波特兰水泥和粉煤灰的实验室混合物进行的 [S 145]。

是煤灰，主要作为混凝土生产的矿物掺合料，还有褐煤灰
fly shes, which are used as mineral additions in concrete production, and lignite fly ashes

						褐煤 Lignite	
CDN	IND	ZA	AUS	D (Rhine)	D (Saxony)	USA	AUS
J 29, J 30	G 85, K 114	W 50	S 15	S 44	F 63	G 85, M 33, S 232, S 233	G 85
31…61	46…67	39…51	35…64	4…40	16…61	15…52	9…13
13…25	18…29	28…36	21…33	1…13	3…38	8…25	4.5…12
3…43	4…19	2…5	1…12	7…12	3…21	2…22	12…30
—	—	—	—	—	—	—	—
1…20	1…11	4…9	0.2…11	20…45	1…54	6…36	9.5…33
0.1…5	0…4	1…2	0.2…3	3…8	0…5	1…11	16…24
0.1…7	—	0.2…2	0.1…6	0.2…5	—	0…9	4.5…5
0.5…3	—	0.4…0.9	0.1…3	0.3…1	—	0.4…1.5	0,3
0.1…2	0…3	0.5…1.4	0.1…3	5…25	0…18	0.2…27	8.5…14.5
0.1…12	0.3…17	—	1…16	1…16	—	0.1…12	
—							

为了消除波特兰水泥的影响，也可对 pH 值为 12.80 的饱和氢氧化钙溶液中的粉煤灰和氢氧化钙混合物进行测试，该 pH 值必须先用 0.2N KOH 溶液进行调节 [R 51]。

溶液的热量是在前 20 秒，当粉煤灰溶于氢氟酸时释放，也可用作粉煤灰火山灰活性的量度。基于这一原则的方法，即众所周知的 Aktimet 方法，可以得出粉煤灰的石灰结合能力的测定值，以每克粉煤灰的毫克数表示 [K 22]。但是据发现，像其他快速工艺一样，Aktimet 工艺不提供任何除细度影响以外的粉煤灰活性的进一步信息 [S 265]。

另一个表征粉煤灰的火山灰活性量是火山灰性因子 P [R 51]：

$$P = F8 \cdot G \cdot C \tag{4.5}$$

其中 F8 是粒径小于 8mm 颗粒的质量分数，G 是玻璃体质量分数。

$C = (Al_2O_3 \cdot Na_2O$ 当量$)/SiO_2$，该值为表征粉煤灰组成的值。

火山灰性指数和 Aktimet 法测试值两者之间存在线性关系 [R 51]。

基于强度贡献的活性评估，必须要考虑填充效应，尤其是在水灰比极低时这种效应格外明显（第 7.3.1 节），它主要是伴随含有高比例超细颗粒的粉煤灰出现的 [R 51]。

4.5.2 硅灰

硅灰，也被称为矽尘、硅微粉、浓缩硅粉或浓缩硅酸烟尘。硅灰是在电弧熔炉和硅合金，如硅铁，生产过程中废气净化系统中收集所得到的。该工艺的原材料是石英和煤，可能还有铁矿石，或有合金成分的其他金属矿石。首先形成一氧化硅气相，然后在空气中氧化形成二氧化硅。凝结形成直径介于 0.01mm 和 0.3mm 之间的球形团。布莱恩比表面积测量值介于 3.3 m²/g 和 7.7 m²/g 之间 (33000~77000 cm²/g)，氮吸附比表面 BET 测量值介于 13 cm²/g 和 22 cm²/g 之间。

由于硅灰自身的高细度，堆积密度非常低，通常介于 200 kg/m³ 至 250 kg/m³ 之间，因此贮存、运输和使用需要压缩和造粒 [m 1, A 13, H 58, R 29, M 69]。

硅灰的化学成分根据合金成分在很大范围内变化，二氧化硅含量（质量分数）一般是介于 80% 至 98% 之间，但在钙硅和镁硅合金生产过程中二氧化硅的含量会大大降低。其他成分取决于合金，有氧化铝、氧化铁、氧化钙和氧化镁。

来自于硅和硅铁生产的硅灰主要包含无定形二氧化硅。结晶杂质主要是碳化硅，个别情况下，还有石英、金属铁、硅铁、氯化钾和硫酸钾。电石与水反应生成乙炔，碳化钙也可以在钙硅合金生产过程中制得。如果硅灰加热到 850℃ 至 1100℃ 时，形成的主要化合物是方石英；钙硅、镁硅和铬硅合金生产制得硅灰的过程中也能生成假硅灰石、顽火辉石和磁铁矿 [A 12]。

硅灰的火山灰活性依据生产工艺的不同而有很大的差异。硅和硅铁生产过程中制得的硅灰活性很强。它与氢氧化钙反应非常迅速，形成水化硅酸钙，在此期间，没有额外的水被结合 [P 5, S 17]。然而，由于它具有极大的细度导致需水量很大，因此只限于特殊情况下才将它应用于混凝土生产。虽然硅灰的加入量一般不超过水泥质量的 10%，但还是建议使用混凝土塑化外加剂。

4.5.3 稻壳灰

大米制备过程产生的大量稻壳，其能量被燃烧利用，由此产生的灰含有超过 90% 的二氧化硅，少量的氧化钾，和各百分之零点几的氧化铝、氧化钙、氧化镁和氧化铁。如果燃烧温度不超过 600℃，此时二氧化硅主要呈非常精细、不规则粒状且有着高火山灰活性的非晶态。改性二氧化硅晶体 – 方石英和鳞石英是在较高的燃烧温度下制得的，但其火山灰活性大大降低。极高活性和 BET 比表面积为 60m²/g 至 80m²/g 的无碳水稻稻壳灰，可以在一种能将温度维持在 350℃ 至 600℃ 之间的特殊燃烧装置中制得 [C 46, R 29, M 70, K 13]。

4.5.4 煅烧黏土

将黏土矿物，尤其是高岭石、伊利石、蒙脱石，这些黏土的主要成分加热至约 550℃ 至 800℃ 之间，结合水以羟基 OH^- 离子的形式逃逸。由此，黏土矿物的晶格分解成主要提供火山灰硬化能力的活性二氧化硅和氧化铝。铝矾土和铁矾土也呈现出类似的特性，此外，风化过程使氢氧化铝水铝矿 $\gamma\text{-Al(OH)}_3$，一水硬铝石 $\alpha\text{-AlOOH}$ 和一水软铝石 $\gamma\text{-AlOOH}$，以及氢氧化铁针铁矿 $\alpha\text{-FeOOH}$ 富集了。黏土在工业煅烧过程中，根据黏土的组成，将温度保持在 600℃ 到 900℃ 之间的某一个温度是很重要的。如果煅烧温度太低则黏土会不完全分解，而若煅烧温度太高，则会生成新的稳定的没有火山灰性能的化合物，尤其是莫来石。高惰性煤在循环流化床 850℃ 燃烧过程中得到的灰也具有火山灰性能 [L 100]。表 4.6 总结了黏土矿物的化学成分，此表显示，煅烧黏土中含有较高的活性氧化铝，因此在与氢氧化钙的火山灰反应过程中，不仅形成了水化硅酸钙，还生成比例相对较高的水化铝酸钙。

表 4.6 黏土的化学成分(质量分数 %)[44]
Table 4.6: Chemical composition of clays in % by mass [C 44]

组分 Components	浓度范围质量分数(%) Concentration range % by mass
SiO_2	45⋯55
Al_2O_3	10⋯40
Fe_2O_3	1⋯3
CaO	<1
MgO	<1⋯15
Na_2O+K_2O	2⋯10
H_2O	5⋯16

4.6 石灰石

波特兰石灰石水泥中作为主要成分的石灰石使用时有以下三点要求：

——由氧化钙含量计算得出的碳酸钙含量至少为75%(质量分数)。

——亚甲蓝的吸附-黏土含量的量度和参照样品——不能超过1.20 g/100 g。

——有机碳的总含量(TOC)不得超过：

LL　0.20%(质量分数)

L　0.50%(质量分数)。

如果有高抗冻融需求则必须采用高质量 LL[S 192, S 132, C 8, V 73]：

有水的情况下，石灰石中的碳酸钙可与水泥中的铝酸三钙反应生成单相碳酸盐(7.2.6节)[K 55, S 170]。它还促进水化反应，尤其是形成钙矾石 [R 3, R 29]。然而，这些化学反应对于作为水泥主要成分的石灰石的性能来说只是次要的，对水泥浆、砂浆和混凝土和易性及结构的物理效应是其最重要的因素。

水泥熟料和粒化高炉矿渣相对较难研磨，所以波特兰和矿渣水泥一般只包含一小部分细颗粒。石灰石易磨得多，因此，波特兰石灰石水泥共同研磨时，石灰石颗粒集中分布在细颗粒范围内，趋向于提供熟料粒度分布中数量较少的粒级部分。这可以从图 4.3 中看出，图中显示波特兰石灰石水泥和它的成分，即水泥熟料和石灰石的粒度分布 [B 90]。这显示，极细石灰石颗粒补充这些水泥的粒度分布，从而提高材料的填充率，减少需水量，因此有助于形成一个更为致密的微观结构，这主要是由于所谓的填充效应导致 [W 58](7.3.1节)。

粒度分布越窄，则水泥填实颗粒间隙空间的体积比例越大。达到一定工作性的需水量一般随间隙空间体积比例的减小而下降(7.3.1节)，保水的能力得到改善，有利于耐久性和强度的毛管孔隙度值所需要的水化产物得到减少。间隙空间可以由共同研磨的石灰石的细颗粒部分占据。所以，对于能促进硬化水泥浆的致密微观结构和强度发展的这种石灰石颗粒的空隙填充作用，无论石灰石是否参与了化学硬化反应或是否作为惰性"填料"都是不重要的。

综合研究表明，CEM II/A-L 32.5R 波特兰石灰石水泥在实际使用时具有与 CEM I 32.5 R 波特兰水泥相同的性能 [M 26]。据称如果石灰石水泥是由加入氟化物矿化剂的熟料(矿化熟料)

制得,可以获得高得多的强度 [B 102]。

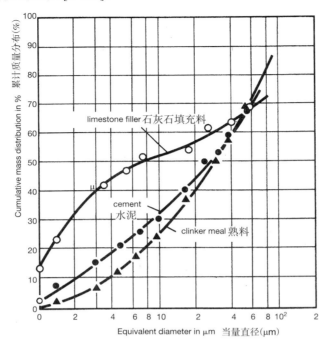

图 4.3 波特兰石灰石水泥和它的组成——水泥熟料和石灰石的粒度分布 [B 90]
Figure 4.3: Particle size distribution of a Portland limestone cement and its constituents – cement clinker and limestone [B 90]

5 水泥粉磨

5.1 粉磨工艺

通过将水泥熟料磨细制备水泥,既可以单熟料粉磨,也可以熟料和其他主要组分一起粉磨,如粒化高炉矿渣、火山灰质材料、油页岩灰、粉煤灰或石灰石,还可以加入少量外加组分。喂料入磨时加入硫酸钙作为调凝剂,硫酸钙通常以石膏和/或β−硬石膏或其他硫酸盐的形式存在。

通常水泥粉磨采用球磨机,自1985年起,采用高压辊磨机粉磨越来越多。现已证明辊式磨机是适用于水泥粉磨的 [R 81, E 15, E 20, S 241, J 32, B 127, F 7, B 146, B 147, W 42](3.2.3节)。

水泥粉磨的大型球磨机的直径达4.0m至5.5m,长度为14m至约18m,产量最高可达200t/h。球磨机有时以开路磨运转,但是大多数还是以带有可调空气分离机(选粉机)的闭路操作,选粉机从粉磨的物料中分离出达到细度要求的水泥,并将粗粉返回磨中重磨。球磨机的驱动功率在3MW至10MW之间。带球磨机和空气选粉机的粉磨系统对不同比表面积(O_m)下的单位能耗(A_m)以及由此计算出的电能利用率(EA)的指导值如下:

O_m (cm²/g)	3000	4000	5000
A_m (kWh/t)	25~35	35~55	50~80
EA (cm²/J)	24~33	20~32	17~28

高压辊磨机,亦即辊压机中的挤压粉碎 [E 18],会产生含有较高比例细粉的料块(薄片、压饼),很容易被锤式粉碎机或球磨机打散。原则上,可以用带有后置打散机和选粉机的辊压机将水泥磨至需要的细度。同球磨机系统相比较,这种系统可以节能并且将能量利用率提高约50%[R 83]。水泥熟料还可以采用辊压机预破碎,然后用球磨机细磨成水泥 [W 90]。与球磨机系统相比较,这种混合粉磨系统同样可以节能,并且将能量利用率提高约30%。

由于两个磨辊间隙中的高压可达50MPa至400MPa,熟料被破碎成超细颗粒,因此熟料组分的活性也可得到增强。采用辊压机粉磨的水泥,其粒度分布比球磨机粉磨的要窄得多(5.2节)。由于在辊压机中共同粉磨,石膏得不到充分粉碎,因此,如果用辊压机来细磨水泥,水泥质量将受到不利影响 [R 83, O 11, S 60, S 62](7.3.6.4节)。

同球磨机相比较,采用立式辊磨粉磨水泥的能耗要低25%至40%以上。物料在立磨中所受的压力明显低于辊压机中所受压力。另一方面,高循环负荷使得立磨粉磨的水泥颗粒分布比球磨水泥的窄,因为粉磨物料随出磨气体带出,平均停留时间仅有短短的几秒钟。粗颗粒部分经粉磨室上方的空气选粉机分离后降回到粉磨室中,这使物料有很高的循环率,同球磨机粉磨相比,通常会导致更窄的粒度分布。如果一定量的粉磨物料绕过选粉机,通过旁路管道直接进入到成品中,产品的粒度分布将会变宽 [K 11]。

球磨机粉磨时，物料的停留时间相对较长，达到10~20min，立磨中的停留时间大约为1min，而辊压机中的停留时间小于1s。阶跃函数响应取决于停留时间，显示在喂料量或磨机设置阶跃变化后，水泥组分和/或细度随时间的改变[V 22]。停留时间越长，产生的过渡料越多。

涉及到实际的粉碎工序，如果计算的基准是界面能和产生的表面积的乘积，获得的水泥粉磨效率非常低，大约仅为0.1%。然而，为促使颗粒破裂，实际上需要消耗多倍界面能使颗粒变形至粉碎。基于这样的计算基准，水泥粉磨的效率在10%和25%之间[S 72]。实际上，变形功对粉磨至关重要，但最终的表现还是一种损耗。一旦逼近能量平衡，就可以认为，实际用来粉磨的全部能量都转换为热能。对于相同的单位电耗，也就是同等的细度，通过球磨机的物料质量流和从磨机驱动转换成热能的能量流都随球磨机直径增大而线性增加，直至增加到磨机直径的3.5次方[E 17, E 19, D 16]。粉磨中所释放的热使得粉磨物料温度升高，因此磨机在粉磨物料中所携带的热焓随物料温度的升高而线性增加。一部分粉磨热能转换到从磨内抽取的气体中。然而，在相同流速下，通过磨机的气体流量，以及随磨机气流而携带的热焓，只随磨机直径的平方而增加。因此，随磨机尺寸的增加，通过磨机气流而带走的能量的百分比变得相当小。对于大型磨机或由于热喂料所产生的磨机高热负荷，就必须通过磨机中蒸发水分，选粉机中冷却粉磨物料或者在特殊的水泥冷却机中冷却水泥这些手段来排除多余的热能。

在磨机中粉磨物料的温度可以达到150℃甚至更高。当温度在130℃至140℃时，粉磨效果会随温度的提高而降低，因为物料在这样的温度下有形成结团的趋势，并且由此磨机喂料会在磨机的衬板上和粉磨介质上形成结皮[T 64, D 16]。更高的温度下，用作缓凝剂的石膏可能会部分或完全脱水，这会影响水泥储存期间的性能和凝结硬化特性(7.3.5节)。

当水泥在立磨或高压辊压机中粉磨时，水泥的温度通常不会高于60℃，这是因为功耗显著降低导致磨机驱动时所输入的能量较低，以及通过立磨的气流或高压辊压机的辊子带走的热量要比一般情况下大得多。

水泥磨连续运转下的喂料量在20t/h至200t/h之间，入磨原料，也就是水泥熟料，其他主要混合材和硫酸盐调凝剂，通常是在一起混合粉磨的。在水泥磨中不仅粉磨喂料，而且还将各种物料混合均匀，因此，磨细物料尽管实际上是由不同物料的小颗粒组成，但是这可使得在一段短时间所取的等分样品的性能波动很小。然而，磨细料流在一个较长的时间段里也必须是均匀的，也就是说，从统计学上每隔一定时间段从粉磨料流所取的样品，其相互之间的平均性能必须没有差异。因此，连续检测粉磨物料和相应地调整磨机运行是保证粉磨料流均匀的基本要求。

如果对水泥粉磨的原料分别进行预粉磨及随后很好的共粉磨，原则上来讲水泥性能的均匀性和一致性是不会改变的。但是，如果原始物料分别细磨，储存在中间料仓，然后混合和均化[A 19, M 130, D 23]，连续监测水泥性能的均匀性和一致性，对均化和混合过程进行相应的调整，对确保水泥质量至关重要。

相同的能耗下,共同粉磨生产的水泥比先分别粉磨原始原料,然后混合所得的水泥要细。

5.2 细度和粒径分布

实际上,水泥的细度通常用比表面积表示,但这不是细度的决定性特征,因为不同的粒径分布可能有相同的比表面积。因此细度的准确表征由粒度分布给予描述,或者是比表面积与附加的细度参数来描述,比如通过筛分分析或者空气选粉机来确定某一粒级颗粒的百分数。

通常比表面积是通过透气法测定的 [B 79],一些国家标准制定了测试程序。它可由水泥料床的透气性、孔隙率、水泥密度和空气的黏度计算出来。透气性的量度就是在给定条件下一定量的空气通过水泥料床所需的时间 [V 94]。通过这种方法测出来的德国标准水泥的比表面积值(勃式)约在 3100 cm^2/g 至 5400 cm^2/g 之间。

实际中,检测水泥粒度分布越来越多地采用基于水泥颗粒界面上单色光的 Fraunhofer(夫琅和费)衍射原理的设备来测定。在观察的平面上,衍射图是由一系列同心环组成。每一个圆环的直径就是颗粒粒径的一个度量,每一个圆环的强度就是一个特定颗粒粒径的百分数的一个度量 [M 80, S 61]。这样也可以利用专门为监测工业磨机运行的另一种技术来记录整个粒度分布,这是根据分散在空气中的粉磨物料颗粒在 mm 级直径的激光束焦点上的个数和粒径的电子计数确定的 [K 5]。

其他的方法只能记录少量粗颗粒的质量分数,比如筛分分析 [V 94, A 24],或者是需要大量时间的方法,比如沉降分析法 [V 94, A 24],或采用非常细网格的空气喷射筛的筛分法 [V 94]。

水泥的粒径分布可以用 RRSB 分布法(Rosin–Rammler-Sperling-Bennett Distribution 进行近似度很高的数学描述)[D 68]:

$$R(x) = 1 - D(x) = \exp\{(x/x')^n\} \tag{5.1a}$$

式中 $R(x)$——表示大于 x 的颗粒的百分数;

$D(x)$——表示小于 x 的颗粒的百分数;

x——表示颗粒直径,mm;

x'——表示位置参数(特征粒径),mm;

n ——RRSB 颗粒度图上的直线斜率。

重新整理并取双对数得到:

$$\lg \lg \frac{1}{R(x)} = \lg \lg \frac{1}{1-D(x)} \tag{5.1b}$$

$$= n \lg x - n \lg x' + \lg \lg e \tag{5.1c}$$

$$= n \lg x + \text{const} \tag{5.1d}$$

这表明在纵坐标为 $\lg \lg 1/R(x)$ or $\lg \lg 1/[1-D(x)]$,横坐标为 $\lg x$ 的 RRSB 颗粒度图中,RRSB 分布所得图为一直线,其斜率为 n。当 $x=x'$ 时,$R(x)=e^{-1}=0.368$,因此,设定为未知参数的 x' 值表明,颗粒粒径大于 x' 的颗粒的百分数为 36.8%,该粒径下的累积质量,也就是粒径小于 x' 的百分数为 63.2%。细度参数 n 和 x' 提供了一个明确的 RRSB 分布的描述,位置参数 x' 表征了 RRSB 分布的细度特征,即以 $\lg x$ 为横坐标的分布曲线达到最大值时的粒径。RRSB 线的斜率 n 是粒度分布宽度的量度,n 值越大,粒度分布越窄。

RRSB 直线的特征粒径 x' 和斜率 n 之间的关系及其对粒度分布曲线形状的影响见图 5.1,图中示出特征粒径同为 $x'=20$mm,斜率分别为 0.8 和 1.2,曲线上部是累积质量分布,图 5.1 中的累计质量分布为两种水泥 RRSB 颗粒度图(左图)和质量密度分布(右图)。

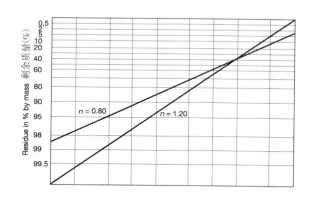
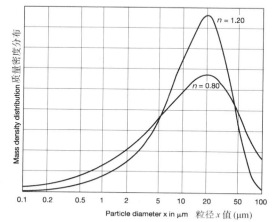

图 5.1　粒度分布图
左:RRSB 粒度分布的累积质量分布,右:横坐标为对数刻度的坐标系统中质量密度分布
Figure 5.1: Particle size distribution;
left: cumulative mass distribution in the RRSB granulometric diagram
right: mass density distribution in the coordinate system with logarithmic scale on the abscissa

表 5.1[K 108] 给出德国波特兰水泥和矿渣水泥特征粒径 x'、均匀性指数 n 和采用透气法测得的比表面积 O_m 的数据,从表中数值可以看出,随着细度的不断提高,RRSB 直线的斜率 n(均匀性指数)增大,也就是粒度分布变窄。

表 5.1　德国波特兰水泥和矿渣水泥由透气法测定的比表面积以及 RRSB 粒径分布参数
(特征粒径 x' 和斜率 n);最高值,平均值和最低值 [K108]
Table 5.1: Specific surface area determined by the air permeability method and parameters of the RRSB particle size distribution (position parameter x' and slope n) of German Portland and slag cements; highest, mean and lowest values [K 108]

标准定义的水泥类型 Cement type as defined in		比表面积 O_m (cm^2/g) Specific surface area O_m cm^2/g		特征粒径 x' (μm) Position parameter x' μm	斜率 n Slope n
DIN 1164 1986	DIN EN 197 2000				
PZ 35 F	CEM I 32.5 R	最大值 max	3850	31.3	0.99
		平均值 av	3040	24.8	0.90
		最小值 min	2540	19.6	0.80
PZ 45 F	CEM I 42.5 R	最大值 max	4730	21.0	1.11
		平均值 av	3920	16.0	0.99
		最小值 min	3200	11.3	0.84

续表

标准定义的水泥类型 Cement type as defined in			比表面积 O_m (cm²/g) Specific surface area O_m cm²/g	特征粒径 x' (μm) Position parameter x' μm	斜率 n Slope n
DIN 1164 1986	DIN EN 197 2000				
PZ 55 F	CEM I 52.5 R	最大值 max	6400	13.0	1.14
		平均值 av	5290	10.8	1.02
		最小值 min	4570	8.6	0.92
EPZ 35 F	CEMII/B-S32.5 R	最大值 max	3850	27.6	1.09
		平均值 av	3220	22.7	0.94
		最小值 min	2690	15.3	0.83
HOZ 35 L	CEM III/A 32.5	最大值 max	5800	26.5	1.12
		平均值 av	3600	18.8	0.98
		最小值 min	3090	14.5	0.85

水泥的比表面积 S_m 可以用以 x' 和 n 表征的水泥 RRSB 粒径分布参数计算而得 [K 111, K 112], 对德国波特兰水泥来说, 比表面积 S_m 和透气法测得的比表面积 O_m 之间呈线性关系, 见下式:

$$S_m = 807 \text{cm}^2/\text{kg} + 1.2 \cdot O_m \tag{5.2}$$

相关系数为 0.979[K 111, K 112]。

采用球磨机粉磨的德国波特兰水泥的特征粒径 x' 和均匀性指数 n 之间的关系示于图 5.2[K 108, K 112]。这三条曲线给出了根据前德国标准和新的欧洲水泥标准定义的三个强度等级的德国波特兰水泥 PZ 35, PZ 45 和 PZ 55 (CEM I 32.5, CEM I 42.5 和 CEM I 52.5[D 51,

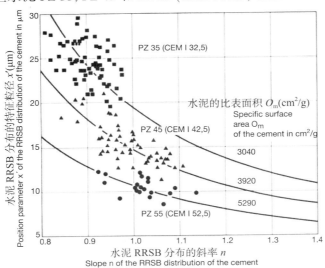

图 5.2 德国波特兰水泥 RRSB 分布的特征粒径与斜率之间的关系及由此计算的比表面积区域 [K 108, K 112]

Figure 5.2: Relationship between position parameter and slope of the RRSB distribution of German Portland cements and the specific surface areas calculated from them [K 108, K 112]

E 26]) 的平均比表面积,计算得到的 x', n 和 O_m 间的关系,这三条曲线的形状显示,在比表面积一定的情况下,特征粒径 x' 随斜率 n 增大而减小。

5.3 易磨性

水泥粉磨所消耗的能量不仅受粉磨工艺特性、磨机和选粉机操作条件、产品细度的影响,最重要的还受水泥组分易磨性的影响。为测试易磨性已研发了许多不同的方法,这些方法都试图去估算工业化生产中粉磨水泥达到一定细度所需消耗的能量 [Z 4, E 21, S 45],但是,这些测试方法的结果不能在工业生产中大范围地推广应用 [S 28]。这主要是因为入磨物料破碎后,随粉磨进程进行,磨细物料的比例不断增加,同工业化球磨机相比较,试验设备中的细料更易于团聚,并阻碍粉磨进程进一步拓展,这导致不能正确检测单位能耗小于 3 kWh/t 的易磨性间的细小差异 [S 45]。

有一种测试方法,试图把细颗粒部分阻碍粉磨的影响降到工业化磨机的通常水平,采用的是基于 Zeisel 易磨性测试设备 [Z 4, L 29, H 6]。在初始阶段,30g 粒径在 0.8mm 至 1.0mm 间的待测原料先在环形研磨碗中通过 8 个运转磨球进行粉碎,磨球由一个研磨压杆驱动(图 5.3)。比表面积是粉碎进程的度量标准,扭转力带动旋转研磨碗的偏转,用来测量粉磨能耗。经过研磨压杆特定旋转次数后,从研磨碗中取出样品,测量比表面积,然后再进行粉磨。经过这样几次粉磨步骤后,可以得到为达到特定细度所必须消耗的单位能耗(以 kWh/t 表示)数量之间的关系。

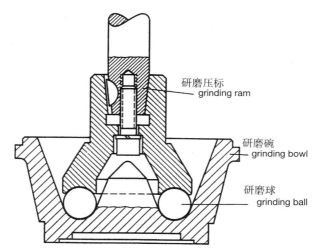

图 5.3 在文献 [Z4] 中描述的易磨性检测设备的研磨碗和研磨压杆
Figure 5.3: Grinding bowl and grinding ram of the grindability test equipment described in [Z 4]

修正后的测试方法中,在每一次步骤中,将粉磨产生的粒径小于 0.125mm 的细粉从研磨碗中排出,添加同质量的新样品。将研磨压杆的研磨次数设置好,以使每个研磨步骤产生需要被排出的细粉量为 50%。当达到平衡后就终止测试。当连续三次每次研磨要排出的细粉比例、研磨时间、生产的细粉质量与研磨压杆旋转次数的比率 K_l 以及测出的每一次研磨步骤的能量消耗都保持恒定,这说明达到了平衡,就可以终止测试。根据最后一次研磨步骤的 K_i,依据粒度分布计算而得的比表面积,以及能耗,可以得到一定喂料量下的易磨性参数。利用数学粉碎模型,该参数可以用来计算出细度与单位能耗之间的关系,其中细度是在最佳拟合的 RRSB 曲线斜率恒定时由特征粒径 x' 来表征的。使用该优化的易磨性测试方法,不同物质之间易磨性的细小差异以及难磨和易磨物料的易磨性参数都可再现地测定出来。这些应用于工业磨机时能提供良好的指标 [S 45]。

一些水泥组分的易磨性间存在着很大的差异,即水泥熟料、高炉矿渣、石灰石和粉煤灰,这些原料的易磨性范围示于图 5.4[E 18]。从图中可以看出,一般来讲粒化高炉矿渣比水泥熟料难磨一些,而石灰石易磨得多。基于调查粉煤灰的易磨性界限只针对两种粉煤灰,从液态排渣炉中排出的非常难磨的粉煤灰,从固态排渣炉中排出的稍好磨一点的粉煤灰。易磨性特征曲线的急剧上升清晰地表明粉煤灰比水泥熟料难磨得多。采用共同细磨的方式制备波特兰粉煤灰水泥,可以假定实际上粉煤灰,至少是细颗粒部分并没有进一步被粉碎。然而需要记住的是,不同水泥组分的易磨性在共同粉磨中会相互影响 [T 64]。

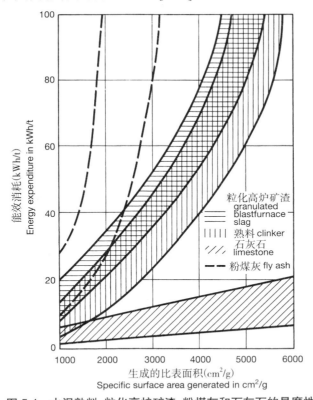

图 5.4 水泥熟料、粒化高炉矿渣、粉煤灰和石灰石的易磨性
Figure 5.4: Grindability of cement clinker, granulated blastfurnace slag, coal fly ash and limestone [E 18]

不同水泥组分的易磨性和粉磨产品的粒径分布的测试表明,RRSB 曲线的斜率 n 越大,粒径分布也就越窄,物料也越难磨 [S 45]。当粉磨具有几种主要组分的水泥时,越难磨的原料其粒

度分布越窄,同时其他物料就更容易粉磨。相应地,如果与一种较难磨的原料一起共同粉磨,容易磨的原料其粒径分布也就越宽 [S 46, S 47]。

组分和生产条件对水泥熟料的易磨性影响相对较小,快速冷却的熟料其熔融相为玻璃态,它要比含有细小的铝酸三钙(C_3A)和铁铝酸钙晶体的缓慢冷却的熟料微观结构更难于粉磨。硅酸三钙(C_3S)和游离氧化钙(f-CaO)比硅酸二钙(C_2S)更易磨,因此 C_3S 和 f-CaO 容易在磨细熟料最细的粒级中积聚,而 C_2S 容易在磨细熟料粗颗粒中积聚。如果熟料快速冷却,硅酸盐矿物更易粉磨。从易磨性和熟料质量的观点出发,熟料适合缓慢冷却到1250℃,然后快速冷却 [A 6]。尽管细孔多的熟料比细孔少的熟料更易粉磨 [G 32],但烧成方法对熟料易磨性没有显著影响。这种效果在水泥细度较低时比较高时更为明显。

5.4 助磨剂

助磨剂是固态或液态物质,在磨机喂料中少量加入,以提高球磨机粉磨时的能量利用率 [Z 9, G 51, V 6]。丙二醇、乙二醇和三乙醇胺或相应的工业产品是用于水泥粉磨的主要助磨剂,它以质量浓度小于 0.05% 加入磨机喂料。助磨剂的主要作用是分散剂,也就是说助磨剂可以防止粉磨物料聚集(二次粒子形成),并防止在衬板和研磨介质上粉磨物料结皮。因此,助磨剂可以改善磨细物料的流动性,增大磨机的生产能力,提高选粉机的分选精度,并且有助于水泥的气力输送和料仓清空;另一方面,助磨剂使得从粉磨、输送系统和料仓中排出的废气难以分离出粉尘。粉磨的水泥越细,助磨剂的作用越显著。低细度时,当比表面积最高约为 3000 cm^2/g 时,工业磨机的生产能力最多增大 10%,但是,当比表面积在 4000cm^2/g 至 5000 cm^2/g 时,生产能力最高可以增大 50%[S 63]。

粉磨水泥熟料时助磨剂的效果很显著,与此相反,用于粉磨粒化高炉矿渣时效果明显降低。粉磨矿渣水泥时,随矿渣含量的增加,助磨剂的作用一般是降低的,尽管个别粉磨波特兰水泥案例也遇到过类似的结果。

助磨剂的作用几乎完全取决于粉磨物料的分散性。通过物理吸附助磨剂分子,降低颗粒表面能,进而降低颗粒强度(Rehbinder 效应),对球磨机中的高应力速度没有影响。主导因素是降低附着力,即粉磨物料中细小颗粒间的范德华力和静电力。这种效应只会来自粉磨物料化学吸收的物质,也即在水泥熟料颗粒表面化学结合的物质 [S 108]。

通常用于水泥粉磨的助磨剂,主要是乙二醇和乙醇胺基,作为助磨剂,正常用量不会对水泥凝结硬化产生不利的影响 [L 46]。经验也显示,水泥中包含的助磨剂不会对水泥制成的混凝土的长期性能产生不利的影响 [L 92]。

同磨机喂料一起加入的助磨剂首先蒸发并达到平衡,检测表明 87% 至 98% 的助磨剂与水泥化学结合 [R 23],这说明 2% 至 13% 的助磨剂随磨机废气排出,这相当于每吨水泥中排出 20g 至 60g,以及磨机废气排出 13~20$mg/m^3_{(st,dr)}$ 的助磨剂。

据检测,粉磨工艺、助磨剂性质、粉磨物料的组成和温度以及磨机气氛中水蒸气的含量对排放没有可观察到的影响。

6 水泥生产中的环境保护

6.1 综述

水泥生产不可避免地会对环境造成影响。因此,有必要采取可行的技术措施来降低对环境的不利影响。特别是针对生产设备运行时以及采石场爆破过程中排放到空气中的粉尘和气体污染物,以及产生的噪声和振动。环境保护也包括改造已经关闭的采石场,让它们通过重新修复回到乡村中去或重新回归自然进行复垦。同样,它也包括尽可能充分再利用水泥生产和应用中的材料,如粉尘、废弃混凝土和含有水泥的废水。水泥也可用于固化不同来源的废料,防止废料中有害成分的析出。

在德国,生产水泥熟料或水泥工厂的建设和运营都受到 BImSchG(联邦环境污染防治法[b 3])专门法令和行政法规的管控。如果水泥熟料的煅烧过程采用标准燃料,那么水泥厂的建造和运行应当遵守 TA LUFT(德国清洁空气标准)的规定 [b 1],但如果标准燃料部分或完全被废弃物取代,用作二次燃料,那么 17.BImSchV 的条款(第 17 款联邦环境污染保护条例)[b 2] 也适用。与这条法令类似的欧洲章程是于 2000 年 12 月 28 日生效的关于废弃物焚烧的 2000/76/EC 指令 "Directive 2000/76/EC on the Incineration of Waste",它对整个欧洲的废弃物焚烧和协同焚烧作了规定 [V 79]。德国法律必须在 2000 年 12 月 28 日前做出适当调整。此条例对新建水泥厂立即生效,但现有工厂在 2005 年 12 月 28 日可以使用过渡条例。

欧盟指令和法令约束欧盟各成员国。欧盟指令是调控国家法律和行政法规的框架规程。欧盟法令直接约束欧盟所有成员 [b5]。其他许多国家的水泥工业也遵循类似的法规。

TA LUFT [b 1] 阐述了德国目前的排放控制技术水平。"不产生过高成本的最佳适用技术,即 BATNEEC" 是按 1990 年欧洲水泥行业水平编制的。1996 年则采用了欧盟法令《综合污染防治》(IPPC),其涵盖了水泥厂生产过程中对空气、水和土壤产生的所有可能影响 [S 66]。适用于环境保护的"最佳适用技术,BAT *)"构成了该指令的核心。这项指令是基于 BREF(最佳适用技术参考),由一个技术工作组编撰的,并由欧洲委员会发布。IPPC 办公室设立在西班牙的塞维利亚,从水泥工业各部门收集必要的信息,并对结果进行评估和发布。

除了工业设备本身以外,水泥厂的设计、建造、维修、运行或关闭的方式均被视为"技术"列入 BAT 中。"适用"技术是指那些在经济合理和技术可行的条件下可以应用于某工业规模的技术。BAT 的排放水平不等同于排放限值 [S 66]。

---

*) 不要与德国生物制剂公差值相混淆 [d 1].
*) Not to be confused with the German Biologische Arbeitsstoff-Toleranz values [d 1]

欧洲共同体的成员国都有义务在欧盟指令 IPPC 生效(1999 年 11 月)后三年内将该指令的条款转化为国内法规。尽管有条款规定原有的水泥厂可以有一个截止到 2007 年 11 月的过渡期，但是成员国必须确保任何新建的或有本质性改变的水泥厂在此后只有拥有符合该指令的许可证才能生产经营 [S 66]。

因此水泥生产需要先进的环保技术设备 [H 56, K 47, K 100]。这首先需要减少粉尘排放的装置,而更需要从废气中将气态化合物分离出来的设备和工艺。清洁系统的收集性能一般由某一成分在洁净气体中的浓度来表征,有时也采用收集效率来表征,即某一组分在废气通过清洁系统前后占原气体的百分比的差值。

环境相关物质的排放特性,特别是微量元素,可以由排放因子和传递系数来描述。排放因子通常是排放质量与产出产品质量之比,或者在燃烧系统中,是排放质量与产生的能量之比。一种物质的总排放量与过程的总输入量的比值也被称为排放因子。另一方面,传递系数与生产过程中的子系统有关。例如,传递系数描述了由某种特定燃料燃烧所排放的微量元素占总排放量的比例。排放因子可以直接由测量值计算得到,但确定传递系数,需要达到整个生产过程的子流程的物料平衡,而必须分别测定预热器、回转窑和收尘设备中的物料平衡。熟料的滞留率和收尘器的集尘效率也用于计算传递系数。任何特定子流程在整个排放物料流中的比例可以从独立的结果中计算出来 [V 91]。

6.2 粉尘

6.2.1 粉尘排放

1. 粉尘的性质和数量

生产过程中,生产 1t 水泥需要粉磨 2.6~2.8t 原材料、煤炭、水泥熟料和其他可能的主要成分,以及作为调凝剂的石膏和/或硬石膏 [V 6, K 99, F 70]。在烘干机、磨机、窑、冷却机和输送设备中,这些物料的 5%~10% 会被卷入空气中。由此产生的粉尘在各点被抽出。这将产生充满粉尘的废气,由于生产过程和操作模式的不同,生产 1t 水泥的废气量介于 6000~14000 m^3 之间 [K 100]。水泥厂各种设备产生的废气的数量、温度和原气体粉尘含量都列于表 6.1 中,同时列于表 6.1 中的还有粒级小于 10μm(译者注:原文有误,译文已更正)部分的含量。

表 6.1 根据 [V6,F68],水泥各种生产设备的比体积、温度和原料气体粉尘含量,排出的原气体粉尘中小于 10μm 颗粒的百分数

Table 6.1: Specific volume, temperature and raw gas dust content of the different production units in a cement works, and the percentage of particles smaller than 10 mm in the raw gas dust drawn off; according to [V 6, F 68]

粉尘源 Dust source	废气比体积[1)] (m^3/kg) Spec. exhaust gas/ air volume[1)] in m^3/kg	废气温度(℃) Exhaust gas/air temperature in °C	原料气体粉尘含量(g/m^3) Raw gas dust content in g/m^3	<10μm 质量分数(%) Percentage < 10 μm in % by mass
圆筒烘干机 原料、粒化高炉矿渣 Drum dryer Raw material, granulated blastfurnace slag	0.8···2.0	70···150	20···60	40···70

续表

粉尘源 Dust source	废气比体积[1], (m³/kg) Spec. exhaust gas/air volume[1] in m³/kg	废气温度(℃) Exhaust gas/air temperature in °C	原料气体粉尘含量(g/m³) Raw gas dust content in g/m³	<10μm 质量分数(%) Percentage < 10 μm in % by mass
烘干与粉磨设备 原料,粒化高炉矿渣,煤 Drying and grinding plant Raw material, granulated blastfurnace slag, coal	0.8…1.5	70…150	30…800[2]	40…90
管磨机 生料,水泥 Tube mills Raw meal, cement	0.2…0.8	60…120	30…400	40…80
旋风预热器窑 无废气利用 + 注水 Kiln with cyclone preheater without exhaust gas utilization +H_2O-injection	1.5…2.0	120…200	20…100	85…99.5
箅式预热器窑 Kiln with grate preheater	1.8…2.2	90…150	2…14	10…45
湿法长窑 Long wet kiln	3.2…4.2	130…180	3…22	20…60
立窑 Shaft kiln	2.0…2.8	45…125	2…7	15…30
箅式冷却机 Grate cooler	0.7…1.8	200…400	0.7…10	0…15

1) 与产品的性质有关;
2) 未经过收尘系统预收尘之前,在烘干和粉磨设备中具有高的粉尘含量;在接下来的静电收尘系统之前,原料气体粉尘含量 <150 g/m³。

1) Relative to the product.
2) High raw dust content before the preliminary collectors of the dedusting system in the drying and grinding plant; raw gas dust content before the following electrostatic dedusting system < 150 g/m³.

水泥厂排放的粉尘还包括来自空气中弥漫的灰尘,即在工厂被风吹走和运送到周围环境中的灰尘。

水泥厂各种生产设备产生的粉尘的组成和粒径分布差别很大。因此,将粉尘分为以下几种不同类别:

——原料粉尘(如来自石灰石、石灰石泥灰岩、黏土、铁矿石、石膏、粒化高炉矿渣、火山灰等的粉尘)

——生料粉尘

——水泥窑灰(废气粉尘)

——熟料粉尘

——煤粉尘

——水泥粉尘

除了水泥窑灰,所有的粉尘都有与原料相同的化学成分 [F 68]。对 18 个水泥窑的窑灰的研究结果表明,水泥窑灰由不同比例的生料成分、熟料矿物和新形成的盐组成 [S197]。生料成分为方解石、白云石、石英、赤铁矿和黏土矿物。熟料矿物的主要成分是硅酸盐,以及 CaO 和由

它生成的 $Ca(OH)_2$。

盐可分为硫酸盐、氯化物、碳酸盐和碳酸氢钙、碱和 NH_4Cl。它们特别细,因此积聚于不能被收尘设备收集的净化气体粉尘中。水泥窑或预热器中形成的一些微量元素的易挥发化合物也显示了类似的现象(6.3节)。水泥窑灰在收尘设备前后的化学成分值也显示了粉尘中碱的硫酸盐和氯化物的富集程度,表6.2列出了这些化学成分值。表6.1列出了从水泥生产的不同粉尘源中抽取的粒径小于 $10\mu m$(译者注:原文有误,译文已更正)的粉尘的含量。

表6.2 水泥窑粉尘在收尘设备前后的化学成分值 [V6];以质量分数计算(%)
Table 6.2: Chemical composition of cement kiln dust before and after the dust collector according to [V 6]; reference values in % by mass

	旋风预热器回转窑 Rotary kiln with cyclone preheater		箅式预热器回转窑 Rotary kiln with grate preheater	
	收尘器前 before collector	收尘器后 after collector	收尘器前 before collector	收尘器后 after collector
SiO_2	10…18	7…11	6…22	2…19
$Al_2O_3+TiO_2$	3…9	3…6	1…13	0.5…8
$Fe_2O_3+Mn_2O_3$	1…4	1…3	0.5…5	0.5…4
CaO	39…47	41…51	12…47	6…26
MgO	0.5…2	0.5…2	0.5…2	<2
K_2O	0.5…3	0.5…4	3…20	14…40
Na_2O	<0.2	<0.5	0.5…3	0.5…5
SO_3	0.5…2	0.5…4	6…30	7…41
F^-		0.10…0.13	0.05…0.25	0.03…0.25
Cl^-	<0.5	<0.3	0.5…4.5	0.9…20
CO_2+H_2O	29…38	29…38	7…20	4…24

1950年德国水泥生产工业生产 1t 水泥所排放的粉尘总量是 35kg。到 1985 年已减少至 0.5 kg/t [V43,K47]。1995 年,降低到不足 0.2 kg/t [S66]。1986 年,生产 1t 熟料的粉尘排放量是 0.17kg。在德国平均 1t 水泥包含 820kg 熟料 [K99]。

2. 工业收尘设备

惯性力收尘器、过滤收尘器和静电收尘器利用气流或空气流收集粉尘在机理上是有差别的。惯性力收尘器利用重力或离心力将粉尘从气体或者空气流中分离出来 [V12]。其收集效率随粉尘粒度减小而显著降低,对于粒径小于 $20\sim30\mu m$ 的粉尘,即使采用不同设计的旋流器的高级离心分离器,也只能收集到部分粉尘。

过滤集尘器分为纤维织物袋和颗粒层过滤器。纤维过滤器的基本结构单元通常是滤袋,有时是小口袋,滤袋由过滤介质制成,张紧悬挂在钢板机体集尘室内的支撑环上(图6.1)[V 13, F 65, F 68, F 70]。需要净化的气体或空气流通过过滤介质抽取。滤袋通常采用敲击或者反吹风振打的方式进行定期清灰。用压缩空气脉冲清灰(喷射收尘器)的袋式收尘器,其滤袋是在可调的间隙内由过滤介质的变形和在由压缩空气脉冲引起的反吹方式下进行清灰的。持续时间为 $0.1\sim0.2s$,使用的过滤器介质有 [V 13, F 68]:

——纤维交叉编织的织物
——利用黏附或机械倒钩编织的纤维制成的无纺布(针刺毡)。

6 水泥生产中的环境保护

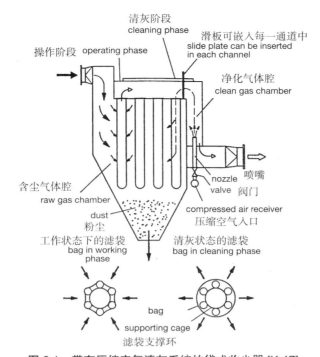

图 6.1 带有压缩空气清灰系统的袋式收尘器 [K 47]
Figure 6.1: Bag filter with compressed air cleaning system [K 47]

带支撑结构的用针毡制成的袋式收尘器是用压缩空气脉冲清灰的,可以实现相当高的收尘效率。[B 71, K 47]。织物收尘器的主要缺点是其抗高温和抗潮能力有限。表 6.3 列出了最重要织物材料的耐高温性能。如果废气温度过高(例如来自熟料冷却机的废气),则气体冷却机必须置于纤维过滤器的上游 [W 20, V 107, M 35, P 8]。经烧结后再涂层的多孔合成材料,也可用作过滤介质 [A 7]。

表 6.3 水泥工业收尘器常用的作为过滤介质的纤维材料及其耐热性 [V 13, F 65]
Table 6.3: The fibre materials normally used in the cement industry for filter media, and their temperature resistance [V 13, F 65]

纤维的类型 Type of fibre	天然纤维 Natural fibres		化学纤维 Chemical fibres						玻璃纤维 Glass fibres
化合物 Chemical Compound	角蛋白	纤维素	脂族聚酰胺	芳香族聚酰胺	聚丙烯腈	聚酯	聚酰亚胺	聚四氟乙烯	硅酸盐
名字,商标 Name, Brand	羊毛	棉	尼龙贝纶	诺梅克斯	特拉纶-T多兰	迪奥纶聚酯纤维特雷维拉	P84	聚四氟乙烯特氟隆	纤维玻璃纺织玻璃纤维
吸湿性(%) Moisture absorption, %	10…15	8…9	4…4.5	2.5…5	1…1.5	0.3…0.4	0.3	0	0
耐热性(℃) Temperature resistance, ℃ 长期值 long term value	80…90	75…85	75…85	180…200	125…135	130…140[1]	240	200…220	250
短期值 short term value	100	95	95	220	140	160[1]	260	250	310

1) 干态。
1) Dry.

颗粒层过滤器中,灰尘收集在 2~5mm 石英颗粒层中,石英颗粒通常是放置在一个圆形过滤室钢丝编织物上的 [V 13, F 68, F 70, A 25, M 52, B 71]。砂砾层被气流反向清洗,并同时被旋转搅拌杆疏松。该颗粒层过滤器耐磨蚀性粉尘和450℃以下的高温。因此,颗粒层过滤器特别适用于清洁冷却机废气。但是,无论在哪种工作条件下,颗粒层过滤器都不能可靠地使过滤后的净化气体中的粉尘浓度保持在 30 mg/m³ 以下 [V 6]。

静电收尘是采用锐曲面带负电荷放电电极和大表面积接地集电电极之间电场的作用(图 6.2)[V 14, F 67, F 70]。放电电极由金属丝或者是带钉的管组成,集电电极是由各种形状的金属板组成。集尘电极之间的距离(废气通道宽度)为 30~40cm,在特殊情况下将会大于50cm。放电电极置于集尘电极之间的夹道。放电电极和集电电极之间有一个由交流电转化和整流而成的 50~110kV 的脉动直流电压。

当高压超过某一最小值(击穿电压)时,阴极发射的电子将会使其周围的气体电离。这在阴极产生了负电晕,即气体放电的同时伴随着光和噪声。电子与周围的气体相互作用形成的正负离子附着在粉尘颗粒上,使得大部分的粉尘颗粒成为带负电的粒子,也有小部分的粉尘颗粒带正电 [F 66, V 14]。因此,阳极上收集了大部分的粉尘,只有一少部分粉尘积聚在阴极上。通过敲击震动排除电极上收集到的粉尘并将其运走。

阴极与阳极之间电压越高,静电收尘系统越有效。因此,高压的值只控制在略低于放电限值。

阳极上粉尘层的电阻对静电收尘系统的集尘效率也有重要影响。粉尘层的比电阻最好在 10^7~10^{11} Ω·cm 之间。如果阳极上粉尘层的电阻过低,这些粉尘颗粒会很快地产生放电和极性的改变,并且将不会附着在阳极上。如果阳极上粉尘层的电阻过高,那么粉尘的负电荷保留在阳极上降低了电极间的电压差,同时,也会降低集尘效率。

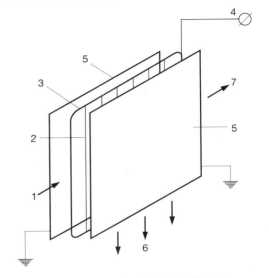

图 6.2 板式电极静电收尘器图解
Figure 6.2: Schematic representation of electrostatic precipitator with plate electrodes
1. 废气
2. 放电电极(阴极)
3. 放电架
4. 高电压
5. 集尘电极(阳极)
6. 收集到的粉尘
7. 净化气体
1. raw gas
2. discharge electrode (cathode)
3. discharge frame
4. high voltage
5. collecting electrode (anode)
6. collected dust
7. clean gas

粉尘层的电阻在很大程度上取决于温度和湿度(图 6.3)。当温度升高到 150~200℃,粉尘层的电阻会增大,这是因为水蒸气的解吸作用使得粉尘层的表面电导率降低。温度进一步升高时,粉尘层电阻的下降可以归因于导电电子的热激发,因为粉尘一般有半导体特性。窑炉、磨机和冷却机排出的废气过于热和无水分,因此需要在静电收尘器中收尘之前先将它们在增湿塔中冷却到130~150℃并予增湿 [F 70, X2]。

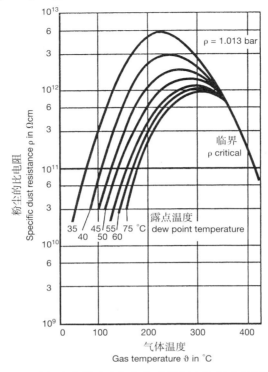

图6.3 水泥窑灰的比电阻与气体的温度和湿度的函数关系 [F 67]
Figure 6.3: Specific electrical resistance of cement kiln dust as a function of the temperature and moisture of the gas [F 67]

粉尘成分也会对静电收尘系统的集尘效率产生重要影响。例如,富氯化物粉尘的集尘效率明显偏低,这可能源于卤素的高电子亲和力。

当废气中出现 CO 峰值时,静电收尘器要短时间关掉,以避免爆炸。其结果是粉尘排放量临时上升。然而,这种停机可以通过优化窑的操作而降低到最少 [V 6]。

3. 粉尘排放测量

粉尘排放量可以从废气排放容积流量和其中包含的粉尘浓度得到。

容积流量从测量平面中气体的平均速度和平面的面积计算得到。测量平面应尽可能在一个几乎是稳态流动的管道(烟囱)的垂直部分。必须确定平均速度,因为气体流速向管壁方向下降。因此,要在相互垂直的两条或多条线上,以一定的分布确定若干个测量点。测量点处气体的流速一般用皮托流速测定管测量,但有时也可采用其他方法 [Z 13, V 100, V 101, V 5第1、2页]。

粉尘含量是通过收集和称量在相同时间内测量点处所抽取气流中一小部分粉尘而确定的。很重要的一点是,在测量点抽取的气流应当与实际气流具有同样的流速(等动力学),这样才能够得到浓度和粒径分布具有代表性的粉尘样本。粉尘收集在一个过滤器中,例如,对于含量低于 1 g/m³ 的粉尘,过滤器可由特制的钢制套筒中压实的石英玻璃填料组成。套筒装在探测器前端(滤头探头),抽去气体前后均需称重。管式静电收尘器对于所需收集的粉尘量来说,被证实是非常灵活的 [N 15, B 131]。也测量粉尘中气体的温度和湿度,因此所有的值都可以与标准状态(0℃,1013.25 hPa)和/或气体无水干燥状态相关 [Z 13, V 100, V 101, V5 第 1、2 页,D 54]。当气体是可燃气体时,也必须测量氧气含量,气体体积也必须转换成一致的参考含氧量水平值(6.4.1 节)。

4. 限制和监测粉尘排放

根据最佳适用技术(BAT)[S 65](第 6.1 节),布袋收尘器和静电收尘器是等效粉尘减排措施,经它们收尘处理后的气体可达到 20~30mg/m³ 的净化气体水平 [V 51, C 7, S 66]。

表 6.4 列出了 1990 年欧盟国家水泥工业采用的粉尘排放标准限值 [K 99, V 40]。欧盟的许多国家中,如果水泥工厂处于生产故障期、启动期或者是生产设备变更期,可以允许其粉尘排放量超过这些标准限值。德国在行政法规 TA Luft 中明文规定了标准限值是 20 mg/m³$_{sr,dr}$ [b1]。此法规还明文规定,粉尘排放质量流量超过 3kg/h 的工厂,必须连续测量和记录其粉尘排放量 [K 99, X 3]。这尤其适用于每个小时排放的废气超过 30000m³ 的回转窑、相应的熟料冷却机和大型粉磨设备。

表 6.4 欧盟各国粉尘排放限值表(德国 2005 年)[K99,V40]
Table 6.4: List of the dust emission limits applying in the countries of the European Union (as at 1990 Germany 2005) [K 99, V 40]

国家 Country	粉尘排放极限值 [mg/m³$_{(st,dr)}$] Limit for dust, mg/m³$_{(st,dr)}$	备注 Comments
B(比利时)		区域设置 50…100 mg/m³ set regionally 50...100 mg/m³
D(丹麦)	20	
DK	250	实际上 100 mg/m³ in practice 100 mg/m³
E(英国)	250 400 250 150	1972 年前建成的窑 kilns built before 1972 1972~1980 年建成的窑 kilns built 1972 to 1980 1980 年后建成的窑 kilns built after 1980
F(法国)	150	
GB(英国)	460 230 150 100	1967 年前建成的窑 built up to 1967 1967~1979 年建成的窑 built 1967 to 1979 1979 年后建成的窑 built after 1979 1979 年后建成的窑 kilns built after 1979
GR	150 100	1981 年前建成的窑 built after 1981 1982 年后建成的窑 built after 1982
I(意大利)		根据各地收尘系统而定 set locally depending on the type of dedusting system
IRL(爱尔兰)	125	1980 年后建成的窑 built after 1980
L		同 D as for D
NL(荷兰)	50	
P	150	

从 1950 年左右起,收尘技术水平不断提高。因此,德国水泥厂净化气体粉尘排放标准从 50 年代的 300~2700mg/m³ 降至 60 年代 20~150mg/m³。自 90 年代初起,切实执行 50 mg/m³ 的限值已普遍地不再有任何问题(表 6.4)。

不仅 TA Luft 条款 [b 1],而且除去某些例外情况,为废弃物焚烧厂具体指定的低排放限值

(17th BImSchV [b 2]) 适用于将废弃物用作二次燃料的水泥窑。根据为此指定的加权平均极值的计算,随着能源中二次燃料比例的增加,限值也按比例地降低。这就是说,以德国为例,应用 75% 的二次燃料,粉尘排放限值为 12.5 mg/m³$_{sr,dr}$ [b 2]。

6.2.2 粉尘的扩散、沉淀

废气成分在大气中排放、扩散和混入(受到污染)之间的关系如图 6.4 所示 [V 43, V 55, V 60, X 3]。水泥厂排放的废气连同它们中含有的悬浮物一起以烟囱的排出速度上升到大气中。然后它们被风吹散,经湍流混合并冲淡。废气随着距排放源距离的增加而扩散。这个过程限定在通常由非常稳定的空气层覆盖的混合层内。根据扩散的情况,废气在距排放源不同的距离与地面接触,这就决定了着地浓度。

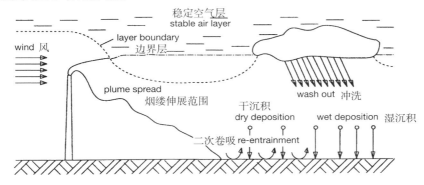

图 6.4 排放与着地浓度的关系;重要影响因素图解
Figure 6.4: Relationship between emission and immission; schematic representation of the important influencing variables [V 43, V 60, X 3]

水泥厂周围固定点的废气成分的浓度,都可以用湍流统计理论或有一系列限制的一般扩散方程的高斯分散计算方法来确定 [V15]。废气的输送基本上受混合层中的气象过程支配,特别是温度、风速和风剖面性状。粉尘的输送还取决于颗粒形状、大小、密度和吸湿性。然而,与着地浓度测定相比,针对各种计算给出的气体成分(NO_x, SO_2)的值要高得多(可达 4 倍),而粉尘的值要低得多(20~30 倍)。粉尘值的差异可归因于一些重要的影响因素在计算时没有考虑或没有充分考虑,这些因素包括湿沉降以及沉积后再次由运输和风带走的粉尘量 [V43]。

粉尘沉积(粉尘污染)的量度是指一定时间内落在接近地面的水平面上的粉尘数量。在德国,通常是根据 Bergerhoff 方法来度量的 [V7]。沉积粉尘收集在一个 1.5L 的距离地面 1.5m 上方的防护笼中的玻璃瓶中,或一个相当的塑料容器中。沉积的粉尘一般在水分蒸发完并在 105℃ 下干燥后称重的,每月称重一次,单位为 g/(m²·d)。沉积面积由容器开口的内径算出。这些装置非常简单,因此可以大量制定来测量大面积沉淀 [J 19, J 20]。更先进的设备也可用于解决特殊问题 [X 3]。

30 年代末,水泥厂周围地区大多数一次粉尘沉积测量显示,最大粉尘沉积在距离水泥厂 1~2km 的范围内,是由窑烟囱相对较高的粉尘排放造成的。然而,之后的测量显示,粉尘沉积随着离水泥厂的距离而稳步下降。这主要是由于改善了窑的废气收尘,从而窑的烟囱粉尘排放量大大地减少了，因此对从更低的来源的粉尘排放给予了更大的重视 [V 21]。

1991 年，德国农村地区的粉尘着地浓度为 0.18g/(m²·d)。而有水泥厂的农村地区测量值并不比这个值高，所以可以假定，水泥厂产生的额外污染是次要的。通过带有黏附膜的粉尘沉积测量也证实了所描述的情况 [V 7]，即让来自水泥厂粉尘同来自其他排放源的粉尘区分开来 [V 46]。人口稠密地区的粉尘着地浓度至少要高出 2 倍 [V 43，K 47]。

6.2.3　粉尘的作用

水泥窑灰对农业土壤和其上作物生长和产量的影响的研究表明，水泥窑粉尘的主要作用是替代植物从土壤中吸收的以及流失掉的钙和钾元素 [E 38，P 2，S 27，P 64，P 65]。

植物和树木的叶子或者针状叶与含有水泥熟料成分的粉尘长期接触后，会受到损害。这种损害作用主要是因为含水泥熟料成分的粉尘呈碱性，如果粉尘中水泥熟料以质量计不超过 6%~10%，那么在潮湿空气作用期间损害作用会迅速降低 [C 67，C 68，C 69，S 197]。将水泥熟料含量不同的粉尘撒在生长各种农作物的容器里的研究也取得了类似的结果。研究发现，植物的叶子确实遭到了粉尘的损害，但是其产量却有显著的提高 [L 82]。

在对牛、羊和兔子的研究中得到，有关水泥窑灰对动物的影响的信息。研究结果表明，水泥窑灰不是动物致病的诱因 [C 33]。

6.3　可蒸发组分，循环系统，平衡，排放和引入

6.3.1　基本原则

入窑物料在水泥窑系统中经热气流逆向加热，热气流中包含以气体或蒸汽形式存在的各种化合物，这些来自窑喂料和燃料的蒸发和分离成分的化合物已形成于气相中。具体来说，这些气相化合物是由原料和燃料引入窑内的碱、硫、氯和氟的化合物以及某些微量元素如锌、铅、铬、镉、铊和汞。表 3.3 列出了德国水泥厂使用的原料混合物中的碱含量（3.2.2 节）。微量元素含量列于表 6.5 和表 6.6 中。窑气还包含由于熟料冷却机、回转窑、预热器中物料运动和冷却空气及窑气高流速产生的粉尘。回转窑内不平整的窑皮和内部装置促进了粉尘的产生 [W 14]。

表 6.5　德国水泥工业用天然原料和标准燃料中的微量元素含量 [g/t(ppm)]
[M 77，S 204，K 87，S 190，K 41]
Table 6.5: Trace elements in g/t (ppm) in the natual raw matertals and standard fuels used in the German cement industry [M 77,S 204,K87,S 190,K 41]

元素 Element		石灰石 Lime—stone	黏土 Clay	Fe_2O_3 添加剂 Fe_2O_3—additive	煤 Coal	褐煤 Lignite	石油焦 Petroleum coke	重油 Heavy fuel oil
As	H	12	23	680	13	0.4	—	0.1
	Av	6	18	—	7	0.3	—	—
	L	0.2	13	4	1	0.2	—	0.01
Be	H	0.4	—	—	1.5	—	—	—
	Av	0.2	3	—	0.9	0.04	—	—
	L	<0.01	—	—	0.2	—	—	—

6 水泥生产中的环境保护

续表

元素 Element		石灰石 Lime—stone	黏土 Clay	Fe_2O_3 添加剂 Fe_2O_3—additive	煤 Coal	褐煤 Lignite	石油焦 Petroleum coke	重油 Heavy fuel oil
Br⁻	H	—	58	—	11	—	—	—
	Av	5.9	—	—	—	—	—	—
	L	—	1	—	7	—	—	—
Cd	H	0.5	0.2	15	0.71	0.1	0.3	0.4
	Av	0.07	0.16	—	0.39	0.08	—	—
	L	0.02	0.05	0.02	0.07	0.06	0.1	0.02
Cl⁻	H	240	450	—	1300	1100	13	—
	Av	—	—	—	—	—	—	—
	L	50	15	—	1000	<10	—	—
Cr	H	12	90	1400	50	6.1	104	4
	Av	9	60	—	25	4.2	—	—
	L	0.7	20	90	1	2.3	5	2
F⁻	H	940	990	—	370	—	—	20
	Av	—	—	—	—	—	—	—
	L	100	300	—	50	—	—	10
Hg	H	0.1	0.15	—	0.61	0.14	—	—
	Av	0.03	0.03	—	0.33	0.07	—	—
	L	0.005	0.02	—	0.05	<0.01	—	—
I⁻	H	0.75	2.2	—	11.2	—	—	—
	Av	—	—	—	—	—	—	—
	L	0.25	0.2	—	0.8	—	—	—
Ni	H	13	70	340	37	4.6	355	43
	Av	4.5	69	—	19	2.8	—	—
	L	1.4	11	10	1	1.0	300	5
Pb	H	21	40	8700	27	1.5	102	34
	Av	7	17	—	16	1.1	—	—
	L	0.3	10	9	5	0.7	6	1
Tl	H	0.8	0.9	400	1.2	0.3	3.1	0.12
	Av	0.27	0.6	—	0.7	0.2	—	—
	L	0.06	0.2	0.07	0.2	0.1	0.04	0.02
V	H	80	170	—	50	2.5	—	117
	Av	45	134	—	30	13	—	—
	L	10	98	—	10	1	—	2
Zn	H	57	110	9400	150	—	—	85
	Av	23	87	—	85	22	—	—
	L	1	55	6900	20	—	—	5

H=最高值；Av=平均值；L=最低值。

H = highest value   Av = average value   L = lowest value.

表 6.6 废弃物燃料中的微量元素，[g/t(ppm)] [S204,K41]
Table 6.6: Trace elements in g/t (ppm) in waste fuels [S 204, K 41]

元素 Element		废油 Waste oil	旧轮胎 Used tyres	漂白土 Bleaching earth	酸渣 Acid sludge
Cd	H	4	10	2	50
	L	—	5	<0.01	9
Cl⁻	H	2200	2000	50	3000
	L	100	—	<10	—
Cr	H	50	97	11	330
	L	<5	—	2	20
Hg	H	0.3	在废弃物燃料中 [K41] 0.3 in waste fuels [K 41]		
	L	0.04			
Ni	H	30	77	30	87
	L	3	—	0.01	8
Pb	H	21700	760	2500	6400
	L	10	60	2	150
Tl	H	<0.02	0.3	0.2	0.07
	L	—	0.2	—	0.03
Zn	H	3000	20500	480	3900
	L	240	9300	<10	56

H= 最高值；L= 最低值。
H = highest value   L = lowest value.

气相化合物可以在窑或预热器或下游设备的较冷部位冷凝，并沉积在入窑物料和粉尘上。如果沉积在入窑物料上的部分化合物再次进入窑的高温部位，然后再蒸发，那么就形成了内部循环系统，即在窑内，在窑和预热器之间以及在预热器中的循环系统。如果卸出窑/预热器区域的成分被收尘系统收集，以粉尘的形式再加入生料中的方式返回到窑系统，这就形成了外部循环系统。从系统中移出部分循环物质可以减少内部和外部循环系统，例如：由旁路系统收集粉尘或者清除部分或全部收集到的粉尘。

即使在烧结温度下，中度挥发性化合物在燃烧时也不能完全挥发。一定量的挥发性化合物留在入窑物料内，并进入水泥熟料中，或是作为熟料铁铝液相的组分、作为硅酸钙相的固溶，而硅酸钙相在烧结温度下也是固态，也可作为不与熟料熔体混合独立熔体。进入水泥熟料中的挥发性化合物越多，进入循环系统中的相关挥发性化合物的数量就越少，清洁后的气体中挥发性化合物的浓度也越低 [L 70, L 88, S 204]。

废气中以气体或蒸汽形式存在的化合物或以固体颗粒的形式存在于清洁后的气体粉尘中的化合物都将从水泥窑里排出。

平衡测量可以提供燃烧过程中有关原料和燃料组分的循环行为的信息。具有连接烘干和粉磨系统的悬浮预热器窑的平衡结构可以由质量流量图(桑基图)来描述（图 6.5）。质量流量图显示了有关成分的流入、循环和排出的质量，这些通常与熟料产量相关。外部和内部平衡之间有区别。外部平衡的输入是原始状态提供给窑的原料和燃料数量，输出是随熟料或随净化气体以粉尘或也可能是以气体形式排放的量。

6 水泥生产中的环境保护

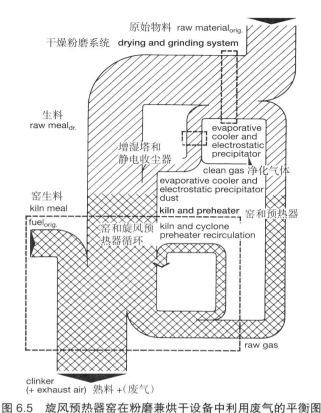

图 6.5 旋风预热器窑在粉磨兼烘干设备中利用废气的平衡图
Figure 6.5: Balance diagram for a kiln with cyclone preheater, with utilization of the exhaust gases in a drying and grinding plant [V 28]

外部平衡仍不能提供循环系统的性质和范围。有关烘干、粉磨系统和窑炉之间的外部循环系统的信息只能由内部平衡推导,图 6.5 中交叉影线部分即为内部平衡。内部平衡的输入包括需要平衡的成分的质量流,因为它是随窑喂料入窑的。入窑的喂料除了原材料外,还包括了通过利用废气烘干物料时返回到窑中的组分,以及附着在收尘系统收集的粉尘上的组分。

如果使用煤炭作为燃料,且用窑内一部分含尘气体烘干,那么部分需要平衡的成分也会通过燃料返回到窑。因此有必要区分原始状态燃料和准备入窑的燃料。这指明了煤磨循环系统范围,图 6.5 没有显示。

内部循环系统,即窑中、窑和预热器之间以及预热器中的循环系统,即使采用内部平衡法也不可测量。内部循环系统的测量需要更多的测量和取样,以确定该窑的相应部分适当的质量流量。

在水泥窑系统的温度条件下不挥发的化合物也不会通过蒸发和冷凝形成任何循环系统。但是,它们确定参与了循环粉尘系统。由于粒度不同,它们能在粉尘中聚结,但在燃烧时,它们几乎完全与熟料结合。

高挥发性化合物在水泥窑温度条件下挥发后不再凝结。因此它们不会构成任何循环系统,也不进入熟料中,而是作为蒸汽全部被排放掉。

中等挥发性的化合物在窑内形成循环系统。中等挥发性循环系统是在回转窑,以及回转窑与预热器之间形成。挥发性化合物分散于入窑物料和粉尘中,由于温度和挥发条件不同,进入水泥熟料中的挥发性化合物的比例不同。

如果化合物具有较高挥发性,且在入窑物料离开预热器前又经完全汽化,但是在含有粉尘的气体排出预热器前已完全冷凝,那么在预热器内就会形成一个循环系统。在这种情况下,挥发性化合物几乎完全存在于收尘系统收集的粉尘和收尘处理后气体所含的粉尘中。

只要持续不断地输入物料,在循环系统中循环的挥发性化合物数量就会持续地增加。排放也相应地增长,随着挥发性增大,排放逐渐从熟料转移到收集的粉尘和洁净气体粉尘中去。输入和排放之间经过一段时间建立起平衡。

具有极高挥发性化合物的循环系统在经过一个相当长的时间后才能达到平衡,因此,一般来说记录平衡时,产出会亏损。内部循环系统的增长如图6.5所示的"窑和旋风预热器循环系统"箭头。在不构成任何循环体系的化合物平衡中,外部和内部平衡的亏损不大于2%[K 42,K 43]。因此,最好在平衡测量中纳入一个非挥发性"示踪元素"作为参照。其中,水泥熟料中一种主要组成部分,例如:钙,适用于此目的。10~12h的试验期对记录完整的平衡是适当的,或在特殊情况下为24h [S 204]。如果在窑系统中积存了一个挥发性元素,在循环系统中挥发性元素的数量在平衡测量过程中将不断地增加。因此,关于入窑物料和循环粉尘中特定元素浓度并没有稳定状态的条件。但是,对窑内已有的数量来说,只增加了很少,所以这个平衡的误差可以忽略不计 [K 43]。

燃烧系统,尤其是预热的类型,也会对挥发性化合物的循环模式产生重要影响。磨细的入窑物料在悬浮预热器内的窑气中多次地被分散,并且在不同的温度被收集。因此,窑气和入窑物料表面有很紧密的接触,促进了挥发组分进入物料里。篦式预热器,这种接触大体上仅限于预成球颗粒较低的表面积。成球颗粒料床比旋风预热器中的物料"料幕"更易渗透。因此,结合量也较低,另一方面,颗粒床较高的渗透性意味着多余的循环物质的收集和排除所包含的粉尘较少。

6.3.2 循环收尘系统

当窑气体中挥发性成分的浓度欲通过中断内部和外部循环系统来降低时,窑气体的粉尘含量就尤为重要。例如,进入预热器前,内部循环系统可以通过转移部分窑气体以及其中所含的粉尘和冷凝组分的旁路,得以减少 [M 134]。旁路气体通常占到了总的窑气体流量的3%~15%。在预分解窑和三次风管道里,部分旁路可能高达100%的比例[S 256,E 14,K 88,F 5]。如果再循环系统能达到最大程度释放,且粉尘损失低,那么这个旁路就是特别有效率的 [K 88,E 35]。如果增湿塔和静电气体净化系统收集的粉尘不再返回到窑系统,外部再循环系统就会中断。

确定内部粉尘循环系统范围的要求之一是在窑的入口处进行气体测量。然而,这种测量方法是不准确的,因为窑气的成分在气流横截面上以及不同时间段内有很大的差异 [V 104]。在文献中给出的值通常是由估计或间接测定得到的。由估算或者间接测定得到的内部粉尘循环系统的范围是每千克熟料中含 20~1500g 粉尘 [W 16, F 50, R 67, H 46, B 93, R 85]。进入预热器前的窑内气流中抽取的旁路气体(表 6.7)的含尘量也可以提供关于内部粉尘循环系统的信息。不管预热器的类型,对于两种窑系统的内部循环粉尘系统,其提供的计算值约为 140g/kg 熟料 [S 204]。据此,在被喂入预热器时,在回转窑里形成的粉尘实际上与所煅烧物料本身的性质无关。类似地,在对常规预热器窑的研究中得到至多 300g/kg 的熟料 [H 46, L 70],从带预分解和三次风管的现代旋风预热器窑炉中得到至多 200g/kg 的熟料 [R 85]。

表 6.7 旋风和篦式预热器水泥窑中的再循环系统
Table 6.7: Recirculating systems in cement kilns with cyclone and grate preheaters [L 70, S 204]

		含尘气体中的粉尘含量(g/kg 熟料) Dust content in raw gas in g/kg clinker	
		极值 extreme values	平均值 average value
29 台旋风预热器窑 29 kilns with cyclone preheaters	静电收尘器粉尘 旁路粉尘(n=4) electrostatic precipitator dust bypass dust (n = 4)	44…129 0.5…14	83 8
20 台篦式预热器窑 20 kilns with grate preheaters	静电收尘器粉尘 electrostatic precipitator dust	1…20	8
	中间气体粉尘 intermediate gas dust	3…21	10
	旁路粉尘(n=5) bypass dust (n = 5)	6…13	10

表 6.7 所列的工业窑炉的研究结果提供了水泥窑中外部粉尘再循环系统的概况 [L 70, S 204]。据此离开窑的窑气粉尘量是每吨熟料 44g 至 129g,或者是占熟料生产量的 4%~13%;对旋风预热器它是每吨熟料 1g 至 20g,或者是熟料产量的 0.1%~2%。这些粉尘大部分是收集于下游的气体净化装置中。从表 6.7 中列出的篦式预热器中间气体粉尘也可算作外部循环收尘系统的一部分。在净化空气中仍然含有粉尘,对于两种窑炉系统,一般是低于 100mg/kg 熟料,相应的为 0.01% 的熟料产量。

在旋风预热器窑气体净化系统中收集的粉尘成分一般不同于相应煅烧程度的生料。由于经济原因,粉尘回到窑炉中去还是恰当的。只有粉尘带有大量挥发性成分,例如:来自篦式预热器窑的粉尘,是部分或完全地从系统中排除的。

根据表 6.7 所示,篦式预热器窑的外部粉尘再循环系统要比旋风预热器窑的小。这是因为已经成为料球的篦式预热器中的窑炉喂料比旋风预热器中的窑炉喂料更难形成粉尘。这种差异意味着,一个旋风预热器窑窑气体中的挥发性成分,被窑喂料粉尘稀释的程度要比篦式预热器窑强 5~10 倍。这意味着如果要用排除收集到的粉尘的方法使挥发性成分的再循环系统减少一定数量的话,旋风预热器窑必定要比篦式预热器窑需要除去多得多的粉尘。

6.3.3 碱

碱基硫酸盐和碱基氯化物是对水泥窑系统运作影响最大的循环物质。在燃烧过程中,它们由原料和燃料中的碱、硫化物和氯化物形成。在水泥窑炉的高温下,所有硫化物首先转化为二氧化硫气体,然后和碱反应生成碱基硫酸盐。此反应只有在氧气存在的条件下才能进行:

$$SO_2 + 1/2O_2 + Na_2O \longrightarrow Na_2SO_4 \tag{6.1}$$

$$SO_2 + 1/2O_2 + K_2O \longrightarrow K_2SO_4 \tag{6.2}$$

同样，二氧化硫与氧化钙或者碳酸钙反应可以得到硫酸钙：

$$SO_2 + 1/2O_2 + CaO \longrightarrow CaSO_4 \tag{6.3}$$

$$SO_2 + 1/2O_2 + CaCO_3 \longrightarrow CaSO_4 + CO_2 \tag{6.4}$$

由于碱基氯化物的高蒸汽压力，氯化物在烧成带几乎完全挥发。碱基氯化物的蒸汽压在烧结温度为1450℃左右时（图6.6）达到10^5Pa，这使得熟料中氯化物的质量分数低于0.1%。与水泥窑喂料中其他碱基化合物相比，碱基硫酸盐的蒸汽压特别低。因此，碱的挥发性可以通过降低硫化程度（3.1.9节）以及加氯化物 [K 90] 来提高。碱基硫酸盐在烧结温度下蒸汽压较低，所以只有少部分的碱基硫酸盐在烧成带蒸发。它们在熟料中形成不与铁铝酸盐熔体混合的熔体，并在冷却条件下形成碱基硫酸盐、碱基硫酸钙或者硫酸钙晶体 [P 43, O 42, M 22, T 26]（3.1.9节）。

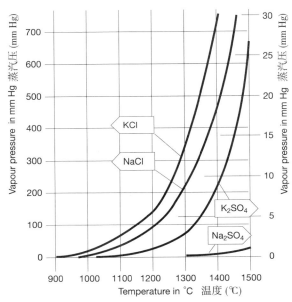

图6.6 氯化物及钠和钾的硫酸盐的蒸汽压与温度的函数关系 [B 128, G 44]
Figure 6.6: Vapour pressures of the chlorides and sulfates of sodium and potassium as a function of temperature [B 128, G 44]

图6.7显示了一个日产1200t熟料的旋风预热器窑取的是8个小时试验过程中的平均值的碱平衡质量流量图 [S 204]。氧化钾和氧化钠碱的总和以K_2O当量计。原材料石灰石（原料1）和黏土页岩（原料2）先由窑系统产生的废气进行干燥，然后再进行研磨制成生料。来自烘干机排废气收尘系统的粉尘与生料混合，并作为窑生料喂入窑中。燃料为重油（FO）、褐煤（Li）、酸性淤泥（AS）和废轮胎（CT）。

外部碱平衡的进料主要来自石灰石和黏土页岩两种原料。在燃料中只有褐煤对外部碱平衡的进料有所贡献。实际上，所有物料中含的碱都被转移到了熟料中。收尘后的气体粉尘中的碱只占了碱平衡输出的 0.01%。这基本上归因于 2.5kg/h 极低的粉尘排放量。在内部和外部平衡都没有出现逆差。

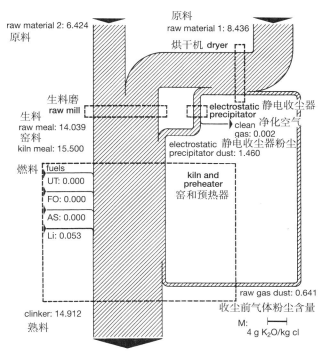

图 6.7 带废气利用的旋风预热器窑的碱平衡
（氧化钾和氧化钠的总量以 g K_2O 当量 /kg 熟料计）[S 204]

原料 1 是石灰石，原料 2 是黏土页岩

Figure 6.7: Alkali balance (total of K_2O + Na_2O in g K_2O equiv./kg clinker) for a cyclone preheater kiln with exhaust gas utilization [S 204]

Raw material 1 is limestone, Raw material 2 is clay slate

缩写符号：

CP 旋风预热器窑	
FO 重油	
Li 褐煤	
UT 废轮胎	
AS 酸性污泥	

The abbreviations signify

CP	cyclone preheater
FO	heavy fuel oil
Li	lignite
UT	used tyres
AS	acid sludge

表 6.8 列出了 29 台旋风预热器窑和 20 台篦式预热器窑中的碱平衡情况。研究中还发现，熟料中的硫在过量的碱和有氧燃烧的情况下，几乎全部转变成碱基硫酸盐。不参与形成硫酸盐的部分碱在烧结温度下进入了铁铝酸盐熔体，这意味着这部分的碱不会在烧结温度蒸发，因此也就不能与窑气中的组分发生反应。从入窑物料中所含的碱的总量减去熟料中铁铝酸盐熔体中所含的碱就得到了能与窑气组分反应的碱的含量。测试结果表明，两个窑系统中这部分碱的百分比含量是相同的，约占入窑物料碱含量的 35%~95% 之间。与熟料结合的碱的数量大约是每千克熟料中有 13g 和 15g 氧化钾，这也是类似的数量级（图 6.8）。但是，篦式预热器窑的原材料中碱含量较多，所以在总平衡上占的百分比比较低。

表 6.8 在水泥熟料和窑粉尘中的碱 [L 70, L 88, S 204]
Table 6.8: Alkalis in cement clinker and kiln dust [L 70, L 88, S 204]

	联合碱(Na₂O + K₂O),以 K₂O 计 Combined alkalis (Na₂O+K₂O), as K₂O			
	g/kg 熟料 in g/kg clinker		占平衡总量的百分数(%) in % of the balance total	
	极值 extreme values	平均值 average value	极值 extreme values	平均值 average value
29 台旋风预热器窑,熟料 29 kilns with cyclone preheaters clinker	8.2⋯20.7	12.7	77⋯95	91
静电收尘器(粉尘 44⋯29g/kg 熟料) electrostatic precipitator dust (44⋯129 g/kg clinker)	0.5⋯3.4	1.0	4⋯13	6
旁路粉尘(0.5⋯14g/kg 熟料) bypass dust (0.5⋯14 g/kg clinker)	0.2⋯1.8	1.0	1⋯10	5
20 台箅式预热器窑,熟料 20 kilns with grate preheaters clinker	11.4⋯20.5	15.0	64⋯93	84
静电收尘器(粉尘 1⋯20g/kg 熟料) electrostatic precipitator dust (1⋯20 g/kg clinker)	0.2⋯5.1	1.5	1⋯19	7
中间气体粉尘(3⋯21g/kg 熟料) intermediate gas dust (3⋯21 g/kg clinker)	0.2⋯1.5	0.8	1⋯8	4
旁路粉尘(6⋯13g/kg 熟料) bypass dust (6⋯13 g/kg clinker)	0.6⋯3.3	2.0	3⋯16	8

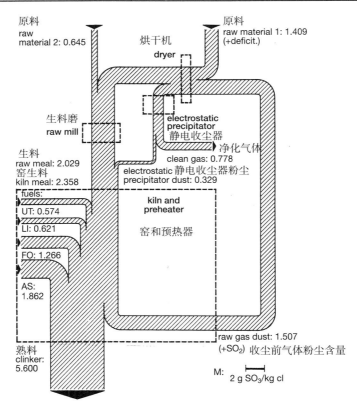

图 6.8 带废气利用的旋风预热器窑中的硫平衡 [S 204] 符号说明见图 6.7
Figure 6.8: Sulfur balance (g SO₃/kg clinker) for a cyclone preheater kiln with exhaust gas utilization [S 204] See Figure 6.7 for explanation of symbols

两种窑系统内部和外部循环系统有着重要的差别 [S 196, S 204]。由于料床有较大的渗透性,篦式预热器窑内部再循环系统一般要比旋风预热器窑中的小。在旋风预热器窑中,挥发性化合物通过与旋风筒中及烘干机和磨机中的磨细的入窑物料混合而被保留下来。

各种预热器在渗透性上的差别意味着,在旋风预热器窑的外部再循环系统中较多的粉尘带走的碱比篦式预热器窑中带走的少。从含有表6.7和表6.8中适当数值的表6.9中可以看到这些数量。表中所示在旋风预热器窑的外部再循环系统中,平均为 $1.0 gK_2O/kg$ 熟料的碱与 83g/kg 熟料的粉尘相结合,而在篦式预热器窑中,是 $2.3 gK_2O/kg$ 熟料与18g粉尘/kg熟料相结合。因此,在从外部粉尘再循环系统中除去粉尘以减少外部碱循环方面,篦式预热器窑的效率比旋风预热器窑效率平均要高10倍。减少内部碱循环的一个重要措施是开启一个旁路 [W 11, S 256, E 14]。从表6.8列出的值可以看出,这两种窑系统是近似等效的。

表6.9 在旋风预热器窑和篦式预热器窑中外部粉尘和碱的再循环
Table 6.9: External recirculation of dust and alkalis in cyclone and grate preheater kilns

	粉尘(g/kg 熟料) Dust in g/kg clinker		碱(K_2O+Na_2O) (gK_2O 当量/kg 熟料) Alkalis (Na_2O+K_2O) in g K_2O-equiv./kg clinker	
	极值 extreme values	平均值 average value	极值 extreme values	平均值 average value
29台旋风预热器窑 29 kilns with cyclone preheaters 静电收尘器粉尘 electrostatic precipitator dust	44…129	83	0.5…3.4	1.0
20台篦式预热器窑 20 kilns with grate preheaters 静电收尘器粉尘 electrostatic precipitator dust	1…20	8	0.2…5.1	1.5
中间气体粉尘 intermediate gas dust	3…21	10	0.2…1.5	0.8

6.3.4 硫

硫平衡的质量流图如图6.8所示,该图是在同一台熟料产量为1200t/d的旋风预热器窑上记录的数据,碱平衡在上一节已经讨论过 [S 204]。每千克熟料中 $6.377g SO_3$ 投入到外部平衡的硫输入中,有32%来自原料,68%来自燃料。硫的输出主要是通过熟料,88%的硫是以碱基硫酸盐的形式排出的,剩下的12%是以二氧化硫的形式排放。

内部硫循环是受二氧化硫和它在窑炉各部分的反应支配的。有氧燃烧的条件下,原料和燃料中含有的是所有硫化物都转变为气态的二氧化硫。这些气态的二氧化硫主要是和气态化的碱反应,但也会与窑喂料中固态碱反应,形成碱基硫酸盐。氧气存在的条件下,二氧化硫也会和窑料中的碳酸钙和氧化钙结合 [S 196]。

二氧化硫和碱的反应已经在上一节讨论过。二氧化硫和碳酸钙反应主要发生在干燥设备和粉磨设备中,也有一少部分也发生在增湿塔中。粉磨过程中物料产生的新自由表面和水蒸气环境均可促进该反应的进行。亚硫酸氢钙 $Ca(HSO_3)_2$ 作为一种过渡相，可能会形成[G 48]。

与氧化钙和碳酸钙的反应主要发生在预热器中，这和直接脱硫的原理是类似的。反应的一个重要的先决条件是窑入口处窑气中的氧气体积含量至少有 2%。最大的二氧化硫转化发生在 800~850℃[R 26，M 132，S 50，S 32]。形成的硫酸钙在烧结区会再度分解，并产生二氧化硫。窑气中的二氧化硫含量较高的区域，可能也会生成含有氧化钙、碱、氧化铝和/或二氧化硅 [P 43，M 22，O 42，S 275，T 26](3.1.9) 的其他硫酸盐化合物。例如，当使用富硫燃料而窑料中碱含量又不足以与碱基硫酸盐形式存在的全部硫反应时，就会产生上述情况 [M 120]。若窑气中二氧化硫的浓度相当高，那么硫酸钙也能通过烧结区而不会分解 [R 24]。

表 6.10 列出了 29 台旋风预热器窑和 20 台篦式预热器窑中硫平衡的基本情况。与碱平衡一样，硫平衡在输入与输出之间也存在一个平衡点。在所有的平衡中，输入的碱以化学计量数计比输入的硫多。通过原料和燃料进入窑的硫，有 88%~100% 存在于水泥熟料里的碱基硫酸盐和收集到的窑灰中，最多有 12% 的硫以二氧化硫形式被排放掉；通常情况下，经收尘处理后的气体中二氧化硫的含量较低。这个含量在 20~600 $mg/m^3_{sr,dr}$[L 88，S 204]。

表 6.10 水泥熟料和窑灰中的硫 [L 70，L 87，S 204]
Tafel 6.10: Sulfur in cement clinker and kiln dust [L 70, L 87, S 204]

	化合硫(SO_3) Combined sulfur (SO_3)			
	g/kg 熟料 in g/kg clinker		占平衡总量的百分数(%) in % of the balance total	
	极值 extreme values	平均值 average value	极值 extreme values	平均值 average value
29 台旋风预热器窑 29 kilns with cyclone preheaters 熟料 clinker	2.9…13.4	6.7	72…97	87
静电收尘器粉尘(44…29g/kg 熟料) electrostatic precipitator dust (44…129 g/kg clinker)	<0.1…3.0	0.6	1…19	6
旁路粉尘(0.5…14g/kg 熟料) bypass dust (0.5…14 g/kg clinker)	<0.1…1.6	0.7	1…12	5
20 台篦式预热器窑 20 kilns with grate preheaters 熟料 clinker	0.7…12.6	6.0	38…89	69
静电收尘器粉尘(1…20g/kg 熟料) electrostatic precipitator dust (1…20 g/kg clinker)	0.2…2.5	1.0	2…30	14
中间气体粉尘(3…21g/kg 熟料) intermediate gas dust (3…21 g/kg clinker)	0.1…1.4	0.6	2…15	9
旁路粉尘(6…13g/kg 熟料) bypass dust (6…13 g/kg clinker)	0.5…2.3	1.3	7…29	17

6.3.5 氟化物

水泥生料中氟化物的质量分数可达 0.05%。氟化物主要来自于氟离子质量分数在 0.02%~0.3%

的含氟化物黏土。碳酸盐中的氟化物含量很低,氟离子的质量分数只有0.006%~0.06%[S 191]。燃料中也含有少量的氟(化物)。氟参与水泥窑中的循环过程。烧结温度下,氟化物从生料混合物中蒸发,进入窑炉气体中。在炉中温度较低的区域,氟(化物)和氧化钙反应生成氟化钙CaF_2,氟化钙又随窑料一起返回烧成带。

表6.11总结了6个旋风预热器窑和4个篦式预热器窑的氟数据。这表明,输入的氟化物有88%~98%随水泥熟料离开了窑。通过这种方式离开的氟化物的数量是如此的大,以至于内部氟循环系统不能产生任何破坏性的氟化物累积。未转移到熟料中的氟化物附着在粉尘上。事实表明,结合到熟料中的氟化物含量随外部循环系统中的粉尘含量降低而呈现出线性增长。因此水泥窑炉中的氟化物全部以固态的形式进入熟料中。没有气态氟化物排放出来[S 204, S 191]。

表6.11 在水泥熟料和粉尘中的氟 [L 70, L 88, S 204]
Table 6.11: Fluoride in cement clinker and kiln dust [L 70, L 88, S 204]

	化合的氟化物(氟离子) Combined fluoride (F^-)			
	g/kg 熟料 in g/kg clinker		占平衡总量的百分数(%) in % of the balance total	
	极值 extreme values	平均值 average value	极值 extreme values	平均值 average value
6台旋风预热器窑 6 kilns with cyclone preheaters 熟料 clinker	0.725⋯1.133	0.858	88⋯95	92
静电收尘器(粉尘 50⋯150g/kg熟料) electrostatic precipitator dust (50⋯150 g/kg clinker)	0.037⋯0.106	0.075	4⋯12	8
排出的粉尘 emitted dust (0.056⋯0.230g/kg熟料) (0.056⋯0.230 g/kg clinker)	$0.120 \cdot 10^{-3}$ $8.788 \cdot 10^{-3}$	$1.986 \cdot 10^{-3}$	<0.1	<0.1
4台篦式预热器窑 4 kilns with grate preheaters 熟料 clinker	0.709⋯1.030	0.818	95⋯98	97
静电收尘器(粉尘 1⋯18g/kg熟料) electrostatic precipitator dust (1⋯18 g/kg clinker)	0.001⋯0.018	0.009	0.1⋯2	1
中间气体粉尘(5⋯17g/kg熟料) intermediate gas dust (5⋯17 g/kg clinker)	0.010⋯0.033	0.02	1⋯3	2
排出的粉尘 emitted dust (0.054⋯0.126g/kg熟料) (0.054⋯0.126 g/kg clinker)	$0.020 \cdot 10^{-3}$ $0.255 \cdot 10^{-3}$	$0.161 \cdot 10^{-3}$	<0.1	<0.1

6.3.6 氯化物、溴化物和碘化物

氯化物是随着氯离子质量分数为0.01%~0.3%的生料和燃料进入到水泥窑中的(表6.5和表6.6)。氯化物在受热的情况下释放出来,主要与窑料和窑气中的碱发生反应。回转窑和预热器之间以这种方式形成的碱基氯化物循环系统会导致窑入口处结皮。用于在回转窑中形成和

蒸发碱基氯化物的能量在分解炉中冷凝过程中被再次释放,并用于$CaCO_3$的分解,结果是减少辅助燃料的使用[R 82](3.2.5节)。

图6.9显示了一个熟料产能为1200t/d的旋风预热器窑的氯平衡质量流图,其中也记录了碱平衡和硫平衡(6.3.3节和6.3.4节)。图中显示,此窑输入的氯化物中47%是由生料混合物提供的,53%是由燃料提供的。输入的氯化物中,约43%随熟料一起离窑,低于0.3%的氯化物存在于净化气体的粉尘中。输入的氯化物中至少有56%留在窑系统中,并在窑和预热器之间形成一个循环系统,该循环系统随着氯化物的进一步供应而不断地扩大。

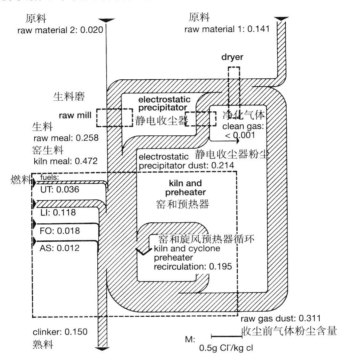

图6.9 带废气利用的旋风预热器窑的氯平衡(gCl⁻/kg熟料)
Figure 6.9: Chloride balance (g Cl⁻/kg clinker) for a cyclone preheater kiln with exhaust gas utilization [S 204] See Figure 6.7 for explanation of symbols

从8台旋风预热器窑和7台箅式预热器窑中的氯平衡中也发现有同样的关联,总结在表6.12[S 204]。研究显示,10%~53%平均为21%~26%的入窑氯化物随熟料排出。对于箅式预热器窑,经静电收尘器和中间气体收尘系统收集的粉尘中的氯化物的数量占总平衡的42%,尽管箅式预热器窑收集到的粉尘量要小得多,但箅式预热器窑粉尘中氯化物含量约是旋风预热器窑粉尘中的三倍。因此,箅式预热器窑通过排除收集到的粉尘来减少循环系统中的氯化物是经济合理的。旋风预热器窑中再循环系统中的氯化物不能通过这种方式来减少,因为在收集的粉尘中氯化物含量很低。氯化物集聚在窑炉入口和预分解炉的窑料中。这种情况下,为了避免形成窑皮,可以通过采用旁路收尘系统来减少循环系统中的氯化物,这样就能不受限制地使用更便宜的二次燃料[M 134, L 70, S 204, R 82](3.2.5节)。

表 6.12 在水泥熟料和窑粉尘中的氯化物 [L 70, L 88, S 204]
Table 6.12: Chloride in cement clinker and kiln dust [L 70, L 88, S 204]

	化合氯(氯离子 Cl^-) Combined chloride (Cl^-)			
	g/kg 熟料 in g/kg clinker		占平衡总量的百分数(%) in % of the balance total	
	极值 extreme values	平均值 average value	极值 extreme values	平均值 average value
8 台旋风预热器窑 8 kilns with cyclone preheaters				
熟料 clinker	0.040…0.239	0.1	14…23	26
静电收尘器粉尘(48…117g/kg 熟料) electrostatic precipitator dust (48…117 g/kg clinker)	0.008…0.235	0.088	6…32	14
旁路粉尘(1 窑)(0.5g/kg 熟料) bypass dust (1 kiln) (0.5 g/kg clinker)	0.097	—	15	—
7 台篦式预热器窑 7 kilns with grate preheaters				
熟料 clinker	0.080…0.087	0.087	10…53	21
静电收尘器,粉尘(1…20g/kg 熟料) electrostatic precipitator dust (1…20 g/kg clinker)	0.042…0.362	0.17	9…53	32
中间气体粉尘 5…17g/kg 熟料 intermediate gas dust (5…17 g/kg clinker)	0.017…0.093	0.05	4…21	10
旁路粉尘(1 窑)10.7g/kg 熟料 bypass dust (1 kiln) (10.7 g/kg clinker)	0.11	—	28	—

正常情况下,天然原料和燃料中溴化物和碘化物的浓度很低(表 6.5)。废油中溴化物的质量分数可达比较高水平的 0.15%。溴化物和碘化物甚至比氯化物更容易挥发,这一点可以从熟料中只含有很少的溴离子,而旁路收集到的粉尘中溴离子的质量分数高达 0.5%~1.5%[B 62, S 204] 看出。

6.3.7 与环境有关的微量元素

1. 总述

"微量元素"是在人体内的浓度低于 50mg/kg 的化学元素。"微量"是指在微量化学分析中质量浓度低于 0.01% 的成分 [r 4]。因此,以微量形式存于固体、液体或气体中的这些元素就是人们所熟知的化学、技术和环保中的"微量元素"。

这些微量元素的浓度通常采用的单位是 g/t,而对于浓度更低的微量元素,采用 mg/t 或者 ng/t:

$$g/t = mg/kg = ppm(百万分之一) = 10^{-4} wt\% \quad (6.5)$$
$$mg/t = ng/kg = ppb(十亿分之一) = 10^{-7} wt\% \quad (6.6)$$
$$ng/t = pg/kg = ppt(万亿分之一) = 10^{-10} wt\% \quad (6.7)$$

表 6.5 和表 6.6 列出了德国水泥工业使用的原料和燃料中一些微量元素的浓度。其中,被认为会污染环境的元素几乎都是重金属元素。它们主要以固溶体的形式存在于某些矿物原料中的组分里,例如在黏土矿物里取代铝的铬,铊取代钾,硫化物矿石里的铊,因为它的化学性质相似于铅 [W 3, K 43, K 45]。当水泥熟料煅烧时,其中的金属微量元素与硫酸盐、氯化物或者其他卤族元素发生反应,形成相应的化合物。强烈的氧气氛围下,氧化钙和碱的存在可以起到重

要的作用。这些化合物的性质决定着它们在水泥窑炉里的行为,特别是由于再循环系统的浓缩,使得它们固化在水泥熟料中和进入排放物中。

2. 镍、铬、砷、锑

镍是随着原料和燃料进入到水泥窑中的。由于生物起源,煤、燃油、酸性淤泥和焦油里都含有镍,以及以有机金属化合物形式存在的钒[W 25]。水泥熟料煅烧过程中,镍几乎是非挥发的,超过90%的镍是以化合形式存在的[S 204, S 183, W 25]。

铬以三价离子的形式存在于水泥生产所用的原料中。在煅烧熟料的强碱和氧气氛围下,铬离子被氧化成六价离子,形成几乎不挥发的碱和/或钙的铬酸盐$(Na, K)_2CrO_4$和$CaCrO_4$。因此,有超过90%的铬进入到了水泥熟料[S 204, S 183, W 25, W 26]。

在富含氧化钙的窑料和氧气存在的条件下,砷与二者反应生成钙基砷酸盐$Ca_3(AsO_4)_2$。钙基砷酸盐是不易挥发的,其进入水泥熟料中的量多达90%。锑也表现出相应的性质。

3. 锌、铅

锌和铅是随着天然原料和燃料进入到水泥窑的。它们可能会以相当高的浓度包含在原料混合物中,或者包含在某些废弃燃料中[S 187, V 106, S 204, S 187, W 21, W 27, W 22]。图6.10和图6.11显示一个熟料生产能力为1200t/d的旋风预热器窑的铅、锌平衡的质量流图,也记录了碱、硫和氯的平衡(6.3.3节、6.3.4节和6.3.6节)。这种情况下,输入的锌主要来自旧轮胎的燃烧(图6.10)。铅是由生料组分1(石灰石)和旧轮胎、酸性淤泥带入到窑炉中的(图6.11)。

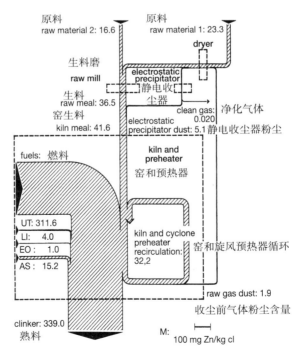

图6.10 带废气利用的旋风预热器窑的锌平衡
(g Zn/kg 熟料)[S 204, S189]

Figure 6.10: Zinc balance (g Zn/kg clinker) for a cyclone preheater kiln with exhaust gas utilization [S 204, S 189] See Figure 6.7 for explanation of symbols

6 水泥生产中的环境保护

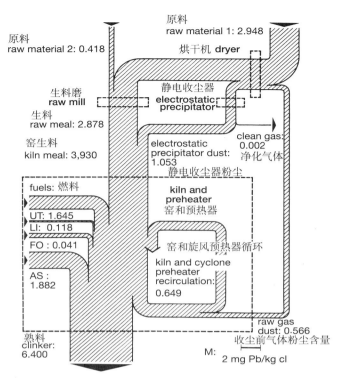

图 6.11 带废气利用的旋风预热器窑的铅平衡
(g Pb/kg 熟料) [S 204, S189]

Figure 6.11: Lead balance (g Pb/kg clinker) for a cyclone preheater kiln with exhaust gas utilization [S 204, S 189] See Figure 6.7 for explanation of symbols

旋风预热器窑和箅式预热器窑相当大量的锌和铅平衡数据列于表 6.13 和表 6.14。锌和铅的平衡都以输入的 6%~7% 中的系统亏损为特征。这意味着，窑/预热器循环系统正以这些数量不断增加。

表 6.13 带或不带（括号内的值）废弃物原料利用的水泥熟料和窑灰中的锌 [S 204, V106, S189]
Table 6.13: Zinc in cement clinker and kiln dust with and without (values in brackets) utilization of waste materials [S 204, V 106, S 189]

	化合锌（锌元素）Combined zink (Zn)			
	mg/kg 熟料 in mg/kg clinker		占平衡总量的百分数(%) in % of the balance total	
	极值 extreme values	平均值 average value	极值 extreme values	平均值 average value
17 台旋风预热器窑 17 kilns with cyclone preheaters				
熟料 clinker	29.0···531.0	113.7 (45.7)	74···99	87 (86)
静电收尘器，粉尘 electrostatic precipitator dust (42···108g/kg 熟料)(42···108 g/kg clinker)	1.9···13.0	5.0 (4.4)	1···19	7 (8)
排出的粉尘 emitted dust (0.049···0.500g/kg 熟料)(0.049···0.500 g/kg clinker)	0.003···0.073	0.022 (0.026)	0.0···0.2	0.02
15 台箅式预热器窑 15 kilns with grate preheaters				

续表

	化合锌(锌元素) Combined zink (Zn)			
	mg/kg 熟料 in mg/kg clinker		占平衡总量的百分数(%) in % of the balance total	
	极值 extreme values	平均值 average value	极值 extreme values	平均值 average value
熟料 clinker	33.0…221.6	74.5 (50.3)	86…92	89 (90)
静电收尘 electrostatic precipitator dust (1…18g/kg 熟料)(1…18 g/kg clinker)	0.2…4.5	1.2 (0.6)	0…4	2 (1)
中间气体粉尘 intermediate gas dust (3…21g/kg 熟料)(3…21 g/kg clinker)	0.2…16.3	0.135 (1.0)	0…8	3 (2)
排出的粉尘 emitted dust (0.050…0.486g/kg 熟料)(0.050…0.486 g/kg clinker)	0.023…0.248	0.135 (0.062)	0.0…0.3	0.1

表 6.14 带和不带(括号内的值)废弃物原料利用的水泥熟料和窑灰中的铅
Table 6.14: Lead in cement clinker and kiln dust with and without (values in brackets) utilization of waste materials [S 204, V 106, S 189]

	化合铅(Pb)Combined lead (Pb)			
	mg/kg 熟料中 in mg/kg clinker		占平衡总量的百分数(%) in % of the balanc total	
	极值	平均值	极值	平均值
16 台旋风预热器窑 16 kilns with cyclone preheaters 熟料 clinker	6.4…105.0	19.4 (14.3)	73…96	85 (86)
静电收尘器粉尘 electrostatic precipitator dust (42…108g/kg 熟料)(42…108 g/kg clinker)	0.4…31.0	3.3 (1.7)	2…22	8 (8)
排出的粉尘 emitted dust (0.049…0.500g/kg 熟料)(0.049…0.500 g/kg clinker)	0.001…0.032	0.014 (0.015)	0.0…0.2	0.05
12 台篦式预热器窑 12 kilns with grate preheaters 熟料 clinker	4.0…39.0	11.3 (8.1)	10…90	43 (59)
静电收尘器粉尘 electrostatic precipitator dust (1…18g/kg 熟料)(1…18 g/kg clinker)	0.6…25.9	11.0 (3.6)	6…59	34 (23)
中间气体粉尘 intermediate gas dust (3…21g/kg 熟料)(3…21 g/kg clinker)	0.4…17.6	5.2 (1.7)	4…32	14 (12)
排出的粉尘 emitted dust (0.050…0.486g/kg 熟料)(0.050…0.486 g/kg clinker)	0.004…3.033	1.000 (0.503)	0.0…13.0	3 (3)

由表 6.13 可知,对于两种窑系统来说,都有平均约 90% 的来自原料和燃料的锌牢固地结合在水泥熟料中。水泥熟料中的锌,是随锌输入量的增加而成比例地增加的。这些研究中,锌的质量分数最高为 0.05%,这个含量太低,故不影响水泥熟料的烧成 [K 61, O 5, O 20](3.2.7 节),但它增加了在水泥最初水化过程中 C_3A 的转化 [V 106](7.3.5.2 节)。由静电收尘系统和中间气体收尘系统收集的灰尘中锌的含量最高可达其输入量的 19%,最多只有 0.1% 的锌存在于净化气体粉尘中被排放出去。

6 水泥生产中的环境保护

表 6.14 中的铅平衡数据显示了窑中参与反应的铅的数量比锌低 4~6 倍。对旋风预热器窑来说,铅进入水泥熟料和粉尘的方式和锌是差不多的(表 6.13)。然而对于篦式预热器窑来说,二者的值就有很大的差异。篦式预热窑中,进入水泥熟料中的铅的量在 10%~90% 之间,这个范围比锌的要宽得多。这相当于熟料中铅的质量分数可高达 0.01%。正如图 6.12 所示,掺入窑的铅越多,结合的铅越少,例如,富铅废料。这相当于,当铅的输入量增加时,在收集的粉尘和净化气体中,铅的含量在增加。在窑中形成的化合物的性质,也对与熟料的结合产生很大的影响。氯化铅的蒸汽压力明显比硫酸铅要高得多,所以熟料的吸收会随着可用氯的增加而减少 [K 41]。这同时适用于旋风预热炉和篦式预热炉。另一方面,当可用的硫增加时,就会形成硫酸铅,渗入到熟料中的量就会增加。

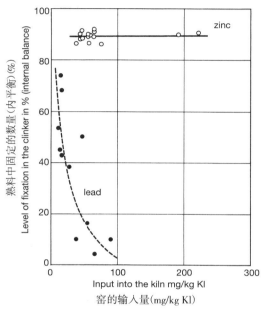

图 6.12 水泥熟料中固定的铅和锌与其输入窑数量的关系 [V 106, S 204, S 187]
Figure 6.12: Fixation of lead and zinc in the cement clinker as a function of the input into the kiln [V 106, S 204, S 187]

元素锌和铅在水泥熟料煅烧过程中表现出的不同行为可主要归结为两种元素在水泥窑中形成的化合物的挥发性不同,和旋风预热器和篦式预热器之间渗透性不同(6.3.1 节)。

4. 镉

天然水泥原料中的镉的含量很低(表 6.5),但是二次燃料中其含量可能较高(表 6.6)[W 22]。这也适用于 1200t/d 的旋风预热器窑,先前的章节中已经提到过很多次了,大部分的镉来源于旧轮胎、褐煤和酸性淤泥。图 6.13 为窑中镉的质量流的图解 [S 204]。

六台旋风预热器和三台篦式预热器窑的平衡测量结果都列在表 6.15[K 44] 中。表 6.15 显示了旋风预热器窑中水泥熟料的镉含量要比篦式预热器窑的高很多。这是因为分散在旋风预热器窑气体中的细粒状的窑炉喂料比篦式预热器窑料球层保留了更多的镉。因此,旋风预热器窑的内部镉循环系统明显较大,有更多的镉能进入到熟料中去。和铅一样,在两种类型的预热器中窑中加入的氯化物越多,镉固定在熟料中的程度就较低 [K 41]。对于笆式预热器窑,较多比例的镉存在于中间气体粉尘和静电收尘器收集的粉尘中。由于涉及的数量较低,可以通过排除部分或全部的粉尘来经济合理地缓解内部镉再循环系统。两种型号预热器之间的差异也意味着,排放的净化气体粉尘中镉的含量,笆式预热器窑炉的平均值要比旋风预热窑炉的高。排放的清洁气体中镉的量,相对于废气总量,介于低于 0.001mg 和 0.013mg $Cd/m^3_{st,dr}$ 之间,平均值约为 0.002mg $Cd/m^3_{st,dr}$ [K 44]。蒸气形式的镉化物,在水泥窑正常的废气温度下不会排放出来[H 3, K 44, V 42]。

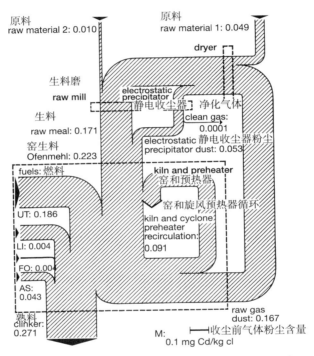

图 6.13 带废气利用的旋风预热器窑中的镉平衡(gCd/kg 熟料)[S 204]
Figure 6.13: Cadmium balance (g Cd/kg clinker) for a cyclone preheater kiln with exhaust gas utilization [S 204] See Figure 6.7 for explanation of symbols

表 6.15 在水泥熟料和窑粉尘中的镉 [S 204, K 44]
Table 6.15: Cadmium in cement clinker and kiln dust [S 204, K 44]

	化合铬(铬元素)Combined cadmium (Cd)	
	g/kg 熟料 in mg/kg clinker	占平衡总量的百分数(%) in % of the balanc total
6 台旋风预热器窑 6 kilns with cyclone preheaters		
熟料 clinker	0.30⋯1.50	74⋯88
静电收尘器粉尘 electrostatic precipitator dust (39⋯142g/kg 熟料)(39⋯142 g/kg clinker)	0.02⋯0.10	5⋯20
排出的粉尘 emitted dust (0.01⋯0.2g/kg 熟料)(0.01⋯0.2 g/kg clinker)	0.000⋯0.001	0.0⋯0.2

续表

	化合铬（铬元素）Combined cadmium (Cd)	
	g/kg 熟料 in mg/kg clinker	占平衡总量的百分数(%) in % of the balanc total
3 台箅式预热器窑 3 kilns with grate preheaters 熟料 clinker	0.01…0.40	25…64
静电收尘器窑粉尘 electrostatic precipitator dust (5…10g/kg 熟料)(5…10 g/kg clinker)	0.05…0.39	15…30
中间气体粉尘 intermediate gas dust (4…10g/kg 熟料)(4…10 g/kg clinker)	0.03…0.49	13…38
排出的粉尘 emitted dust (0.007…0.1g/kg 熟料)(0.007 … 0.1 g/kg clinker)	0.001…0.003	0.4…0.7

5. 铊

天然水泥原料石灰石和黏土中铊的含量很少（表6.5）。但是，为提高窑料中氧化铁的含量而加入的某些产地的铁矿石和含铁矿渣中铊含量可能较高（表6.5）。由于铊化合物，主要是铊(I)的卤化物的挥发性，使铊可以在水泥窑中形成循环系统，会集聚在某些区域 [P 34, P63, B 8, S 26, K 43, K 45, K 30, K 29, K 7, K 41, K 8, W 32, W 21, W 27, W 22]。

作为在旋风预热器窑中铊的行为的一个实例，图 6.14 显示了已经提及多次的熟料生产能力为 1200t/d 的旋风预热器窑中的铊平衡，使用了 8 个小时测试期间的平均值 [S 204]。水泥窑中铊平衡的一个重要的特点是几乎没有铊随熟料被排出窑系统。水泥回转窑的高温意味着铊化合物会完全蒸发并随窑气返回到预热器中。旁路收集到的粉尘也含有非常少量的铊。在静电收尘系统收集的粉尘和净化气体粉尘中的铊的排放决定于预热器中铊的循环。这可以借助于旋风分离器之间与预热器和窑之间喂料及铊的质量流来确定。图 6.15 显示了一个熟料产能 900t/d 的工业窑炉的研究结果 [K43, K45]。图的左半部分是固体(窑喂料)的再循环。旋风分离器收集效率在 31% 和 97% 之间，固体的循环约为窑喂料投入的 9 倍。显示在图右半部分的铊的质量流已经从窑喂料质量流及其铊含量中计算了出来。当分别在各个旋风分离器中实现平衡时，可以找到由于旋风分离器之间以蒸气形式输送的铊化合物所产生的不同大小的亏损。

旋风预热器中的铊平衡研究表明：与固体结合的铊在 520~550℃就开始蒸发；窑进料口处窑喂料温度为 850℃左右时，铊主要以蒸气形式存在。基于这个原因，熟料中几乎不含铊。蒸气态的铊化合物在温度低于 550℃就会冷凝，因此在 520~700℃之间会产生一个最大富集。最大值对应的温度取决于预热器中铊的总量和旋风阶段之间窑喂料的质量流。如果最大富集移到末级旋风筒，那么该级旋风筒的窑喂料和含尘气体粉尘中铊的浓度增加，以至于铊从内部溢流到外部再循环系统的量增加，而预热器的滞留能力下降。因此，旋风预热器窑对铊起到了非常有效的双重屏障作用。由于回转窑中煅烧温度高，几乎没有铊进入熟料中。预热器中的冷凝和再循环，意味着 93% 到 98% 的铊保留在预热器中 [K 43, K 45, K 41, V 42]。

如果外部的粉尘循环系统是闭合的，即所有收集到的粉尘再次返回到窑料中，那么由原料和燃料引入的铊只能随排放的粉尘从窑系统中排出。由于对铊排放的双重屏障使得从窑中排放出

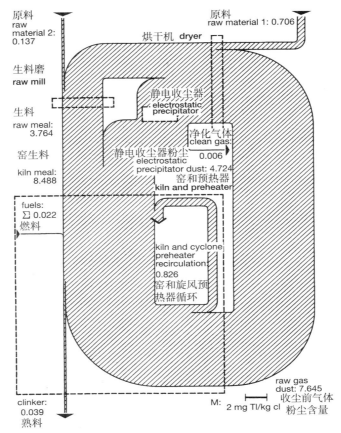

图 6.14 带废气利用的旋风预热器中的铊平衡(gTl/kg 熟料)[S 204]
Figure 6.14: Thallium balance (g Tl/kg clinker) for a cyclone preheater kiln with exhaust gas utilization [S 204] (see Figure 6.7 for explanation of symbols)

的铊比伴随着生料和燃料进入窑炉的铊要少,所以内部和外部循环系统中的铊量是增加的,随净化气体粉尘一起排放出的铊的量也是增加的。这已经由同一窑在一定的时间间隔条件下的多次重复的平衡测试证实了。测试显示了铊排放量的增加与外部铊循环系统中铊的增加近似成线性关系。基于旋风预热器窑或篦式预热器窑的总过程流程图的模拟计算也显示了同样的线性关系 [K 43,K 45]。据此,如果外部再循环系统是闭路的,铊的内部再循环系统和铊的排放量持续不断地增加,因此,随净化气体粉尘排出的铊量更接近于原料和燃料引进的铊量。然而,在同一水平上,排放量和铊的投入量在同一水平的平衡状态只能在很长时间的时期后才能达到。

因此,最简单有效的减少铊循环和铊排放的方法是调节铊循环系统。即排除一定比例的由窑气收尘系统收集到的粉尘。实践中,不足 1% 的比例通常已足够 [K 41]。

在篦式预热器窑中铊的行为大体上和在旋风预热器窑中的相类似。生料和燃料引入的铊在窑和预热器的热室中蒸发,因此熟料几乎不含铊。然而,一个重要的区别是,篦式预热器中料球层保留的铊要比旋风预热器中的窑喂料"料幕"保留的少得多。和旋风预热器不一样,篦式预热器并不阻碍铊,所以不会形成内部铊循环系统。事实上,铊完全结合到外部循环系统的

6 水泥生产中的环境保护

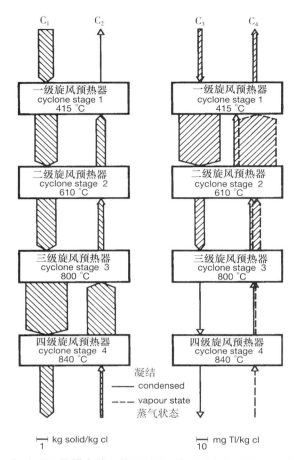

图 6.15 在四级旋风预热器中的固体和铊的质量流(内部再循环系统)[K 43, K 45]
Figure 6.15: Mass flows of solids and thallium in a 4– stage cyclone preheater (internal recirculating system) [K 43, K 45]

粉尘中,即存在于相应的气体清洁系统收集的中间气体粉尘和废气粉尘中。数量要比旋风预热器窑低得多,因此,可以排除收集到的粉尘或者将部分或者全部的粉尘再次与原料配比后返回到窑里。

图 6.16 显示了一个日产 800t 熟料的篦式预热器窑中铊的行为,其中中间气体粉尘及废气粉尘完全排出窑系统 [K 43, K 45]。由于篦式预热器窑中粉尘的单位数量明显较低(表 6.7),外部循环系统粉尘的铊浓度,一般都比旋风预热器窑中的要高很多。该浓度随着生料和燃料中铊含量的增加和外部铊循环系统的增大而增加。36 台旋风预热器窑和 11 台篦式预热器窑 [K 43, K 45] 的排放测试也显示了在相同的低粉尘排放量的情况下,篦式预热器窑铊的排放均值比旋风预热器窑的略高(表 6.16)。

6. 汞

水泥原料中平均只含 0.03ppm 的汞,但是燃料中的汞含量要高得多,且波动性较大(表 6.5,表 6.6)。在温度差异的影响下,汞在地壳里的流动性以及煤的吸附能力显然起了重要的作用。

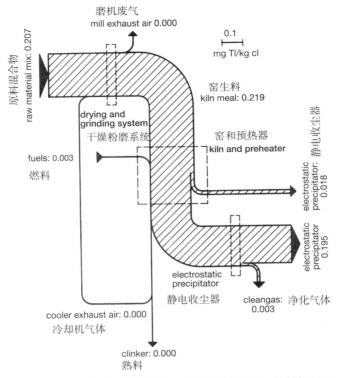

图 6.16　无粉尘回流的篦式预热器窑中的铊平衡(gTl/kg 熟料)[K 43, K 45]
Figure 6.16: Thallium balance (g Tl/kg clinker) for a grate preheater kiln without dust return [K 43, K 45]

表 6.16　从 36 台旋风预热器窑和 11 台篦式预热器窑中排放的粉尘和铊 [K 43, K 45]
Table 6.16: Emission of dust and thallium from 36 cyclone and 11 grate pre–heater kilns [K 43, K 45]

预热器 Preheater		极值 extreme values	平均值 average value
		mg/m³(st,dr)	
粉尘 dust	旋风 cyclone	4⋯162	50
	篦式 grate	4⋯102	52
铊 thallium	旋风 cyclone	0.0002⋯0.114	0.010
	篦式 grate	0.002⋯0.119	0.027

汞在水泥熟料煅烧过程中的行为可以通过对若干个采用不同类型原料和燃料的旋风预热器窑和篦式预热器窑的平衡研究中看到 [W 23, K 41]。初始阶段,从原料和燃料投入的汞在 0.03mg/kg 熟料到 0.18mg/kg 熟料之间。水泥窑内的煅烧过程中很可能形成像元素汞一样易挥发的氯化汞 $HgCl_2$。理论上,即使在温度为 100℃ 左右时,汞几乎都会完全挥发 [K 9, K 41]。这意味着熟料中不含有汞,篦式预热器的中间气体粉尘中也不含有汞。然而,汞化合物和其他重金属化合物的挥发性因为其与磨细颗粒的相互作用而显著地降低 [B 120, H 35, G 83, K 16, K 41]。预热器中气体温度较低的地方,窑废气中以气态形式存在的汞会有部分冷凝在粉状窑喂料的表面。图 6.17 给出了水泥窑研究的结果,篦式预热器中窑气的粉尘含量较低,只收集到极少量的汞。在 140℃ 才开始收集到汞,随着温度的下降增大到最大值 50%。旋风预热器由于粉尘量较高,甚至在 200℃ 就可以探测到汞,在 130℃ 时能够达到 90% 左右。如果将废气利用

于烘干和粉磨系统,那么汞的收集效率会更高。如果将粉尘混入窑料再次使用,那么就能形成外部汞循环系统。粉尘的结合量不会影响汞的整体排放 [K 41]。因此,随着粉尘收集的提高,汞的排放量只有稍微的减少。本质上更有效的措施是限制通过生料和燃料进入到窑中的汞的数量。如果将水泥窑中的汞全部排出,那么,对于再投入 0.18mg/kg 熟料和 $2m^3_{stp}$/kg 熟料的废气体积流,将会形成 $0.1mg\ Hg/m^3_{stp}$ 的最大净气体浓度 [V 61, K 41]。

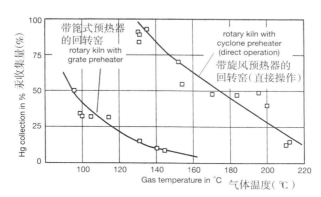

图 6.17　旋风预热器窑和箅式预热器窑废气中收集的汞与净化气体温度的关系 [V 61, K 41]
Figure 6.17: Collection of mercury in the exhaust gas by cyclone and grate preheater kilns as a function of the clean gas temperature [V 61, K 41]

7. 微量元素的挥发性

有关元素内部和外部平衡总量间的差异 [S 183] 或结合到熟料中的程度,即在熟料和生料混合物中该元素的含量的比值,被用作该元素挥发性的量度 [K 87]。根据微量元素在水泥窑环境下形成的化合物的行为,可以将微量元素的挥发性分成 4 个等级:不挥发的、不易挥发的、易挥发的和高度挥发的 [K 41](表 6.17)。

表 6.17　微量元素根据挥发性的分类 [S 183, K 41]
Table 6.17: Classification of trace elements according to volatility [S 183, K 41]

挥发性 Volatility	元素 Elements	冷凝温度(℃) Condensation temperature in °C
不挥发 not volatile	Zn, V, Be, As, Co, Ni, Cr, Cu, Mn, Sb, Sn	—
不易挥发 not readily volatile	Cd, Pb	700~900
易挥发 readily volatile	Ti	450~550
极易挥发 highly volatile	Hg	<250

像主要元素钙、硅、铝、铁和镁这些不挥发的元素几乎完全进入水泥熟料中。除了列在表 6.17 中的元素之外,不挥发元素还包括钼 Mo、铀 U、钽 Ta、铌 Nb 和钨 W[K 87]。

水泥熟料煅烧过程中,元素铅和镉倾向于形成硫酸盐和氯化物,它们在表 6.17 被划为不易挥发元素 [K 41]。值得注意的是:硫酸盐比氯化物的挥发性要小得多,且因为旋风预热器窑的窑气中粉尘含量比筐式预热器窑多,故前者的挥发性比后者的要小得多。筐式预热器窑的研究表明,铋化物也明显地表现出类似的行为 [K 86]。

不易挥发的化合物在 700℃ 以下至 900℃ 的温度范围内呈冷凝状态。因此它们形成了内部循环系统,特别是在旋风预热器窑中。仅形成微弱的外部循环系统。筐式预热器留存不易挥发化合物时效率较低。没有随熟料排除的部分被收集在中间气体和窑收尘系统收集的粉尘中 [K 41]。

由表 6.17 可知,铊的化合物是易挥发的 [K 41]。铊的化合物在旋风预热器上部温度在 450℃ 到 500℃ 之间的部位凝结,因此在预热器中形成循环系统。在筐式预热窑中,铊化物趋向于积聚在窑气收尘系统收集的粉尘中。硒元素(Se)很可能也属于这一等级 [K 87]。

由表 6.17 可知,汞的化合物是极易挥发的。在预热器中收集不到汞的化合物,因此它只能存在于外部循环系统中 [W 23, K 87]。

6.3.8 挥发组分的排放

1. 排放量的限度

在德国,水泥工厂的环境污染物质排放的限度由联邦排放保护法的第一套通用管理规程(First General Administrative Regulation to the Federal Immission Protection Law)(德国清洁空气指令—TA Luft)规定,此指令于 2002 年 7 月 24 日颁布。表 6.18 列出了污染环境微量元素规定的排放限值,其对水泥工业至关重要。表中这些微量元素被分为三个等级。该限值适用于废气流中,以粉尘、蒸气或气态形式排出的相关等级微量元素的总的排放质量流。清洁空气指令(TA Luft)中还专门规定了致癌物质的排放限量。当使用废弃物做燃料时,适宜遵守联邦污染物排放控制规范(2002)第 17 项规定 [17th BImSchV(2002)]。联邦污染物排放控制规范有一个变更,其规定汞的日均排放量 0.03mg/m^3 必须添加到半小时的平均值 0.05mg/m^3,且必须持续地监测汞的排放量,此变更于 1999 年 4 月 1 日生效 [V 85]。目前(截止到 2001 年)可用的持续测量设备已经成功地应用于垃圾和淤泥焚烧工厂,但是在水泥熟料煅烧系统中,与已经证实的间断测试法相比,尚不能证明该设备的可靠性。这可归结于废气组分的不同 [V 82, S 68]。从德国清洁空气指令规定的排放限量还可规定进一步的排放限制。粉尘、铅、镉、铊和汞的排放量对水泥工业尤其重要。

表 6.18 根据德国清洁空气指令 [b 1] 和联邦污染物排放控制规范(2002)第 17 项规定 [b 2] 与环境相关的微量元素的排放限值
Table 6.18: Emission limits for environmentally relevant trace elements according to TA Luft [b 1] und 17th BImSchV [b 2]

等级 Class	元素 Elements	限值(mg/m^3)st,dry Limit [mg/m^3]	限制的质量流(g/h) Limit mass flow (g/h)
德国清洁空气指令 [b 1] TA Luft 2002 [b 1]			
粉状无机物 Powdered inorganic substances			
I	汞 Hg	0.05	0.25
	铊 Tl	0.05	0.25
II	铅 + 钴 + 镍 + 硒 + 碲 Pb + Co + Ni + Se + Te	0.5	2.5

续表

等级 Class	元素 Elements	限值(mg/m³)st,dry Limit [mg/m³]	限制的质量流(g/h) Limit mass flow [g/h]
III	锑+铬+CN+氟+铜+锰+钒+锡 Sb + Cr + CN + F + Cu + Mn + V + Sn	1	5
致癌物质 Carcinogenic substances			
I	砷+苯并[a]芘+镉+钴(可溶于水)+铬(六价)	0.05	0.15
II	丙烯酰胺+丙烯腈+二硝基甲苯+环氧乙烷+镍+4-乙烯基-1-环己烯二环氧化物 Acrylamid + Acrylnitril + Dinitrotoluole + Ethylenoxid + Ni + 4-Vinyl-1,2-cyclohexen-diepoxid	0.5	1.5
III	苯+溴乙烷+1,3-丁二烯+1,2-二氯甲烷+1,2-环氧乙烷(1,2-环氧丙烷)+氧化苯乙烯+o-甲苯胺+三氯乙烯+氯乙烯 Benzol + Bromethan + 1,3-Butadien + 1,2-Dichlor-ethan + 1,2-Propylenoxid (1,2-Epoxypropan) + Styroloxid + o-Toluidin + Trichlorethen + Vinylchlorid	1	2.5
联邦污染物排放控制规范第17项规定 [b 2]17. BImSchV 2003 [b 2]			
	镉+铊 Cd + Tl	0.05	
	汞 Hg	0.03	每日平均值
		0.05	半小时平均值
	锑+砷+铅+铬+钴+铜+锰+镍+钒+锡	0.5	
	砷+苯并[a]芘+铬+钴(可溶于水)+铬(六价)或砷+苯并[a]芘+铬+钴+铬	0.005	

2. 排放物的测量

作为净化气体粉尘组分排放的元素的质量流可以从测定的净化气体粉尘的质量流(6.2.1节)和净化气体粉尘中该元素的浓度来获得。

为了测量以蒸气或气态形式排放的元素的百分含量,可以通过用一个探头从净化气流中抽取一个或多个气流小样,而挥发性组分被吸收到液体中去或吸附性地结合到一种固体上[R 26, J 18, K 109, K 41, V 16]。粉尘预先用一个装有石英玻璃填料的过滤套筒(6.2.1节)和/或石英玻璃纤维制成的平面过滤器清除掉。然而,这些过滤器不能精确地分离以气态或蒸气形态形式存在的组分的颗粒物质。尤其是不适于过滤经过静电收尘系统后的净化气体中超细部分,这些部分集聚了某些重金属,其中包括铅、铊、硒、锌和砷[K 10]。因此不能防止过滤器会让不同比例的极精细分割的固体或液体物质(气溶胶)通过。因此,通过过滤器的部分不仅含有气态和蒸气形式的物质,还含有极细小的颗粒组分,这部分也被称为"过滤器通过组分(filter-passing fraction)"。

抽取的净化气体流流过原先由过滤套筒和平面过滤器收集的粉尘层。因此可以预计到不同比例的蒸气或气体形式的组分由于已经被冷凝或者吸附在粉尘层了,故并未包括在测量中。如果应用加热的管式静电收尘器[N 15],或者如果吸孔位于探测器的侧面,不面向气流,当抽取气体时,几乎没有粉尘[K 109],这样就可以减少这样的差错。

为了避免探测器中的冷凝损耗,检验气体在蒸气态组分收集完之前不能降温。这对汞的排放测试尤其重要[K 41]。因此,含有测试气体的探测器应完全置于废气流中以使它们保持同样的温度。对于专门为水泥窑炉研发的石英玻璃探测器,废气的温度由专门的可控加热装置来保持 [K 109]。

通过过滤器的废气组分由洗气瓶(烧结板洗瓶)或喷射吸收器中的某些液体吸收 [R 26],或沉积在固体上。例如,10% 的王水溶液,适用于吸收镉、铅和铊。吸收汞建议采用 3% 的硫酸高锰酸钾溶液,虽然这需要一定的分析方法 [K 109] 以防止在一段时间溶液中形成的二氧化锰与汞吸附性地结合而不能被原子吸收光谱仪(AAS)检测到 [V 96]。碘化活性炭也有可能作为汞的固体吸收剂 [K 109]。

3. 燃料对微量元素排放量的作用

煅烧水泥熟料所用的标准燃料越来越多地被废弃物料制得的二次燃料所取代(3.2.4 节)。二次燃料中微量元素的含量和标准燃料一样波动范围很宽,因此有必要检查一下使用二次燃料的环境兼容性。为此,在代表性数据的帮助下,计算旋风预热器回转窑中燃料所含的微量元素排放的转化系数(6.1 节)。表 6.19 比较了表征总排放量中特定微量元素总投入百分比的排放因子带宽结果,这是平衡研究的基础 [V 91]。从中得出的一个重要推论是,燃料中微量元素排放量比生料中微量元素的排放量要小得多。显然,高的燃烧温度下,微量元素的释放促进微量元素在燃烧产物中的固定。另一方面,原料中的微量元素含量取决于他们的挥发性,在预热器中或回转窑入口部分较低温度下扩散出来,不会达到它们可以结合的高温窑区。

表 6.19 在旋风预热器回转窑的排放因子
(排放的总投入的百分比)和转换系数(排放的燃料投入的百分比)[V 91]
Table 6.19: Emission factors (percent-age of the total input which is emitted) and transfer coefficients (percentage of the fuel input which is emitted) for rotary kilns with cyclone preheaters[V 91]

微量元素 Trace element	排放因子 (%) Emission factor [%]	转化系数(%) Transfer coefficient [%]
镉 Cd	<0.01…<0.2	0.003
铅 Pb	<0.01…<0.1	0.002
铊 Tl	<0.01…<1	0.02
锑 Sb	<0.01…<0.05	0.005
砷 As	<0.01…<0.02	0.005
锰 Mn	<0.001…<0.01	0.005
钴 Co	<0.01…<0.05	0.005
铜 Cu	<0.01…<0.05	0.005
铬 Cr	<0.01…<0.05	0.005
镍 Ni	<0.01…<0.05	0.005
钒 V	<0.01…<0.05	0.005
锡 Sn	<0.01…<0.05	0.005
锌 Zn	<0.01…<0.05	0.005

4. 排放量预测,排放量的减少

甚至在规划设计窑炉阶段,借助于类似工厂的平衡测试结果,就可以估计出该窑预期的重金属排放量。其估计是以随加工的原注和燃料一起入窑的具体原素相对于熟料生产的质量流为基础的,即该元素的内部平衡总量 [S 183]。即净化气体粉尘排放量不超过 $50mg/m^3_{st,dr}$,这也是一个基本的要求。在这个基础上,不同的平衡测试 [S 183, S 187, S 107, K 45] 的最大排放值综合见表 6.20[S 183, K 41]。由表可知,随生料和燃料进入水泥窑炉的化学元素的不挥发化合物的排放量非常少。像镉和铅的化合物这些不易挥发的化合物,只有在篦式预热器窑中才有稍高的排放量。两种窑炉系统中,易挥发的铊和极易挥发的汞的排放量都明显较高。

表 6.20 旋风预热器窑和篦式预热器窑中微量元素排放的最大值 [S 183, K 41]
Table 6.20: Maximum values for the emission of trace elements from cement kilns with cyclone and grate preheaters [S 183, K 41]

元素 Element	内部平衡中的最大排放值(%) Maximum emission value in % of the internal balance total cemen kilns with	
	旋风预热器窑 cyclone preheater	篦式预热器窑 grate preheater
砷,铬,镍,铍,钒 As, Cr, Ni, Be, V	<0.1	<0.1
锌 Zn	<0.1	<0.2
镉 Cd	<0.2	<1.0
铅 Pb	<0.1	<2.0
铊 Tl	<2.6	<3.3
汞 Hg	—	—

可以近似地计算出特定情况下单独元素的预期排放量。这个近似计算是基于最初随着原料和燃料进入窑的元素的质量流和它们在循环系统中积聚的经验值以及气体清洁系统中的收集效率来完成的 [K 43, K 45, K 41]。

不挥发或不易挥发的微量元素在有限范围内或部分地在窑设备中形成循环体系,因此不用期待会有大量的积聚。如果在净化气体中粉尘排放量不超过 $50mg/m^3_{sr,dr}$,那么这些微量元素的排放量是很低的,以致在和表 6.18 所列的限值相比,它们只是次要的 [V 42, K 41]。易挥发和极易挥发的元素,即铊和汞的排放量通常都不超过这些限值,因为它们在水泥生产用的生料和燃料中的量非常低(表 5.5 和表 5.6)。然而,有个别情况可能需要采用特定的措施来减少排放量。随原料和燃料输入的特定元素的量可以予以限制和/或调节内部循环系统来降低元素的积聚。从经济原因方面考虑,减少微量元素输入的最好方法是取代燃料和/或那些加入生料混合物中以校正其化学组分的原料。例如,可以很经济合理地采用铊含量低的氧化铁 Fe_2O_3 成分或者是汞含量很低的燃料。然而,随天然原料和燃料输入的汞总量通常是很小的,即使所有的汞都排放出去,其排放量依然明显低于表 6.18 所列的限制值。这也适用于二次燃料的使用 [K 41]。为了限制在旋风预热器窑铊的排放量,可以调节铊外部循环系统。将部分由废气收尘系统收集的粉尘排出系统,使粉尘中的铊排放量达到限量,即这部分粉尘将不再返回到窑料中使用。排除不到 1% 的粉尘量通常就能满足要求。对于篦式预热器窑,由废气收尘系统收集的铊含量较高的粉尘一般不返回利用,所以不可能形成铊外部循环系统 [V 42]。

6.3.9 汽态组分的输入及对环境的影响

1. 输入和输入限制

已经排放出的部分循环物质以凝聚形态存在于净化气体粉尘中。这也适用于以氟化钙形式进入窑的氟(6.3.5 节)。以蒸气的形式已经离开预热器的部分汞大部分凝聚在烘干和粉磨系统,增湿塔和/或收尘系统中。这意味着几乎全部排放的可气化组分都包含在粉尘沉淀物中。因此输入的气化组分,尤其是重金属,可以由已经收集到的粉尘的化学分析来确定。

当设定输入限量时,德国清洁空气指令(TA Luft 2002)区别了为保护人类健康,抵御大量的滋扰或沉积粉尘引起的大量弊端所需的限值和为保护植被和生态系统所需的限值。不仅有多种气体组分,而且还有易吸入的空气粉尘,以及其中含有铅和镉的化合物,都被认为是危害健康物质。相应的欧盟指令中这类物质还包括多环芳香碳氢化合物、砷、镍和汞。前一版本的德国清洁空气指令(TA Luft)中 $0.35g/(cm^2 \cdot d)$ 的排放限量被保留下来,用于防御由无害粉尘引起的危害和麻烦。为保护环境和防止土壤劣化的输入限量,连同空气粉尘和铅输入限值一起列在表 6.21 中。

表 6.21 根据德国清洁空气指令 1986[b 1] 中对人类健康的保护和防止对环境的危害,以及 TA Luft(2002)关于对有害土壤变化的规定,关于对健康风险防护和滋扰和弊端防护的排放量限值

Table 6.21: Emission values for protection against risk of health and against substantial drawbacks and nuisances, according to TA Luft 1986 [b 1] of human health and protection against harm to the environment and harmful soil changes according to TA Luft (2002)

材料 Material	对人类健康的保护 Protection of human health		保护由污染物的沉积引起的对环境有害影响 Protection against harmful environment effects caused by deposition of pollutants	
	含量($\mu g/m^3$)	平均周期	沉积($\mu g/(m^2 \cdot d)$) Deposition $\mu g/(m^2 \cdot d)$	平均周期 Averaging period
空气粉尘 Airborne dust	40	几年 years		
	50	24 小时 24 hours		
砷化物,以砷的形式 Arsenic compounds, as As			4	年
铅化物,以铅的形式 Lead compounds, as Pb	0.5	年	100	年
镉化物,以镉的形式 Cadmium compounds, as Cd			2	年
镍化物,以镍的形式 Nickel compounds, as Ni			15	年
汞化物,以汞的形式 Mercury compounds, as Hg			1	年
铊化物,以铊的形式 Thallium compounds, as Tl			2	年

到目前为止,还没有任何迹象表明由水泥厂排出与环境相关的重金属对周围的土壤造成污染。例如,足够的监测也已显示,水泥厂周围土壤中的镉、铅、汞的含量与粉尘沉积是无关的,也没有超过天然的浓度 [V 43]。

2. 铊对植物的影响

土壤中的重金属会被生长在其中的植物吸收。转移的程度取决于金属的性质和含量以及

它在土壤中的存在形式,也取决于植物的性质。铊在不同吸收能力(用化能力)的植物中的行为已被系统地研究过,这些植物在装有不同酸度土壤的器皿中生长 [M 18]。铊在土壤中的含量随着水泥窑灰的添加从 0.35ppm 逐步增加 0.80ppm,土壤中天然铊含量为 0.35ppm(空白试验)。结果表明,空白试验中,约有 0.05ppm 的铊是存在于干燥的矮豆和黑麦草里,平均约 0.2ppm 的铊存在于干燥的绿油菜籽里。随着土壤中铊含量的增加,植物中的铊含量与铊供应的增长呈线性增加,其中矮豆的增加量最小,绿油菜籽的增加量最大。假定不断地把铊加到土壤中,相应的土壤中铊的总含量达到 1ppm,无论在什么条件下,植物被认为所能忍受的最大铊干基值为 2.5ppm,在矮豆中的铊含量未达到这个值,但是绿油菜籽的铊含量超过了这个值。

6.4 气体

6.4.1 总述

水泥窑排出的废气主要含有氮气、二氧化碳、氧气和水蒸气,也含有气态的硫化物、氮的氧化物气体和一氧化碳。水泥窑排出的净化气体不包含气态氯化物或气态氟化物(6.3.5 节和 6.3.6 节)[V 6]。窑炉废气可能出现浓度很低的有机碳化合物,水泥粉磨过程中使用的助磨剂的排放物,例如,乙二醇或三乙醇胺已经在第 5.4 节中描述过。

气体中含有的气态组分的浓度表示为体积浓度,它与气体状态无关,或表示为质量浓度,它取决于气体状态 [f 1, r 2]。国际单位制采用的体积浓度的单位是 m^3/m^3、cm^3/m^3 等,此外还有体积百分比,ppm、ppb 等等,因此:

$$1 \text{ m}^3/\text{m}^3 = 10^6 \text{ cm}^3/\text{m}^3 \tag{6.8}$$

$$1 \text{ vol.\%} = 10^4 \text{cm}^3/\text{m}^3 = 10^4 \text{ ppm} \tag{6.9}$$

$$1 \text{ ppm} = 1 \text{ cm}^3/\text{m}^3 = 10^{-6} \text{ m}^3/\text{m}^3 = 10^{-4} \text{ vol.\%} \tag{6.10}$$

$$1 \text{ ppb} = 10^{-3} \text{ppm} = 10^{-9} \text{ m}^3/\text{m}^3 = 10^{-7} \text{ vol.\%} \tag{6.11}$$

国际单位制中采用的质量浓度的单位有 kg/m^3、g/m^3、mg/m^3、g/m^3 等,因此:

$$1 \text{ kg/m}^3 = 10^3 \text{ g/m}^3 = 10^6 \text{ gm/m}^3 = 10^9 \text{ g/m}^3 \tag{6.12}$$

气体成分的质量浓度是由体积浓度乘以气体密度得到的。表 6.22 列出了对水泥制造业比较重要的气体的密度。这显示了标准状态下,1ppm 的 CO 对应 CO 的质量浓度为 $1.25 mg/m^3$。

表 6.22 在水泥生产中重要的气体成分的分子量,摩尔体积和密度 [V 5, D 54, b 5, r2]
Table 6.22: Molecular mass, molar volume and density of the gas constituents important for cement manufacture [V 5, D 54, b 5, r 2]

气体成分 Gas constituent	相对分子量(kg/kmol) Relative molecular mass kg/kmol	在标况下的摩尔体积(m^3/kmol) Molar volume under standard conditions m^3/kmol	在标况下的密度 (kg/m^3) Density under standard	在 20℃下的密度(kg/m^3) Density at 20 °C conditions kg/m^3
CO	28.01	22.40	1.25	1.17
CO_2	44.01	22.26	1.97	1.83
NO	30.01	22.39	1.34	1.25
NO_2	46.01	22.44	2.05	1.91
SO_2	64.06	21.89	2.92	2.66
NH_3	17.031	22.07	0.77	0.708
H_2	2.02	22.43	0.0899	0.0839

续表

气体成分 Gas constituent	相对分子量(kg/kmol) Relative molecular mass kg/kmol	在标况下的摩尔体积(m^3/kmol) Molar volume under standard conditions m^3/kmol	在标况下的密度(kg/m^3) Density under standard	在20℃下的密度(kg/m^3) Density at 20 ℃ conditions kg/m^3
H_2O	18.02	22.40	0.8038	—
O_2	32.00	22.39	1.43	1.33
N_2	28.01	22.40	1.25	1.17
Ar	39.95	22.44	1.78	1.66
空气 air	28.97	22.40	1.29	—

气体的标准状态是指干燥气体在标准温度为273.16K(0℃)和标准大气压力为1.01325bar下的状态,1.01325bar相应的压力是1013.25mbar或者1013.25hPa(760mm汞柱)[D 53]。标准状态用"st"表示,干燥状态用"dr"表示,潮湿状态用"m"表示,尽管不是很正确[D 53],但是通常附加体积单位,例如 $m^3_{st,dr}$。

废气的成分可以被漏风不同幅度地改变。为便于比较,将气体组分的含量转化为统一的氧气参考值,例如将氧气含量改变到10vol.%:

$$F = \frac{21 - [O_2]_{ref}}{21 - [O_2]_{meas}} \tag{6.13}$$

式中　F——转换因子;

　　$[O_2]_{ref}$——参考氧气的体积分数;

　　$[O_2]_{meas}$——测量的氧气含量的体积分数。

6.4.2 二氧化碳

水泥窑炉废气中的二氧化碳来源于含碳燃料的燃烧和随生料混合料进入窑的碳酸钙的分解。燃烧产生的二氧化碳量可以由窑的燃料消耗量和燃料的含碳量中得出,由碳酸钙分解产生的二氧化碳量可从窑料中碳酸钙的含量得到。

一个窑料成分中石灰饱和系数平均值为95(表3.3,3.2.2节),煤燃料的热均值为29.3MJ/kg,煤中碳的质量分数为85%,生产一千克熟料平均需要3200kJ热量的水泥窑,以熟料计,每生产一千克熟料,燃料会产生335克二氧化碳,碳酸钙分解产生535克二氧化碳。

6.4.3 一氧化碳

由于质量原因,水泥熟料不得不在氧化气氛下煅烧。因此在窑燃烧系统中,应尽可能减少一氧化碳的产生。这也使燃料中的能量得到充分利用,并阻止爆炸性混合气体的产生。在窑气排出回转窑进入预热器之前会偶尔出现CO峰值,这一般可归结于窑的操作失当导致的主要燃烧系统中燃料的不完全燃烧[F 69]。

另一个可能产生一氧化碳的地方是二次燃烧系统,其中燃料燃烧的温度和氧气供应都比主要燃烧系统中的低。根据燃料中的颗粒尺寸,燃料可以快速地随窑气进入温度较低的区域,或者以块状的形式再次回到回转窑内,与窑料结合在一起进行缺氧燃烧[T 52]。

一氧化碳也可能在预热器中温度较低的区域形成,如果生料混合物中含有碳质量分数为0.1%~0.4%的有机碳化物,该有机碳化物会在旋风预热器的二级筒和三级筒内温度为

250~450℃的区域分解产生一氧化碳[V 33]。主要的分解产物是二氧化碳和一氧化碳,也包括一些气态的碳氢化合物,例如甲烷[V 66]。

水泥熟料煅烧过程中,一氧化碳的产生有三种可能,即

——主要燃烧系统的不完全燃烧;

——二次燃烧系统的不完全燃烧;

——生料混合物中有机碳化合物的分解。

上述原因中只有前两个可以通过燃烧技术进行控制,但燃烧技术控制不适用于最后一条。

6.4.4 有机化合物

熟料生产用的原料中的有机化合物的行为是受其挥发性控制的[H 67]。那些不易挥发的化合物大都在高温下被氧化成二氧化碳;那些较易挥发的化合物(VOC,挥发性有机化合物)在温度约500℃以下时就已经挥发了,它们不能完全被氧化,然后以一氧化碳和/或气态有机化合物或蒸气形式排放掉[H 67]。有机碳的总含量(TOC有机碳总量)被用来估量有机化合物的含量。造成环境污染的二噁英和呋喃化合物的产生和排放的问题是十分紧要的。有两类有机化学化合物,它们分别被命名为多氯代二苯并二噁英和多氯代二苯并呋喃,简写为PCDD和PCDF[V 2]。它们的结构示于图6.18中,由一个或两个氧原子连接两个苯环组成。每个分子中用数字标注的地方最多可以结合8个氯原子。在75种PCDD和135种PCDF化合物中毒性最大的是二

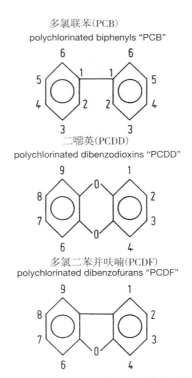

图6.18 PCDD、PCDF和PCB的基本结构图

Figure 6.18: Basic structures of polychlorinated dibenzodioxins (PCDD), polychlorinated dibenzofurans (PCDF) and polychlorinated biphenyls (PCB) [b 5, r 4, K 101]

噁英类的四氯戴奥辛,氯原子位于其分子的 2、3、7 和 8 号位置。因此,德国清洁空气指令 TA Luft(2002)和第 17 项联邦污染物排放控制规范规定从废气物焚烧工厂中排放 PCDD 和 PCDF 化合物的量不得超过 0.1 ng TE/m^3。TE(毒性当量)是废气中 17 种相关的 PCDD 和 PCDF 化合物的总浓度乘以规定的毒性当量因子(TEF)[b 2, b 5, V 11]。

PCDD 和 PCDF 化合物是由碳化物和氯参与工业和自然的燃烧过程中产生的。它们在温度高达 600~800℃时仍保持稳定 [V 2, b 5],并存在于从废弃物焚化工厂排出的废气中。水泥窑废气体中检测到的二者的浓度低于 0.1ngTE/m^3[V 54, V 70, V 74, S 67]。

二噁英和呋喃也可以在多氯联苯(PCB)的燃烧过程中产生,PCB 可能以杂质形式存在于废弃油料中。图 6.18 显示出 PCDD、PCDF 和 PCB 有相类似的基本结构。根据氯原子的数目和它们在分子里的排列方式,理论上可能有 209 种不同的 PCB 化合物。工业上的 PCB 是由被氯化了的联苯的混合物组成的,其中氯的质量分数占到 30%~60%。它们具有抗化学侵蚀性、高黏度和耐火性,以及良好的绝缘性,所以它们被当做液压油使用,从 20 世纪末起开始用作变压器的冷却和绝缘液。由于它在环境中的降解需要相当长的时间,美国自 1977 年,德国自 1983 年就不再生产。在处理废弃油料时曾经加入少量 PCB [b 5, r 4]。

根据德国废弃油料条例(§ 3),如果每千克废弃油料中含有超过 20mg 的 PCB,该废弃油料就不能再提炼成成品油。含有 PCB 的废弃物料只能通过富氧氛围,在超过 1200℃的高温下焚烧分解,否则有可能形成 PCDD 和 PCDF[b 5, r 4]。水泥回转窑中的气体温度超过 2000℃,在 1200℃下停留的时间超过 3s,因此水泥回转窑可以适用于分解 PCB[V 45]。这已经由工业水泥窑中的试验证实了,试验是用 PCB 含量为 50~1000ppm 的废弃油料取代所需总燃料的 10%[K 101]。

6.4.5 二氧化硫

6.3.4 节中介绍过的硫平衡显示,有 88% 到 100% 的二氧化硫是来自生料和燃料中的硫化物,当水泥熟料在氧化气氛下煅烧时,二氧化硫以多种硫酸盐的形式进入到水泥熟料和粉尘中。这意味着,输入的硫以二氧化硫的形式排出,最多可达 12%。这相当于在净化气体中二氧化硫的最大含量约为 600mg/m$^3_{st,dr}$。

二氧化硫和碱或钙的化合物反应需要一定的氧气浓度(6.3.4 节)。如果氧气含量太低,会导致窑气中的二氧化硫含量较高。如果窑进料口的氧气体积含量低于 2%,这种情况有时会出现在旋风预热器窑中。有时会出现在立窑中的强还原条件下,硫酸盐会被还原成硫化物。这种情况下,窑中净化气体就可能含有硫化氢(H_2S)[S 196]。

有时会出现这种情况就是尽管有充足的碱可用,一些窑设备净化气体中的二氧化硫含量还会相当高 [S 50, S 32, V 65, V 68, W 40, B 86]。原因是生料混合物中有以稳定的黄铁矿或亚稳定的白铁矿形式存在的硫化物,通常是 FeS_2,它们在预热器中低于 450℃的温度下就分解了。产生的二氧化硫部分地又以亚硫酸盐或硫酸盐的形式与窑料混合,再次回到窑炉中。特别是在预热器、增湿塔或烘干粉磨设备中的结合,除了其它条件外,还需要 2vol.%~4vol.% 的足够的氧含量,以及相当高的温度[V 68]。然而,这与为了节约能源使窑排出的废气温度尽可能低,为减少氮氧化物的排放量而使氧气的过剩量很低是相互矛盾的。将测定数量的氢氧化钙加入到释放二氧化硫的预热器中或者是一级旋风预热器里,可以大大地有助这一结合[S 84, K 119, B 86, J 31]。

对于没有二次燃烧系统的窑来说,窑进料口窑气中二氧化硫的浓度通常很低,但是在有二次燃烧系统的窑中,窑进料口窑气中二氧化硫的浓度相对较高[V 53, S 50]。原因是窑进料口块状二次燃料燃烧造成的局部还原性燃烧气氛将三氧化硫还原成二氧化硫。预热器中二氧化硫可以再次被氧化成三氧化硫,并化合为硫酸钙。

1986年,德国水泥工业中窑中生产每吨熟料排放的二氧化硫是0.6kg[K 99]。德国法规清洁空气指令(2002)规定水泥窑炉的二氧化硫的排放限量为$0.35gSO_2/m^3_{st,dr}$,或者是$1.8kgSO_2/h$。德国的二氧化硫MAK值(在工作场所允许的最大含量)为$1.3mgSO_2/m^3$,或0.5ppm[d 1]。德国的MIK值(最大输入浓度)经由业已证实了的方法测定[V 9]:24小时的平均值是$300mgSO_2/m^3$[V 8],长期(1年)的输入值为$0.14mgSO_2/m^3$。

6.4.6 氮氧化物

1. NO 的形成

在水泥熟料煅烧过程中,根据氮的来源和反应位置的不同,NO可以由以下四种不同的方式产生[S 36, S 34, S 159, G 6, S 30, K 93, K 94, K 95, V 69]:

——热形成的NO;
——瞬间形成的NO;
——由燃料中氮形成的NO;
——由窑料中氮化合物形成的NO。

如果燃气能够在温度高于1600℃的条件下燃烧充分长的一段时间,那么氮气分子和氧气分子就反应生成了NO,这就是热形成NO。

有碳氢化合物分子存在的情况下,火焰前端即会瞬间形成的NO。工业火焰中,这种方式形成的NO量只占NO总量的一小部分。

燃料中形成的NO是从以化学形态结合在燃料中的氮来的[F 30]。例如,煤含有质量分数为0.5%~2%的氮,取代其的燃料中有质量分数最高为1%的氮,重油中含氮0.2%~0.5%。由于氮原子的结合能较低,所以燃料中的氮在相对较低的温度下就能形成NO,例如,在水泥窑的辅助燃烧系统中就可以发生上述反应。这反应显然是根据可用氧气量,通过NH_x自由基将氮氧化为NO或者把NO还原到N_2。

窑料中的氮也可以通过和燃料中氮类似的方式形成NO[V 69]。氮以氨基盐NH_4^+的形式存在于水泥窑料中(取代钾离子),并结合在有机组分中。由天然原料制得的水泥生料中铵的含量在$80~200gNH_4^+/t$之间[S 31]。

2. NO_2的形成,NO—NO_2之间的循环,NO_x

NO与O_2在低温下即可反应生成NO_2。此反应速率很慢,因为通常情况下NO浓度非常低,

NO_2 的形成速率随 NO 浓度成平方增加 [S 36]。因此，水泥窑废气中 NO_2 含量极低。与 NO 和 NO_2 总量相比，NO_2 的含量不到 5%。

NO_2 在日光中短波的作用下可以转换成 NO(光分解)[b 5, r 4]：

$$NO_2 \xrightarrow[\lambda<420nm]{h\times\nu} NO + O \tag{6.14}$$

式中　h——普朗克常量；
　　　ν——辐射光的频率；
　　　λ——辐射光的波长。

上述反应释放出的氧原子和空气中的氧气分子反应生成臭氧 O_3：

$$O + O_2 \longrightarrow O_3 \tag{6.15}$$

没有日光作用的条件下，O_3 与 NO 再次反应生成 NO_2：

$$NO + O_3 \longrightarrow NO_2 + O_2 \tag{6.16}$$

结果就是原始的 NO/NO_2 的比例复原了。由于这种化学平衡，NO 和 NO_2 的浓度确实发生了变化，但是这两种气体($NO+NO_2$)的总浓度是恒定的。所以，这两种气体共同被称为 NO_x。

然而，$NO—NO_2$ 的循环会受到窑气中其他物质例如碳氢化合物的影响 [b 5]。光化学氧化剂是由挥发性有机化合物(VOCs)主要是甲烷、乙烷、乙炔和苯，在有 NO_x 和光照射的条件下形成的。如果由于上述反应的发生，NO 和 NO_2 的比率减小，NO_2 量增多，有更多的 NO_2 可用于形成臭氧，并可能导致臭氧的含量急剧增加。最重要的光化学氧化剂是臭氧，也包括过氧乙酰硝酸酯(PAN)[b 5]。

高浓度的 NO 是有毒的。工厂燃烧系统通常排放的 NO 浓度既不会对健康造成伤害，也不会引起刺激反应。NO_2 的毒性较大，即使在相对较低的浓度下也能危害人或动物的健康，对植物生长也有不利影响。为评估排放，可将 NO_x 转换成 NO_2，也就是将 NO 的质量浓度乘以 1.53。限制输入量是以实测 NO_2 浓度为基础的 [b 1, V 10]。因此德国的 MAK 值，规定了工作场所允许的 NO_2 最大含量为 9.5mg NO_2/m^3 或者是 5ppm [d 1]。为保护植被，德国气体清洁指令(TA Luft 2002)明确规定的年均输入量为 30mg NO_2/m^3。

3. 影响水泥窑炉中 NO_x 排放的因素

德国水泥行业从 20 世纪 70 年代就开始监测水泥窑生产线的 NO_x 排放量，以 NO_2 计，测量值为 300~2200mg/$m^3_{st,dr}$ 之间，或者每生产一吨水泥熟料产生 0.8~2.5kg 的 NO。这意味着，水泥行业要为德国 NO_x 排放总量的 2% 负责 [G 7]。

结合数学模型对工业窑炉进行研究 [S 36, S 34] 的结果显示，在一次煅烧系统中基本上只存在热形成的 NO。生成的 NO 量以及窑进料口 NO 的单位质量流随烧成带温度的升高而不成比例地增加。因此，窑进料口窑气中 NO 的浓度在某些情况下可以作为烧成带的温度的指示器 [M 101, E 7]。由于受温度不均匀的影响，燃烧气体温度波动越强烈形成越多的 NO，且在高温区燃烧气体停留的时间更长，即使是在均一的温度下也是如此。水泥原料需要不同的烧结温

6 水泥生产中的环境保护

度,这取决于它们的化学和矿物组成,所以由热形成的 NO 对温度的显著依赖性也很大地影响了德国水泥窑 NO_x 排放的极大差异。因此,为了降低 NO_x 的排放量,可以通过向窑料中添加矿化剂和/或熔剂来提高窑喂料的烧结行为是适宜的(3.2.7 节)[T 48]。

图 6.19 显示,当空气过剩指数下降到 1.1 以下时,NO 的形成量也会减少。图 6.19 中两个区域显示了对两种水泥窑系统分别进行一到两周测试的结果。在同一过剩空气比率下,由于水泥回转窑燃烧系统的温度随时间波动而造成的测量值变化范围很大,这是水泥窑的典型特点,这尤其取决于回转窑 – 冷却机系统的动态行为 [S 36,S 34]。

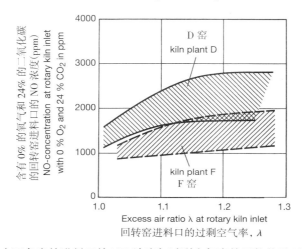

图 6.19 在两条窑的进料口的 NO 浓度与过剩空气率的函数关系 [S 36, S 34]
Figure 6.19: NO concentration at the kiln inlet in two kiln plants as a function of the excess air ratio [S 36, S 34]

揭示火焰形状对 NO_x 排放量的影响的试验研究表明,尽管温度较高,但在短焰处形成的 NO 比长焰处要少。原因是在短焰核心处缺少空气,且停留时间过短 [K 89]。当使用煤粉作为一次燃料时,在其他情况完全相同时,使用的煤粉越粗排出的 NO_x 越多,观察到的现象和上述内容是一致的 [V 72, G 1, G 2]。

回转窑中一次燃烧系统燃烧器的工业窑炉继续发展的目的不仅是为了降低燃料的消耗,使窑的操作更加均匀,而且要阻止由热形成的 NO。这包括低氧窑废气作为一次风重新回到燃烧器中 [X 1, W 82, B 22, R 84, B 107]。德国水泥工业对 30 台回转窑做的研究表明,使用新的燃烧器,可以将一次风的比例降低到燃烧气体总量的 5% 到 7%,并节约能源 50kJ/kg 熟料到 80kJ/kg 熟料,但是只有 25% 的工厂达到了减少 NO_x 10% 到 30% [H 66]。

二次燃烧系统中,由于低的燃烧温度,燃料中的氮形成 NO 的机理是决定因素。但是由于温度、气体组成、性质和在二次燃烧系统中应用的燃料的性质和分布的局部性变化,且反应受再循环的影响,无法估计反应的过程。除此之外,NO 不仅可以从二次燃烧系统燃料氮形成,而且还可能被各种反应分解掉。然而,只有二次燃烧系统形成两级或多级运行时,它才有可能发生 [S 36, S 34, K 46, G 9, S 278, H 70, R 88, J 28, K 117, V 86]。如图 6.20 所示,二次燃烧系统的燃料引入到回转窑的废气中,并在温度为1000℃到1200℃之间,氧气不足($\lambda \leq 0.9$)时热裂解。这些条件下,燃料中的氮含量对NO的形成只能起到很小的作用,一次燃烧系统中产生的一定比例的热NO被还原成氮气分子。当用气体、油、橡胶或有高挥发性成分的煤(例如褐煤)作为燃料,产生的碳氢自由基能促进还原。这些条件下产生的燃烧气体,在二次燃烧系统的第二阶段,引入三次风一定会完全氧化成水和二氧化碳。因此,这个过程只有在配备有分解炉和三次风管道的工厂里才能发生。没有三次风管的窑中,如果小心地控制二次燃料的输入,局部地生成几股缺氧气体,那么有可能产生有限的NO分解。

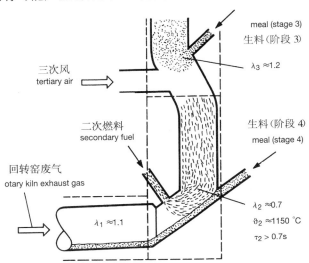

图6.20 不分物料流和气流的两阶段运作的二次燃烧系统
Figure 6.20: Secondary firing system operated in two stages without division of material and gas flows[K 46, G 9]

4. 选择性非催化的NO还原(SNCR技术)

水泥窑排放的NO_x,通过前一节描述的燃烧过程干预只能得到有限的降低,这称之为NO_x的一次减排措施。一次措施往往是不够的,特别是在必需的高烧结温度下,例如,对于难烧结的窑喂料。这样的情况下,就要考虑额外二次措施,特别是通过氨NH_3进行选择性非催化的NO还原,简称为SNCR工艺(选择性非催化还原)[E 33, K 46, S 34, K 91, S 35, K 118, K 117, R 79]。发电厂被证明已成功地实现了NO的选择性催化还原(SCR技术),而在水泥窑废气中的应用目前仍在试验 [L 6]。

非选择性NO还原,在原理上相对应于NO在二次燃烧系统缺氧情况下的分解 [K 94]。选择性还原中,NO与氨或类似的化合物发生反应,例如,尿素,在氧气存在的情况下根据下面的反应式进行反应 [J 34, S 34]:

$$NH_3 + OH \longrightarrow NH_2 + H_2O \tag{6.17}$$

$$NH_2 + NO \longrightarrow N_2 + H_2O \tag{6.18}$$

$$NH_2 + OH \longrightarrow \cdots \longrightarrow NO + \cdots \tag{6.19}$$

6 水泥生产中的环境保护

NO 的分解和 NH_3 的逃逸作为气体温度的函数的关系示于图 6.21。氨气逃逸是由于反应太慢或加入了过量的 NH_3 而散发出的未反应 NH_3。低温下,反应发生得太慢以至于大量的氨气逃逸。对反应(6.18)和(6.19)必需的 NH_2,只有在 800℃ 以上才会足够快地形成。到 1000℃,NO 的分解最盛。随着温度的提高,进一步反应(6.19)加剧,所以 NO 的分解又下降。当温度超过约 1250℃ 时,加入的氨甚至会促进 NO 的形成。因此,最有效的范围,"温度窗"介于约 900℃ 到 1000℃ 之间。随着气体停留时间的增加,氨逃逸越来越少,NO 的分解越来越多。有还原剂存在的情况下,例如氢,温度窗口移向较低温度,此时羟基就形成了,这会加快 NH_3 转换成 NH_2[S 35]。

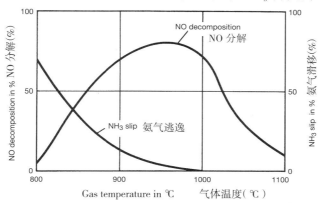

图 6.21 用氨气进行 NO 非催化还原过程中 NO 分解的行为模式和氨逃逸与温度的函数关系
Figure 6.21: Behaviour pattern of NO decomposition and NH_3 slip as a function of temperature during non-catalytic reduction of NO with NH [S 34, S 35]

作为温室气体,笑气 N_2O 实际上要比 CO_2 的温室效应更加严重,N_2O 在 NO_x 的催化还原过程中,形成于燃烧系统中排出的气体,但是在使用 SNCR 技术中使 NO_x 减少过程中实际上没有 N_2O 产生 [V 71]。当 SNCR 技术用作降低 NO_x 的排放量时,氨以含氨为 25%(质量分数)的水溶液通过几个喷嘴分配到从回转窑排出的废气流中。水的蒸发及氨和氮氧化合物的反应需要在气体进入预热器或者添加二次燃料和三次风之前一个数米的反应距离。反应的最佳温度(温度窗口)可以通过窑喂料的合理工艺路线来建立 [K 118, R 79]。箅式预热器窑中建立最佳温度可能是个问题 [B 70]。根据 [b 1, B 70],采用 SNCR 工艺,NO_x 在净化气体中的限值保持为 $0.80g/m^3_{st,dr}$,以 NO_2 来计算和相对于 10% 的 O_2,建立最佳温度通常是可以做到的。其他物质的排放实际上不受 SNCR 工艺的影响。

如果当气体温度下降到低于 900℃ 以下,氨气逃逸通常就不重要了 [V 59]。

5. 限制 NO_x 的排放

在欧盟(EU)的努力下,不仅现代化先进的工艺水平成为统一环保标准的决定性因素,而且也考虑到经济的合理性(BAT,6.2.1.4 节)。因此,水泥窑废气中 NO_x 浓度的限值申请从 $1300mg/m^3$ 到 $1800mg/m^3$,规定为 NO_2。特殊情况下也可能规定更低的限值,例如,对易烧结的原料 $1000mg/m^3$ 之下 [V 62]。在德国对于采用 60% 二次燃料的工厂规定到更低的限值,规定为 $500mgNO_2/m^3$,对于使用 100% 二次燃料的工厂,限值降低到 $200mgNO_2/m^3$(以从二次燃料得到的能量比例计算),但是要遵守这些规定已引起一些问题 [V 75, X 4]。1996 年在欧洲一些国家实行的限值列于表 6.23。德国空气清洁指令(TA Luft(2002))对新老厂设置了 0.50g NO_2/m^3 的排放限值 [V 93]。

表 6.23 自 1993 年以来在一些欧洲国家采用的水泥窑 NO_x 排放量限值
Table 6.23: NO_x emission limits for cement kilns which have applied in some European countries since 1993 [V 62]

国家 Country	限制量 Limits	应用时间 Applicable from
德国 Germany	≤60% 的二次燃料的新厂,500mgNO_2/m^3(10%O_2) 500 mg NO_2/m^3 (10 % O_2) for new plants ≤ 60 % sec. fuel 100% 二次燃料的厂,200mgNO_2/m^3(10%O_2) 作为加权限值 200 mg NO_2/m^3 (10 % O_2) as weighted limit for plants with 100 % sec. fuels	28.12.2005
奥地利 Austria	新厂 500mgNO_2/m^3 500 mg NO_2/m^3 for new plants 老厂 1000mgNO_2/m^3 1000 mg NO_2/m^3 for old plants	31.12.1996
瑞士 Switzerland	800mg/m^3	立即(老厂的过渡期至 1997 年) immediately (transition period for old plants up to 1997)
法国 France	1200mgNO_2/m^3(干法工艺;联网操作) 1200 mg NO_2/m^3 (dry process; interconnected operation) 1500mgNO_2/m^3(半干法工艺) 800mgNO_2/m^3(湿法和干法工艺;直接操作) 800 mg NO_2/m^3 (wet and dry processes; direct operation)	3.5.1993(4 年的转型期) 3. 5. 1993 (4 year transition period)
挪威 Norway	800NO_2mg/m^3(每天平均指导值) 800 mg NO_2/m^3 (guide value for daily average) 1600NO_2mg/m^3(半小时平均指导值) 1600 mg NO_2/m^3 (guide value for half-hour average)	30.6.1993
瑞典 Sweden	无,单独颁发许可证 None. Permits are granted individually.	

6.4.7 气态成分的排除

用于粉尘收集系统处理过的废气再次清洁的吸附过滤装置已经研发出来,尤其是对于废弃物焚烧工厂和其他相似的燃烧系统 [R 80, R 79, V 56, K 16]。这些吸附过滤装置是采用颗粒尺寸为几毫米的活性炭或者活性焦炭作为吸附剂的颗粒过滤床(6.2.1 节),用物理方法或者化学方法吸附掉要收集的物质。用这种方法不仅可以排除废气中的有机化合物,尤其是二噁英和呋喃,还可以排除其中的重金属和二氧化硫。氮氧化物也可以用炭或焦炭作为催化剂,由氨在一个专门的阶段予以降低。

由褐煤制得的活性炭已证明是一种成功的吸附剂 [E 11, N 16, R 79]。废气先经过收尘系统,然后再经过垂直的颗粒过滤床(图 6.22)。被吸附的物质附着在焦炭上,会降低焦炭的吸附能力,因此需要不断地用新的焦炭来取代表面的焦炭。由于过滤器是在 90℃到最高为 150℃之间的温度下工作的,焦炭在低于其燃点温度下会缓慢地氧化成二氧化碳。因此,有必要采取特殊的安全措施来确保释放的反应热能够随气体排出 [B 109]。作为吸附剂使用过的焦炭还可以用做回转窑煅烧系统的燃料 [V 56]。

6 水泥生产中的环境保护

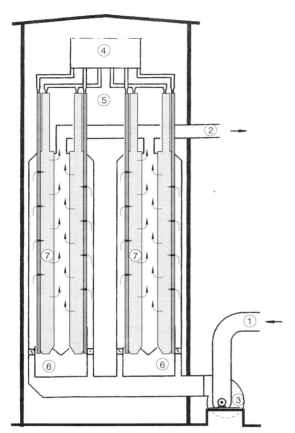

图 6.22 水泥窑炉中排出气体的吸附过滤器，图示 [R79]
Figure 6.22:Sorption filter for cleaning tht exhaust gases from cement kilns, schematic representstion[R 79]

1　除尘后的排出气体
1　dedusted exhaust gas
2　通过吸附过滤器后的清洁气体
2　clean gas after sorption filter
3　过滤吸附器风扇
3　sorption filter fan
4　新鲜焦炭的储藏室
4　bin for fresh coke
5　新鲜焦炭的分布
5　distribution of the fresh coke
6　焦炭排放
6　coke discharge
7　颗粒焦炭床
7　granular coke beds

7 水泥硬化

7.1 引言

水泥的凝结和硬化是基于化合物的形成,这些包含水的化合物是在水泥各组分与拌合水反应过程中生成的。这种反应称为水化反应,不考虑与水结合的方式,反应产物称为水化物或者水化相。

拌合水的质量和水泥的质量有关,这个比例被称为水灰比,即 W/C。一般来说,水泥水化为含水较低的塑性混合物,水灰比在0.3到0.6之间。

水泥和水的塑性混合物叫做水泥浆体,硬化的混合物被称为硬化水泥浆体或水泥石。如果它与4mm的砂子混合,那么就是所谓的砂浆,如果还含有更粗的集料则称为混凝土。硬化水泥浆浆体、砂浆与混凝土的特性主要是强度和耐久性,由水泥水化产物形成的微观结构决定,如结构、空间形态、堆积密度。

7.2 水化产物

7.2.1 概述

波特兰水泥质量的70%以上由硅酸钙或硅酸盐组成。因此,这些化合物的水化和生成的水化硅酸钙的性质尤为重要。波特兰水泥水化期间形成氢氧化钙,因此,水化硅酸钙比水泥熟料中的硅酸钙含有的 CaO 要少。所有水泥的基本成分都包含氧化铝、氧化铁以及硫酸盐,因此,会生成水化铝酸钙、水化铁酸钙和含有硫酸盐的化合物。在一定的条件下也可以形成含有 CaO、SiO_2、Al_2O_3 和 Fe_2O_3 的复杂水化产物。

7.2.2 氢氧化钙,氢氧化镁

氢氧化钙作为天然矿物时也称为氢氧钙石,结晶成六边形平板状。它在水中的溶解度随温度的上升而下降。表7.1中列出的数值适用于较大的晶体。细晶氢氧化钙的溶解度要高得多,这是因为氢氧化钙晶体只是缓慢生长,在过饱和溶液中的溶解度也相应降低[B19,H33,B21]。水灰比越低,水化温度越高,水泥浆体及硬化水泥浆体中形成的 $Ca(OH)_2$ 晶体越小 [B58, G65]。

表 7.1 氢氧化钙的溶解度随温度的变化情况 [B 19, B 21, H 33, t 1]
Table 7.1: Solubility of calcium hydroxide in g CaO/l as a function of temperature [B 19, B 21, H 33, t 1]

温度(℃) Temperature in °C	0	5	10	15	20	25	30	40	50	60	80	100
溶解度(g CaO/L) Solubility in g CaO/l	1.30	1.28	1.25	1.21	1.17	1.13	1.09	1.00	0.92	0.83	0.66	0.52

氢氧化镁,作为一种天然矿物时称为水镁石,它和氢氧化钙具有相同的晶体结构。它主要是在富含 MgO 的波特兰水泥水化时形成的。氢氧化镁也在混凝土受镁盐溶液化学侵蚀时形成。

7.2.3 水化硅酸钙

1. 溶液平衡

在常温 10~30℃ 之间，通过分析 $CaO-SiO_2-H_2O$ 体系溶液平衡可为水化硅酸钙的形成和性能提供早期的总体研究。研究所用的初始原料是氢氧化钙和非晶质细粒二氧化硅、钙盐，如硝酸钙和硅酸钙，或硅酸三钙或硅酸二钙的水悬浮液或溶液。固体反应产物是水化硅酸钙和氢氧化钙，在溶液中有高含量的 $Ca(OH)_2$。经过足够长的反应时间（数天到数个月之间），建立了在固体产物成分与溶液成分之间的平衡。富含 $Ca(OH)_2$ 的溶液中二氧化硅含量非常低，低于约 $0.5mgSiO_2/L$，所以固体产物的成分通常用 CaO/SiO_2 或 Ca/Si 的摩尔比来表示，作为溶液中氢氧化钙含量的函数表示为 $mMolCaO/L$ 或 $mgCaO/L[S228]$。

图 7.1[T28] 所示这种类型的解析表明，氢氧化钙浓度为 $80~1200mgCaO/L$ 之间的溶液中，一个 Ca/Si 的摩尔比下形成一种水化硅酸钙，Ca/Si 摩尔比随着溶液中氢氧化钙含量的升高从 0.8 增加到 1.5。胶体和无定形硅在低于 $80mgCaO/L$ 的 CaO 溶液中非常稳定，因此，在曲线上升到约 $80mgCaO/L$ 描述了一个不变点，即在胶体 SiO_2、Ca/Si 摩尔比值约为 0.8 的水化硅酸钙和含有约 $80mgCaO/L$ 和 $0.15mgSiO_2/L$ 的溶液间的平衡点。高浓度 $Ca(OH)_2$ 溶解度曲线的第二个上升点可作相似的解释，即在氢氧化钙、水化硅酸钙（Ca/Si 摩尔比为 1.5）和约含 $1170mgCaO/L$ 的溶液之间的反应平衡的另一个不变点。

常温下以这样的方法形成的水化硅酸钙在 X 射线分析中呈极细颗粒且是无定形的。它们的组分在相当大的范围内变化，所以将其缩写为 C-S-H。对 $CaO-SiO_2-H_2O$ 体系溶液平衡的研究中生成的水化硅酸钙，如图 7.1 所示，$Ca(OH)_2$ 的饱和度以下的区域，称为 C-S-H(I)，其 Ca/Si 摩尔比在 0.8~1.3 之间。C-S-H(II) CaO 含量高，其 Ca/Si 摩尔比在 1.5 左右或超过 1.5[t 1]，形成于水悬浮液中 $\beta-C_2S$ 水化时 [B 123]，或者 C_3S 在水足够多时水化，使得溶解出的全部氢氧化钙仍保留在溶液中。

截至 1984 年所有相关研究结果都为 $CaO-SiO_2-H_2O$ 体系中的溶液平衡提供了依据。

图 7.2 总结了一些基本关系，该图表明在溶液中与固体反应产物相接触已建立的 CaO 与 SiO_2 的含量关系。大多数的测量值都位于 M 或 S 两条曲线围成的影线所示的区域之一，只有少数点在两条曲线之间。曲线区 M 内的各点代表了研究的结果，即以 C_3S 作为起始材料，但在试验期间没能完全反应。对于 CaO 含量相同的溶液中 SiO_2 含量低得多的曲线 S 区中的点，来自这样一些研究，即或是使用了不同的初始原料或是已经确认所用的 C_3S 已和溶液充分反应了。

曲线 M 穿过了高浓度 $Ca(OH)_2$ 和 SiO_2 区。与曲线 S 比较，它处于一个亚稳态平衡。曲线 M 由 C_3S 作为起始原料的实验得来，所以可假设为一个沉积在 C_3S 表面上的 C-S-H 层之间的平衡 [J 16, G 10, t 1]，或者是一个建立在 C-S-H(I) 层的内部界面上与 C_3S 形成的 C-S-H 层和 C-S-H 外界面与溶液之间分解的准稳态平衡。因此曲线 S 描绘了一个比曲线 M 更好的稳定平衡。

含有大约 $225mgCaO/L$（曲线 S）的平衡溶液中的 C-S-H(I)，其 Ca/Si 摩尔比约为 0.8。当

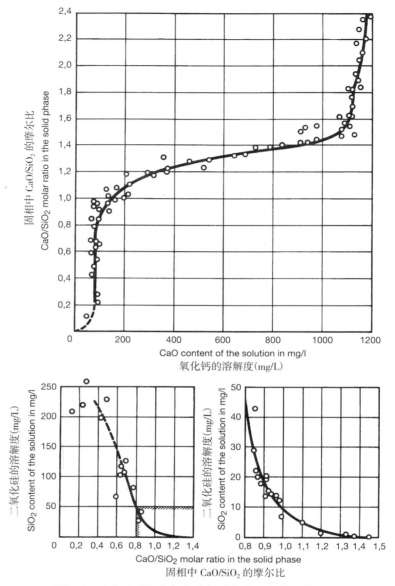

图 7.1 水化硅酸钙与氢氧化钙溶解度之间的平衡关系
Figure7.1: Equilibrium between calcium silicate hydrate and the calcium hydroxide content of the solution [T 28]

$Ca(OH)_2$ 含量上升到约 1120 mg CaO/L,Ca/Si 摩尔比会增加到 1.3 至 1.5。浆体 C_3S 的水化过程中生成的 C-S-H(II),也就是说与 CaO 含量超过 1120 mgCaO/L 的饱和 $Ca(OH)_2$ 溶液相平衡时,Ca/Si 摩尔比在 1.7 至 1.8 之间。

在 CaO-SiO_2-H_2O 的三元体系中,除了两种类型的水化硅酸钙之外,也会出现带有相应溶解曲线的以平衡相形式出现的 $SiO_2·nH_2O$ 和 $Ca(OH)_2$ 相。因此产生了四个不变点,如图 7.2 所示的 I_1~I_4。表 7.2 中列出了 I_1~I_3 的不变点数据。

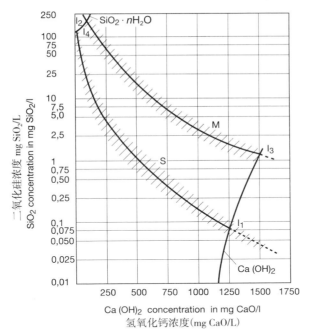

图 7.2　高含水率区域 $CaO-SiO_2-H_2O$ 体系的溶解平衡
（此图概括了 1934 年到 1984 年发布的 20 项研究结果。每一阶段的边界只是一个粗略的轮廓）

Figure 7.2: Solution equilibrium in the $CaO-SiO_2-H_2O$ system in the area of high water content [J 16, J 13]

The diagram summarizes the results of 20 investigations published in the years 1934 to 1984 [J 16]. The phase boundaries are only roughly outlined.

表 7.2　$CaO-SiO_2-H_2O$ 系统中的不变点 [J16]
Table 7.2: Invariant points in the $CaO-SiO_2-H_2O$ system [J 16]

不变点 Invariant-point	平衡相 Equilibrium phases	溶液的组分 Composition of the solution		C-S-H 的组分 Ca/Si 摩尔比 Composition of the C-S-H Ca/Si molar ratio
		mg CaO/L	mg SiO_2/L	
I_1	C-S-H(I), Ca(OH)$_2$, 溶液 I_1 C-S-H(I), Ca(OH)$_2$, solution I_1	1235	0.09	≈ 0.08
I_2	C-S-H(II), $SiO_2 \cdot nH_2O$, 溶液 I_2 C-S-H(II), $SiO_2 \cdot nH_2O$, solution I_2	55	120	1.3
I_3	C-S-H, Ca(OH)$_2$, 溶液 I_3 C-S-H, Ca(OH)$_2$, solution I_3	1250…1500	1.2	≈ 1.7

特别是当 C_3S 作为初始材料时,过饱和的 Ca(OH)$_2$ 溶液形成。因此,平衡曲线 S 和 M 继续超出不变点,在图 7.2 中以曲线的连续点显示出来。因此,在过饱和 Ca(OH)$_2$ 区域形成的水化硅酸钙比在不变点平衡溶液中生成的水化硅酸钙含有更丰富的 CaO,导致曲线 M 的 Ca/Si 摩尔比在 1.7 至 2.0 之间或更高 [J16]。

2. 形态、结构

C-S-H(I) 以片状产出,而 C-S-H(II) 呈纤维束状(图 7.3 和图 7.4)。X 光照射下两种 C-S-H

相实际上都是非晶型。然而,其结构单元,即分子和离子,并非不规则排列,即它们被限定在相对较少的初始晶格内,而是以相同的方式排列在如同晶体结构中一样(纳米结构 [t 1])。对于 C-S-H(I),这种(链分子排列的)近程有序类似于富水托勃莫来石的结构、1.4nm 托勃莫来石结构,而 C-S-H(II)类似于杰尼特结构 [T 25, T 29, t 1]。电子显微镜下托勃莫来石为片状或条状(图 7.3 至图 7.5),杰尼特则呈片状或纤维颗粒结团状。

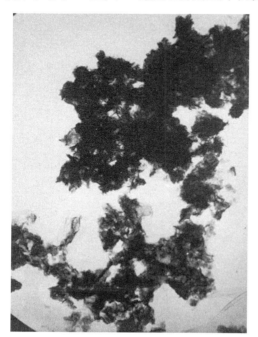 

图 7.3 片状 C-S-H(I) 的透射电子显微镜照片(由德国水泥工业研究所提供)
Figure 7.3: Lamellar C-S-H(I), in sheet form, TEM photomicrograph (Illustration courtesy of Research Institute of the Cement Industry, Düsseldorf)

图 7.4 C-S-H(Ⅱ)纤维束的透射电子显微镜照片(II)在透射电子显微镜下的纤维束形状(由德国水泥工业研究所提供)
Figure 7.4: Fibre bundles of C-S-H(II), TEM photomicrograph (illustration courtesy of Research Institute of the Cement Industry, Düsseldorf)

1.4nm 托勃莫来石的结构元素可能类似于那些缺水的 1.1nm 托勃莫来石、一个扭曲的 Ca^{2+} 和 O^{2-} 双离子层,其组成为 $[CaO_2]^{2-}$ 和 $[SiO_4]^{4-}$ 硅氧四面体链。第一种建议的结构 [M 59] 如图 7.6 所示。硅氧四面体彼此相连,并通过共同的氧原子与 $[CaO_2]^{2-}$ 双离子层连接。然而,每三个硅氧四面体中,一个四面体是一个"桥梁四面体",因为它仅与两个相邻的四面体共用氧原子而不是与 $[CaO_2]^{2-}$ 双离子层共用氧原子。更深入的结构检测时 [H 11] 发生了改变,尤其是在 $[SiO_4]^{4-}$ 四面体链的配位上。双离子层间空间含有水分子(层间水)和另外的钙原子。将双离子层和硅氧链组成的层包的厚度定义为 1.4nm 和 1.1nm。加热至 55℃时,部分层间水逸出,导致 1.4nm 托勃莫来石转化为 1.1nm 托勃莫来石。

该杰尼特晶体结构尚不得而知。各项研究显示,像托勃莫来石结构一样,它也由一个扭曲的 $[CaO_2]^{2-}$ 双离子层和硅氧四面体链组成,然而,其中每条第二链都被 OH^- 离子系所取代。因此杰尼特中钙硅摩尔比为1.5,比托勃莫来石的钙硅摩尔比0.83要高。像托勃莫来石一样,杰尼特含有层间水,其中部分在加热到70℃至90℃时逸出。由此,杰尼特的1.05nm层厚降到亚态杰尼特的0.87nm层厚 [t 1]。

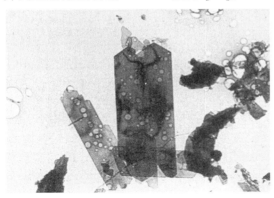

图7.5 托勃莫来石的透射电子显微镜照片(德国水泥工业研究所提供)

托勃莫来石是由氢氧化钙和石英在150℃的高压釜中制得。它非常薄,因此,可以检测到作为试件载片的下垫碳膜中的环形缺陷 [R 46]。

Figure 7.5: Tobermorite, TEM photomicrograph (illustration courtesy of Research Institute of the Cement Industry, Düsseldorf)

The tobermorite was produced from calcium hydroxide and quartz in an autoclave at 150 ℃. It is so thin that it is even possible to detect the circular faults in the underlying carbon film acting as the specimen slide [R 46].

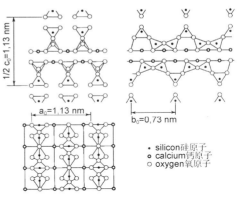

图7.6 1.1nm 托勃莫来石的可能晶体结构 [M 59]

Figure 7.6: Proposed crystal structure for 1.1 nm tobermorite [M 59]

简化的化学式和结构式如下 [T 22]:

1.4 nm 托勃莫来石: $5CaO \cdot 6SiO_2 \cdot 9H_2O$

$Ca_5[Si_6O_{18}H_2] \cdot 8H_2O$

1.1nm 托勃莫来石: $5CaO \cdot 6SiO_2 \cdot 5H_2O$

$Ca_5[Si_6O_{18}H_2] \cdot 4H_2O$

杰尼特(1.05 nm)[C 6, G 4]: $9CaO \cdot 6SiO_2 \cdot 11H_2O$

$Ca_9[Si_6O_{18}H_2(OH)_8] \cdot 6H_2O$

变形杰尼特(0.87 nm): $9CaO \cdot 6SiO_2 \cdot 7H_2O$

$Ca_9[Si_6O_{18}H_2(OH)_8] \cdot 2H_2O$

3. C_3S 和 β-C_2S 的水化

硬化的水泥浆体水化期间,硅酸三钙和硅酸二钙,即水固比为0.3~0.6之间的较低的水混合物水化过程中,根据X射线衍射分析,会生产晶序很低的水化硅酸钙。它们的粒度很细,所以称为水化硅酸钙凝胶或C-S-H凝胶。然而,用扫描电子显微镜(SEM),尤其是能在潮湿的氛围和常压下测试的场发射阴极的环境扫描电子显微镜(ESEM-FEG),可以探测到晶序重要特征 [M 121]。

水化硅酸钙粒度很细,所以单个颗粒只能含有很少的基本晶格,所以X-射线衍射中只形成很少的漫衍射峰。尽管这样,也可认为,单位晶格中的短程顺序和较大的晶体是类似的。

水化硅酸钙的组成可以直接由电子光学法或间接由已反应硅酸钙部分和反应过程中产生的氢氧化钙测定。直接法中,钙/硅比是通过透射电子显微镜、扫描电子显微镜或微探针上的直径约1mm的区域X射线微分析直接测定的。间接法中,反应的硅酸钙的量是通过X射线衍射仪定量分析未反应水泥的量得出的。反应生成氢氧化钙的量可以通过先由醋酸酯和丁醇的混合液进行选择性萃取,然后经过化学分析来测定[F 49, P 60, P 61, B123],也可以通过X射线衍射分析法、差热分析法或热重分析法测得[L 87]。化学分析法测得的氢氧化钙含量比X射线衍射分析法和热分析法的结果要高约15%。

直接法测定的C_3S和β-C_2S水化生成的C-S-H中钙硅摩尔比为1.5到1.8之间,这与通过化学分析$Ca(OH)_2$间接法得出的钙硅摩尔比相差不大,约为1.4到1.8[T 25]。鉴于上述相符性,可以推断$Ca(OH)_2$化学测定法可以得出正确值,而X射线衍射法和热重分析法没有计入所有的$Ca(OH)_2$。

硬化水泥中C-S-H凝胶的钙硅比只可用直接法测定。其Ca/Si摩尔比介于1.2和2.3之间,平均值约为1.75[T 24, R 45],即上述数值和纯硅酸盐水化后的值相似。"内部"和"外部"的C-S-H之间存在着差异,内部C-S-H是在原来水泥颗粒处形成的致密团状物,而外部C-S-H是生长在水泥颗粒之间的充水空间的条状或纤维状物质。外部C-S-H的CaO含量比内部C-S-H稍高,另外,外部C-S-H中的氧化铝、氧化钾和三氧化硫含量也较内部C-S-H高[T 15, R 75]。当水泥中含有以高炉矿渣、火山灰,或者尤其是硅灰形式存在的活性氧化硅时,Ca/Si摩尔比会降至1左右。Al/Si摩尔比大约是0.1[H 23]。

C-S-H凝胶的含水量是与周围环境中的水分含量相平衡的。表7.3列出H_2O/Ca摩尔比和密度与干燥类型的关系(8.1节)[T 29, y 13]。干冰干燥时,H_2O/Si摩尔比为1.2(见8.1节);11%相对湿度下干燥,该值约为2;90%相对湿度下干燥,该值为4。干冰干燥对应的H_2O/Si摩尔比为1.2,11%相对湿度下大约是2,90%相对湿度下为4。

4. C-S-H的构成要素

C_3S、β-C_2S或水泥的浆体水化所生成的C-S-H的结晶顺序甚至明显低于其在富水悬浮液中生成的C-S-H。因此,X射线衍射只能提供少量信息。一般认为,C-S-H的原子排列像托勃莫来石或杰尼特结构一样,也是由一个连接到硅氧四面体的钙氧双离子层组成。可通过确定硅酸盐阴离子聚合度的研究获得C-S-H结构的进一步信息,硅酸盐阴离子聚合度是指通过共用其各角上的氧原子而相互连接的硅氧四面体的数量。

二氧化硅的聚合度可由三甲基硅烷化法(可缩写为TMS法),或核磁共振波谱法(NMR Spectroscopy)来测定。

TMS法中,C-S-H的硅酸盐阴离子,在用盐酸滤取后,可与甲硅烷化合物反应,例如三甲基氯化铵$(CH_3)_3SiCl$。形成的反应产物是三甲基硅酸盐,其中的硅酸盐与原始硅酸盐中已有的聚合度相结合。三甲基硅酸盐分子的大小,可以在其蒸发或有机液体溶解后由质量分光镜法或色谱法测定,是聚合度的一个量度 [L 37, L 2, L 3, T 6]。

表 7.3 C-S-H 凝胶、杰尼特和托勃莫来石的含水量和密度与烘干类型的关系
Table 7.3: Water content and density of C-S-H-gel, jennite and tobermorite as a function of the type of drying [T 29]

托勃莫来石类型 Type of calcium silicate hydrate	水/钙比 H_2O/Ca	密度 (g/cm³) Density in g/cm³	参考资料 Literature reference
C-S-H 凝胶(湿饱和) C-S-H-gel (moisture-saturated)	2.35	1.85	[Y 13]
C-S-H 凝胶(湿饱和) C-S-H-gel (moisture-saturated)	2.3…2.5	1.9…2.0	[T 29]
C-S-H 凝胶(相对湿度 11%) C-S-H-gel (11 % relative humidity)	1.2	2.18	[Y 13]
C-S-H 凝胶(相对湿度 11%) C-S-H-gel (11 % relative humidity)	1.4	2.4	[T 29]
杰尼特 jennite	1.22	2.32	[T 29]
1.4nm 托勃莫来石 1.4 nm-tobermorite	1.80	2.20	[T 29]
C-S-H 凝胶(浓 H_2SO_4) C-S-H-gel (conc. H_2SO_4)	0.6…0.9	2.39	[Y 13]
C-S-H 凝胶(110℃) C-S-H-gel (110 °C)	0.85	2.6…2.7	[T 29]
变杰尼特 metajennite	0.78	2.62	[T 29]
1.1nm 托勃莫来石 1.1 nm-tobermorite	1.00	2.44	[T 29]

核磁共振光谱测定受激发的某些元素的原子核而产生特征振荡的电磁振荡频率,并吸收这些电磁振荡的频率。硅同位素 ^{29}Si 在天然硅元素中占 4.7%,该原子核震荡可用于研究固体 C-S-H。样品也被置于强均匀磁场兆赫兹频率范围(无线电频率)的交变电磁场的作用下。然后系统地变换均匀磁场的强度或交变磁场的频率,来测定被吸收的共振频率。共振频率的值取决于 $[SiO_4]^{4-}$ 硅氧四面体中硅键的性质,其结果也取决于 $[SiO_4]^{4-}$ 硅氧四面体的聚合度。因此,核磁共振光谱可用于测量聚合度 [L 53, L 52, R 73, Y 14]。

TMS 法和核磁共振光谱都表明,C-S-H 凝胶中二氧化硅聚合度随水化的进行而升高。在水化开始时探测到结合度为 Q0 的高比例的单个硅氧四面体大部分来自于还未水化的硅酸钙,但某些情况下在诱导期之前或期间已经开始形成单个硅氧四面体(7.3.4 节)[R 73]。随着水化的进行,有一个由 2 个 $[SiO_4]^{4-}$ 硅氧四面体形成的化学式为 $[Si_2O_7]^{6-}$ 的硅酸盐阴离子增加,稍后有越来越多的 $[SiO_4]^{4-}$ 四面体群出现。水化过程中温度越高,可利用的水分越低,生成的水化硅酸钙的聚合度越高。核磁共振分析结果表明,较高的聚合度下,$[SiO_4]^{4-}$ 四面体形成链,即彼此线性地结合起来,且不是成层的二维或是一个三维框架 [y 14]。具有不同聚合度硅酸盐离子的存在可以由托勃莫来石或杰尼特的晶体架构(图 7.6)推断出来。如果没有"桥梁四面体",那么钙氧双离子层的两边只能被化学式为 $[Si_2O_7]^{6-}$ 的两个 $[SiO_4]^{4-}$ 四面体群占据,即硅阴离子聚合度为 1(Q1)。如果所有第二个"桥梁四面体"错过,那么就形成化学式为 $[Si_5O_{16}]^{12-}$ 的 5 个 $[SiO_4]^{4-}$ 四面体群(聚合度 4,

Q4),如果所有第三个"桥梁四面体"错过,然后就形成分子式为 $[Si_8O_{25}]^{18-}$(聚合度7,Q7)的8个 $[SiO_2]^{4-}$ 四面体群等。有关C-S-H凝胶中硅酸盐阴离子结构的这些观点得到了TMS研究的支持,其中主要形成2、5、8等 $[SiO_4]^{4-}$ 四面体群,即 $[SiO_4]^{4-}$ 四面体群的聚合度为1、4、7等。

Ca/Si 摩尔比也随聚合度而变化。具有无限长链(聚合度无穷大)的托勃莫来石和杰尼特的 Ca/Si 摩尔比分别是0.83、1.50。摩尔比随聚合度降低而升高,最终两个 $[SiO_4]^{4-}$ 四面体中托勃莫来石和杰尼特的钙硅比分别达到1.25和2.25[T 29]。中间值可以假设为由于托勃莫来石和杰尼特不同的聚合度,以及交叉出现托勃莫来石和杰尼特层所致。

如果在各种铝化合物存在的情况下和温度在80℃到200℃之间形成托勃莫来石,那么它可以在其晶格中接纳 Al^{3+},而不是 Si^{4+}[K 77,S 205,S 207]。根据应用 ^{27}Al 同位素进行核磁共振分析,在托勃莫来石中 Al^{3+} 和 Si^{4+} 一样四面被4个氧离子包围,而在水化铝酸钙中它本质上是被八面体型包围,也就是说,它是位于八面体的中心,而氧离子位于六个角。丢失的电荷由额外结合的等量的 Na^+ 或 Ca^{2+} 离子所抵消。然而,即便是在正常温度下形成的弱结晶或几乎是X射线非结晶的C-S-H,也可以含有 Al^{3+}、Fe^{3+}、SO_4^{2-}、CO_3^{2-} 和 Cl^-[C 48,S 206,R 12,L 1,B 28,F 60,R 44]。不过,可能至少有一些杂质离子还没有被取代,但不能排除AFm层(7.2.6节)插入C-S-H凝胶层之间。

托勃莫来石和杰尼特层的间距随水含量的变化而变化[S 146,B 23,L 103]。图7.7显示了通过X射线衍射测得的C-S-H样品在(002)底部干扰峰的变化与水蒸气分压的函数关系图[L 103]。水悬浊液中 C_3S 水化生成了C-S-H,其钙硅比为1.5。干扰峰的范围非常广泛,其强度较弱,因此只能算出(002)干扰峰位置变化处的面积。尽管如此,仍可清晰地观测到吸附研究中发生的滞后性(8.1节)。像在特定的水分条件下差热分析结果一样[F 13],这一发现也证实了随周围环境中湿度变化,C-S-H凝胶层间的空间可逆地吸水并再次释放出水。核磁共振测试结果还表明,水分含量高达70%的相对湿度中,C-S-H凝胶层与水结合的方式类似于膨胀黏土矿物中的层间水,并且它比物理吸附水的流动性差[S 113]。这些测试结果与图7.8在干燥和重新湿润过程中C-S-H凝胶层间水的行为所示的模型是一致的[F 27]。这也可以解释因周围环境湿度改变导致的C-S-H基底干扰峰变化时出现的滞后性。

5. 较高温度下的水化硅酸钙

温度高达100℃左右生成的C-S-H相和常温下几乎相同,但其硅酸盐阴离子聚合度较高。其他水化硅酸钙只形成于100℃以上和相对高的水蒸气压力下(水热条件)。在水泥浆体或由波特兰水泥制得的硬化水泥浆体或在类似组成的混合物中,在120℃和180℃之间生成分子式为 $2CaO \cdot SiO_2 \cdot H_2O$ 的 α-硅酸二钙。这种复合物的密度为 $2.7 \sim 2.8 g/cm^3$,显著高于常温下形成的 C-S-H($2.4 \sim 2.5 g/cm^3$),所以硬化水泥浆体中的孔隙在压蒸下大幅度增加而强度显著下降。如果是添加足量活性二氧化硅,例如在水热条件下具有活性的磨细石英粉,形成1.1nm托勃莫来石 $5CaO \cdot 6SiO_2 \cdot 5H_2O$。它的密度约为 $2.4 g/cm^3$,和C-S-H凝胶具有相同的量度,所以压蒸水泥/砂混合物的孔隙度低,强度也相应高了。

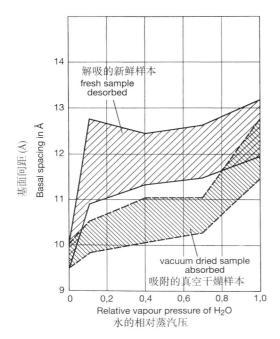

图 7.7 随水蒸气分压变化，硅酸三钙水悬浮液中钙/硅比为 1.5 时在 C-S-H(002) 基面干扰峰的变化 [L 103]

Figure 7.7: Change in the (002) basal interference peak of C-S-H with Ca/Si = 1.5 produced in a suspension of C_3S in water, as a function of the water vapour partial pressure [L 103].

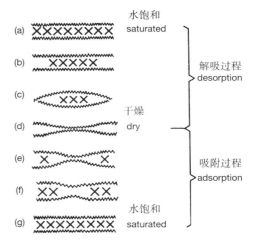

图 7.8 C-S-H 中间层空间在失水和吸水情况下变化的简化模型 [F 27]

Figure 7.8: Simplified model for the change in the C-S-H intermediate layer space during loss and take-up of water [F 27]

然而，纯 $CaO\text{-}SiO_2\text{-}H_2O$ 系统内，压蒸条件下的平衡相既不是 $\alpha\text{-}C_2SH$，也不是 1.1nm 托勃莫来石，而是依赖于以下组成物质：白钙镁沸石($C_7S_{12}H_3$)、白钙沸石($C_2S_3H_3$)、硬硅钙石(C_6S_6H)、水钙硅石(C_2SH)和硅酸三钙水合物(C_3SH_2)[T 26，t 1]。常温下的平衡相可能是柱硅钙石($C_3S_2H_3$)[S 112]。柱硅钙石在初始原料适当混合后，在 120~150℃ 形成较快，但也可在球磨机粉磨时间足够长的 C_3S 水悬浮液中形成 [B 121]。

7.2.4 水化铝酸钙

1. 平衡态、稳态、亚稳态的水化铝酸钙

对 $CaO\text{-}Al_2O_3\text{-}H_2O$ 平衡系统水溶液的研究(图 7.9)表明，在 CaO 和 Al_2O_3 浓度高的范围内，亚稳态水化铝酸钙开始结晶 [A 35，J 24]。由此，CaO 和 Al_2O_3 浓度的下降，下降程度与沉积的水化铝酸钙中 CaO 和 Al_2O_3 的含量成比例。因此，混合溶液组分的改变可以由一条直线描述，这条线与穿过坐标系统零点的一条直线相平行，如图 7.9 所示。当溶液达到由 T- 曲线或者 T-Y-V 曲线所描述的一定成分，沉淀的亚稳态水化铝酸钙就与溶液反应形成相应的稳定相。曲线 O-Z 和 Z-C 描绘了稳定相达到平衡的这些溶液的组分，它们表明了可溶性。

以下的水化铝酸钙存在于 $CaO\text{-}Al_2O_3\text{-}H_2O$ 系统中

亚稳态：

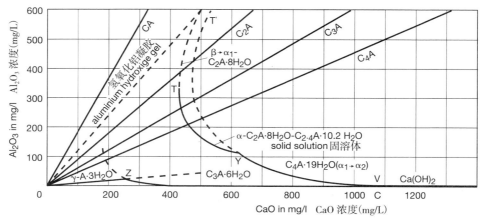

图 7.9　25℃时 CaO-Al₂O₃-H₂O 系统的溶液平衡相
Figure 7.9: Solution equilibrium in the CaO-Al₂O₃-H₂O system at 25℃ [J 24]

C_4AH_{19}

C_2AH_8

$C_{2.0\cdots2.4}AH_{8.0\cdots10.2}$，即在 C_4AH_{19} 和 C_2AH_8 非晶态之间的有限混合的晶态构成，类凝胶状 AH_3 稳态：

$Ca(OH)_2$

C_3AH_6

g-AH_3、g-$Al(OH)_3$、水铝矿(三水铝酸矿)

亚稳态的水化铝酸钙是六方板型结晶。$Ca(OH)_2$ 通常也形成六方板型。C_3AH_6 以斜方十二面体的形式立方形地结晶，而水铝矿以单斜的形式结晶。

C_4AH_{19} 以两种晶型出现，分别是 α_1-C_4AH_{19} 和 α_2-C_4AH_{19}。这两种晶型差别仅在于 $[Ca_2Al(OH)_6]^-$ 层的构型不同(下一节)。一段时间后，α_1-C_4AH_{19} 会向 α_2-C_4AH_{19} 转变，而 α_2-C_4AH_{19} 是两种晶型中更为稳定的形式 [R 70]。化合物 C_2AH_8 同样也有 β、α_1 两种晶型。晶体结构只有微小的差别；其中 α_1 是更为稳定的晶型，类似晶型的改变同样也出现在 $C_{2.0\cdots2.4}AH_{8.0\cdots10.2}$ 混合晶体中。

亚稳相稳定性随温度升高而降低，即向稳态转化的趋势增加。常压下，温度到 210~220℃，C_2AH_6 立方结构是稳定的。温度高于 220℃，随着 $Ca(OH)_2$ 消失，C_3AH_6 转化为 $C_4A_3H_3$，其晶体结构为正交板晶。水铝矿(γ-AH_3)直到 150℃时都是稳定的，但更高温度下水铝矿随着水的消失转化为勃姆石型(g-AH,g-AlOOH)或者水铝石(α-AH,α-AlOOH)[M 5]。

随着温度降低，亚稳混合物稳定性增加，C_3AH_6 稳定性降低。低于大约 5℃时 C_3AH_6 表现出亚稳性，且与溶液发生化学反应。根据其 CaO 含量，C_3AH_6 形成 C_2AH_8 或 C_4AH_{19} 两种化合物之中的一个，该化合物在此温度下是稳定的 [S 111]。

温度直到 20℃，在高铝水泥硬化中起重要作用的 CAH_{10}(9.12 节)，仅在 CaO-Al₂O₃-H₂O 系统中作为亚稳相出现。它的溶解曲线在 500mgCaO/L 和 200mgAl₂O₃/L 浓度范围内出现(9.12 节，图 9.7)[C 3, B 144, B 145, P 26, P 27]。然而，足够浓度的溶液中，它只作为 CaO/Al₂O₃ 摩尔比稍高于 1 的固相出现。甚至在 20℃时，它仍然先与 AH_3 和 C_2AH_8 一起产生相当大的数量，然后后

者转化为 CAH_{10}。这就意味着,在低于 22℃(在 20℃与 25℃之间)温度下,CAH_{10} 在 CaO-Al_2O_3-H_2O 系统中是亚稳混合物。在高于 22℃时,它首先转化为 C_2AH_8 和非晶态 AH_3,然后转化为稳定的化合物 C_3AH_6 和水铝矿 γ-AH_3[S 151, M 105]。

2. C_4AH_{19} 晶体结构和脱水特性

波特兰水泥一般在饱和的氢氧化钙水溶液中水化。这意味着生成的钙铝酸盐水化物主要只是富含 CaO 的化合物,即 C_4AH_{19} 或它的贫水形式。C_4AH_{19} 晶体结构以层状结构形成。它由主层 $[Al(OH)_6]^{3-}$ 和 $[Ca(OH)_6]^{4+}$ 八面体组成,它们之间以角上共享 $(OH)^-$ 相连接(图 7.10)[A 11, R 43]。因此,主层的组分为 $[Ca_2Al(OH)_6]^+$。每个主层拥有一个含有一个 $(OH)^-$ 和 6 个水分子的间层,四水化铝酸钙的化学经验式为 $4CaO \cdot Al_2O_3 \cdot 19H_2O$ 或 C_4AH_{19}。

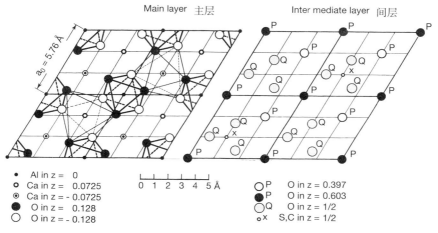

图 7.10 C_4AH_{19} 的晶体结构 [A 11]
Figure 7.10: Crystal structure of C_4AH_{19}[A 11]

在干燥的各阶段,水分子可排出,因此形成了具有不同层空间的各种水化物相,后者可通过 X 射线衍射进行测量。在一种相应组分溶液中的唯一的平衡相是 C_4AH_{19}(表 7.4),它甚至于在 99% 相对湿度下是稳定的,即超过 0.25nNaOH 溶液,显然直到 88% 相对湿度下仍然是稳定的。经过轻微干燥,例如在室温真空条件下通过饱和的硫酸铵溶液,也即在 81% 相对湿度下,1.07nm 层间距的 C_4AH_{19} 失去 6 个水分子,并转化为层间距为 0.79nm 的 C_4AH_{13}。水分的丢失是不可逆的,也就是说 C_4AH_{13} 不会再水化生成 C_4AH_{19}。随后的脱水过程是可逆的,在合适的湿度下水化物会再次吸收水分,含水量最高可达 C_4AH_{13}。C_4AH_7 含水量最低,它们在主层和中间层含有以 $(OH)^-$ 离子形式存在的水,但在其中间层不再包含任何水分子(表 7.4)。

铝酸四钙水化物的晶体结构能接纳大量的有机化合物分子:如醇类、醛类、羟酸类、胺类、硫醇类、糖类。这会导致晶架尺寸的较大变化 [D 76]。

7.2.5 水化铁酸钙

$Ca(OH)_2$ 溶液中含有浓度极低的 Fe^{3+},使得在 CaO-Fe_2O_3-H_2O 系统中检测溶液平衡变得更加困难 [J 25]。然而,水化铁酸钙是在 $Ca(OH)_2$ 溶液中的铁酸钙水化过程中产生的,它在组成和晶格上与 CaO-Al_2O_3-H_2O 系统中的水化铝酸钙相似。钙铁水化物晶格中 Fe^{3+} 也可大量地被 Al^{3+} 取代 [N 6, R 76, S 238, S 88, S 92]。假如在水存在的情况下三价铁离子的氧化物或氢氧化物与钙氢氧化物反应,也会形成水化铁酸钙。混凝土中钢筋铁锈薄膜也是这样分解的。

表 7.4 铝酸四钙水化物的晶体结构和含水量 [A 11, R 70, F 34, t 1]
Table 7.4: Crystal structure and water content of tetracalcium aluminate hydrate [A 11, R 70, F 34, t 1]

经验公式 Empirical formula	干燥状态 Drying conditions	主层 Main layer	中间层 Intermediate layer	d 值(nm) d value nm
4 CaO · Al_2O_3 · 19 H_2O	25℃,相对湿度> 88% 25 °C, > 88 % r.h.	[$Ca_2Al(OH)_6$]$^+$	$(OH)^-$ · 6 H_2O	1.07
4 CaO · Al_2O_3 · 13 H_2O	25℃,相对湿度 11%~81% 40℃,相对湿度> 25% 25 °C, 11 − 81 % r.h. 40 °C, > 25 % r.h.		$(OH)^-$ · 3 H_2O	0.794
4 CaO · Al_2O_3 · 11 H_2O	25℃,无水 $CaCl_2$ 50...90℃ 25 °C, waterfree $CaCl_2$ 50···90 °C		$(OH)^-$ · 2H_2O	0.735
4 CaO · Al_2O_3 · 7 H_2O	25℃, P_2O_5 110...120℃ 25 °C, P_2O_5 110···120 °C		—	0.56

与 C_4AH_{19} 相应的 C_4FH_{19} 仅在低温 4℃[R 76] 溶液中生成。干燥过程中它转化为 C_4FH_{13},在室温下的悬浮构件也会直接生成的 C_4FH_{13}。像 C_4AH_n 相一样,两种水合物以六边形板状结晶。C_3FH_6 与 C_3AH_6 一样,单一形式是不稳定的。它只与一定的低含量 Al_2O_3 或 SiO_2 存在于固相熔体中(7.2.7 节水榴石)[S 238]。

波特兰水泥中,Fe_2O_3 完全与 Al_2O_3 结合存在于钙铝铁 C_2(A, F) 中,其水合作用通常发生在过量 $Ca(OH)_2$ 存在的情况下。结果形成分子式为 C_4(A, F)H_{19} 的混合晶相水化物。

7.2.6 水化硫酸盐和相关化合物

水泥不仅仅含有碱性硫酸盐,而且还含有为了调凝而添加的磨细硫酸钙,后者通常是水泥熟料中的成分。结果在水泥水化中经常形成水化硫酸盐产物,主要是水化硫铝酸钙。

CaO-Al_2O_3-$CaSO_4$-H_2O 系统中的平衡关系提供了关于水化硫铝酸钙形成状态的信息 [B 117, A 34]。据此,系统中有两种水化硫铝酸钙。富含硫酸盐的化合物的结构式为 3CaO · Al_2O_3 · 3$CaSO_4$ · 32H_2O,简称三硫型水化硫铝酸钙。它也以钙矾石矿物存在于自然界,在德国 Eifel 的 Ettringen 被发现其存在于玄武岩岩浆的石灰岩包裹体中。硫酸盐含量低的化合物,其溶液中硫酸盐含量较低,CaO 和 Al_2O_3 含量较高,其化学式为 3CaO · Al_2O_3 · $CaSO_4$ · 12H_2O,简称为单硫型水化硫铝酸钙,在钙铝硫酸盐水合物晶体结构中,Ca^{2+}、Al^{3+} 与 SO_4^{2-} 能被其它离子取代。尤其是 Al^{3+} 被 Fe^{3+},SO_4^{2-} 被 OH^-、Cl^-、CO_3^{2-} 或 CrO_4^{2-} 等部分或完全取代,这对水泥水化作用很重要 [K 130, B 130, P 41, P 44]。生成的混合晶相为 AFt 和 AFm 相(三硫型水化硫铝酸钙、单硫型水化硫铝酸钙)。

1. AFt 化合物

三硫型水化硫铝酸钙(钙矾石)类似于所有的 AFt 相,是针状或条状形式结晶(图 7.11)。晶

体结构由嵌入了 Ca^{2+} 离子和 H_2O 分子的 $[Al(OH)_6]^{3-}$ 八面体链环组成。硫酸根离子和水分子存在于该链环之间，因此，钙矾石晶体结构分子式是 $\{Ca_6[Al(OH)_6]_2 \cdot 24H_2O\} \cdot \{(SO_4)_3 \cdot 2H_2O\}$[M 117]，对应化学经验式为 $3CaO \cdot Al_2O_3 \cdot 3CaSO_4 \cdot 32H_2O$。

图 7.11　钙矾石（三硫型水化硫铝酸钙，AFt）$3CaO \cdot Al_2O_3 \cdot 3CaSO_4 \cdot 32H_2O$ 的扫描电子显微镜照片（德国水泥工业研究所提供）
Figure 7.11: Ettringite (trisulfate, AFt) $3CaO \cdot Al_2O_3 \cdot 3CaSO_4 \cdot 32H_2O$, SEM photomicrograph (illustration courtesy of Research Institute of the Cement Industry, Düsseldorf)

硬化水泥浆体粘结的建筑材料中，由于加入过量的硫酸钙调凝剂或由于硫酸盐溶液的外部的渗入，随后生成钙矾石引起硫酸盐膨胀。这是由晶体生长压力造成的，即在一定的条件下，生长的钙矾石晶体能对其周围环境施加的压力 [G 12, C 18, X 5, S 56]。另一种解释是，由开始以胶体形式生成的钙矾石吸水而导致体积的膨胀 [M 74, M 61, M 68] (7.3.6 节和 8.9.2 节)。

另一方面，水泥水化开始时产生钙矾石，特别是快凝水泥、膨胀水泥和超硫酸盐水泥（9.5、9.6 和 9.11 节），对强度形成有贡献 [L 17]。这可以通过对有相对较高拉伸强度的单晶进行测试予以证实 [S 277]。

钙矾石中 Fe^{3+} 取代 Al^{3+} 会形成短棱形晶体，Fe^{3+} 含量越高，形成的棱晶越小，结晶速度越慢。C_3A 含量较低而 $C_2(A,F)$ 含量丰富的波特兰水泥抗硫酸盐性能增加，是由于在 Fe^{3+} 的影响下三硫型水化硫铝酸钙的缓慢滞后生长所致 [S 239]。

纯净钙矾石在 20℃、低于 12% 湿度 [S 141, L 103] 或在高于 60℃、正常环境湿度下 [B 130] 会失去水分。随着钙矾石脱水，其在 X 射线下呈现出无定型，但是它会随着水汽的进入重新显现晶态（8.1 节中图 8.4）。这并不改变钙矾石外部结构。干式粉磨或悬浮在有机溶液中粉磨（如在甲醇或乙醇中）的效果是一样的。然而假如钙矾石在加入丙酮悬浮液中研磨，然后用二乙醚干燥，X 射线衍射图谱不变 [R 47]。这一制备程序用于研究水化水泥中的钙矾石。温度越高，三硫型水化硫铝酸钙在石膏溶液的 C_3A 悬浮物中形成的速度越慢。90℃时 [L 50]，它仍会生成，但是在沸水中，它便分解为单硫型水化硫铝酸钙 [G 23]。低于 5℃，单硫型水化硫铝酸钙转化为三硫型水化硫铝酸钙 [G 25]。显然地,这也包括了其他的反应,如与碳酸盐或氯化物的反应 [N 31]。

三硫型水化硫铝酸钙(钙矾石)的晶体结构中硫酸根可由羟基离子、碳酸根离子或氯离子取代,这便产生了三羟基化合物、三碳酸根化合物、三氯化合物。这些化合物的化学式分别为:

$3CaO \cdot Al_2O_3 \cdot 3Ca(OH)_2 \cdot 32H_2O$

$3CaO \cdot Al_2O_3 \cdot 3CaCO_3 \cdot 32H_2O$

$3CaO \cdot Al_2O_3 \cdot 3CaCl_2 \cdot 32H_2O$

混合晶体结构形成在三硫型水化硫铝酸钙和每一个混合物中。3个 SO_4^{2-} 离子中两个可被 CO_3^{2-} 离子取代,约1.5个可以被3个 $(OH)^-$ 离子取代。三羟基化合物和三碳酸根化合物形成一个孪晶化合物连续系列。它们稳定性很差,但是却会随着硫酸根离子占有率增加而大为提高 [P 41]。铬酸盐溶化物在水泥混合的第一个小时的固化 [P 39] 归因于硫酸根被 CrO_4^{2-} 取代 [B 47]。

钙矾石中 Al^{3+} 不但可以被 Fe^{3+} 取代,也可以被 Mn^{3+} 或 Cr^{3+} 取代 [B 47, S 249], Ca^{2+} 也可以被 Sr^{2+} 和其它离子取代,但不是 Ba^{2+} [B 49]。

硅灰石膏也可以是针状或带状结晶(图7.12),这与钙矾石(三硫型水化硫铝酸钙)的晶体结构相同;其晶体结构式为 $\{Ca_6[Si(OH)_6]_2 \cdot 24H_2O)\} \cdot \{(CO_3)_2 \cdot (SO_4)_2 \cdot 2H_2O\}$,化学式为 $CaSiO_3 \cdot CaCO_3 \cdot CaSO_4 \cdot 16H_2O$ [E 1, E 6]。如同三硫型水化硫铝酸钙,硅灰石膏中的 SO_4^{2-} 也能被 CrO_4^{2-} 所取代 [B 51]。三硫型水化硫铝酸钙和硅灰石膏之间有一个连续混合晶体系列 [K 72]。形成温度越低,钙矾石与硅灰石膏混合物晶体成分越接近硅灰石膏的成分。水泥胶凝建筑材料中含有 $CaCO_3$,或其中的 CO_2 是由低于15℃ [V 83],特别是在1℃与4℃之间 [P 59, K 72, B 61] 的空气提供的,其中会产生仅含少量 Al^{3+} 的硅灰石膏。水泥基建筑材料中,硅灰石膏的生成和钙矾石/硅灰石膏混合晶体结构的生成能导致微观结构的松散和总体瓦解。导致上述问题的原因仍为膨胀,尽管温度更低膨胀更慢,应力更低,硅灰石膏的组成更丰富。对波特兰石灰石水泥制成的硬化水泥石样品所进行的试验来看,只有在相当长的时间内并结合硫酸盐侵蚀一起才能观察到水泥的膨胀性 [H 27]。

2. AFm 化合物

AFm 化合物是六方板晶系结晶(图7.13)。它们的晶体结构是由与铝酸四钙水化物中相同的元素组成,即其拥有相同的 $[Ca_2Al(OH)_6]^+$ 主层并在中间层含有 $1/2SO_4^{2-}$、$1/2CO_3^{2-}$ 或 Cl^-(图7.10)。由此导致了单硫型水化硫铝酸钙、单碳酸化合物、单氯化物,其化学式为:

$3CaO \cdot Al_2O_3 \cdot CaSO_4 \cdot 12H_2O$

$3CaO \cdot Al_2O_3 \cdot CaCO_3 \cdot 11H_2O$

$3CaO \cdot Al_2O_3 \cdot 3CaCl_2 \cdot 10H_2O$

因此,铝酸四钙水化物也能被描述为单羟基化合物 $3CaO \cdot Al_2O_3 \cdot Ca(OH)_2 \cdot 18H_2O$。

根据外部环境的供水量,中间层包含的不但有阴离子,而且还有不同数量的水分子,因此,在层空间中有一系列相关的变化(表7.5)。

7 水泥硬化

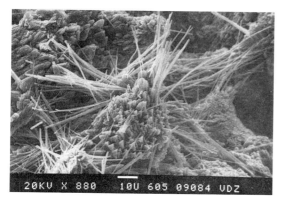

图 7.12 硅灰石膏
$CaSiO_3·CaCO_3·CaSO_4·32H_2O$ 在混凝土试件中的扫描电子显微镜照片。该试件是由阿利特添加硫酸钙(硫酸钙的量以三氧化硫的质量计为 3.5%)在 5℃的条件下浸泡四年得到的(德国水泥工业研究所提供)
Figure 7.12: Thaumasite $CaSiO_3·CaCO_3·CaSO_4·32H_2O$, in a concrete test piece made from alite with the addition of $CaSO_4$ corresponding to 3.5 % by mass of SO_3, after four years' "foot bath" storage at 5 ℃, SEM photomicrograph (illustration courtesy of Research Institute of the Cement Industry)

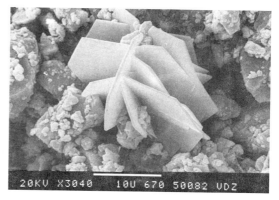

图 7.13 单硫型水化硫铝酸钙
$3CaO·Al_2O_3·CaSO_4·12H_2O$ 的扫描电子显微镜照片(德国水泥工业研究所提供)
Figure 7.13: Monosulfate $3CaO·Al_2O_3·CaSO_4·12H_2O$, SEM photomicrograph (illustration courtesy of Research Institute of the Cement Industry, Düsseldorf)

表 7.5 单硫型水化硫铝酸钙、单碳酸盐和单氯化物的晶体结构和含水量 [R 70, D 77, K 134, F 34, t1]
Table 7.5: Crystal structure and water content of monosulfate, monocarbonate and monochloride [R 70, D 77, K 133, K 134, F 34, t 1]

经验化学式 Empirical formula		干燥条件 Drying conditions	主层 Main layer	间层 Intermediate layer	d 值(nm) d value nm
$3CaO·Al_2O_3·CaSO_4·$	16 H_2O	< 10℃,相对湿度 100% < 10 °C, bei 100 % r.h.	$[Ca_2Al(OH)_6]^+$	5 H_2O	1.03
	14 H_2O	> 10℃,相对湿度 100% > 10 °C, bei 100 % r.h.		5 H_2O	0.95
	12 H_2O	> 10℃,相对湿度 20%~95% > 10 °C, bei 20···95 % r.h.		$(SO4)_{0.5}^{2-}·$ 3 H_2O	0.893
	10 H_2O	> 10℃,相对湿度 < 20% > 10 °C, bei < 20 % r.h.		2 H_2O	0.815
	8 H_2O	30···50℃, P_2O_5		1 H_2O	0.795
$3CaO·Al_2O_3·CaCO_3·$	11 H_2O	25℃,饱和 $CaCl_2$ 溶液 25 °C, satur. $CaCl_2$ sol.	$[Ca_2Al(OH)_6]^+$	$(CO_3)_{0.5}^{2-}·$ 2.5 H_2O	0.756
	8 H_2O	95℃		1 H_2O	0.72
	6 H_2O	130℃			0.66
$3CaO·Al_2O_3·CaCl_2·$	10 H_2O (α)	< 28℃,相对湿度 35% < 28 °C, at 35 % r.h.	$[Ca_2Al(OH)_6]^+$	$Cl^-·$ 2 H_2O	0.788
	10 H_2O (β)	> 28℃,相对湿度 35% > 28 °C, at 35 % r.h.		2 H_2O	0.781
	6 H_2O	120···200℃			0.687

单硫型水化硫铝酸钙中间层中一半的SO_4^{2-}离子能被OH^-离子所取代。它的组成与化学式$[1/4SO_4^{2-}\cdot 1/2OH^-\cdot nH_2O]^-$相一致。以这种方式生成的经验式为$3CaO\cdot Al_2O_3\cdot 1/2CaSO_4\cdot 1/2Ca(OH)_2\cdot 12H_2O$的化合物形成单硫型水化硫铝酸钙混合晶体系列[R 70]。混合晶体系列的低限随着温度的上升而提升,即在混合晶体中硫酸盐变得越来越丰富。60℃时,硫酸盐含量最低的混合晶体的化学经验式为$3CaO\cdot Al_2O_3\cdot 0.83CaSO_4\cdot 0.17(OH)_2\cdot 12H_2O$,80℃时混合晶体不再形成[P 44, P 45]。

单碳酸盐$3CaO\cdot Al_2O_3\cdot CaCO_3\cdot 11H_2O$形成于铝酸三钙与碳酸钙的等比混合物中,及有水存在下向波特兰水泥加入碳酸钙时[K 55, S 170]。碳酸盐化合物$3CaO\cdot Al_2O_3\cdot 1/2CaCO_3\cdot 1/2Ca(OH)_2$只在很窄的区间内可吸收$OH^-$离子替代$CO_3^{2-}$离子,它与单碳酸盐一起也很稳定[R 70, F 34]。

单硫型水化硫铝酸钙和单碳酸盐之间不能形成混合晶体[P 44]。

单氯化合物$3CaO\cdot Al_2O_3\cdot CaCl_2\cdot 10H_2O$也被称为Friedel盐,能吸收$OH^-$离子取代$Cl^-$离子形成一个受限组分$3CaO\cdot Al_2O_3\cdot 0.7Ca(OH)_2\cdot 0.3CaCl_2\cdot nH_2O$[P 44]。同时还有一个组成为$3CaO\cdot Al_2O_3\cdot 0.5CaCl_2\cdot 0.5CaSO_4\cdot 10H_2O$[G 38]的化合物。

AFm化合物也能与其他离子形成,如与$[SO_3]^{2-}$、$[NO_3]^-$和各种卤素离子[M 123]。类似于AFt化合物,AFm中的Al^{3+}也能被其他三价阳离子所取代,如Fe^{3+}、Mn^{3+}和Cr^{3+}[K 130, K 134, B50]。

3. 钾石膏

一定的条件中,K_2O含量较高的水泥在储存和初始水化过程中会生成钾石膏,其化学式为$K_2Ca(SO_4)_2\cdot H_2O$或$K_2SO_4\cdot CaSO_4\cdot H_2O$。它的结晶量是薄而长的条带状(图7.14)。

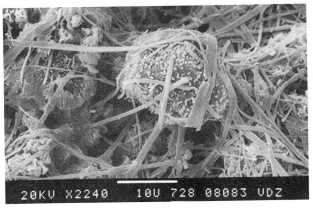

图7.14 在水化45min后硬化水泥浆体的微观结构中的条状钾石膏$K_2CO_3(SO_4)_2\cdot H_2O$的扫描电子显微镜照片[R50]

Figure 7.14: Strip–shaped syngenite $K_2CO_3(SO_4)_2\cdot H_2O$ in the microstructure of the hardened cement paste after a hydration time of 45 min, SEM photomicrograph [R 50]

4. 硬化水泥中的AFt和AFm化合物

水泥与水混合后,部分用于调节凝结时间而加入的硫酸钙立即溶解,部分C_3A和C_3S也是一样。因此,水泥最初的水化产物是水化硫铝酸钙。假如可用的硫酸盐在溶液中起主导作用,如富铁氧化物波特兰水泥或矿渣水泥,那么就形成三硫型水化硫铝酸钙。在混合水溶液中 Al^{3+} 和 $Ca(OH)_2$ 含量较高时,如 C_3A 含量相当高的波特兰水泥,趋于形成单硫型水化硫铝酸钙,尤其是在温度相当高的时候。随着水化过程中加入的硫酸钙逐渐减少,直至完全消耗掉起初形成的三硫型水化硫铝酸钙,即与更多的 Al^{3+} 和 Ca^{2+} 离子反应生成单硫型水化硫铝酸钙或含有 OH^- 的混合晶体。随着水化过程的进行,铝酸四钙水化物逐渐结晶,其中一定比例的 Al^{3+} 被 Fe^{3+} 取代。

当填充混合水溶液的空隙可用时,在水泥水化作用起始阶段,能较好地形成三硫型水化硫铝酸钙晶体,也可能形成单硫型水化硫铝酸钙晶体 [B 52]。因此,有可能在水化过程的初始阶段通过差热分析 [O 7] 或 X 射线衍射分析,测定三硫型水化硫铝酸钙和单硫型水化硫铝酸钙的比例。当水泥微观结构中的空隙小到不能再形成进行这样的测定所需要的量级的晶体时,这个测试的时间阶段也就终止了,这也就是在约 0.25 低水灰比的水泥浆体形成 1 小时后和约 0.5 或以上高水灰比水泥浆体形成 6 小时后。

水化的后续阶段,在水泥微观结构非常小的空隙中生成的 AFm 化合物,颗粒是非常细的,结晶较差,因此,它们一般不能再用通过 X 射线衍射或差热分析进行测定。电子显微镜微观分析显示 AFm 和 C–S–H 单元层是相互交替,或是 C–S–H 单元层中吸收了铝、铁和硫酸盐离子 (7.2.3 节)[T 22, H 23, R 12, R 10, t 1]。

水滑石相的简单结构式:

$$Mg_6Al_2[CO_3(OH)_{16}] \cdot 4H_2O$$

因此,其化学式:

$$3MgO \cdot Al_2O_3 \cdot MgCO_3 \cdot 2Mg(OH)_2 \cdot 10H_2O$$

它们与 AFm 化合物相似是六边形结晶结构。它们在已水化的矿渣水泥中是以混合晶相形式存在,部分 Mg^{2+} 被 Ca^{2+} 取代 [K 105]。

7.2.7 水榴石

立方结晶的水榴石在水泥水化过程中很重要,是 C_3AH_6 和钙铝榴石 C_3AS_3 及 C_3FH_6 和钙铁榴石 C_3FS_3 之间的混合晶相。混合晶体中,Al^{3+} 能被 Fe^{3+} 所取代,形成下面的双变混合晶系 [F 37, D 74, Z 3, S 58, S 238, S 239]:

$$
\begin{array}{cc}
C_3AH_6 & C_3AS_3 \\
3CaO \cdot Al_2O_3 \cdot 6H_2O & 3CaO \cdot Al_2O_3 \cdot 3SiO_2 \\
Ca_3Al_2[(OH)_4]_3 & Ca_3Al_2(SiO_4)_3 \\
| & | \\
Ca_3Fe_2[(OH)_4]_3 & Ca_3Fe_2(SiO_4)_3 \\
3CaO \cdot Fe_2O_3 \cdot 6H_2O & 3CaO \cdot Fe_2O_3 \cdot 3SiO_2 \\
C_3FH_6 & C_3FS_3
\end{array}
$$

石榴石的晶体结构中包含了独立的 $(SiO_4)^{4-}$ 四面体,四面体中心部分或全部的 Si 可能会缺失,而相应四面体四个顶角的 4 个氧离子会被 4 个 OH^- 离子取代,达到平衡电价。Al^{3+} 不会全部被 Fe^{3+} 取代。C_3FH_6 不能以纯净的方式生成,它始终包含少量的 Si^{4+} 或 Al^{3+}[S 238]。晶体晶

格因含有 Si^{4+} 而收缩,因含有 Fe^{3+} 取代 Al^{3+} 而膨胀。

由水榴石生成硫酸盐溶液的反应性会随着 Si^{4+} 或 Fe^{3+} 浓度的增加而减慢。因此,起初认为是由于水榴石的形成而导致了低 $-C_3A$ 水泥抗硫酸盐侵蚀性的提高 [F 38, S 238]。然而,与观察的恰恰相反,水榴石不总是在富含 Fe_2O_3 的波特兰水泥水化中形成 [G 62, C 51, S 239]。

7.2.8 水化钙铝石

水化钙铝黄长石化学式为 $2CaO·Al_2O_3·SiO_2·8H_2O$。钙铝黄长石水化物既不是钙铝黄长石水化产品,也与钙铝黄长石的晶体结构完全不同。它的取名只是因为钙铝黄长石水化物与钙铝黄长石拥有相同的 $CaO/Al_2O_3/SiO_2$ 比率。

钙铝黄长石水化物最初是由煅烧高岭土和氢氧化钙溶液反应生成的。自然生成的钙铝黄长石后来被本研究的作者将其命名为 Strätlingite[S 242, H 44]。

钙铝黄长石水化物形成六方板晶。它的晶体结构由主层 $[Ca_2Al(OH)_6]^+$ 和中间层 $[AlSiO_3(OH)_2·4H_2O]$ 组成,这与片状钙铝水化物相似 [K 130, R 65],因此,也是 AFm 化合物的一种。钙铝黄长石水化物的晶格中,最多 0.3 mol% Al^{3+} 可被 Fe^{3+} 取代 [S 57],而 Ca^{2+} 和 Al^{3+} 能被 Mg^{2+} 取代 [S 91]。

水泥的水化中,钙铝黄长石水化物通常仅在特别的条件下才会产生,如混合水溶液中富含碱氢氧化物,而 Ca^{2+} 离子浓度相当低 [R 55]。因此,在沸石作为 SiO_2 组分存在的情况下,它也可由高铝水泥水化物和强碱性钠盐颗粒反应产物而生成 [D 69]。

7.3 水化反应

7.3.1 水需求量

水泥凝结和硬化的一个必要前提是其成分与水混合发生化学反应,也称之为水化。铝酸三钙和硫酸钙之间的反应是凝结的主要原因,而硬化是由硅酸钙的水化决定的。混合水也有使水泥浆体、砂浆和混凝土浇筑所需的可塑性的作用。建筑用砂浆和混凝土的水灰比一般在 0.35 到 0.80 之间。

相当于水灰比在 0.23 到 0.4 之间的水量对完成水化反应是必要的(8.1 节),但要获得足够的工作性一般需要更多的水。多余的水分是形成孔隙的原因,即所谓的毛细孔,它的存在可使硬化水泥浆体、砂浆或混凝土的强度降低,渗透性增加,从而可以渗透液体和气体(第 8.7.5 节)。砂浆和混凝土对水的需求量主要取决于集料组分的性质和颗粒大小。然而,含有水泥熟料,可能还有其他主要成分和石膏组成的水泥对其有重要的影响。因此,水泥对水的需求是水泥一个重要的特点,它是根据水泥标准中规定的一定步骤测定的。需水量由生产标准稠度的水泥浆体所需水量决定的 [D 42]。一般需水量相当于水灰比在 0.22 到 0.35 之间。

大部分混合水以一层水膜包裹在水泥颗粒外,因此水泥颗粒可以自由移动。不过这种水薄膜只有在颗粒内部和颗粒间微观结构中充满所有的空隙时才能形成。内部空隙是裂缝和微孔,与外界相通,微观结构中的空隙是密堆颗粒间必然存在的间隙(图 7.15)[K 92]。当水膜变厚时,水泥颗粒相互间的流动性增加,即水泥浆体就变得更具有流动性了,而其稠度下降。标准稠度的水泥浆体中,水膜的厚度为十分之几毫米 [K 92]。

7 水泥硬化

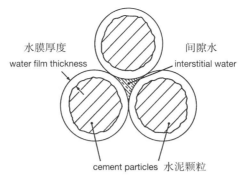

图 7.15 水泥颗粒表面的水膜厚度和在水泥颗粒间微结构空隙中的水（间隙水）的图解 [K 92]
Figure 7.15: Diagrammatic representation of the water film thickness on the surfaces of cement particles and of the water in the voids in the microstructure between the cement particles (interstitial water) [K 92]

水与水泥混合后最初的几分钟，发生化学反应的水的百分比通常是很低的。从根本上来讲，参与初始反应的是来自水泥熟料和加入的硫酸钙的硫酸盐离子与水泥熟料中的硅酸三钙离子。反应产物在水泥颗粒的表面形成一个疏松的结构(7.3.4 节)，它增加了水泥颗粒表面的粗糙度并在其空隙内和一些混合水结合。水泥存放期间，环境水分水化反应也能增加需水量，这与混合水初始反应的方式相似。

颗粒尺寸组成对波特兰水泥的需水量的影响可以从图 7.16 看出。横坐标是位置参数 x'(5.2节)。斜率 n，即粒度分布范围用不同的符号表示。强度等级 Z35、Z45 和 Z55[即在 DIN1164(1994)中规定的 Z32.5,Z42.5,Z52.5]，由符号的形状表示：Z35 由正方形表示，Z45 由三角形表示，Z55

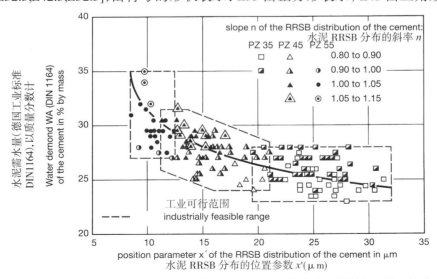

图 7.16 德国波特兰水泥需水量与位置参数 x' 和 RRSB 粒度分布的斜率 n 的函数关系 [K 112,S 184]。不同的符号表示不同的斜率 n，即 n 值越小，粒度分布的范围越大
Figure 7.16: Water demand of German Portland cements as a function of the position parameter x' and the slope n of the RRSB particle size distribution [K 112, S 184] The different symbols indicate the slope n, i.e. the width of the particle size distribution – it is wider the lower the value of n

由圆形表示。断点线形成了相应区域的边界。实线表示波特兰水泥的需水量和位置参数 x' 之间的关系;它适用于粒度分布的平均斜率 n。此图表示当波特兰水泥粉磨得更细时平均需水量增加,即它的位置参数 x' 变得更小。还可以看到在同一位置参数 x' 下,如果斜率 n 增加,即如果粒度分布变得更窄,则需水量也增加 [K 112,S 184]。因此,当水泥颗粒具有更小的空隙体积,那么较宽的粒度分布是有利的,这样就有较低的需水量。由这样的水泥制得的砂浆具有更加致密的显微结构并达到更高的强度 [U 3,U 10,F 61]。

颗粒的性质、粒度分布和加入水后立即发生的化学反应对需水量的影响,适用于波特兰水泥和部分熟料被其他组分代替的水泥,如粒化高炉矿渣、天然火山灰、粉煤灰或石灰石。这些原料比水泥熟料的反应活性低,所以要达到足够的早期强度和同样的 28d 强度,这样有其他组分的水泥就得比波特兰水泥磨得更细。因此可能增加它们的需水量。某些天然火山灰和粉煤灰有较高含量的结晶质成分,由于颗粒的多孔性,它们也有更高的需水量。另一方面,这些材料可以大大减少需水量,因为它们的活性低,几乎没有参加初始水化反应。粒化高炉矿渣玻璃态颗粒也有光滑封闭的表面,粉煤灰主要由玻璃态的具有光滑表面的球状颗粒组成,尤其适合作混合材。如果水泥的粒度分布被拓宽,其需水量就会大大降低,即 RRSB 直线的斜率减小。这需要研磨工艺的变化,但通常其效率很低。石灰石的加入证明有效得多。石灰石比水泥熟料或潜在的水硬性和火山灰水泥成分更加易磨,所以磨细石灰石比水泥拥有更宽的粒度分布,并且在共同粉磨过程中,它会聚集在较细的水泥颗粒部分 [E 16]。尽管含有石灰石的水泥可被粉磨得足够细来符合水泥标准的强度要求,它们的需水量通常比其他具有相似细度的水泥更低。这是因为非常细的石灰石颗粒减小了水泥颗粒间的空隙(填料效应),在具有标准稠度要求厚度的水膜在水泥颗粒表面形成前,这些空隙本来该由相应比例的混合水来填充。

图 7.17 给出了影响具有相同斜率 n(即相同粒度分布)、不同位置参数 x' 和不同成分的水泥的需水量的各种不同因素。由此可见,粒度分布具有重大影响,它和波特兰水泥以及惰性混合材同样地起作用,并且如果不断增加的熟料量被惰性物质或较低反应活性组分取代,那么最初形成的水化产物的影响就被削弱了。随着位置参数 x' 的增加,即随着水泥细度的变粗,最初形成的水化产物的影响削弱了 [E 16,S 200]。

目前通常使用的粉磨方法对水泥的需水量只起次要的作用。然而,提出的假设是这些粉磨方法能提供相同的颗粒形状和粒度分布的磨细物料,并且添加的硫酸钙的溶解性质已经调节到适合熟料的反应活性(7.3.5 节)。这对 C_3A 含量相当高的熟料尤为重要,但如果粉磨产物温度低,且作为硫酸盐作用的石膏在粉磨期间脱水不够,那么这也可能会是一个问题 [K 120,O 11,R 83]。

图示为颗粒细度(位置参数 x'),熟料部分初始水化和粉磨添加料对在 RRSB 粒度测定图表中具有相同粒度分布宽度 n 的水泥的影响 [E 16]。

如果波特兰水泥中水泥熟料是由尺寸均匀、圆形颗粒组成,形成的水泥净浆的流动性会更好,它的混合水少得多,需水量也低得多 [Y 2, T 9, T 8, K 48]。具有这些特性的水泥显然是由两段粉磨生产的,包括常规水泥磨的预粉磨和冲击破碎 [K 70, T 11]。不论它们的粒度分布如何,这些水泥也应该有较低的需水量 [T 10]。

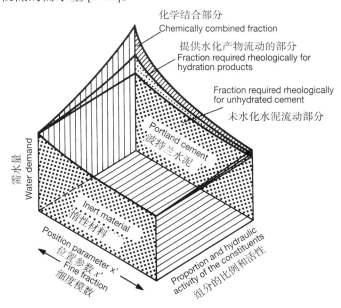

图 7.17 水泥需水量
Figure 7.17: Water demand of cement

掺合料也会显著地影响需水量。在德国就有添加剂和掺合料(混合材)的区别。掺合料是大量加入的细颗粒固体物质,因此它们在混凝土中的体积比例必须考虑进去。特别是某些粉煤灰,由于起到前面所描述的填充效应,它可以减少水泥的需水量。添加剂以液体或粉末的形式添加到混凝土中,添加量如此的小,一般每千克水泥不超过 50g 或 50mL,以至于除了它们有可能产生的气孔,它们在混凝土中的体积比例是微不足道的。在英语中也有添加剂和掺合料的区别。掺合料是除了水泥、集料和水外,被加到混凝土中去。添加剂被添加到水泥中的量一般很少,例如助磨剂 [t 1]。

与水混合时,水泥颗粒相互吸引,形成大量絮状物或块状物 [U 9]。溶于混合水溶液的硫酸盐促进絮状物的生成 [D 35]。称为塑化剂的添加剂减少混凝土的需水量,减少或阻止形成块状物质的趋势。也可以通过非常剧烈的混合来减少凝聚,例如用超声波 [T 56]。这个影响也可由悬浮在混合水溶液中的水泥粒度分布检测出来,水泥粒度分布可由激光粒度仪测定 [O 10]。用以下能单独或一起生效的过程可提供解释 [D 6, S168]:

1. 静电排斥力不断加强。最初水化产物沉积在水泥颗粒表面,周围是带有弱负电荷的导向水分子外壳。电荷被塑化剂大大地加强。这可在 ζ 电位中看到,ζ 电位随着外加剂的逐渐增加负电性也渐渐增加 [D 7, N 2]。

2. 水泥和水的亲和力逐渐增加。也就是说在水泥颗粒和混合水溶液之间的引力变得比水泥颗粒间的引力更大。

3. 空间位阻现象。通过在反应物附近具有阻碍作用的大的分子团,延迟或阻碍反应的进行。这样水泥颗粒互应沉积可被它们表面的定向非离子聚合物的吸收所阻碍。显然空间位阻现象起到了比静电力更大的作用 [N 9]。

特定的混凝土减水剂分为木质素磺酸盐和羟化羧酸及其盐类。已知的特别有效的减水剂是超塑化剂。这些超塑化剂包括改性的木质素磺酸盐、三聚氰胺甲醛树脂的缩聚物和萘甲醛。

超塑化剂的塑化作用有时间限制。因此,它们要在已混合好的混凝土浇筑之前立即加入。最有利的时刻是诱导期开始时(7.3.4 节)[C 25,C 26]。这显然归因于初始诱导期混合水溶液中增加的硫酸盐比例,它进一步减少水泥颗粒中的弱负 ζ 电位,所以超塑化剂的作用在一定程度上被抵消了 [A 31]。因此,水泥中含有的硫酸钙的性质和数量对控制凝结也很重要 [B 18]。

7.3.2　泌水

像砂浆和混凝土一样,水泥浆体中一定百分比的混合水一般趋于再次分离出来,此过程称为泌水,原因是固体颗粒的沉积作用。因此,水和超细颗粒可以积聚在水泥浆体、砂浆或混凝土的上部区域,而较粗的粒子则积聚在下部区域 [G 46, L 47, W 38]。因此出现了相应的差异,尤其是在硬化水泥净浆、硬化砂浆和混凝土的强度和渗透性上 [G 28]。尽管水泥中超细颗粒部分在加入混合水后会凝聚,即由非常细的颗粒形成较大的絮状沉积物(沉积的更迅速),但更粗的熟料颗粒在更低的区域堆积形成更暗的条纹。这种由沉积过程产生的分层现象是一定会出现的,尤其是磨得较粗的水泥。经验表明,这种分层可以通过在水泥中加入少量的超细的矿物混合材来避免。

7.3.3　水溶液的成分

混合水迅速溶解了某些水泥成分,尤其是碱金属硫酸盐,且如果还存在这些物质则也包括碱金属氢氧化物和碱金属碳酸盐以及游离氧化钙和硫酸钙。水泥熟料相中最初基本只有少量的铝酸三钙和硅酸三钙溶解;最初的几个小时熟料中几乎没有其他的化合物和其他主要成分溶解。

溶液中铝酸盐离子较迅速地与来自碱金属硫酸盐和钙硫酸盐的相应量的硫酸盐离子和钙离子结合,最后形成微溶的三硫型水化硫铝酸钙和(或)单硫型水化硫铝酸钙:

$$3K_2SO_4+3CaO \cdot Al_2O_3+3Ca(OH)_2+32H_2O \longrightarrow 3CaO \cdot Al_2O_3 \cdot 3CaSO_4 \cdot 32H_2O+6KOH$$

$$K_2SO_4+3CaO \cdot Al_2O_3+Ca(OH)_2+12H_2O \longrightarrow 3CaO \cdot Al_2O_3 \cdot CaSO_4 \cdot 12H_2O+2KOH$$

混合几个小时后,硅酸三钙水化加速,其生成的大量氢氧化钙也可与碱金属硫酸盐反应:

$$K_2SO_4+Ca(OH)_2 \longrightarrow 2KOH+CaSO_4$$

因此,水泥含有的大多数碱金属硫酸盐在水化期间形成了碱金属氢氧化物。

水化反应进行时溶液成分的变化如图 7.18 所示,试样是工业波特兰水泥,含有 0.74wt%Na_2O 当量和氯化钙水溶液(含有相当于 0.06%Cl^-)。用于这项研究(像以前的研究一样 [B 12, L 97, O 22])的微孔溶液的样品是在高达 500N/mm^2 压力下从硬化水泥试样中压出的 [G 79]。从曲线的形状可以看出在水泥与水混合后的 5min~6h 之间,所有离子的浓度大致是一样的。在此之后,碱金属离子和 OH^- 的浓度增加,而 Ca^{2+} 和 SO_4^{2-} 的浓度下降了。这表明其中碱金属氢氧化物主导溶液中继续进行水化反应,但几乎没有 Ca(OH)$_2$。

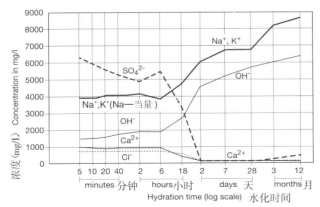

图 7.18　硬化波特兰水泥浆体孔溶液的组分与水化时间的函数关系(水灰比为 0.65)
[G 79, S 152]
Figure 7.18: Composition of the pore solution in the hardened cement paste made from Portland cement (w/c = 0.65) as a function of the hydration time [G 79, S 152]

水化的最初几个小时,Ca^{2+} 浓度大大超过水中 Ca(OH)$_2$ 饱和浓度。这是由于:在不仅含有钙、碱金属和氢氧根离子,还含有硫酸根离子的溶液中,其钙离子浓度比不含硫酸根的溶液更高。这种关系已根据研究结果建立,研究所用的溶液是以氢氧化钙作为固相,还加入了硫酸钠、硫酸钾、氢氧化钠、氢氧化钾或碳酸钠 [L 66, R 20]。依赖于加入的固相量也可以预期含有钾石膏(7.2.6 节)或碳酸钙。结果如图 7.19 所示。据此,Ca(OH)$_2$ 饱和溶液中的 Ca^{2+} 含量随 OH$^-$ 浓度增加而急剧下降 [F 51, F 52]。此外,对于同样 OH$^-$ 浓度的溶液,有硫酸盐存在的溶液 Ca^{2+} 浓度(平衡 1)大大高于不含硫酸盐溶液的 Ca^{2+} 浓度(平衡 2)。这表明正在水化的水泥的微孔溶液中增加的 Ca^{2+} 浓度没有必要用 Ca(OH)$_2$ 的过饱和来解释,尽管它并不排除过饱和现象存在的可能性。这主要是在对由纯硅酸三钙制得的硬化水泥浆体的相关研究观察到的 [O 22]。

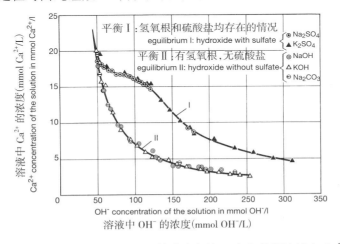

图 7.19　在有无硫酸盐以及不同 OH$^-$ 的浓度条件下,氢氧化钙溶液中 Ca^{2+} 的浓度
Figure 7.19: Ca^{2+} concentration of calcium hydroxide solutions with and without sulfate and with various OH$^-$ concentrations [L 66, R 20]

由于 Ca^{2+}、SO_4^{2-} 和 OH^- 平衡浓度之间的关系,图 7.18 所示的由硬化水泥浆体挤出的微孔溶液的成分随着时间变化可以解释为:在水化最初的 6 个小时 Ca^{2+} 浓度高,因为溶液仍含有大量的硫酸盐和相对较少的 OH^-。伴随着 OH^- 浓度的增加和 SO_4^{2-} 浓度的减少(这主要归因于碱金属硫酸盐和铝酸盐的反应形成单硫型和/或三硫型化合物),Ca^{2+} 的浓度显著减少。这意味着经过相当长的水化周期,微孔溶液主要含有碱金属氢氧化物。因此,pH 值也有相应的提高。这个关系可随碱金属含量、碱金属硫酸盐化的程度(3.1.9 节)、添加的硫酸钙的性质和量以及铝酸三钙的反应活性而显著改变(7.3.5 节)。

7.3.4 水化过程

1. 波特兰水泥

采用不同的研究方法 [P 10],可以对水泥的水化过程进行定性和定量分析。熟料中 C_3A、C_3S 和硫酸钙即石膏、半水石膏和 β- 无水石膏先进行水化反应,这主要是由 X- 射线衍射分析结果确定的 [R 52]。对水化反应来说,确定反应的绝对程度不是重点,问题的关键是要尽可能精确地对已经水化的和未水化的水泥进行比较,找出相对差异。在经过丙酮浸泡、过滤,二乙醚洗涤和干燥,对未反应的熟料在 600℃下灼烧至完全脱水。上述处理表明:未水化的水泥样品和已经反应的水泥样品具有完全相同的化学组成。如果将相同量的样品用于 X 射线衍射分析研究,并且不考虑为 X 射线衍射分析制备的试样的首选晶体取向,这样就可以对同一种水泥的所有样品的 X 射线强度进行直接比较。用于测定 C_3A 的样品(在 600℃灼烧至完全脱水),其含有的硅酸钙和水化硅酸钙已经用水杨酸溶液或马来酸和甲醇的混合溶液萃取出来,也证明上述研究方法是正确的 [M 21, O 8]。经过硅酸盐萃取但未在 600℃下干燥脱水的处理后,石膏、半水石膏和 β- 无水石膏的性质和质量也可由 X 射线衍射分析确定。用这种方法确定的 C_3A 及 C_3S 的分解和由未水化的水泥的化学分析计算出的 C_3A 及 C_3S 的含量有关。

利用传导热量计,也可以跟踪水泥的水化过程。这种热量计不仅可以记录下水泥熟料化合物被混合水分解的反应焓,也可以记录下水化产物形成的反应焓 [L 42, S 222, S 223, S 89, C 55]。然而,如果没有其他研究方法的使用,就不能区分水泥成分分解的产物和水化形成的产物。

通过对不同的纯熟料化合物的特性分别研究和相互掺杂在一起的研究,也能对工业水泥的水化过程作出比较精确的解释 [J 26, H 14, C 55, C 35]。假设 C_3S 和混合了足够量 C_3S 的 C_2S,以和水泥相同的方式进行水化反应 [O 21, S 83]。另一方面,纯的 C_3A 和 $C_2(A,F)$,分别独自地或是添加到纯 C_3S 进行水化反应,其反应速度比工业生产的或是实验室制备的水泥熟料要快得多 [L 62, L 61]。

自 1975 年以来,德国水泥工业研究所利用 X 射线衍射分析对水泥水化过程中的 C_3A、C_3S 和硫酸钙相的分解进行了定期的研究。对添加或不添加各种不同的硫酸盐外加剂的水泥熟料;对实验室通过水泥熟料与石膏、半水石膏和/或 β- 无水石膏混磨制备的水泥和对不同来源和成分的工业用水泥进行了大量的研究(超过 1000 项)。这些研究结果表明铝酸三钙和硅酸三钙加水后的分解总是随时间变化显示出类似的特性。图 7.20 显示在实验室添加和未

7 水泥硬化

添加极细颗粒石膏的工业用水泥熟料中 C_3A 和 C_3S 的分解过程。如图 7.20 所示，在与水混合的前五分钟，C_3A 的质量百分比从 11.4% 降到了 10%，也就是减少了约 1.5% 质量分数（上图）。这就意味着，水泥中所含铝酸三钙的约 13% 参与了初始的水化反应。由 X 射线衍射分析检测可知，初始反应之后的至少两个小时内，完全没有 C_3A 进行分解。这一时期最初被称为是休眠期 [P 51]。然而，叫做诱导期比较好，因为发生的其他反应量不大。因此，较短的初始反应期是预诱导期 [K 80]。

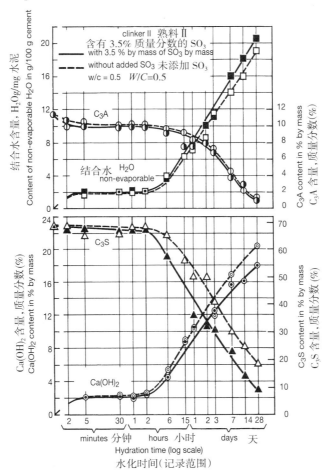

图 7.20 实验室添加和未添加磨细石膏颗粒的工业用水泥熟料混合物在水化期间 C_3A、C_3S、$Ca(OH)_2$ 及结合水含量的变化 [L 67]
Figure 7.20: Changes in the levels of C_3A, C_3S, $Ca(OH)_2$ and unevaporable water during the hydration of mixtures of ground industrial clinker with and without the addition of very fine-grained gypsum [L 67]

X 射线衍射分析显示在诱导期 C_3A 没有发生分解，但是经 X 射线衍射分析和热分析检测后发现，在此时期钙矾石的含量增加。产生这种结果的原因可能是钙矾石的再结晶和/或是含有来自其他熟料化合物的杂质，如钙矾石晶格中的铁铝酸钙和硅酸三钙。

和水混合后最初的几分钟内，不含石膏和含石膏的水泥试样中 C_3A 减少量几乎是一样的。

添加的石膏对诱导期的出现没有影响,并且它的持续时间或对诱导期后 C_3A 的进一步分解也没有影响。

C_3S 的水化也有一个持续数分钟的初始反应(预诱导期),在此期间,质量百分比在 1%～2% 的 C_3S 与混合水发生反应 [O 13]。接着会有一个持续数小时的诱导期(图 7.20 下图),而在这一时期内 C_3S 不发生分解。和对 C_3A 一样,添加了硫酸盐的水泥试样对 C_3S 水解的初始反应和诱导期也没有影响。然而,硫酸钙对约两小时后重新启动的 C_3S 的后续水解有明显的加剧作用。

水灰比 0.35～2.0 范围内,C_3A 和 C_3S 的分解特性与混合水量无关。加入半水化合物作为石膏添加剂也不会使上述特性发生变化。

当 C_3A 和 C_3S 的水解反应进行时,结合水(图 7.20 上图)和 $Ca(OH)_2$(图 7.20 下图)的含量也会发生变化。

德国水泥工业研究所的研究表明:各种强度等级的波特兰水泥和除了水泥熟料还含有其他主要组分(如粒化高炉矿渣、天然火山灰、粉煤灰和石灰石)的其他种类水泥中,C_3A 和 C_3S 的水解基本上都是以相同的方式进行的。主要的差别出现在预诱导期 C_3A 的分解及其随时间进展的过程。波特兰水泥中 C_3A 含量的初始水解反应持续 5～15min。在此期间,波特兰水泥中 C_3A 的质量含量下降约 0.2% 至 2.0% 以上,相当于波特兰水泥中所含 C_3A 的约 2% 至超过 15% 之间 [L 68]。C_3A 的量相对于水泥量来说,即 C_3A 在水化的前几分钟进入溶液的绝对量,被定义为 $\Delta_{abs}.C_3A$ 或 C_3A 的绝对转换量。和水泥比较起来,C_3A 在水泥中的含量越高,其绝对转换量越大。因此,对于掺有共磨混合材的水泥,其下降量与水泥熟料比例的减少成正比。然而,C_3A 的活性也有着重要的影响。其量度就是 C_3A 含量相对于水泥中 C_3A 含量的减少量,即 C_3A 的相对减少量,相应地定义为 $\Delta_{rel}.C_3A$。

C_3A 和 C_3S 水解反应诱导期的持续时间可能会有点差异,但在诱导期完成以后,C_3A 和 C_3S 的分解会再次开始、加速直至停止。公认的相应反应时期是加速期和衰减期。之后会有一个反应非常缓慢的时期,在这一时期主要是微观结构的硬化。这一反应过程受扩散过程的掌控,因此这一时期又被称为扩散期。

诱导期的起止原因还没有被完全地研究清楚。研究结果几乎都被限制在 C_3S 的诱导期,但不能直接适用于 C_3A。关于 C_3S 水解可能的主要反应机理讨论如下 [S 221, R 61, t 1, B 33, D 75, O 13, O 14, T 1, J 12, N 8, M 122, M 79, T 57]:

诱导期开始:

(1) 先前生成的水化产物在水泥颗粒的表面形成了一个保护层,阻止了反应的进一步进行。

(2) 靠近表面的 C_3S 层上的 Ca^{2+} 离子溶解并被 H^+ 离子(不一致溶解)取代。进一步水解的速率受通过已耗尽 Ca^{2+} 的边界层的 Ca^{2+} 离子扩散的控制。C_3S 水解产物的"中间相"的形成可以用显微镜观察到,其形成原因也可归结为是由于在水解边界层上 Ca^{2+} 被 H^+ 取代 [T 60]。

(3) CaO 和 SiO_2 的溶解与它们在 C_3S(一致溶解)中所占的比例是一致的。这样就形成了一种过饱和溶液，阻止了 C_3S 的进一步水解。过饱和发生的原因是由于已溶解的 SiO_2 阻碍了 $Ca(OH)_2$ 的结晶，或是因为已耗尽 CaO 和最初形成的富含水的 C-S-H 在较高的 $Ca(OH)_2$ 浓度下不稳定，所以没有形成，从而导致了溶液的饱和度更高。

诱导期的终止：

(1) 新形成的水化产物保护层或是在进一步的反应中分解，或是被渗透过程所分解。

(2) 只有当富含 CaO 和在较高浓度 $Ca(OH)_2$ 中稳定存在的无水 C-S-H 的原子核超过了临界体积时，C_3S 的快速水解才是可能的。这种情况下，不仅是边界层，就连阻碍水化的过饱和也可以这样被破坏掉。

某些水化硅酸钙晶核的形成是水解反应得以快速进行的前提，显然也是对 C_3S 对 β-C_2S 的水化起加速作用的原因 [S 83, O 21, Z 10]。水泥熟料在高炉矿渣水泥的水化和硬化期间做为一种激发剂的作用，也可以用上述相似的方式进行解释。

当水泥熟料中所含的和外加的硫酸盐耗尽时，一般是在 24 小时后，开始形成的钙矾石与更多的 C_3A 和 $C_2(A,F)$ 反应，形成单硫型硫酸盐，然后 $C_4(A,F)H_{19}$ 也形成了。部分在 C_3S 水化时生成的氢氧化钙在这个过程中消耗了。

因此，波特兰水泥的水化可以用表 7.6 中列举的简化的反应方程式来描述。然而，这些方程式仅仅是在大体上表示出反应过程，因为水化产物的组成不同程度地区别于理论配比公式。以水化硅酸钙中 Ca/Si 摩尔比率为例，它可以在一个相对较宽的范围内变化(7.2.3 节)。除此之外，C_3A 和 $C_2(A,F)$ 必须依赖于对方才能进行水解，因此，$C_2(A,F)$ 水解产生的 Fe^{3+} 离子也被 C_4AH_{19} 及钙矾石和单硫型水化硫酸盐所吸收。故恰当的做法是将这些水化物一起考虑，并且只区分 AFt 和 AFm 两相。所有的水化产物都能含有杂质离子，与其他物质比较而言，这对水化硅酸钙尤为正确，它能包含大量的 Al^{3+}、Fe^{3+} 和 SO_4^{2-}，可能还包括碱金属(7.2.3 节)。AFt 和 AFm 两相通常含有过量的硫酸盐，且外来成分主要有碱金属和硅酸盐离子(7.2.6 节)。

表 7.6 波特兰水泥水化的反应方程式
Table 7.6: Reaction equations for describing the hydration of Portland cement

$3CaO \cdot SiO_2$		$+ (3-a+b)H_2O \rightarrow aCaO \cdot SiO_2 \cdot bH_2O + (3-a)Ca(OH)_2$
$2CaO \cdot SiO_2$		$+ (2-a+b)H_2O \rightarrow aCaO \cdot SiO_2 \cdot bH_2O + (2-a)Ca(OH)_2$
$3CaO \cdot Al_2O_3$	$+ 3CaSO_4$	$+ 32H_2O \rightarrow 3CaO \cdot Al_2O_3 \cdot 3CaSO_4 \cdot 32H_2O$
	$+ CaSO_4$	$+ 12H_2O \rightarrow 3CaO \cdot Al_2O_3 \cdot CaSO_4 \cdot 12H_2O$
	$+ Ca(OH)_2$	$+ 18H_2O \rightarrow 4CaO \cdot Al_2O_3 \cdot 19H_2O$
$2CaO \cdot (Al_2O_3, Fe_2O_3)$	$+ Ca(OH)_2 + 3CaSO_4$	$+ 31H_2O \rightarrow 3CaO \cdot (Al_2O_3, Fe_2O_3) \cdot 3CaSO_4 \cdot 32H_2O$
	$+ Ca(OH)_2 + CaSO_4$	$+ 11H_2O \rightarrow 3CaO \cdot (Al_2O_3, Fe_2O_3) \cdot CaSO_4 \cdot 12H_2O$
	$+ 2Ca(OH)_2$	$+ 17H_2O \rightarrow 4CaO \cdot (Al_2O_3, Fe_2O_3) \cdot 19H_2O$

可以达到更加符合真实情况的是质量平衡 [T 20, t 1]。这些结果是基于化学分析、热分析和 X 射线衍射分析的测定，用这些方法还可以测定未水化成分和某些水化产物的含量。个别水化相的化学成分也是由基于电子显微镜的微量分析法测定的。结合借助于物料平衡确定的总的化学成分，就得到了已水化水泥的矿物成分(相组成)。

对一种完全水化的水泥通过两种方法获得的相组成列于表7.7中。为了用表7.6中的方程式进行计算，假定C-S-H中钙与硅的摩尔比率a=1.7，因此，硫酸盐形成了AFt，而剩余的C_3A和$C_2(A,F)$形成了AFm。水化相是在无水的基础上计算的，其单位为g/g无水波特兰水泥。

表7.7 水化波特兰水泥的相组成
根据表7.6中的方程式计算值和物料平衡确定的值的对比 [t 1, H 24]
Table 7.7: Phase composition of hydrated Portland cement
Comparison of the values calculated with the equations in Table 7.6 and determined from mass balances [t 1, H 24]

波特兰水泥的化学组成（质量分数） Chemical composition of the Portland cement in % by mass		波特兰水泥的相组成（质量分数） Phase composition of the Portland cement in % by mass	
CaO	65.4	C_3S	64.6
SiO_2	21.0	C_2S	11.5
Al_2O_3	5.6	C_3A	9.6
Fe_2O_3	3.1	C_4AF	9.4
SO_3	2.6	SO_3	2.6
总计	97.7	总计	97.7
由表7.6计算出的完全水化水泥的相组成 Phase composition calculated from Table 7.6 in g/g waterfree cement		由t1表7.3计算出的完全水化水泥的相组成，g/g无水水泥 Phase composition calculated from [Table 7.3 in t 1] in g/g waterfree cement	
未水化 not hydrated	0		0.073
C-S-H	0.543		0.488
Aft	0.074		0.047
AFm	0.218		0.136
$Ca(OH)_2$	0.142		0.185
其他水化产物 other hydrates	0		0.079
总计 total	0.977		1.008

根据方程式的计算值和质量平衡确定的值之间的差异大体上可以归结为物料平衡对一小部分未反应的组分和其他水化矿物都加以考虑的结果，尤其是水榴石和水滑石。结果是有更高比例的Al_2O_3和SiO_2算进了CaO含量较低的水化矿物中，从而导致了计算出的C-S-H、AFt、AFm的含量较低以及$Ca(OH)_2$的含量更高。另一方面，有报道称更低含量的$Ca(OH)_2$是用热重分析法和X射线衍射分析测定的，每克水泥中的含量在0.15~0.18g，相当于每克水泥中含0.11~0.14gCaO[O 8]。因此，波特兰水泥水化期间形成的氢氧化钙的量为0.10~0.20gCaO/g无水水泥之间或0.13~0.16g$Ca(OH)_2$之间。

2. 波特兰油页岩水泥

油页岩的化学成分，尤其是它的CaO、Al_2O_3、SiO_2和SO_3的含量（因此也包括其相组成）可在一个宽的范围内波动（详见4.3节的表4.3）。CaO含量较高的煅烧油页岩可以独立于水泥熟料中的少量$Ca(OH)_2$部分而水化，并且能形成与波特兰水泥相同的水化产物，即主要有AFm、AFt相、富含CaO的水化铝酸钙及水化硅酸钙。如果煅烧油页岩中的CaO含量较低但煅烧黏土质矿物所占比例较高，则火山灰反应占主导地位，也就是为了形成具有硬化能力的水化产物，油页岩中的黏土部分必须依赖于少量水泥熟料水化期间释放出的$Ca(OH)_2$[K 38]（详见4.4节和4.5节）。

3. 含有粒化高炉矿渣的水泥

玻璃态粒化高炉矿渣在不添加其他物质的情况下也可与水反应，主要是形成具有硬化能力的水化硅酸钙。有激发剂存在的情况下，此反应进行得快得多。主要的激发剂有水泥熟料、

7 水泥硬化

硫酸盐或氢氧化钙,其他的碱性物质也可以起作用,如碱性氢氧化物和碱金属碳酸盐。激发剂的主要作用是加速反应,而其自身含有的CaO从本质上讲不是形成水化硅酸盐所必需的,因此,粒化高炉矿渣被认为是一种潜在的水硬性材料。另一方面,火山灰的添加量取决于氢氧化钙的供给量,因为即使是富含CaO的火山灰中,CaO的含量也不足以形成具有硬化功能的水化硅酸钙。

激发剂的激发机理至今还没有完全研究清楚。假定在没有激发剂的情况下,粒化高炉矿渣与水最初在颗粒表面直接形成水化产物,这些水化产物附着在颗粒表面阻止了水的进入,抑制了进一步的水化。在激发剂存在的情况下,生成的水化产物形成的微观结构起初具有较高的透水性,因此不会延迟水化 [A 36, J 27]。然而,激发剂的功能很有可能是建立在晶核形成过程和某些相的生长基础上的。根据上述表述可以确认只有在水泥熟料核存在的情况下,能够加速粒化高炉矿渣水化反应的C-S-H相才能得以生成。

水泥中高炉矿渣的水化部分可以由差热分析法测定,条件是高炉矿渣是以纯净物的形式存在的 [H 52, H 53]。否则,是可以选择溶解方法的,即用某些溶剂将水化产物和未水化的熟料部分从已经变硬的水泥浆体试样中溶解出来,如用乙二胺四乙酸水溶液(EDTA),三乙醇胺溶液和NaOH溶液,再加入二甲基甲酰胺用来防止二氧化硅沉淀,以此方式来隔离粒化高炉矿渣中的未水化部分 [D 17, L 119, L 120, L 121]。

图7.21给出了关于矿渣水泥中高炉矿渣水化随时间变化的全面测量结果。该图给出熟料中的C_3S、矿渣水泥中的高炉矿渣及粉煤灰水泥中粉煤灰的水化程度。这些水泥是在实验室用原始的工业原料制得的 [H 52, H 53, D 8, M 108]。虽然结果来自不同的研究,但C_3S值在超

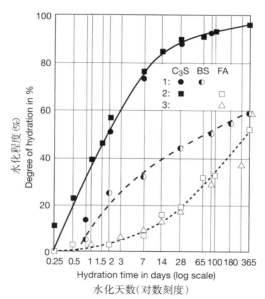

图7.21 熟料中C_3S矿渣水泥和粉煤灰水泥中矿渣和粉煤灰的水化程度与水化时间的关系 [L 87]
1: [H 52, O 16, H 53]　　2: [D 8]　　3: [M 108]

Figure 7.21: Degree of hydration of the C_3S in the cement clinker, of the blastfurnace slag (BS) and of the fly ash (FA) in slag cement and Portland fly ash cements as a function of the hydration time [L 87]
1: [H 52, O 16, H 53]　　2: [D 8]　　3: [M 108]

过两天的测试期内实际是相同的。尽管矿渣水泥中的矿渣含量有巨大差异,质量百分数在 25%~75% 之间,但其水化程度的各项值还是相同的量级,因此图中平均值的使用是合理的 [H 52]。在水中养护超过 7d 的值比在空气中养护超过 7d 的值低 10% 左右。在最初的几天, C_3S 的水化速度随细度而增加,即当细度从 $3000cm^2/g$ 增加到 $5000cm^2/g$,而高炉矿渣的水化只有在养护几天以后才加速 [H 52, H 53]。实践中,矿渣水泥中的高炉矿渣部分不管细度多少,只有在加水混合后 24 小时才能测量得到水化,即使是在水中养护一年之后,其水化部分也不超过 60%~80% [H 52, H 53]。

因此,初期反应是受熟料主导的。由于高炉矿渣的"稀释"作用,初期发生反应的 C_3A 的量(即 $\Delta_{abs}C_3A$)较少,因此,高炉矿渣越高,提供的硫酸盐的量可以越低。由于矿渣水泥中含有质量分数超过 50% 的高炉矿渣,因此其适合用 β-无水石膏来控制其凝结。

进一步的水化是在溶液存在的情况下进行,此溶液主要含有碱性氢氧化物和少量的氢氧化钙(详见 7.3.3,图 7.18)。氢氧根离子浓度,和微孔溶液的碱度和 pH 值随水泥中矿渣含量的增加而降低 [G 79]。

从本质上讲,持续水化形成和波特兰水泥同样的水化产物,即 C-S-H、AFt 和 AFm 相 [S 150, U 8]。偶尔还会探测到水滑石 [K 105]。一般情况下,只有在碱性氢氧化物加入到矿渣水泥中 [R 55] 或是高炉矿渣被碱性氢氧化物活化时 [F 47, R 32],才能形成钙长石水化物。

硬化矿渣水泥中的 C-S-H 含有的 CaO 比硬化波特兰水泥中的 C-S-H 含有的少,而含有的 Al_2O_3 和 MgO 则较多。如果 C-S-H 的成分是由熟料和高炉矿渣、氢氧化钙的含量和原料的化学成分已水化的部分计算得出 [H 52, H 53],那么得到 C-S-H 中的平均钙硅摩尔比在 1.5~2.5 之间。确定的较高值用于矿渣最低含量(质量分数)25%,较低值用于矿渣最高含量(质量分数)70%。水化进行中检测到钙硅摩尔比大幅减少。所用的高炉矿渣中的钙硅摩尔比为 1.32 和 1.57,因此熟料部分水化产生的氢氧化钙用来形成 C-S-H。

微观分析研究测得,矿渣颗粒附近 C-S-H 中的钙硅摩尔比的值,在 0.9~1.6 之间 [R 32]。这表明,对于钙硅摩尔比为 1.4 的高炉矿渣,形成 C-S-H 需要少量或根本不需要来自熟料的氢氧化钙。熟料颗粒附近形成的 C-S-H 富含 CaO;其钙硫摩尔比在 1.55~1.79 之间 [H 24]。远离矿渣颗粒的 C-S-H 中铝硅摩尔比约为 0.35,而矿渣颗粒周围的 C-S-H 中铝硅摩尔比为 0.55。[R 32, H 24, T 7];因此,该值要比波特兰水泥中的 C-S-H 的大 5 倍(7.2.3 节)。

水化期间,矿渣水泥中的高炉矿渣消耗了在水泥熟料水化期间生成的不同比例的氢氧化钙。$Ca(OH)_2$ 的消耗量一般是通过对水化矿渣水泥和相应的波特兰水泥中 $Ca(OH)_2$ 的含量的比较来测定的。$Ca(OH)_2$ 的含量既可以用乙酰醋酸酯和异丁醇混合物萃取后采用化学分析法 [F 49],也可以用 X 射线衍射分析法或热分析法进行测定。然而必须明确的是,矿渣水泥熟料的水化比波特兰水泥快得多,因为至少在水化开始时矿渣水泥熟料含有更多的水,因为矿渣部分的水化较慢。因此,为了对比,在波特兰水泥中加入相应的惰性物质,如 $BaSO_4$ 或 $\alpha\text{-}Al_2O_3$ 是合适的。

7 水泥硬化

表7.8上部给出化学成分为44%(质量分数,下同)CaO、33%SiO_2和13%Al_2O_3的矿渣水泥的研究结果,试验中氢氧化钙的含量由化学分析测得。从表中可以看出矿渣水泥中的高炉矿渣在水化期间消耗了氢氧化钙。然而,对于1g高炉矿渣消耗的氢氧化钙的量随矿渣含量的增加而降低。这意味着高炉矿渣的水化产物中CaO含量随矿渣含量的增加变得更低。最重要的是,据此,人们可以假定C-S-H相的钙硅摩尔比减小,而铝硅摩尔比可能会增加。

表7.8 28d水化期后水化矿渣水泥(SC)和水硬性石灰中氢氧化钙含量和$Ca(OH)_2$固着物
水泥熟料和粒化高炉矿渣 0/3mm 粒级部分是由分级获得的并用来生产矿渣水泥(粒化高炉矿渣BS和水泥熟料的混合物)和水硬性石灰(粒化高炉矿渣和氢氧化钙的混合物)
Table 7.8: Calcium hydroxide content and $Ca(OH)_2$ fixation of hydrated slag cements (SC) and hydraulic limes after a hydration time of 28 days [S 85, L 76]
The 0/3 mm size fractions of the cement clinker and granulated blastfurnace slag were obtained by air classification and used to produce the slag cements (mixtures of granulated blastfurnace slag (BS) and cement clinker) and the hydraulic limes (mixtures of granulated blastfurnace slag and $Ca(OH)_2$.

矿渣水泥 Slag cement			
添加矿渣或硫酸钡 Addition of slag or $BaSO_4$	氢氧化钙的含量 $Ca(OH)_2$ content		矿渣的氢氧化钙消耗量 $Ca(OH)_2$ consumption of the slag
	添加硫酸钡的波特兰水泥中 in the PC with $BaSO_4$	矿渣水泥中 in the slag cement	
质量分数 in % by mass	gCaO/g 水泥 in g CaO per g cement		gCaO/g 矿渣 in g CaO per g slag
22	0.215	0.175	0.182
80	0.055	0.043	0.015
水硬性石灰(高炉矿渣与氢氧化钙的混合物) Hydraulic lime (mixture of blastfurnace slag and $Ca(OH)_2$)			
氢氧化钙的添加量	氢氧化钙的含量 $Ca(OH)_2$ content		矿渣的氢氧化钙消耗量 $Ca(OH)_2$ consumption of the slag
	添加氢氧化钙后计算的 calculated from the $Ca(OH)_2$ addition	化学法确定的 determined chemically	
质量分数 in % by mass	gCaO/g$Ca(OH)_2$ 矿渣混合物 in g CaO per g of the slag/$Ca(OH)_2$ mixture		gCaO/g 矿渣 in g CaO per g of slag
5	0.038	0.071	−0.035
22	0.178	0.201	−0.0350
40	0.335	0.341	−0.010
60	0.532	0.532	0

工业上用于水硬性石灰生产的氢氧化钙的催化作用(表7.8底部)产生出一种完全不同的关系。当加入的$Ca(OH)_2$质量分数达到20%时获得的强度最高。与熟料的激发作用相反,在加入$Ca(OH)_2$高达约50%的研究中,化学分析测得的$Ca(OH)_2$的含量高于为催化而加入的$Ca(OH)_2$的量。这意味着在研究范围内$Ca(OH)_2$没有被消耗而是被释放了。$Ca(OH)_2$的生成量随着加入量的增加而减少了,其含义是$Ca(OH)_2$催化得到的水化产物中CaO的含量比熟料催化得到的还要低。

这些结果表明水泥熟料和$Ca(OH)_2$作为催化剂为形成水化产物提供CaO的作用是辅助的或根本不起作用。水泥熟料和$Ca(OH)_2$作为催化剂的本质区别也指出富含CaO且能生长的C-S-H相(且其只能在正在水化的C_3S或水泥熟料存在的情况下才能生成)核的形成在催化作用中具有一定的重要性。由上述原因,人们有理由区分出潜在的水硬性反应和火山灰反应。水硬性反应时,$Ca(OH)_2$的消耗只是次要的。

超硫酸盐水泥(9.11节)的硬化是在硫酸盐存在的情况下以高炉矿渣快速水化能力为基础的,尤其是在β-无水石膏存在时。因此,超硫酸盐水泥至少含有质量分数75%的高炉矿渣,且这些高炉矿渣中CaO和Al_2O_3的含量相当高。另外还含有10%~15%质量分数的β-无水石膏和最大值为5%质量分数的水泥熟料[B 69,T 12,T 2]。

超硫酸盐水泥的水化发生在较低pH值(11.0~12.4之间)的溶液中[S 90,S 74],且形成强度的主要水化产物是钙矾石和水化硅酸钙[L107,S90]。水化初期也可由β-无水石膏形成少量的石膏。超硫酸盐水泥硬化得越快,则对钙矾石的形成越有利,即在混合水中氢氧化钙的浓度在0.15~0.5gCaO/L之间[K 65,A 36,l 3,M 118]。如果$Ca(OH)_2$的浓度太低,钙矾石的形成会减缓,例如通过水泥储存期间预水化或熟料含量的碳化,如果熟料添加过量,会导致$Ca(OH)_2$的浓度太高,会有利于单硫型硫酸盐的形成。

实际上,钙矾石的形成在三天后完成,但它的强度仍然继续快速增加[S 150]。无水石膏的含量不足以与高炉矿渣中所有的Al_2O_3结合生成钙矾石。因此,假设除了低硫型单硫型硫酸盐外,形成了无硫型铝酸盐水化物,以使C-S-H含有比例较高的Al_2O_3,和/或形成了非晶态氢氧化铝[A 36,S 75]。基本要求是完全的或是大部分的水化,但是至今没有完全研究清楚消耗多少$CaSO_4$激发剂和熟料含量会对进一步的水化产生影响。

为了解释硫酸盐的激发机理,假设钙矾石的结晶化阻止了一种致密的、阻碍反应的、含有少量或不含CaO的覆盖性的水化产物在高炉矿渣颗粒表面形成[J 27]。另一方面,观察到加入少量水泥熟料能大大促进硬化,这证实了成核作用对C-S-H的形成和生长的影响。

文献也提到主要由高炉矿渣和作为激发剂的碱性物质组成的胶凝材料,但不含水泥熟料。它们只有限的应用。这些胶凝材料有:

硅水泥。主要成分是细度为3000~4000cm^2/g的高炉矿渣和作为激发剂的偏硅酸钠;它还含有硫酸钙作为添加剂,可能还含有磨细的石灰石作为填充剂[T 36,V 116,R 29]。

F水泥。主要组成物是细度为4500~5000cm^2/g的高炉矿渣,可能有粉煤灰作为添加物。所用的激发剂是一种碱性化合物的混合物,显然含有碱性氢氧化物,木质素磺酸盐和防泡剂一起作为减水剂。这些具有激发性能的混合物的加入量为5%~8%(质量分数)[F 47,R 29]。

4. 含有火山灰或粉煤灰的水泥

天然火山灰中具有水硬性且易反应的成分是玻璃、沸石(某些情况下,需加热到约350℃以后)和煅烧黏土矿物,而在粉煤灰中几乎只有玻璃体。这些组分的一个共同特征是含有高百分比的活性SiO_2和Al_2O_3,即这些组分和$Ca(OH)_2$反应可以形成硬化很快的水化硅酸钙和水化铝酸钙。

火山灰的反应速度可以在图7.21(详见7.3.4节)中看到,在波特兰粉煤灰水泥水化期间粉煤灰会重新分解。这显示了矿渣水泥和粉煤灰水泥的研究结果。粉煤灰的值来自含有粉煤灰质量分数分别为30%和33.3%的波特兰粉煤灰水泥的两次不同的研究[D 8,M 108]。将水灰比为0.47和0.50的水泥浆体,养护在水分饱和的空气中或是密封的气密玻璃管中。没有反应的粉煤灰的百分比是在水化产物和水泥熟料选择性溶解后确定的。这两次研究得到的结果一致,表明粉煤灰水化反应比熟料中的 C_3S 或矿渣水泥中的高炉矿渣慢得多。然而,对玻璃状灰颗粒上的碱性微孔溶液的影响的最初的显示可以在几个小时后检测到 [G 26]。即使是直径在 1~2mm 的很细的颗粒在 7d 后也不能完全水化 [H 9],并且只在 14d 后其水化程度超过 10%。

具有硬化功能的水化硅酸钙和水化铝酸钙的形成需要氢氧化钙;它由波特兰火山灰水泥或波特兰粉煤灰水泥的水泥熟料在其水化期间提供。图 7.22 表明正在水化的波特兰粉煤灰水泥和相应的波特兰水泥中的 $Ca(OH)_2$ 含量的变化与水化时间的函数关系。此图和图 7.21 来自于同一个研究 [D 8]。这两条曲线的形状表明在 0.5d 和 14d 之间,正在水化的波特兰粉煤灰水泥中的 $Ca(OH)_2$ 含量比相应的波特兰水泥中的高。这是因为波特兰粉煤灰水泥中的熟料的水化速度比相应的波特兰水泥中的熟料快得多,且在此阶段从熟料中释放 $Ca(OH)_2$ 的量大于在粉煤灰水化过程中消耗的 $Ca(OH)_2$ 的量。仅在 14d 后 $Ca(OH)_2$ 的消耗占据了主导地位,这是因为这时粉煤灰较强烈地参与具有硬化功能的水化产物的形成。粉煤灰与水泥熟料的比率越大,在熟料水化期间释放的 $Ca(OH)_2$ 越少,而其消耗的速度越快 [T 20]。

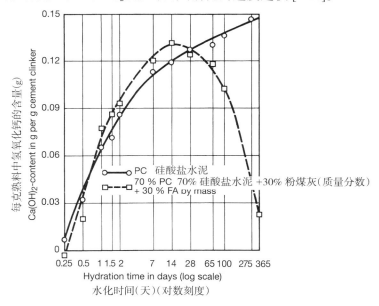

图 7.22 添加和未添加粉煤灰的水化水泥由 X 射线衍射分析得到的 $Ca(OH)_2$ 含量的变化与水化时间的函数关系 [D 8]

Figure 7.22: $Ca(OH)_2$ determined by X-ray diffraction analysis in hydrated cement with and without the addition of fly ash, as a function of the hydration time [D 8]

已经有研究证实,粉煤灰能够减缓水泥熟料或是硅酸三钙的水化,尤其是在最初的 24h [J 9, G 26, F 4, H 9]。产生这种作用的原因是粉煤灰颗粒表面的 Ca^{2+} 浓度的降低,这是由于它与来自粉煤灰的 Al^{3+} 发生反应而引起的,并且阻止了 C-S-H 核的形成。另一方面,不能排除熟料的水化被粉煤灰中的可溶解成分减缓的可能性,例如被重金属减缓。粉煤灰中的微量元素铅和锌的质量浓度大约是 0.03% ~ 0.5%(质量分数)[K 21, M 119, K 23],它们一般是灰玻璃的组分。

然而,铅和锌也可以在粉煤灰颗粒表面冷凝为氯化物或硫酸盐,并溶解于混合水中。此时的溶液就可以减缓熟料化合物的水化,尤其是硅酸三钙。

相对于粉煤灰,天然火山灰和煅烧黏土与氢氧化钙反应的方式是相似的。然而,此反应速度直到大约28d都比粉煤灰快得多,而在此之后就慢多了 [C 57]。

含有粉煤灰的水泥水化的较早时期,形成了双层薄膜,比如,一天后在粉煤灰颗粒表面形成的薄层 [D 36, B 9, M 114, D 22]。这些薄层大约 $1\mu m$ 厚,由凝胶状的各向异性的致密氢氧化钙晶体组成,即极细颗粒的 C-S-H 颗粒已经生长。双层薄膜也在某些几乎是惰性集料的表面形成。因此,没有迹象表明粉煤灰参与了初始水化反应。

以粉煤灰或火山灰为次要成分的水泥水化产物主要是水化硅酸钙,但也包括 AFt、AFm 相和 C_4AH_4[L 111, L 110, T 3]。钙长石水化物和水榴石有时会少量出现,作为进一步水化产物 [R 74]。在微孔溶液中相当高的碱性氢氧化物含量降低了氢氧化钙的浓度,钙长石水化物优先形成。水榴石是在氢氧化钙的饱和溶液中形成的主要产物。很明显,水滑石也可以作为另一种水化产物出现 [T 20]。

加入了粉煤灰或火山灰的水化水泥中的 C-S-H 相,与水化的波特兰水泥相比,其 CaO 含量较低,而 Al、Fe 和 K 的含量高得多 [O 30, T 20]。它们的钙硅摩尔比随着粉煤灰含量的增加和水化的进一步进行从约 1.6 降低到 1.4,而铝和铁与钙的摩尔比及钾钙摩尔比都增加了 [T 20, R 74]。然而,C-S-H 凝胶没有均一的组成,在熟料或 C_3S 颗粒附近的钙硅比比火山灰颗粒附近的大 [O 30]。粉煤灰或是天然火山灰的添加也会促进具有较高聚合度的 C–S–H 凝胶的形成(详见 7.2.3 节)[U 7, M 45]。

由 ASTM C 618 定义的富含 CaO(详见 4.5.1)的 C 级粉煤灰的水化速度比 F 级粉煤灰快。其主要水化产物是 C-S-H 凝胶,但也包括 CaO 含量较低的铝酸盐水合物、钙长石水合物 C_2ASH_8 和铝酸二钙水合物 C_2AH_8[G 74]。

5. 添加了硅灰的水泥

硅灰是一种火山灰活性凝硬性特别高的混合材 [T 56, U 8]。它与在波特兰水泥水化期间形成的氢氧化钙混合后立即发生反应 [O 32]。水泥在添加质量分数 15%~20% 的硅粉后,在一定的条件下,可以在约 28d 内将氢氧化钙消耗殆尽。尽管这样,微孔溶液的 pH 值并没有降到 12.7 以下,即没有低于饱和氢氧化钙溶液的 pH 值 [Y 9, Z 6, C 23, C 24]。硅粉和由波特兰水泥形成的氢氧化钙反应的产物会形成钙硅比大约为 1 的 C-S-H 凝胶 [T 56]。这表明了它比富含 CaO 的 C-S-H 凝胶具有更高的凝聚性 [D 82],并且因此它的化学结合水的含量更低 [Z 6]。

稻壳灰作为一种水泥添加剂在本质上具有和硅粉相似的特性,但是它的反应活性要低得多 [U 8, Y 15]。

7.3.5 凝结

1. 凝结反应与进展

水泥浆体的凝固是一系列化学反应的结果,这些反应开始于水泥组分和水的混合。起

7 水泥硬化

初固化还很微弱,但是随着时间的增加而增长。已经具有预期稠度的水泥浆体的稠度达到了一个特定的水平,被称为初始凝结。之后水泥浆体继续固结称为凝结,再进一步的固结称为硬化。

增稠、凝结和硬化是由不同硬度的水化产物微观结构的形成而引起的,这些微观结构填充了水泥浆体、砂浆或混凝土中的固体颗粒间的充水空隙。因此,增稠、凝结和硬化随时间变化的这一特性,在很大程度上取决于这些空隙的大小,即取决于水灰比。实际上,如果水灰比太大,相同的水化反应就会发生,基本上会有相同的水化产物,但是,会形成大体积的浆体而不是凝结的固体微结构,并且在干燥后这些浆体会变成松散的粉末。

添加和不添加硫酸钙的磨细水泥熟料制得的水泥净浆在凝结特性上有一个本质的差别。不加硫酸钙的净浆一般最晚在 10min 后凝结。另一方面,对于由相同熟料制得但添加了硫酸钙的浆体,一般在 2~3h 后才开始凝结。对添加和不添加硫酸钙的磨细水泥熟料制得的浆体中 C_3A 和 C_3S 的初始水化作用并没有什么不同 [L 67],因此,硫酸钙作为缓凝剂的功能并不是建立在阻止 C_3A 和混合水发生化学反应的基础上的。因此,由水泥颗粒之间充水空隙中的初始水化产物形成的微结构的变化是唯一可能的原因。

图 7.23~ 图 7.25 中的扫描电镜显微图片给出了净浆微观结构主要差异的一般概念。在不加硫酸盐的浆体中(图 7.23)充满了混合水的水泥颗粒间空隙的铝酸四钙水化物的较大的片状晶体快速生长,形成像卡片房子一样的微观结构。含有硫酸盐的浆体中,仅仅在几分钟后,水泥颗粒的表面就覆盖了一层很小的圆颗粒(图 7.24 上图)。电子衍射显示这些颗粒由钙矾石(三硫型,AFt)组成。图 7.24 下图用 ESEM-FEG 拍得(详见 7.2.3 节),也指明了这一点。因此,图 7.24 上图中小颗粒的圆形可以归结为 SEM 制样时金粉蒸汽的沉积。

图 7.23 由未添加硫酸盐的磨细水泥熟料制得的浆体(正在水化,已凝结,W/C=0.45,水化时间为 30min[L67])显微结构的 SEM 显微照片(由德国水泥工业研究所提供)
Figure 7.23: Microstructure of paste made of ground cement clinker without added sulfate which is hydrating and has already set; w/c = 0.45, hydration time 30 min [L 67]; SEM photomicrograph (Illustration courtesy of Research Institute of the Cement Industry, Düsseldorf)

图 7.24 水泥熟料和质量分数为 3.5%SO₃ 的石膏混合物制得的浆体（正在水化，仍具有塑性，W/C=0.45，水化时间 30min[L 67]）显微结构的 SEM 显微照片。（德国水泥工业研究所提供）
左图：有金粉沉积层的扫描电镜显微照片
右图：与左图相同部位的 ESEM 对照图片

Figure 7.24: Microstructure of a paste made of a mixture of cement clinker and gypsum with 3.5 % SO₃ by mass which is hydrating and is still plastic; w/c = 0.45, hydration time 30 min [L 67]; SEM photomicrograph (Illustration courtesy of Research Institute of the Cement Industry, Düsseldorf)
top: SEM photomicrograph, sample with vapour- deposited gold
bottom: ESEM photomicrograph, same place in the sample as in the upper illustration

图 7.25 水泥熟料和质量分数为 3.5%SO₃ 的石膏的混合物制得的浆体（正在水化，已凝结，W/C=0.45，水化时间 4h[L67]）显微结构的 SEM 显微照片（德国水泥工业研究所提供）
Figure 7.25: Microstructure of a paste made of a mixture of cement clinker and gypsum with 3.5 % SO₃ by mass which is hydrating and has already set; w/c = 0.45, hydration time 4 h [L 67]; SEM photomicrograph (Illustration courtesy of Research Institute of the Cement Industry, Düsseldorf)

约 1~3h 后，净浆中含有较大比例的长条状钙矾石晶体（图 7.25）。这些晶体在诱导期就形成了，而当时 C_3A 和硫酸钙都还没有大量分解。因此假定通过再结晶或具有晶粒生长的再结晶生成了较大的钙矾石晶体，再结晶期间，较小和较不稳定的钙矾石颗粒被溶解了，而开始就较大的晶体进一步生长了。

许多研究显示在加入混合水后最初的几分钟和几小时后形成的水化产物的三维构造和水泥净浆的增稠及凝结之间有着密切的关系 [L 67，L 68]。如果水化产物在水泥颗粒的表面形成一个薄的、细颗粒的覆盖层,那么它们对颗粒的流动性及净浆的稠度的不良影响很小或没有。然而,如果水化产物在水泥颗粒间的充水空隙中形成一个稍硬的微观结构,那么浆体的稠度将会大大增加或凝结。水泥颗粒间的稳定的桥梁被假定是浆体稠度增加的原因[L 67]。然而,更可能的是水化产物中仍然空着的显微结构中的相对较大的空隙里的部分混合水变成了结合水,并且不再有足够的数量来形成水的外包物,这种包覆水提供工作性能。这一解释可由已经凝结的水泥浆体通过用乙醇轻轻震荡使其再次完全变为悬浮液的观察得到支持。如果通过过滤和烘干重新复原,则与水混合后它将再一次正常地凝结[H 31]。形成的悬浮液中,水泥实际上是以原来的颗粒细度存在的,加水后仍然可能达到大约 6h 的龄期;在此之后形成团聚,而大约 10h 后,已经硬化的水泥浆体将不再能在乙醇中形成悬浮液。如果浆体的凝结主要归因于由于稳定的实体桥的形成,那么乙醇将不可能完全将浆体变成悬浮液,即使是在凝结开始。

预诱导期期间,初始显微结构生成,主要是铝酸盐和硫酸盐的水化产物。因此,这些水化产物的性质和数量是由在预诱导期溶解的铝酸盐和硫酸盐的量及它们的溶解速度决定的。它们依赖于 C_3A 反应量和水化硫酸盐的性质。许多研究结果表明如果溶解于预诱导期的全部 C_3A 以三硫酸盐的形式结合,那么将会发生最大的凝结延迟。这需要在预诱导期在混合水溶液中加入等效的可用硫酸盐[L 68]。

通过对含有近似相等的 C_3A 含量但不同的 C_3A 反应活性的两种熟料的研究,找到了可以决定凝结的关系,其结果示于图 7.26 中。通过添加不同混合比的半水石膏和 β-无水石膏的混合物获得了不同含量可以作为缓凝剂的硫酸盐。考虑到熟料中硫酸盐的含量,就会得到加到磨细熟料中的数量均一的 SO_3 含量。对于具体较高 C_3A 活性的熟料,可见最大的缓凝需要配制一种半水石膏和半水石膏含量较高的 β-无水石膏的混合物,即具有较高含量的可用硫酸盐。如果可用硫酸盐含量太低,即如果硫酸盐混合物中含有的半水石膏太少,那么除了水泥颗粒表面的钙矾石外,SEM 显微照片(图 7.27)仅显示水泥颗粒之间空隙中的单硫型硫酸盐。如果可用硫酸盐的含量太高,即如果硫酸盐混合物中含有的半水石膏太多,那么除了水泥颗粒表面的钙矾石外,在水泥颗粒之间总存在一些次级石膏(图 7.28)。单硫型硫酸盐和次级石膏都会降低硫酸钙混合物的缓凝作用。因此,每一种水泥都有一个特定的硫酸钙添加量来起到最佳的缓凝效果。这可以遵循图 7.26 依据的测试步骤从实验上进行确定。然而,与已叙述的和图 7.26 有关的步骤中有一点不同的是,半水石膏和 β-无水石膏的混合物应和水泥熟料一起粉磨,直至达到提供所需强度需要的比表面积。

最佳的硫酸钙加入量的计算依据为:即有足量的硫酸盐能确保溶解在混合水中的硫酸盐的量能够结合全部溶解的铝酸钙,成为在预诱导期水泥颗粒表面细微结晶的钙矾石。这样做可以阻止混合后在水泥颗粒间充水空间里单硫型硫酸盐或次级石膏的快速形成。这些化合物产生高空隙率(卡片房)的显微结构,并以较大的片状或条状的晶体的形式存在,从而提高了水泥的需水量,促进增稠(坍落度损失)和凝结,并阻止水泥浆体、砂浆或混凝土的密实,以致强度受到不利的影响。因此,硫酸盐添加剂的最优化不仅优化了凝结,而且使需水量、在开始凝结前的增稠、和易性及硬化特性得到优化。

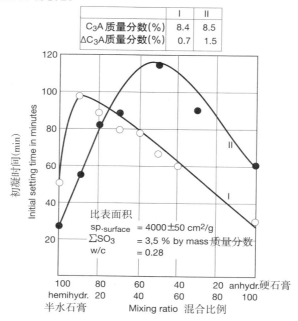

图 7.26 添加半水石膏 $CaSO_4 \cdot 1/2H_2O$ 和天然硬石膏 $\beta-CaSO_4$ 混合物作为缓凝剂的磨细水泥熟料的凝结时间 [L 68]
Figure 7.26: Setting of ground cement clinker with a mixture of hemihydrate $CaSO_4 \cdot 1/2H_2O$ and natural anhydrite $\beta-CaSO_4$ added as the setting regulator [L 68]

图 7.27 添加极少量硫酸盐的波特兰水泥制得的水泥石的显微结构扫描电子显微镜照片（德国水泥工业研究所提供）
Figure 7.27: Microstructure of set cement paste made of Portland cement with too little available sulfate; SEM photomicrograph (Illustration courtesy of Research Institute of the Cement Industry, Düsseldorf)

图 7.28 添加过量硫酸盐的波特兰水泥制得的水泥石的显微结构扫描电镜照片（德国水泥工业研究所提供）
Figure 7.28: Microstructure of set cement paste made of Portland cement with too much available sulfate; SEM photomicrograph (Illustration courtesy of Research Institute of the Cement Industry, Düsseldorf)

当最佳的硫酸盐外加剂的添加被确定时,凝结时间由标准规定的 Vicat 法测定,该方法是通过测量一个直径为 1.13mm（横截面 $1mm^2$）,总重 300g 的针状物插入标准稠度水泥净浆的深度来确定凝结时间的。然而,如果稠度变化是由穿透法 [S 199] 测定的,那么最优化凝结一般显示的比较清晰。这种方法和 Vicat 法的原理是一样的,只是使用了一个直径为 3mm,重 298g 的柱塞和水灰比不变的水泥浆体。

这一过程也可以通过使用纯的半水石膏代替半水石膏和 β-无水石膏的混合物来简化。β-无水石膏对波特兰水泥的凝结只有一些轻微的影响,但它的确可以增加初始强度。然而,如果使用了纯的半水石膏,就必须注意需水量会随着 SO_3 含量的增加而持续增加,也就是说没有最优化出现 [F 41]。

因此,优化凝结时间的基本要求是在预诱导期,混合水溶液中含有大量的与 C_3A 反应活性相匹配的可用硫酸盐。最优化延迟一般不能清晰地定义,但是可以确定宽度取决于水泥熟料性质的范围。如果超过了这一范围的界限,可能会导致凝结的中断。

图 7.29 给出了 C_3A 反应活性和可用硫酸盐的量对显微结构形成和波特兰水泥凝结的影响。前两列是 C_3A 反应活性和可用硫酸盐的量的相关信息,其余三列描述了水泥浆体显微结构及它们随时间变化的方式。

案例 I 表征具有低活性 C_3A 和低可用硫酸盐的水泥浆体溶液。预水解期,非常细的钙矾石颗粒薄层在水泥颗粒的表面上形成,它会引起浆体不凝结。只有在数小时后,钙矾石再结晶形成钙矾石晶体的显微结构,并使水泥浆体凝结。

案例 II 示出具有高活性 C_3A 和高硫酸盐的水泥浆体溶液的特性。此条件下生成的钙矾石比案例 I 中更多。水泥浆体也的确凝结得更快,但是要符合标准就必须对硫酸盐外加剂做适当的调整。

案例 III 是具有高反应活性 C_3A 和低可用硫酸盐的水泥浆体溶液。一开始只有部分 C_3A 溶解反应,在水泥颗粒表面形成钙矾石薄层。单硫型水合物和铝酸四钙水合物也在水泥颗粒间空隙中以片状晶体的形式形成。这会使高空隙率的显微结构快速形成,从而引起浆体过早的增稠和凝结。

案例 IV 表征一种低反应活性 C_3A 和高可用硫酸盐的水泥浆体溶液。水化期间钙矾石薄层很快在水泥颗粒的表面上形成。然而,溶液中高含量的硫酸盐不能完全被 C_3A 反应掉。结果,在水泥和水混合后次级石膏立即开始结晶,形成又长又薄的条状晶体并穿过显微结构,从而导致浆体在很短时间内发生凝结。

除了水泥熟料外,这些规律也适用于其他含有水硬性、潜在水硬性、火山灰性或惰性物质的水泥,如烧页岩、粒化高炉矿渣、天然或合成火山灰或石灰石填料。烧页岩中含有的铝酸钙和硫酸钙参与水泥熟料中 C_3A 的初始反应。按要求烧页岩的硫酸钙含量一般是足以延迟浆体的凝结的。如果有必要,可通过实验对起缓凝作用的优化硫酸钙含量进行测定。一般而言,其他物质都无助于预水解(诱导)期发生的反应。因此,它们减少了水化初始阶段溶解的 C_3A 的量——$\Delta_{abs} C_3A$,其和熟料部分的减少量是相同的。

凝结中断的原因,即不符合标准的快速凝结的原因一般是相对于 C_3A 反应活性的可用硫酸盐的含量太高或太低(图 7.29,案例 III 或 IV)。案例 IV 还包括假凝。这可以理解为在水泥掺水后短时间内发生了凝结,但进一步加水后凝结就再次快速消失。出现这种现象的原因是与 C_3A 反应的可用硫酸盐的含量太高了。生成的次生石膏的显微结构的形成引起了凝结,但在预水解期,可以通过与 C_3A 的水化反应再次解凝。

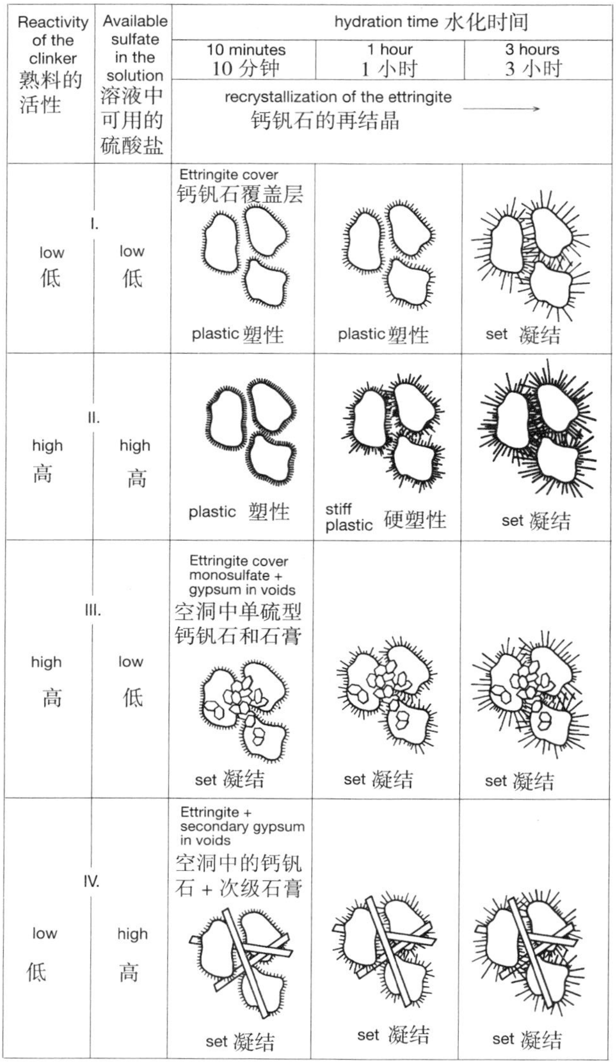

Reactivity of the clinker 熟料的活性	Available sulfate in the solution 溶液中可用的硫酸盐	hydration time 水化时间		
		10 minutes 10 分钟	1 hour 1 小时	3 hours 3 小时
		recrystallization of the ettringite 钙矾石的再结晶 →		
I. low 低	low 低	Ettringite cover 钙矾石覆盖层 plastic 塑性	plastic 塑性	set 凝结
II. high 高	high 高	plastic 塑性	stiff plastic 硬塑性	set 凝结
III. high 高	low 低	Ettringite cover monosulfate + gypsum in voids 空洞中单硫型钙矾石和石膏 set 凝结	set 凝结	set 凝结
IV. low 低	high 高	Ettringite + secondary gypsum in voids 空洞中的钙矾石 + 次级石膏 set 凝结	set 凝结	set 凝结

图 7.29 波特兰水泥在凝结过程中微观结构发展的图解,它与铝酸三钙的活性和可用硫酸盐数量的关系

Figure 7.29: Diagrammatic representation of the development of the microstructure during the setting of Portland cement, as a function of the reactivity of the C_3A and the quantity of available sulfate [L 68]

由于水泥的存储时间过长导致的凝结提前或延迟是可以复原的。凝结加速的原因一般是由于在养护期 C_3A 反应量的减少和可用硫酸盐含量的增加。因为次生石膏的形成,导致快速凝结。如果空气中的湿度和 CO_2 减少了 C_3A 反应量和可用硫酸盐的量,可以通过相当长的养护期延迟凝结。通过添加混凝土混合物加速凝结,其有效成分也会改变 C_3A 反应量和可用硫

酸盐的含量,这就是所谓的复原(详见 7.3.5 节)。

2. 影响铝酸三钙 $\Delta_{rel}C_3A$ 反应活性的因素

铝酸三钙 $\Delta_{rel}C_3A$ 的反应活性取决于 C_3A 的性质,水泥的细度和粒径分布,水泥和混合水的搅拌强度及时间,水泥中硫酸盐添加剂的分布和性质,在粉磨及储存过程中温度和湿度条件,搅拌水泥时的温度和混合水溶液的组成情况。

水泥熟料煅烧后冷却越慢,C_3A 的反应活性越高。缓慢冷却导致更大的有序的 C_3A 晶格形成,并且在水泥水化开始时迅速地大量地溶解。熟料更快速冷却的结果是一些较小的 C_3A 晶体与铁铝酸钙凝聚形成致密、细粒度基体,因此与水反应缓慢。

C_3A 的反应活性也因自身含碱情况大为改变。一般在欧洲水泥生料里经常出现的钾,可以提高水泥的反应活性。图 7.30 表明,当 K_2O 质量分数高于约 0.9%时,C_3A 的活性大大提高。在对用几乎相同的组成但不断提高 K_2O 含量的原料在实验室炉子中生产的熟料样品制成的水泥进行的系统研究中找到了这个规律 [R 50]。当钾的最高质量分数为 2.10%时,熟料中 C_3A 的反应活性降低。这是因为高 K_2O 含量降低了熟料熔体的凝结温度,所以,当煅烧和冷却条件保

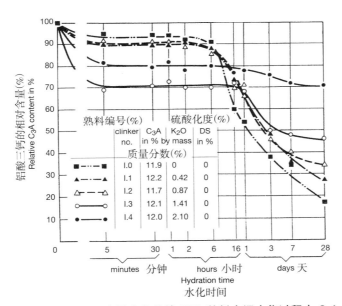

图 7.30 在不含硫酸盐,K_2O 含量变化的情况下,熟料水泥水化过程中 C_3A 含量的变化

比表面积 =(4000 ± 100)cm²/g
硬石膏 / 半水石膏混合比 = 60/40
总 SO_3= 3.5%质量分数
水灰比 = 0.40

Figure 7.30: Change in C A content during the hydration of cements made from clinkers with varying levels of K_2O with a degree of sulfatization (DS) of 0% [R 50]

specific surface area = (4000 ± 100) cm²/g
anhydrite/hemihydrate mixing ratio = 60/40
ΣSO_3 = 3.5 % by mass
w/c =0.40

持不变时,凝结的熔体主要是玻璃体。然而,钾仅增加了在预水解期 C_3A 的转换。C_3A 内部的碱会明显减弱 C_3A 在预水解期后的进一步分解 [R 31, R 50]。钠夹杂物甚至会在预水解期起阻碍作用 [B 88, O 26, W 85]。即使 K_2O 含量相当高,提高硫酸盐化程度仍能降低 C_3A 的反应活性(3.1.9 节)。因为相应比例的钾和硫酸生成硫酸钾,而不是与 C_3A 结合。硫酸盐一般是石膏或 β-硬石膏,添加到生料中,和/或使用富含硫的燃料煅烧熟料,以提升硫酸盐化程度。

水泥凝结会随 C_3A 活性的变化而变化,C_3A 活性的变化是由碱金属的硫酸盐化的量和程度导致的。表 7.31 和图 7.32 显示了重要的关系,总结了对由 C_3A 质量分数在 10%~12% 之间,用氧化钾含量和硫酸盐化程度逐步变化的实验室熟料制成的水泥进行研究的结果 [R 50]。

图 7.31 展示了对水灰比均一的水泥浆体试验中初凝时,与用于调节凝结的 β-硬石膏和半水石膏混合物的组成的函数关系,即与可用硫酸盐数量的函数关系。这表明,对于由无硫酸盐熟料制得的水泥,最大的缓凝要求熟料中 K_2O 含量越高,可用的硫酸盐越多。硫酸盐化的主要作用是减缓高 K_2O 含量(质量分数为 1.5%)水泥的凝结。

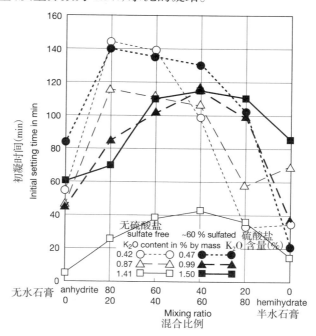

图 7.31　水泥熟料中,K_2O 含量和硫酸盐化程度对于含有各种硬石膏和半水石膏不同混合物的波特兰水泥的凝结的影响

比表面积 =(4000±100)cm²/g
Σ SO₃= 3.5%质量分数
水灰比 = 0.28

Figure 7.31: Influence of the K₂O content in the cement clinker and of the degree of sulfatization on the setting of Portland cements containing varying mixtures of anhydrite and hemihydrate [R 50]

specific surface area = (4000 ± 100) cm²/g
ΣSO₃ = 3.5 % by mass
w/c = 0.28

7 水泥硬化

图 7.32 在一个三维图表中显示了该研究的所有水泥的凝结情况。初始凝结(Z 轴)是 K_2O 含量(Y 轴)和硫酸盐化度(X 轴)的函数。交叉影线部分表示水泥初凝时间,其中硬石膏/半水石膏的混合物作为硫酸盐添加剂已和 C_3A 反应活性最佳匹配。基于水化反应和反应产物,它可以细分为四个区域 [R 50]。

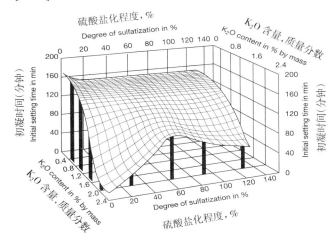

图 7.32　水泥熟料中,K_2O 含量和硫酸盐化程度对于含有优化了的硬石膏和半水石膏混合配比的波特兰水泥凝结的影响

比表面积 $=(4000\pm100)\text{cm}^2/\text{g}$
总 $SO_3=3.5\%$,质量分数
水灰比 = 0.28

Figure 7.32: Influence of the K_2O content in the cement clinker and of the degree of sulfatization on the setting of Portland cements with optimized anhydrite/hemihydrate mixing ratio [R 50]
specific surface area = (4000 ± 100) cm^2/g
ΣSO_3 = 3.5 % by mass
w/c = 0.28

在第一个区域,K_2O 含量高达约 1.0%(质量分数),硫酸盐化程度高达 100% 以上,凝结最早开始于 120min 后。这完全取决于 K_2O 含量,而硫酸盐化程度没有任何影响。

第二个区域内,K_2O 含量大约为 1%(质量分数),硫酸盐化程度低于 50%,其特征是快速凝结。C_3A 特别易反应,这是因为硫酸盐化程度低而使得 K_2O 在其晶体晶格中比例很高。除此以外,混合水溶液中钾含量丰富 [M 53],因此,促进了钙矾石的纵向生长,并且也促进了更快速的凝结。如果硫酸盐化程度增加,那么水泥的凝结速度将减缓,因为更多的 K_2O 被结合成 K_2SO_4,且在 C_3A 中含量较少,这导致 C_3A 活性降低。K_2SO_4 也与部分硫酸钙反应形成钾石膏 $K_2SO_4\cdot CaSO_4\cdot H_2O$,所以 K_2O 在溶液中的浓度降低了。因此,在这一区域提高硫酸盐化程度,将使生成的钙矾石晶体不仅更少,而且更小。

K_2O 含量高于约 1%(质量分数)时,且硫酸盐化程度超过 80% 的第四区域,水泥的快速凝结可归因于更多钾石膏的形成。图 7.14 为来自这一区域的实验室水泥扫描电镜显微照片。

水泥在相对较严格限制的第三区域具有质量分数高于约 1% 的氧化钾和硫化程度在 60%~70% 之间凝结相对较慢。这是因为氧化钾含量和硫化程度相互匹配,使得铝酸三钙因氧化钾结合成硫酸盐从而在根本上降低了铝酸三钙的反应速率,而产生的硫酸钾数量,由于钾石膏的形成又不足以促进快速凝结。

这些关系适用于从主要碱成分为钾的水泥生料制成的水泥熟料。钠的含量较高时有利于硫酸盐化,其程度可高达 90%~100%。由富含 Na_2O 的熟料制成的水泥易过早地增稠 [S 250]。

水泥的细度、水泥与水搅拌的强度和持续时间的增加,C_3A 的反应活性也增强 [V 30]。颗粒粒度分布的影响可被检测到 [R 83, S 184],但显然不是特别突出 [T 49]。

如果磨细水泥熟料中分别添加石膏,半水石膏和/或可溶性 γ- 硬石膏硫酸盐添加剂,对 C_3A 的活性几乎没有影响。然而,如果熟料和硫酸盐添加剂共同粉磨,会降低水泥活性 [L 67, L 68, O 25, T 13]。显然,这是由于熟料和硫酸钙粒子间有着特别密切的接触,只有在一个球磨机里粉磨时可以实现,但这种情况可能不会出现,例如,在高压辊磨中 [R 83, T 50]。

水泥粉磨和储存过程中温度、湿度条件,对 C_3A 的反应活性有很大的影响。在水或水蒸气的影响下,C_3A 的初始反应能在水泥磨中,或在筒仓或袋子中储存时部分或完全发生 [B 111]。向水泥磨机中不正确地注入冷却水 [H 15],例如,在存储热水泥时,在温度高于约 80°C 的情况下,高温水蒸气会迅速从石膏中逃逸,也会出现这样的反应 [L 92, S 199]。

预水解期温度越高,在水泥水化开始时,C_3A 相关的转化就越强烈。

C_3A 的反应活性也特别强烈地依赖于混合水溶液的组成。关于熟料中硫酸盐添加剂或碱性硫酸盐的溶解硫酸盐对反应的影响,有很多互相矛盾的实验结果的报道 [L 67, L 68, O 25, T 13]。然而,对在实验室由工业熟料和不同硫酸盐添加剂(包括二价铁硫酸盐,$FeSO_4$,而不是半水石膏)经单独粉磨,然后混合后制成的水泥,及对工业水泥进行的很多研究表明混合水溶液的硫酸盐含量对 C_3A 的反应性的影响很小 [V 29, V 34, V 36]。

C_3A 的反应活性有时会由于某些化学化合物的影响而得到明显提高 [R 52, R 53]。特别是那些能延缓水泥混凝土硬化的物质,如柠檬酸、硼酸、葡萄糖、蔗糖和三乙醇胺(7.3.6 节)。柠檬酸和三乙醇胺相应的测试结果如图 7.33 所示,三乙醇胺作为助磨剂使用也特别有效。然而,要提高 C_3A 的活性,三乙醇胺的浓度需要超过 0.1% 质量分数 [R 4]。当质量含量最高到 0.05% 时,用作助磨剂的效果已不再明显。

C_3A 反应活性较高的结果是水化开始时热量也增加。C_3A 的诱导期由于加入这类添加剂而大大延长,比如,加入 0.2%(质量分数)的柠檬酸或三乙醇胺,诱导期从 6h 至少延长至 16h(图 7.33)。高效减水剂的活性成分也会延长 C_3A 的诱导期 [B 32, O 9]。

至今尚未发现能降低 C_3A 反应活性的化合物。即使是延缓水泥凝固的混凝土外加剂的活性成分,也不能降低 C_3A 的反应活性。其减缓作用是基于它们能延长 C_3A 的诱导期和改变水化产物的形态,特别是能抑制钙矾石晶体纵向生长的事实。水溶性磷酸盐和钠钾酒石酸是这种化合物的例子。

3. 影响可用的硫酸盐量的因素

石膏 $CaSO_4·2H_2O$ 和/或天然 β- 硬石膏一般可用作硫酸盐缓凝剂。与水泥熟料接触或受相当高温的影响后石膏能脱水变成半水石膏 $CaSO_4 \cdot 1/2H_2O$ 或可溶性 γ-硬石膏。

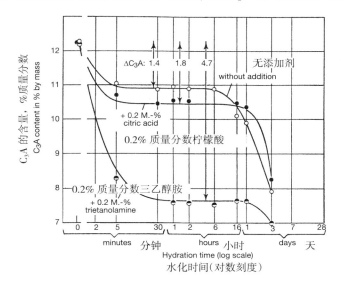

图 7.33 加或不加柠檬酸或三乙醇胺的波特兰水泥水化过程中 C_3A 含量的变化 [R 52]
无水石膏/半水石膏混合比 = 60/40
ΣSO_3 质量分数 = 3.5%
水灰比 = 0.40

Figure 7.33: Change in C₃A content during the hydration of a Portland cement with and without the addition of citric acid or triethanolamine [R 52]
Anhydrite/hemihydrate mixing ratio = 60/40
ΣSO_3 = 3.5 % by mass
w/c = 0.40

石膏的干燥脱水在 45℃时开始,进行得非常迅速,即使温度达到 80℃时也是如此。工业水泥磨机中,因机械应力及与熟料颗粒的紧密接触而大大促进了该反应的进行。

二水石膏溶解度为 $2060 mgCaSO_4/L$ 半水石膏 $CaSO_4 \cdot 1/2H_2O$ 和可溶性 γ-硬石膏在水中是不稳定的;它们可吸收水分,形成石膏。然而,石膏从溶液结晶析出的速率慢于半水石膏或水溶性硬石膏的溶解速率,以至于在此过程中形成的 $CaSO_4$ 溶液中的石膏暂时地强烈超饱和。来自水泥熟料的硫酸盐化合物,特别是硫酸钾 K_2SO_4,也有助于提高溶液中硫酸盐的含量。硫酸盐化合物对溶液中可用硫酸盐量的影响如图 7.34 所示,图中显示了由同样的磨细水泥熟料加与不加石膏或半水石膏制成的两种水泥悬浊液中的 CaO 和 SO_3 含量。可以看出,这个案例中,加入半水石膏与所用石膏相比,可用硫酸盐的数量要大 3 倍。

石膏、半水石膏或天然 β-硬石膏在悬浮水中最初几分钟溶解的硫酸盐的数量随混合水溶液温度的升高而下降 [R 52, R 53]。因此,如果温度升高,C_3A 的反应活性和决定凝结的可用硫酸盐的数量向相反的两个方向改变。因此,混合水溶液中可用硫酸根离子的量在诱导期之前和之中主要由添加的硫酸盐添加剂的性质所决定;如果使用了石膏,则取决于它脱水成半水石膏和/或可溶性 γ-硬石膏的程度。

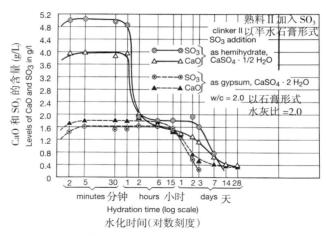

图 7.34 由同样的水泥熟料加入石膏或半水石膏(W/C = 2.0)制成的混合物水溶液中 CaO 和 SO_3 的含量与水化时间的函数关系 [R 57]
Figure 7.34: Levels of CaO and SO_3 in the mixing water solution of mixes made with the same ground cement clinker but with added gypsum or hemihydrate (w/c = 2.0), as a function of the hydration time [R 57]

当使用球磨机粉磨,且粉磨量大、时间长时,石膏脱水量大(5.1 节)。否则在相同条件下,细磨的水泥比粗磨水泥石膏脱水更强烈。随后的筒仓或装袋储存过程中,当温度达到或超过 80℃,石膏也会脱水 [A 27]。由此产生的水蒸气随着温度梯度而变化并扩散到仓壁或袋子的外部,造成固结。筒仓中,固结的水泥成块状从仓壁脱落,堵住筒仓的出口。衡量水泥形成这种仓皮趋势的方法之一是:将 4kg 水泥存储在一个密闭圆柱"模型筒仓"(金属容器)中,在 125℃温度下保持 24h,将一个水冷却的冷却棒轴向伸进筒仓的中心 [H 8]。这样的情况下,水从水泥含有的石膏中释放出来,并扩散到冷却棒上,在那里形成结皮,结皮的数量就是衡量水泥形成仓皮趋势的量度。

存储过程中,石膏的脱水导致半水石膏的形成以及可用硫酸盐数量的相应增加。水从石膏中排出,与 C_3A 反应,降低它的活性。如果硫酸盐缓凝剂与 C_3A 活性一开始匹配,那么存储后可用硫酸盐的数量将会增加,所以就会由于次生石膏的形成而导致水泥的假凝甚至是快凝的发生 [S 198]。由于石膏的脱水,水泥的强度也可能降低。这可以从图 7.35 的调查结果中体现出来 [A 27]。实验水泥是从含有各种石膏添加剂的水泥熟料制成的,然后将其在 20~120℃之间的温度下存储 7d。结果显示,当温度超过约 80℃时,石膏的脱水迅速发生,当石膏添加含量最高时,水泥强度损失最大。主要原因是存储过程中由于石膏脱水产生过量的可用硫酸盐。

为了避免筒仓中仓皮和袋子中结块的形成而导致水泥存储过程中提早增稠的凝固,以及由于水泥存储造成的强度损失,需要用几乎不含水的硫酸剂替代用于减缓水泥凝固的石膏。硫酸剂主要为半水石膏或水溶性 γ- 硬石膏,它们是从水泥磨中以相当高的温度研磨的石膏形成的。在这种情况下,也建议将石膏的添加量减少到如约 3% 质量分数,相当于约 1.5% 质量分数

的 SO_3 含量 [K 19]。

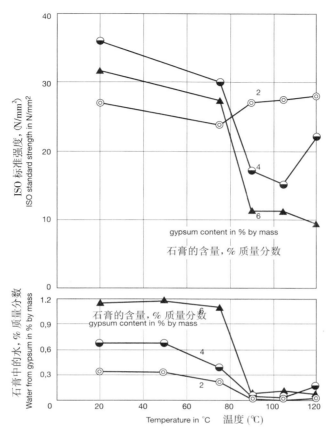

图 7.35 水泥存储过程中，石膏脱水对标准强度的影响
Figure 7.35: Influence of gypsum dehydration during storage of cement on the standard strength [A 27, L 92]

与最适宜的可用硫酸盐数量相应的硫酸盐量在诱导期开始之前开始反应过程中被形成钙矾石完全消耗掉。如果诱导期结束后，想要硫酸盐加速硬化过程，则建议以天然 β- 硬石膏的形式加入硫酸盐的量。这个反应速度比以其他硫酸钙形式的反应慢，因此仅在诱导期后干预水化反应。因此，应将石膏和天然 β- 硬石膏进行混合来控制水泥的凝结时间，考虑到水泥磨中材料温度，通过调整石膏的比例来获得最佳的缓凝效果。用一定比例的脱水石膏（半水石膏）替代天然石膏也可能是适当的。

混凝土外加剂也能对以不同形式存在的硫酸钙的溶解有重要影响。例如图 7.36 显示掺加和不掺加柠檬酸的条件下，波特兰水泥水化过程中半水石膏的分解及次生石膏形成与水化时间的函数关系的案例。这些结果来自外加剂对水泥凝结时间影响的研究 [R 52, R 53]。当水泥中的半水石膏的质量分数为 5.3% 时，若不加任何添加剂，原始半水石膏至多在 5min 内可完全分解。其中部分会和初始溶解的 C_3A 反应形成钙矾石。但是这个反应不会耗尽所有的半水石膏，即还会有过量的可用硫酸盐，使部分半水石膏形成次生石膏，随水化作用的进行，形成更多的钙矾石,次生石膏被消耗掉。加入质量分数 0.2% 的柠檬酸(断裂曲线)可明显延缓半水石膏分解,由此减少了可用硫酸盐的量。柠檬酸也可以提高 C_3A 的反应活性(详见 7.3.5 节,图 7.33),因此可用硫酸盐的过剩量减少并且产生更少的次生石膏。当水泥中含有最佳配比的硫酸盐外加剂时,若添加柠檬酸,水泥就能快速凝结。

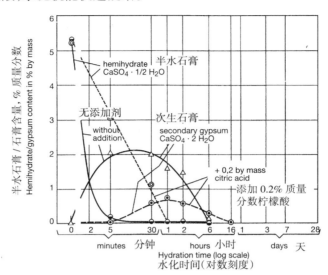

图 7.36　X 射线衍射得到的加和不加柠檬酸波特兰水泥水化过程中,半水石膏的分解和次生石膏形成的情况
[R 52, R 53]

水灰比 = 0.40,水化温度 40℃

Figure 7.36: Decomposition of hemihydrate and formation of secondary gypsum during the hydration of a Portland cement without and with the addition of citric acid, determined by X–ray diffraction [R 52, R 53]

w/c = 0.40, hydration temperature 40°C

7.3.6　硬化

1. 硬化的原因和表现形式

硬化是建立在水泥水化产物中固体微观结构形成的基础上的。硅质水泥像波特兰水泥、矿渣水泥、油页岩水泥和火山灰水泥,形成强度的水化产物主要有水化硅酸钙,对于高铝水泥,主要水化产物是水化铝酸钙(9.12 节)。对于特种水泥,如可控凝结水泥(9.5 节),它的快速初凝的特性是由水化铝酸钙决定的,而持续硬化是由水化硅酸钙决定的。

1887 年和 1893 年发表的两个理论对强度进行了解释,它们分别是 H. Le Chatelier 的晶体理论和 W. Michaëlis 的胶体理论 [L 25, M 83]。根据晶体理论,强度是基于相互交织的针状结晶水化产物的机械凝聚上的,根据胶体理论,强度是基于胶体的粘结力上的,胶体即极细颗粒的水化产物,它们最初被认为主要是非晶体的。现在的观点是纳米级的晶体颗粒,X 射线分析显示它们是非结晶的,并且通过化学和/或物理键牵连在一起,并通过硅碳钙水化物持续硬化,这是硬化水泥石具有强度的主要原因。

微观结构形成的顺序示于图 7.37,它是基于大量的电子显微分析得到的 [R 54, R 56, L 67]。

水化的最初阶段,当水泥浆体还是塑性时,借助于具有最佳配比的硫酸盐外加剂,生成少量的钙矾石和氢氧化钙;这会引起增稠但不会固结。还是在诱导期,会形成一种再结晶的不稳定微观结构——条状钙矾石,但也可能会有少量的水化硅酸钙。它会引起水泥浆体凝结。诱导期结束后,即在4~6h后,加速反应期开始,在此期间开始形成更多的钙矾石,但在添加的硫酸盐耗尽后会形成单硫型化合物和水化铝酸钙。大量的水化硅酸钙也会形成;如果有足够的空间,先会形成长的、易观察的纤维状物质。这些纤维约长2mm,厚0.2mm。这种水化硅酸钙被称作 I 型 C-S-H [D 34, D 40]。随着水化作用的继续进行,形成短的、条状硅酸钙颗粒网,即 II 型 C-S-H。这些物质形成基本的显微结构,它确有一定的强度,但是仍具有较高的孔隙率。基础显微结构的形成一般在24h后完成。在此之后已硬化的水泥浆体中的孔隙被渐渐地填充,主要填充物是水化硅酸钙,具有一定的粒度,被称为 III 型 C-S-H。很大比例的水化硅酸钙形成了密实基体——IV 型 C-S-H,其组成在电子显微镜下不再能分辨。其他的水化产物,尤其是氢氧化钙,单硫型水化物及水化铝酸钙和水化铁酸钙,都嵌在水化硅酸钙中。结果显微结构变得越来越密实,即孔隙减少。然而,水化连续进行和显微结构的不间断形成的重要的前提是:已经硬化的水泥浆体中的孔隙总是由水填充;这对化学水化反应和在水化反应中水泥组分的迁移是必需的。

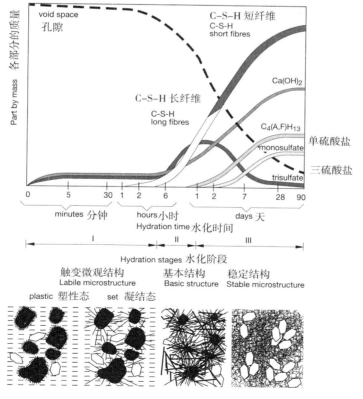

图 7.37 水泥水化过程中水化产物形成阶段和发展规律的图解 [R 56, L 67]
Figure 7.37: Diagrammatic representation of the formation of the hydrate phases and the development of the microstructure during the hydration of the cement [R 56, L 67]

如果水化延迟,如添加缓凝剂或是温度过低,水泥的硬化会非常缓慢,但与较高温度下水化后相比,会达到更高最终强度。原因是有较高比例的长纤维,因此交织得更强烈,C-S-H 作为水化第二阶段的延伸 [R 56],或形成具有更高有序性和显微结构中应力更低的硬化水泥浆体的结果。

硬化过程受到很多因素的影响,如水泥的组成和细度、硬化过程中的温度以及可能的情况下添加某些物质。

2. 熟料组成的影响

C_3S 含量越高,即 CaO 含量越高,波特兰水泥硬化越快。CaO 含量低、C_2S 的含量相对较高的水泥,其硬化较慢,但是其最终强度比 C_3S 含量较高的水泥要高。部分由于在水化期间 C_2S 提供了更多的形成强度的 C-S-H 和更少的对强度没有任何作用的氢氧化钙。纯 C_2S 水化和硬化极慢。但是,C_3S 有激发作用,即它能极大地促进 C_2S 和混合水反应 [S 83](7.3.4 节)。因此,C_2S 对水泥硬化的贡献不能用纯 C_2S 的强度测试来推算。

作为诱导期的结果,C_3S 的强度发展仅仅在 6h 后就开始了。即使是特殊的富含 C_3S、细磨的波特兰水泥,硬化很快,在 8~12h 后能达到目标强度(9.5 节,图 9.3)。因此,只能用与水反应可以更快硬化的化合物才能得到更快的硬化,主要有铝酸钙和与水反应同样快的相关化合物(9.5 节)。C_3A 和 $C_2(A,F)$ 对强度的贡献很小。然而,C_3A 的水化产物对密度较小的硬化水泥浆体的显微结构的形成具有一定贡献;这有助于水的扩散,因此对水化有促进作用。

碱金属对硬化行为具有重要的影响 [O 43, S 250, R 50]。随着碱金属含量的增加早期强度增加,但 28d 强度降低。对实验室制备的含 C_3A 10%~12% 质量分数和不定量的 K_2O 及硫酸盐化的熟料制成的水泥进行的研究结果提供了相关关系的总体概念 [R 50]。结果示于图 7.38[R 50]。曲线的形状表明了强度随着 K_2O 含量的增加而增加,达到最大值后下降。随着硬化过程的进行,强度的最大值移向 K_2O 含量较低的方向。原因是 K_2O 对 C_3S 水化过程的影响。图 7.39 显示了 K_2O 对初始水解期的促进作用达 1~3d,之后大为变慢。这些研究中硫酸盐化的程度对 K_2O 含量和抗压强度之间的关系没有明显的影响(图 7.40)。碱金属对强度降低的影响随着硅率的增加而减小 [S 25]。

3. 水泥组成的影响

控制凝结时间添加的硫酸盐外加剂的类型和添加量对硬化行为和标准强度具有重要的影响。另外具有相同组成的水泥的最高强度总是在有硫酸盐外加剂且硫酸盐的总量能提供最佳缓凝时出现。这是因为最佳缓凝提供了最稠密的硬化水泥浆体显微结构。在前诱导期,水泥颗粒间的交错空间内没有粗骨架水化产物生成,只有细颗粒的钙矾石沉积在颗粒表面。诱导期结束时还没有消耗掉的硫酸盐加速 C_3S 的水化,进而使水泥硬化。

除了水泥熟料,矿物质也被用于制造水泥。在欧洲,具有特殊重要性的物质是粒化高炉矿渣、烧页岩、天然火山灰、粉煤灰、硅粉和石灰石。除了石灰石粉之外,这些物质中起水硬性作用

的是有活性的 SiO_2。因此，它们可以形成水化硅酸钙，并因此参与水泥硬化。它们的活性相差很大，比硅酸三钙低得多。以上述矿物作为重要组成成分的水泥硬化比波特兰水泥慢得多，因此，它要粉磨得比波特兰水泥细得多才能达到相同的 28d 强度。

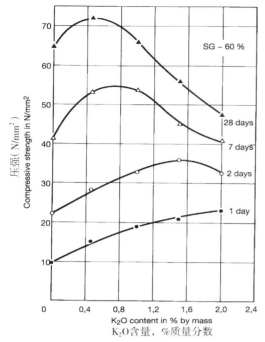

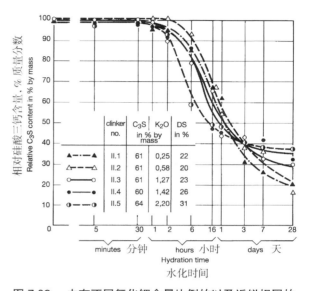

图 7.38 具有 60% 硫化度但氧化钾含量不同的熟料对添加优化混合比例无水石膏/半水石膏的波特兰水泥抗压强度的影响规律 [R 50]
比表面积 = (4000 ± 100) cm^2/g
总 SO_3 质量分数 = 3.5 %

Figure 7.38: Influence of the K$_2$O content of the cement clinker at a degree of sulfatization of 60 % on the standard strength of Portland cement with optimized anhydrite/ hemihydrate mixing ratio [R 50]
specific surface area = (4000 ± 100) cm^2/g
ΣSO_3 = 3.5 % by mass

图 7.39 由有不同氧化钾含量比例的以及近似相同的硫化程度的水泥熟料制成的波特兰水泥水化过程中硅酸三钙含量随时间进展而降低的情况 [R 50]
无水石膏/半水石膏的混合比例 = 60/40
比表面积 = (4000 ± 100) cm^2/g
总 SO_3(质量分数) = 3.5 %
水灰比 = 0.4

Figure 7.39: Behaviour with time of the C$_3$S decrease during the hydration of Portland cements made from cement clinker with varying levels of K$_2$O and approximately equal degrees of sulfatization [R 50]
anhydrite/hemihydrate mixing ratio = 60/40
specific surface area = (4000 ± 100) cm^2/g
ΣSO_3 = 3.5 % by mass
w/c = 0.4

表 7.9 列举了 1998 年产的强度等级为 Z 32.5、Z 42.5 和 Z 52.5 德国水泥中粒化高炉矿渣、烧页岩、天然火山灰、粉煤灰、硅粉和石灰岩的估计含量的平均值、细度、标准强度。强度等级为 32.5 的水泥的标准强度值只测定了 7d 和 28d 后的试样，因此，2d 的强度是由上述两值估算的 [S 3]。

从表 7.9 可看出如果 CEM II/A–S、CEM II/B–S、CEM III/A 和 CEM III/B 水泥含有的高炉矿渣调节后表现出了和 28d 强度一样的值，为了得到更高的高炉矿渣掺量必须要磨得更细。然而，这并没有将 2d 后的早期强度提高到同样的范围。实验室研究还表明虽然粉磨得极细的颗粒状高炉矿渣可以使 28d 强度增加，但没有从本质上增加早期强度 [S 85, S 20]。以上与另一研究结果一致，比表面积为 5000cm²/g 的矿渣水泥在水化 2d 后，熟料中 70% 的 C_3S 已经水化，但是仅有 30%~50% 的高炉矿渣熟料在 2d 后参加了水化反应 [H 52, O 16, H 53]（图 7.21）。

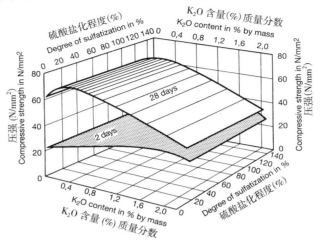

图 7.40 水泥熟料的 K_2O 含量和硫酸盐化程度对优化的无水石膏/半水石膏混合比例的波特兰水泥 2d 和 28d 标准强度的影响 [R 50]

比表面积 =(4000 ± 100) cm²/g
总 SO_3 = 3.5 % 质量分数

Figure 7.40: Influence of the K_2O content of the cement clinker and of the degree of sulfatization on the 2– and 28–day standard strengths of Portland cements with optimized anhydrite/ hemihydrate mixing ratios [R 50]

specific surface area = (4000 ± 100) cm²/g
ΣSO_3 = 3.5 % by mass

表 7.9 德国 1998 年生产的水泥中除熟料外其他主要组分的预估值，水泥细度以及平均标准强度值（数值取自德国水泥厂协会质量检测结果）

Table 7.9 Estimated values for the levels of main constituents (other than cement clinker), the fineness and the average standard strength values of cements produced in Germany in 1998 (taken from the results of quality monitoring by the German Cement Works Association)

水泥类型和强度等级 Cement, type and strength class	除水泥熟料外其他主要组分的估测值，% 质量分数 Main constituents other than clinker in % by mass, estimated	比表面积 (cm²/g) Specific surface area in cm²/g	标准抗压强度 (N/mm²) Standard compressive strength in N/mm² after		水泥数目 Number of cements
			2d	28d	
波特兰水泥 Portland cement					
CEM I 32.5 R	0	3100	23	49	75
CEM I 42.5	0	3300	23	56	15
CEM I 42.5 R	0	3900	31	58	82
CEM I 52.5	0	4400	35	64	17
CEM I 52.5 R	0	5300	43	66	43
矿渣水泥 Slag cement					
CEM II/A–S 32.5 R	15	3100	22	48	12
CEM II/A–S 42.5 R	10	3900	27	58	12
CEM II/B–S 32.5 R	30	3400	19	48	37
CEM II/B–S 42.5	25	4000	21	55	4
CEM II/B–S 42.5 R	25	4400	26	57	4

7 水泥硬化

续表

水泥类型和强度等级 Cement, type and strength class	除水泥熟料外其他主要组分的估测值, % 质量分数 Main constituents other than clinker in % by mass, estimated	比表面积 (cm²/g) Specific surface area in cm²/g	标准抗压强度 (N/mm²) Standard compressive strength in N/mm² after 2d	28d	水泥数目 Number of cements
CEM III/A 32.5	55	3700	12[1)]	48	57
CEM III/A 42.5	45	4100	19	57	18
CEM III/B 32.5	75	4300	11[1)]	47	35
CEM III/B 42.5	70	4700	12	54	6
火山灰波特兰水泥 Portland pozzolanic cement					
CEM II/B–P 32.5	30	5400	17[1)]	45	7
CEM II/B–P 32.5 R	25	4300	17	47	4
油页岩波特兰水泥 Portland oil shale cement					
CEM II/B–T 32.5 R	30	4400	21	50	3
石灰石波特兰水泥 Portland limestone cement					
CEM II/A–L 32.5 R	20	4100	24	48	25
CEM II/A–L 42.5 R	15	5200	36	59	2

1) 由 [S 3] 阐述的 7d 和 28d 标准强度值外推算出来的数值。
1) Extrapolated from the standard strengths after 7 and 28 days as described by [S 3].

由于烧页岩中含有铝酸钙和硅酸二钙,它可以单独进行硬化。它是在约 800℃温度下低温煅烧的,因此它没有烧结从而容易粉磨。因此,油页岩波特兰水泥(CEM II/A–T and CEM II/B–T)具有高比表面积。它们与同类型波特兰水泥的 2d 强度等级大致相同。

火山灰和粉煤灰具有大致相等的火山灰反应活性。但可以在易磨性上进行区分。粉煤灰一般含有较高量的球形玻璃颗粒,其具有的化学组成和天然火山灰中的组成相似。然而,除了有一小部分薄壁空心球,粉煤灰致密,因此很难进行粉磨。当粉磨粉煤灰水泥(CEM II/A–V)时,水泥熟料大部分发生破碎。实际上 2d 后没有粉煤灰发生水化,只有 20% 在 28d 后水化(7.3.4 节,图 7.21),因此,整个 2d 强度和大部分 28d 强度由熟料贡献。

火山灰和天然火山灰比粉煤灰容易粉磨得多,因为它们主要是由含有不同孔隙率的玻璃和各种非常细颗粒的矿物组成。一般认为火山灰及天然火山灰和粉煤灰一样,它们对早期强度没有贡献,但由于较高的颗粒细度,可以更大程度地提高 28d 强度。细度经调节后表现出和 28d 一样的强度,因此,火山灰水泥的 2d 强度一般比粉煤灰水泥低。

与波特兰水泥相比,要达到相同的 28d 强度,石灰石波特兰水泥(CEM II/A–L)必须粉磨得更细。更细是必要的,因为硬化完全是基于水泥熟料的水化反应。石灰石与铝酸钙在水存在的情况下,反应生成的单碳酸盐(详见 7.2.6 节)对强度的形成不起作用 [S 170]。表 7.9 显示,石灰石水泥和波特兰水泥具有相同 28d 强度时,石灰石波特兰水泥达到的 2d 强度平均略高于相应的波特兰水泥。相关的实验室研究也证明了这一点 [R 29]。石灰石波特兰水泥较高的早期强度可归因于混合材的反应促进功能(详见 7.3.4 节)。石灰石粉也对形成更致密的具有相应较高强度的显微结构有贡献(详见 7.3.1 节)。

硅灰水泥中硅灰的含量一般不超过 10%(质量分数)。由于硅灰的火山灰反应活性高,在初期就参与水化反应,并因此对早期强度有贡献 [H 75, H 76]。然而,必须清楚地认识到即使添加了 10%(质量分数)的硅灰,也有必要利用减水剂来保持稳定的可比性所需的水灰比。

4. 细度和粒径分布的影响

水泥磨得越细,即比表面积越大,其硬化得越快。随着比表面积的增加,早期强度比后期强度增加的幅度更大。这是由于在硬化一开始形成的水化产物的量显著地依赖于与混合水反应的表面积。然而,随着反应的进行,由于反应产物显微结构趋于致密,尤其是在水泥颗粒直接接触的地方,反应速率下降,并渐渐地阻碍混合水的扩散乃至水化速度 [S 240, R 69, K 25]。此外,随着细度的增加强度只会达到一定的极限,并且与早期强度相比,后期强度达到此极限所要求的细度较低(图 7.41)[K 24, K 112]。

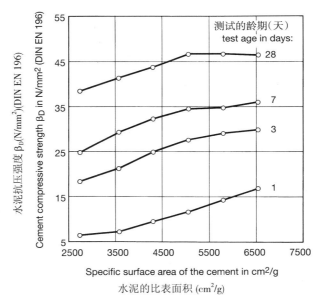

图 7.41 波特兰水泥的比表面积对其强度发展规律的影响 (根据 [K 24, K 112])
Figure 7.41: Influence of the specific surface area on the strength development of Portland cement (acc. to [K 24, K 112])

图 7.42 给出了不同颗粒尺寸水泥熟料的硬化特征的概况 [S 85, L 76, K 112]。通过筛分制备各种粒级水泥颗粒所用的分级空气必须是干燥、无 CO_2,例如上游安装一台 CaO 干燥塔 [S 85],否则硬化能力,特别是细粒级的硬化能力会被大大地削弱。从图 7.42 可推断出早期强度由波特兰水泥最细的颗粒部分控制,且 3~9μm 和 9~25μm(译者注:原文有误,译文改正。)的颗粒部分对持续硬化很重要。大于 50μm(译者注:原文有误,译文改正。)颗粒部分硬化太慢,因此某些情况下可以认为是惰性的。

当比表面积一定时,颗粒尺寸分布越窄,波特兰水泥的标准强度和波特兰水泥混凝土的强度越高,即在 RRSB 粒度测定图中以累计质量分布为特征的直线斜率 n 越大(5.2 节) [K 19,

L 69, F 57]。然而,需水量也随着 n 的增加而增加(7.3.1 节),因此,以恒定的水灰比情况下来测定水泥标准强度比在砂浆或混凝土在相等的稠度下进行测定,这个影响更明显些。

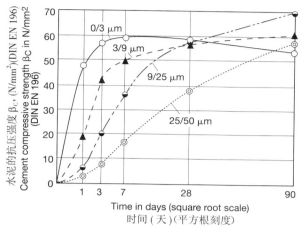

图 7.42 添加质量分数 5% 石膏的水泥熟料经风选得到的粒级部分的强度发展规律 [S 85, L 76]

Figure 7.42: Strength development of the particle size fractions, obtained by air separation, of a cement clinker with 5 % by mass of added gypsum [S 85, L 76]

遵循 RRSB 分布规律的颗粒尺寸分布仅仅以质量累积分布的斜率 n 和位置参数 x' 为特征(详见 5.2 节)。这就意味着 x' 和 n 也决定着比表面积 O_m。如果斜率 n 在比表面积恒定的情况下改变,那么位置参数 x' 也会改变。

x'、n、O_m 与波特兰水泥标准强度之间的关系可从图 7.43 ~ 图 7.45 中看出 [K 112, K 108, L 83]。水泥是由工业熟料在实验室闭路磨和一台批量投料实验室球磨机中粉磨后制得的。熟料粉中加入了 $CaSO_4 \cdot 1/2H_2O$ 和 β–$CaSO_4$ 优化配比的混合缓凝剂。这些水泥试样加入的 SO_3 质量分数都是 3.2%。标准强度在图 7.43 的上图中示出,熟料比表面积为 2200 cm^2/g 恒定不变,图 7.44 中斜率 n 恒为 0.86,图 7.45 中相同的位置参数 x' 为 16 μm。下图显示了相应的不同参数的影响。

由图 7.43 可以看到,比表面积一定时,当颗粒尺寸分布变得更窄时强度增加,即斜率 n 增加及水泥中的细颗粒的百分比变大,这可以从位置参数 x' 降低看出。图 7.44 显示斜率 n 一定时,如果位置参数 x' 变大,标准强度就会降低,结果导致水泥变粗。图 7.45 表明,当位置参数 x' 一定时,尽管颗粒比表面积由 4600 cm^2/g 降到了 2400 cm^2/g,试样的 28d 标准强度不随斜率的增大(从 0.86 增大到 1.21)而变化。当斜率 n 大于 1.21 时,水泥的 28d 强度更高,这可归因于水泥试样的粒径分布偏离了中间值和粗颗粒部分的 RRSB 分布。试样细粒级部分遵循 RRSB 分布,因此,这对 2d 和 7d 强度的影响很小甚至没有影响。

细度对强度发展的影响受水化反应对水泥颗粒尺寸分布的依赖程度控制。计算结果表明,相同的水化程度也提供相同的标准强度 [K 25, K 112, K 108]。然而这一结论的先决条件是相同的水灰比和最优的缓凝时间(7.3.5 节),否则硬化水泥净浆微观结构的差别可能会引起一些偏差。

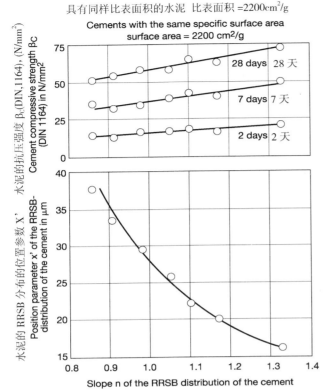
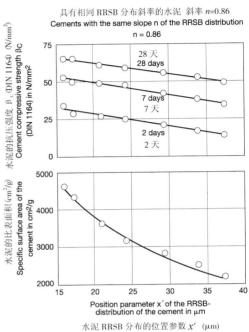

图 7.43 具有同样的比表面积的实验室水泥的标准抗压强度和 RRSB 粒子尺寸分布的位置参数 x' 与 RRSB 分布斜率 n 的函数关系 [K 112]
Figure 7.43: Standard strength and position parameter x' of the RRSB particle size distribution of the laboratory cements with the same specific surface area, as a function of the slope n of the RRSB distribution[K 112]

图 7.44 具有相同斜率 n 的实验室水泥的抗压强度和比表面积与 RRSB 分布的位置参数 x' 的函数关系 [K 112]
Figure 7.44: Standard strength and specific surface area of laboratory cements with the same slope n, as a function of the position parameter x' of the RRSB distribution [K 112]

5. 水灰比的影响

拌合时加的水越多,即水灰比越高,水泥的硬化速度越快。对用同种水泥不同水灰比制成的硬化水泥净浆试样进行的研究证明这个规律,它们储存在水里直到水化程度都达到 60%。以下为所需的水化时间 [P 47]:

W/C = 0.316:20d 水中养护

W/C = 0.432:14d 水中养护

W/C = 0.582:7d 水中养护

这只适用于硬化水泥浆体。水化过程在砂浆和混凝土中更快,这是因为接触区域极丰富的多孔微观结构有助于水扩散到还没有水化的硬化水泥浆体中的水泥颗粒中去(详见 8.3.4 节)。这意味着甚至在低水灰比时水化受到的阻碍较小。

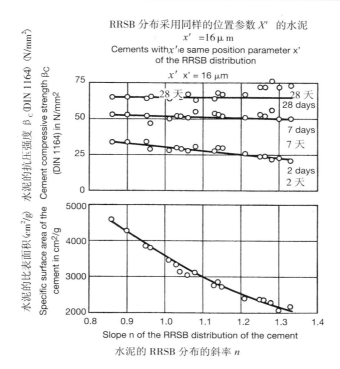

图7.45 采用相同的位置参数 x' 的实验水泥的标准抗压强度和比表面积,与RRSB分布斜率 n 的函数关系 [K 112]

Figure 7.45: Standard strength and specific surface area of laboratory cements with the same position parameter x', as a function of the slope n of the RRSB distribution [K 112]

6. 外加剂的影响

加速硬化。

一种特别有效地加速硬化的外加剂是氯化钙。然而,它一般不能添加在钢筋混凝土中,因为氯离子会加速钢筋的腐蚀。水泥和混凝土中氯含量的极限在很多指南和标准中已经规定,这适用于来自天然水泥原料和混凝土集料中的氯(详见1.2.5节)。对于水泥,氯化钙的质量含量在0.5%~2%之间,对凝结和硬化都有促进作用。主要原因是缩短 C_3S 的诱导期并对随后的水化阶段的反应有显著的的促进作用[M 127]。显然前诱导期的反应也受到了影响。溴化钙($CaBr_2$)和氯化钙的作用相似;其他氯化物如 NaCl 和 $MgCl_2$ 的有效作用更低一些 [K 12]。

由 C_3S 制得的浆体的 28d 抗压强度随氯含量的增加而提高,当氯含量达到最大值,$CaCl_2$ 质量分数为 2% 时,然后强度就会随着氯的进一步增加而再次减小。研究结果表明形成氢氧化钙时,氯化钙也达到最大质量分数 2%,但是 C_3S 的水化程度随氯化钙的进一步增加而增加,这表明在氯化钙存在的条件下,生成了富含 CaO 的水化硅酸钙 [K 122]。当与温度的影响比较时,氯的反应促进作用随温度的升高而稳步降低 [M 127]。

氯化钙也可以促进 β-C_2S 和高炉矿渣水泥中高炉矿渣的水化 [K 122],但其只对火山灰水泥中的火山灰的水化有微小的促进作用 [C 37]。

水化促进的机理还没有完全研究清楚。催化过程可能是重要的一方面。氯化钙导致

pH 的降低，认为可能会促进反应，但这不足以说明是期望的实际作用 [B 74]。另一个明显的假设是反应促进作用是由成核控制的，成核过程也用来解释说明诱导期(7.3.4 节)。据此，快速反应的前提是有足够的富含 CaO 并可以生长的水化硅酸钙晶核。它们的生成取代最初形成的水化硅酸钙，前者的 CaO 含量较低，其稳定性随溶液的氢氧化钙含量的增加而降低，因此，不再生长。氯化钙促进富含 CaO 且能较快生长的水化硅酸钙生成，从而使水化进行得更快。

硫酸钙也可促进 C_3S 和 $\beta-C_2S$ 的水化 [M 127](图 7.20)。因此，前诱导期，反应中没有完全消耗的硫酸盐部分可提高初始强度。然而，加入水泥的硫酸盐应是无水石膏而不是石膏。这就避免了在水泥粉磨和养护时水从石膏中逃逸而改变水泥的性能(7.3.5 节)。

C_3S 的水化和相应的水泥硬化也可由甲酸钙促进。促进作用在最佳质量含量为 2% 之前随其添加量的增加而增加 [S 138]。然而，如果水泥中硫酸盐含量低而 C_3A 对 SO_3 的比值高 [G 15]，加入到波特兰水泥混凝土中的甲酸钙只起促进作用。甲酸盐的这种促进作用显然和硫酸盐相当，因此反应机理大体相似。

水泥硬化可通过添加已硬化和再次细磨的水泥浆体而加快 [D 83, S 82, T 16]。最有效的反应发生是当其添加量为 2%(质量分数)时。这种水化水泥可能作为结晶核，促进富含 CaO 的硅酸钙水化产物的快速形成(7.2.4 节)。相似的，硅酸钙石晶核在 C_3S 水化期间可加速硅酸钙石的形成 [C 13]。

大部分外加剂对促进硬化作用不大。硫酸钙是实践中唯一一个通常使用的，它的掺量通常大于控制凝结时间所需的量(7.3.5 节)。然而，它的掺量不能超过各种水泥标准中为控制耐久性而规定的 SO_3 的总含量。

硬化延迟。

延缓硬化的外加剂种类很多，有时候延缓程度极大。这包括许多重金属化合物，主要有锌和铅的盐，除了磷酸盐、硼酸盐和氟硅酸盐还有许多有机化合物，如类糖化合物和各种有机酸，包括酒石酸和柠檬酸及相应的盐。[L 117]

硬化延迟是由于 C_3S 诱导期的延长。例如，加入质量仅为 0.2% 的糖或柠檬酸，C_3S 诱导期从大约 2h 延长到 6h(图 7.46)[R 52]，即使加入量增多，例如 1% 质量分数的 ZnO，硬化的延后可达几天 [L 48, L 49]。如果水化所需水量足够，则进一步硬化不会被这种延迟削弱。事实上，在水中养护 28d 的标准强度一般比不加外加剂的要高。

外加剂延长了 C_3S 诱导期，导致硬化的延缓，通常会增加在前诱导期反应的 C_3A 的份额，即它们增强了 C_3A 的反应活性(7.3.5 节)。它们也可以改变硫酸钙的溶解特征(7.3.5 节)。这经常会引起凝结的大大加速。

水泥中加入百分之零点几的重金属通常足以延缓硬化。然而，如果重金属含在熟料生产的原料中，或是作为由矿化剂的形式加入其中，则硬化延迟作用只发生在重金属含量很高时。当水泥熟料中 ZnO 的质量分数不超过 1% 时，Zn 含量对硬化没有影响 [S 55, O 20, O 5]。

重金属的延迟作用认为是在水泥颗粒上和/或水化产物的表面上形成了数层可阻止反应的氢氧化物层 [L 52, T 47, A 41]。糖类和其他有机化合物即使在很低的含量下也可延迟水化，它们明显是吸附在初始水化产物的表面上，从而阻碍了水化产物进一步的生长。这一规律可由即使加入少量的糖类也会大大地增加 SiO_2、Al_2O_3 和 Fe_2O_3 在混合水中溶解量的观察中推断出来 [T 47]。也有可能是由于这些物质阻止了富含 CaO 的 C-S-H 核的形成且成长较快的缘故。

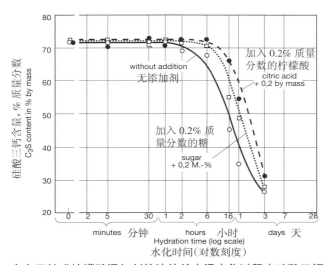

图 7.46　在有无糖或柠檬酸添加剂的波特兰水泥水化过程中硅酸三钙含量的变化 [R 52]
无水石膏／半水石膏混合比例 =60/40
总 SO_3 质量分数 =3.5 %
水灰比 =0.40

Figure 7.46: Change in the C_3S content during the hydration of a Portland cement with and without the addition of sugar or citric acid [R 52]
anhydrite/hemihydrate mixing ratio = 60/40
ΣSO_3 = 3.5 % by mass
w/c = 0.40

7. 温度、热处理和延缓钙矾石形成的影响

水泥水化反应、凝结与硬化在较高温度下加速，而在较低温度下延缓。对混凝土强度的影响取决于水泥的性质和成分，以及混凝土的成分 [W 2, W 56]。表 7.10 给出在 5℃和 20℃下连续养护混凝土的影响的指导性数值 [W 56]。特别标记出温度对早期强度的影响。低温下养护的最终强度比常温下硬化的更高，而较高温度下养护后则比常温最终强度要低。这主要发生在混凝土只是在一开始暴露在低温下时 [W 56] 或经过热处理来促进硬化的情况。原因是增加强度的长纤维水化硅酸钙比例的差异 [R 56]，或者是在快硬阶段降低强度和趋于形成的微观结构中的应力。也有可能是加速水化期间在水泥颗粒表面形成了致密的水化产物层，因此，某种程度上抑制了进一步的水化 [V 3, K 78]。

评估温度对混凝土强度的影响的公式建立基于以下假设，对实际应用很重要的范围内，养护时间的长短和温度对强度的影响相似,即强度是硬化时间和温度乘积的函数,称之为成熟度 [S 21, B 60]。如果温度没有被溶解在水中的盐进一步降低,考虑到水泥水化必需的最低温度一般约为 −10℃,温度可以增加 10℃。

表 7.10 由不同水泥制备的混凝土在 5℃下连续养护后的抗压强度占 20℃下养护的抗压强度的比例 [W 56]
Table 7.10: Guide values for the compressive strength of concrete made from various cements after continuous storage at 5℃ in percent of the strength after storage at 20℃ [W 56]

水泥类型 Cement type	5℃下连续养护的抗压强度占 20℃下养护的抗压强度的百分比 5 °C strength in % of the compressive strength for constant 20 °C storage after		
	3d	7d	28d
慢硬水泥 slow hardening cements	15…45	30…60	45…75
正常硬化水泥 normal hardening cements	45…60	60…75	75…90
快硬水泥 rapid hardening cements	60…75	75…90	90…105

由上述公式计算的混凝土强度只是参考值,见表 7.10。混凝土技术步骤由各种特定情况下确定的实际强度控制。

通过低于 100℃的相当高温的作用有意地加速硬化,称为热处理。热处理期细分为四个部分:预养护、加热、热处理温度下停留和冷却 [D 24](图 7.47)。一个长的热处理,混凝土只是适度地加热 16~20h[W 47],而高达约 80℃的较高温度,一般是"短"热处理,仅持续几个小时。长的热处理只提供约一天后工业上可用的早期强度,而"短"的热处理只提供几小时后工业上可用早期强度。与常温下硬化的混凝土相比,经"长"热处理混凝土的 28d 强度有 0%~10% 的下降,只是轻微下降;而短热处理导致较大的强度损失,为 20%~40% [W 56, W 47]。

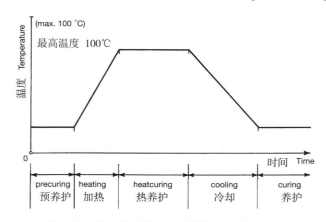

图 7.47 热处理过程中温度行为的图解 [W 56]
Figure 7.47: Temperature behaviour during heat treatment, schematic [W 56]

混凝土经热处理产生的损害会在数年后显现出来,表明热处理在一定的条件下会对混凝土的耐久性产生反作用。损害的原因是后来形成的钙矾石引起的膨胀。损害的独有特征是具有环形裂缝,在显微照片中可见,这些裂缝被集料小颗粒包围着,而这些环形裂缝有的是空的,有的部分或全部被钙矾石、硅灰石膏或它们相关的混合晶体所填充。这些混合物形成针状或圆柱状,通常与集料小颗粒表面垂直。研究表明,这些环形裂缝的宽度随集料小颗粒的尺寸增加,由此推论出裂缝形成的原因是硬化水泥浆体基体均匀的膨胀,但是这种膨胀发生得很慢 [J 22]。

如果混凝土加热到如此高的温度以至在水泥水化的一开始没有钙矾石形成或已经形成的钙矾石又分解了,那么这种损害肯定会发生。如果混凝土的这些成分暴露在空气中,然后钙矾石在稍晚的阶段形成并引起膨胀,从而导致混凝土逐渐粉碎。因此,这些混凝土耐久性差是由钙矾石的延缓形成而引起的(DEF)[F 58, M 48, O 28, G 24, H 36, H 38, H 37, L 106, S 140]。

在热处理开始前过短的预养护也能延迟钙矾石的形成并对混凝土的耐久性起反作用。这适用于高性能混凝土,这是因为其水泥含量高、水灰比低、微孔溶液的比例低且高度密实会阻止扩散。因此,初始结合硫酸盐反应比普通的塑性混凝土慢得多。因此,热处理只能在以上反应结束后才开始,即给出足够的预养护时间,这对混凝土的耐久性非常重要 [V 27, V 31, V 35, V 37, V 39, S 273, S 270, N 5, J 23]。

经验显示,只有直接暴露在外部环境中的构件才会生成延迟性钙矾石造成的损害,防止降水构件中不会产生延迟性钙矾石。实验室研究也证实了这一点,研究中,可用水分的量越多,形成的延迟性钙矾石造成的损害越强烈 [O 24]。因此,德国混凝土热处理指南,根据预期的水分条件对热处理的需求进行了再分。对于经常潮湿或长时间潮湿的构件,混凝土在热处理前需要至少预养护 3h,且在热处理中最高温度不能超过 60℃。对于在使用期间保持很干燥的混凝土构件,需要进行 1h 的预养护期,其最高养护温度为 80℃。

延迟钙矾石形成对混凝土耐久性的重要性已经多次研究了 [J 23, F 59, Y 5, O 24, O 12, M 41, M 39, L 23, M 40, Y 4, D 70, C 40]。水泥熟料中含有的铝酸三钙与加到水泥中调整凝结的硫酸盐反应和在升温中反应产物的稳定性有着重要的影响。与此相关的信息示于图 7.48[S 270, S 273],图中显示出在 X 射线衍射分析中钙矾石衍射强度和单硫型化合物热分析信号强度的变化程度与水化时间和温度的函数关系。从曲线的形状可推断,60℃以上,水解一开始形成的钙矾石的量随温度的升高而降低并生成单硫型化合物,然而,其比例也随温度的升高而降低。新形成的硫酸盐化合物的比例比水泥中硫酸盐的总含量要低得多。荧光微分析和热分析研究表明,硫酸盐被水化硅酸钙溶解 [V 37]。结合不太稳定的硫酸盐,有水分存在时可在常温下形成钙矾石,且以这种方式引起显微结构的膨胀和破坏。然而,如果温度升高之前,混凝土在常温下预养护足够长的时间,那么预养护期间形成的钙矾石,在更高的热处理温度下还会保持稳定。这样就有可能避免延迟钙矾石的形成,从而避免延迟的硫酸盐膨胀 [S 270, S 273, N 5]。

随着水泥中硫酸盐含量的减少和 Al_2O_3 含量的增加,延迟钙矾石形成的趋势减缓。如果波特兰水泥中 SO_3/Al_2O_3 摩尔比不超过 0.65,而因此 SO_3/Al_2O_3 质量比不超过 0.50[H 38] 或如果

SO_3 和 Al_2O_3 的总含量不是非常的高 [O 24]，就不会出现钙矾石的延迟形成 [O 24]。混凝土中水泥含量超过 $350kg/m^3$ 也是不利的 [H 42]。石英砂的颗粒尺寸也有着重要的影响。尺寸越小，新形成的钙矾石的量越多，膨胀也越厉害 [G 60]。

水泥熟料中含有的硫酸盐 [H 51，C 40，C 39] 不可能是钙矾石延迟形成的原因 [T 26]。熟料烧成期间，硫酸盐主要是碱金属硫酸盐会在水泥窑的气相中凝聚（第 3.1.9 节，6.3.3 节和 6.3.4 节）。硫酸盐在水泥加水后快速溶解，且没有丝毫延迟，与溶解后的铝酸盐结合形成钙矾石 [M 102]。这同样适用于和石膏混合后加入水泥用来控制凝结时间的天然 β- 无水石膏，以及如果水泥熟料中含有超量的硫，在烧成期间也会形成的 β- 无水石膏。

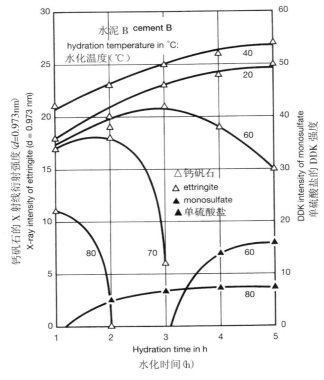

图 7.48　波特兰水泥浆体中钙矾石和单硫型水化硫铝酸钙的含量与水化温度的函数关系 [S 267]
纵坐标给出了钙矾石 X 射线衍射强度的相对值 (d = 0.973 nm) 和单硫型水化硫铝酸钙的差热分析信号的相对值
Figure 7.48: Change in the levels of ettringite and monosulfate in pastes made from Portland cement, as a function of the hydration temperature [S 267]
The ordinate gives relative values for the X−ray diffraction intensity of ettringite (d = 0.973 nm) and of the DTA signal of the monosulfate

混凝土预养护后，对它的加热不能太快；加热速率不应超过 20K/h[D 24]。除此之外，这意味着当热处理室用蒸汽加热时，蒸汽喷嘴决不能直接对着混凝土表面 [W 60]。用微波加热时，可使混凝土内部温度均一 [H 81，S 69，R 24，S 160]。

预养护时间太短不仅会促进混凝土中有害化学反应，如热处理时加热速度太快或是热处理温度太高,也会降低抗冻融破坏的能力。原因是加热过程中混凝土微孔水膨胀产生的压力,和显微结构中的应力破坏了集料与硬化水泥浆体之间的胶结。甚至于即使结合了一小部分拌合水,水压就会降低,混凝土的加热速率和加热温度越低,微结构中的应力也就越低 [a 3, W 60]。

8. 高压蒸汽养护

高压蒸汽养护法是将试样置于温度大于100℃且水蒸气饱和的高压釜中的压力下进行硬化的方法。当温度约为200℃时,液态水之上蒸汽压通常约为15bar,这样的高压釜安装和运行都很昂贵,因此混凝土的高压蒸汽养护法只限于小组件,特别是混凝土砌块的生产。

高压蒸养的水泥浆体硬化后强度不是很高,因为孔隙率太高。归因于在常温下初始形成的水化硅酸钙的密度在 $2.4\sim2.5\text{g/cm}^3$,压热条件下转化成较致密的密度为 $2.7\sim2.8\text{g/cm}^3$ 的 α-硅酸二钙水合物(7.2.3 节)。若将石英粉加入到水泥中,可生成粒径为 1.1nm 的水化硅酸钙 $5CaO\cdot6SiO_2\cdot5H_2O$。其密度大约是 2.4 g/cm^3,和 C-S-H 凝胶具有相同的量级,因此,蒸汽处理的水泥和石英粉混合物的孔隙率低,强度相应提高。其他含有活性 SiO_2 的物质,如粒化高炉矿渣、天然火山灰或是粉煤灰,也可以代替石英粉加入水泥中。强度深受波特兰水泥中混合材掺量百分比的影响 [M 78]。蒸汽养护的温度和时间长短以及 SiO_2 添加剂的活性也是重要的影响因素。

高压蒸养的水泥和活性 SiO_2 混合物的强度是由 1.1nm 水化硅酸钙提供的,它的晶格中含有 Na^+、Al^{3+}、Fe^{3+} 和 SO_4^{2-} 离子。高压蒸养水泥浆体还含有一定比例的 C-S-H 凝胶。有时也会产生少量的水榴石 [K 6]。

比起常温下的硬化,高压蒸养水泥净浆、砂浆和混凝土的渗透性要高得多,而抗冻融性和抗钢筋的腐蚀性更低。

7.3.7 水化热

1. 概述

水泥水化过程是一个放热过程。水化过程中释放出的热量即是水化热,一般规定为 J/g。水化热会导致混凝土内部温度升高,在某些情况下是有利的,如在低环境温度下。然而,加热后冷却会产生不利的高机械应力,从而导致开裂,特别是在大体积水泥构件中 [B17, W 62] (8.3.4 节)。

下面描述的方法是用于测定水化热的几种主要方法。

2. 溶解热测量方法

通过测量溶液热量的水泥水化热测试方法,许多国家的水泥标准中用来表征低水化热水泥。本方法是测定未水化水泥和20℃下绝热水化的水泥溶解在混合液中 [该混合液由 39 份体积的硝酸(2.00 N)和 1 份体积的氢氟酸(质量分数为38%~40%)混合而成],释放出来的热量。两种溶液之间的热差异便是水化热 [D 51, A 48]。

3. 绝热量测试法

通常是对在一个具有连续测量温度的密封金属容器中硬化的混凝土进行测量。金属容器封装在一个较大的绝热容器中,通过装有灵敏控制设备的加热系统加热金属容器周围,使混凝土样品和周围环境之间无温度差,从而使密封容器与周围环境之间没有热交换产生。因此温度不断上升。假如热损失与热发展相比很低,这可以测得预测的混凝土建筑现场发生在混凝土内部的初始硬化温度。水泥的水化热温度也可以由混凝土温度增量,混凝土样品热容量和混凝土中水泥的含量计算得到 [B 16, V 98]。

4. 半绝热过程法

研究通常是对砂浆进行的。砂浆样品混合好以后立即放入一个汽密性的圆柱形容器里(如锡罐),连续测量并记录砂浆试样中心温度的改变量。必需的温度传感器插入一个一端封闭并密闭在容器盖上开孔的管子里 [G 66, G 13, N 32, E 23]。

只要水泥进行水化作用时释放的热量大于流失的热量,砂浆的温度就会升高。通常在 24h 之内温度会达到一个最高值。包含多种主要成分的水泥水化作用时会有几个不同的温度最大值。

由于这个过程只需要适度的花费,所以也被用来比较不同水泥的热量变化过程,或者,例如用来估计混合材影响下的水泥水化行为的变化。如果考虑通过标定测出的热量损失,也可以计算出水泥水化的热量 [C 30, A 22, N 32, E 25, H 78]。试件也可用来进行强度测试 [H 55, H 54]。

5. 热流量计

热流量计主要用来跟踪水泥的水化作用及它们被影响的方式,例如,使用外加剂的影响 [L 42, D 9, S 224, M 113]。所以通常测试的是水泥净浆。水化过程释放的热量通过一个特定的方式不断地移走,测量并记下向外留出的热量。和溶解热法一样,水化热量也可在等温条件下释放到热流量计中。

6. 水泥和它们组分的水化作用的热量

通过水溶法测定水化作用的热量时,水泥试样水化时,温度是恒定的。而用绝热法测定时水泥水化的温度是不断升高的,所以水化进行得较快些。这意味着绝热法测定的水化热量的值高于水溶法,尤其是在水化作用开始时。绝热法中,砂浆或者混凝土试样温度的升高,水化作用的进展以及水化作用的热量很大程度上取决于水泥的含量。因此这种方法适合于建筑施工中进行规定组分的混凝土的预期热量测定。

水泥完全水化中释放出的总热量是由熟料各成分产生的分热量水化热组成的。这些分热量可以通过测试纯水泥熟料获得 [L 40, C 51]。但是也可以用数据分析法测试不同成分的波特兰水泥获得。这些结果转换成 J/g 并且整理后列于表 7.11。这两种方法获得的结果基本一致。不同之处仅由铝酸三钙引起。因为研究纯水泥熟料时并未考虑水泥水化时添加的硫酸钙反应的影响。

高炉矿渣对矿渣水泥水化热的影响并未彻底研究清楚。据估算大概平均在 250J/g 到

7 水泥硬化

335J/g 之间 [K 7]，这比硅酸二钙的作用稍微高一点。

水化热的测定过程中，必须明确这些值与湿度状态有关。如果水化产物仅仅是稍微干燥过的，当水的吸附作用焓占了总焓的一大部分时，水化热就会下降。这对 C_3S 和 C_2S 的水化尤为适用，因为作为水化产物生成的 C-S-H 具有非常大的表面积。这个反应的总焓数由四部分组成 [B123]。

表 7.11 熟料组分完全水化后的水化热
Table 7.11: Heats of hydration of the clinker compounds for complete hydration

熟料组成 Clinker compounds	水化热(J/g) Heat of hydration in J/g	
	纯熟料组分[1] pure clinker–compounds[1]	不同组分的波特兰水泥[2] Portland cements of varying composition[2]
硅酸三钙 tricalcium silicate	500	500
硅酸二钙 dicalcium silicate	250	250
铝酸三钙 tricalcium aluminate	865	1340[0]
铁铝酸钙 calcium aluminoferrite	420	420
游离氧化钙 free CaO	1160[3]	
游离氧化镁 free MgO	850[4]	

1) 根据 [L40]　　2) 根据 [C51]　　3) 根据 [k 7,13]　　4) 根据 [L40]
1) Acc. to [L 40]　　2) Acc. to [C 51]　　3) Acc. to [k 7,1 3]　　4) Acc. to [L 40]

$$H_0 = H_C - S + H_H + H_{CH}$$

其中

H_0——总焓数；

H_C——化学反应焓；

S——水化产物的表面能；

H_H——水的吸附焓；

H_{CH}——氢氧化钙的吸附焓。

水化产物的比表面积 S 较低时，H_H 和 H_{CH} 可忽略不计。然而，如果水化产物有较大的比表面积，则水化反应焓为 $H_C - S$。然而，这个值是不可测的，因为，如果不能同时驱除部分化学结合水，吸附水不能被脱掉(8.1 节)，氢氧化钙的吸附也不能得以进行。因此，水泥的水化热由总焓数 H_0 来表示，这对实用性来讲也是一个重要的数据。

表 7.12 给出了不同水泥完全水化的水化热。水化放热量对实际建筑工程很重要。图 7.49 显示了强度和水化热之间的密切关系，即水化热释放得越快，水泥硬化越快。这种关系也可在表 7.13 中列举的德国水泥的水化热值看到。这意味着比起富含 C_2S 和高炉矿渣水泥，富含 C_3S 的水泥在水化时水化热释放得更快，相应地其硬化更快。另一方面，C_3A 在水化热方面的贡献比其对强度发展方面要大点。

表 7.12 不同类型的水泥完全水化时的水化热,由热溶液法测定(根据德国水泥工业研究所的资料)
Table 7.12: Heats of hydration of various types of cement for complete hydration, determined by the heat of solution method (according to documentation from the Research Institute of the Cement Industry, Düsseldorf)

水泥类型 Cement type	水化热(J/g) Heat of hydration in J/g
波特兰水泥 Portland cement	375…525
矿渣水泥 slag cement	355…440
火山灰水泥 pozzolanic cement	315…420
高铝水泥 high-alumina cement	545…585

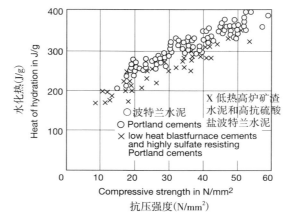

图 7.49 水泥的标准抗压强度和它们的水化热之间的关系 [S 174, G 66]
Figure 7.49: Relationship between the standard strength of cements and their heats of hydration [S 174, G 66]

表 7.13 由热溶液法测得的德国水泥的水化热
Table 7.13: Heats of hydration of German cements, determined by the heat of solution method [W 61]

水泥类型 Cement type	水化热 (J/g) Heat of hydration in J/g after			
	1d	3d	7d	28d
慢硬水泥 slow hardening cements	60…175	125…250	150…300	200…375
正常硬化水泥 normal hardening cements	125…200	200…335	275…375	300…425
快硬水泥 rapid hardening cements	200…275	300…350	325…375	375…425

8 硬化水泥浆体（水泥石）的组成和性能

8.1 结合水

水泥浆体中，水分占有相当大的体积比例。以水灰比 0.3 混合时，水分体积约占 48%；水灰比 0.6 时，水分约占 65%（8.3.2 节）。最初的混合水几乎填充了所有的空位，即有水泥颗粒内部的孔隙和裂缝，也有颗粒间的缝隙空间，还有包在单个颗粒外围零点几毫米厚的水膜（7.3.1 节）[K 92]。水泥水化产物在这些空间形成的微结构，起初因有大量空隙而非常疏松，之后会逐渐致密，最终固化为硬化水泥浆体，德语称水泥石。

水泥的水化过程中，一部分拌合水是水化产物的化学结合水，成为固体的组成部分；另一部分是被表面作用力吸附在水化产物的表面；再有一部分则以液态水形式完全或部分地填充在颗粒间隙内。

测定水泥石的含水量时，很难准确区分化学结合水、吸附水和毛细孔水。在磨细的水泥石连续升温下脱水时，如热平衡状态，作为化学结合水的标志是重量分段减少，425~600℃ 之间才发生 $Ca(OH)_2$ 脱水（图 8.1）。

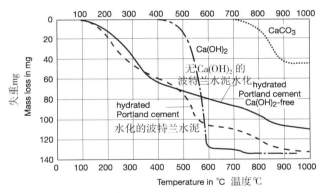

图 8.1 热平衡下的 $Ca(OH)_2$ 脱水、无与有 $Ca(OH)_2$ 的磨细波特兰水泥脱水及 $CaCO_3$ 分解
Figure 8.1: Dehydration of $Ca(OH)_2$ and of ground Portland cement with and without $Ca(OH)_2$, as well as the dissociation of $CaCO_3$ in a thermobalance [L 31]

在 700~900℃ 间的脱水，可归因于 $Ca(OH)_2$ 与空气中 CO_2 反应生成的 $CaCO_3$ 在分解；当 $Ca(OH)_2$ 被乙酰醋酸酯与异丙醇的混合物溶解出来后，水化的水泥便继续脱水。因其他方法测定水泥石中化学结合水相当困难，故将全部含水量分类为'可蒸发水'和'不可蒸发水'，可蒸发水是指特定干燥条件下能从水泥石中排出的水，而不可蒸发水就是仍留在水泥石中的水，其基准都是不含水的水泥，分别以 W_e 和 W_n 表示，同时将拌合水量表示为 W_o，总水量为 W_t。若用含水量确定烧失量，还要考虑 CO_2 的逸出。

最初用高氯酸镁作干燥剂,区分可蒸发水和不可蒸发水[P 47],但后来的 D-干燥法,以相当低温度、-79℃蒸汽分压下多次重复利用的固体 CO_2(干冰)和乙醇(或丙酮)反应制得的干冰环境[C 49],经吸附研究证实,此法能以严格的干燥条件,将大部分化学结合水从水泥的水化产物中排出。还有更好区分化学结合水和吸附水的方法,先用固体不熔物 $LiCl·H_2O$ 间歇搅拌出氯化锂的 25℃ 过饱和溶液,以获得 11% 相对湿度环境,让处于水饱和状态还未干燥的水泥石试样,在此条件下平衡干燥。

此法与 D-干燥法相同,干燥过程中试样室温必须保持恒定,且装备需要抽真空,以加快干燥。尽管如此,与 D-干燥法仅约需 24 小时相比,建立相对湿度 11% 环境却需要数天。不同干燥条件下获得的相对蒸汽压列于表 8.1 中。

对于完全水化的水泥,D-干燥法得到的含水量与 105℃ 烘干的结果相同;但对部分水化的水泥,干燥期间温度高些,会促进继续水化,增加化学结合水的量。

D-干燥法表明:不同组分的水泥完全水化后,每克无水水泥的含水量为 0.21~0.24g。平均约 0.23g(W_{no}=0.23)。非可蒸发水增加的量与水化程度近似成线性关系,因此,W_{nt}/W_{no} 是 t 时间水化程度的表征,其中 W_{nt} 是 t 时间不可蒸发水的含量。

D-干燥法不仅能把水泥产物中所有毛细管水和吸附水排出,还能排出部分化学结合水,尤其是含有 AFt 和 AFm 水分子结构的化合物,它们的水分子不仅可以逸出,还可随环境湿度,再可逆地吸收回去(图 8.3 和图 8.4)。D-干燥法中,C-S-H 失去了在托贝莫来石[C-S-H(Ⅰ)]和羟基硅钙石[C-S-H(Ⅱ)]中的层间水(7.2.3 节)。

水泥石中的化学结合水是由阶段分析结果,连同水化产物的体量平衡及含水量一起确定[T 28,T 1]。当水泥完全水化为合成物之后,假设 $CaCO_3$ 来源于 $Ca(OH)_2$,相对于无水波特兰水泥体,将给出 34% 的含水量,C-S-H 占 H_2O 体的 12%,$Ca(OH)_2$ 占 7%,AFm 占 9%,AFt 占 5%。

表 8.1 饱和盐溶液和固体干燥剂的相对水蒸气压 p/p_0[L 103,D 61,r 2,S 235,C 49]
Table 8.1: Relative water vapour pressure p/p₀ over saturated salt solutions and over solid drying agents [L 103, D 61, r 2, S 235, C 49]

溶液 Solutions				
饱和水溶液 Saturated aqueous solution	不溶固体 Undissolved solid	在下列温度下的相对水蒸气压 p/p_0 Relative water vapour ressure p/p₀ at		
		20℃	25℃	30℃
氢氧化钠 Sodium hydroxide	NaOH·H₂O	0.08	0.07	
氯化锂 Lithium chloride	LiCl·H₂O	0.12	0.12	0.11
乙酸钾 Potassium acetate	CH₃COOH	0.23	0.22	0.22
氯化镁 Magnesium chloride	MgCl₂·6H₂O	0.33	0.33	0.33
硝酸锂 Lithium nitrate	LiNO₃·3H₂O	0.48	0.47	

续表

名称 Designation	化学式 Chemical formula			
溴化钠 Sodium bromide	NaBr·6H$_2$O	0.58	0.58	
氯化锶 Strontium chloride	SrCl$_2$·2H$_2$O	0.72	0.71	
溴化钾 Potassium bromide	KBr	0.82	0.81	
氯化钡 Barium chloride	BaCl$_2$·2H$_2$O	0.91	0.91	0.89
水 Water	H$_2$O	1.00	1.00	1.00
固体干燥剂 Solid drying agents				

名称 Designation	化学式 Chemical formula	在下列温度下的相对水蒸气压 p/p_0 Relative water vapour ressure p/p_0 bei	
		20℃	25℃
氧化磷(V) Phosphorous(V)oxide	P$_2$O$_5$	0.00	0.00
冰(−78.5℃) Ice at −78,5 °C	H$_2$O	0.004	0.003
氧化钙 Calcium oxide	CaO	0.01	0.01
高氯酸镁 Magnesium perchlorate	Mg(ClO$_4$)$_2$ [1]	0.06	0.05

1) 平衡压力 Mg(ClO$_4$)$_2$ ⟷ Mg(ClO$_4$)$_2$·2H$_2$O

1) Equilibrium pressure Mg(ClO$_4$)$_2$ ↔ Mg(ClO$_4$)$_2$·2H$_2$O

这些数值都是对应 11% 相对湿度下的干燥后状态。

测量吸附水是为在恒温下,所研究样品的含水量与环境湿度间函数关系,给出自由表面上的物理吸附水和层间水的相关数据。低湿度时,该平衡几天后就能建立,而较高湿度就需要数周时间。环境湿度用相对水蒸气压 p/p_0(水蒸汽分压),即压力与饱和蒸汽压之比测量。所记录下来的等温吸附曲线,既可通过恒温下依次逐步改变相同试样的环境水蒸气分压(微分法)测得,也可从分装在编号不同的相对空气湿度容器中暴露的小部分样品中同时获取,此时要以特定状态,即 D- 干燥法或水饱和开始(积分法)[L 103]。

为水蒸气吸附所需要确定的水蒸气分压,在含有不溶固体的饱和盐溶液上方获得(表 8.1)。特定的分压也可从有机液体中获得,该液体在预定温度容器中蒸发,蒸汽流通过阀门计量,流经保持恒定温度的样品容器,并设有能连续记录的微量天平。

图 8.2 至图 8.5 给出了 C-H-S、C$_4$AF$_n$、钙矾石和水化的工业波特兰水泥的水蒸气等温吸附曲线。前三类是在富水的 C$_3$S 和 C$_3$A+Ca(OH)$_2$ 悬浮液中产生,或在 Ca(OH)$_2$、石膏和铝酸盐的混合溶液中产生;而波特兰水泥的水化,在水灰比 W_0 为 10 时,生成悬浮液,在水灰比为 0.4 时,试样硬化,故它的水化产物测定值中要扣掉 Ca(OH)$_2$ 结合的用水量,才能与无 Ca(OH)$_2$ 的 C-H-S 的等温吸附曲线比较。这些吸附曲线的形状可说明以下关系:

相同湿度下,第一次解吸过程源自 C$_3$S 水化、无 Ca(OH)$_2$ 的 C-S-H,在水蒸气分压高于 0.5 时,它的可蒸发水量(图 8.2 中虚线)要比第二次解吸过程高,这表明,第一个解吸过程不可逆地改变了 C-S-H 的吸附行为,只是在第一次干燥之后,吸附和解吸才会可逆发生,但有明显滞后,这点也表现在 X 射线衍射分析测定的层间距变化上(7.2.3 节图 7.7)[L 103]。

C_4AH_{19} 的吸附与解吸状况如图 8.3 所示。从等温吸附曲线结合一般趋势样品架的 X 射线,进行衍射分析,可以识别以下四个明显的水化阶段:

当 p/p_0 高于 0.95 时,为 C_4AH_{19};

当 p/p_0 介于 0.85(是否应为 0.95——译注)至 0.11 之间时,为 C_4AH_{13};

当 p/p_0 介于 0.11 至 0.01 之间时,为 C_4AH_{11};

当 p/p_0 低于 0.01 时,为 C_4AH_7。

这里吸附和解吸等温线再次明显的表现出滞后现象。

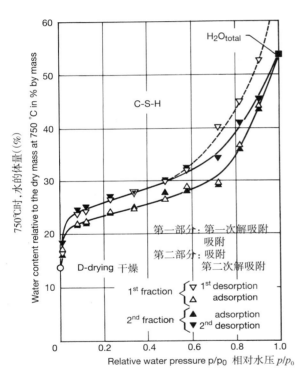

图 8.2 C-S-H 中水蒸气 20℃的等温吸附曲线吸附平衡建立在盐溶液中(积分法)[L 103]
第 1 部分:悬浮液中制得试样后开始,存放在水面上的抽真空干燥器中;
第 2 部分:D- 干燥后开始。

Figure 8.2: Sorption isotherms of water vapour on C-S-H at 20 ℃.
The sorption equilibrium was established over salt solutions (integral method) [L 103]:
1st fraction: starting with samples which, after production in a suspension, had been stored in an evacuated desiccator over water 2nd fraction: starting after D–drying

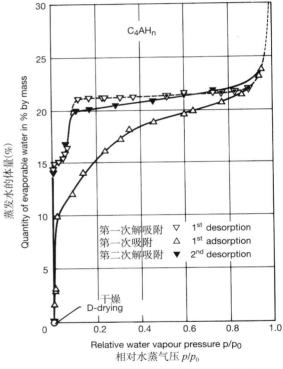

图 8.3 C_4AH_n 中水蒸气 20℃的等温吸附曲线此吸附平衡是特定温度下的蒸发容器中蒸发水获得(微分法)[L103]

Figure 8.3: Sorption isotherms of water vapour on C_4AH_n at 20 ℃.
The sorption equilibrium was obtained by evaporating water at specific temperatures in an evaporating container (differential method) [L 103].

8 硬化水泥浆体（水泥石）的组成和性能

图 8.4 中可以看到钙矾石与环境湿度的函数关系：当相对水蒸气压低于 0.1 左右时，经 X 射线观察，三硫酸盐失去大部分含水量，变为无定型；随环境温度增加，达到较高的适合湿度时，晶体结构才会再次形成，当然，脱水和再水化也是显著滞后。

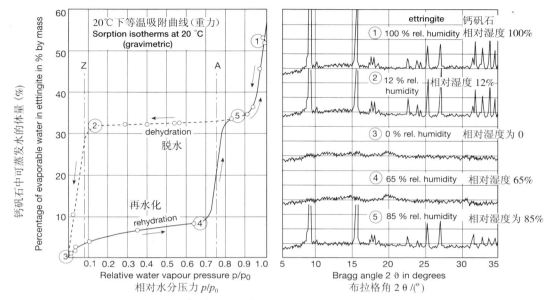

图 8.4 水蒸气的 20℃等温吸附曲线（左图）和钙矾石的 X 射线衍射图（右图）
Fig. 8.4: Water vapour sorption isotherms at 20 ℃ (left) and X–ray diffraction diagrams (right) for ettringite

图 8.5 中的两个图描述了 PZ 55 CEMI 52.5 R 型水化波特兰水泥（抗压强度 52.5MPa）的吸附表现，左图是水灰比 W_0=10 时的水化，右图是 W_0=0.4 的水化。可以看出，相对水蒸气压在低于 0.5 的范围内，水灰比对等温吸附曲线的特征表现几乎没有影响；而高于 0.5 时，W_0 为 0.4 的水泥石中结合水明显较少；在没有预先干燥过的原始样品解吸曲线中，波特兰水泥的水化产物有不可逆转变，与纯 C-S-H 相似（图 8.2）。当 $p/p_0 < 0.4$ 时，等温解吸曲线存在有可识别的差异，这说明 C_4AH_n 和三硫酸盐都对脱水有确定影响。早期研究已经确立了与吸附等温线相似的行为模型 [F 27]。这表明：根据确定湿度的干燥，不可能区分化学结合水和吸附水；用水蒸气测量吸附水，也不会提供水泥石的孔隙率或其组成比表面积的相应信息。

甲醇并不适合用作上述测量的吸附剂，D-干燥后，C-S-H 和 C_4AH_n 上的甲醇等温吸附曲线如图 8.6 和图 8.7 所示。图 8.6 表现出用甲醇吸附 C-S-H，与用水蒸汽吸附有类似的滞后。早期研究的相似结果可以推断，C-S-H 的层空间会被其它诸如甲醇或氨一类的液体或气体分子所占据，即甲醇或氨代替了水 [M 96,F 17,F 16,F 21,F 19,F 22,P 13]。而用异丙醇吸附时，相互影响会大幅降低 [F 19,F 20,T 45]。当甲醇相对蒸汽压 p/p_0=0.5~0.6 时，C_4AH_n 的量会突增（图 8.7），这是因每个 C_4AH_n 分子中填充了四个甲醇分子，X 射线衍射分析测得的 c 向晶格膨胀，比 C_4AH_{11} 和 C_4AH_{19} d 值所占据的空间，填充 8 个水分子，使 C_4AH_{11} 转变为 C_4AH_{19} 的膨胀，还要大 20% 左右 [L 103]，这和以往深入研究的结果非常一致，它表明铝酸四钙水化物可以在晶格中结合很多有机化合物,这意味不只是水,连甲醇和其它有机化合物会和水泥石组分发生化学作用,故它们只能作为吸附剂测定比表面积,或确定孔隙率而保留(8.4.2 节)。

表 8.2 为确定水泥石 BET 比表面积用作吸附剂的气体分子和原子所需空间 [D 67,V 108]
Table 8.2: Space requirement of the molecules and atoms of gases which are used as adsorbates for determining the BET specific surface area of hardened cement paste [D 67, V 108]

吸附质 Adsorbate	温度浴 Temperature bath	温度(K) Temperature K	饱和蒸气压 Saturation pressure		空间需求 (nm²/分子) Space requirement nm²/molecule	参考文献 Literature reference
			Pa	mmHg		
氮 N_2	液态氮 Liquid nitrogen	77.4	$1.01 \cdot 10^5$	760	0.162	[D67]
	液态氮 Liquid nitrogen	77.4	$1.01 \cdot 10^5$	760	0.162	[V108]

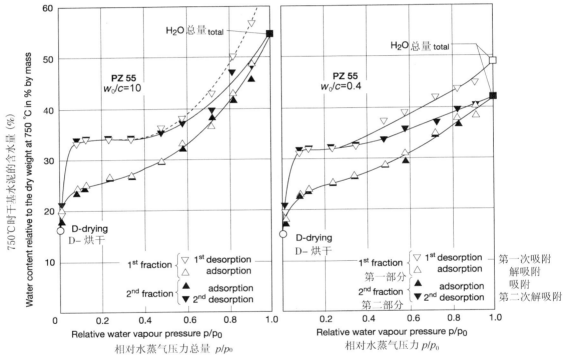

图 8.5 20℃时,PZ55(CEMI 52.5R)型水化波特兰水泥(抗压强度为 52.5MPa)水蒸气的等温吸附曲线
左图是水灰比 w_0/c=10 时的水化
右图是 w_0/c=0.4 时的水化
吸附平衡是在盐溶液中得到的(积分法)[L 101]。
第一部分:从水分饱和的试样开始。
第二部分:从 D-干燥后的试样开始。

Figure 8.5: Sorption isotherms of water vapour on hydrated Portland cement PZ 55 (CEM I 52,5 R) at 20℃

Left-hand diagram for hydration with $w_0/c = 10$, Right-hand diagram for hydration with $w_0/c = 0.4$
The sorption equilibria were obtained over salt solutions (integral method) [L 101]:
1st fraction: starting with moisture-saturated sample,
2nd fraction: starting after D-drying

续表

吸附质 Adsorbate	温度浴 Temperature bath	温度(K) Temperature K	饱和蒸气压 Saturation pressure		空间需求 (nm²/分子) Space requirement nm²/molecule	参考文献 Literature reference
			Pa	mmHg		
氩 Ar	液态氮 Liquid nitrogen	77.4	$2.58 \cdot 10^4$	193.7	0.138	[D67]
	液态氮 Liquid nitrogen	77.4	$3.33 \cdot 10^4$	250	0.1314	[V108]
	液态氧 Liquid oxygen	90.19	$1.33 \cdot 10^5$	1000.4	0.138	[D67]
氪 Kr	液态氮 Liquid nitrogen	77.4	$2.66 \cdot 10^2$	1.95	0.202	[D67]
	液态氮 Liquid nitrogen	77.4	$2.67 \cdot 10^2$	2	0.180	[V108]
	液态氧 Liquid oxygen	90.19	$2.27 \cdot 10^3$	17.02	0.214	[D67]

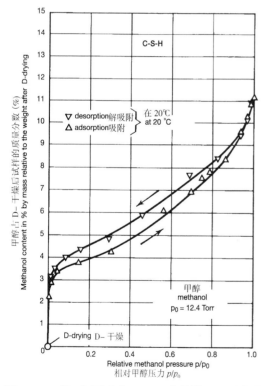

图 8.6 20℃时，甲醇在 C-S-H 中的等温吸附曲线
吸附平衡是在特定温度下于蒸发容器中蒸发甲醇得到的（差分法）[L103]。

Figure 8.6: Sorption isotherms of methanol on C-S-H at 20℃
The sorption equilibria were obtained by evaporating methanol at specific temperatures in an evaporating container (differential method) [L103]

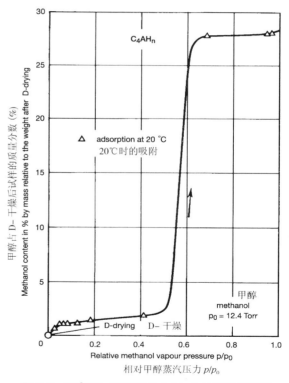

图 8.7 20℃时，甲醇在 C_4AH_n 中的吸附等温线
吸附平衡是通过特定温度下的蒸发容器中蒸发甲醇达到的（差分法）[L103]。

Figure 8.7: Sorption isotherm of methanol on C_4AH_n at 20℃
The sorption equilibria were obtained by evaporating methanol at specific temperatures in an evaporating container (differential method) [L 103]..

8.2 水化产物的比表面积和颗粒粒径

除未水化的水泥和氢氧化钙以外,水泥水化产物粒径一般已经细到要用 Beunauer、Emmett 和 Teller(BET) 法 [B 122] 计算比表面积的程度。根据 BET 理论,附着在固体表面的气体分子总体量和吸附在单分子层里的气体分子体量之间,存在下列关系 [B 122、P 47、D 67]:

$$m_A/V_m = C(p/p_0)/[1-p/p_0)(1-p/p_0+C(p/p_0)] \tag{8.1}$$

m_A——吸附在固体表面的气体分子的总质量;

V_m——附着在单分子层里的气体分子的质量;

p——气体压力;

p_0——气体的饱和蒸气压;

C——取决于吸附热的 BET 常数。

则可给出:

$$p/p_0/m_A(1-p/p_0) = (C-1)(p/p_0) + 1/V_mC$$

在 (p/p_0) 为横座标、$(p/p_0)/m_A(1-p/p_0)$ 为纵座标的座标系中,此方程可以表示为一条斜率为 $(C-1)/V_mC$ 并与纵轴交于 $1/V_mC$ 的直线。作为规律,当 p/p_0 在 0.05 或 0.3 至 0.4 时,对水泥石的吸附测量呈现了线性关系。V_m 可以通过该直线的斜率、及它与纵轴的交点计算出来,固体的表面积则可由使用的特定气体分子所需的空间获得,不过,气体分子的需求空间在一定程度上也取决于固体的性质和测量过程中的气体温度 [M 55]。所需空间在 $0.106nm^2$ 和 $0.114nm^2$ 之间时,一般认为是水分子。这类吸附测量一般在大气压下、与液态氮沸腾温度 77K(-196℃) 饱和压一起进行,表 8.2 列出了不同吸附剂的原子或分子所需空间与饱和压力 [L 103, D 67, M 55, V 108]。

氮吸附法测定的水化水泥比表面积,普遍要远低于水蒸气吸附法,吸附法之所以测出表面积大,是因为较小水分子可以占领的表面,较大的氮分子却无法进入。如下事实还支持这种假设:氮吸附法测定的表面积随水灰比的增加而增加,而水蒸气吸附法的测定与水灰比无关 [B 126];在试样的预处理、尤其是吸附测量前的干燥率上,氮吸附法测表面积要比水蒸气法有更大的独立性 [L 21, L 57];氩吸附得到的表面积明显小得多,还归因于不同气体分子或原子对极性水泥石表面具有不同的相互作用 [V 108]。

用 X 射线小角度散射湿度饱和的水泥石,可以得到高达 $700m^2/g$ 量级的比表面积,而 D-干燥后,就要减少到 $200m^2/g$ 左右,不过,当水泥石重新被水饱和之后,可再次获得原异常高的比表面积 [W 54]。

但是必须牢记,用水蒸气法测量吸附时,在先前的 D-干燥中,不仅脱去了物理吸附水,也脱去了 C-S-H、AFm 和 Aft 相的结构元素中的大量化学结合水,并在水蒸气吸附测量中,又被再次大部分吸收,其中包括 C-S-H 层间水(7.2.3 节)。尽管这些水不能算化学结合水,它的结合状态也不等同于附着在自由表面的物理水,但可以预计,水蒸气法吸附测得的比表面积将会过大。上述情况也适合于用甲醇蒸汽、及其它液体蒸汽的吸附测量,只要它们对水泥水化未呈现完全的钝性。现流行的观点趋向于：氮吸附法确定的比表面积比水蒸气法得到的值，更接近实际状态。

用氮吸附法测得，充分水化的波特兰水泥在D-干燥后的比表面积介于$80m^2/g$到$150m^2/g$之间[L 20, L 57]；对同一试样，水吸附法得出的值为$200m^2/g$量级，对以无氢氧化钙基计算的水化C_3S和C_2S，其值在$250m^2/g$至$300m^2/g$之间[B 124, B 125, M 95]。假定水化产物是密度为$2.5g/cm^3$的球形体，比表面积$80m^2/g$和$300m^2/g$所对应的平均球形直径，则应是30nm(300埃)和8nm(80埃)；若颗粒是厚、宽、长之比为1:10:100的带状，那么$80m^2/g$、$300m^2/g$比表面积所对应的计算带状厚度相应为11nm和3nm(110埃和30埃)之间。由于其颗粒粒径很小，水化产物属于胶体分散体系，所形成的微结构有一定的强度和变形特性，故定义为凝胶，无机胶体和凝胶的固体成分一般是晶体，极少是无定形，术语"胶体"和"凝胶"并不是指颗粒排序状态特性，而只是尺寸范围，水泥水化产物中只有水化硅酸钙的颗粒尺寸在凝胶范围内，其它水化产物，尤其是氢氧化钙和AFm、AFt相的颗粒，以及发生大范围水化中未水化的水泥颗粒，尺寸都要相对大得多，对比表面积的贡献也要小很多，因此，"水泥凝胶"的名称只严格适用于C-S-H部分，不过，既然水化硅酸钙是掌控水泥石性质的组成，所以有时将水化产物视作整体时，也称为"水泥凝胶"。

8.3 微结构
8.3.1 模型

水泥石是由水化产物和未水化水泥以不同比例组成，这些组分与它们之间孔位的空间排列被定义为微结构。水泥石的物理和工程性质，很大程度取决于微结构中所含水分及其与水化产物的结合性质。X射线观测，水泥石的主要成分是极微细小的颗粒，并且主要为非晶态，对微结构和性质的大量研究尚待许多解释。为此，打算格外提出以下几种不同模型，以描述水泥石的物理和工程性质与微结构参数间的相互关系。

Powers/Brownyard模型是研究水泥石中水的结合方式，尤其是可蒸发水和非可蒸发水间的差异，以及水蒸气法吸附研究结果[P 51, P 47, P 53, B 24]。由此推断出水泥石主要组分是水的薄膜包裹的凝胶颗粒，它的间距介于1.5nm至3nm间。非可蒸发水是凝胶颗粒的组成部分，而可蒸发水填充在凝胶和毛细孔内。凝胶颗粒间不可避免地存在凝胶孔。由于水分子可以进入大部分凝胶孔，而如氮这类分子却不能进入，便可认定，孔的进口比孔径小得多。凝胶孔体积在水化产物总体积中占28%，并且与水泥的水灰比及水化程度无关。水泥石的机械性能受吸附水层影响，而吸附水层的厚度又随周围环境的湿度条件和载荷变化而改变。

根据Feldman/Sereda模型[F 14, F 15, B 24]，水化硅酸钙作为水泥石的基本成分，由多层托勃莫来石组成。它们的形成无序、杂乱而又非常细小，却表现某些结晶托勃莫来石的特性。水分子被吸入到托勃莫来石层间就成为该结构的层间水。对应Powers/Brownyard模型的凝胶孔，中间过渡层的孔并未归类于孔隙的一部分，这里没有凝胶孔，孔隙率只由不占据中间过渡层空间的介质，如异丙醇、氮或氦确定，因此水蒸气法不适合测定孔隙率，只能测定某些条件下的比

表面积 [F 27]。水泥石的力学性能在受层间水变化、托勃莫来石层排列的不可逆变化、及层内、层间相关滑移和剪切的严重影响。

Wittnann Munich 模型 [W 73,W 75，W 74，B 24] 将水泥石描述为微孔干凝胶，即为干燥的、凝结的无水分散剂凝胶，其颗粒通过范德华力聚焦在一起。这种干凝胶的力学性能可解释为：吸附水影响了凝胶颗粒的表面能。随着周围可利用水的增加，吸附水层的厚度也增加,但凝胶颗粒的表面能却减少；随后颗粒与表面能减少发生成比例的膨胀。相对湿度约40%以上时，水的分离压使凝胶细孔扩大，导致水泥石整个微结构产生膨胀 [S 121]。

由 Daimon 及其同事提出的模型 [D 5,B 24]，与 Feldman/Sereda 模型类似，将水化硅酸钙看成是分层结构，但它假设了两种凝胶孔类型。Feldman/Sereda 将中间过渡层定义为"凝胶内部孔"，不过，还存在另一种孔隙，即与 Powers/Brownyard 模型类似，将凝胶颗粒间的空隙称为"凝胶间孔"。

8.3.2 孔隙的充填

根据 Powers/Brownyard 模型基础，以下描述了水泥石微结构随水泥水化所发生的变化。其实形式非常简单，原理非常准确，而且和其它模型能很好吻合。

下表给出在无气孔水泥浆体中、即水泥与拌合水的混合物中，当它们体积度分别为 $0.32cm^3/g$（对应密度 $3.125g/cm^3$）、$1.00cm^3/g$ 时，无水水泥与拌合水的体积比与水灰比的函数关系。

水 灰 比	分 数	
	水 泥	混 合 水
	体积百分比	
0.25	56.1	43.9
0.40	44.4	55.6
0.55	36.8	63.2
0.70	31.4	68.6

水泥水化过程中，水分别以化学地、物理地、吸附地状态被结合，还以液态存在于水泥石空隙中。水泥水化像很多化学反应一样，反应物与反应产物的体积不会相同，还会伴随体积变化，反应产物的体积通常比反应物的总体积小时，即会产生体积收缩(DV)。这可通过涉及的反应物摩尔体积计算，也就是从它们的分子质量和密度算出来。表 8.3 列举了水泥的部分反应物水化时，相对原始固体体量 [L 93] 的体积收缩值 DV，cm^3/g。这些值与波特兰水泥的化学收缩是相同数量级，如完全水化的平均收缩值为 $0.06cm^3/g$ 水泥 [C70]。从非蒸发形式结合的水表观体积与其确定平均值为 $0.74\ cm^3/g$（对应表观密度为 $1.35\ g/cm^3$）的水泥，也得到了相同的值 [C52]。该计算将水泥水化过程中的体积变化仅仅与非可蒸发水的体积变化联系起来，当每克水泥中含有 0.23 克的非可蒸发水时，如果完全水化，水化前水体积是 $0.23cm^3$，水化之后就是 $0.17\ cm^3$。

8 硬化水泥浆体（水泥石）的组成和性能

表8.3 波特兰水泥和高铝水泥部分化合物水化后，相对于初始混合物中所有固体量的收缩率 △V(cm³/g)[L93]
Table 8.3: Contraktion △V ("chemical shrinkage") during the hydration of some compounds in Portland and high-alumina cements in cm³/g, relative to the mass of all solids in the initial mixture [L 93]

反应物 Reaction partners	反应产物 Reaction produkts	△V cm³/g 初始混合物固体 △V in cm³/g solids in the initial mixture
$CaO + H_2O$	$Ca(OH)_2$	−0.033
$3CaO \cdot Al_2O_3 + Ca(OH)_2 + 18 H_2O$	$4CaO \cdot Al_2O_3 \cdot 19H_2O$	−0.223
$3CaO \cdot Al_2O_3 + CaSO_4 \cdot 2H_2O + 26 H_2O$	$3CaO \cdot Al_2O_3 \cdot CaSO_4 \cdot 32H_2O$	−0.069
$CaSO_4 \cdot 1/2H_2O + (1+1/2)H_2O$	$CaSO_4 \cdot 2H_2O$	−0.037
$CaO \cdot Al_2O_3 + 10H_2O$	$CaO \cdot Al_2O_3 \cdot 10H_2O$	−0.235
$2(CaO \cdot Al_2O_3) + 11H_2O$	$2CaO \cdot Al_2O_3 \cdot 8H_2O + \gamma-Al_2O_3 \cdot 3H_2O$	−0.180
$3(CaO \cdot Al_2O_3) + 12H_2O$	$3CaO \cdot Al_2O_3 \cdot 6H_2O + 2(\gamma-Al_2O_3 \cdot 3H_2O)$	−0.205

随着提高水灰比，水泥大部分或全部水化后化学收缩的总量增加并不多，温度越高，化学收缩得越快，对应的水化速率也加快 [G 16]。图 8.8 给出了磨细熟料、熟料/石膏混合物、及波特兰水泥在水化过程中，化学收缩随时间的表现 [L 67]，它与 X 射线衍射研究给出的曲线一致 (7.3.4.1 节)。化学收缩的结果是：水泥石、砂浆或混凝土试块在水中存放时，能从周围吸收水分，故水化试样含水量增加的量应符合化学收缩的量；如果试样存放在空气中，就会吸收空气，孔隙就不再完全由水填充（内抽吸、自脱水）。因此，化学收缩是混凝土浇灌数小时后表面快速干燥的原因，除非有足够的水保持试样湿润。

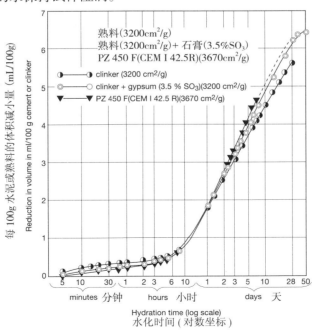

图 8.8 水泥熟料、熟料和石膏混合物及波特兰水泥拌合的浆体在水化过程中由结合水引起的化学收缩 [L67]
Figure 8.8: Chemical shrinkage of pastes made with ground cement clinker, clinker/gypsum mixture and Portland cement caused by water bonding during hydration [L 67].

水中存放时试样的外形尺寸不会因化学收缩有明显变化,不过,若试样与周围的湿气交换被阻止,或者试样存放在空气中,水就设法从空隙中得到,从而使水泥石在相当长时间内仍有收缩 [D 12]。化学性收缩大多出现在低空隙率的水泥石或非常密实的混凝土(高性能混凝土)中,这种由内部化学干燥引起的形体变化,称为化学收缩或自收缩 [D 12]。

对于水饱和的水泥石的含水量资料,可从同种波特兰水泥、不同水灰比的水泥浆体试样所测得 [P51]。结果汇总于图 8.9 中,图上给出了可蒸发水量 W_e 和总水量 W_t 间的关系,由于水化程度 $m(m \leqslant 1, m=1)$ 不同,可看出不同水灰比的水泥石对应的点,都在 O-A 和 A-B 两条直线上,其方程式如下:

$$O\text{-}A(m \leqslant 1): W_e = 0.482 W_t \tag{8.3}$$

$$A\text{-}B(m=1): W_e = W_t - 0.227 \tag{8.4}$$

对 A 点依此将遵循:

$$W_t(A) = 0.438 \tag{8.5}$$

$$W_e(A) = 0.211 \tag{8.6}$$

直线 A-B 上的点描述了完全水化的水泥石的试样($m=1$),如果水化被过早中断($m<1$),则点会落在平行于 A-B 直线的一系列 $[A\text{-}B]_m$ 直线上,其方程为:

$$[A\text{-}B]_m: W_e = W_t - 0.227_m \tag{8.4a}$$

由于总水量 W_t 与可蒸发水量 W_e 的差即为不可蒸发水量 W_n,对于所研究的水泥,将遵照 $[A\text{-}B]m$ 的方程式:$W_n = 0.227_m$

当水泥完全水化时

$$W_{no} = 0.227$$

从上面结果还可推导出所研究水泥的总水量:

$$W_t = W_0 + 0.254 W_{no} \tag{8.7}$$

据此,得出的 $0.254 W_{no}$ 是水泥在水化过程中,由于化学收缩从周围吸收的水量。当完全水化时($m=1$),其值为 $0.058 \text{cm}^3/\text{g}_{\text{水泥}}$。

沿直线 O-A 上的试样并未充分水化,即除了水化产物以外,它们还含有未水化的水泥和自由水。假设由于水灰比低,使水化停止,只形成有限的水化产物,水泥颗粒间的空间,原由拌合水占据,现完全由水化产物填充。图 8.9 中 A 点确定了能让水泥完全水化的最低水灰比,$W_t(A)=0.438$,$W_0(A)=0.380$。

最大水灰比 W_0 为 0.38 的水泥石试样及以 O-A 直线为特征的组成,只含有水化产物和未水化的水泥。总含水量 W_t 介于 0~0.438g 水/g 水泥之间,而可蒸发水量介于 0~0.211g 水/g 水泥之间,如果这些水不是化学结合,必定是包含在孔隙中,因即使包裹非常密实的水化产物中也难免有凝胶孔。为此,它们在水泥石中的体积比,即凝胶孔隙率,可以通过试样的可蒸发水量计算出来 [P 51, P 47, P 57, C 50],约占已水化水泥量的 28% 体积比,且与水灰比及水泥的水化程度无关 [B 24]。

8 硬化水泥浆体(水泥石)的组成和性能

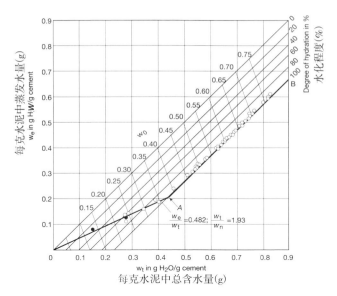

图 8.9 在潮湿条件下养护同种水泥制备的水泥石试样中总水量、蒸发水量和水灰比的关系图 [P51]

$w_{n0} = 0.227$ $w_t - w_0 = 0.058 w_n/w_{n0}$

其中,w_t = 总含水量,单位是 g 水 /g 水泥,$w_t = w_e + w_n$

w_e = 蒸发水量,单位是 g 水 /g 水泥

w_0 = 拌合水量,单位是 g 水 /g 水泥

w_n = 测量时非蒸发水量,单位是 g 水 /g 水泥

w_{n0} = 完全水化时非蒸发水量,单位是 g 水 /g 水泥

m = 水化程度 = w_n/w_{n0}

Figure 8.9: Relationship between total water, evaporable water and water/cement ratio for water–saturated samples of hardened cement paste made with the same cement [P 51] with $w_{n0} = 0.227$ and $w_t - w_0 = 0.058 w_n/w_{n0}$

where:

w_t = total water content in g H$_2$O/g cement, $w_t = w_e + w_n$

w_e = evaporable water in g H$_2$O/g cement

w_0 = mixing water in g H$_2$O/g cement

w_n = non-evaporable water at the time of measurement in g H$_2$O/g cement

w_{n0} = non-evaporable water at complete hydration in g H$_2$O/g cement

m = degree of hydration = w_0/w_{n0}

毫无疑问,至少大部分可蒸发的"凝胶孔水"是以化学结合形式的层间水和结晶水,存在于水化产物中,而不填充孔隙。尽管如此,Powers/Brownyard 模型 [P 51, P 47, B 24] 作为概念,被当作进一步描述水泥石微结构的基础,它提供了第一个完整画面,并对进一步研究水泥石微结构和性能有重要影响。

根据 Powers/Brownyard 模型,水化产物体积是假设波特兰水泥完全水化,每克水泥以不可蒸发水的形式(W_n)结合了 0.23 克水。如果 0.32cm^3/g 体积比 V_z(对应密度 3.125g/cm^3)作为无水水泥计算收缩的基础,且每克水泥有 0.06m^3 的化学收缩(V_s),则完全水化时,1.00g 水泥和 0.23g 水形成 1.23g 水化产物,相应地 0.32cm^3 水泥和 0.17cm^3 水形成 0.49cm^3 水化产物,或 1.00cm^3 水泥和 0.53cm^3 水形成 1.53cm^3 水化产物。那么,1cm^3 水泥形成的水化产物体积(V_{hz})可以用(8.8)式分步计算出来:

$$V_{hZ} = (V_Z + W_n - V_S)V_Z \qquad (8.8)$$

按照 Powers/Brownyard 模型，水泥石的凝胶孔体积比是 28%，其结果是每 $1cm^3$ 水泥石中有 $0.72cm^3$ 水化产物。这意味 $1.53cm^3$ 水化产物（来自于 $1cm^3$ 无水水泥）会形成 $2.13cm^3$ 水泥石。该值被称为胶灰比 (N)[P51, P57]，可以用(8.9)式计算：

$$N = [V_Z + W_n - V_S]/[V_Z (1 - V_{GP})] \qquad (8.9)$$

当胶灰比 $N = 2.13$ 时，表明水泥水化产物与它所包含的凝胶孔体积之和，将是原水泥体积的 2.13 倍，这就是说，水泥完全水化后，每 $1cm^3$ 水泥必须额外增加 $1.13cm^3$ 的体积，以容纳水化产物及其不可避免的凝胶孔，而这部分多余体积最初是由拌合水占据的。由此，便可精确计算出为额外占据空间所需要的拌合水量，3.125g 量的 $1cm^3$ 水泥（对应的体积度为 $0.32cm^3/g$），所需的拌合水量为 1.13g($1.13cm^3$)，则完全水化的最小水灰比 W_{0min} 是：

$$W_{0min} = 1.13/3.125 = 0.36 \qquad (8.10)$$

此法所算出的最小水灰比，与试验所确定的 0.38 值几乎一致（图 8.9）。

所需的额外体积取决于水化产物的量，而后者又随水化程度呈线性增加。(8.10a)式便可计算出水化程度 m 的最小水灰比：

$$W_{0min}, m = m V_Z (N - 1) \qquad (8.10a)$$

如果拌合水量大于 W_{0min}，则此空间不能完全被水化产物+凝胶孔所充填，剩余的空间就形成了毛细孔；如果拌合水量小于 W_{0min}，则空间不足以使水化完全，并剩下部分未水化的水泥。

如果水泥不能完全水化，比如，因浆体变干只有一半水泥水化($m=0.5$)，则只需要有一半的多余空间容纳水化产物，即 $W_{0min} = 0.18$。从理论上讲，当水灰比大于 0.18 时，结构中就会出现毛细孔；而水灰比较低时，就无法达到 0.5 的水化程度值。

若水泥石成型后直接放置在空气中，如放在有盖的模具内，则化学收缩吸进的是空气而不是水，即当 $W_t = W_0$ 时，根据上述计算方法，$1cm^3$ 水泥产生的不只是 $1.53cm^3$ 水化产物和相应百分比的"凝胶孔"，还有由于化学收缩产生的孔，它以 $0.06cm^3/g$ 水泥或 $0.19cm^3/cm^3$ 水泥的体积比例，充填着空气和水蒸汽。从这些孔的尺寸和性能看，有时当做收缩孔看，实际就是毛细孔，大量研究结果表明，这类毛细孔已经靠化学收缩和干燥排出的水分，不能再被水化产物填充(8.4.3 节)。因此，可以预言，化学收缩必然要产生毛细孔，使水泥石疏松，并增加了对空间的多余需求。根据这样的假设，$1cm^3$ 水泥产生 $2.32cm^3$ 水泥石和 $0.19cm^3$ 毛细孔。如果后续不供水的水化过程，则胶/灰比(N)就等于 2.32，与之相关完全水化时，所需要的最小水灰比 $W_{0min}^+ = 0.42$，或者总体是：

$$N^+ = N + (V_S/V_Z) \qquad (8.11)$$

$$W_{0min}^+ = mv_Z [N+(V_S/V_Z)- 1] \qquad (8.12)$$

基于这些概念，可以得出作为水灰比 V_0 函数的毛细孔体积 V_{kp} 的计算公式，水泥浆体中的水泥量，取决于水灰比，是计算的基础；而固体的总体积，是带凝胶孔的水泥石中的固体和未水化水泥的固体之和，计算中要考虑水化程度。由 1 减去这两个值的总和，就得到毛细孔的体积。即计算毛细孔体积的公式为：

$$V_{KP} = [1/(V_Z + W_0)][W_0 - mv_Z(N - 1)] \tag{8.13}$$

如前所述,如果按上式(8.10a)和式(8.12)计算出的某种最小水灰比 W_{0min} 或 W_{0min}^+,水化程度只可能达到最高 m 值,并在水泥浆体搅拌过程中所保持。若水灰比 W_0 低于 $W_{0min,m}$ 或 $W_{0min,m}^+$ 时,水化程度达到 m 之前,水化就中止。后续供水的水化($W_t=W_0+V_s$)能达到的最高水化程度,可用式(8.14a)计算:

$$m_{w0} = W_0/v_Z(N - 1) \tag{8.14a}$$

而无后续供水的水化,计算公式(8.14b)为:

$$m_{w0}^+ = W_0/v_Z[N + (V_S/V_Z) - 1] \tag{8.14b}$$

水泥浆体拌合过程中,当水灰比小于或等于 W_{0min} 时,有后续供水的水化,理论上就不会再产生毛细孔;而无后续供水的水化过程,就总会出现毛细孔。它们的体积比要由式(8.13)计算,而最高水化程度 m_{w0}^+,将由式(8.14b)确定,并看做水化程度。

此法计算出水灰比 W_0 和毛细孔体积间的关系列在图 8.10 四个图中,分为有后续供水和无后续供水两种情况,上面两个图是 100% 水化($m = 1$),下面是 50% 水化($m = 0.5$)。所有图中,虚线表示初始阶段,即未水化水泥和拌合水的体积分数;下面的粗实线说明水化开始后,残存未水化水泥的百分比;两条粗实线之间的距离表示水化产物 + 凝胶孔所占的体积百分数;上面的粗实线表示毛细孔的比例。

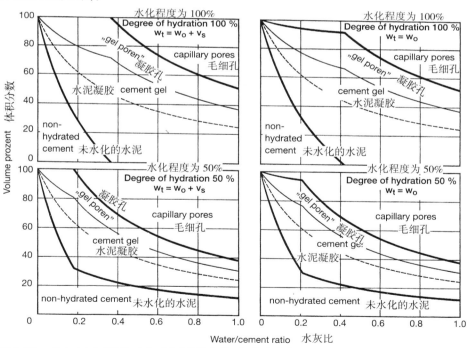

图 8.10 在水中(左图)和空气中(右图)水化后,作为水灰比函数的水泥石组分,即因化学收缩从周围后续吸水($w_t = w_0 + v_s$)和不吸水($w_t = w_0$)的情况 [L 93]

Figure 8.10: Composition of the hardened cement paste as a function of the water/cement ratio after hydration under water (left-hand diagrams) and in air (right-hand diagrams), i.e. with subsequent absorption of water from the surroundings as a result of chemical shrinkage ($w_t = w_0 + v_s$) and without subsequent absorption of water ($w_t = w_0$) [L 93]

从图 8.10 左侧两个图可以看出,对于作为化学收缩结果从周围吸收水分的完全水化,要求最小水灰比 W_{0min} 必须是 0.36,且理论上只有 W_0 高于 0.36 时,才会出现毛细孔。水化 50% 时,W_0 的极限值是 0.18。若假定化学收缩产生的毛细孔中填充的是空气,其中没有任何水化产物形成,则完全水化的 W_0 极限值是 0.42,而水化 50% 的极限是 0.21(右图)。这种情况即使水灰比很低,也会产生毛细孔 [L 93]。

8.3.3 "外部的"和"内部的"水化产物

胶灰比 N 为 2.13,意味着水化过程中,水化产物的体积,包括"凝胶孔"、中间过渡层或水化相中的化学结合水,是水化之前原水泥部分的两倍以上,尽管它仍有可蒸发的水。这说明约 50% 水化产物已在原水泥体积内找到空间,而另 50% 则逐渐进入到水泥颗粒间,在水充填的填隙式空间中拓展。因此,"外部的"和"内部的"水化产物有所不同。可以预料,最初,外部水化产物层是在水泥颗粒表面形成,而内部产物在内部的交界面形成。这说明由于空间原因,当内部接触表面的某些水泥成分被溶解后,水化才能进行,而被溶解的物质是通过已形成的水化产物层向外扩散,才在那里形成外部产物。当水泥已经完全水化,或者当外部产物已经被密实地包裹住,不再有任何空间容纳更多的水化产物时,水化就会停止。

"内部"和"外部"产物的形状和组分通常并不相同,尤其是硅酸钙水化物。"外部"产物的 C-S-H 相主要以纤维状为主,而"内部"产物是密实的块状物。"外部"产物中的 C-S-H 所含有的其他水泥组成元素,要比"内部"产物多得多 [M 43]。

"内部"和"外部"水化产物的分界线,主要是在较大水泥颗粒中才能观察到,当然,较小的水泥颗粒中也可能存在。另一方面,小于某极限值(取决于水灰比)的水泥颗粒,也可能像其他水泥组分,如碱和硫酸钙那样完全溶解,并作为基本微结构组分,仅有利于"外部"水化产物形成。

8.3.4 水泥石与骨料的接触区

水泥石、砂浆和混凝土骨料中的粗细颗粒胶结而形成固状岩石,它还要包裹住钢筋。混凝土的主要性能,所谓强度、密度和变形特性,不仅受水泥石性能所控制,还受它与骨料间的结合强度和耐久性所左右。本节仅讨论对水泥石表现为惰性的骨料的影响,而有化学反应,尤其是有碱-骨料反应的骨料,将在 8.10 节叙述。

水泥石和骨料间接触区的厚度介于 40mm 和 50mm 之间 [S 246,S 101],主要取决于水灰比、混凝土稠度、骨料尺寸和振实方式,富水区形成的粗骨料下沉造成的泌水,也起重要作用。而骨料颗粒间的平均距离是 75μm 到 100μm,这就说明相当大比例的水泥石是包含在接触区中 [M 103,J 15]。

通常用光学电子显微镜、微量分析及 X 射线衍射分析 [L 7],对骨料邻近地区的水泥石组成和微结构进行大量研究,并测试过骨料周围的微观硬度变化和水泥石与骨料的粘结 [J 6,M 114, M 42, M 64, S 246, S 104, Z 11, P 38, S 247]。其结果,并非所有细节完全一致,简要概述如下:

8 硬化水泥浆体(水泥石)的组成和性能

混凝土一经拌合,骨料颗粒立即由富水和细粉组成的悬浮液薄膜所包围 [M42],因此接近骨料表面处的孔隙率最大,未水化的水泥颗粒浓度最小 [S 101,S 100],因此,接触区包含较高浓度的片状氢氧化钙和带状 AFt 混合物。片状氢氧化钙经常以特定取向位于骨料表面 [D 22,Z 11,Z 14],并趋向于更稠密包裹骨料的混凝土区域聚集 [B 92]。氢氧化钙和钙矾石的浓度和晶体大小,以及晶体排列的取向,都随着与骨料表面距离的增加而减小。有时,还发现 1μm 至 1.5μm 厚的 $Ca(OH)_2$ 和 C-S-H 层,所谓双膜(7.3.4.4)[B 9,B 10],直接形成在骨料表面 [B 9, B 10]。不过,不同的研究,并未得出水泥石在接触区微结构一致的图像 [B 110],如带背散射电子的扫描电子显微照片,并没有检测到过渡区 $Ca(OH)_2$ 的富集 [S 101]。当然,也有一致之处,接触区尤其是在石英骨料表面,其微结构的孔比离骨料更远的水泥石要多很多。$Ca(OH)_2$ 和钙矾石的富集,及接触区较大的孔隙率,不利于水泥石与骨料之间的粘结,促进了开裂并降低混凝土强度。较高的孔隙率不仅增大混凝土的渗透性 [S 102],而且使某些离子,尤其碱离子在接触区聚集 [B 110],这对于碱 - 骨料反应影响很大(8.10 节)。骨料所用的石子种类,及水泥组分和种类都影响接触区的形成 [C 22,O 27]。比如,石灰石骨料表面形成的接触区较薄、并较少有孔隙,此原因是碳酸钙、水泥中的铝酸三钙、与拌合水发生了化学反应;碳酸钙形成的基本反应产物是 $Ca_3(OH)_2(CO_3)_2 \cdot 1.5H_2O$[M115],与硅酸三钙的反应方式相似;当使用膨胀水泥时,就会在接触区产生更多的钙矾石和 $Ca(OH)_2$ 细粒的不连续薄膜,在相同水灰比条件下,会得到更高强度的混凝土 [M 116];在水泥或混凝土中加入潜在水硬性及火山灰活性的物质,也有明显影响;粒状高炉矿渣会减少接触区的厚度,并阻止氢氧化钙晶体的定向发育 [D 21];硅粉存在时,就会形成与水泥石微结构类似密度的接触区,而不受各因素影响 [S 97,Z 5,C 31];通过添加物与氢氧化钙反应,便能减少其含量 [L 19],其结果是粘结力增大,开裂趋势变弱,混凝土的强度增加 [B 55,B 56],不过,它的脆性也增加了,即开裂所需要的能量降低 [M 103];预应力钢筋表面形成的接触区大约 50μm 厚,含有新形成的钙矾石,这将有利于防腐保护 [M 34]。

8.4 孔隙率
8.4.1 概述

水泥石、砂浆和混凝土的孔隙率,即所有气孔的总体积,既可通过实验室比重瓶对真实密度和表观密度测定、计算得到,也可通过从外部渗入到试样中填满空隙的气态或液态介质体积获得。但是,测试介质并不能直接进入到气孔中,因为气孔之间的连接并不连续,尤其低水灰比时。由测试介质所引起的抗渗性,以及所得的测试结果,都会受试样制备条件,即干燥过程及测量性质 [M126,D31,R78] 等的重大差异,而明显改变。

下面三种方法,通常可用来测量总的孔隙体积,也主要用于确定气孔尺寸分布、即孔隙体积比作为孔尺寸的函数 [U 11,D 31]:

—— 毛细管冷凝法
—— 压汞法
—— 显微镜测量法

根据孔隙尺寸大小,一般分以下几类:
—— 微孔　　< 2nm
—— 中孔　　2nm 至 50nm
—— 大孔　　> 50nm

水泥石、砂浆和混凝土中的孔分类为:
——"凝胶孔"　0.5nm 至 3nm
—— 毛细孔　　10nm 至 5μm
—— 气孔　　　5μm 至 1mm
—— 压缩孔　　1mm 至 5mm

目前基本一致的意见是,原有检测中不存在凝胶孔,用没有毛细孔的水泥石中的可蒸发水,确定凝胶孔孔隙率 [P51],不仅含有 C-S-H 的层间水,还含有水泥石中 AFm 和 AFt 相的化学结合水。不过,仍存在这样的可能性,即使是研磨细小、以 C-S-H 为主的颗粒,也没有完全填充满可用空间,出现了与凝胶颗粒大小类似的孔,将其称为'凝胶孔'(内部孔,8.3.1 节)[D5,B24]。毛细孔是形状不规则的空隙,它不可能用水泥水化产物填满,这既是因加入拌合水过多,或是因缺水而使水化过早结束,即养护不充分的结果 [S147]。起初,凝胶孔和毛细孔都填上了水,但是它们逐渐变干,而且孔径越大、干燥得越快。加入引气剂时,水泥石、砂浆和混凝土中都会形成气孔,成为空气填充的球形体,并增加了混凝土对除冰盐抗冻融的阻力。压缩孔也由于压缩不够充分,水和/或空气填充成形状不规则的孔。

水硬半径是有时用于测量多孔微结构中的平均孔尺寸,它可以理解为孔的总体积和全部孔表面积的商。对于给定的孔形状,孔直径可以由孔半径乘以特定系数求得,例如,对于两个平行板状结构中间的空隙,此系数为 2[F 16]。

8.4.2　测量方法

1. 比重瓶法

空隙率可以通过公式(8.15)由绝对密度和颗粒堆积密度(表观密度)计算出来 [D 65]:

$$P = 1 - d_R/d_0 \tag{8.15}$$

式中　P—— 空隙率,cm^3/cm^3;

　　　d_R—— 试样的颗粒堆积密度,g/cm^3;

　　　d_0—— 绝对密度,g/cm^3。

对在空气中和浸入液体的块状试样称量,确定试样的体积,即固体和孔隙的总体积,这是计算颗粒堆积密度的需要,并要参照孔体积 [A 14]。为了避免测量过程中试样体积有变化,液体不应产生任何膨胀。称重过程中,试样既不能吸收液体,也不能排出液体。

确定试样量之前,必须在规定条件下干燥到恒重。通常用 D-干燥法(8.1 节),在 105℃烘干,用时不多,类似于 D-干燥法,并在相对湿度为 11% 下进行(8.1 节)。但是,必须牢记的是,每种类型的干燥,特别是 D-干燥法和 105℃下干燥,都会使水化产物发生不可逆改变,进而也不可逆地改变了水泥石的微结构 [F 29]。

固体体积是在试样被充分磨细之后确定的。未被粉末试样占据的空白体积可以在校准过的容器中用填充液体或气体来确定 [F 18,V 94,L 103,S 81],固体体积就是容器体积和填充进的气体或液体的体积之差；液体体积可以由液体量和密度得出；气体体积是根据波义尔-马里奥特定律,按照恒温下气体的压力 p 和体积 v 的乘积是常数获得：

$$p \cdot v = 常数$$

下面方程适用于压降 $\triangle p$ 时,体积增加 $\triangle v$ 的量：

$$p \cdot v = (p - \Delta p) \cdot (v - \Delta v) \tag{8.16}$$

$$v = \Delta v \cdot (p/\Delta p - 1) \tag{8.16a}$$

水、饱和氢氧化钙溶液、庚烷、甲醇、异丙醇等均可用作比重瓶中的液体,而苯、氦气和氮气等可用作比重瓶的气体。

2. 液体饱和法

水或甲醇、乙醇和异丙醇(2-丙醇)之类的有机液体,常被用来确定被液体饱和的试样其孔隙率。液体渗入到预先干燥过的块状(即 10mm 厚,直径为 25mm 圆盘状)试样中,当达到饱和时(比如可通过恒重认定),所吸收的液体体积可以由重量和密度的变化计算。常用的密度如下：

水　　1.00g/cm³

甲醇　　0.787g/cm³

异丙醇　0.781g/cm³

用甲醇和异丙醇测到的孔隙率近似相等,但是用水测到的值要大很多。例如,对硬化波特兰水泥的研究表明,根据水灰比和水化时间,用酒精测得的空隙率在 20% 与 50% 之间,而用水测得的空隙率在 35% 至 60% 以上 [D 15]。这不仅是因为这些液体填充孔隙,而且水泥石中的成分(诸如 C-S-H 及 AFm、AFt)也不同比例地化学性和吸附性结合这些液体 [D 76,D 14,T 23,B 29, B 30,P 15],因此,是固体通过化学或物理方式将部分液体结合了,不再填充任何孔隙,所以该过程总是给出过高的孔隙率,尤其当强烈干燥后(D-干燥或 105℃ 干燥)再用水时。

液体交换方法中,把曾被水饱和的试样表面擦干,并存放在相当大量的有机液体中,使有机液体通过扩散取代孔隙中的水。用有机液体填充的孔隙体积,可以由试样的重量变化及涉及到的液体密度计算。用甲醇或异丙醇取代填充的水,所得到的孔隙率与水饱和方法测得的几乎相同 [P 13,F 23,D 31,P 14]。

3. 毛细管冷凝法

与 BET 法测比表面积一样,气体吸附过程中吸附气体的数量也是相对蒸气压 p/p_0 的函数。所用的吸附剂是水蒸气或甲醇蒸气,或是类似于氮、氩或丁烷等气体,作为气体渗进孔隙,再因毛细管作用在适当低温下冷凝。p/p_0 相对高时,等温吸附曲线的形态可确定孔隙率。假设毛细孔为圆柱形,并且吸附剂润湿孔壁(接触角 $Q < 90°$),则开尔文(Kiselev)公式反映了毛细管冷凝、相对蒸气压 p/p_0 和孔的尺寸的关系：

$$d = -4\gamma \cdot M \cdot \cos Q / D \cdot R \cdot T \cdot \ln(p/p_0) \tag{8.17}$$

式中 d——在相对蒸汽压 p/p_0 时吸附剂冷凝的圆柱形孔的直径；

　　　p——吸附剂的蒸汽压；

　　　p_0——吸附剂的饱和蒸汽压；

　　　g——液态吸附剂的表面张力；

　　　M——吸附剂的摩尔质量；

　　　Q——冷凝物和固体间的接触角，通常是 $0°$；

　　　D——液态吸附剂的密度；

　　　R——气体常数；

　　　T——绝对温度。

开尔文公式只对圆柱孔有效，因此水泥石、砂浆和混凝土是否满足这个先决条件，值得怀疑。因此，所推荐的 Kiselev 公式，式中的孔中冷凝物表面积可以当作孔尺寸的函数计算，并作为评价吸附等温线的基础 [K 83, B 85]：

$$S = 1/\gamma \cdot \int_{a_H}^{a_O} R \cdot T(-\ln(p/p_0)) da \tag{8.18}$$

式中 S——孔中冷凝吸附剂的表面积；

　　　p——吸附剂的蒸气压；

　　　p_0——吸附剂的饱和蒸气压；

　　　g——液态吸附剂的表面张力；

　　　R——气体常数；

　　　T——绝对温度；

　　　a_H——毛细管冷凝开始时吸附剂的摩尔量；

　　　a_O——压力饱和时($p/p_0=1$)吸附剂的摩尔量。

测定过程中，相对压力是分阶段变化的，因此，孔表面积也能每阶段算出，孔的尺寸也可由每一阶段吸附剂的量和表面积求得。

用毛细管冷凝法测量的孔径尺寸公差为 0.1nm，测量范围是 30nm 至 50nm[D 31]。

4. 压汞法

压汞法可根据填充到孔隙中水银的量，获得固体的孔隙率。基本要求是：水银不润湿固体（接触角 $\theta < 90°$），因此，只有在压力下孔隙才能被填充，而且越小的孔，所需的压力越大。孔径和汞压力间的关系可以从 Washburn 公式得到 [W 53, R 38, C 47]：

$$d = -4 \cdot \gamma \cdot \cos\theta / p \tag{8.19}$$

式中，d——压力 p 下能被汞填充的圆柱形孔直径；

　　　p——汞的压力；

　　　s——汞的表面张力；

　　　θ——汞和固体的接触角，通常在 $115°\sim140°$ 之间 [S 127]。

现在流行应用此法,汞压力为400MPa(400•10⁶N/m² 或 400N/mm²)数量级时,可对2~3nm间的孔径测量。当孔径上限>1mm时,无需压力便可用水银充满。

5. 显微镜测量法

光学显微镜法一般只用来测量由引气剂形成的直径在1~5mm间的球形空气孔。在混凝土中的充气孔由于不完全压缩,尺寸大约在1~5mm之间[M 2]。

研究更小孔径达0.01~5mm之间的毛细孔,需要用电子显微镜。压痕法中,硬化并干燥的试样要在真空中注入低黏性的环氧树脂。树脂硬化之后,对试样表面磨光、抛光,并用盐酸(1+1)侵蚀,然后放在扫描电镜下观察。硬化的阿利特试样采用此法测量时,且50nm以上孔径的范围,与用丁烷吸附测量得到的值很接近。由此便知,只有大于50nm的孔径,才可用环氧树脂浸渍[P 11,J 14]。如果用带有背散射电子的扫描电镜图像分析,在浸渍后的抛磨断面上测定气孔率,则试样就不必用盐酸侵蚀,此法至少能测量50nm的孔径[S 103,S 106]。

6. 其他方法

1~30nm范围分布的孔径,可以用小角度X射线散射法(SAXS)计算孔隙率[Y 6]。对取决于水灰比的最小直径的孔,此法得到的测量值与压汞法相似,水灰比大于0.4的最小孔径为10nm,而水灰比0.3时为25nm。

8.4.3 结果和讨论

用于孔测量的试样可以是块状的、破碎的、甚至是磨细的。试样不能太大,以确保测量用的液体或气体介质能够尽可能充分地填充到所有孔内。另一方面,可以发现用压汞法测到的总空隙率值,是随着试样尺寸的减小在降低,而不是增加,且孔的大小分布也有所改变[H 32]。若试样最小尺寸不小于6.5mm,总空隙率几乎保持不变。试样随着粉碎,孔径分布将向较粗孔径[B 2]、较小颗粒方向转移,且最大程度增加外部孔隙率,即孔在颗粒包裹中[H 32]。

制备测量孔隙率的试样,要求用能改变水泥石微结构的方法,尤其当孔中常存在的水需要排除时,及测量会对试样产生机械应力时,就特别需要。如果孔隙中的水由异丙醇取代,且试样于真空、提升温度下干燥,孔的微结构将很少改变,冻干也证明是非破坏性的[K 113,M1 26]。压汞法能对试样施加高压,使孔的微结构变粗。很明显,如果对相同试样重复测量,粗孔微结构几乎得到相同的总孔隙率[B 24,F 9,S 127],水泥石越密实,这种效应就越强烈[F 25,D 15],但压力增加的速率,对测试结果没有什么影响[H 32]。

对比测试表明:孔隙率、特别是孔径分布,用不同的测试方法,一般不会彼此一致,为此,可使用多种方法[D 15]。不过,应当认为,在可比状态下,不同方法影响的基本趋势是一致的,例如水泥组分、水灰比、硬化的持续时间和温度,对空隙率参数的影响就是如此。

用水和苯作为比重液的比重瓶法测得的密度,如图8.11、图8.12所示。它们表明,水化硅酸钙和水化波特兰水泥的密度是它们吸附水量的函数,即密度确定之前,为建立吸附平衡中水蒸气的函数[L 103]。与吸附研究(8.1节)在吸附和解吸过程中测量的表现一样,产生的C-S-H,几乎都不来自靠硅酸三钙在非常富水的悬浮液中水化所形成的$Ca(OH)_2$。用比表面积大于

5000cm^2/g 的快硬工业波特兰水泥进行研究:按加入不同量的水,制备三种试样,水灰比分别是 0.4、1.0 和 10,让它们都全部水化。水灰比为 0.4 和 10 的试样硬化后,在研究之前被研磨;水灰比为 10 的试样完全水化后呈悬浮态存在。

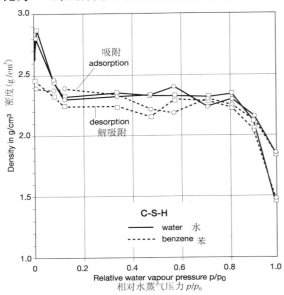

图 8.11 用水和苯作为比重液的比重瓶法测定的不同含水量的水化硅酸钙密度
对应的 p/p_0 吸附平衡在 0~1 之间(integral 法) [L103]
Figure 8.11: Density of calcium silicate hydrate containing varying levels of water corresponding to p/p sorption equilibria between 0 and 1 (integral method), determined by the pycnometer method with water and benzene as pycnometer liquids [L 103]

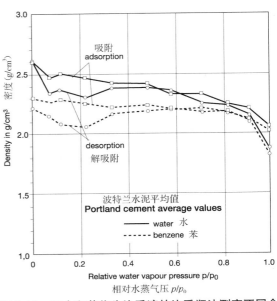

图 8.12 用水和苯作为比重液的比重瓶法测定不同含水量的完全水化工业波特兰水泥的密度
对应的 p/p_0 吸附平衡在 0~1 之间(integral 方法),点代表水灰比为 0.4、1.0 和 10 的水化试样的平均值,PZMW 代表波特兰水泥平均值
Figure 8.12: Density of fully hydrated industrial Portland cement (specific surface area > 5000 cm^2/g) containing different levels of water corresponding to p/p sorption equilibria between 0 and 1 (integral method), determined by the pycnometer method with water and benzene as pycnometer liquids. The points represent average values of samples hydrated with w/c ratios of 0.4, 1.0 and 10 [L 103]
PZMW = Portland cement average values

湿度范围 p/p_0 介于 0.15 和 0.8 之间时,用水作比重液,测定的 C-S-H 密度(2.35±0.04)g/cm^3,是围绕实际恒定值波动;当 p/p_0 在 0.15 以下时,该密度值增加到 3.0g/cm^3,当 p/p_0 高于 0.8 时,则跌到 1.5~2.0g/cm^3 之间,且吸附和解吸表现明显差异;当用苯作比重液时,得到与水在 p/p_0 高于 0.8 时几乎相同的密度;在相对水蒸气压较低时,密度平均值约为 2.3g/cm^3,比由水测定的值稍低些,p/p_0 低于 0.15 时,密度提高到 2.4~2.5g/cm^3;在相对水蒸气压低于 0.5 左右时,曲线形状表明滞后。

在测定水化波特兰水泥密度时,用苯作为比重液得到的密度比用水低(图 8.12)。水灰比为 10 的悬浮态水化的差异要比水灰比为 0.4 和 1.0 硬化试样的差异小;且随着吸附水量的降低,差异增加。对于平衡湿度 p/p_0 低于约 0.5 的试样,两种比重液都表现滞后。

从这些结果可以引出以下结论:

1、测定密度之前,将无氢氧化钙的 C-S-H 与周围湿度 p/p_0 介于 0.15~0.8 级平衡时,以水作为比重液,测到的密度为 2.35g/cm³,以苯作为比重液时,密度为 2.25g/cm³。结果与表 7.3 中总结的值一致(7.2.3.3 节)。C-S-H 经过 D-干燥处理以后,以水作为比重液再进行测量时,得到明显更高的 2.8~2.9g/cm³ 密度,这表明该测定时,C-S-H 发生了快速化学水结合 [L 103]。

2、不管用水还是苯作为比重液,水化波特兰水泥依靠水蒸气吸附法确定密度时,产生滞后现象要比 C-S-H 严重得多。用同样方式,C-S-H 的等温吸附曲线与水化的波特兰水泥、AFm、AFt 样品的曲线也不尽相同(8.1 节,图 8.2~8.5)。因此,水化水泥的吸附表现和密度曲线的滞后,主要取决于 AFm 和 AFt 复合物,而较少取决于 C-S-H。因而,以水或苯作为比重液所测得的密度差别,应归结于 AFm 和 AFt 复合物与水发生了化学反应,而苯则没反应。

3、为了测量水泥石、砂浆和混凝土的密度,可取 50%~60% 相对湿度干燥,并用如庚烷或苯等惰性有机液体填充比重瓶,如用水做比重液,结果要高出约 0.1~0.15g/cm³。

由填充水测得的水泥石总孔隙率,取决于过去常常区分固相中结合水和孔隙中未结合水的方法性质 [K 80,O 18]:用 D-干燥法区分时,通常会给出最高值;如果把试样和丙酮一起研磨,去掉未结合水、接着用乙醚洗涤、空气中干燥,就会测出较低的值;通过用含 1%D_2O(氧化氘)的水和 D_2O 混合液中的 D_2O,取代一部分水来测孔隙水,也会有同样数量级的数值 [K 82]。该方法基于这样的假设,即测量中只有孔隙水、没有化学结合水被取代。

用填充水确定硬化波特兰水泥和 C_3S 样品的总体孔隙率,其增加与水灰比增加呈近似线性关系 [K 82,O 18]。水测定的本性将引起 10%~15% 体积百分比的测量误差。压汞仪测得的孔隙率也与水灰比近似呈线性关系,但有时比填充水法计算值明显低得多。用液氮测得的总空隙率更低,并且水灰比高于 0.4~0.5 时,不再随水灰比增加而增加,推测这是因偶极子力矩不足或空隙入口太小,氮分子无法渗进空隙之故,或即使相对蒸汽压接近 1.0,因氮分子无法通过毛细管冷凝,就不能完全填充孔径大于 30nm 的较大空隙 [B 57,K 82,M 95,O 18]。

表 8.4 硬化 90d 后的水泥石(W/C=0.59),甲醇吸附测得的孔隙率和孔径分布与养护相对湿度间的函数关系 [p18]

Table 8.4: Porosity and pore size distribution, determined by methanol sorption, of hardened cement paste (w/c = 0.59) after 90 days' hydration, as a function of the relative humidity during storage [P 18]

相对湿度 (%) Relative humidity %	硬化程度 (%) Degree of hydration %	空隙率 (vol.%) Porosity vol.%			
		<4nm	<37nm	>37nm	总计
60	62	10	16	35	50
70	63	12	16	34	50
80	68	15	17	32	50
90	81	19	21	21	48
100	90	29	36	36	47

在 20℃、不同相对湿度条件下已经硬化的水泥石(W/C=0.59),测量其孔隙率和孔径分布,是用甲醇吸附法 [P 18],图中内插的水化 90d 后结果汇总在表 8.4 中,它们显示出,存放期间随着湿度增加,总孔隙率没有明显下降,但是以 >37nm 孔的消耗为代价,<4nm 和 <37nm 的孔隙比例增加了。不过,这种趋势只有在相对湿度至少 90% 时,才会变得越发肯定,因为此时水蒸气会在毛细孔中凝结。表 8.4 表明为快速推进水化,至少需要 90% 以上的相对湿度,由此只有充

水的孔中,才会有水化产物生成。且鉴于孔大小和毛细管冷凝间的关系,孔的微结构越粗糙,为促进水化所需要的最小相对湿度,也会变得越高。

图 8.13 给出了水灰比对孔径尺寸分布的影响 [K 82,O 18],它是由压汞法对 20℃下排除空气存放两年的水泥石测试的,< 20nm 孔径的体积比,是经 D- 干燥后由汞和水填充的体积差所确定的。< 20nm 孔径范围的曲线包括结合水所占据的表面孔,尽管是可蒸发的水。

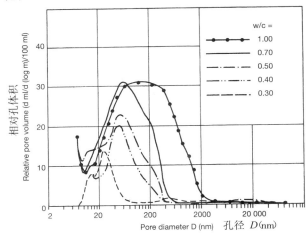

图 8.13　压汞仪测定水灰比对硬化两年的波特兰水泥石孔径分布的影响 [K 82, O 18]。孔径小于 20nm 的体积分数经 D- 干燥后由水银和水填充空隙率的差值确定

Figure 8.13: Influence of the water/ cement ratio on the pore size distribution, determined by mercury porosimetry, of hardened Portland cement paste after hardening for two years with the exclusion of air [K 82, O 18]. The volumetric proportion of pores smaller than 20 nm was determined as the difference between the volumes which could be filled with mercury and with water after D–drying.

孔径分布的基本特征是, 20~200nm 间的孔分布区域最大,随着 W/C 增加,孔径分布变宽,极大值也由大孔径取代:当 W/C 为 0.3 时,极大值约在 30nm 处,W/C 为 1 时,极大值约在 200nm 处;不过,只是分布的上限值增加,W/C 为 0.3 时,分布上限为 80nm,W/C 为 0.4、0.5 时是 400nm,W/C 为 0.7 时是 600nm,W/C 为 1.0 时是 4000nm(4mm),而下限基本在 8nm 左右不变,这说明 W/C 增加不仅使孔隙率增加,平均孔径也变大了。相应随着水化进行,孔隙率减小,孔径的平均值也会变小 [M 86]。

如果用热处理使水泥浆体在更高温度下硬化,就会形成粗孔微结构 [K 82,O 18,S 114],硬化的温度从 5℃升到 20℃再到 50℃,介于 40nm 到 200nm 的粗孔径比例将明显增加 [K 49,K 50],而 6℃下硬化一年的水泥浆体,仍保留有少量低于 50nm 孔径范围的孔 [D 32]。而根据其他研究,在相同水化程度时,几乎没有检测出温度带来什么影响 [A 2]。

混凝土中的水泥石总体孔隙率,要比纯水泥石的孔隙率大,这是水泥石和骨料间的接触区,特别易于形成粗孔、其比例增加的缘故。不过,当水灰比和水化程度相同时,它们仍可得到类似的孔径分布 [F 23,F 28,W 52]。

水泥和矿物骨料的种类,也对水泥石的孔隙率和孔径分布有重要影响。图 8.14 分别给出了由波特兰水泥添加粉煤灰或硅灰、及矿渣水泥制作的砂浆孔径分布 [R 38]。砂浆中水泥石的孔径

8 硬化水泥浆体(水泥石)的组成和性能

分布,很像水泥石(图 8.13),在孔径 100nm 处有取代的最大值,加入粉煤灰后最大值变低,但添加硅灰后就出现两个低凹处,最大极值在孔径 60nm、200nm 处。高炉矿渣水泥砂浆的孔径分布也有两个最大极限,分别在 60nm 和 400nm 处,再在水中多存放 28d 后(图 8.14 未显示),60nm 处的极值变大,而 400nm 处极值消失。并未研究存放水中更长时间,对掺加粉煤灰或硅灰的影响 [R 38],但可以预期趋势,添加硅灰对孔微结构的作用,在砂浆中要比在纯水泥石中更强得多 [F 10]。

这些研究更清楚表明,砂浆水泥石的孔隙率要比纯水泥石高,对于混凝土更是如此。依据压汞仪对孔隙尺寸分布的测定,混凝土中水泥石与纯水泥石的主要区别是,前者有高于 100~500nm 下限的粗孔,而后者在相同水灰比和水化程度情况下就没有。因此相同条件下,混凝土中水泥石的孔径分布,比纯水泥石明显要宽,总孔隙率明显要大。随着水泥水化的进行,水泥浆体的总孔隙率逐渐减小,但是孔径分布的差异却更强。随着粗孔比例的增加,特别是接触区附近,在类似条件下,混凝土比纯水泥石有更大的渗透性,及相应更低的耐久性。因此,对水泥石的研究,不能直接应用于实际混凝土的表现 [W 52],对水泥石、砂浆、混凝土的其他物理性能,特别是强度和变形特性,也是如此。

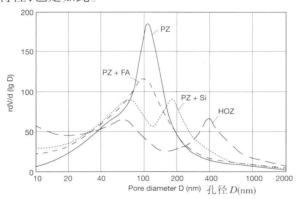

图 8.14 波特兰水泥石、掺粉煤灰或硅灰的水泥砂浆及掺加高炉矿渣水泥砂浆的孔径分布
骨料:最大粒径为 4mm 的砂子
水泥含量:440kg/m³
W/C: 0.5
养护:模具中 24h,水中 6d,20℃,相对湿度为 60% 的不含有 CO_2 空气中 105d
PZ:波特兰水泥 {PZ 35 F(CEM I 32.5 R)[D 51]}
HOZ:矿渣掺量大于 66% 体量的矿渣水泥 {HOZ 35 L NW/HS(CEM III/B 32,5−NW/HS)[D 51]}
PZ+FA:掺加了 25% 体量粉煤灰的波特兰水泥
PZ+Si:掺加了 10% 体量硅灰的波特兰水泥(添加了高效减水剂)

Figure 8.14: Pore size distribution of mortars made with Portland cement, with and without the addition of fly ash or silica fume, and with blastfurnace cement, according to [R 38]
aggregate: sand with maximum grain size of 4 mm
cement content: 440 kg/m³
w/c: 0.5
storage: 24 h in the mould, 6 d in water, 105 d at 20 °C in CO_2-free air with 60 % r.h.
PZ: Portland cement {PZ 35 F (CEM I 32,5 R) [D 51]}
HOZ: blastfurnace cement {HOZ 35 L NW/HS
(CEM III/B 32,5−NW/HS) with over 66 % by mass of blastfurnace slag [D 51]}
PZ+FA: Portland cement with 25 % by mass of added fly ash PZ+Si: Portland cement with 10 % by mass of added silica fume (with superplasticizer)

8.5 强度

8.5.1 概述

砂浆和混凝土的强度，主要取决于所谓骨料和水泥石两个主要组分的强度特性，但也很有必要考虑它们在强度和变形上的差异 [L 124, W 57]。尽管如此，对纯水泥石的研究，也同样能准确反映影响砂浆和混凝土强度的主要因素。

随着水泥水化的进行，水泥石的强度将以不同的速率增长。因此，可以预期，在完全水化时，将会建立某种最终的强度。然而，这只是一定范围内才是对的，例如，由于吸附水可以削弱固相间的结合，并促进裂纹发展，所以随着含水量增加，强度和弹性模数会明显减小；将原干燥的水泥石在其他液体，如各类酒精中浸泡，它的强度也会降低，但比泡在水中要降低得少 [B 26, R 71]；若将水泥石较长期存放在水中，或在空气中干燥，则其微结构、乃至强度都会发生永久性变化。

不仅化学水化反应需要可用的水，而且特别是，水泥石固化微结构中的毛细孔中要永久被水充满，水泥才能达到最终强度（8.4.3节）。然而，工业中很难有这种条件，所以几乎每批水泥石都会残留有未水化的水泥。

水泥石和骨料的结合、机械应力及宏观缺陷，诸如微结构中的粗孔和早期裂纹，都以不同程度影响水泥石的强度，其中对抗拉强度和抗折强度的影响明显大于抗压强度 [B 72]。硅酸钙水化物的组分对其也很重要。

8.5.2 孔隙率的影响

水泥石的抗压强度主要取决于它的孔隙率。毛细孔率对抗压强度的影响已由表 8.5 所列的公式描述，它们既源于使用模型，也借助于统计方法对大量测试数据的处理。

表 8.5 描述硬化水泥浆体孔隙率与强度间关系的公式

Table 8.5: Formulae for describing the relationship between the porosity and strength of hardened cement paste

$D = D_0 \cdot X^{K_1}$	(8.20)	
$= D_0 \cdot \left(\dfrac{V_{hZ}}{V_{hZ} + P_{hZ}}\right)^{K_1}$	(8.21)	[P 51]
$= D_0 \cdot \left(\dfrac{1}{1 + P_{hZ}/V_{hZ}}\right)^{K_1}$		
$D = D_0 \cdot (1 - P)^{K_2}$	(8.22)	[B 7]
$D = D_0 \cdot e^{K_3 \cdot P}$	(8.23)	[R 101]
$D = D_0 \cdot (1 - K_4 \cdot P)$	(8.24)	[H 28, H 29]
$D = K_5 \cdot \lg(P_0/P)$	(8.25)	[S 48]

| 其中
D = 水泥石的抗压强度
D_0 = 无气孔水泥石的抗压强度
X = 水化产物空隙的填充率（胶空比）
V_{hZ} = 水化产物的体积
P_{hZ} = 与水化产物体积相关的毛细孔隙率
P = 与水泥石体积相关的毛细孔隙率
P_0 = 抗压强度为 0 时的毛细孔隙率
K_1, K_2, K_3, K_4, K_5 = 常数 | Where
D = compressive strength of the hardened cement paste
D_0 = compressive strength of the pore-free hardened cement paste
X = space filling by the hydration products (gel/space ratio)
V_{hZ} = volume of the hydration products
P_{hZ} = capillary porosity, relative to the volume of the hydration products
P = capillary porosity, relative to the volume of the hardened cement paste
P_0 = capillary porosity at which the compressive strength is 0
K_1, K_2, K_3, K_4, K_5 = constants |

式(8.21)由水化产物空隙填充率(胶/隙比)X开始,它表示水化产物的体积与水化产物与毛细孔体积之和的比[P 51];毛细孔的孔隙率,包括可用的空气孔,与公式(8.21)中水化产物的体积相关,也与式(8.22)到式(8.25)中仍未水化水泥的体积百分比在内的水泥石的总体积相关;式(8.22)是从金属-陶瓷材料推导过来的[B 7];式(8.23)是研究氧化铝和二氧化锆制成、并能得到可控孔隙率的烧结材料得到的[R 101];式(8.24)由多晶材料、特别是耐火材料推导而来的[H 28,H 29];式(8.25)是通过理论和实验研究得来的。

式(8.21)至式(8.24)由基础强度D_0启始,它以确定方式随孔隙率递减。式(8.21)涉及基本强度(内在强度[P 51])与"水泥凝胶",即与水泥水化产物无孔微结构的强度关系。(8.22)至(8.24)式中,引用的可变因素是无孔水泥石的比强度,其中包括可能含有的尚未水化的熟料。熟料成分及加入的石膏也会对来自波特兰水泥的无孔硬化浆体的比强度有重大影响[O 23],然而,这些影响因素都没有孔隙度重要。假设该公式也适用于混凝土,骨料的影响可以通过改变D_0给予考虑[P 51]。孔隙率一般被当作所有毛细孔的总体积,也包括可用的气孔。虽然孔径分布明显也有一定影响[L 123],但未予考虑。式(8.25)中的P_0是临界孔隙率,它的强度为零,此时无孔水泥石的强度理论上是无穷大。在平均孔隙率的范围内,式(8.25)给出了与式(8.23)相似的值[S 48]。

图8.15给出水泥石的毛细孔隙率和抗压强度之间的关系[L 78]。下面曲线的测试值来自于常温下已经硬化的波特兰水泥的四个不同研究检测结果[V 3,F 8,Y 16,W 64]。同样的关系也出现在216℃高压釜饱和水蒸气中硬化,且不加石英粉的水泥石样品中[F 8],还出现在另外两种毛细孔隙率特别低的1.5%到2.0%水泥石样品中,这种样品是磨得极细的水泥熟料,添加木质素磺酸盐及碳酸钾制成,水灰比0.2,水化程度达到70%[Y 16]。

对水灰比超低(约为0.1)的水泥块热压,能得到相当高的强度。压制期间,温度介于100~250℃,压力介于175~350N/mm^{2}之间,保持0.5~2h[R 90,R 89,R 91,R 92]。

据统计评价,常温下和高压釜中硬化的水泥石样品,其毛细孔隙率和抗压强度间的关系,能被上述公式最好描述,即式(8.22)以D_0=203N/mm^2、K_2=4.67;(8.25)式以K_5=398N/mm^2、P_0=63.8vol.%,都较适合热压样品。如这些样品,式(8.22)中D_0=598N/mm^2、K_2=5.54时,会得出稍大的偏差,尤其孔隙率范围较低时。

其他研究表明,毛细孔率和抗压强度之间的线性关系,式(8.24)既符合水泥石,也符合标准砂浆[K 25,R 87,O 19]。不过,研究中所涉及的孔隙率范围非常有限,一般只在5%到30%体积比之间。这个范围内,(8.22)到(8.25)公式间的差别很微小。由于此类研究的测量范围分散很开,因此很难确定哪个公式描述关系更为可靠[R 87]。

图8.15表明,由波特兰水泥制备的水泥石,其抗压强度基本取决于毛细孔率,后者随水灰比的增加而增加,随着水泥水化的进行而减少。毛细孔只含在水化的水泥中,未水化水泥的颗粒几乎没有毛细孔。根据图8.15,相同的毛细孔率,就能获得相同的硬化水泥强度,而如果水化程度不同,未水化水泥量无孔的差异,已被水化的水泥对应毛细孔率的不同所抵消。所以,对水泥石强度而言,毛细孔率低是因未水化水泥的比例较高,即水化程度较低,还是因水化后自身

的孔率较低,都变得无关紧要了。

然而,只有水泥石的强度和孔隙率的关系明晰时,这个结论才是充分有效的。由于图8.15中的测定值比较分散,那么对于水泥石相同的毛细孔率,就不能排除水化与未水化水泥的体积比,会对强度产生一定影响。

图8.15显示的关系表明,提升未水化水泥的比例,就增加了水泥石的强度,这可认为是未水化颗粒和水化产物之间存在着非常强的共生物所导致的。因此可推断,如果未水化水泥颗粒被某些物质所取代,这些取代物具有低孔隙率,并与水化水泥有很强的结合,则水泥石的物理性质不会有多大改变,这可能就是添加低活性火山灰质外加剂能增强的主要原因。

8.5.3 水泥石的比强度

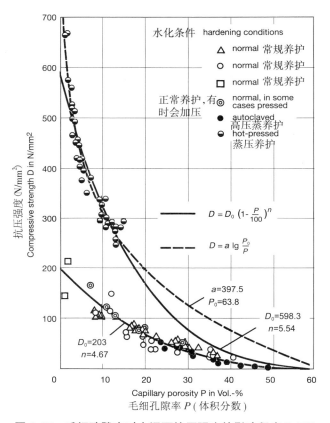

图 8.15 毛细孔隙率对水泥石抗压强度的影响程度 [L 78]
Figure 8.15: Dependence of the compressive strength of hardened cement paste on its capillary porosity [L 78]

根据图8.15所示的毛细孔隙率和强度间的关系,无毛细孔的水泥石有比抗压强度 D_0,它受毛细孔率控制、并以一定方式降低。水泥混合且完全密实后,水灰比不超过、并稍低于限值0.4,水泥石连续放置在水下,直到水泥完全水化,就能制成无毛细孔的水泥石。根据不同的水灰比,这种水泥石由水泥水化产物和不同比例的未水化水泥残留物组成。根据图8.15下部曲线的形状,由波特兰水泥生产的无孔水泥石抗压强度大约是 $200N/mm^2$,该值是对不同水泥数次研究得到的,因此测量值散开得比较大,应该有95%的把握能算出水泥石的比强度介于175~235 N/mm² 区间。测量值的离散性很大,很可能是因用于测试的水泥组分和水化性能差异所引起。

不加石英砂经蒸压的水泥浆体试样,已显示出和水泥石试样相同的比强度,约为200 N/mm²。而波特兰水泥制得的蒸压试样强度低,完全归结于它们的高孔隙率,其原因是有石英砂后,所生成的托贝莫来石的密度要比 α- 水化硅酸二钙低(7.2.3.5 节)。

水泥石经蒸压的试样会有相当高的抗压强度,水灰比低于 0.1 时,在 250~600N/mm² 之间 [R 90](图 8.15 上方曲线)。不可蒸发水量仅低至 4% 到 8% 的水平,表明这种条件下水化的水泥量非常少,此时水泥石的基本组成,就是由很薄的水化产物薄膜相互连接着的未水化水泥颗粒。不过,水泥石的蒸压试样强度却明显高于熟料,介于 300~400N/mm² 数量级之间,这一方面归结于,粉磨水泥中非常细小的熟料颗粒比未粉磨过、微结构中有很多缺陷的熟料颗粒,要有明显高得多的强度;另一方面是因蒸压中形成的水化产物,修补并填充熟料颗粒中的微裂纹和孔隙,这也增加了它们的强度。

8.5.4 硬化,水灰比和水化程度的影响

基于图 8.15 中所示的水泥石强度是受毛细孔率的影响,便可根据 8.3.1 节所描述的模型,评估水灰比和水化程度对毛细孔率的影响。计算结果如图 8.16 所示,所绘制的曲线表示水泥石的抗压强度,是水灰比 0.2~0.8 的波特兰水泥水化程度的函数 [L 78],200N/mm² 被当作水泥石比强度的基准线。

曲线形状反映了水灰比对强度的决定性影响:只有水灰比不超过 0.6 时,水泥石的强度才能达到 50 N/mm²;而要生产比强度达到 200 N/mm² 的无孔水泥石,则水灰比必须低于理论上 0.36 的限值。

图 8.16 还可说明,水灰比恒定时,水泥石强度将随着水化程度的深化和水灰比减少而升高。然而,只有水持续饱和,水泥才可能最大程度水化,并尽可能低的毛细孔率,所以必须确保足够水量充分水化。还须牢记,只有毛细孔充水,才能有水化产物充填(8.4.3 节)。

图 8.16 给出的水灰比、水化程度与抗压强度的关系,被用于水泥石的计算,但对混凝土的应用非常有限,图 8.17 便可看出,水泥石抗压强度对计算出的水灰比依赖关系,再次以虚线示出,水化程度作为参数。实验室试验得出的区域有来自几种水泥制得的大量混凝土混合物,也以两条实线示出 [W 1,W 5]。测试抗压强度是用边长 20cm 的立方体试件,在潮湿状态存放 7d,然后在温度为 20℃、相对湿度为 60% 的空气中保存直到 28d 龄期,试验所用水泥主要是各强度等级的波特兰水泥和矿渣水泥,1963 年到 1970 年间西德生产认定的水泥强度等级,也是以 28d 标准抗压强度为代表 [W 1,W 5]。

根据欧洲标准 [D 43],有以下命名和 28d 平均标准抗压强度:

CEM 32.5　　48~50 N/mm²
CEM 42.5　　58 N/mm²
CEM 52.5　　65 N/mm²

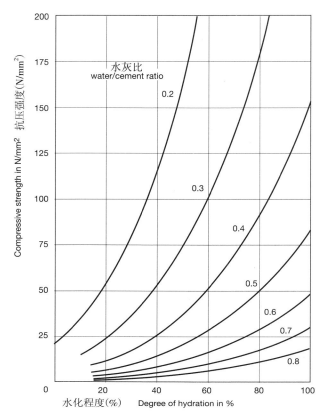

图 8.16 水泥石中抗压强度与水灰比和水化程度间关系 [L 78]
Figure 8.16: Relationship between water/cement ratio, degree of hydration and compressive strength of hardened cement paste [L 78]

对配制出高强度混凝土的测试结果已列入图表中 [S 11,C 36]，只用了快硬波特兰水泥，混凝土中水泥的含量为 400kg/m³ 和 500kg/m³（正方形点）[C 36]，及 500kg/m³ 到 900 kg/m³（圆形点）[S 11]。大部分混凝土都同时有加入高效减水剂及未加入的。骨料及对最大粒径 5mm 砂的用砂比例也是变化的 [S 11]。图 8.17 所示为每种案例的最高强度。

从曲线的形状可以看出，约 0.6 以上水灰比的混凝土抗压强度比从水泥石可比样品计算的强度更高，这可能是有骨料颗粒较稠密的包裹，靠高孔隙率的水泥石薄层，仍足够强地抓固一起的缘故。水泥石强度和骨料的颗粒强度，在低水灰比和相当高等级水泥的混凝土中，同时变得越发重要 [W 1,S 11]。图 8.17 中对高强混凝土强度所描绘的点，作为水灰比的函数，与水泥石计算的关系遵循了相同趋势。

8.5.5 DSP 和 MDF 材料

超高强的水泥石是 DSP 和 MDF 材料的基本组分 [R94]。DSP 是"超细颗粒均化分布的致密系统"[B 1]；MDF 术语称"无宏缺陷系统"[B 72]。

DSP 的材料的组成是：由 75%~95% 控制量的波特兰水泥，颗粒尺寸为 0.5~100μm，及占 5%~25% 量的超细材料，通常为粒径 0.005~0.5μm 的硅粉。这些混合物是由少量水（水灰比约

8 硬化水泥浆体(水泥石)的组成和性能

0.12~0.22)和促进超细物料均匀分布的塑化剂混合。硅粉是特别有利的添加剂,因为它的球形颗粒同水和氢氧化钙反应,可以生成密实的C–S–H微结构,并填充在仅有部分水化的水泥颗粒间的空隙中,使毛细孔几乎没有。经机械压实并在常温硬化后,其抗压强度至少可达到270N/mm^2。

MDF材料是波特兰或高铝水泥与水溶性聚合物,如羟丙基甲基纤维素或聚丙烯酰胺的混合物。这种刚塑统一的混合物经剧烈混合,并经压实,在正常或升高温度下硬化。MDF材料最重要的特性是降低了缺陷数量,特别是不均匀性、大孔和初始裂纹等。

用波特兰水泥制成的MDF材料,孔隙率高达20vol%,抗压强度约为150N/mm^2,但抗折强度为40~75N/mm^2;而用高铝水泥制成的MDF材料,孔隙率为5vol%,抗压强度高达300N/mm^2,抗折强度100N/mm^{2}N,不过,由于聚合物外加剂膨胀,MDF材料吸附受潮后,强度将明显下降。

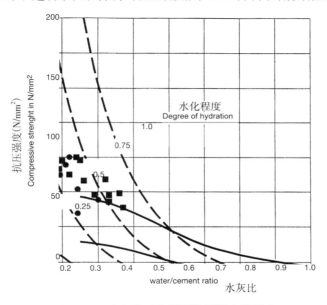

图 8.17 水灰比对水泥石抗压强度的影响

连续线:普通混凝土范围 [W 1, W 5]
虚线:由图 8.16 计算所得 [L 78]
正方形点:高强混凝土 [C 36]
圆形点:高强混凝土 [S 11]

Figure 8.17: Influence of the water/cement ratio on the compressive strength of hardened cement paste and concrete

continuous curves: range of normal concrete [w 1, W 5]
broken curves: calculated from Fig. 8.16 [L 78]
squares: high–strength concrete [C 36]
circles: high–strength concrete [S 11]

8.6 形变

8.6.1 概述

能导致水泥石变形,大体上有以下原因:

1. 机械应力下发生的弹性变形。

2. 因湿度变化引起的收缩和膨胀。

3. 蠕变——在持续外界负载下有缓慢变形。

4. 由温度变化引起的变形。

5. 由化学反应造成的变形,主要是膨胀。

1 至 4 所列的变形原因将在本节下面讨论,由化学反应引起的变形将分别在其它各节论述:硫酸盐膨胀在 7.2.6.1 节、碱－骨料反应在 8.10 节、膨胀水泥在 9.6 节。

8.6.2 弹性模量

由应力变化引起的水泥石变形,部分是可逆的、弹性变形,即暂时的;也有部分是不可逆的、黏滞性变形,即永久性的。水泥石为此是黏滞弹性材料。弹性模量代表应力与变形中的弹性部分之比。这种弹性变形的增加与荷载不成比例,因此胡克定律不适用于水泥石。为了便于比较,模拟混凝土的标准,用极限应力的三分之一水平反复加载、卸载发生的弹性变形,计算弹性模量 [D 50, M 30]。

对水泥石弹性模量的影响变量基本上与抗压强度相同,它随孔隙率增加,急剧减小,这与抗压强度类似,其关系可以用以下相应公式描述:

$$E=E_0(1-P)^n \tag{8.26}$$

把测得的孔隙率 P 代入公式,便可得到 E_0 值,约为 $10000 \sim 30000 N/mm^2$ 之间;如果用总可蒸发水量计算孔隙率,那么 E_0 约为 $70000 \sim 80000 N/mm^2$;指数 n 介于 2.5 与 3.5 之间。

普通混凝土的弹性模量在 $15000 \sim 45000 N/mm^2$ 之间。对于具有相同抗压强度的轻结构混凝土,弹性模量介于 $5000 \sim 23000 N/mm^2$,大小取决于散堆密度,显著低于普通混凝土 [M 31, H 50]。

单轴向机械应力会引起横向变形、及荷载方向的变形。例如,压应力会导致纵向压缩和横向膨胀,横向变形和纵向变形的比值称为泊松比 μ。弹性变形范围内,水泥石的横向变形系数是 0.25~0.30,普通混凝土的相应系数是 0.11~0.28[M 2, H 50, M 31, M 104, S 136]。

8.6.3 收缩和膨胀

由干干燥和受潮造成的体积变化就会有收缩和膨胀。在相对湿度 11% 时的初始干燥期间,水泥石的收缩可达 10mm/m 之高,通过再浸湿、再干燥,引起的长度变化是可逆的,变化范围为 3~4mm/m[H 41]。试样在平均相对湿度 45% 下干燥,其可逆和不可逆收缩的部分,与失水的可逆和不可逆的部分相对应。随着孔隙率增加,不可逆部分的收缩将急剧增加 [V 3]。

水分子对水泥石中极细固体颗粒的影响,将作为可能的收缩原因讨论 [H 18, M 104, M 3, T 1, S 29]:

1. 表面自由能的变化

表面自由能,即表面的自由结合力,可引起固体颗粒间的压缩应力。水分子的吸附使得自由表面能减少,因此,含水量的减少或增加会引起收缩或膨胀。

2. 毛细管中的引力变化

如果在固体表面和毛细孔水间的吸引力形成了弯月面,那么,在水泥石的微结构中将会发生机械应力,引起收缩。基本需要是相对湿度介于 40%-90% 时,能形成弯月面。

3. 层间水比例的变化

C-S-H 层在水泥石中,形成了水化硅酸钙的结构单元。它们之间有取决于水分子数量变化的层间距,来自周围的水分子吸附在层间空隙中,吸附水量取决于可用湿度的大小(7.2.3.4 节)。

4. 分离压

水泥石的成分,特别是水化硅酸钙凝胶粒子,通过化学键和物理吸附力彼此结合一起。然而,吸附水分子的包围层要竭力增大粒子之间的距离,就产生膨胀或分离压,且随着吸附水层厚度的增加而变大。因此,收缩和膨胀量主要受键能和分离压间的平衡控制。

目前普遍认为多种机制相互作用是导致可逆收缩的原因:有效自由能的改变在整个湿度范围内都发挥重要作用;而毛细管力变化只是在相对湿度高于 25% 的范围才是重要的 [H 18];层间水量的可逆变化,大概也会引起收缩和膨胀;收缩中的不可逆部分可能有利于水泥石和/或其组分内的微结构中,化学键和物理键的持续增强。

前期干燥引起的收缩,随着毛细管孔隙率的增加而增加,即随着水灰比的提高而增加。收缩是水泥凝胶的一种特性,因此水泥石中胶凝材料越多,收缩就会越大,就是说水化程度越高,收缩会越大。对稠度相同的水泥浆体,水泥细颗粒越多,需要的拌合水越多,水化速度也越快,因此越细的水泥比不太细的水泥收缩的趋势大。在这里,水泥成分的影响是次要的,但也有人证实混凝土中碱含量能使收缩和膨胀量稍有增加 [F 35]。

水泥石的碳化(8.8.4 节)也会导致收缩(碳化收缩),且可能比干燥收缩更大 [I 3, M 3]。

脱模后连续在水中存放的水泥石,膨胀远低于收缩,只有大约 1mm/m[L 75]。

缓慢干燥过程中,砂浆的收缩值在 1~2mm/m,普通混凝土为 0.2~0.5mm/m[M 31]。通常轻质混凝土的收缩值稍大 [W 3]。砂浆和混凝土的收缩主要由水泥石决定:骨料颗粒阻碍着水泥石的收缩;相同水灰比时,水泥浆体含量较高的混凝土(韧性),比含量低的混凝土(刚性)具有更大的收缩值。

烘干过程中水向外蒸发,因此,混凝土边缘可能比内部含水量小。因此,混凝土的收缩是不均匀的,从而可能导致边缘部分存在张应力,不适宜的条件下,产生收缩裂缝 [W 3]。如楼板之类的大面积部件,对干燥和由此而引起的收缩特别敏感。

8.6.4 徐变

水泥石、砂浆或混凝土在连续载荷下,除发生弹性变形和收缩变形之外,还会出现永存变形,称为徐变。研究徐变中,收缩变形量 e_s 一般是对相同类型、相同存放条件的试件,不受载情况下的测量 [D 25]。

图 8.18 给出混凝土试块的不同类型形变,在总应变量中所占的百分比,这类似于砂浆试块,理论上也适用于水泥石试块。该图的基础是假设混凝土初始存放在恒定温度和湿度下,并且施加荷载为零。

如果混凝土上施加荷载后再立即移除,除了很小百分比外,变形是可逆的,可逆部分为 $\varepsilon_e l(0)$,

不可逆部分为 ε_{el}。在恒定荷载作用下，总变形量随着时间延长而增加，开始时迅速，后来变缓，且在一到两年后停止。如果在 t 时移除荷载，其弹性变形部分按 $\varepsilon_{el(t)}$ 立即减少。如果继续在无荷载下存放，变形就会慢慢恢复，恢复达到的程度将只取决于收缩。该缓慢恢复就是滞后的弹性变形 $\varepsilon_{vel(t)}$，且即使试件恢复后，其变形量也比不加荷载的纯收缩要大，该永久性差异是塑变部分 $\varepsilon_{fl(t)}$，该变形部分是黏滞塑变，它是在初始的小荷载、而不是最小荷载下开始变形，它可以按比例分为迅速产生的"初始塑变"，及"残余塑变"[R 100]，初始塑变在早期混凝土中尤为明显。

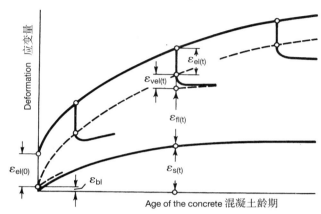

图 8.18　水泥石、砂浆和混凝土的徐变

图中：
$\varepsilon_{el(0)}$ = 加载前的弹性变形
ε_{bl} = 加载前的永久变形
$\varepsilon_{el(t)}$ = 加载后 t 时刻的弹性变形
$\varepsilon_{vel(t)}$ = 加载后 t 时刻的滞后弹性变形(delayed elastic deformation)
$\varepsilon_{fl(t)}$ = 加载后 t 时刻的黏滞流动(plastic flow)
$\varepsilon_{S(t)}$ = 加载后 t 时刻的收缩量

Figure 8.18: Creep of hardened cement paste, mortar and concrete (acc. to [H 17, H 16, R 100])
where:
$\varepsilon_{el(0)}$ = elastic deformation before loading
ε_{bl} = permanent deformation before loading
$\varepsilon_{el(t)}$ = elastic deformation at time t after start of loading
$\varepsilon_{vel(t)}$ = delayed elastic deformation at time t after start of loading
$\varepsilon_{fl(t)}$ = plastic flow at time t after start of loading
$\varepsilon_{S(t)}$ = shrinkage at time t after start of loading

t 时刻的总变形量为：

$$\varepsilon_{total(t)} = \varepsilon_{el(t)} + \varepsilon_{vel(t)} + \varepsilon_{fl(t)} + \varepsilon_{bl} + \varepsilon_{S(t)} \tag{8.27}$$

徐变为：

$$\varepsilon_{cr} = \varepsilon_{vel} + \varepsilon_{fl} \tag{8.28}$$

由此可以确定：

$$\varepsilon_{cr} = \varepsilon_{total} - (\varepsilon_{el(0)} + \varepsilon_{bl} + \varepsilon_{S}) \tag{8.29}$$

ε_{bl}一般不包括在徐变中。

测量徐变用到的系数有比徐变和徐变系数(塑变系数)[M 31]。比徐变$\varepsilon_{cr\ spec}$是徐变变形ε_{cr}和引起徐变变形的荷载(应力)σ的比：

$$\varepsilon_{cr\ spec}=\varepsilon_{cr}/\sigma \tag{8.30}$$

徐变系数等于徐变变形和弹性变形的比：

$$\Phi=\varepsilon_{cr}/\varepsilon_{el} \tag{8.31}$$

水分条件对于水泥石、砂浆和混凝土的徐变至关重要。"纯徐变"或"基本徐变"和"干燥徐变"是有区别的：加载过程中，湿度与环境没有任何交换，也就是说，既未变干也未增湿时，发生的徐变为基本徐变；而干燥徐变是指实际中，水泥石常在载荷下干燥并产生收缩。水泥石中所含可蒸发水越少，基本徐变值就越低；110℃烘干后，基本徐变特别低。干燥徐变比基本徐变和收缩的总和还要大得多 [H 16, H 17, R 100, C 2]。

徐变的机理尚未充分清晰，可能的原因有 [C 2, S 2, M 3, M 104, G 42, P 55, F 15, F 24, W 71, W 72, S 29]：

—— 水从高负载区向低负载区扩散；

—— 在吸附水协助下，更是在水迁移的促进下，彼此之间颗粒位移和C-S-H层滑动；

—— 旧的结合断裂和新的结合形成。

也可看出动态或静态载荷的结果，水泥石微结构发生了变化。

混凝土的徐变表现是以水泥石黏滞塑变，及骨料弹性表现为主导标志。最终的徐变一般在0.1~0.4(mm/m)/(N/mm^2)之间，徐变系数在1~5之间 [M 31]。在极限载荷的50%范围内，徐变与荷载近似成比例，一般强度越高，徐变与载荷关系变小；其他条件都相同时，徐变随水灰比的减小、水泥水化的进展和水泥浆体含量的减少而降低；基本徐变将随温度上升而增加，并且在70℃时达到最大值；蒸压养护可大大减小徐变 [V 3, W 61, M 31, C 2]。

8.6.5 温度变形

水泥石的温度变形很大程度上取决于含水量。当水泥石完全干燥后或水饱和时，其热膨胀系数介于10×10^{-6}/K 至 12×10^{-6}/K 之间；在中等湿度水平时，其热膨胀系数明显更大；当平衡湿度达70%时，热膨胀系数大约是最大值24×10^{-6}/K；如果让水泥石处于蒸气下，则不再对水分依赖 [M 82, D 20]，此时的热膨胀系数与完全干燥或水饱和的水泥石一样。

这些差异是因水在水泥石的孔微结构中运动所引起，它由于低渗透性而受到阻碍。这可通过对水泥石棱柱体的测试看出，结果示于图8.19中 [W 64, W 68]。图中下图显示，试件在水浴中先加热2h，温度由23℃升到40℃，然后分两个阶段在22℃和5℃下冷却24h的情况。上图显示试件长度的变化。该曲线形状清楚表明，冷却过程中，水泥石先迅速急剧缩小，之后再膨胀，此过程水泥石从水浴中吸收水分，表现出重量明显增长。水灰比越低，即水泥石越密实，试件越大时，膨胀发生得越缓慢。此试验中，试件在40d后才达到平衡 [W 64, W 68]。

这种现象可归因于水泥石与水的热膨胀的巨大差异，在5~20℃温度范围内，水的膨胀大约是水泥石的 3~4 倍。水泥石的低渗透性使得冷却期间为负压,加热期间为正压,由此形成对水的吸入或排出。这大概就是因温度快速变化,引起水几乎饱和时,水泥石热变形发生滞后的原因 [H 40]。

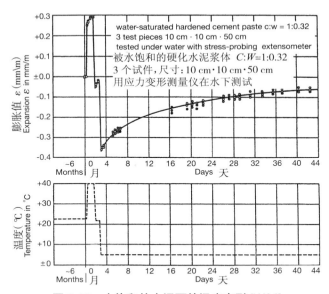

图 8.19 水饱和的水泥石的温度变形 [W64]
Figure 8.19: Thermal deformation of water-saturated hardened cement paste [W 64]

负压和正压引起的暂时应力,特别影响试件的抗拉、抗折强度,负压可提高抗拉和抗折强度,而正压则降低。抗压强度也以同样方式受到影响,但程度要小得多。然而,与抗拉、抗折强度不同的是,抗压强度的改变是永久性的 [W 64, W 68]。

混凝土的温度变形主要是受热膨胀系数控制,次要是受水泥石和骨料的弹性模量影响,所对应的就是体积比和含湿量 [M 31]。温度范围为 0~60℃时,依据不同石子种类,混凝土骨料的线热膨胀系数如下 [D 3,W 64]:

石英　　11.8×10^{-6}/K

石灰石　5.5×10^{-6}/K

玄武岩　6.5×10^{-6}/K

重晶石　18.3×10^{-6}/K

高炉矿渣 5.5×10^{-6}/K

饱和水中干燥的混凝土线热膨胀系数介于 4.5~12.5×10^{-6}/K 间,平均 8.5×10^{-6}/K;空气中干燥的混凝土则介于 6~14×10^{-6}/K 间,平均 10×10^{-6}/K。

钢筋混凝土的线热膨胀系数介于 11~12×10^{-6}/K 之间。

如果温度变形被限制住,则由水化所施放的热引起温度升高,随后冷却,就会在混凝土内产生机械应力,能形成连续裂缝,混凝土内部到表层的通道结构就是实例 [W 17, S 180, S 177, S 176, S 182, S 178, B 108, T 42, T 43, V 49, H 55]。

8 硬化水泥浆体(水泥石)的组成和性能

混凝土的应力状态和开裂行为,可由温度应力测试装置(开裂画面)确定。该装置可用来测试某些刚成型的试件,如横截面 15cm×15cm 的梁。使用有水流过的模板,通过设定,可以模拟任何温度下的混凝土表现,即作为其组成的函数,还可改变变形受限的程度(约束度),使用非接触式电光传感器便可测量其变形,精度为 1mm。

图 8.20 给出典型的测试结果,显示了混凝土温度随时间的变化(上图)和受约束的膨胀期间所产生的应力(下图)[S 178,T 43,H 50]。从混凝土浇注初的温度开始测量,仅在温度升高到 T_{01}(所谓第一个零应力温度),且弹性模量增加到混凝土能提交可测量阻力的点时,才出现压应力。压应力随着温度上升而增加,但只在一定范围内,因为新鲜的混凝土具有较低的弹性模量,并表现相当缓和,即以不可改变的变形减少压应力。在达到最高温度并开始冷却后,混凝土开始收缩,导致压应力降低,并在第二个零应力温度 T_{02} 时为零。温度进一步下降到 T_{crack},所形成的拉应力超过混凝土抗拉强度 βZ 时,就导致开裂。T_{crack} 值越低,混凝土就越不易开裂。T_{02} 与 T_{crack} 的差常被用来测量在给定约束程度下,混凝土的拉伸可膨胀性 [S 178,B 108],当该值在 8K 至 12K 之间时,就会完全阻止膨胀产生。

研究水泥类型、水泥量、外加剂、骨料和水灰比对混凝土热扩展和强度的影响表明,在运动受到限制的地方,开裂就不可避免,最多是降低形成的可能性,有效的方法就是减少对运动的约束。并且还相当简单地确定,在其它方面相同的条件下,最高温度的提升能增加裂纹的趋势 [G 66,V 49]。这说明降低最高温度,开裂的倾向便会减小,如使用水化热很低的水泥(低热水泥),或减少水泥用量,便可降低新拌混凝土的温度。不过,这些措施同时会降低初始强度,因此也会由于早期混凝土强度不足而发生开裂,所以,为适应结构类型,优化就很必要。

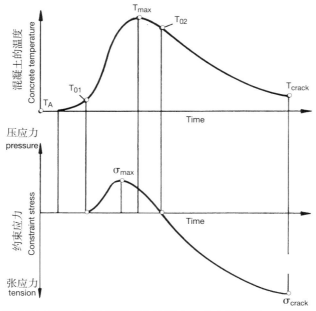

图 8.20 约束温度膨胀时,早期混凝土的温度和应力的发展 [S 178, H 50, T 43]
Figure 8.20: Development of temperature and stress in young concrete during inhibited (constricted) temperature expansion [S 178, H 50, T 43]

8.7 渗透性

8.7.1 综述

气体和液体物质,以及溶解在液体中的组分,能渗入到水泥石、砂浆和混凝土中,并且通过化学和/或物理作用,对其耐久性造成不利影响。渗透通常认为是由于压力差而引起的渗入,扩散是由于浓度差引起的迁移,毛细管抽吸是指液体渗入混凝土的毛细孔系统。渗透控制的关系可用 H.P.G.d'Arcy 在 1856 年提出的经验方程描述,该方程来源于 G.Hagen 于 1839 年发现的 Hagen-Poiseuille 方程 [Z 1, S 95];扩散理论的依据是 A. Fick 在 1855 年制定的两条定理;毛细管的吸力是由液体表面所出现的张力所决定。实际上,水泥石、砂浆和混凝土的物理和化学应力往往涉及了这几个迁移机理。

8.7.2 渗透性

根据 d'Arcy 理论 [P 47, F 26],在稳态条件,及层流(低流速)时,水通过多孔固体的流动速度可表示为:

$$Q/F = K_1 \cdot \Delta h / l \tag{8.32}$$

式中 Q—— 单位时间的体积流量,m³/s;

F—— 多孔固体的入口面积,m²;

K_1—— 单位渗透系数,m/s;

Δh—— 液体通过试样时的压降,m 水柱;

l—— 在流体进动方向上多孔固体的厚度,m。

根据 Hagen-Poiseuille 方程,以下公式一般用于稳态下流经多孔固体的液体 [Z 1, S 95]:

$$Q = \pi \cdot r_4 \cdot (p_e - p_a)/8\eta \cdot l \tag{8.33}$$

$$= K_2 \cdot F \cdot (p_e - p_a)/\eta \cdot l \tag{8.33a}$$

这时比渗透系数 K_2 为

$$K_2 = Q \cdot \eta \cdot l / F \cdot (p_e - p_a) \tag{8.34}$$

式中 r—— 毛细管的半径,m;

p_e, p_a—— 输入和输出压强,N/m²;

h—— 介质黏度,N·s/m²;

K_2—— 比渗透系数,m²。

当介质为气体时,必须考虑其可压缩性。此时比渗透系数 K_3 由下式给出 [Z 1, G 56, G 58]:

$$K_3 = Q \cdot \eta \cdot l \cdot 2p / F \cdot (p_e - p_a) \cdot (p_e + p_a) \tag{8.35}$$

式中 p—— 测得的压强,与初始压强 p_a 一样,一般与大气压相当,N/m²;

K_3—— 比渗透系数,m²。

8.7.3 扩散

扩散是指由局部压强和浓度差及由总压力梯度为零时的分子运动,引起的离子或分子迁移

[S 87, G 56, L 60]。根据费克在1855年制定的第一费克定律,稳态下的流体穿过多孔固体的线性扩散流量与浓度梯度成正比:

$$ds/dt = -D \cdot f_p \cdot dc/dx \tag{8.36}$$

式中　ds/dt——单位时间间隔内物料的扩散量的微分;

　　　D——比例因子,m²/s;

　　　f_p——所有孔截面的总面积,cm²;

　　　dc——浓度差,g/cm³;

　　　dx——扩散路径,即沿扩散方向的所有孔径之和,cm。

通常来讲,在水泥石、砂浆和混凝土试件的扩散测量时,只知暴露在溶液或气体混合物的样品表面积和样品的厚度,而对控制扩散的孔横截面积、扩散方向上孔直径总和却是未知。同时还要推测其他类型扩散,即分子扩散和表面扩散,将被叠加在体积扩散上,因此常要用到能表征水泥石、砂浆或混凝土样品扩散阻力的有效扩散系数[W 5,S 87,L 60]:

$$ds/dt = -D_{eff} \cdot F \cdot dc/dl \tag{8.37}$$

式中　D_{eff}——有效扩散系数,m²/s;

　　　F——对进入的扩散流体暴露的面积,cm²;

　　　Dl——试件在扩散方向上的厚度,cm。

如果多孔固体的厚度远大于扩散介质渗透的深度,那么扩散介质的浓度作为渗透深度(间距 x)和渗透时间(时间 t)的函数就会升高。一维扩散的关系可用 Fick 第二定律描述:

$$\sigma c/\sigma t = D \cdot \sigma^2 c/\sigma x^2 \tag{8.38}$$

其重要结果就是:

$$x \sim \sqrt{D \cdot t} \tag{8.39}$$

当暴露持续时间以 1:4:9 的比率延长时,其渗透深度增加的比率只有 1:2:3。基本的要求就是保持扩散系数恒定。然而,这种结果不会发生在水泥胶凝建筑材料上,因为不论是水泥水化的不断进展,还是诸如来自冰盐溶液的氯化物,或空气中二氧化碳等扩散物质,都会与硬化水泥的组分发生化学反应,并改变水泥石的微结构。

8.7.4 毛细作用

毛细管吸水的能力用吸水系数 S 衡量:

$$S = \Delta m / t^n \cdot A \tag{8.40}$$

式中　S——吸水系数,g/m²·s 或 m³/m²·s;

　　Δm——吸入水的量,g 或 m³;

　　　t——暴露持续时间,s;

　　　n——0.5(如果水吸收量与 $\sqrt{t}$ 成线性关系);

　　　A——入口面积,m²。

8.7.5 影响水泥石、砂浆和混凝土抗渗透性的因素

实际上，外部物质渗入到水泥胶凝建筑材料内是建立在毛细管力相互作用，及浓度差、压力差的相互作用基础上的，区分出各种机理在保护措施方面的差异是不可能的。所有情况下，最初的迁徙路径都是在孔的微结构，及建筑材料各组分间的界面形成，因此，可以认定那些减少渗透的措施，实质上对迁移机理会有类似的影响。

外部物质渗入水泥石是由它们的毛细孔率控制的 [V 3]，特别是由孔径大于约 100nm 的粗毛细孔所占比例决定的 [M 63, N 43, G 50]。孔结构的性质同样也有重要影响。水泥浆拌合后，拌合水就立即形成连续充满水的毛细孔网络，随着水泥的进一步水化，这些毛细管就逐渐被水化产物堵塞。砂浆拌合时的水灰比越高，堵塞物形成得就越迟。如果水灰比超过由水泥决定的特定值，或者水化因缺水过早结束，那么水化产物的数量就不足以堵塞全部毛细管。对普通波特兰水泥，水灰比极限约是 0.7，水泥水化越快，该值就会增加。当水灰比在该极限以内时，它越高，水泥石保持潮湿的时间就越长 [P49]（表 8.6）。

表 8.6 不同水灰比的水泥石靠水化产物阻塞初始连续毛细孔，必须在水中的最短养护时间
Table 8.6: Minimum duration of the water storage of hardened cement paste which, depending on the water/cement ratio, is necessary to interrupt the initially continuous capillary pores by filling them with hydration products [P 49]

水灰比 Water/cement ratio	最短水养护时间 Minimum duration of water storage
0.7	1 年 1 year
0.6	6 月 6 months
0.5	14 天 14 days
0.45	7 天 7 days
0.40	3 天 3 days

表 8.7 列出了渗透系数的值，表明水灰比等于 0.7 时，随着水泥养护时间的延长，硬化水泥浆体的渗透系数会大幅度地降低。

表 8.7 水灰比为 0.7，连续在水中养护，水泥石的渗透系数（按 d'Arcy）随养护时间的延长而降低 [p48, m2]
Table 8.7: Reduction in the permeability coefficients (acc. to d'Arcy) of hardened cement paste with w/c = 0.7 with the duration of water storage [P 48, m 2]

水养护时间（天）Duration of storage in days	渗透系数 [p48][(cm/s)$\times 10^{-11}$] Permeability coefficient [P 48] in (cm/s)·10^{-11}
水泥浆 cement paste	20000000
5	4000
6	1000
8	400
13	50
24	10
完全水化 fully hydrated	6

图 8.21 显示了渗透性是如何取决于毛细孔率的 [P 48]。附加图表给出了毛细孔率、水灰比和根据 8.3.2 节计算的水化程度之间的关系 [L 81]。从中可知，水的渗透性低到仅是毛细孔率 25% 体积百分数的水平，这与水泥完全水化水灰比略小于 0.6，水化程度约 80% 时水灰比为 0.5，水化程度约 60% 时水灰比为 0.4 的情况相一致。因此，水灰比和水化程度是抗渗性的决定性因素，且在某种程度上，也是阻止腐蚀性成分进入混凝土多孔微结构的决定性因素。即使水灰

8 硬化水泥浆体(水泥石)的组成和性能

比降低相当少,腐蚀性离子的渗透性也会降低几个数量级 [S 139]。

水泥石、砂浆、混凝土的渗透性可通过在波特兰水泥中掺加其他胶凝组分明显降低。粒化高炉矿渣就是一种特别有效的掺合料,由矿渣体掺量为65%以上的矿渣水泥制成的水泥石、砂浆、混凝土的试件中,水分子、碱、氯和硫酸根离子的渗透要比相同条件下由波特兰水泥制成的试件慢得多 [V 20,L 72,L 93,B 6,B 115,B 5,S 193,E 5,T 45];对碱离子的扩散速率和水的渗透性测试显示,波特兰水泥浆和矿渣水泥浆之间有差异系数,根据硬化持续时间不同,系数可为5~100[B 5, B 6];加硅灰也会起到类似作用,即使掺入10%至15%的量 [H 58, G 55],也能极大降低渗透性;掺加适量的粉煤灰也是如此 [H 21]。不过,每种情况的基本要求是,掺合料必须达到足够的水化程度,只有水泥石、砂浆、混凝土的微结构处在水饱和状态时(8.4.3节),才有可能,且掺合料活性越低,潮湿存放的时间就必须越长。砂浆在水中养护 0~28d 的实验表明,添加硅灰的砂浆与不加任何掺合料的波特兰水泥制成的砂浆相比,不需要延长水中存放;而添加粉煤灰的砂浆就必须有相当长的初始存放时间 [K 35]。

高炉矿渣、粉煤灰、火山灰、硅灰或石灰石作为水泥组分,由对它们制成的水泥石、砂浆和混凝土试件,进行氧气或氯化物扩散的吸附研究,也得到类似的倾向性结论 [L 61]。为了使结

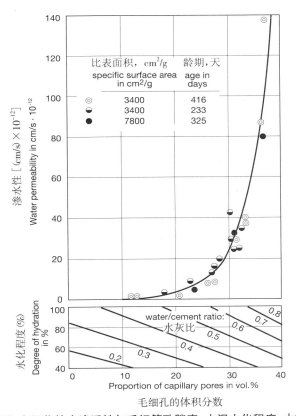

图 8.21 硬化水泥浆的水渗透性与毛细管孔隙率、水泥水化程度、水灰比的关系
Figure 8.21: Water permeability of hardened cement paste as a function of capillary porosity, water/cement ratio and degree of hydration of the cement [P 48, L 81]

果能与欧洲标准水泥对应,每种水泥和掺合料一起都磨细到比表面积在2800~5500 cm²/g 之间,以得到一致的28d 标准强度。发现在水中的连续存放,添加任何掺合料都可以大大增加扩散阻力。矿渣水泥水化7d 就已经足够,但是掺加火山灰和粉煤灰的水泥却要多于28d。如果完全在相对湿度80% 存放,由波特兰水泥制成的试件其扩散阻力将最高,而含有其他主要组分的水泥,其扩散阻力一般要低得多。

添加高炉矿渣、粉煤灰或硅灰,能提高抗渗性和扩散阻力,可以解释为,由于形成了硅酸钙水化的沉积物,堵塞了毛细孔,实际有抗渗作用 [B 6]。但是,其他机理也应考虑,比如,外加剂存在的情况下,很可能产生低 CaO 水化硅酸钙,形成更不易渗透的微结构;或水泥石微结构中,可能促进渗透的粗粒氢氧化钙含量,不得不减少到一定限度以下。

这些适用于水泥石的结论,在应用到砂浆和混凝土时,需要考虑骨料、及它与水泥石间的相互作用。以下方面尤为重要:

1、毛细孔率低于约3% 到10% 的致密混凝土骨料,与水灰比0.38 至0.71 完全水化的水泥石,其渗透系数基本相同(表8.8)[P 56, M 2]。

2、骨料附近的水泥石接触区比未受骨料影响的水泥石,其微结构要疏松些(8.3.4)。水泥石含量越低,接触区对混凝土渗透性的影响就越发显著。

表 8.8　岩石与硬化水泥浆体渗透性的比较 [P56, m2]
Table 8.8: Permeability of rock compared with that of hardened cement paste [P 56, m 2]

岩石种类 Type of rock	渗透系数(cm/s) Permeability coefficient in cm/s	拥有相同渗透性完全水化的硬化水泥浆体的水灰比 w/c value of fully hydrated hardened cement paste with the same permeability
密实火成岩 dense igneous rock	$2.47 \cdot 10^{-12}$	0.38
石英闪长岩 quartz-diorite	$8.24 \cdot 10^{-12}$	0.42
大理石 marble	$2.39 \cdot 10^{-11}$	0.48
大理石 marble	$5.77 \cdot 10^{-10}$	0.66
花岗岩 granite	$5.35 \cdot 10^{-9}$	0.70
砂岩 sandstone	$1.23 \cdot 10^{-8}$	0.71
花岗岩 granite	$1.56 \cdot 10^{-8}$	0.71

图8.22 显示可比水灰比时,骨料、水化时间和养护期间所能获得的水量,对波特兰水泥制成的水泥石、砂浆和混凝土试件渗透性影响的重要性 [L 61]。在水中连续存放(左图)的砂浆和混凝土,要比水化初期的水泥石渗透性差,因为此时是高比例的致密骨料占据统治影响。然而,如果水泥石在水中养护超过14d,其渗透性就会小于砂浆或混凝土,因为骨料和水泥石间的接触区,由于有明显高的孔隙率在发挥作用。在80% 相对湿度的空气中连续存放时(右图),水泥进一步水化受到阻碍,所以水泥石的渗透性将明显高于砂浆和混凝土。从图8.22 可看出,水泥水化期间,可用水量的差异对砂浆和混凝土渗透性的影响,要远远小于它们对水泥石渗透性的影响。

水泥水化可用水量同样取决于试件或组件的尺寸。图 8.22 列出的试样测试结果,由水泥石和砂浆制成的试样是直径 5cm、厚为 1cm 的圆柱试饼,而混凝土研究是用 10cm 边长的立方体试件,骨料最大粒径 8mm,经过钻和锯,制成厚 1.2cm 的圆饼进行渗透性测试 [L 61]。试件或组件的尺寸越大,水泥石、砂浆和混凝土干燥越慢,环境湿度对它的影响就越小。

8.7.6 防水混凝土

如果混凝土的一面长期暴露,水不能渗过混凝土,而另一面没有显现湿气及水斑,这样的混凝土称为防水混凝土,这意味着不直接接触水的一面,水蒸发的速度快于渗透供水的速度 [H 50]。按照德国标准 [D 49],适宜测试条件下 [D 44],如果水渗透的最大深度不超过 50mm,就认为该混凝土是防水混凝土。

生产防水混凝土的基本要求是,低孔隙率的骨料组分和相应的混凝土组分。为此目的,德国标准 [D 49] 规定足够的、但不过高的超细粉含量和超细砂(分别最高 0.125mm 和 0.250mm),及最大的水灰比。越厚的混凝土构件要比薄件渗透慢,因此,构件厚度在 10~40cm,水灰比不得超过 0.6,再厚的构件不得超过 0.7。由于正常结果范围,在工件结构的实施中,水灰比实现的目标不超过 0.55 或 0.65。对于防水混凝土,欧洲标准 [E 24] 规定在给水施加压力的测试期间,渗透深度必须小于 50mm。

然而,生产防水构件也需要特定的设计和施工,避免开裂和裂缝连通 [G 2]。

8.8 对金属的影响及防腐保护

8.8.1 综述

腐蚀是意味材料通过环境的化学和电化学反应受到损害,混凝土中钢筋的防腐保护对钢筋混凝土的耐久性十分重要。因此,以下各节主要集中介绍钢筋腐蚀和防腐保护,非铁金属的腐蚀只能简单提及。

对于钢筋,三种不同类型的腐蚀存在一个基本区别 [H 3, K 4, D 62, G 59, W 66]:

1. 均匀腐蚀或表面侵蚀腐蚀;
2. 不均匀腐蚀,也被称作浅凹陷形成、锈斑或者裂缝腐蚀;
3. 应力腐蚀开裂,只会在机械应力和化学腐蚀剂共同作用时产生。

必须保护钢筋混凝土中的钢筋永久免于腐蚀,这种保护必须由覆盖在钢筋上的混凝土层提供,因此混凝土层必须致密、且足够地厚,不能含有如氯化物等其他影响防腐的有害杂质。混凝土的组成和混凝土保护层,必须调整得与环境条件、及所用钢筋直径相适应 [B 97]。

8.8.2 电化学反应,标准电势

金属腐蚀实质上是一个电化学过程,即化学反应中电的过程发挥了重要作用。

金属原子失去价电子相对容易(价电子是带负电荷的电子,支配着化学反应,并位于原子的尚未完全占据的外层电子层上)。金属价电子被认为是自由移动的"电子气"。这典型体现了金属性质,特别是高导电性。

混凝土中金属与水的接触并不稳定。金属阳离子由于向低能态迁移的趋势而进入溶液,这

种与蒸汽压一致的趋势也被称为"电解溶液压"。此时,金属含有过剩的电子,变成了负电荷,由于静电吸引,在溶液中靠近金属表面的地方,形成带正电荷的金属离子,形成双电层,带有从金属离子指向金属表面的电场,使金属离子更难以溶解,在达到平衡时被最终阻止。该电场电势就是此特定金属的特性。

不能直接测量此电势绝对值,而要由它与标准电势的差来确定。由所要研究的金属和离子导电溶液组成的电极,通过溶液桥与参照电极相连接,形成原电池。正常的氢电极,取其电势为零,用作参照电极,它是由浸在氢离子活性为1的电解液(例如,2N H_2SO_4 或者 1.2N HCl)中的铂条组成。商用参考电极的电势要恒定,如甘汞电极,操作会更容易。大多数普通金属的标准电势,以此方法确定,并按照增加电势的顺序列于表8.9中。电势越高,金属就越不活泼。每种情况中,活泼的金属会让不活泼金属从它的溶液中沉淀出来,这也常适用于氢气。当两个拥有不同标准电势的金属电极,浸泡在它们的盐水溶液中,用电线或电解质(电桥、膜片)等导电体彼此连接后,就产生了电化学电池(原电池)。由于两个电极之间的电势差,直流电从更强的负极流向更强的正极,活泼的金属在阳极溶解,被释放出的电子通过电线到达阴极,此时就作为还原反应,即让更多不活泼金属从金属溶液中沉积出来。

欲测定的正常氢电极电位取决于离子浓度,它决定的电势由能斯特方程(8.41)表示:

$$U_H = U_H^O + \ln a_{Me} \cdot R \cdot T / n \cdot F \tag{8.41}$$

式中　U_H—— 对正常氢电极测定的电势;

　　　U_H^O—— 标准氢电极电势;

　　　R—— 通用气体常数;

　　　T—— 绝对温度;

　　　n—— 决定电势的金属离子电价;

　　　F—— 法拉第当量电荷,约 96480A.s(安培秒);

　　　a_{Me}—— 决定电势的金属离子的活性,等于浓度乘以活度系数,活度系数小于1,且 随着溶液稀释接近1。

电化学电极也会涉及腐蚀相同金属制得的材料,比如当金属微结构不均匀时,或金属表面出现局部差异时,即在离子导电的溶液中,相邻空气或温度中,就形成了腐蚀电极。不过,作为规律,金属腐蚀的倾向,不仅取决于电势差,还取决于通过保护层、惰态层或抑制动力学反应,对腐蚀的抑制及阻碍的结果。

表 8.9　常见金属的标准电势
Table 8.9: Standard potentials of the most usual metals (acc. to [k 4])

元素 Element	电极反应 Electrode reaction	标准电势(伏特) Standard potential in volts
镁 Magnesium	Mg/Mg^{2+}	−2.38
铝 Aluminium	Al/Al^{3+}	−1.66

8 硬化水泥浆体(水泥石)的组成和性能

续表

元素 Element	电极反应 Electrode reaction	标准电势(伏特) Standard potential in volts
锌 Zinc	Zn/Zn^{2+}	−0.763
铁 Iron	Fe/Fe^{2+}	−0.441
钴 Cobalt	Co/Co^{2+}	−0.283
镍 Nickel	Ni/Ni^{2+}	−0.236
锡 Tin	Sn/Sn^{2+}	−0.136
铅 Lead	Pb/Pb^{2+}	−0.126
氢 Hydrogen	$H_z/2H^+$	±0.000
铜 Copper	Cu/Cu^{2+}	+0.345
银 Silver	Ag/Ag^+	+0.799
铂 Platinum	Pt/Pt^{2+}	+1.20
金 Gold	Au/Au^{3+}	+1.42

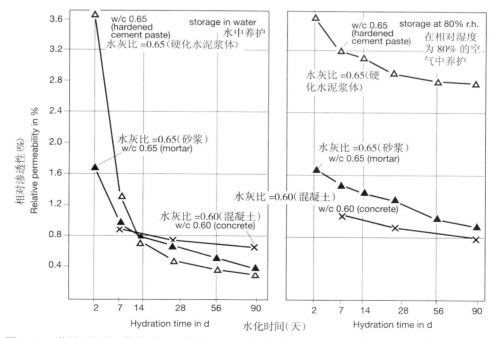

图 8.22 养护过程中,骨料、水化时间和可用水分对硬化水泥浆体、砂浆和混凝土渗透性的影响
Figure 8.22 Influence of the aggregate, hydration time and available moisture during curing on the permeability of hardened cement paste, mortar and concrete [L 61]

8.8.3 铁的腐蚀反应

在水和氧气存在的条件下，金属铁发生腐蚀期间，铁阳离子(Fe^{2+})在阳极进入了溶液。此时，下列发生的阳极次生反应取决于溶液的 pH 值及可用氧量 [S 86]：

$Fe \rightarrow Fe^{2+} + 2e^-$

$Fe^{2+} + H_2O \rightarrow [Fe(OH)]^+ + H^+$

$FeOH^+ + H_2O \rightarrow Fe(OH)_2 + H^+$

$2Fe(OH)_2 + 1/2\ O_2 \rightarrow 2FeOOH + H_2O$

剩余电子(e^-)在阳极次生反应发生后，会在阴极部位留下铁的晶体点阵。电子在水溶液中没有能力存在，它们要与水和空气中的氧参与阴极的次生反应，并在酸性介质中也和氢发生反应 [S 86]：

1) $4e^- + 2H_2O + O_2 \rightarrow 4(OH)^-$

2) $2e^- + 2H^+ \rightarrow 2H \rightarrow H_2$

钢筋混凝土中的钢筋腐蚀将取决于这两个阴极反应中的第一个，第二个反应则是内部腐蚀期间，通过氢吸收在起重要作用，如用预应力钢筋时 [S 86]。

电子在金属内是自由移动的，所以阳极和阴极的次生反应可在不同位置发生。但下列条件需要满足：

1. 必须存在水溶液，只有在相对湿度 60% 至 70% 以上的空气中形成 [H 3]。该溶液对离子必须是导电的，以允许离子（如$(OH)^-$、Cl^-）的迁移。

2. 必须在钢筋表面处产生电位差，它可由微结构的不均匀形成，或由钢筋表面、及离子导电溶液的不均匀而导致。

3. 阴极次生反应（反应 1）必须有氧气，且在混凝土中可用，比如，可通过空气中的氧气扩散而来。

如果特别纯净的水，其中没有导电离子，它作用在钢筋表面，即所列的先决条件 1 不能实现，那么在表面的相同部位就会发生两个次生反应。反应的产物是 $Fe(OH)_2$，并通过进一步氧化，变成 FeOOH，在钢筋表面形成一层均匀的锈蚀层 [S 86]。

如果上述所有先决条件都能满足，即在钢筋的表面存在导电性溶液，钢筋或其表面环境也不均匀，并且有氧气存在，那么就形成了所谓的局部电极，两个次生反应会在不同位置进行（图 8.23）。金属铁会在阳极作为 Fe^{2+} 被溶解，由于铁离子具有高的电导率，所以释放的电子会传递到阴极，$(OH)^-$ 离子在阴极形成，通过溶液迁移到阳极，与 Fe^{2+} 离子发生反应，并以 FeOOH（铁锈）的形式沉积下来。这属于不均衡腐蚀，即产生浅凹坑和锈斑，极端情况下，腐蚀会产生缝隙。

阳极和阴极之间的距离可根据不同电解质溶液的导电率而改变。为非常小的距离和尺寸时，称之为"微电极"，而较大距离就称为"宏电极"。

对于钢筋及其他金属，还有其它腐蚀类型：酸腐蚀和应力腐蚀裂隙。金属溶解在酸性溶液中不会发生酸腐蚀。以氢离子在阴极施放为特征时，此类腐蚀在中性溶液中同样会发生 [H 3]。应力腐蚀是由腐蚀剂和张应力共同作用的结果，使金属产生裂缝（8.8.6 节）。

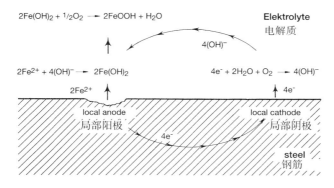

图 8.23 钢筋表面的局部电极
Figure 8.23: Local element on the surface of reinforcing steel [W 66]

图 8.24 所示的 pH 电势图,也称为甫尔拜图 [P 1,R 1,S 86],总结了铁在水溶液中的腐蚀行为。它描述在 25℃、0.1MPa(1bar)下,金属铁和溶解铁离子总浓度为 10^{-6} mol/L 的水之间的平衡关系。图中两条虚线指出,水在此条件下,以热力学状态存在着区域极限,区域外水就分解为 H_2 和 O_2。

Ⅰ区的金属铁(Fe)热力学稳定,无腐蚀发生;而第Ⅱ区、Ⅳ区,是铁离子稳定区,Ⅱ区形成 Fe^{2+} 或 Fe^{3+},取决于电势高低,第Ⅳ区形成 $[HFeO_2]^-$,因此,铁在这两个区域会发生腐蚀;Ⅲ区,固体铁氧化物 Fe_3O_4 或 Fe_2O_3 可以起到保护作用,并且热力学稳定,在此区域内,只有保护层受损,才会造成腐蚀,如因导电介质中氯离子或静、动态的拉伸应力作用,导致缝隙腐蚀或应力腐蚀开裂 [R 1]。还必须牢记,区域边界会随温度或溶液组成等变化而改变。比如随铁离子浓度的提高,边界会向箭头方向移动 [S 86]。

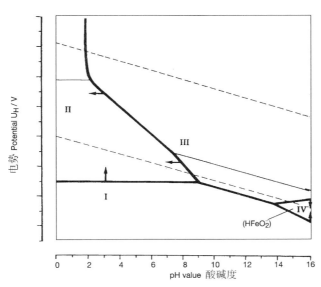

图 8.24 25℃、0.1MPa(1bar)下铁－水系统的 pH 电势图,铁离子总浓度 10^{-6} mol/L,随浓度提高,边界朝箭头方向移动 [S 86]

Figure 8.24: Potential pH diagram for the iron–water system at 25℃ and 0.1 MPa (1 bar) with boundary lines, for a total concentration of dissolved iron ions of 10^{-6} mol/l. With increasing concentration of the iron ions the boundaries are displaced in the directions shown by the arrows [S 86]

pH 电势图用于表示电化学反应中形成的各相平衡状态,它为此只提供了腐蚀过程速率的有限信息 [H 3]。对于腐蚀中金属的溶解量,电流强度是可能的测量手法之一,根据单位面积金属溶解量评估腐蚀时,单位面积电流强度就是控制因素,用电流密度 A/cm^2 作为量纲表示。在局部电极上产生的阳极电流密度,与单位时间和单位面积所溶解的金属量成正比。

为了评估金属腐蚀的行为,电流密度依赖于电势的关系非常重要。电极电势随电流密度的变化,不可能用欧姆定律计算。在只适用于无电流电极的能斯特方程计算的平衡电势,与通过对电极上流动的电流测量的工作电势,二者存在着区别,它们的差就是所谓的过电压,反应受到抑制是过电压的根本原因,故一般只能由实验确定电势与电流密度间的关系。为此目的,研究金属在腐蚀介质中的电极组成时,常采用能改变电势的直流电压,这种电势上的转换被称为极化。由分步改变的电势和各种情况下累计的电流密度,得到了电流密度-电势的叠加曲线(电位法)。原则上,也可以改变电流强度和记录获得的电势(恒电流法)[D 63,D 25]。

电流密度-电势图中的累积电流密度-电势曲线上显示出:对腐蚀金属如此测量结果,并未考虑电极所涉及的反应。如果这些测量涉及的是确定电极过程的单体电极,则该曲线称为局部电流密度-电势曲线,也称为过电压曲线或局部伏安曲线 [D 62,H 3]。

如图 8.25 图解所示的电流密度-电势图中,包含有两条局部电流密度-电势曲线:阳极中 Fe^{2+} 离子形成(溶解铁)与阴极中 $(OH)^-$ 离子形成 [S 86]。粗线代表累计电流密度-电势曲线,可通过直接测量或叠加两个局部电流密度-电势曲线获得。总之,测量只局限于比较容易确定的累计电流密度-电势曲线。

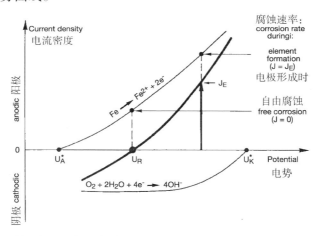

图 8.25 同质表面的阳极和阴极局部电流密度-电势曲线图和总电流密度-电势曲线图 [S 86]
Figure 8.25: Diagrammatic representation of anodic and cathodic partial current density–potential curves and the total current density– potential curve for a homogeneous surface [S 86]

局部电流密度-电势曲线与横坐标上的交叉点 U^*_A 和 U^*_K,对应的是由标准电势 U^0_{Fe} 和 U^0_0 计算得到的平衡电势。离子导电介质的 pH 值,以及阳极次生反应的电流密度的可溶性产物 $Fe(OH)_2$,及阴极次生反应氧分压,都被视为变量 [S 86]。横坐标上的交叉点 UR,累计电流密度为 0,称为平衡剩余电势 [D 62] 或混合电势 [H 3]。这是没有外部电流作用的自由腐蚀电

势 [D 62]。相关的阳极局部电流密度 iAR，决定了 Fe^{2+} 离子的形成，即铁溶解的速率，因此也称为腐蚀电流密度 [h 3]。

Fe^{2+} 离子从金属到溶液的转移，决定了阳极局部电流密度-电势曲线的形状。如果转移受到抑制，例如通过钝化层，那么，平衡剩余电势 U_R 与阴极次生反应的平衡电势 U_K^* 将几乎一致（图 8.25），此时累积电流密度-电势曲线将非常平缓，这意味着，当电极电势以相对较宽的边界增加时，累计电流密度、以及作为衡量金属溶解量的阳极局部电流密度，仅有轻微提高或者完全没有提高。其原因是，形成了 2~10nm 厚的无孔氧化物覆盖层，在 10~13 的 pH 值水溶液中，保护了钢筋表面，并认定这种覆盖层是由磁铁矿（Fe_3O_4）的晶体结构 $\gamma\text{-}Fe_2O_3$ 组成 [h 3, T 66]。事实上这种状态下的腐蚀产物热力学是稳定的（图 8.24），但金属铁不是。因此，尽管小于 1μm/a 是极低的迁移速度，腐蚀仍继续进行 [S 86]，如果电极电势进一步增加，阳极局部电流密度和累计电流密度-电势曲线再次上升，即铁离子重新以三价，而不是两价形式进入溶液。这种状态称为超钝化，该过程称为超钝化腐蚀过程，电势过大时，会产生这一现象，因为最初认定的钝化层被击穿，故该电势称为击穿电势 [D 62, H 3]。

如果钢筋表面没有保护层，而是聚集了氯离子，此时的局部阳极电流密度-电势曲线会比较陡峭，且平衡剩余电势 U_R 会趋近于阳极次生反应的平衡电势 U_A^* [S 86]。

腐蚀进展也可用阻抗测量，即用交流电电阻测量：低频交流电可以用来反映由于腐蚀引起的钢筋表面的变化；高频交流电测量可得到水泥石、砂浆或混凝土的微结构信息，以控制反应物，即水、氧气和可能的氯化物等促进腐蚀、涉及腐蚀的物质扩散。[H 59, M 58, S 4, A 26, G 75, M 98, F 48]。

8.8.4 水泥石、砂浆和混凝土的碳化

对混凝土中钢筋永久性防腐保护的重要要求就是，在钢表面形成钝化层，它要在钢筋附近孔溶液的 pH 值 10~13 时才能形成，但若混凝土出现碳化，即水泥石与空气中的二氧化碳反应，混凝土的碱性就会降低。

表面碳化层的深度可用酚酞实验测定：对水泥石、砂浆或混凝土新的表面结构用含 70% 酒精的 1% 酚酞溶液喷涂，pH≤8.2 时酚酞为无色，而 pH≥10.1 时呈红紫色 [R 2]，测试中未碳化区就是紫红色，而碳化区保留原色。因碳化边界极少沿直线，故碳化深度一般用平均值表征 [D 25, S 42, G 67]。由于方解石有较高的双折射性，也可在偏光显微镜下观察到薄片状样品的碳化区 [G 34]。

水泥熟料水化过程中形成的固态氢氧化钙，是未碳化混凝土的高碱性、即孔溶液中的高 $(OH)^-$ 离子浓度的来源；但几乎所有其他水化产物也根据溶解度，向孔溶液释放 Ca^{2+} 离子和 $(OH)^-$ 离子；碱性硫酸盐与铝酸三钙、或与氢氧化钙的反应还增加 $(OH)^-$ 离子浓度（7.3.3 节）。碳化混凝土在酚酞测试中保持无色，说明在此区域的孔溶液 pH 值一定小于 8.2，而唯一可能是从溶液中除去碱性离子，比如说由水化硅酸钙与二氧化碳反应产生硅酸，才会形成 pH 值 10.4 的充分碳化溶液 [A 32]，加入酚酞显紫红色。无碱溶液中，随 CO_2 含量增加，pH 值下降。空气与

含 1vol.%CO_2 平衡时,溶液呈中性(pH 值为 7),CO_2 含量更高时,溶液呈酸性 [V 17],所以在进行腐蚀测试时,必须考虑空气富含 CO_2 的量。

水泥石的碳化分三步 [J 33, R 96]:

1. 二氧化碳扩散于非常细的毛细管孔中;
2. 二氧化碳溶解于孔壁上孔溶液形成的薄膜中;
3. $Ca(OH)_2$ 和碱性氢氧化物与碳酸反应。

碳酸化产物是 $CaCO_3$,主要是生成方解石,但有时生成球文石或文石 [C 34, S 22, S 76, S 142, Y 12, K 59];高碱度条件下,C-S-H、氢氧化钙和致密的水泥石微结构存在时,促成了球文石;而文石偏向于低碱度中,有 AFm、Aft 相存在、在水泥石中与多孔水泥形成。且球文石和文石随时间可转换为方解石,方解石核促进方解石形成 [K 59]。铝酸四钙水化也转换成单碳酸盐(7.2.6.2 节),随着单碳酸盐、碳酸钙、氢氧化铝以及石膏的形成,单硫型硫铝酸盐和多硫型硫铝酸盐分解 [S 244]。

水泥石、砂浆或混凝土的碳化导致了收缩,称为碳化收缩。这可能是硅酸钙和铝酸钙水化结构组分变化引起的。由波特兰水泥、波特兰矿渣水泥拌制的混凝土,熟料体至少在 40% 以上,碳化对受影响区域,强度增加高达 100%[M 25, M 81],而高硫酸盐水泥的强度则降低(9.11 节)[M 27]。升高强度的原因可能是强度较高的碳酸钙取代了强度较低的氢氧化钙,另外,碳化也巩固了水泥石的微结构,这是由如 $Ca(OH)_2+CO_2 \rightarrow CaCO_3+H_2O$ 碳化反应,及 $Ca(OH)_2$ 和 $CaCO_3$ 的摩尔体积(摩尔量/密度)导致的。它们的密度分别是:

$Ca(OH)_2$ 波特兰石　　2.23 g/cm^3

$CaCO_3$ 方解石　　　　2.72 g/cm^3

文石　　　　　　　　　2.95 g/cm^3

球文石　　　　　　　　2.65 g/cm^3,

假定水已失去,视 $CaCO_3$ 不同变体,相对于 $Ca(OH)_2$ 体积,原体积增加 2% 到 13% 以上。

高硫酸盐水泥混凝土强度下降的原因是,钙矾石在空气中二氧化碳影响下分解。由于这种分解,混凝土表面出现有像砂一样、可用手擦去的薄层,此过程称为"粉化"。

碳化进展速率最初主要是由混凝土所暴露的湿度决定的:如果混凝土的孔中蓄满水,能有效遏制气体渗入混凝土,碳化就变得极为缓慢;而相对湿度低于 30% 的干燥混凝土,也不能碳化,因为其中不存在水膜,渗入的 CO_2 不能溶解形成碳酸。所以,相对空气湿度约为 50% 时,碳化进程最快。

在大量研究的影响混凝土碳化因素中,水分在仿真条件下明显起统治作用 [M 38]。对无钢筋和有钢筋混凝土试块进行试验:用 17 个波特兰水泥、矿渣水泥和火山灰水泥成型混凝土试块,分别存放在 20℃、相对湿度(X_L)65% 的实验室中,并存放在德国三个不同地点,即城市空气,污染的工业空气和含盐分的海洋空气中,且每种情况都有防沉降(X_{mN})和不防沉降(X_{oN})的开放环境。存放 7 年后,工业空气下的碳化深度比值如下 [W 46, M 67]:

8 硬化水泥浆体(水泥石)的组成和性能

$$X_L:X_{mN}:X_{oN}=1:0.7:0.2$$

这些差异明显小于存放在潮湿海洋空气的结果 [V 17]。促进混凝土碳化的因素有：高孔隙率和渗透率，由此是低水泥用量，高水灰比及不充分养护所造成。对水灰比为 0.45、0.60 和 0.80 试件的研究给出，7 年后的碳化深度 X 的平均比如下 [V 17]：

$$X_{0.45}:X_{0.60}:X_{0.80}=0.4:1:2$$

随着延长外部存放的时间，标准强度较高的水泥，相应比例稍稍变大；而标准强度较低的水泥则稍小。

不同水泥对碳化的影响，通常要在相同水灰比下研究。然而，建筑构件中使用混凝土拌合物，总是借助特定的 28d 强度。根据水泥性质和标准强度，水泥含量和水灰比也会因此而不同。为了相同的水灰比和相同的混凝土 28d 强度，建立在仿真养护试验基础上的参考值列于表 8.10 中 [M 38，V 17]。水泥强度等级的影响，只有水灰比相同时才明显出现；但在相同混凝土养护 28d，极为仿真的条件下，强度差异极小。

表 8.10 数值适用于潮湿条件下养护约一周的混凝土。可以预计，养护时间越短，特别是凝结慢的水泥，碳化深度越深。

表 8.10 工业防降雨环境储存 7 年后水泥对混凝土碳化深度影响（杜伊斯堡莱茵豪森,德国）[V 17]，碳化深度值是相对的，相对于水泥强度级别 32.5R
Table 8.10: Influence of the cement on the depth of carbonation of concrete after seven years' storage in industrial air, protected from precipitation (Duisburg–Rheinhausen, Germany) [V 17]
The values for the depth of carbonation are relative and relate to cement strength class 32,5 R

混凝土强度级别[1] Strength class of the cement[1]	52.5R	42.5R	42.5	32.5R	32.5
标准强度(N/mm²) standard strength in N/mm² 2d 后 after 2 days 28d 后 after 28 days	40.0 63.5	27.5 55.0	17.5 55.0	20.0 45.0	12.5 45.0
相同混合比值 W/C=0.60 equal mixing ratio; w/c = 0.60	0.4	0.7	0.9	1.0(7mm)	1.3
相同 28d 后混凝土强度值；B 25 混凝土[2] equal concrete strength after 28 days; B 25 concrete[2]	0.9	1.0	1.3	1.0(7mm)	1.3

1) 根据 DIN 1164–1 (10.94) [D 51]
2) 本混凝土强度所基于的混凝土组成不是摘自 [W 1]68 页中的图表，但并非所有混凝土强度值都符合本研究项目图表中所确定的范例。混凝土强度级别依照 DIN 1045 (7.88) [D 48] 规定设计。
1) According to DIN 1164–1 (10.94) [D 51]
2) The concrete composition on which this concrete strength is based was taken from the diagram in [w 1], p. 68. Not all the concrete strengths determined in this investigative programme conformed with the pattern in this diagram. Concrete strength class designated in accordance with DIN 1045 (7.88) [D 48].

在温度恒定，空气湿度适中的房间里，碳化进度大约与时间平方根成正比(8.7.3 节)，即随时间延长，碳化减慢；湿度波动大的环境中，碳化进程不同程度上地偏离 $\sqrt{t}$ 规则，但总要变慢；对于暴露于沉降物的混凝土，实际经过一段时间，碳化就会趋向停止。

在此时碳化达到的深度越小，说明混凝土碳化的阻力越大 [V 17]。

基于仿真混凝土试验中所确定的混凝土碳化行为，为了评估不同影响的可变因数总结出

公式 [V 17, M 38, S 42],作为计算参考值,可用于不同强度等级 [D 49] 混凝土组件,在防沉降工业空气中存放 7 年和 30 年 [V 17] 后,最不利地计算或估算可预期的碳化深度,其值见表 8.11。

表 8.11 储存在工业防降雨环境下不同强度等级混凝土 [V 17] 7 年和 30 年(估计)后的最大碳化深度
Tafel 8.11: Maximum depths of carbonation in concrete after seven years and (estimated) after 30 years during storage in industrial air, protected from precipitation (Duisburg-Rheinhausen, Germany), calculated for different concrete classes [V 17]

混凝土强度级别 Concrete strength class[1]	碳化深度 Depth of carbonation	
	7 年后 after 7 years	30 年后(估计) after 30 years (estimated)
B 45	最大值 2mm max 2 mm	最高可达 3mm up to 3 mm
B 35	最大值 2mm max 6 mm	最高可达 3mm up to 10 mm
B 25	最大值 2mm max 10 mm	最高可达 3mm up to 17 mm
B 15	最大值 2mm max 18 mm	最高可达 3mm up to 30 mm

[1] 依据 DIN 1045(7.88)[D 48] 设计的混凝土的强度等级
[1] Concrete strength class designated in accordance with DIN 1045(7.88)[D 48]

如果因碳化结果,pH 值下降到 8 以下 [H 3],就不能再保证钢筋长期处于钝化状态。尽管如此,在钢筋表面有形成离子导电液膜所需的氧气和足够的水分时,腐蚀也仅仅是可能;因为虽然内部空间事实上碳化相对较快,但却少有适当的湿度,也就没有预计的腐蚀;在混凝土碳化部分的钢表面上形成 $FeCO_3$(菱铁矿)层时,也会有抑制腐蚀的效应 [S 6, G 40];对水饱和的混凝土中,如连续保存在水下,即使有氯存在,它的钢筋腐蚀也明显慢于潮湿空气中的保存,因为孔中的水抑制了氧气能扩散到钢筋表面上 [K 84]。

来自试验和实践的经验可概括如下 [M 67, P 12, W 63, G 57]:

——腐蚀速率随时间而减小;

——实践中,环境相对湿度低于约 80%时,腐蚀不会发生;

——混凝土中高度饱和的水,能抑制氧气扩散到阴极,因此抑制了腐蚀进展;

——环境相对湿度为 95%时,腐蚀进展最快;

——能观察到的最大腐蚀速率是 60μm/a;

——其他条件相同时,在彻底湿润、完全碳化的区域,由矿渣水泥制成的混凝土,其材料的腐蚀损坏,要略大于由波特兰水泥、粉煤灰水泥制成的混凝土。

8.8.5 氯离子作用

1. 腐蚀机理

在 pH 值相当低时,钢筋表面腐蚀程度是均匀的,但点蚀经常发生在中性和碱性溶液中,也就是说铁溶解在狭窄区域内的同时,钢筋表面大部分却保持完好,仅仅由于极少量铁被溶解,点蚀就非常严重,并导致钢筋预应力严重削弱的后果。由于是点蚀,阳极的表面积相对于阴极小得多,于是在阳极产生高密度电流,相应腐蚀进展得更快。混凝土中孔溶液的高电导率和混凝土的高渗透性也会助长腐蚀。

点蚀主要是靠氯离子、溴离子和次氯酸盐离子激活。硫氰酸盐 SCN(rhodanides)和氯化物有类似促进腐蚀的作用 [M 23]，氰化物也有类似效应 [R 22]；而氢氧化物、铬酸盐、硝酸盐和硅酸盐能减小、甚至阻止卤化物的腐蚀；氟化物在孔溶液中形成了难溶的氟化钙，所以没有影响。

点蚀机理虽不完全清楚，碱性和中性介质中，保护层受到局部破坏，显然很重要 [H 3]；下面，只简要描述氯化物的作用，当然，这种关系也基本适用上述其他化合物。

2. 氯离子结合与临界值

在德国，为了保护钢筋不受腐蚀，不允许在钢筋混凝土生产中添加氯化物 [D 48]。来源于天然材料，即随水泥、骨料、拌合水、外加剂和一些混合材这些基础材料，所带入的 Cl^- 总含量，一般低于水泥体的 0.1%。然而，当含有氯化物的溶液（如海水和除冰盐溶液）或气体（如燃气）直接作用在混凝土上时，氯化物便能从外部渗入。

只有氯化物溶解于混凝土的孔溶液中，才能促进钢筋的腐蚀。水化物中没有溶解的氯化物成分时，就没有腐蚀作用。不过，应当记住，在孔溶液与水泥中含氯的水化物之间，是存在溶解平衡的，以使溶液拥有一定的氯化物浓度。电化学研究指出，有自由氧存在的饱和氢氧化钙溶液中，如果每升溶液中氯化物的含量超过 700mg，就必然会发生钢筋锈蚀，该最低的氯浓度含量会随着溶液 pH 值升高而增加，高强度预应力钢筋也有大致相同的腐蚀临界浓度，如果超过该临界值，它将比普通钢筋腐蚀得更快 [H 30]。

氯化物能或多或少地被所有水泥水化物牢固结合。不论是在水泥硬化后已经渗入的，还是在水泥硬化过程中存在的，氯化物被水化产物所吸收的量都大致相同 [G 78]。高炉矿渣、火山灰中硅酸钙的水化过程中，都存在一定比例的氯化物 [B 28] 结合于硅酸钙水化产物中。化合物 $3CaO \cdot Al_2O_3 \cdot CaCl_2 \cdot 10H_2O$ 通常被称为一氯化物或 Friedel 盐，或相应含氯化物的 AFm 相（7.2.6.2 节），都是在硫酸钙被充分结合成钙矾石后，由来自粒化高炉矿渣和火山灰中的 C_3A、CAF 或 Al_2O_3 反应形成的。温度高达 90℃时，一氯化物在水和饱和 $Ca(OH)_2$ 溶液中是稳定的。在溶解的硫酸钙存在时，温度 40℃以上便可形成一氯化物，但当冷却到 20℃时，还会转换为三硫化物。靠 CO_2 作用，一氯化物可分解，形成三水铝矿和碳酸钙，氯化物被施放进溶液中成为 HCl[R 49,G 78,G 77]。

在不利环境下水泥水化所能结合的最小氯化物，仅相对于无水水泥体的 0.4%，此时不会发生腐蚀 [R 49]。实验室试验及混凝土结构的进一步研究表明，这是长期安全值，即使增加到 0.6% 也可以 [S 152,G 78]。相关文献中要求 Cl^- 体的偏低和最高含量的临界值应介于 0.2% ~ 1.3% 之间 [N 37,T 58,B 106]。在奥地利，有 15 ~ 20 年历史的混凝土公路、桥梁和马路的外表面，由于除冰盐中的氯化物，使 Cl^- 含量高达 4% 时，方能检测出钢筋受到腐蚀，即使宽达 0.3mm 裂缝，钢筋附近氯化物含量 Cl^- 超过水泥体的 1.8%[L 118]。然而，必须牢记，评价这些观测时，即使有氯化物存在，钢筋也只会在氧气可以接触到的地方，才会有腐蚀 [N 37]。

氯化物在水泥水化产物中的结合及促进腐蚀的作用取决于 OH^- 浓度 [T 59]，并因此取决于

氯化物结构的性质 [T 41, P 1, S 152, G 78]。测量显示结合的,来自 $CaCl_2$ 的 Cl^- 被结合的量,要显著多于来自 NaCl 的 Cl^- 量,这是由于孔溶液组分变化了 [G 78]。在 NaCl 作用下,孔溶液中 OH^- 和 SO_4^{2-} 的离子浓度随着水泥中 Cl^- 含量的增加而增多,但在 $CaCl_2$ 作用下它们却减少了。相应研究表明,在波特兰水泥和矿渣水泥中,来自硅酸钙和高炉矿渣中结合进 C-S-H 中的氯化物越少,混凝土孔溶液中的 OH^- 离子浓度就越高,并且孔溶液中的硫酸盐会抑制氯化物在 AFm 相中结合。孔溶液中产生的差异是因为,NaCl 中的 Cl^- 被结合的过程中,形成的 NaOH 使孔溶液中 OH^- 的浓度升高,而 $CaCl_2$ 中的 Cl^- 被结合的过程中形成了 $Ca(OH)_2$,它在孔溶液中形成的高浓度 OH^-,却以固态 $Ca(OH)_2$ 沉淀析出 [G 78]。

因此,来自 $CaCl_2$ 中的氯化物在水泥石中被固定的量,要比来自 NaCl 中的氯化物要大得多。一方面可以发现氯化物促进腐蚀的作用是随着孔溶液中 Cl^- 上升而提高,而另一方面,又随溶液中 OH^- 离子浓度的增加而降低。故当混凝土孔溶液中 Cl^-/OH^- 的活性比大于 0.6,或 Cl^-/OH^- 的体量比大于 1.2 左右时,混凝土才会发生钢筋锈蚀 [H 30, T 66, S 156]。因此,当 NaCl 被固定的氯化物作用于混凝土时,比 $CaCl_2$ 作用时的越少,腐蚀风险就越低,因为此时孔溶液中 OH^- 的浓度增加得越多。

3. 氯化物对混凝土的渗透

实际上,钢筋混凝土中的钢筋是由一层足够厚、且不能渗透的混凝土层保护的,如果混凝土成分符合要求,并能正确地制作、振实和养护,它就有足够的抗渗透能力 [D 49]。图 8.26 中三个图表显示出水灰比和水泥含量对混凝土抗氯离子渗透扩散的影响 [B115, S156],每幅图都显示了分别用波特兰水泥、及掺有 40% 和 60% 高炉矿渣水泥制成的边长为 10cm 的混凝土试体,每层中的氯离子含量。首先将混凝土立方块放入水中养护 28d,然后再放入 3mol/L 的 NaCl 溶液(106gCl/L)中保存一年,并只能让它从一个面向混凝土渗入。由图中曲线形状可知,当水灰比从 0.66 降低到 0.5 时,即水泥含量从 $250kg/m^3$ 相应增加到 $333kg/m^3$ 时,试块 30mm 深处的氯含量至少减 50%。矿渣水泥制作的混凝土方块,氯化物明显较低,用含有 0%~70% 不同高炉矿渣含量的水泥进行补充试验表明(图 8.27),随高炉矿渣含量的升高,渗透的氯化物至少减 50%~60% [B 115, S 156, V 20, S 195, E 5, R 13, R 38]。这些研究也指出由高炉矿渣作原料拌制的混凝土,其炉渣含量较高时,对其他离子扩散会有很大阻力,尤其是硫酸根离子。但是若混凝土被碳化,扩散阻力就会明显减小 [W 44]。

随温度升高,氯离子的扩散速率会显著增加,如当存放温度从 15℃ 上升到 25℃ 时,扩散系数会是原来的两倍。阳离子也有重要影响:$CaCl_2$ 溶液中氯化物的扩散系数几乎是 NaCl 溶液中的两倍,是 $MgCl_2$ 溶液中的三倍到四倍 [B 115, S 156]。

混凝土中骨料的最大粒径越大,氯化物渗透越快。当骨料最大粒径从 8mm 增加到 16mm 时,在混凝土钢筋覆盖层中的氯化物含量平均要乘以系数 2;增加到 32mm 时,要乘系数 3[R 35]。

截止目前的研究,扩散行为将倾向于如下结论:离子是从外部溶液渗透到水饱和的混凝土中,如连续受地下水作用或是始终浸在海水中的混凝土构件,其扩散就适于这种例子,然而多数情况是,混凝土表层必然是以变化着的厚度经受不断交替地干燥和浸湿。作为毛细管力在溶液中的活性,与溶液所含离子一起由混凝土吸附,将使离子渗透到混凝土的速度,比单纯扩散要明显快很多。这种条件下,用富含高炉矿渣的矿渣水泥制成的混凝土,再次表现出低渗透性[R 35],但不能排除的是,当环境温度急剧变化,及混凝土钢筋覆盖的表面开裂等这类条件,会一定程度削弱水泥类型的影响。

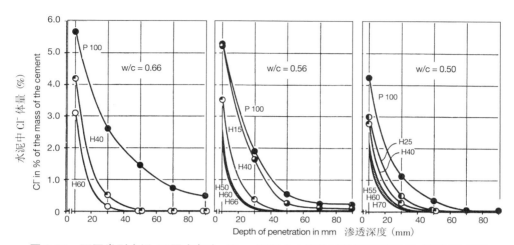

图 8.26　不同类型水泥、不同水灰比、10cm 混凝土立方体试块不同深度 Cl⁻ 浓度 [B 115]
Figure 8.26: Chloride concentration in different layers of 10 cm concrete cubes made with different types of cement and with different water/cement ratios [B 115]

集料最大粒径 32mm	W/C=0.66	水泥含量 250 kg/m³
	W/C=0.56	水泥含量 394 kg/m³
	W/C=0.50	水泥含量 333 kg/m³
Maximum aggregate size 32 mm	w/c 0.66	cement content 250 kg/m³
	w/c 0.56	cement content 394 kg/m³
	w/c 0.50	cement content 333 kg/m³

4. 影响钢筋氯诱导腐蚀的因素

工业结构调查 [L 118, R 36, H 25]、实验室养护试验 [R35] 以及电化学实验 [S 41, S 38, S 39, S 40, R 8] 都提供了信息,指出影响混凝土中钢筋受氯离子(最初是氯化物)诱导腐蚀的重要因素。

如果氯化物含量超过临界值,则腐蚀程度将随混凝土中的 Cl⁻ 含量,呈线性增加 [M 67]。实际上氯化物结构本质上没有什么影响,混凝土的抗渗性越好,即混凝土的水灰比越低,潮湿条件下养护时间越长,腐蚀发生得就越慢。应用富含高炉矿渣、或粉煤灰的水泥、或添加硅灰,都会抑制腐蚀反应,不过,粉煤灰水泥需要较长时间的预湿存放。

根据电化学测试:腐蚀速度随温度升高显著增加,如温度从 15℃升高到 20℃时,速率要乘系数 1.5;环境湿度升高时,腐蚀速度也会增加 [S 38, S 39, R 8];而如果混凝土被水饱和,孔溶液中的水抑制了氧气,腐蚀便基本停止,因为氧气必然会对钢筋表面发生阴极反应。

混凝土保护层的开裂会有助于氯离子腐蚀预应力钢筋,暴露在北海浪击的混凝土结构表面,测得有 0.05~2mm 宽的裂缝,以至在 0.1mm 宽裂缝附近,都累积有明显的氯化物,裂缝越宽,氯离子渗入混凝土越深。不过,技术意义的腐蚀,只能在至少 0.3mm 宽的裂缝处找到 [R 36]。

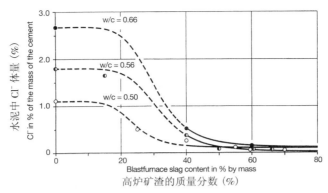

图 8.27 三种不同水灰比、水泥含量的矿渣水泥中矿渣含量对 Cl⁻ 浓度影响
试件和溶液界面距离 20mm 到 40mm 处 Cl⁻ 浓度 [B115]。
Figure 8.27: Influence of the blastfurnace slag content in slag cement on the chloride concentration at a distance of 20 mm to 40 mm from the interface between concrete and the three-molar NaCl solution, for three concretes with different water/cement ratios and cement contents [B 115]

8.8.6 应力腐蚀

应力腐蚀是对某些腐蚀介质和拉应力共同作用下,引起金属开裂的术语。它是以与应力方向横向开裂的低变形为特征,且常形成不可见的腐蚀产物 [G 59, H 3]。应力腐蚀往往发生得比较突然而且迅速蔓延。根据电极反应,阳极与阴极的应力腐蚀存在明显差异 [G 59],也决定了腐蚀。由阳极次生反应所引起的应力腐蚀,既可是因存在裂缝基础而间歇性地逐渐溶解,随后是进一步快速机械开裂引起;也可由裂缝前端的塑性变形加速开裂的基础上,金属快速的电化学溶解引起。而阴极应力腐蚀是在缺氧环境下,腐蚀电极中产生原子形态的氢开始,然后形成分子氢,主要是在金属表面,也有少许会在钢筋的结晶微结构中,如缺陷处、错位处和杂质中;低碳钢中氢气压力会形成气孔,但当内外应力结合进高强度预应力钢筋时,钢筋就会变脆和断裂(氢脆化,氢诱发断裂)。

由阳极次生反应导致的应力开裂腐蚀,裂缝是穿越金属晶体(跨越晶粒),还是沿着晶界面(晶粒间)发展,将取决于金属微结构和局部电极的形成。

在预应力混凝土制成的构件中,在张应力下,钢筋能发生应力开裂腐蚀。缺口或浅薄裂纹形成的应力峰值,能相对容易地使低碳钢变形损坏,但在高强预应力钢筋中不会。拉应力作用下的钢筋中,阳极腐蚀也趋向于集中在微粒边界或特殊晶粒面上,并渗入到材料深处。为了避免预应力钢筋受应力腐蚀,必须预防在储存、运输、安装时所产生的机械损坏和腐蚀 [N 4];对于即时结合的预应力,最重要的是混凝土保护层足够厚、抗渗透性能好;对于后续结合的预应力,重要的是预应力管或覆盖管要完全由浆体填满 [D 58]。

对高铝水泥制造的预应力混凝土结构的破坏,是因在窑的强还原气氛中生产的水泥含有硫酸钙,它有助于氢的脆变作用 [N 3]。这种破坏仅仅发生在经过相变使混凝土渗透性大大增加的那些部分(7.2.4.1 节和 9.12.6 节),以至使钢筋能很快碳化,而碳化又使孔溶液 pH 值降到很低,使硫化钙在水解过程中生成硫化氢,硫化氢作用在钢筋上,沉积出黑色硫化铁。

8 硬化水泥浆体(水泥石)的组成和性能

硫化氢使钢腐蚀的过程,可用如下公式描述 [N 3]:

阳极反应

$Fe \rightarrow Fe^{2+} + 2e^-$

阴极反应

$2e^- + H_2S \rightarrow S^{2-} + 2H$

因此,硫化氢腐蚀是由形成的原子氢引发的,它能够导致预应力钢筋发生氢脆化。从电极电势、负荷压力和 pH 值间的关系可以发现,如果 pH 降到 8.8 以下,就会出现临界负荷压力。正如预期那样,因波特兰和矿渣水泥含有硫化物,将这种水泥的预应力钢筋试件存放在含水的萃取物中,当加入酸或引入 CO_2 后,萃取物的 pH 值降低,预应力钢筋仅能显示出可比的腐蚀特点 [N 3]。

表 8.12 预应力钢筋混凝土钢筋及加固混凝土构件的防腐保护层厚度以及混凝土组分极限值
[D 48,D 49,E 24,H 50]

Table 8.12: Corrosion protection of the reinforcement in reinforced and prestressed concrete Limit values for the concrete cover of the reinforcement and for the composition of the conrete [D 48, D 49, E 24, H 50]

	内部构件 Interior components	外部构件 Exterior components	暴露于冻融和除冰剂的外部构件 Exterior components exposed to freeze-thaw and de-icing agents
混凝土强度等级 Concrete strength class [D49,E24] 最小 [D 49, E 24], at least	B15	B15	B15
混凝土保护层 [1) Concrete cover[1) [D48] 最低标定值 [2) [D 48], minimum nominal figure[2)	1.0 至 3.0 cm 1.0 bis 3.0 cm 2.0 至 4.0 cm 2.0 bis 4.0 cm	2.0 至 3.0 cm 2.0 bis 3.0 cm 3.0 至 4.0 cm 3.0 bis 4.0 cm	4.0 cm 5.0 cm
水灰比 Wasser/cement ratio [D48]max [E 24], max	0.75 0.65	0.60 0.60[3)	0.50 0.50
最低水泥含量 Minimum cement content [D48] [E24]	240 kg/m³ [3) 4) 260 kg/m³	270 kg/m³ 280 kg/m³	270 kg/m³ 300 kg/m³

1) 钢筋的直径越大覆盖层越厚
2) 设计和实施基于标定值
3) 暴露在冻融下而无除冰剂的外部构件
4) Z35 及更高强度等级的水泥,Z25 对应 280 kg/m³

1) The cover is thicker the larger the bar diameter of the inforcement
2) The design and implementation are to be based on the nominal figures
3) Exterior components exposed to freeze-thaw but not de-icing agent
4) For cements of the Z 35 strength class and higher; 280 kg/m³ for Z 25

实践中,在增强型预应力钢筋混凝土构件中,具有数十年龄期,且用各种含硫化物的水泥,尤其是含有高炉矿渣的水泥制得的混凝土,不会有任何可比的腐蚀状态 [G 80]。在含硫化物的高铝水泥制成的混凝土中,只有探测到典型的相变特征,才能看到钢筋的氢脆迹象(9.12.6节)。必须牢记,高铝水泥石的碱度极为有限,因为高铝水泥在硬化阶段实际上没有任何氢氧化钙,它们的碱度本就很低,且作为相变结果,碱度还要进一步减小。还可以预期,碳化使得孔溶液的pH值大大降低,直至小于9,此时,预应力钢筋的氢脆化就极有可能发生。原则上,氢是由水在阴极上还原生成,还是来自硫化氢反应,并不重要,但硫化氢确实使腐蚀大大加快,如碱性溶液作用在金属铝上,反应中形成了氢,也会发生氢脆变,但当孔溶液pH下降到明显小于9时,就不再可能与铝反应生成氢。

可以归纳出以下结论:

——预应力钢筋靠阴极形成的氢(氢诱导断裂)脆变,只有在混凝土孔溶液pH值显著小于9时,才有可能发生。事实上如果同时满足以下三个条件时,脆变便可预测到。

1. 预应力混凝土的粘合剂是高铝水泥;
2. 铝酸一钙水化物发生相变;

表 8.13 钢筋混凝土和预应力混凝土的钢筋防腐,对促进腐蚀物质的含量限值
[D 44,D 48,D 58,D 57,E 24,H 50,I 5,I 6]
Table 8.13: Corrosion protection of the reinforcement in reinforced and prestressed concrete Limits for the levels of corrosion-promoting substances in concrete [D 44, D 48, D 58, D 57, E 24, H 50, I 5, I 6]

混凝土中,相对于水泥用量的氯含量 Chloride content of the concrete, relative to the cement content		
钢筋混凝土 Reinforced concrete [E 24]	Cl^- 最大总含量 Cl^- total, max	占总量体的 0.4 0.4 by mass
预应力混凝土 Prestressed concrete [E 24]	Cl^- 最大总含量 Cl^- total, max	0.1 或 0.2[1] 0.1 by mass or 0.2 by mass[1]
初始材料中氯含量 Chloride content of the starting materials		
钢筋混凝土 Reinforced concrete		
水泥 Cement [D 48, E 26]	Cl^- 最大总含量 Cl^- total, max	0.10 体量 by mass
骨料 Aggregate [D 57]	可溶 Cl^- 最大含量 Cl^- water-soluble, max	0.04 by mass
拌合水 Mixing water [D 44]	除海水外,适用的天然水 natural waters, with the exception of seawater, are suitable	
添加剂[3] Additions[3] [I 5]	Cl^- 最大总含量 Cl^- total, max	0.10 by mass
混合剂 Admixtures [I 6]	卤素 (Cl^-) 最大总含量[2] total halogen content[2], as Cl^-, max	0.20 by mass
预应力混凝土 Prestressed concrete		
水泥 Cement [D 48, E 26]	Cl^- 最大总含量 Cl^- total, max	0.10 体量 by mass
骨料 Aggregate [D 57]	可溶 Cl^- 最大总含量 Cl^- water-soluble, max	0.02 by mass

续表

拌合水 Mixing water [D 44] 添加剂³⁾ Additions³⁾ [D 58, I 5] 混合剂 Admixtures [I 6]	Cl⁻ 最大值 Cl⁻ max	600 mg Cl⁻/l
	Cl⁻ 最大含量 Cl⁻ total, max	0.10 by mass
	卤素 (Cl⁻) 最大总含量 total halogen content⁴⁾, as Cl⁻, max	0.20 by mass
注入砂浆 Injection mortar		
水泥 Cement [D 48, E 24] 骨料 Aggregate [D 57] 拌合水 Mixing water [D 44] 注入酸 Injection aids [I 6]	Cl⁻ 最大总含量 Cl⁻ total, max	0.10 体量 by mass
	可溶水 Cl⁻ 最大含量 Cl⁻ water-soluble, max	0.02 by mass
	Cl⁻ 最大值 Cl⁻, max	600 mg Cl⁻/l
	卤素元素 (Cl⁻) 最大总含量 ⁴⁾ total halogen content total⁴⁾, as Cl⁻, max	0.10 by mass

1) 根据使用说明
2) 不允许添加硫氰酸盐、亚硝酸盐、硝酸盐
3) 不允许添加硫氰酸盐、亚硝酸盐、硝酸盐以及甲酸盐
4) 仅适用于后续结合预应力混凝土
1) Depending on instructions at point of use
2) Addition of thiocyanates, nitrites or nitrates not permissible
3) Addition of thiocyanates, nitrites, nitrates or formates not permissible
4) Only for prestressed concrete with subsequent bond

3. 混凝土碳化深度达到钢筋。

——在形成水化硅酸钙基础上发生硬化的水泥，即使是含有硫化物的水泥制成的混凝土，也不会因阴极形成氢，而引起预应力钢筋脆变，此时的适当条件，阳极却能被氧腐蚀。

8.8.7 钢筋的防腐

一般来说，如果混凝土保护层足够厚且不可渗透，促进腐蚀的物质含量也未超过一定的限制，则混凝土中的钢筋就能得到保护。国内和国际的钢筋混凝土法规都有适当规定 [D 44, E 24]。根据混凝土所暴露的环境不同（内部构成，外部构件，暴露于冻融与除冰剂的作用下的外部构件），法规对防腐起决定作用的混凝土抗渗性因素，规定了如钢筋的混凝土覆盖层厚度、水泥含量和混凝土的水灰比，以及氯含量和混凝土中促进腐蚀的物质含量极限，这些都总结于表 8.12 和表 8.13 中。

混凝土中的加强筋也可通过覆盖层防腐，特别用锌或环氧树脂。虽然锌的标准电势比铁低，但实际上，因为它以碱性碳酸锌保护层非常迅速地将自身覆盖起来，阻碍了空气，进一步遏止了腐蚀。在混凝土中，锌与氢氧化钙反应，形成气态氢和固态氢氧化锌酸钙 $Ca[Zn(OH)_3]_2 \cdot 2H_2O$，当锌表面完全被氢氧化锌酸钙覆盖时，反应结束。氢的生成能够增加水泥石接触区的孔隙率，减

少钢筋与混凝土之间的附着结合。水泥中铬酸盐的微量水平足以延迟或完全阻碍锌覆盖层与氢氧化钙的反应,这意味附着结合能在较宽范围内改变 [B 73,R 33,R 34,A 40]。

锌覆盖层会受到氯化物的严重侵蚀,特别是在宽度大于 0.3mm 裂缝处,或混凝土中氯化物含量大于水泥体 1% 时。为了钢筋防腐,热镀锌防腐层厚度能有效达到 80~170μm 之间,氯化物体量要限制低于 1%[R 36]。

在各类非金属覆盖层中,只有环氧树脂制作为覆盖层,才被实践证明成功。当用环氧树脂全覆盖钢筋,或至少未保护部分的钢筋不存在电子传导连接时,就变得非常有效 [A 5]。但镀锌和环氧树脂涂层的额外防腐,使钢筋价格非常昂贵,镀锌成本要乘以 1.5 系数,环氧树脂涂层的成本要乘系数 2[Y 8]。因此,这类保护措施仅在特殊情况下才考虑使用。

不同研究显示,混凝土中钢筋防腐也能通过抑制剂改善。这些物质只占水泥重量的 1% 左右,却能提高抵抗氯化物侵蚀的能力,亚硝酸钠、铬酸钠、苯甲酸钠、丙二酸等都是有效的抑制剂 [C 63,G 54,B 112,S 5,S 7],这些物质在水泥水化期间,都能在水化产物中被改变、分解或结合,所以,它们一般仅在混凝土开始硬化的相当短时间内起作用,从而限制了它们在实践中的重要应用。

8.8.8 有色金属的腐蚀与防腐

由于水泥结合的建筑材料,尤其是混凝土,因存在碱性孔溶液,使有色金属受到不同程度的侵蚀。伸出混凝土之外的金属构件,在混凝土和空气间的过渡区,腐蚀总是特别严重。为此,在德国只有 CrNiMo 和 CrNiMoTi 不锈钢才允许用于外墙面板的锚固件 [B 64]。

不锈钢、镍及它与铬、铜、银和锌的合金,当被嵌入混凝土后,它们都是防腐物质,即便有氯化物存在,但薄铜涂层会被溶解的氯化物侵蚀 [K 3]。假如氯化物含量不超过混凝土体的 1% 左右时,锌和黄铜薄片只会受到轻微的侵蚀。

铅对腐蚀特别敏感,铝的程度稍微低些,混凝土的湿度越高,侵蚀就越严重。所以,由铅或铝制成的构件要避免接触到潮湿的混凝土 [L 45,W 86,W 87,M 51,W 41]。

在混凝土中碱性孔溶液对铝作用时,也会放出氢。因此,加气混凝土生产中,铝粉可当作引气剂使用,也可加入相当少的量作为膨胀剂,用以完全填满空隙。现已证实,当垃圾焚烧后的熔渣作为混凝土骨料时,来自铝反应的氢所形成的微孔是有害的。

8.9 抗化学腐蚀

8.9.1 综述

硬化水泥的组分能够与溶液、气体或蒸汽中的某种物质发生化学反应。如果反应产物可溶于水,水泥石将会溶解;如果反应产物是难溶性的,产物就会在混凝土内形成的过程中对周围施加压力,使微结构疏松。因此就有了溶解侵蚀与膨胀侵蚀的区别。溶解侵蚀总是从表面开始;而侵蚀物质对混凝土中的渗透,是膨胀侵蚀在起重要作用 [B 4]。

事实上,沉积物或风化层一般不会降低耐久性,但是出现在混凝土表面,会影响美观。它们通常来自水泥、骨料、拌合水、外加剂或掺合料,或混凝土中化学反应的水溶性产物。

8.9.2 侵蚀混凝土物质的作用

1. 溶解腐蚀

水泥石中,超软水能够溶解氢氧化钙,而总硬度在 4°d 或 0.75mol/m³ 以下的水,就是超软水 [R2]。水硬度是用于水中碱土离子(实际是 Ca^{2+} 和 Mg^{2+})浓度的度量单位,国际单位是 mol/m³(mmol/m³, mmol/L),在德国常使用水硬度的度数(°d),即碱土金属浓度达到 10mgCaO/L(7.19mgMgO/L 或 18.48mgSrO/L 或 27.35mgBaO/L)时,被定义为 1°d。1mmol/L 相当于 5.608°d,而 1°d 相当于 0.1783mmol/L。

超软水对混凝土只有轻微侵蚀性,假如水中不含石灰可溶性碳酸,或能侵蚀混凝土的其他组分在有害量内,小于 0.6 水灰比的抗渗混凝土就有足够挡水阻力 [W 6, W 8, R 14, D 55]。

酸水,即水中含有游离酸,水的 pH 值低于 7,可以溶解水泥石,也可逐渐溶解含有碳酸盐的骨料。pH 值为 6.5 或更低时,水就对混凝土有侵蚀性 [D 55]。如盐酸、硫酸和硝酸之类的强酸,它们可以很快分解硅酸钙水化物和铝酸钙水化物,也可以快速地溶解氢氧化钙、氢氧化铝和氢氧化铁;如腐植酸等弱酸,它最初只有大量可溶的氢氧化钙;如草酸和酒石酸等有机酸,会形成难溶性钙盐的保护层,因此实际不会腐蚀混凝土。

所谓的石灰可溶性碳酸也是一种弱酸,是由气态二氧化碳溶于水形成。温度越低,压力越高,二氧化碳在水中的溶解度越大。水中溶解的二氧化碳只有一部分能侵蚀混凝土,因此,该含量作为石灰溶解量不得不单独确定 [D 50]。

酸雨的 pH 值数量级为 4,硫酸含量为 $4mgH_2SO^4/L$,对混凝土的作用时间相对较短,范围有限,因此对防渗混凝土的侵蚀非常轻微。测量结果显示,硅酸盐骨料制成的地面混凝土平板,35 年内平均侵蚀深度为 0.3mm[G 69]。

带有可交换离子的盐类,也属于混凝土中能溶解水泥石的材料。如氯化铵和氯化镁,它的阳离子可被水泥水化产物中的钙离子取代,从而形成可溶于水的钙盐:

$MgCl_2 + Ca(OH)_2 \rightarrow CaCl_2 + Mg(OH)_2$

$2NH_4Cl + Ca(OH)_2 \rightarrow CaCl_2 + 2NH_4(OH)$

镁作为少溶的氢氧化镁或硅酸镁水化物沉积在混凝土表面,而铵溶解在水里或者以气态氨逃逸。二氧化硅、铝或铁的氢氧化物均不溶解,形成保护层,抑制进一步的侵蚀。

植物油和动物油脂是脂肪酸酯,可与水泥石中的氢氧化钙反应,腐蚀混凝土,但它们对水灰比不超过 0.60 的防渗混凝土,其作用微乎其微;石油成品,即所谓的油脂和矿物油,只要不含酸,它们就不会侵蚀混凝土;煤焦油的媒剂和重油部分一般含有苯酚及同系物,能侵蚀混凝土,但对水灰比不超过 0.60 的防渗混凝土,其侵蚀能力也非常低 [R 14,V 97]。

有关溶蚀行为及其对混凝土耐久性影响的信息,可通过存放试验和模型计算得到。溶蚀的进程是以混凝土厚度的减少为特征,这可从尺寸、体量和密度的变化计算得到 [F 56]。从这些研究可以呈现出,带有平均含量大于 100mg/L 石灰溶解碳酸的水,作用在以石英骨料及波特兰水泥作为粘合剂的混凝土上,经 20 年期限,表面层厚度被除去 4~6mm;对用矿渣水泥制成的混凝土来说,仅减少 2~3mm,约是上值的一半;对于地下工程使用的常规尺寸混凝土构件,该差值小到可忽略不计的程度;如果用石灰石代替石英作为混凝土骨料,除去量将大幅增加,因为石灰石的溶解速度大大快于水泥石 [L 71, L 64, E 4]。除去量会随时间减少,由于石灰溶解碳酸的反应留下了铁锈色层,它是由富二氧化硅凝胶,及氢氧化铝、氢氧化铁组成,它们可抑制进一步侵蚀 [K 67, G 68]。

其他弱酸也与石灰溶解碳酸一样类似的方式侵蚀,侵蚀随着 pH 值的下降而加剧。然而,pH 值小于 3 左右时,保护层中的氢氧化铝和氢氧化铁会溶解,发生的侵蚀会相继加快 [K 67]。其他的影响变量有反应量、反应持续时间及反应产物的传输条件 [G 70]。由矿渣水泥做胶凝材料,且添加硅灰的高性能混凝土,尽管有高抗渗性能,但也会被 pH 值为 5、温度为 30℃,且每周都变化的温酸溶液相当强烈的侵蚀 [D 73]。

2. 膨胀侵蚀

造成膨胀侵蚀的主要物质是硫酸盐类,它会以溶解的形式渗透到密度较低的混凝土中,在那里与水泥中的水化铝酸钙反应,产物是钙矾石和/或硅灰石膏(7.2.6.1 节)。这个反应使水泥石内部产生应力,在一定条件下导致膨胀和微结构疏松,并最终使混凝土完全破坏。水泥中或骨料中过高的硫酸盐含量,都会形成钙矾石或硅灰石膏,从而导致硫酸盐膨胀。不过,钙矾石或硅灰石膏的形成并不总是导致膨胀,由很少甚至没有 C_3A 的波特兰水泥制成的混凝土,在硫酸溶液侵蚀过程中,形成的钙矾石就没有膨胀。钙矾石的形成甚至能大大有益于强度,如有规律凝结的水泥和超硫酸盐水泥的硬化(9.5 节和 9.12 节)。

这种表面看来互相矛盾的表现,产生了有关硫酸盐膨胀原因和机理的各种理论。比如,实验结果显示,原因是由 C_4AH_{13} 和硫酸根离子形成单硫酸酯 [C 15, C 20, C 17]。微结构中的机械应力,在天然岩石的机械风化中就起到重要作用,由此可导出如下机理 [C 1, H 43, M 75, C 32, M 67, G 12]:

(1)静水结晶压力,当盐从过饱和溶液中结晶析出时,和剩下的溶液一起,占据比原过饱和溶液所占据的空间更大。当水在固体孔中结冰时,也会产生静水结晶压力。

(2)晶体线性生长压力,即生长的晶体要对环境施加压力 [C 54, B 105]。由于晶体的各向异性,也就是说晶体性能对结晶方向的依赖性,根据晶体表面的不同,生长压力将产生巨大差异。晶体发育和增长的压力,很大程度上取决于溶液的组成。

(3)当化合物吸水并在含水量较高时,转化为水化阶段时,水合压力就会发生。它的基本需要就是水能接触到化合物,但却没有足够空间让含有较高水量的反应产物进入,就形成了膨胀。作为例子:游离氧化钙或氧化镁和水反应,就引起石灰和氧化镁膨胀。

(4)如钙矾石之类的胶体反应产物,由于表面积很大,吸收大量的水造成相互排斥,而产生扩张压力,以至于使整个系统膨胀。该机理与(3)中描述的水合压力产生的膨胀机理有一定相似之处。

最近混凝土膨胀现象的研究结果,特别是蒸汽养护的混凝土构件,指出了上述(2)中所描述的钙矾石或碳硫硅钙石晶体发育的压力效应[G 12,C 18,X 5,S 56]。晶体形成会有很大差异,根据不同的组分、溶液浓度和温度条件,可形成长针状或磨细紧凑的棱柱状晶体,碳硫硅钙石就常以非常细的针型出现。因此可假设溶液的浓度和组成,特别是少量的外来离子,不仅对不同结晶面的发育,而且对所产生的生长压力也有重要影响。目前为止还没有系统研究晶体生长压力的类型,如明矾类,就未展开[B 105]。

其他化合物可通过混凝土中晶体生长压力,造成膨胀损害,其中包括:如果侵蚀性碱或硫酸镁溶液的硫酸盐含量过高,混凝土中就会形成石膏,例如5%的硫酸钠溶液,通过与硬化水泥中的氢氧化钙反应形成的石膏[W 9]。氯氧化钙和氯氧化镁等其他化合物,用200g/L高含量氯化钙或氯化镁溶液渗透到混凝土中,并与水泥石中氢氧化钙反应,便可得到它们[S 148]。

3. 海水的腐蚀

海水因含有硫酸盐和镁离子,可以预计,它能造成溶解与膨胀兼而有之的复合侵蚀,临近黑尔戈兰岛的北海,每升海水中除含有33克盐外,相应含量是1200mgMg^{2+}/L和2550mg SO_4^{2-}/L。然而,海水中混凝土结构的实际经验与试验显示出,海水中硫酸盐的侵蚀能力远比纯硫酸溶液弱得多[R 63, S 77],这可归结于海水中高含量的氯化物[K 39],或与海水中碳酸氢盐反应形成的$CaCO_3$保护层[L 85],还会是$[SO_4Na_{12}]^{10+}$复合物起了部分作用,它只有Na^+浓度较高时才会出现,此时溶液电导率下降,复合物尺寸阻止了它向混凝土的渗透[H 34]。

4. 土壤的侵蚀

如果土壤有充分的湿润,并且可腐蚀混凝土的物质溶解于土壤潮湿中,土壤才会对混凝土产生侵蚀。对土壤可以预测,是否含有如石膏、硬石膏、硫酸镁、硫酸钠之类的硫酸盐,在很多土壤中,硫化亚铁经常以黄铁矿或白铁矿形式存在,它们在空气中还能被氧化为硫酸盐和硫磺酸。

例如沼泽土中的腐植酸,可以溶解在土壤水分中。土壤成分中也包含有可交换的氢离子,它也能侵蚀混凝土,鲍曼沟壑酸性度法是对它进行的一种检测方法[D 55]。

5. 气体侵蚀

侵蚀混凝土的气体成分主要是:硫的氧化物SO_2和SO_3,氮氧化物NO和NO_2,氯化氢HCl和硫化氢H_2S。硫和氮的氧化物绝大多数是包含在燃烧系统的废气里;氯化氢是在塑料燃烧的过程中形成,如含氯的PVC燃烧;硫化氢是沼气的成分。废气中通常都含有粉尘,它其中可存在水溶性铵盐、硫酸盐和硝酸盐,都可能侵蚀混凝土。如果废气温度下降到露点以下,就会形成一种冷凝物,废气和粉尘中的成分就可部分地或完全地溶解其中。燃烧废气中所含有的高浓度CO_2,不会溶解在冷凝物中,因此它不侵蚀混凝土,但它却能大大促进碳化作用,从而对钢筋防腐产生不利影响。

含氯的塑料在燃烧时产生氯化氢,在有湿气存在时,会形成氢氯酸蒸气,并沉积在混凝土表面上,与水泥石里的钙化合物反应生成氯化钙,作为有很强吸湿性的盐,可与空气中的湿气,在混凝土表面上形成溶液薄膜。以这样方式侵蚀混凝土的氢氯酸量,通常很有限,因此氢氯酸以蒸气形式对混凝土的侵蚀,只限于表面薄层。只要是充分的潮湿,氯化物就会渗透到混凝土中,并对钢筋防腐造成损害 [L 73, L 81]。

硫化氢 H_2S 可存在于污水管的气体中,它溶解于水形成的弱酸,实际不会侵蚀混凝土。但它却以气体形式从废水中逃逸出来,溶解于水面上方的混凝土表面潮湿薄膜中,然后氧化为硫酸,形成了酸侵蚀。硫化氢的形成、及对硫酸的氧化都是微生物过程,是细菌在起着重要作用 [S 74]。氨(NH_3)经细菌氧化可产生硝酸,出现在冷却塔中的气体里 [O 41, S 43, R 14]。

表 8.14 评估水侵蚀性,DIN 4030 中规定的限值 [D 55, R 14]
Table 8.14: Assessment of the degree of attack by water; limits as specified in DIN 4030 [D 55, R 14]

分析 Analysis	侵蚀度 Degree of attack		
	弱腐蚀 weakly aggressive	强腐蚀 strongly aggressive	极强侵蚀 very strongly aggressive
pH 值 pH-value	6.5…5.5	< 5.5…4.5	< 4.5
石灰溶解碳酸(mg CO_2/L) Lime-dissolving carbonic acid in mg CO_2/l	15…40	< 40…100	> 100
硫酸盐(mg SO_4^{2-}/L) Sulfate in mg SO_4^{2-}/l	200…600	> 600…3000	> 3000
氨(mg NH_4^+/L) Ammonium in mg NH_4^+/l	15…30	> 30…60	> 60
镁(mg Mg^{2+}/L) Magnesium in mg Mg^{2+}/l	300…1000	> 1000…3000	> 3000

8.9.3 化学侵蚀的评估

水和土壤的腐蚀能力主要取决于它们侵蚀混凝土物质的含量,这可通过化学分析确定,根据标准 DIN4030[D 55],通过水的 pH 值及含有的石灰溶解碳酸、氨、镁和硫酸盐的溶解水平,可评估水对混凝土的侵蚀作用。侵蚀混凝土的腐蚀能力可细分为"弱"、"强"和"极强"三个级别,极限值见表 8.14,它们被用于有腐蚀能力的水,其能力不因与混凝土反应而减小,因为侵蚀混凝土的物质可无限地补充。该分类是由最高腐蚀程度所确定的,即使只测了其中一个性能,如果两个或多个性能的测量值在相应范围的上四分之一,或者 pH 值在测量范围的下四分之一,侵蚀度就要提高一个级别。多年的经验显示,海水是个例外,尽管它有高含量的镁和硫酸盐,却只能被定为强级混凝土侵蚀 [C 2, L 91, S 76, M 47],显然这也适用于温度高达 120℃ 的热海水侵蚀,正如海水淡化厂里所见到 [R 14]。

随着温度升高、化学反应加快,侵蚀一般会变得严重,但这却不适于钙矾石形成过程所引起的膨胀,例如 10℃ 却比 20℃ 时膨胀要大得多。如果侵蚀物质在高水压下更快更深地渗透到混凝土中,或者混凝土是在强流带来的外来物质机械应力作用时,侵蚀都会变得更强。为对付纯水的机械磨损,在高于 100m/s(气穴现象)的极高流速下,预计需要特殊的混凝土技术措施 [W 4]。当土壤渗透率很低,渗透系数少于 10^{-5}m/s 或 10^{-4}m/s 时,侵蚀组分的补充被延缓,地下水结构中的侵蚀就会被弱化 [D 55, G 68]。

欧洲混凝土标准 EN206[E 24] 主要是根据相同的极限值,但评估混凝土的侵蚀级别也是

8 硬化水泥浆体（水泥石）的组成和性能

分"弱"、"中等"、"强"三种，"强侵蚀"作为补充上限，范围是：pH值最低为4.0、SO_4^{2-}最大含量6000mg/L、NH_4^+最大含量100mg/L，对石灰溶解碳酸或镁没有规定上限。

土壤只是通过它们所含的水分来侵蚀混凝土。如果不可能取到水样，恐怕因侵蚀成分总在非常慢地更新，故土壤对混凝土的化学侵蚀，按程度只分为"弱"和"强"两个级别。DIN4030中的极限值见表8.15[D 55, R 14]，它们适用于湿气频繁饱和的土壤。每种情况中，对组分的最高腐蚀程度是分级的主导因素，比如土壤，渗透率低就是主导因素，渗透系数低于10^{-4}m/s时，腐蚀度就可以降低一个等级，因为此时腐蚀成分的更新受到阻止。

表 8.15　土壤腐蚀度的评估 德标 DIN 4030 [D 55, R 14] 规定的极限值
Table 8.15: Assessment of the degree of attack by soils; limit values as specified in DIN 4030 [D 55, R 14]

分析 Analysis	腐蚀度 Degree of attack	
	强腐蚀 strongly aggressive	极强腐蚀 very strongly aggressive
鲍曼沟壑酸度 [G 22](mL/kg) Baumann–Gully degree of acidity [G 22] in ml/kg	> 200	—
硫酸盐(mg SO_4^{2-}/kg) Sulfate in mg SO_4^{2-}/kg	2000…5000	> 5000

根据欧洲标准 EN206[E 24]，鲍曼 - 谷累酸度 [G 22] 大于 20 的土壤为弱腐蚀性。依据每千克土壤中含有多少毫克的 SO_4^{2-}，硫酸盐腐蚀可分级为"弱"（2000~3000），"中"（3000~12000）或"强"（12000~24000）。

硫化物没有直接的腐蚀性，但他们在土壤、特别是在工业废料堆中有很高浓度，在潮湿条件下被氧气氧化为硫酸。因此，如果每千克风干土中的 S^{2-} 超过 100mg 时，必须专门评估。

气体对混凝土的腐蚀作用只能用特定方法评估，如果气体中含有氯化氢、硫化氢或氨就很有必要。这些化合物普遍存在于垃圾焚烧厂的废气中，含氯塑料燃烧的气体中，或者是来自下水道和化粪池的气体中 [R 14]。

8.9.4　结构性的预防措施

如果存在化学腐蚀，混凝土工艺和结构措施就必须保证结构的耐久性，如果化学腐蚀非常严重，也必须采取特别的保护措施 [D 55,D 48,E 24,K 76,R 14]。混凝土工艺措施的目的就是要制备抗渗混凝土；结构措施就应该是保护钢筋，并限制裂缝的数量和宽度；保护措施是在很严重的化学腐蚀情况下，用来保护混凝土免遭腐蚀物质的直接接触。

生产抗渗混凝土的基本要求是混凝土微结构密实，水泥石中仅有少量毛细孔。密实的混凝土微结构，是指骨料、外加剂和水泥混合物中的空隙率尽可能地少，且混凝土充分压实。毛细孔少的水泥石要求在第一个 7~14d 内，较低的水灰比和足够的潮湿，确保水泥尽可能充分水化（8.7.6 节）。该期间没必要保护"年轻的"混凝土免受腐蚀性水的侵入 [R 21]。

依照 DIN 1048 第 5 部分 [D 50]，混凝土的抗渗性是用单独制成的实验样品中的水渗透深度来表征。如果"弱"侵蚀，水渗透的最大深度不超过 5cm，"强"和"特强"侵蚀不超过 3cm，那么就认为该混凝土有足够抗渗性。另一个要求就是对弱腐蚀，水灰比不超过 0.60，强

和极强腐蚀,不超过 0.50;在受到硫酸盐侵蚀,水中硫酸盐含量超过 600mgSO$_4^{2-}$/L,或土壤中含量超过 3000 mg SO$_4^{2-}$/kg[D 52] 时,必须采用高抗硫酸盐性水泥(第 9.2 节);但对海水腐蚀,就没有必要用高抗硫酸性水泥,因为海水的腐蚀性要明显小于其他硫酸盐含量相同的水;矿渣水泥具有高抗硫酸盐性,应当用于海水淡化厂混凝土的建设,它能经受很浓溶液的腐蚀;富含矿渣的水泥,大大增加混凝土的扩散阻力,便相应减少氯化物对混凝土的渗透 [S 195]。

欧洲混凝土标准 EN206[D 44],不仅限制了水灰比,而且也规定水泥含量及混凝土强度等级的最低值。"弱"、"中"和"强"侵蚀,最高容许的水灰比分别是 0.60,0.50 和 0.45,相应最低水泥含量分别是 280kg/m^3、320kg/m^3 和 340kg/m^3。

结构措施包括提供足够的混凝土保护层,以长期保护钢筋免受腐蚀。根据 DIN1045,任何情况对"弱"化学腐蚀,混凝土保护层不应小于 2.5cm 或 3.0cm(取决于钢筋直径),"强"化学腐蚀不应小于 4.0cm。还应提供 1.0~1.5cm 的安全余量,以确保满足这些限值 [D 48,R 14]。

裂缝会对混凝土的耐化学性产生很大的不利影响。既然裂缝不可避免,那么很有必要通过合适选择钢筋、钢筋铺设路径和接头配置,以限制裂缝宽度在 0.1mm 内。密封接头的材料必须是对化学腐蚀有足够抵抗力的物质 [G 2,V 99]。

DIN4030 规定,暴露于"极强"化学侵蚀的混凝土,必须能够有抵抗"强"化学腐蚀的表现,并能永久地避免腐蚀性物质直接接触。这可通过采用抗渗塑料油漆或涂料,胶或塑性焊接薄膜,陶瓷或者天然石材的浸渍或涂布纸板等材料的包覆层来实现 [W 19,V 99,R 14];如果不能采用保护层,例如:桩柱,可以降低水灰比至 0.40 以下,以进一步改善混凝土质量;也可扩大混凝土的截面,以进一步增加钢筋的混凝土包覆层;另一种选择是用黏土密封,抑制腐蚀成分进入 [R 14]。

8.9.5 褪色和风化

水泥是浅灰色的,取决于原始材料的组分,及在制造中的生产工艺条件。因此灰色深浅存在差异是不可避免的。但对同工厂生产的同型号水泥,这种差异就很小,相对于其他因素,如水灰比、混凝土外加剂和骨料微粉的颜色,它们对混凝土颜色深浅的影响就微不足道。然而,混凝土中的微粉是按大小离析,并通过沉淀形成深浅的条纹,就会有更大差异显现。水泥磨得越粗,这种状况就越明显,用少量的某种无机矿物材料与水泥共同粉磨,已证实是特别有效的补救方法。

混凝土表面的暗色斑点是由混凝土原料中非常细的有机物质引起,经过毛细孔水蒸发携带、聚集到表面。

自从上世纪 80 年代中期以来,德国、瑞士和荷兰的混凝土构件中,特别是混凝土制品,如混凝土铺路砌块和板,出现了大量棕色色变 [V 67,E 31,V 52]。它们与由金属铁氧化所造成的斑点状变色应该不同,大的色变主要是方解石碳酸钙,其颜色是含有三价铁成分的棕色,它出现在混凝土制备厂的料场上,既可很快出现在制备不久,也可出现在经过长时间使用之后。引起色变的组成是三价铁化合物,它是来自水泥石或混凝土的溶解性铁化合物,经混凝土微结构,迁移到混凝土表面,并在那里氧化而形成。溶解在混凝土碱孔溶液中的铁化合物,往往趋向形成二价铁;但三价离子的溶解度会随着与某些有机化合物,如木质素磺酸盐或者三乙醇胺,组成络合物而显著增加;二价铁将少量出现在还原气氛煅烧的水泥熟料中,也可含在天然骨料,如玄武岩中。

在砖或混凝土表面上会有浅色的隐匿物质,被称为风化物。砖砌体上的风化物一般是碱或碱土硫酸盐 [S 1],混凝土表面上的风化物则主要是氢氧化钙,或由它与空气中二氧化碳反应得到的碳酸钙。与碱硅反应同时发生,碱硅凝胶和 SiO_2 凝胶也会作为风化物出现(8.10.3 节)。特殊情况下,混凝土表面上的风化物也可含有骨料或附近结构的其他化合物 [N 34,S 23]。

混凝土表面的变色条纹,是非常薄的氢氧化钙或碳酸钙沉积层组成,也被称为是风化物,它们虽对混凝土耐久性没有危害,但也算是缺陷。氢氧化钙是由养护水、沉淀水或冷凝水从新拌混凝土中析出,水分蒸发后,沉积在潮湿位置,形成碳酸钙。2~7d 后,若混凝土表面变干、充分碳化,实际就不会有更多氢氧化钙从混凝土析出,这类风化物也不会再更多形成。它们的形成趋势,与水泥类型、强度等级或混凝土化学构成和抗渗性无关 [B 84,W 1,K 96]。

水长时期经过缝隙或漏缝渗过,可从混凝土中溶解出相当大量的氢氧化钙,这可形成又厚又硬的碳酸钙粘性壳体,并有时会在顶板上形成钟乳石。

8.10 碱-骨料的反应

8.10.1 综述

混凝土骨料中的活性成分,特别是对碱敏感的硅石,除了表面看也是一定类型的白云岩 [$CaMg(CO_3)_2$] 外,它还与混凝土孔溶液中碱的氢氧化物发生化学反应(7.3.3 节),这些反应总起来被当作碱骨料反应,并根据反应类型不同,再分为碱-硅反应与碱-碳酸盐反应(或碱-碳酸盐岩)。一定条件下它们能在混凝土中引起膨胀和开裂,导致强度丧失。

碱-硅反应首次作为混凝土破坏原因,被报道是 1940 年 [S 209,S 210],发生破坏是在高速公路混凝土表面、和其他各种混凝土结构上,以膨胀裂缝和风化物形式。第一次发表碱-碳酸盐反应的文献发表于 1957 年,尽管没有风化,但骨料中含有黏土的白云灰岩作为碱-硅反应,引起了同样破坏,虽然碱的敏感性尚不能用已证实的测试方法检测 [S 263]。现在,在许多国家已确定了不同类型的碱-骨料反应,深入地研究其原因、作用模式和影响变量,根据结果和经验制定措施,以避免混凝土破坏。

8.10.2 骨料中对碱敏感的硅石和硅酸盐

能与氢氧化碱溶液发生碱-硅反应,对混凝土有害的骨料组分有:无定形 SiO_2、极细晶粒、无序 SiO_2 改性方石英和鳞石英,这些 SiO_2 改性物易出现在蛋白石中。石英即使与强碱的氢氧化物溶液反应,溶解速度也非常慢,因此不会有助于碱-骨料反应,但如果它是以微晶或隐晶质形成,或在岩石形成过程中受到极严重的机械应力,就会增加活性 [D 33,A 4]。微晶体仍能在显微镜下检测到,但隐晶体只能用晶质图像法,如 X 射线衍射法检测。燧石或耐火石是由有色玉髓组成(即纤维状微晶至隐晶质石英),与蛋白石交替在不同范围 [K 5],因此对碱的敏感性表现出很大差异。燧石和石英岩等改性岩石可以含有对碱敏感 SiO_2[O 1]。

发生在有限区域内,反应过程与对上述破坏补救措施不一致的混凝土损坏案例,也被认定是碱-硅反应 [A 4],对此适用的案例有:前寒武纪杂砂岩的最初破坏,以及骨料中较小量的燧石板岩和石英斑岩[S 130,S 131];杂砂岩对碱一般不敏感,但也有特殊案例,根据地质起源的不同,也可含有对碱敏感的硅 通过和碱的氢氧化物溶液反应形成的反应产物,具有碱-硅反应特性,并能引起膨胀 [S 124];也不能排除其他危害机理,如固结黏土组分,在碱的氢氧化物溶液和随后膨胀的黏土矿物影响下,产生"剥落"而造成膨胀 [G 36],黏土矿物的膨胀压力能够损害建筑物 [L 4,M 131],显微观察也支持这个观点;斑岩骨料中的裂缝从风化长石开始就没有任何碱-硅反应迹象 [S 274];此机理也解释了由于混凝土骨料中蒙脱石从除冰盐中吸收尿素而膨胀,造成机场混凝土路面破坏 [S 276,M 28],观察还支持,含有膨胀蒙脱石的黏土层在尿的影响下,膨胀过程会扩展很大的膨胀压力 [S 272]。

天然玻璃,如黑曜岩,及含有玻璃或隐晶析晶产物的岩石,包括富含二氧化硅的火成岩、流纹岩、英安岩、安山岩和粗面岩,它们对碱都很敏感;工业玻璃,尤其是耐热玻璃或杜兰玻璃(富含 SiO_2 的硼硅玻璃)用于实验室研究碱-骨料反应时,有特别强的活性 [G 11,S 201,A 55];正常组成的建筑玻璃 [M 128] 和陶瓷墙、地砖中的玻璃部分,与混凝土中的碱金属氢氧化物溶液按类似方式反应,出现典型的碱-硅反应破坏;轻质混凝土的骨料组分主要或全部是玻璃,事实上能与碱的氢氧化物溶液发生化学反应,但还未发现任何证据,能表明混凝土损坏是发生此反应的结果 [A 4,C 41]。

在丹麦,特别是日德兰半岛,混凝土的损坏要由活性火石发生的碱-硅反应负责 [I 2];但在德国初步观察可知,大多数混凝土损坏是因使用含乳白色砂岩的骨料,小范围是与使用活性燧石和某种前寒武纪杂砂岩有关 [F 45];石英斑岩型和硅质岩,也可能对碱有潜在的敏感;乳白色砂岩带有含量波动的生物非晶质 SiO_2(硅质海绵针)作为碱敏感成分;火石都在德国北部的冰河时代沉积体中发现 [N 21];而对碱敏感的杂砂岩则出现在德国萨克森州和勃兰登堡南部 [F 45]。

8.10.3 碱-硅反应机理

1. 化学过程

活性二氧化硅可以与混凝土孔溶液中的钙和/或碱的氢氧化物发生化学反应,形成硅酸钙或碱硅酸盐。水泥中硅酸钙的水化过程形成了氢氧化钙(7.3.4.1 节),水泥熟料中的碱硫酸盐与含铝酸盐的水泥组分反应(7.3.5.1 节),且/或在碱相水化期间,形成碱的氢氧化物(7.3.3 节)。氢氧根离子浓度越高,孔溶液的 pH 值越高,它含有的碱离子越多,Ca^{2+} 离子越少(7.3.3 节),对碱敏感的硅反应就越快。

在溶液(OH)$^-$ 浓度比较低时,SiO_2 的可用数量较低,溶液中 CaO 可用数量较高,故趋势是形成水化硅酸钙。如果孔溶液中(OH)$^-$ 浓度高,则 Ca^{2+} 浓度低,但其碱性离子浓度高,作为可用的 SiO_2 数量亦高,形成了碱硅酸盐。还可看到该碱能深深地渗透到对碱敏感的硅土中,而钙不能 [D 38]。因此,碱敏硅土颗粒内部生成了碱的硅酸盐,并与水形成 Ca^{2+} 含量很低的溶胶,虽

8 硬化水泥浆体(水泥石)的组成和性能

然它与水泥石接触期间,如沿着裂缝可能提升 Ca^{2+}[K 64]。其他强碱氢氧化物,如四甲基氢氧化铵,只要是水溶性,也能以类似方式反应 [V 114]。

2. 混凝土中碱-硅反应的影响

碱-硅反应在某种条件下会破坏混凝土的耐久性,破坏的重要形式是膨胀、开裂和强度下降,混凝土表面也可出现裂纹、凝胶状隐匿物或风化物。

这种破坏归因于碱的硅酸盐吸水,并转化为溶胶或液体凝胶。对应损坏的压缩应力诱因是碱硅酸盐凝胶的膨胀,可能是水泥石作为半渗透介质参与了渗透过程 [H 20,V 113,S 128,L 112]。这也与对由波特兰水泥、高铝水泥及熟石膏灰泥作为粘结剂制作的砂浆棱柱体的研究结果一致,还与将玻璃碱硅酸盐添加非活性石英骨料的研究结果一致 [P 36]。砂浆棱柱体在潮湿存放中会发生严重膨胀,即使它用几近无碱高铝水泥和熟石膏灰泥制成也是如此。将磨细玻璃碱硅酸盐填进干砂浆棱柱的孔中,并将孔堵塞后,存放在40℃潮湿环境下,仅很短时间就形成了裂缝 [V 25];当用富含二氧化硅的硅酸钾时(SiO_2/K_2O 摩尔比约为4),开裂更严重;但加入硅酸钠(SiO_2/Na_2O 摩尔比约为2)后就没有裂纹出现,这是因为溶胶的黏度明显变低,它能从孔的边缘和塑性塞之间流出,这表明碱硅酸盐凝胶的黏度对碱-硅反应的膨胀有影响,压缩应力也有液化效应,从而建立了概念:凝胶性能在随龄期变化 [S 245]。

深入压缩应力等级的研究,还未形成一致的概念,反应骨料颗粒作为碱-硅反应的结果,能对周围混凝土施加作用:已经确定,碱硅酸盐溶液可以产生 $4N/mm^2$ 到 $18N/mm^2$ 的渗透压 [M 56,P 37,S 128,L 112];已经测出,碱硅酸盐凝胶压力膨胀可达到 $11N/mm^2$[S 243,S 246],这意味混凝土横截面负载的张应力可达 $1.5N/mm^2$ 的数量级 [S 128];4cm×4cm×16cm 砂浆棱柱中含有对碱敏感的骨料成分,产自于德国北部冰河时代沉积体的乳白砂岩,类似的应力可达 $2.5N/mm^2$[L 38,L 39]。

这些数值一般都略低于混凝土的抗拉强度。作为碱-硅反应的结果,与长期经验一致,在混凝土结构中产生的裂纹,决不会延展入混凝土 [B 80,C 61,T 53]。进一步而言,即使在钻芯被取出之前,碱-硅反应的迹象已在相应结构中出现好长时间,但只是在从混凝土中取出钻芯,并存放在潮湿的条件之后,才显现出来。该现象表明,由碱-硅反应引起的应力很小,仅仅在相当薄的表层产生了大于混凝土强度的张应力,因此仅用相对小的压应力便能预防由碱-硅反应引起的膨胀 [W 45,W 43]。

碱-硅反应的迹象是产生暗淡的隐匿物(风化物)、锥形胀裂和裂纹。隐匿物(图 8.28)主要是黏性不强的无定形氧化硅、含有可变量的水化硅酸钙、部分或完全溶解于降水中的碱的碳酸盐;胀裂(图 8.29)是由靠近混凝土表面、来自活性骨料颗粒的碱硅凝胶,产生的膨胀压力引起;裂纹是由碱硅酸反应造成,一般以网状展开(地图状裂纹),未深入渗透进混凝土内,不过,在受到压缩的混凝土上,裂纹都平行于应力方向延展。此现象在预应力混凝土制成的组件上(在德国北部,鲁贝克的拉斯威赫 Lachswehr 桥 [A 4]),及在实验室里的试验中,用砝码向混凝土棱柱试块施加轴向压应力,都可观察到 [M 57]。

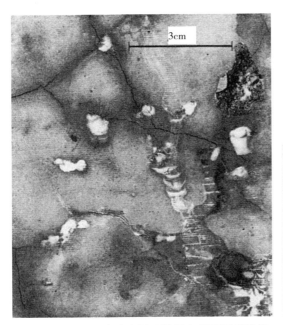

图8.28 由碱-硅反应导致混凝土表面网状裂缝和无定形硅的沉积 [L 72]

Figure 8.28: Network cracks and deposits of amorphous silica on the concrete surface as a result of the alkali–silica reaction [L 72]

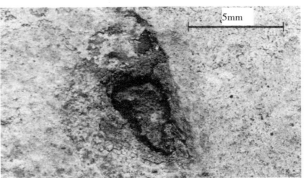

图8.29 与氢氧化碱溶液反应后部分溶解的乳白色砂岩骨料颗粒上的胀裂 [L 72]

Figure 8.29: Popout above a grain of opaline sandstone aggregate which has been partially dissolved by reaction with an alkali hydroxide solution [L 72]

3. 碱敏感骨料的"可悲性"影响

碱-硅反应对混凝土性能的影响取决于骨料中碱敏组分的量、粒径及活性,图8.30所示的关系是来自德国七峰山上对碱敏感的蛋白石,在极端的测试条件下,即采用相对混凝土样品横截面较粗的骨料、高含量水泥和碱、蛋白石尺寸是在0/0.09mm和0.09/0.2mm粒级之间,发生了最大的膨胀。最初是随蛋白石含量增加,膨胀在增长,直到蛋白石体量占4.5%时膨胀量最大;蛋白石含量再继续增大,膨胀量将减小;蛋白石体量占10%时,不再出现任何膨胀。对粒径较粗的蛋白石,曲线也出现极大值,之后随粒径增大,向更多的蛋白石含量转移,当蛋白石最粗粒径组加到7/15mm时,即使掺量增加到20%,整个粒径组都是蛋白石,膨胀量也未达最大值 [L 72]。这种膨胀对碱敏感组分含量的依赖关系在第一次系统研究就被发现,并定名为"可悲性" [S 209],陆续的工作也产生了相似结果 [V 111,V 112,H 60]。

这些研究表明,如果碱敏感组分的比例低于某个最低值,既不会膨胀,也不会有碱-硅反应的任何迹象。然而,微观研究显示,既使这种情况下,不受限制的化学反应仍然会在碱敏感的硅和碱金属氢氧化物溶液之间进行。因此,要分清无害的碱-硅反应与可损坏混凝土的碱硅膨胀(可简称碱膨胀)之间的区别。

可悲性的形势不仅取决于粒度大小,而且关键更取决于碱敏感骨料组分的活性。比如,发现了可发生可悲性的碱敏感骨料组成含量范围非常宽,从小于5%到100%,取决于组成的性质 [M 56]。来自德国萨克森州和布兰登堡南部矿床的前寒武纪杂砂岩 [F 45],由于碱敏感度很小,

8 硬化水泥浆体(水泥石)的组成和性能

即使含量占骨料体70%以上,也检测不到任何可悲性[S 131,S 194](图8.31);而高砂岩比例结合高水泥用量时,即使只有少量碱硅酸盐凝胶,也足以引起混凝土损害[S 194]。

对杜兰或高硼硅玻璃,由于水泥中不同的碱含量及混凝土里不同的水泥量,会出现比较广的可悲性[S 203]。因此,杜兰或高硼硅玻璃作为碱敏感骨料组分,特别适于测试混凝土防护的技术措施。

混凝土中的水泥含量对可悲性形势也有重要影响。其关系如8.30图所示,只适用于给定的测试条件,即对水泥含量约为600kg/m³的混凝土。同样采用富含碱水泥的试样,但水泥含量降为340kg/m³、蛋白石粒径在3mm以下时,不再引起任何膨胀[L 72];粒径大于3mm的较粗蛋白石,就出现大于2mm/m的膨胀;在蛋白石体量最低5%时,仍总能发现最大膨胀量。这些结果表明,当混凝土中的水泥含量减少时,可悲性将向低蛋白石含量的方向转移,并变窄。当混凝土中水泥含量相同,水泥中碱含量降低时,其可悲性趋势也存在类似变化[D 10]。

4. 水泥类型中的碱含量

建筑实践经验表明,尤其是美国,如果使用低碱波特兰水泥,就可指望不发生破坏混凝土的碱-硅反应。低碱波特兰水泥是指那些所含Na_2O当量小于0.6%体量的水泥。Na_2O当量是对Na_2O与K_2O总量的度量,K_2O要乘以$Na_2O/K_2O = 0.658$分子量比,转换为Na_2O当量。从发现碱-硅反应以来,通过限制碱含量使其按Na_2O当量的体量,最高不超过0.6%,是否实践中就能足以防止它所造成的损坏,一直是反复争论的问题[D 10,D 11,B 104,W 88,S 208,S 211,S 212]。尤其在使用了低碱水泥之后还会引起损坏,就会引起更大争论。只有关注混凝土结构,或从周围的环境,或从骨料长石中浸出,后续显然带入了碱,才是破坏的诱因[S 211,A 1,W 13];实验室的研究中,破坏可归因于砂浆棱柱中水泥含量很高。无论怎样,制订建筑施工的实际细则时,只要确认限制波特兰水泥中,碱含量按Na_2O当量体量最高为0.6%,就能充分避免破坏混凝土的碱-硅反应。

矿渣水泥中,粒化高炉矿渣中一定比例的碱含量会对碱-硅膨胀起促进作用[L 122,H 62],不过,该比例将随水泥中矿渣含量提高而降低。德国水泥工厂协会的几个工作小组,对粒化高炉矿渣含量和总碱含量对碱-硅反应引起膨胀的影响,经相关研究(9.4节),提出了等效碱含量低的水泥(低碱水泥)组分的限量,如表1.4(1.2节)所示。

5. 混凝土组分中的碱含量

混凝土中的碱含量主要来自于水泥。水泥碱含量乘以混凝土的水泥含量得出:

$$A_{wB}=A_{wZ} \cdot Z_B/100 \tag{8.42}$$

式中　A_{wB}——混凝土等效碱含量,kg Na_2O当量/m³;

　　　A_{wZ}——水泥中等效碱含量,Na_2O当量的体量,%;

　　　Z_B——混凝土的水泥含量,kg/m³。

其他组分,如骨料中的长石也能给混凝土提供碱含量;碱还可以从外面渗进混凝土。

对以蛋白石作为碱敏感骨料的2.5cm×2.5cm×28.5cm混凝土棱柱的初步研究表明,如果混凝土的碱含量不超过 3kgNa₂O⁻ 当量 /m³，就不会发生膨胀 [L74]。仅用少量波特兰水泥做的这些试验，还要用等效碱含量体量介于 0.26%~1.20%Na₂O⁻ 当量的 12 种波特兰和矿渣水泥重复进行：杜兰玻璃作为碱敏骨料组分，水泥含量为 300~600kg/m³，水灰比介 0.43~0.55[L72]，结果如图 8.32 所示：从实曲线的形状可以看出，如果混凝土或砂浆中水泥含量超过 500kg/m³，即使等效碱含量体量远小于 0.4%Na₂O 当量，也会出现超过 1.0 mm/m³ 的膨胀；而当水泥含量低于 300kg/m³ 时，混凝土一般不会发生破坏性膨胀。

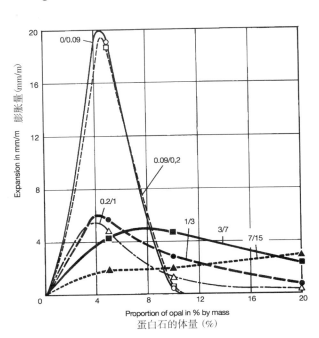

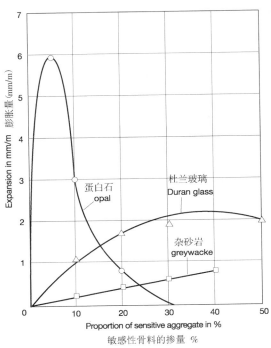

图 8.30 40℃潮湿环境下存放后骨料中蛋白石的配比和粒径对混凝土膨胀的影响

蛋白石来自德国 Siebengegirge 山
混凝土棱柱 2.5cm× 2.5cm× 28.5cm
最大集料粒径 15mm
混凝土中水泥含量为 600 kg/m³
混凝土中碱含量为 7.2kg Na₂O− 当量 /m³

Figure 8.30: Influence of the proportion and particle size of the opal in the aggregate on the expansion of concrete after moist storage at 40℃ [L 72]

opal from the Siebengebirge, Germany
concrete prisms 2.5 cm × 2.5 cm × 28.5 cm
maximum aggregate size 15 mm
cement content of the concrete 600 kg/m³
alkali content of the concrete 7.2 kg NaO−equivalent/m³

图 8.31 在 40 ℃[S 194] 潮湿环境下养护后骨料类型及比例对混凝土存放的影响

Figure 8.31: Influence of the proportion and type of aggregate on the expansion of concrete after moist storage at 40 ℃[S194]

集料最大粒度 16 cm，混凝土棱柱 4cm × 4cm × 16cm
混凝土水泥含量 600 kg/m³
混凝土的碱含量 7.2kg Na₂O− 当量 /m³

concrete prisms 4 cm × 4 cm × 16 cm maximum aggregate size 16 mm cement content of the concrete 600 kg/m³
alkali content of the concrete 7.2 kg NaO−equivalent/m³

以乳白色砂岩和燧石作为碱敏骨料组分，尺寸接近实际条件，水泥含量为 300~600kg/m³ 之间，进行混凝土试块试验，也得出类似结论 [B 95]，结果如图 8.32 所示的 A、B、C 三个区域间的点划边界线。实际上，区域 A 没有检测到破坏，B 区发生了轻微破坏，而 C 区破坏比较严重。

8 硬化水泥浆体(水泥石)的组成和性能

这些基本一致的结果,得出的结论是:当水泥含量达 300kg/m³ 左右,碱含量体不超过 1.3%Na₂O 当量时,实际没有碱-硅反应的任何损坏[L72]。由早期研究得出的虚曲线[L74],以混凝土碱含量为 3kgNa₂O 当量/m³ 为标志,表示水泥含量的极限值,在低于 300kg/m³ 的安全侧有很广范围。与此一致的德国规定[D27]是,如果不得不使用等效碱含量低的水泥,就要限制水泥含量最大值到 500kg/m³(最大为 3kgNa₂O 当量/m³),特定情况还要降至最大 400kg/m³(最大为 2.4kgNa₂O 当量/m³)。

为不引起破坏混凝土的碱-硅反应,对混凝土碱含量的上限反复进行了研究[H2,T65,O1,H61,H62,H63,H64,O2,S257,B67]。根据骨料碱敏感特性的不同,碱含量上限应介于每 m³ 混凝土 1.8kg 到 5.0kgNa₂O 当量之间,当评估上限值时应当牢记,混凝土碱含量是水泥碱含量和混凝土中水泥含量的共同产物,凡造成膨胀和开裂都是碱-硅反应引起的。混凝土中碱含量非常重要:不是混凝土中水泥含量过高,就一定是水泥的碱含量过高;而图 8.32 实曲线的形状表明,随着水泥含量的不断上升,来自水泥的碱作用将不成比例地大幅增加,至少细长的混凝土棱柱是如此。

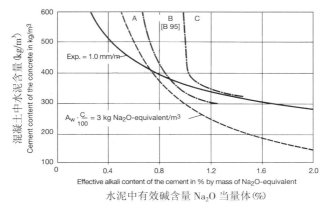

图 8.32 避免碱-硅反应破坏的混凝土中水泥含量极限值与水泥等效碱含量的函数关系[L72]

Figure 8.32: Limit for the cement content of concrete for avoiding a concrete– damaging alkali– silica reaction, as a function of the effective alkali content of the cement [L 72]

8.10.4 碱-硅反应破坏混凝土的预防措施

1. 综述

只要混凝土中含有足够量的碱敏骨料组分、碱的氢氧化物、及发生化学反应和膨胀所需的水,就有可能产生破坏混凝土的碱-硅反应。因此测出骨料的碱活性特征,是预防混凝土破坏的决定性技术措施。同时还要考虑如温度、水分和含碱溶液等环境条件对混凝土的作用。

2. 测试含硅骨料的碱敏性

德国北部出产作为混凝土骨料的岩石,如白砂岩、硅质白垩和活性燧石中都有碱敏感组分。它们的含量可用专为这些骨料开发、并具有区域有效的测试方法确定[N21,S152,D4,D27,V44,F45]:蛋白砂岩包括硅质白垩,可在 90℃、10% 的烧碱中分解,形成能由筛子收集的磨细砂(NaOH 试验);可用活性燧石的堆积密度作碱敏感度的测量[S152,D27],要注意水泥含量低

于 $330kg/m^3$ 时，混凝土中燧石组分影响很小；而水泥含量高于 $330kg/m^3$，燧石就要和包括硅质白垩在内的蛋白砂岩一起用 [D 27,F 44]。根据混凝土中的水泥含量分成两个组，再按蛋白砂岩（包含硅质白垩）和活性燧石含量，将每组碱敏度细分为三个等级。

混凝土水泥含量≤$330kg/m^3$ 时，骨料应根据蛋白砂岩，包括硅质白垩(NaOH 试验)的量评估：

E I-O 无限制使用

E II-O 限制使用

E III-O 区别使用

水泥含量＞$330kg/m^3$ 时，骨料应根据蛋白质砂岩，包括硅质白垩(NaOH 测试)和活性燧石（堆积密度）一起评估：

E I-OF 无限制使用

E II-OF 限制使用

E III-F 区别使用

在德国萨克森和勃兰登堡州产出的骨料，它含有一定量前寒武纪杂砂岩作为某种活性组分，此方法不适于测其碱敏感度 [F 45]，并规定为此对这些来自区域限制性矿床的骨料，采用特定的混凝土技术措施 [V 44,F 45](8.10.4.4 节)。

一般适用测试骨料碱敏感度的方法是 ASTM 法。其中有 ASTM C295 中规定的岩相测试法 [A 53], ASTM C227[A 50] 中规定的砂浆棱柱测试, ASTM C289[A 52] 中规定的化学测试, ASTM C342[A 54] 中规定的砂浆棱柱中水泥-骨料的合并测试。测试结果的评价遵循骨料标准 ASTM C33[A 43]。

ASTM C295 中规定的岩相测试，提供了骨料中所含岩石的特性信息，它攘括了显微镜、X 射线衍射、热分析、红外光谱和其他岩石分析等各种方法的研究。

为 ASTM C227 中规定的砂浆棱柱测试，被评价的骨料要分成某种粒径组，如果需要可以委托，按表 8.16 所列比例混合，以形成骨料代表性试样。试件用的砂浆含有骨料体 2.25 份、水泥体 1 份、和一般约 0.45 份体的足量水，以达到规定稠度。制备出端面带有计量针的 2.5cm×2.5cm×28.5 cm 砂浆棱柱，计量针按 ASTM C490[A 58] 规定定位，让测试长度有 250 mm，这是计量针内部端面间的距离，它关系到长度变化。如果存放在 37.8℃（100°F）、湿度饱和的空气中，三个月后膨胀超过 0.5mm/m，六个月超过 1mm/m，按 ASTM C33[A 43]，骨料就被认为有潜在的碱敏感性。

为 ASTM C289 规定的化学测试，骨料的代表性试样要破碎到小于 0.30mm 粒径；将 25g 介于 0.15mm 到 0.30mm 粒径的破碎骨料，暴露放入耐腐蚀钢制成的密闭蒸气容器中，用 80℃、25mL、1N 氢氧化钠溶液作用 24h；然后用化学分析测试滤液中溶解的硅及碱度的减少量。如果测试中硅溶解量大于 30mmol SiO_2/L（1800mgSiO_2/L）、且碱减少量小于约 75mmol$(OH)^-$/L（1275mg$(OH)^-$/L），则可认定骨料是碱敏感的。根据 ASTM C289 测试规范中的诺模图，可获得更准确的评估。

8 硬化水泥浆体(水泥石)的组成和性能

表 8.16 标准 ASTM C 227 [A 50] 用砂浆棱柱体法测试骨料碱敏感度
Table 8.16: Testing the aggregate for alkali sensitivity by the mortar prism method specified in ASTM C 227 [A 50]

颗粒粒级(mm) Particle size fraction mm	体量(%) Proportion % by mass
0.15 ⋯ 0.30	15
0.30 ⋯ 0.60	25
0.60 ⋯ 1.18	25
1.18 ⋯ 2.36	25
2.36 ⋯ 4.75	10

ASTM C342 是对来自特定矿床中细粒骨料的砂浆棱柱,与可用水泥合并测试碱敏感性。砂浆棱柱的粒径组成和成分与 ASTM C227[A 50] 规定一致。将试样分别在 23℃、55℃的水中和 55℃空气中交替存放,以加快反应,一年后如果膨胀≥2.0mm/m,根据 ASTM C33[A 43],则认定该骨料就是不可靠的。

ASTM C289 规定的测试中,对曾在某些条件下造成混凝土破坏的德国骨料,其可溶性二氧化硅值列于表 8.17 中,但并未测试所有粒径范围的骨料,而只是特定粒径组,降低的碱度也未予确定。尽管此规定的化学实验、及 4cm×4cm×16cm 砂浆棱柱测试 [V 44,F 45],都认定杂砂岩没有活性,但是与上述给定的可溶性硅限值相比表明,无论是施工还是混凝土实验中,都特别引起了膨胀。在此指定的测试中,乳白色砂岩和燧石骨料对杜兰玻璃都显示出类似反应。实验的加速为此只能给出骨料活化度的第一个迹象,一般这些测试极为灵敏,但是对于特定的碱敏感组分,它们的资料价值还太有限。

表 8.17 给定集料粒级组暴露在 80℃下,1N 烧碱溶液中,24 小时内所溶出的硅,方法以 ASTMC289[A52 V44] 为基础
Table 8.17: Silica which is dissolved from the given size group of the aggregate during 24 hour exposure to 1N caustic soda at 80℃; method based on ASTM C 289 [A 52, V 44]

集料中的碱敏感成分 Alkali-sensitive constituents of the aggregate	粒径大小(mm) Size group mm	ASTM C 289 界定的可溶性二氧化硅 (mg SiO$_2$/ L mmol SiO$_2$/ L) Soluble silica as defined in ASTM C 289 mg SiO$_2$/l mmol SiO$_2$/l	
杂砂岩 1 Greywacke 1	2/8	1119	19
杂砂岩 2 Greywacke 2	2/8	1091	18
杂砂岩 3 Greywacke 3	2/8	811	13
石英斑岩 1 Quartz-porphyry 1	2/5	923	15
石英斑岩 2 Quartz-porphyry 2	4/8	1063	18
乳白色砂岩 + 燧石 Opaline sandstone+flint	2/4	16084	268
杜兰玻璃 Duran glass	4/8	15804	263

3. 环境条件

碱-硅反应过程取决于温度和湿度,如果引入碱,提高混凝土碱含量,也会强化反应。

温度对碱-硅反应引起的膨胀影响如图 8.33 所示,曲线形状显示出,40℃时膨胀量增加最快并达到最高值 [L 74]。其它研究也显示出基本类似的表现 [C 4,C 5,B 80],而 ASTM C227[A 50] 砂浆棱柱测试指定的存放温度是 37.8℃(100°F),可能是碱敏感组分的活性和粒径不同,才引起了该数字偏离 [V 115]。

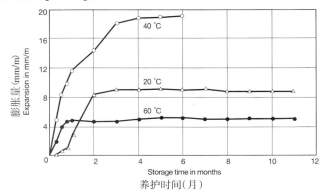

图 8.33　20℃、40℃和60℃,由碱-硅反应引起的膨胀随时间的变化曲线
Figure 8.33: Behaviour with time of the expansion caused by alkali-silica reaction at 20 ℃, 40 ℃ and 60 ℃ [L 74]

混凝土棱柱 2.5cm×2.5cm×28.5cm
最大骨料尺寸 15mm
碱敏材料由 5% 体量的 0.09/0.2mm 蛋白石组成
混凝土的水泥含量约为 600kg/m³
混凝土碱含量大于 1%Na_2O- 当量体量
concrete prisms 2.5 cm × 2.5 cm × 28.5 cm
maximum aggregate size 15 mm
5 % by mass of opal, 0.09/0.2 mm, as the alkali-sensitive constituent
cement content of the concrete about 600 kg/m³
alkali content of the concrete more than 1 % by mass of Na_2O-equivalent

碱敏感硅和碱的氢氧化物之间的化学反应,以及由此反应引起的膨胀,需要一定的最低水量,因为碱-硅膨胀不可能在干燥混凝土中发生。另一方面,如果除冰盐溶液或海水中的碱,通过与水泥中的某种组分反应形成混凝土中碱的氢氧化物,再被引入混凝土中,碱-硅膨胀将被加剧。因此,德国规程 [D 27] 中规定将环境条件细分成以下几种湿度等级:

WO"干",例如,建筑构件既没有降水量,地面也没有任何湿气能作用于它,或干燥以后,持久性地避免湿气。

WF"潮湿",例如,地面潮湿,或温度常常跌落到露点之下时,导致大构件和外部结构暴露在水气或潮湿环境中;以及潮湿地区的内部构件。

WA"潮湿加外部碱供应",例如除冰盐、海水或者其他碱盐作用。

4. 混凝土技术措施

德国准则"混凝土中的碱反应" [D 27,F 45] 规定的措施如表 8.18 所示。骨料的碱敏度、混

凝土中水泥含量、及预期的环境因素是其主要影响因素。一些案例中,作为混凝土工艺措施,是指定使用低碱水泥。当不放心骨料含有外来碱时,只能要求替换骨料。

表 8.18 混凝土中碱-硅反应的预防措施 [D 27,F 45]
Table 8.18: Preventive measures against harmful alkali-silica reaction in concrete [D 27, F 45]

A. 混凝土水泥含量 $c \leq 330$ kg/m³ A. Concretes with cement content $c \leq 330$ kg/m³			
骨料的碱敏感度等级 Alkali–sensitivity class of the aggregate	针对湿度等级的措施 Measures for the moisture class		
	WO	WF	WA
E I-O E II-O E III-O	无 none 无 none 无 none	无 none 无 none NA- 水泥 NA-cement	无 none NA- 水泥 NA-cement 骨料替换 replacement of the aggregate
B. 水泥含量 $c > 330$ kg/m³ 的混凝土 B. Concretes with cement content $c > 330$ kg/m³			
骨料的碱敏感度等级 Alkali–sensitivity class of the aggregate	针对湿度等级的措施 Measures for the moisture class		
	WO	WF	WA
E I-OF E II-OF E III-OF	无 none 无 none 无 none	无 none NA- 水泥 A-cement NA- 水泥 A-cement	无 none NA- 水泥 NA-cement 替换骨料 replacement of the aggregate
C. 含有前寒武纪砂岩的混凝土 C. Concretes with Precambian greywacke			
骨料的碱敏感度等级 Alkali–sensitivity class of the aggregate	水泥含量(kg/m³) Cement content c in kg/m³	针对湿度等级的措施 Measures for the moisture class	
		WO	WF	WA
E I-G E III-G 300	$c \leq 300$ 无规格 no speccification $300 < c \leq 350$ $c > 350$	无 none 无 none 无 none 无 none	无 none 无 none 无 none NA- 水泥 NA-cement	无 none 无 none NA- 水泥 NA-cement 替换集料 replacement of the aggregate

根据图 8.30 给出的关系,为预防混凝土-破坏与碱-硅膨胀,可以通过提高细粒的碱敏感组分含量 [B 35,S 16],主要是粉煤灰、火山灰和硅粉。但是,文献 [M 67] 中很多研究报告表明,这些添加剂中的碱含量却有助于碱-硅膨胀。因此根据碱含量和活性度的不同,对影响混凝土质量的添加剂,必须预设某种最小添加量。由 ASTM C227[A 50] 规定的 2.5cm×2.5cm×28.5cm 砂浆棱柱的膨胀,被 ASTM C441[A 55] 承续规定了提供实效性标志的测试,此时硅浆棱柱是用硼硅酸玻璃作为骨料,并用试验的外加剂取代 25% 体量的富碱水泥。在表 8.18 列出的要求之中,德国准则 [D 27] 详细说明低等效碱含量的水泥(北美低碱水泥)(9.4 节)的使用,它只允许使用已证实不会增提高混凝土等效碱含量的那些矿物添加剂,即它并不认定该添加物会降低碱-硅膨胀。

用显微镜观察混凝土中粉煤灰的表现,表明粉煤灰颗粒溶解到含有碱的氢氧化物孔溶液中,并且在原先颗粒边界上形成水化硅酸钙条纹,可以想像这是粉煤灰颗粒溶解后,产生相对少量的碱硅酸盐溶胶,并与氢氧化钙反应,才出现带有一定碱含量的条纹。

8.10.5 碱-碳酸盐反应

1. 碱敏感碳酸盐岩

绝大多数碳酸盐岩对碱并不敏感，因此不妨碍它作为骨料采用，向混凝土提供它们适宜的物理性能和工程性能，白云石使用就是如此。但若碳酸盐岩同时含有白云石、方解石和黏土，它就会对碱敏感，导致混凝土膨胀。这些岩石的主要特征是 [H 1,H 2,T 14]：

—— 岩石本体由黏土和粒度非常细密、约 2mm 大小的方解石组成；

—— 约 50mm 大小的白云石晶体嵌入本体中；

—— 当碳酸盐成分含有 40% 至 60% 体量的白云石，10%~60% 体量的黏土时，岩石对氢氧化碱的敏感度最大，而且随白云石晶体尺寸的减小，还要显著增加。

2. 化学反应和膨胀机制

来自碱-碳酸盐反应引起的混凝土破坏，是以膨胀和开裂形成。反应产物既不会出现在混凝土表面，也不会在裂缝中。膨胀随碱敏感组分比例的增加，将肯定增加，但这还不可悲，它还会随骨料最大直径的增加，而明显加剧 [S 261]。特定情况下，含有相当高镁和黏土的碱敏感骨料颗粒，会被由 SiO_2 溶液作用的条纹状反应产物所包围 [B 75,B 76,B 77,H 2]。

在白云石和氢氧化镁（水镁石）的 OH^- 离子反应过程中，就会按以下反应方程式生成碳酸钙（方解石）和碳酸盐离子 [D 19]：

$$CaMg(CO_3)_2 + 2(OH)^- \rightarrow Mg(OH)_2 + CaCO_3 + CO_3^{2-}$$

碳酸根离子和水泥石中的氢氧化钙反应又生成碳酸钙，重新生成氢氧根离子：

$$CO_3^{-2} + Ca(OH)_2 \rightarrow CaCO_3 + 2(OH)^-$$

以上两式合并得到：

$$CaMg(CO_3)_2 + Ca(OH)_2 \rightarrow Mg(OH)_2 + 2CaCO_3 （译注：原文左侧多一个 Ca(OH)_2）$$

此白云石转化为氢氧化镁和碳酸钙的反应，称之为去白云石化，可通过混凝土微观验证 [H 1]。溶液中的 pH 值越高，反应就发生得越快，当 pH 接近 12 时，反应几近停止 [D 19]。

假设含 OH^- 的溶液扩散到白云石中，却无空间可占，则去白云石化的过程中，固体体积便有约 1% 的理论增长。如果不是生成 $CaCO_3$，而是生成不同比例、密度比方解石小的其他化合物如 $CaK_2(CO_3)_2$（碳酸钾钙石）、$CaNa_2(CO_3)_2·2H_2O$（钙水碱）或 $CaNa_2(CO_3)_2·5H_2O$（斜钠钙石），则体积会增加得更大 [P 62,S 126]。如果这些化合物的晶体生长力足以使混凝土微结构间的粘结变得松弛，那么这些反应就可能促进混凝土的膨胀。

不过，更有可能的是，混凝土的膨胀还要归因于黏土部分，它是混凝土-破坏、碱-碳酸盐反应的基本前提 [G 37,S 259]。据此，可膨胀黏土矿物的膨胀压力将是膨胀原因。这就意味碱-碳酸盐膨胀的掌控机理，与其他含黏土岩石破坏混凝土一样，去白云石化仅仅只是"开放"了黏土矿物，让离子或分子更容易接近，而引起膨胀。

3. 测试碳酸盐岩的碱敏感性

如 ASTM C227[A 50] 和 ASTM C342[A 54] 规定的砂浆棱柱测试，和 ASTM C289[A 52] 规

8 硬化水泥浆体（水泥石）的组成和性能

定的快速化学测试，虽可用于测试骨料中的碱-硅敏感，但不能测试碱-碳酸盐的敏感性。

经 ASTM C295[A 50] 规定的岩相测试，如果碳酸盐骨料在极细粒方解石和黏土混合物中，显示有粒度 1mm 至 200mm 范围的白云石菱形面体，就可认为碳酸盐骨料是碱敏感物质 [A 4]。此况下，骨料也应根据 ASTM C586（岩石圆柱体法）[A 59] 测试，从被测岩石上取下圆柱状试件（长 35.5mm，直径 9mm），室温下存放在 1N 的烧碱溶液中，并和水中存放比较，如果 28d 后，膨胀超过 1mm/m，那么就有必要按 ASTM C1105 规定测试混凝土 [A 65]。

4. 混凝土技术措施

建筑施工中为避免碱碳酸盐反应引起混凝土膨胀，以下是应采取的措施 [A 4,S 260,N 20]：

—— 部分或完全用非碱敏感岩石替代碱敏感骨料。这个措施通常最经济，因为碱敏碳酸盐产出的区域非常有限，大多数情况下，其他类型的可用岩石，都可在不远距离得到。

—— 选择骨料的粒径分布，让最大粒径尽量少。

—— 用总碱含量 Na_2O-当量低于 0.40% 至 0.45% 体量的极低碱水泥，并用大量粉煤灰、粒化高炉矿渣或硅粉替代部分水泥，以降低孔溶液的 pH 值 [D 18]。

8.11 抗冻融性

8.11.1 冻融侵蚀机制

当混凝土的孔溶液结冰时，就会引起混凝土的冷冻破坏。如果细砂浆没有足够的抗冻融性，且如果骨料对霜冻有敏感性，大颗粒骨料的上方就会发生火山口状崩裂，混凝土表面就会或多或少受到不均匀风化；在霜冻敏感性的骨料含量高之处，会产生粗网状裂纹，以及混凝土板内的所谓 D-裂纹，裂纹平行于边缘并弯向于角，最后形成像字母 D 一样的裂纹模式 [M 2]；看来霜冻的破坏机理是，在微结构中产生的几种应力相互叠加的结果 [B 78,F 1,S 121,R 86,D 72,S 234,Z 2,H 26,H 22,G 72,G 73,K 63,L 54,L 55,L 56,C 19]。

冻融侵蚀引起的破坏不是突然发生的，但它随着冻融循环次数而加剧。主要促成因素是随冻融循环次数的增加，表面微结构变得更有渗透性，结果吸取了更多的水 [G 58]。

水泥石、砂浆或混凝土中孔溶液的冰点，随溶解物质浓度的增加而降低，但孔壁对水分子的作用实质，在更大程度上降低了 [M 7]，孔越小这个影响就越大：直径在 200nm 以上的较粗毛细管中，"正常"水的冰点约为 -5℃左右；直径在 20nm 以上的较细毛细管中，水的冰点在 -10℃到 -25℃之间，而更细的毛细管中冰点是 -40℃的数量级。

孔隙水也可过冷，但来自溶解盐冰点的降低，和来自毛细管中结冰温度的降低，是有原则区别的。如果水中不含任何冰的晶核，过冷就会出现，水在明显低于冰点温度下都能结冰，那么当自发形成大量晶核后，结冰就会异常迅速。

冰具有的水蒸气分压，比液体或吸附水更低。结果冰在较细毛细孔中蒸发，并向外扩散，或进入已经结冰的大孔内。大部分的化学结合水，如 AFm 和 AFt 化合物中（7.2.6.1 节和 7.2.6.2 节），及 C-S-H（7.2.3.2 节）中间层水，也都符合这种情况。所以水泥石就产生了"冷冻脱水"，粗孔就起到"冷却陷阱"的作用。冰的水蒸气分压由相关温度来控制，所以随着温度下降，水泥石逐渐变干,并产生相应收缩,另一方面,粗孔中冰的数量在增加。在理解测量水泥石中水结冰的热量时,必须特别注意这些过程。

当孔溶液被冷却到冰点以下时,在毛细孔微结构中,主要由水的输送引起了机械应力,造成水泥石、砂浆或者混凝土体积变化,它们可以由以下机理、按不同程度叠加引起:

1. 流体压力(液压)

水的比容随温度下降而减少,在 +4℃时达到最小值,然后在结冰中,再按约 9% 增加 [H 22]。

	温度(℃)	密度(g/cm³)	比体积(cm³/g)
水	20	0.9982	1.0018
	4	1.0000	1.0000
	0	0.9998	1.0002
冰	0	0.9167	1.0908

为此,冰水混合物随结冰进程而膨胀。如果小空隙被水填满时,没有足够的空间容纳更多的水,它则流入更大的空隙中或是流到外面。但是水泥石的低渗透性阻碍了水的流动,因而产生了流体压力(液压 [P 50],流体动力效应 [R 86]),它在一定条件下,会破坏水泥石、砂浆或者混凝土的微结构。因此当空隙被填充满后(饱和度)替换出的水越多,水泥石、砂浆或混凝土的微结构越致密,孔溶液冰冻越快,水黏度越高(随温度降低而升高),液压和冰冻造成的破坏就越大 [H 22,R 1,P 35]。

2. 扩散

窄孔里的水由于表面张力作用,阻碍了冰的形成,它的蒸气压也比冰高,因此水总是从小孔输送到大孔中,并流到外表面,且这种输送在微结构中引起的应力越大,冷凝就越快,这就解释了水泥石试样冷却过程中所产生的膨胀和破坏,因其孔体系中是有机液体而不是水,水冰冻过程中是膨胀,而有机液体结晶中体积会变小 [B 27,L 55,L 56,S 121]。

3. 冰晶生长压力

水输送的结果是粗孔里的冰量增加。生长的冰晶对它的周围施加压力,使水泥石膨胀。然而,微结构中的应力在逐渐变低,从最坏程度上说,只有新拌混凝土或者龄期短的混凝土,才会遭到破坏,但引起霜冻胀的冰状体,却以这种方式在黏质土中形成。

4. 冰晶体的热膨胀

当含有冰的混凝土被加热时,微结构中还会出现应力,因为冰的热膨胀系数是水泥石的 5 倍 [G 73]。如果嵌入的冰或盐结晶,阻扰了温度和湿度频繁变化引起的体积改变,还要预先考虑类似的作用。在实验室中,以大温度变化、较快速的冰融循环测试混凝土的抗冻融性时,会特别期待微结构中这类应力。

8.11.2 冻融侵蚀过程

图 8.34 给出了水饱和水泥砂浆冷却时,温度(图下部)和长度(图上部)随时间改变而变化

8 硬化水泥浆体(水泥石)的组成和性能

的函数关系 [G 72,G 73]。两条曲线中,下面曲线的形状表明,冰自发形成的温度约在 -5℃时开始,在约 -2℃时,温度突然上升,是结晶释放热量而引起的。冰的形成和加热造成了砂浆自发膨胀(图 8.34 最上面的 e_{im}),接着是快速收缩(e_{co}),这两种尺寸上的变化实质原因是:

1. 水结冰过程中出现了液体动力压;
2. 水流到未被完全填满的大孔隙中或流到外面,造成压力下降;
3. 温度变化引起了长度方向的热变化。

当再进一步冷却,砂浆试样再次达到温度 T_u,冰开始自发形成时原温度(图 8.34 下部和上部),保留了残余膨胀 e_{rs}。这也适用于砂浆试样再被加热到初始温度,并出现全面的永久性膨胀 e_{tr}(图 8.35)[G 72],这种永久膨胀随着冻融循环次数的增加而加剧,如图 8.35 所示,并在较大砂浆试样中,明显小于在较小试样中的膨胀量。

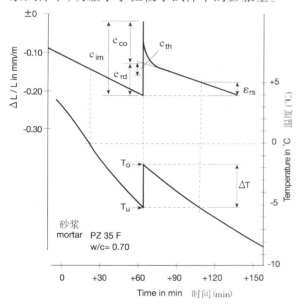
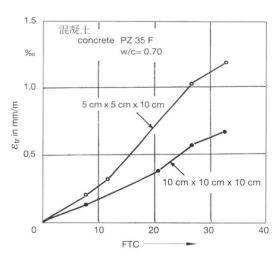

图 8.34 冷却期间 5cm×5cm×10cm 砂浆棱柱试件,长度和温度随冷却时间变化的函数关系 以砂(0/2mm)为集料,W/C=0.7
Figure 8.34: Change in temperature and length of 5 cm × 5 cm × 10 cm prisms made of mortar with sand (0/2 mm) as aggregate and w/c = 0.70 during cooling, as a function of the cooling time [G 72, G 73]

图 8.35 边长为 10cm 的 5cm×5cm×10cm 混凝土试块空隙水自发冻结,再融和再加热总剩余膨胀 e_{tr} 集料最大粒径为 16mm,W/C=0.7
Figure 8.35: Total residual expansion e_{tr} of 5 cm × 5 cm × 10 cm prisms and 10 cm cubes made of concrete with aggregate up to 16 mm and w/c = 0.70 after spontaneous freezing of the pore water, re-thawing and re- heating to room temperature [G 72]

8.11.3 影响冻融侵蚀的因素

1. 孔的填充程度和饱和度

带有足够低含水量的混凝土能有抗冻融特性,因为由冰的形成取代出的水,会逃避到空的孔隙中。反过来,只要水完全饱和,只要几次冻融循环,就足以破坏或摧毁混凝土以及其他多孔材料。因此水的饱和度对混凝土抗冻融性,能有重要影响,水的饱和度 S 是混凝土开放孔中含

的水体积 V_e 和水可以进入的空隙总体积 V_p 的比值 [F 2, F 3]。

$$S=V_e/V_p \qquad (8.43)$$

孔的开放空间不仅包括毛细孔,还包括空气、压实程度和骨料孔隙。

因此,超过临界饱和度值时,霜冻破坏就会发生。理论上,当水结冰时体积增加 9%,给出临界饱和度就是 0.917,实践中,临界饱和度是 0.8 的数量级。不过,霜冻破坏发生会涉及几种机理,所以饱和度只是反映了混凝土抗冻融性的初始迹象。

冻结时,水扩散到大孔隙中,而融化时,又返回到小孔隙及水泥水化产物中,水泥石的微结构越致密,融化过程发生得越慢。如果冻结和融化能接连快速发生,正如通常大多数测试的快速方法一样,抗冻融性和除冰剂抗冻融的测试中,混凝土就会在融化过程中从环境中吸收水分,因此随着每次冻融循环发生,饱和度就会提高,以致最终超出临界值。

2. 除冰剂

假设除冰剂如氯化钠、氯化钙、尿素、乙二醇或甘油等,溶解在结冰的冰水中,将会加剧由反复冻融循环造成的破坏。物理除冰剂加剧霜冻破坏的原因,最初怀疑是由于除冰剂在混凝土中分布不均,导致渗透过程中对微结构引起了附加应力 [P 52],但最近很多研究指出,引起此现象可能的机理主要如下 [H 22,R 86]:

(1)除冰剂溶液对混凝土起作用时,比纯水作用有更高的饱和度 [W 33,C 10],原因是除冰剂溶液能吸水,来降低自身的浓度。

(2)除冰剂降低了水在混凝土表面的冻结温度,因此没有形成能够促进孔溶液冰冻的冰晶。为自发形成冰晶核,必须使溶液更加严重的超冷,从而导致大量的冰更快速形成,相应微结构中有更高应力。

(3)渗入到混凝土中的除冰剂一般分布不均匀,特别是接近混凝土表面的部分,孔溶液在冷却时结冰也因而不均匀,通常是水和冰分层分布,这种不均引起微结构中的应力并剥落。

(4)如果除冰剂将混凝土表面的冰层融化,需要有来自混凝土的热量,接近表面几毫米厚层的温度会突然下降(温度冲击),该方式产生的应力强化了由其他抗冻融侵蚀机理引起的微结构应力 [R 86]。

(5)如果加入氯化钠,碱-硅反应的破坏也可能发生。

(6)目前为止所述的机理加剧了冻融侵蚀,而另一方面,谨慎地应用除冰剂可以防止冻融侵蚀,因为溶液中除冰剂的浓度越高,水开始冻结的温度越低。实际上冰并不吸收除冰剂,所以结冰过程中,除冰剂聚集在溶液中阻止冰的形成,同时也减少了水从较小毛细孔向较大毛细孔的扩散 [H 22]。

(7)不同的研究表明,除冰剂溶液的破坏作用是随浓度提高而加剧的,达到 2% 至 5% 浓度最严重,之后又下降,该损害最大值是基于除冰剂有害和有益两种影响的叠加 [H 22,C 10]。还可观察到,除冰剂在这些浓度下吸水的速度,比在纯净水或较高浓度下要快得多,达到高饱和度的速度也更快 [N 24]。

3. 骨料

水泥石、砂浆和混凝土中的水冻结时在微结构产生应力的机理，也适用于其他多孔材料，特别是混凝土骨料，其吸水率和饱和度是冰冻损害的关键；在骨料采集和处理过程中可能产生的裂纹，也起重要作用；周围的细砂浆阻碍水的吸收，但接近混凝土表面的骨料颗粒会吸收相当多的水，因此风险更大[S 161]；诸如泥灰岩、页岩及某些砂岩和石灰石，作为主要骨料自严重风化的岩石，或不坚固，或在水分作用下软化，因而没有足够的抗冻融性[B 96]。不同国家的建筑规范中，对欲用于需高抗冻融能力的混凝土骨料，需要单独测试它们的抗冻融性或带除冰剂的冻融性，德国法规规定必须在金属容器里反复冻结和解冻，骨料样品既可放在水中一段时间后，到空气中冻结(中度耐冻性)，也可在水下冻结(高度耐冻性)[D 57, D 66, K 63]。

一定范围内，混凝土的抗冻融性随骨料粒度的增大而降低[M 1]，这归因于骨料表面与水泥石之间接触带的影响[Z 12]，接触带的渗透性远低于水泥石(8.3.4节)，使它含有更多的水，而富含水的接触带相应体积是随骨料粒度增大而增大，所以冻结过程中水动力压也上升，导致冻害程度也严重。

4. 气孔

回顾在1938年，美国曾尝试用小气孔来改进混凝土的抗冻融性和工作性能[D 85, W 7]，并第一次系统地研究气孔对加气混凝土抗冻融性能和除冰剂冻融的影响，这是在1941年开始的美国实验框架内，对混凝土中水泥长时间表现的研究，对行车路面也进行了研究。20年后一场严重的冻灾气候中，所有没有气孔的行车路面都遭到除冰剂冻融的破坏，而所有有气孔的路面却完好无损[A 8, S 181, O 31]。

气孔可作为水的施放空间，在冰冻压力下它能逃逸进去。对于相同渗透性和结冰速度的水泥石或细砂浆，水必须达到的最近孔隙距离越短，毛细孔水的液动力压就越低，该距离的度量就是空间因数 AF[P 54]，它是水泥石中某一点到最近气孔壁的最大距离。在含气量一定时，空间因数越小，气孔隙越小，混凝土的抗冻融性越高。只有未被填满水的气孔才是有效的，直径小于 $300\mu m$ 的小气孔(微孔)同样如此。对于用除冰剂的高抗冻融混凝土，其空间因数不得大于 $0.2mm$[B 99]。

气孔就像某些填料的类似作用一样，也可改善新拌混凝土的工作性能。

引气剂能产生气孔。因为它们都是化学链接的化合物分子，链的一端是极性亲水基团，而另一端是非极性疏水基团。因此，亲水端分子排列朝向液体，疏水端分子排列朝向空气，形成了稳定的泡沫。这类加气剂有：皂化树脂、木质素、羟基蛋白化合物、及合成表面活性剂[A 2, S 134]。引气剂一般不在水泥中添加，而是在混凝土生产中添加，这样规定它的掺量，与水泥用量无关。气孔呈球形，直径基本介于 $10\sim3000\mu m$ 之间，它们在细砂浆中含有的比例，随骨料最大粒径的减小而提高。为用除冰剂达到足够的抗冻融性能，当骨料最大粒径越小时，新拌混凝土最其码的含气量就必须越高(表8.19)。

表 8.19 用除冰剂高抗冻融混凝土的新拌时的最小含气量 [D 43, B 97, B 99]
Table 8.19: Minimum air content in the fresh concrete to produce concrete with high resistance to freeze-thaw with de-icing agent [D 43, B 97, B 99]

骨料的最大粒径(mm) Maximum aggregate size mm	要求的含气量(vol.-%) Required air content vol.-%	
	最小平均值 Average values at least	最小单值 Individual values at least
1	9.0	8.0
2	7.5	6.5
4	6.0	5.5
8	5.5	5.0
16	4.5	4.0
32	4.0	3.5
63	3.5	3.0

由引气剂形成的气孔作用取决于各种因素 [G 64,M 3,F 40,P 31]:在其他恒定条件下,降低水灰比,提高骨料、细粒矿物和水泥中细料比例、提高水泥细度,引气剂的作用都会降低;碳可降低含气量,例如粉煤灰中;据报道,高效减水剂(7.3.1 节)也能减少总孔隙率 [M 2],或降低能控制抗冻融性和空间因数的微孔比例,但提高了大孔比例 [S 133, S 134];混凝土搅拌也有重要影响,开始搅拌时含气量上升,但超长时拌合就会下降;它还随温度上升而下降。

塑料制成的空心微球,像气孔一样,也能提高混凝土的抗冻融性。它们的直径约在 10~60μm 之间,与水混合,作为白色浆体,加到新拌混凝土中。由于比较昂贵,所以只有在引气剂不是很有效的情况下才使用,如无坍塌混凝土 [S 162,H 50]。

用压力平衡测量法,可确定混凝土里的含气量 [D 50,A 51,F 40]。打开关闭的阀门,将装有待测混凝土试样的气密性压力容器,连接到有一定空气压力的压力室。产生的压降,就是混凝土含气量的度量,并可用 Boyle-Mariotte 法则计算(8.4.2.1 节),该值也包含由于未完全压实(压实空隙)所引起的充气空隙,这些空隙可迅速用水填补,因此不增加抗冻融性。把新拌混凝土浸入到特定体积的水中,便可测到水面上收到的气体体积,就可确定其体积含气量 [A 47]。

对于新拌密实混凝土,开发出了以丹麦制造商(Dansk Beton Teknik)命名的 DBT 测试法,用它就可能确定空隙大小分布和空间因数 [S 129]。

用显微镜在磨过的测试表面上,可对硬化混凝土孔隙率测试 [D 25,B 116,M 49,S 24,S 25,B 98,A 57],测试表面应大致垂直于混凝土暴露于冰冻的表面 [B 98],为显微镜检查,需将其分成间距 6mm 的五条平行测量线,最上面的测量线离混凝土原表面仅有几毫米距离,因此五条测量线代表近似 2.5~3cm 厚的混凝土的表面层。用 50~100x 倍放大显微镜沿着每条测量线进行测量,测量线截面的空气空隙总数用 Σa_p 表示,固体用 Σa_f 表示。相对于混凝土体积,气孔总含量的体积比为 $L total vol.\%$:

$$L_{ges}=100 \cdot \Sigma a_P / \Sigma a_P + \Sigma_F \qquad (8.44)$$

如果 n 是测量线横切到的气孔数目,那么这些横切线的平均长度 l 是:

$$I = \Sigma a_p / n \qquad (8.44a)$$

不考虑孔径分布,与体积有关的气孔表面积 O_P 为 [W 51,A 57]:

$$O_P = 4/l \qquad (8.44b)$$

决定混凝土抗冻融性的气孔都包含在水泥石或混凝土的细砂浆中。因此,空间因数与水泥石体积(V_{Zst})有关,后者与水泥和拌合水总体积大致相同,可通过相应含量和密度计算 [B 98]:

$$V_{Zst} = z/10\rho_z + w/10\rho_w \qquad (8.45)$$

式中　V_{Zst}——混凝土中无气孔水泥石的比例,体积比 vol.%;

　　　Z——混凝土中水泥含量,kg/m³;

　　　W——混凝土中水含量,kg/m³;

　　　ρ_z——水泥密度,g/cm³;

　　　ρ_w——水密度,g/cm³ 即 1g/cm³。

以两个不同模式为基础的两个公式,通常用于计算空间因数 [P 54,A 57,S 25,M 29,B 98]。对于同样的 V_{zst}/L_{total} 比值,空间因数随与体积有关的表面面积的增长而大幅下降,即随气孔直径变小。这与如下研究结果是一致的:对于混凝土的抗冻融来说,直径达 300μm 的微气孔要有足够的量,是最基本的 [S 25];在加气混凝土中,这些微孔占所有气孔数量的 99% 以上,却仅占所有气孔体积的 50%;在无引气剂的混凝土中,微气孔的比例也明显低。

微观分析可以发现,最大直径为 300μm 的微气孔所占比例,定义为 L_{300}。随后理论评估考虑显微镜下被测量线横切气孔的几率,及切过和研磨过的混凝土试样的气孔直径,该几率很大程度取决于气孔直径,因此有必要将所记录的测量线截面,细分为更密的尺寸等级,以便用不同方法处理计算 [L 97,P 32,S 25,B 98],据此可获得到最近气孔边缘的最大距离:

(1) 从能包裹所有气孔的水泥石层平均厚度;

(2) 从气孔在中心点的水泥石立方体的空间对角线。

两个不同模式得到空间因数的不同公式。建议能给出各种情况都能使用的最小空间因数的计算公式 [P 54,A 57,B 98]。

如果空间因数大于 0.20mm,微气孔 L_{300} 含量体积比至少是 1.5% 时,混凝土就应该使用除冰剂,以具有很高的抗严重空气冻融侵蚀的能力。

5. 混凝土的组成

密实混凝土变干很慢,但当它已充分变干后,再放入水中并再达到临界饱和度,就需要很长时间,因此其抗冻融性一般较高。这对于水平的混凝土表面特别重要,如路面,降水可长时间作用于它。它们对冻融侵蚀和除冰剂冻融侵蚀都很敏感,因为混凝土表面层通常比中心有更高的含水量,因而有更大的可渗性。

DIN1045[D 48] 德国标准规定,当混凝土处于完全地湿润状态,且预计会出现频繁而突然的冻融循环,则必须使用高抗冻融混凝土,即使用抗冻融性能力的骨料 [D 57]、和水灰比不超过 0.60 的防渗混凝土(8.7.6 节);如果新拌混凝土的最小含气量符合表 8.19 所规定,则大体积的混凝土水灰比允许提到0.7;如果预计有除冰剂的作用,则对骨料要有额外强化要求[D 57],且水灰比必须小于0.50。

引气剂用于生产铺路砌块的无塌落混凝土,一般不很有效,此时,添加足量的空心微球是有利的。不过无需添加气孔,用高抗冻融性,及除冰剂的高抗冻融都可生产这类混凝土。但要按生产最可能密实的混凝土微结构,选择骨料的粒径组成及超细含量,这时应有较高的水泥含量,水灰比小于0.40[B 100,H 50],混凝土必须充分压实,并至少保持7d湿润。

实践经验表明,添加硅灰和高效减水剂,便可生产出极致密、高强度的混凝土,能用除冰剂抗冻融侵蚀,即便没有气孔[M 67]。这样的混凝土中水泥石只含有少量极细的气孔,水进不去,因此它们极少含有可冻结的水[F 23,F 28]。这也适用由矿渣水泥生产的某些混凝土[H 4,H 49,K 74,G 17,G 81]。但实践中这样的混凝土达到的高抗冻融性,与实验室测得的不太满意试抗冻融性,并不一致,其原因不仅是测试方法过分苛刻[A 61](8.11.4节),尤其试件有过饱和水,及高冻结率,而且养护也不足时[P 31]。

原则上可以认定水泥石具有相同的抗渗性,富含矿渣的高炉矿渣水泥与波特兰水泥制成的混凝土的抗冻融性,也不会有很大差异,但由于微结构的不同,两种水泥要求的水化程度并不相同:富含矿渣量较高的矿渣水泥,水化程度只有50%数量级,却与90%水化的波特兰水泥有相同的气孔微结构[L 104]。不过,矿渣水泥水化速度比波特兰水泥慢得多,因此矿渣水泥混凝土在潮湿条件下养护的时间,必须比波特兰水泥更长。添加粉煤灰或硅粉生产的混凝土也存在类似关系。

矿渣占矿渣水泥体至少60%时,它制成的混凝土在第一次除冰剂冻融侵蚀中,不管气孔含量多少,其风化通常开始更快。风化损失仅限于表面层,它的水泥石微结构由于碳化变粗,因此有较高的吸水能力,及更大的冻融敏感性。碳化过程中产生的亚稳碳酸钙改性文石与球霰石,因使用除冰剂也会受到氯化物的更强烈侵蚀,基本预防性措施无非是低水灰比和充分养护[S 216,L 16]。

6. 碳化

碳化对除冰盐抗冻融也有特别重要影响[H 49,S 164]。已碳化的矿渣水泥混凝土面层比未被碳化的核心,受到除冰盐冻融侵蚀迅速得多。碳化增加了矿渣水泥拌制的混凝土的毛细孔率,但波特兰水泥的混凝土并无此现象,这是因为与波特兰水泥不一样,在矿渣水泥硬化中,硅酸钙水化物也碳化了,并产生多孔硅胶[L 104],这与1916年用边长1.5m的立方体混凝土砌块建成的赫尔戈兰海港的防波堤的表现一致[L 91],波特兰水泥制成的砌块受海水侵蚀,除保留了原表面外,已出现裂缝、圆角、圆边,而矿渣水泥制成的砌块除了整个表面细砂浆剥落外,边角却完好无损,明显是海水和霜冻联合作用的结果。

8.11.4 抗冻融性以及除冰剂抗冻融的测试

用实验室方法检验抗冻融以及除冰剂抗冻融,应先说明特定的混凝土检验技术,对自然霜冻过程中混凝土构件的实际表现有何影响。为了尽可能快得到测试结果,通常试件要承受较快的冻融循环,及较大地温变,这种高速率的快速冻融循环意味有非常急变的应力,而实际的混凝土构件并不会面临这些。这就存在对结果的可应用性问题,经验表明,孔微结构及所对应的不同渗透性,可使混凝土表现有明显差异,对比它们确实特别需要真实的对待。

许多国家已研发了测试除冰剂抗冻融的方法,并将某些情况列为标准 [S 123,S 79,D 28,S 135, T 32,B 137,A 63,R 64,O 37,E 23,N 26,R 41]。所用测试试件通常是有围护物,并被除冰剂溶液覆盖的混凝土板。大部分方法,试件事先在潮湿空气中存放 14d,有些方法则先在水中存放 7d。除冰剂是氯化钠饱和溶液或 3%溶液,也可用氯化钙。将试件在 -12~-25℃间冻结 2~17h,然后在 20~23℃下解冻 1~16h。通过单位面积的风化损失 g,对除冰剂冻融作用进行评估。ASTM C672 中 [A 63] 规定评估破坏程度,是用目测,并按数字 0(无变化)到 5(整个表面可见粗粒骨料)分级。

抗冻融性测试方法还包括,ASTM 中的 C666[A 61] 和 C671[A 62] 法,及 VDZ 立方体法 [S 135,D 25] 两种方法。ASTM C666 中,混凝土立方体或圆柱体试件既可在 -17.8℃(0°F)水下(方法 A)、也可在空气中(方法 B)冻结,二者又都是在 +4.4℃(40°F)水下解冻;规定一个冻融循环的时间至少 2h,最多 5h;300 次冻融循环后,或当动力弹性模数下降到初始值的 60%时,测试结束。耐用性因数 DF 从测试值中计算:

$$DF = P \cdot N/M \tag{8.46}$$

式中 P—— 起始值的动力弹性模数,%;

N—— 测试结束时的冻融循环次数;

M—— 测试结束时,规定的冻融循环次数(如 300 次)。

此方法对混凝土的应力非常苛刻,所以,此结果对实际情况的可应用性非常有限。ASTM C671 规定的测试,证明更适合对混凝土抗冻融性分类 [A 62]。试件在硅油或水饱和石油中以 2.8K/h 的速率从 1.7℃冷却到 -9.4℃,然后立即在 1.7℃的水中解冻;随后冻融循环每隔两周一次;连续同时测量冻结的水浴温度和试件长度变化,在破坏开始时,可以探测到混凝土膨胀的突然增加。抗冻融性测量要历经数周,直到膨胀量增加。

瑞典板方法 [E 28] 中,从欲测试的混凝土立方体上锯下一块 5cm 厚,边长 15cm 的板,将约 3mm 厚的橡胶板粘在基面和四个侧表面上,侧面的橡胶板向上伸出 2cm;间隙封好以后(图 8.36),该板和要测试的混凝土表面形成能盛放测试介质、即水或 3%NaCl 溶液的槽;聚乙烯盖可防止介质在测试中蒸发;24h 的测试周期内试样冷却至 -20℃,然后再按预定计划解冻;经过设定的周期次数之后,从混凝土表面风化掉的材料被收集、干燥、称重并换算为 kg/M² 混凝土表面积。对抗冻融或除冰盐抗冻融性的评估,是依据历经 56 个冻融周期后脱落下来的材料总量进行。

(图 8.36 EN1338[E 28] 中规定的测试抗冻融性的瑞典板法)

VDZ 立方体法 [S 135,D 25] 中,将边长 10cm 的混凝土立方体块脱模后,在水中 7d 龄期,再在 20℃和相对湿度 65%的空气中存放 20d;每个立方体块单独放在黄铜或特种钢容器中,在

20℃水下保存24h,然后在冻箱里冻结;温度2h后降至0℃,并在0℃下恒定2h,然后12h后降低至-15℃,紧接其后用20℃水灌满冻箱进入8h解冻阶段;将水抽掉后,新的24h冻融循环开始,一次测试一般由100次冻融循环组成;霜冻作用是通过组分经风化分离下的重量来评估,有时也用动态弹性模量评估,并应在规定的冻融循环数次后测量。为了测试除冰剂的抗冻融性,混凝土立方块的冻结应用3%氯化钠溶液代替水。

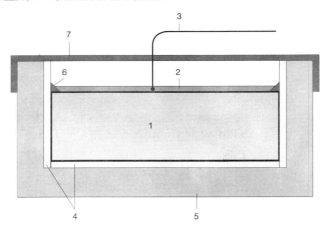

图 8.36 EN 1338 [E 28] 中描述的测试抗冻融性的瑞典板法
Figure 8.36: Testing the freeze–thaw resistance by the slab method described in EN 1338 [E 28]

1. 试件   1.sample
2. 冻结介质   2.freezing medium
3. 测温装置   3.temperature measuring equipment
4. 橡胶板   4.rubber slab
5. 绝热材料   5.thermal insulation
6. 密封膏(件)   6.sealant
7. 聚乙烯盖   7.polyethylene lid

测试抗冻融和除冰盐抗冻融方法的缺点,是测试结果的离散性较大[S 123,H 26,F 55,P 40],如果测试条件尽可能保持稳定,离散程度可大大降低。这正是发展CDF法的目的(稳定空气层完全密封绝缘侧、试件冰化学溶液测试、毛细管吸力和冻融测试)[S 123,S 119,S 118,S 116,S 114,H 26,R 62,S 122]。测试设备的原理如图8.37所示。带密封侧表面的试件存放在不锈钢制成的容器内;欲测试的表面面向下,并浸入除冰剂溶液下5mm处;如乙二醇液体,包围在盛放试件容器的下部,一般用于热传递;控制液体的温度,使该试样容器底部的温度降低到-20℃,并3h后达到-20℃,12h的周期后再升至+20℃[S 117,R 62]。

(图 8.37 用 CDF 法测试抗冻融性 [S 116])

该方法适用于测试不同类型和尺寸的混凝土样品。测试前的样品至少在20℃、相对湿度65%的空气中存放三周。然后暴露于除冰剂溶液的作用下,即浸入盛有20℃、3%NaCl溶液的冻结容器中7d。由于毛细管吸力,溶液渗入混凝土中,渗入深度取决于孔微结构的形式。除冰盐的冻融作用是用已风化下来的组分重量衡量,经过28个冻融周期和超声处理后逐步测定,作为规律,它与冻融循环次数按比例增加。CDF 值等于风化下材料的体量 m,测试面积 A 和冻融循环数 W 的商:

$$\text{CDF} = m/(A \cdot W) \ [\text{g/m}^2] \tag{8.47}$$

对比试验表明,除冰剂高抗冻融的混凝土 CDF 值不超过 1500g/m^2[S 118,S 117,S 116,S 120,R 62]。重复性离散的变异系数为 8%,在极限值附近区域测定的可比性离散为 11%。[S 120]。

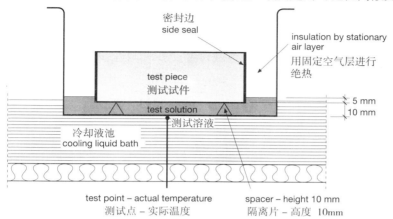

图 8.37 用 CDF 法测试抗冻融性 [S 116]
Figure 8.37: Testing the freeze–thaw resistance by the CDF method [S 116]

如果用水来代替氯化钠溶液,此法可测试抗冻融性(CF 法)。CIF 法也能测量冻融侵蚀期间对内部微结构的破坏(毛细管吸力、内损伤和冻融测试),将声波传递时间的变化转换成相对动力弹性模量变化的百分比,可提供信息 [V 80]。

此方法测试结果的分散性相对较小,这就有可能探测那些次要的影响因素 [S 215,S 214]:如水泥的铝含量高时会明显降低其抗冻融性和抗除冰剂冻融性,然而,这种影响与水灰比和含气孔量等物理影响因素相比几乎成了微不足道。

像其他方法一样,CDF 和 CF 测试法也是加速方法。因此,将结果应用于实际情况时,预计总会有某些差异。

欧洲混凝土冻融测试标准草案指定的上述最后三种混凝土冻融试验方法 [V 83],分别是:

1. 瑞典板法,作为参照方法;
2. 德国的立方体法;
3. CF/CDF 法。

9 具有特殊性能的标准水泥——特种水泥

9.1 综述

具有特殊性能的标准水泥以及类似的水泥,不仅必须符合水泥标准中为所有水泥制定的要求,比如安定性、凝结和强度,而且必须能够表现出在水泥标准中指定的其他性能。例如,高抗硫酸盐侵蚀性能,低水化热和/或低有效碱含量。

白色波特兰水泥也是一种具有特殊性能的标准水泥。它用没有任何着色成分、尤其是没有任何铁铝酸钙的水泥熟料制成。所谓的 Erzzement 和 Kühl 水泥,是根据德国水泥化学家 H. Kühl 的名字命名的,现在已经不再生产了,但它们也是标准水泥。Al_2O_3 含量很低且 Fe_2O_3 含量很高的熟料被用于生产 Erzzement 水泥。Kühl 水泥的本质特征是低 SiO_2 含量和高 Fe_2O_3 含量。

特种水泥是那些只能够通过改变成分和/或生产方法获得的具有不同性质的水泥 [K 124, K 123, C 14, M 138]。因为它们并不符合水泥标准的所有要求,故一般来说会有特殊规定或者制造商为它们的使用给出说明书,比如,调凝水泥、膨胀水泥、油井水泥。

能用较低能耗生产的水泥,即所说的低能耗水泥,也可以称为特种水泥 [M 73, S 218]。包括活性贝利特水泥 [M 129, G 30, G 29, L 107, C 13](3.2.9 节)、贝利特硫铝酸盐水泥和贝利特硫铁酸盐水泥 [除贝利特之外,还包含硫铝酸钙(波色尔水泥)[V 110, R 2] 或者硫铁酸钙 [M 129, K 135, I 3, S 254] 来加速早期硬化],及熟料烧成温度较低的水泥 [B 140, B 139, B 138]。目前,这些水泥的工业意义还不大。

特种水泥还包括超硫酸盐水泥(德语 Sulfathüttenzement,法语 ciment métallurgique sursulfaté 或者 ciment sursulfaté)。包含质量分数至少 75% 的粒化高炉矿渣、质量分数 10%~15% 的无水石膏和质量分数不超过 5% 的水泥熟料。硬化主要是由高炉矿渣的硫酸盐激发引起的 [k 6]。掺入碱金属氢氧化物、碱金属碳酸盐或碱金属硅酸盐碱激发的矿渣水泥亦被用于生产特种胶凝材料 [V 116, F 47, G 43, F 32]。

砌筑水泥也是一种特殊的胶粘剂。它的强度发展不及水泥,因此可塑性更大。这些胶粘剂在德语中被专指为灰浆和砌筑胶粘剂,在英语中称为砌筑水泥。砌筑水泥一般来说是一种由水泥熟料和填料加上缓凝剂、增塑剂和/或能够提高工作性、保水性和抗冻融能力的引气物质组成的混合物。

高铝水泥也是一种特种水泥。它的主要性能基本对应水泥标准的要求。但是,它主要由铝酸钙,而不是硅酸钙组成,所以不符合水泥标准的成分规定要求。另外,有的波特兰水泥熟料也不是用石灰石和黏土生产的,而是用无水石膏或者二水石膏和黏土,通过水泥硫酸联产工艺(石膏硫酸化工艺,Müller-Kühne 工艺)生产的,由于其性能和组成符合水泥标准 [A 33, D 81, W 79],所以它是一种标准水泥。

9 具有特殊性能的标准水泥——特种水泥

9.2 高抗硫酸盐水泥

9.2.1 特性描述

含少量铝酸三钙的波特兰水泥和含大量高炉矿渣的矿渣水泥都可算作高抗硫酸盐水泥。因此,这些水泥成分的相关限制在各个国家的水泥标准中都作了明确说明[D 52, A 46]。例如,从化学组成上计算,具有高抗硫酸盐性质的波特兰水泥中铝酸三钙成分含量被限制在不超过波特兰水泥质量分数的3%~5%,且具有高抗硫酸盐性质的矿渣水泥中高炉矿渣成分至少为矿渣水泥质量分数的65%。铁铝酸钙也可与硫酸盐溶液生成三硫酸盐(钙矾石)[L 79],所以在波特兰水泥中通常对其百分含量有限制,通过C_4AF或者Al_2O_3总含量计算。表1.5中列出德国水泥标准中制定的关于高抗硫酸盐水泥的限制(1.2.5节)。

已证实,通过限制其组成来表征高抗硫酸盐水泥是适当的,因为至今还没有一个具有足够可重复性的快速检测抗硫酸盐性的标准化试验方法(9.2.2节, [V 76])。这些限制是经过大量的试验室和实地测试得出的结果,并且通过多年实际的建筑工作证实是成功的。美国通过对混凝土中水泥行为的长期实验研究,在这方面做出了特殊的贡献[K 28, V 4]。1952年在伦敦和1968年在东京召开的水泥化学研讨会提供了一些较早文献的回顾[T 50, S 75]。

9.2.2 加速试验方法

1. 综述

加速试验使之成为可能:

(1) 根据水泥的抗硫酸盐性能而不是其组分,对水泥进行分类;

(2) 把高抗硫酸盐性作为质量控制系统的一部分,来监控抗硫酸盐水泥的生产;

(3) 评估水泥组分的改变、混凝土中掺合料和外加剂产生的影响。

水泥的抗硫酸盐性是由其组成成分和水化产物的硫酸盐敏感性及其阻碍硫酸根离子扩散进砂浆或者混凝土中的能力程度决定的。当对不同类型的水泥进行比较时尤其要注意这一点。特别是用富含高炉矿渣的水泥,甚至在很高的水灰比条件下可以生产使硫酸根离子和其他侵蚀性离子不能深入的高密实度砂浆和混凝土(8.7.5节和8.9.4节)。尽管这些水泥的组成要素对硫酸盐敏感,但是却有高的抗硫酸盐性(7.2.6节)。

因此实际加速测试水泥抗硫酸盐性的方法必须不仅要包含阻止水泥与硫酸根离子发生化学反应的"化学抗力",也就是"内在硫酸盐抗力",而且要包含硫酸根离子渗入混凝土中的"物理抗力",也就是"外在硫酸盐抗力"[M 94]。由于化学和物理抗力对砂浆和混凝土[K 36]的硫酸盐抗性有着不同的影响,所以展示加速方法可以反映实际条件下混凝土的行为是必要的。这是基本的,尤其是当测试方法改变时。加速实验结果的可重复性和可比性的离散程度都需要足够低[L 89]。

2. Le Chatelier-Anstett 测试

此方法中,水泥先水化和粉磨,然后与石膏(也可以是硫酸钠)以质量比2:1混合。加入6%质量的水混合后,加压制成直径8cm、高3cm的圆柱体试件,并保存于一直处于潮湿条件的吸水纸上。水泥的硫酸盐敏感性通过试件的膨胀和开裂进行评估 [B 82, L 79, L 44, W 70, J 5, S 8, S 9]。因为硫酸盐是均匀地分布于试件上的,故化学或内在硫酸盐抗力基本上可测定。

3. ASTM C 452-波特兰水泥砂浆在硫酸盐侵蚀下的潜在膨胀

此方法 [A 56] 仅用于测试波特兰水泥。通过加入磨细石膏,测试水泥中的 SO_3 成分增加到 7.0%。水泥/石膏混合物用于制作 2.5cm×2.5cm×28.5cm 的砂浆棱柱(1:2.75, W/C=0.485)。在水中养护一定龄期,用棱柱长度的变化来测试水泥的抗硫酸盐性。养护 28d 后,含有质量分数 0~2% C_3A 的波特兰水泥平均膨胀大约 0.35mm/m,含有质量分数 6%~8% C_3A 的波特兰水泥平均膨胀大约 0.6mm/m,含有质量分数 8%~10% C_3A 的波特兰水泥平均膨胀大约 0.9mm/m,含有质量分数 10%~13% C_3A 的波特兰水泥平均膨胀大约 1.5mm/m[A 67]。与 Le Chatelier-Anstett 测试相同,这项测试测量内在硫酸盐抗力,因为在水泥中加入硫酸盐,并且从开始测试时就在试件中均匀分布 [L 14]。

4. 低水泥用量砂浆的硫酸盐膨胀

1940 年到 1945 年期间,在美国的七个实验室第一次进行了一项对比性研究,这个研究是用于研发一种测试水泥抗硫酸盐性的快速方法 [M 99, M 100, W 81, L 79]。水泥的抗硫酸盐性采用 2.5cm×2.5cm×15cm 砂浆棱柱和 2.5cm×2.5cm×25cm 砂浆棱柱的膨胀表征,这些砂浆棱柱是用砂浆(1:4、1:5 和 1:6)和标准砂及为得到均匀流动直径 [A 45] 而加入的水制成的。棱柱被储存在不同浓度的 Na_2SO_4 和 $MgSO_4$ 溶液中。实际条件下的水泥抗硫酸盐性通过圆柱体混凝土试块(1:3, W/C=0.62~0.66)进行评估,混凝土试块采用了 106 组水泥制作而成,储存于平均含盐量约为 12% 的南达科他州 Medicine 湖中,盐中 2/3 是硫酸镁、1/4 是硫酸钠 [M 99]。这给出的硫酸根计算含量为 83500mg SO_4^{2-}/L。

尽管膨胀值离散性相对较大,特别是在不同实验室之间,但仍然可以从结果中得出以下结论 [M 100]:

1)用混合比 1:5 的棱柱体获得了相对最好的可重复性。

2)用硫酸盐含量为 0.15mol 的溶液(14400mg SO_4^{2-}/L)获得的与实际行为的一致性相对最好。

3)作为实验室测试相对最好的方法,推荐将混合比 1:5 的砂浆制成的棱柱储存在每 7d 更换一次的含 Na_2SO_4 0.15mol(2.1%)和含 $MgSO_4$ 0.15mol(1.8%)的溶液中。

5. Koch-Steinegger 小棱柱法

尺寸为 1cm×1cm×6cm 的小棱柱是按照旧德国水泥标准 DIN 1164(1958),用一份质量的水泥、一份质量的标准细砂Ⅰ、两份质量的标准粗砂Ⅱ,以水灰比 0.60 配制的砂浆 [K 66] 制成的。从模具中取出后,棱柱在蒸馏水中硬化。21d 龄期后,一部分棱柱被储存在含 29800mg SO_4^{2-}/L 的 4.4% Na_2SO_4 溶液(10% $Na_2SO_4 \cdot 10H_2O$)中,剩下的继续储存在蒸馏水中。硫酸盐侵蚀根据相对抗弯拉伸强度 B_s/B_w(也就是硫酸盐侵蚀后的抗弯拉伸强度 B_s 与水浸的抗弯拉伸强度 B_w 的比值)进行评价。这种方法在进行 11 周的整个试验期(硫酸盐侵蚀 8 周)后能够评估水泥的抗硫酸盐性 [S 227]。经过这种试验,高抗硫酸盐性水泥一般具有至少是 0.70 的 B_s/B_w 值。

9 具有特殊性能的标准水泥——特种水泥

6. Wittekindt 平棱柱法

像小棱柱一样,尺寸为 1cm×4cm×16cm 的平棱柱也是按照旧德国水泥标准 DIN 1164 (1958),用一份质量的水泥、一份质量的标准细砂Ⅰ、两份质量的标准粗砂Ⅱ,按照 0.60 的水灰比制成的 [W 70]。测量脚安装在两个端面上以测量长度的变化。平棱柱先在潮湿条件下在模具中放置两天,再在水中进一步放置五天。然后,置于每月更新的 0.15mol 的 Na_2SO_4 溶液 (14400mgSO_4^{2-}/L)中进行侵蚀。棱柱两个端面上测量脚之间的膨胀每四周测量一次。水中放置的棱柱长度变化也用同样的方法测量。高抗硫酸盐性水泥在八周的硫酸盐侵蚀后,其膨胀一般不会超过 0.5mm/m。

7. 小棱柱法和平棱柱法的比较——德国水泥行业协会从 1957 年到 1964 年的调研

为核实加速方法是否适合评价水泥的抗硫酸盐性和是否可被标准化,共进行了三个系列的调查比较,多达 11 个实验室参与该比较试验。这项试验涵盖 38 种普通商业水泥,包括 14 种 C_3A 可能质量分数在 0~12% 的波特兰水泥,19 种矿渣质量含量在 35%~78% 的矿渣水泥,两种火山灰质量含量在 40% 左右的火山灰水泥,两种水泥熟料质量含量分别为 25% 和 50% 的火山灰矿渣复合水泥。具有高抗化学侵蚀性的混凝土制成的 10cm×15cm×50cm 棱柱的行为被当作评估实际建筑条件下水泥的抗硫酸盐性的基础。混凝土采用参与试验的实验室中使用的可用集料和掺量为 350kg/m³ 的水泥配制而成。规定新拌混凝土的均匀流动直径为 45cm,所以水灰比应定于 0.48~0.62 之间。

基于在美国所做的比较试验程序(9.2.2 节),第一个系列试验中,在 7 个实验室用 6 种水泥进行了检查,以试图发现在相同硫酸盐浓度溶液中,低水泥含量砂浆制得的 4cm×4cm×16cm 棱柱的行为是否与混凝土棱柱的行为相似。低水泥含量砂浆(1:4)是按照旧德国水泥标准 DIN 1164(1958)规定,用一份质量的水泥、1.5 份质量的标准细砂Ⅰ、2.5 份质量的标准粗砂Ⅱ,按照 0.72 的水灰比制成的。选择的侵蚀溶液分别是一份 0.15mol Na_2SO_4 溶液、一份 0.15mol $MgSO_4$ 溶液和合成海水。损害程度被细分为七个等级进行目测评估。显而易见,接近两年的存储期内,砂浆和混凝土试件遭受含 $MgSO_4$ 溶液侵蚀的程度大于遭受 Na_2SO_4 溶液侵蚀的程度,遭受合成海水侵蚀的程度显著地低。不同实验室对于硫酸盐侵蚀的评价有很大的差别。然而,除个别情况,所有实验室对砂浆和混凝土试件所得到的水泥抗硫酸盐性排列的顺序都是一致的。

第二个系列试验是为弄清楚小棱柱法和/或平棱柱法(9.2.2 节)是否适合作为评价具有抗高硫酸盐性水泥的标准化试验方法。为此,依据第一个系列试验的结果,将用水灰比 0.72 的低水泥砂浆(1:4)制成的 4cm×4cm×16cm 棱柱的行为作为表征硫酸盐抗性的基础。选择 8 种波特兰水泥、13 种矿渣水泥、1 种高硫酸盐水泥、2 种火山灰矿渣复合水泥和 1 种火山灰水泥来进行此系列试验。11 个实验室参加这项试验。含 Na_2SO_4 和 $MgSO_4$ 均为 0.15mol (14400mgSO_4^{2-}/L)的溶液用作硫酸盐侵蚀溶液。

虽然储存在硫酸盐溶液中的低 C_3A 波特兰水泥制成的 4cm×4cm×16cm 砂浆棱柱甚至在

40周以后仍然检查不出损害,但是其他水泥制成的所有棱柱都表现出了明显的被侵蚀迹象。经过较长时间的存储后,很明显硫酸盐溶液的性质有着一定的影响。富含高炉矿渣水泥制成的试件对 Na_2SO_4 溶液有着较大的抵抗力,同时,低 C_3A 波特兰水泥制成的试件对 $MgSO_4$ 溶液有着较大的抵抗力。

这两种加速方法,也就是小棱柱法和平棱柱法(砂浆 1:3,$W/C=0.6$)反映出的水泥抗硫酸盐性差异不如用低水泥砂浆(1:4,$W/C=0.72$)制成的 4cm×4cm×16cm 棱柱法明显。硫酸盐环境中储存时间延长至 8 到 12 周后,普通水泥和高抗硫酸盐水泥之间的区别变大。补充调研也显示试件早期储存在空气中而不是水中会大大增加小棱柱和平棱柱的抗硫酸盐性,也就是说,它延长了试验。这与在储存于硫酸盐中之前对混凝土进行碳化处理可以极大提高其抗硫酸盐性的说法一致 [O 46, L 24]。

第三个试验系列是为确定小棱柱法和平棱柱法的离散性测试方法。为此,含 C_3A 质量分数分别为 0.9% 和 11% 的三种波特兰水泥和含矿渣质量分数在 35% 到 78% 之间的四种矿渣水泥均用这两种方法检测很多次。侵蚀溶液是一种含 4.4% Na_2SO_4 的溶液(29800mgSO_4^{2-}/L)和一种具有相同含量硫酸盐成分的 Na_2SO_4 和 $MgSO_4$ 的混合溶液。这两种方法所给出的水泥抗硫酸盐性排列顺序是相同的。

极限值附近的测量值离散被作为统计评估的起点。经验显示,当高抗硫酸盐性水泥在硫酸盐环境储存 8 周后检测时,至少 0.7 的相对抗弯拉伸强度是通过小棱柱法获得的,不超过 0.5mm/m 的膨胀是通过平棱柱法获得的。这些极限值附近测量值的分散,尤其是可比性分散,相当大。尽管如此还是可以看出,平棱柱法的精确度比小棱柱法稍微好些 [V 19]。大的可比性离散,甚至不能通过对实验指导的更精确定义和培训实验员而减少,这意味着这两种方法都不能被考虑作为标准。尽管如此,如果这些方法用于科学工业,测试要评价的水泥时加上几种高抗硫酸盐性的水泥作为参考标准是十分重要的。比较试验已经显示,完全基于测量值的评估从来就不是合理的,因为其可比性离散非常高。

8. 其他加速方法

为了进一步缩短测试时间并提高重复性,用水灰比 0.5 的 12.5mm 棱长的硬化水泥浆立方体作储存试验的试件。该立方体储存在浓度 4% 的 Na_2SO_4 溶液中(27100mgSO_4^{2-}/L)[M 65, M 72, C 62, O 44]。无论是被预水化的那一小部分水泥 [M 37],还是水泥浆体本身,都被一个自制的高速混合器混合足够长的时间,用来生产一种具有相对高水灰比(0.5)但又不泌水的水泥浆体。生产出来之后,硬化水泥浆立方体在 50℃ 下硬化 7d。储存在硫酸盐期间,Na_2SO_4 溶液的 pH 值通过控制地加入 0.1N H_2SO_4 保持恒定。通过在硫酸盐中储存 28d 的抗压强度相对于 50℃ 下 7d 强度的减少来评估硫酸盐侵蚀。

为此,这个测试需要 35d。它给出的结果与小棱柱法和平棱柱法相似 [O 44]。虽然这种方法的重复性分散显然相对较低,但是没有有关可比性分散的资料参考。储存在含 16000mgSO_4^{2-}/L 的 Na_2SO_4 溶液中时,按照 EN196-1 制成的 2cm×2cm×16cm 的砂浆棱柱的膨胀也不适合于表

9 具有特殊性能的标准水泥——特种水泥

征高抗硫酸盐性水泥。比较试验显示,该试验方法在结果的敏感性和可重复性方面[V 76]远不如平棱柱法[9.2.2.6节]。

如果用水灰比0.8的1:4砂浆制成的4cm×4cm×16cm棱柱代替DIN 1164(1958)中指定的水灰比0.6的1:3砂浆制成的1cm×1cm×6cm棱柱,小棱柱法的可重复性分散可显著改善。然而,测试时间也会延长到224d(32周)[N 25]。

9.2.3 水泥组成和外加剂对抗硫酸盐性的影响

1. 具有高抗硫酸盐性的波特兰水泥和矿渣水泥

硬化水泥浆体的铝酸钙水化物与渗透硫酸盐[G 12,C 18,X 5,S 56]反应生成钙矾石的晶体生长压力(7.2.6节和8.9.2节)是硫酸盐膨胀可能的主要原因。根据另一个解释,膨胀是由于最初生成胶体结构的钙矾石吸附水使体积增大的结果[M74,M61,M68]。另一个可能导致硫酸盐膨胀的原因是,如果侵蚀溶液中SO_4^{2-}浓度超过$4000 mg SO_4^{2-}/L$左右,由氢氧化钙和其他钙化合物能够形成的$CaSO_4 \cdot 2H_2O$石膏产生了结晶。这一点特别适合于解释$MgSO_4$溶液的侵蚀[b 3,L 14]。

高炉矿渣含量、高炉矿渣和水泥熟料的组分和细度对通过小棱柱法测定的矿渣水泥的抗硫酸盐性的影响如图9.1所示[L 94]。两种熟料的相组成和两种高炉矿渣的化学组成如表9.1所示。图9.1表明,忽略熟料中C_3A含量的影响,随着矿渣的含量增加,矿渣水泥抗硫酸盐性先下降后上升,并在矿渣含量很高,其质量分数超过大约60%时达到很高的数值。熟料中含C_3A质量分数8%的矿渣水泥也有类似现象。高炉矿渣质量分数在20%到55%之间时,即使没有C_3A活性熟料,其抗硫酸盐性仍存在一个显著的最小值。

磨细的硬化砂浆样品悬浮在硫酸盐溶液中的补充研究显示,不含C_3A的波特兰水泥具有抗硫酸盐性,因为它的水化产物不与硫酸盐反应,因此不能形成任何膨胀钙矾石。对硫酸盐敏感的水化产物总是形成于具有高抗硫酸盐性的矿渣水泥的水化过程中。然而,如果它们悬浮在硫酸盐溶液中,并且如果它们不包含在一个砂浆样品中,这些产物只能与硫酸盐反应形成钙矾石[L 94]。原因是硬化矿渣水泥的扩散阻力非常大以至于它可以阻止硫酸根离子的渗透(8.7.5节)。然而,这要求矿渣成分含量至少达到质量分数的65%。这个范围中,矿渣含量的提高比水灰比的降低的作用大很多[F 53]。矿渣含量更低时,只有一个轻微的扩散阻力,导致硫酸根离子可以渗入到硬化水泥中去,然后与来自熟料和矿渣组分中的对硫酸盐敏感的水化产物反应生成钙矾石。

因此可得出结论,只有在硬化水泥浆体中铝酸钙、氢氧化钙和其他活性钙化合物的含量足够高,且有足够多的硫酸根离子能相对迅速地从外部渗进时,在混凝土内部才会形成有害的钙矾石和石膏,并引起硫酸盐膨胀。因此,对具有高抗硫酸盐性的波特兰水泥来说,在水泥的化学组成方面必须设立一个限制值来控制对硫酸盐敏感的成分的浓度,也即本质上是限制C_3A的含量。如果高炉矿渣的质量分数不小于65%,矿渣水泥的抗硫酸盐性较高,因为硬化水泥浆体的扩散阻力很高,以致硫酸根离子实际上不可能渗入混凝土中[L 94,B 6,B 5,V 18,F 53](8.7.5节)。

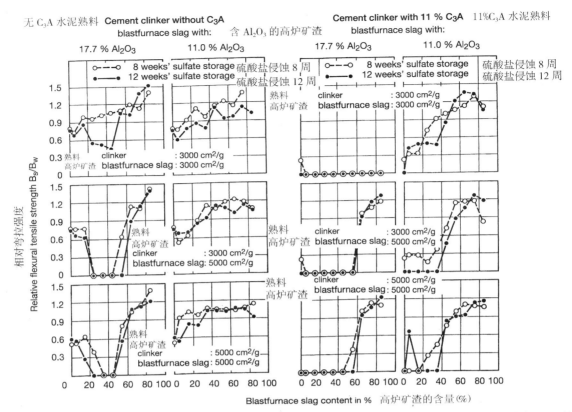

图 9.1 用小棱柱法 [K 66] 检测由不含 C_3A 的水泥熟料(左边的图表)和含 C_3A 计算成分为质量分数 11%的水泥熟料(右边的图表),与含 17.7%和 11.0%质量分数的 Al_2O_3 高炉矿渣,且熟料和矿渣的细度等级不同,制成的矿渣水泥的抗硫酸盐性与水泥中矿渣含量的关系 [L 94, L 89]

Figure 9.1: Sulfate resistance of slag cements made with cement clinker without C_3A (left-hand diagrams) and with a calculated C_3A content of 11 % by mass (right-hand diagrams), with 17.7 and 11.0 % Al_2O_3 in the blastfurnace slag and with differing levels of fineness of the clinker and slag fractions, tested by the small prism method [K 66], as a function of the slag content of the cement [L 94, L 89]

表 9.1 水泥熟料可能的相组成和用于研究矿渣水泥的抗硫酸盐性的用质量分数表征的粒化高炉矿渣的化学成分 [L 94]

Table 9.1: Potential phase composition of the cement clinker and chemical composition of the granulated blastfurnace slags in % by mass used for investigating the sulfate resistance of slag cements [L 94]

成分 Constituents	熟料 0 Clinker 0	熟料 11 Clinker 11	矿渣 11 Blastfurnace slag 11	矿渣 18 Blastfurnace slag 18
C_3S	45	55		
C_2S	31	17		
C_3A	0	11		
C_4AF	19	12		
C_2F	2	0		
CaO			44.6	44.7
SiO_2			36.0	29.3
Al_2O_3			11.0	17.7
MgO			2.6	5.3

由于具有抗渗性的水化硅酸钙的沉积堵塞了毛细孔,因此抗渗性和扩散阻力均提高了[B 6,B 4,B 5]。然而,高炉矿渣或者其他潜在水化活性物质或者火山灰物质存在的情况下,可能会生成的低 CaO 水化硅酸钙,形成较致密的微观结构,或者硬化水泥浆体中有可能存在促进扩散的大粒径氢氧化钙,它们都必须降到低于某一限值。

因此,只有高炉矿渣成分充分反应,抗渗性才会增加。图 9.1 的结果表明,在熟料 C_3A(质量分数)11% 的矿渣水泥中,甚至含 Al_2O_3(质量分数)17.7% 的具有特定活性的高炉矿渣,必须磨细以确保矿渣质量分数不小于 65% 的矿渣水泥有较高的抗硫酸盐性。

实验室研究中,高炉矿渣含量高的情况下,矿渣水泥有时也不具有抗硫酸盐性,这可能是因为高炉矿渣的细度不够[O 46]。

2. 混凝土掺合料

混凝土生产过程中掺入一定量的粉煤灰也会提高混凝土的抗硫酸盐性[H 73,H 79,W 59,I 7,D 26,L 13]。根据德国规定,允许使用标准水泥代替具有高抗硫酸盐性的特种水泥,并且允许在混凝土生产过程中加入粉煤灰[D 26,L 13]。基本要求是侵蚀溶液的硫酸盐含量不能超过 1500mgSO_4^{2-}/L,加入的粉煤灰质量分数至少占水泥和粉煤灰($C+F$)总质量的 10%~20%(取决于水泥种类),使用 40% 的粉煤灰时,水灰比不超过 [$W/(C+0.4F)$]0.50。

粉煤灰对抗硫酸盐性的影响已经多次研究[D 30,W 59,E 37,M 50,H 73,H 79,F 53,L 24,I 7]。大多数情况下抗硫酸盐性得到了改善,但是在一些情况下抗硫酸盐性有所降低[L 15]。尤其水灰比对其有显著影响[F 53]。在对掺入质量分数 30% 粉煤灰的砂浆制成的平棱柱的膨胀进行测量的前两个月,水灰比为 0.6 的膨胀显著大于水灰比为 0.5 的。具有高抗硫酸盐性的波特兰和矿渣水泥中,很少或无此影响。

众所周知,某些粉煤灰以与惰性细颗粒相同的方式促进一种较致密的颗粒尺寸结构的形成;结果它们降低混凝土的需水量,并以此方式提高抗硫酸盐性。粉煤灰不仅对形成低 CaO 的水化硅酸钙的特别致密的微观结构有重要作用,而且对硫酸盐敏感水化产物的形成也有重要作用。这两种作用都由水泥组分的水化过程控制。根据图 7.21(7.3.4 节),粉煤灰在前 28d 水化非常缓慢。因此,加入部分粉煤灰取代水泥,可以减少熟料中硫酸盐敏感的水化产物。并且,如果粉煤灰足够细,它可以填充颗粒之间的间隙。此后,它才与氢氧化钙更强烈地反应,形成对致密硬化水泥浆体微观结构的形成有影响力的低 CaO 水化硅酸钙。然而,由于粉煤灰中 Al_2O_3 含量高,因此也可以生成对硫酸盐敏感的水化产物。

可以预期其具有一种与高炉矿渣在原理上类似的抗硫酸盐性的作用。这里主要注意的是,必须掺入一定量的粉煤灰以确保致密混凝土微观结构的形成,由此确保足够的抗硫酸盐性。这种关系尚未得到充分认识,特别是依赖于粉煤灰活性和熟料组成。因此,进行适当的研究后,才有可能进行最后的评估。

硅灰是一种具有特殊反应性的混凝土掺合料。它与波特兰水泥水化中释放的氢氧化钙极快速反应生成低 CaO 的水化硅酸钙。硅灰几乎不含 Al_2O_3,所以它不会对产生硫酸盐敏感性水化产物起作用。掺入质量分数 10%~20% 硅灰生产的混凝土有较低的渗透性和较高的抗扩散能力，并因此也具有高的抗硫酸盐性 [M 69，H 73]。硅灰同时也降低三硫酸盐的结晶生长压力，因为它降低孔隙溶液中 Ca^{2+} 和 OH^- 离子的浓度 [X 5]。富含 SiO_2 的天然和合成火山灰也可以用同样的方式提高水泥的抗硫酸盐性。

9.3 低水化热水泥

对低水化热水泥，国家标准一般规定为相对于无水水泥（8.10.3 节）开始硬化之后，等温条件下在溶液中测定的水化热的最大值。例如，最大值是：

- 根据 DIN 1164-1[D 51] 规定：对于低水化热水泥来说，7d 后的热量是 270J/g；
- 根据 ASTM C150[A 46] 规定：对于中水化热水泥来说，7d 后的热量是 290J/g；对于低水化热水泥来说，7d 后的热量是 250J/g，28d 后的热量是 290J/g。

对实际建设工程来说，一般硬化开始时释放的水化热是重要的，特别是新拌混凝土中，这也支配结构形状变化。因此，低水化热水泥主要是水化和硬化缓慢的水泥，以便使热量缓慢地释放（图 7.49，7.3.7 节）。

低水化热水泥有铝酸三钙量少的 CEM I 型波特兰水泥，并且有较低的硅酸三钙含量；具有高含量高炉矿渣的 CEM III/B 和 CEM III/C 型矿渣水泥。含有相应高等级天然火山灰、粉煤灰和/或高炉矿渣的 CEM IV/B 型火山灰水泥和 CEM V/B 型复合水泥一般也具有低水化热。

9.4 低碱水泥

低碱水泥用于避免混凝土的碱-硅反应破坏（8.10.3.2 节）。对于低碱波特兰水泥，碱含量通常按 Na_2O 当量质量分数计，限制其最大值为 0.60%。也有发现表明，如果波特兰水泥以某一最低比例被磨细高炉矿渣取代，或者使用相应的矿渣水泥，碱-硅反应引起的膨胀会减小 [h 2，M 19，B 6，B 4，C 43，Y 11]。包含于高炉矿渣中的一定比例的碱也有助于碱-硅反应 [L 122，H 62]。然而，这个比例随着水泥中高炉矿渣含量的增加而下降。

因此，碱的总量和高炉矿渣的含量对膨胀的影响对矿渣水泥的生产十分重要，矿渣水泥与碱敏感性集料组成的混凝土，与按 Na_2O 质量当量分数为 0.60% 的总碱量的波特兰水泥相比，不会导致更大的膨胀。这个关系是由德国水泥工业协会的一个工作组在 9 个实验室参加的两个系列实验中确定的 [V 25，V 26]。所用试件是以最大粒径为 15mm 的石英和 Duran 玻璃作为碱敏感集料，且按 1/3 和 3/7 的比例组成的 4cm×4cm×16cm 的混凝土棱柱。水泥含量约为 600kg/m³，水灰比是 0.43。40 种水泥的高炉矿渣含量在 0~75% 质量分数之间，且总的碱含量在 0.25%~1.3% 质量分数之间。

结果的统计评价中，假定包含高炉矿渣的水泥制成的混凝土的碱-硅反应膨胀不是受总的碱含量支配，而是受活性碱含量的支配。这一数值是由总的碱含量乘以一个取决于矿渣含量的因子按式（9.1）计算的：

$$A = A_w/(1-(H/H_0)^n) \tag{9.1}$$

式中 A——按 Na_2O 当量质量分数计的总碱含量，%；

A_w——按 Na_2O 当量质量分数计的活性碱含量，%；

H——按质量分数计的高炉矿渣含量,%;
H_0,n——常数。

第一个用20种水泥的VDZ实验系列建立了一种有效碱含量与H_0在88与90之间、n在1.0和1.5之间的膨胀值之间的线性关系。因此,根据上面给出的公式,当膨胀是由碱-硅反应引起时,可以计算出矿渣水泥中总的碱含量(随矿渣含量增加而上升),其中按照Na_2O当量质量分数计的有效碱含量是0.60%,并且其特点与按照Na_2O当量质量分数计的总碱含量0.60%的波特兰水泥相似。此关系显示在图9.2中,给出包含按Na_2O当量质量分数计为0.60%活性碱的矿渣水泥中总的碱含量与高炉矿渣含量的函数关系。阴影区显示了离散的范围,虚线表示由曲线导出的对含有少量有效碱成分(低碱高炉水泥)的矿渣水泥暂定的限制。

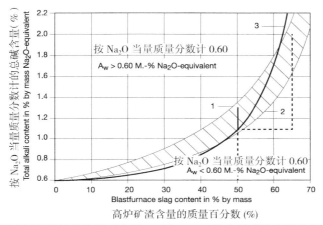

图9.2 按照Na_2O当量质量分数计的有效碱含量A_w是0.60%的高炉矿渣水泥的总碱含量与矿渣含量的函数关系 [L 72, L 89, V 25, V 26, D 27]

Figure 9.2: Total alkali content of blastfurnace cement with an effective alkali content A_w of 0.60% Na_2O-equivalent, as a function of the slag content [L 72, L 89, V 25, V 26, D 27]

曲线1: $A = 0.60/\{1-H/90\}^{1.0}\}$
曲线2: $A = 0.60/\{1-H/88\}^{1.5}\}$
曲线3: $A = 0.60/\{1-1.8 \cdot (H/100)^2\}$
虚线:低碱矿渣水泥在矿渣含量和总含量上的限制

curve 1: $A = 0.60/\{1-H/90\}^{1.0}\}$
curve 2: $A = 0.60/\{1-H/88\}^{1.5}\}$
curve 3: $A = 0.60/\{1-1.8 \cdot (H/100)^2\}$
dotted line: limit for slag content and total alkali content of low-alkali blastfurnace cements

第二个VDZ实验系列又用20种水泥,包括质量分数约为50%的更大含量高炉矿渣的水泥,用来检测暂定的限制值。对所有40种水泥的测量值的评价给出了经统计学证实的离散范围,包含50%质量分数高炉矿渣的低碱矿渣水泥,按照Na_2O当量质量分数计的总的碱含量在1.1%~1.3%的分布范围[V 26]。因此,德国规定和标准[D 52, D 27]指定以Na_2O当量质量分数计1.10%作为高炉矿渣含量不小于50%的低碱矿渣水泥的总碱含量的最大值。应用此限制的膨胀、总的碱含量和高炉矿渣含量之间的关系引出了下列取决于高炉矿渣含量和有效碱含量的总碱含量的公式:

$$A = A_w/[1-1.8(H/100)^2] \tag{9.2}$$

式中 A——按照 Na_2O 当量质量分数计的总的碱含量，%；

A_w——按照 Na_2O 当量质量分数计的有效碱含量，%；

H——按照质量分数计的高炉矿渣含量，%。

当 A_w 等于 0.6 时，对每种高炉矿渣含量来说，矿渣水泥总的碱含量是按照 Na_2O 当量质量分数的有效碱含量 0.60% 计的，因此，与按照 Na_2O 当量质量分数计的碱含量是 0.60% 的波特兰水泥产生相同的膨胀 [V 26]。

对掺入 500kg/m³ 高强度等级水泥和碱敏感天然集料的混凝土试件，置于 40℃ 养护室经养护后，进行的进一步研究表明，低碱矿渣水泥的范围也可以扩展到包含低矿渣含量的水泥 [F 45]。因此，包含 21%～35% 质量分数高炉矿渣的 CEM Ⅱ/B-S 低碱波特兰矿渣水泥的总的碱含量被限制在按 Na_2O 当量质量分数计最大为 0.70%；包含 36%～49% 质量分数高炉矿渣的 CEM Ⅲ/A 矿渣水泥则限制于按 Na_2O 当量质量分数计最大为 0.95%（表 1.5，1.2.5 节）。

9.5 调凝水泥（快硬水泥）

水泥中的 C_3S 在大约 6h 的诱导期结束之前未开始水化，这以后强度开始有所发展。这适用于所有的波特兰水泥，与其组成、细度、水灰比和集料无关。因此，如果缩短 C_3S 的诱导期，如通过加热，或者在 C_3S 的诱导期内，更快硬化的其他组分产生一个更高的早期强度，就可以更早地获得更高的强度 [L 78]。

快速硬化组分是 12/7 铝酸钙和硫铝酸钙 $3CaO \cdot 3Al_2O_3 \cdot CaSO_4$，也包含膨胀水泥中的膨胀组分（9.6 节）。如果原料混合物含有一定量的氟化钙，当熟料煅烧时，会形成含有氟且化学式为 $11CaO \cdot 7Al_2O_3 \cdot CaF_2$ 的 12/7 铝酸钙。这是因为随着熟料熔体中氟含量的增加，C_3A 的含量降低，$11CaO \cdot 7Al_2O_3 \cdot CaF_2$ 的含量升高（3.1.5 节）。

美国波特兰水泥协会发展起来的调凝水泥 [G 63]，在德国称为快速水泥，在日本称为喷射水泥，是通过含氟水泥熟料与硬石膏、石膏和碳酸钙共同研磨制成的。理论上，熟料包含 20%～25% 质量分数的 $11CaO \cdot 7Al_2O_3 \cdot CaF_2$，大约 60%（质量分数）的 $C_3S + C_2S$ 和大约 10%（质量分数）的 C_4AF 作为基本的化合物。水泥中的硫酸盐的含量以 SO_3 的质量含量计算一般在 7%～11% 之间，碳酸盐含量以 CO_2 的质量含量计在 3%～4% 之间。由于 SO_3 含量高，非常快地形成显然控制早期强度的紧密啮合针状钙矾石微观结构。该钙矾石形成不会导致任何膨胀，因为主要是在水泥仍是塑性状态时生成。然而，如果硬化的微结构加速形成，比如通过加热，那么可以预期将发生硫酸盐膨胀。快凝水泥标准强度发展与具有特高早期强度的波特兰水泥的比较如图 9.3 所示 [O 45, U 4, U 5, U 6, C 14, J 2, K 60]。

9.6 膨胀水泥

膨胀水泥用于生产在硬化过程中能够有限地膨胀的砂浆或者混凝土的构件。这可避免由收缩（补偿收缩水泥）或者预应力导致的开裂力（自应力水泥）[L 5, M 97, M 60, B 129, K 128, K 123, K 124, O 17, s 3, a 1]。

9 具有特殊性能的标准水泥——特种水泥

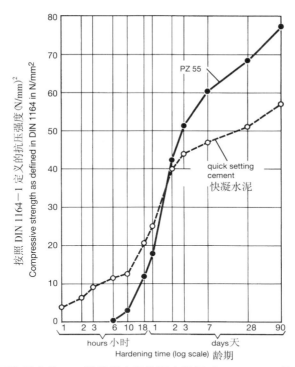

图 9.3 具有特别高的早期强度的 Z55 波特兰水泥的强度发展,如 DIN 1164 第 1 部分(1970)定义或者如 DIN 1164—1(1994)定义的 CEM Ⅰ 52.5R 水泥 [D 51];以及按照 DIN 1164 第 7 部分(1970)[L 78] 测试的快凝水泥(调凝水泥)(这一测试与 DIN EN 196–1 规定的方法几乎相同);
强度转换用 $100 \text{kp/cm}^2 = 9.807 \text{N/mm}^2 \approx 10 \text{N/mm}^2$ 的强度发展

Figure 9.3: Strength development of Z 55 Portland cement with particularly high early strength as defined in DIN 1164 Part 1 (1970) or CEM I 52,5 R as defined in DIN 1164–1 (1994) [D 51] and quick-setting cement (regulated set cement), tested in accordance with DIN 1164, Part 7 (1970) [L 78] (the test is practically identical to the method specified in DIN EN 196–1; the strength is converted using $100 \text{ kp/cm}^2 = 9.807 \text{ N/mm}^2 \approx 10 \text{ N/mm}^2$)

1920 年提交的第一份专利 [G 93, S 213],基于由钙矾石形成引起的膨胀,也就是说,基于一个通过增加波特兰水泥中硫酸盐的含量引起的有限的硫酸盐膨胀。其他可能导致膨胀的反应是氧化钙和/或氧化镁 [K 123, M 66, C 65] 的水化和由细颗粒的金属铝和钙或者与溶解于混合水中的碱金属类氢氧化物发生的反应,例如灌浆砂浆。

由钙矾石形成导致膨胀的膨胀水泥在 ASTM C 845 中被划分成 3 种类型——K, M 和 S[A 64]。在 K 类型中(按 A.Klein),膨胀组分是硫铝酸钙 $3CaO \cdot 3Al_2O_3 \cdot CaSO_4$, $C_4A_3(SO_3)$,在 M 类型中(按 V.V. Mikhailov),膨胀组分是高铝水泥+石膏,在 S 类型中,膨胀组分是铝酸三钙+石膏。

$C_4A_3(SO_3)$ 是膨胀水泥熟料的一个基本组分,膨胀水泥熟料是通过在约 1300℃下烧结适当的原料混合物制备而成的 [K 53, M 60, K 128]。这种硫铝酸盐熟料和石膏和/或硬石膏依据所需的膨胀程度以不同比例与水泥熟料混合磨细。遇水混合后较迅速地形成了钙矾石 [O 29]。可以通过在普通生料混合物中加入硫酸钙制成含有硫铝酸钙的水泥熟料。硫铁酸钙 $3CaO \cdot 3Fe_2O_3 \cdot CaSO_4$, $C_4F_3(SO_3)$ 也是一种合适的膨胀组分 [O 48, O 47]。M 类型膨胀水泥由波特兰水泥、高铝水泥和石膏以一定的质量配比(如 66:20:14)组成 [M 60]。也可加入硫酸铝 $Al_2(SO_4)_3$、

煅烧明矾石 $KAl_3(SO_4)_2(OH)_6$ 或者氧化铝矿渣代替高铝水泥 [K 123]。一些富含 Al_2O_3 黏土和灰分也适用于此 [V 117]。

以钙矾石形成作为膨胀源的膨胀水泥有特别稳定的性能。膨胀水泥配制的砂浆和混凝土在水泥含量、类型、集料颗粒尺寸和水灰比方面,相当于普通水泥配制的砂浆和混凝土。然而,凝结时间通常会较短。实际上,通过缓凝剂可以延长凝结时间,但是也可减少预期的膨胀。细集料在限制膨胀方面不如粗集料。长的混合时间会减少膨胀值。温度越低,膨胀越大,但是膨胀发生也越缓慢 [W 69,C 12,C 11]。0℃附近的低温下,波特兰水泥部分硬化会非常慢,但是钙矾石直到-20℃仍然会形成 [X 5,C 11]。低温下,钙矾石以细颗粒形式结晶,形成具有较高强度的细孔微观结构。高温会加速水泥硬化,但也会阻碍钙矾石的形成 [C 11]。

膨胀水泥制作的构件必须放置在 100% 相对湿度的潮湿条件下,或者在水中,直到大约 7d 后膨胀反应结束、体积恒定。如果随后将它们干燥,它们会收缩到与普通水泥制作的构件相似的程度。这是由于为膨胀水泥提供水硬强度(8.6.3 节)的水化硅酸钙部分以与其他波特兰水泥同样的方式产生。

经过足够的水下养护后,硬化膨胀水泥浆体与硬化普通波特兰水泥浆体相比,其中的孔隙变小,总的孔隙率和渗水性下降。膨胀水泥混凝土比普通水泥混凝土有更好的抗冻融能力和抗盐冻融能力 [P 4,N 7]。

用膨胀水泥拌制的硬化水泥浆体、砂浆和混凝土在硬化开始时就膨胀,此时它们仍然很容易变形,并且只有在它们硬化已经在发展和变形减小之后才收缩。为避免收缩裂缝,膨胀值因此必须比收缩值大很多倍 [W 69]。

如果没有限制,那么用膨胀水泥拌制的硬化水泥浆体、砂浆和混凝土一般均匀地向所有的方向膨胀。然而,实践中,比如用膨胀水泥制作的混凝土构件的膨胀,会不同程度地受到钢筋、支撑面摩擦或其他构件的约束。单轴约束下,混凝土在无约束方向膨胀,但是与完全无约束膨胀相比,其程度要小得多。双轴约束下,在无约束方向的膨胀甚至更小。结果,孔隙率减小,强度增加。三轴约束下,会形成一些由富含水化硅酸钙、AFt 化合物和 $Ca(OH)_2$ 层次组成的具有特别高抗渗性的小区域,孔隙率减小、强度增加的程度会更加明显 [R 98,C 11]。

除其他用途之外,膨胀水泥也用于接缝处的钢筋闭合 [Z 15]、补偿收缩和预应力混凝土 [W 69,Z 15]。膨胀混凝土一般比用相同抗压强度的波特兰水泥配制的混凝土的抗拉强度高大约 10%~20% [N 7]。接缝处和修补砂浆中的膨胀剂也能改善与集料和钢筋的粘接性 [K 57,R 66]。为安装锚固钢筋,通过添加一个与不加膨胀剂的相同波特兰水泥相比为 1.6~1.9 因子的膨胀剂 [D 71],增加拉拔力。膨胀剂,比如轻烧氧化镁 [C 65],可以减少大型混凝土构件形成冷却裂缝的趋势 [K 2]。随着时间的发展,对于自应力水泥,其膨胀和粘接强度发展的互相匹配是十分重要的 [K 14]。如果膨胀是由气体产生导致的,比如用的是灌浆砂浆,那么砂浆的均匀性会有重要的影响。其他条件相同的情况下,用较硬的砂浆比用较软的砂浆所产生的膨胀值要大。这意味着,一定的限制内,膨胀值继续增大,在水的需求量和凝结方面,水泥中的硫酸盐偏离其最佳组分状态 [W 48]。

9.7 油井水泥

油井水泥用于衬砌钻井,这些钻井主要是用于抽取原油或天然气(图 9.4)。水泥像一种悬浮体一样通过套管从下部被泵送到套管和周围岩石之间的环形空间中。这个环形的水泥建筑体是用来在钻孔整个寿命期限内(大约 20~25 年)相互密封含油和含气岩层并隔离含水岩层。环形水泥浇筑体能锚固套管,并保护它们免受通常具有侵蚀性的水的侵蚀 [A 18, A 38, S 243, B 36, B 44, B 41],这些套管是用来抽取原油和天然气的。

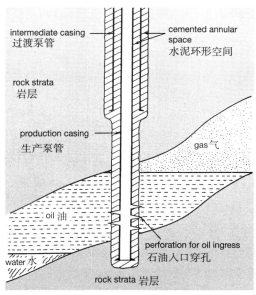

图 9.4 油井钻井衬套示意图
Figure 9.4: Schematic representation of the lining of an oilwell borehole [B 45]

石油钻井可深达 6000m。水泥悬浮体在钻井底部的压强,等于相对应的静态压强加上由泵产生的压强,总压强可高达 140MPa。温度随深度的加深而升高,这取决于表面温度和该地区地质结构特点;一般来说,深度每加深 100m 温度升高 3K。因此,温度可高达 200℃[B 41]。泵送过程中水泥悬浮体的温度低一些,但仍然可达 180℃[t 1]。

这种温度和压强条件下,人们希望水灰比为 0.4 到 0.6 的油井水泥悬浮体,在油井的底部的高压下穿入环形空间,完全充满它,然后迅速凝结硬化。在周围岩层水中含硫酸盐较多的地方,必须使用高抗硫酸盐侵蚀的水泥。在德国,一般情况下水中含盐量多会严重地破坏硬化水泥浆体,因此需要采取特殊的措施 [A 18, A 38]。

虽然钻井和胶结是分段进行的,但即使如此,压力浇注也会持续几个小时。因此,掺合料和外加剂在控制水泥悬浮体的抗渗性、流动性、凝结和硬化方面发挥着重要的作用 [B43]。

许多国家都有油井水泥类型、组成、测试以及使用方面的标准、规格和规范 [B 40, B 39]。世界范围内最普遍使用的规范是美国石油协会(API)制定的规范,它们会被作为国际标准(ISO)

采用。美国石油协会规范 API 10A[A 28] 将油井水泥分为 A～H 八个级别,根据强度和抗硫酸盐侵蚀程度又进一步细分(分为普通、中级、高级)。

API 规范中规定的所有油井水泥都是有着适当成分的波特兰水泥。用于油井技术中的其他水泥和胶凝材料还有矿渣、火山灰材料、膨胀和阿利尼特水泥、高铝水泥混合物、波特兰水泥、粉煤灰或天然火山灰、水玻璃、活性硅、多价金属离子、含硅灰和/或石英砂的贝利特水泥(属于以前 J 级油井水泥的范畴)[B 42, B 44] 等。富含高炉矿渣水泥、火山灰和火山灰高炉矿渣混合材水泥、油页岩水泥等也曾按用于德国钻井的 API 规范中 G 级的德国油井水泥规定进行了测试。

A 级、B 级、C 级的油井水泥用于钻井深度达 1830 m(6000 ft), A 级属于普通组成, B 级水泥有着中度或高度抗硫酸盐侵蚀能力, C 级水泥有着较高的早期强度,并且根据需求的不同有普通、中等或高度抗硫酸盐侵蚀性。

D、E、F、G 和 H 级油井水泥是中等或高抗硫酸盐水泥。

D 级水泥用于深度达 1830~3050m(6000～10000ft)压力和温度升高情况下的钻井;

E 级水泥用于深度达 3050~4270m(10000～14000ft)高温和高压下的钻井;

F 级水泥用于深度达 3050~4880m(10000～16000ft)极高温度和压力下的钻井。

G 级和 H 级油井水泥有着中高度抗硫酸盐侵蚀能力,一般用于深度达 2440 m (8000 ft)的钻井。这两类水泥的凝结时间可以根据钻井深度范围加入促凝剂或缓凝剂来调节,因此除了水泥熟料外还不能含有硫酸钙以外的任何其他杂质。H 级水泥的颗粒比 G 级水泥粗。

根据钻井的特定要求,将添加剂加入到水泥浆中以保证水泥具有最优的流动和固化性能,这尤其适用于 API 规范中 G 级和 H 级油井水泥 [k 3, t 1, S 243, F 64, A 18, A 38, B 36, B 44, B 41, B 43, B 42]。

缓凝剂是用来延长水泥浆的可泵性。例如,木质素磺酸盐有效性的温度高达 95℃,而柠檬酸、酒石酸、葡萄糖盐,特别是质量百分含量超过 20% 左右的高浓度氯化钠在更高的温度下还能发挥有效作用 [B 44]。

促凝剂主要是氯化物,特别是氯化钙,也有硅酸钠和铝酸钠等。促凝剂的加入能够促进硬化和提高水泥的早期强度,因此促凝剂在紧贴地面表层或严寒地区,和在有冻土的严寒地区是非常必要的,它们在深度达到 1000m 的钻井仍然有效。

钻井深度很大的高压条件下,为使加入的水泥浆分散,必须加入密度较高(为 4.0~5.0g/cm^3)的添加剂,如重晶石($BaSO_4$)、菱铁矿(α-Fe_2O_3)或钛铁矿($FeTiO_3$)等 [B 36, B 41, S 2]。

较低密度或高需水量的外加剂的使用是为了避免致密度较差的岩层流失水分。这种材料中使用最广的是膨润土,它是一种富含蒙脱石的不纯黏土。膨润土由于其晶格吸水膨胀而有着很高的保水能力。其他的这类保水材料有硅藻土[一种含有硅藻和由蛋白石物质组成的硅质生物体(防射虫岩)沉积物]、火山灰、珍珠岩(一种低密度,富含 SiO_2,加热膨胀的火山玻璃体),以及硬沥青,一种在美国天然产出的地沥青石,其密度为 1.07g/cm^3。

9 具有特殊性能的标准水泥——特种水泥

加入磨细石英是为了避免在110~120℃温度的钻井段,由于密度较高的α-水化硅酸二钙的形成而增加的孔隙率使硬化水泥浆体的强度降低(7.2.3节)。当SiO_2的质量分数接近35%时,会生成密度极低的雪硅钙石,其结果是水泥浆体的孔隙率不会增加,强度也不会降低。

水泥中加入8%~12%的半水石膏,或硫酸铝和硫酸亚铁的混合物,以致由于石膏的形成而提高水泥浆的触变性。这样可以使得环形空间填满水泥浆,甚至在高渗透性的岩石区域也可填满水泥浆。

随着温度和压力的不同,油井水泥稠化和硬化的方式也不同。相应的方法及测试设备在API规范中作了规定[A 28]。

9.8 憎水水泥

憎水水泥(又名water-pellent cement),如Pectacrete能够暴露在湿空气中存在一定的时间,尽管从周围空气中吸收水及二氧化碳,其质量不会有实质性的降低。因此,即使是在相对空气湿度为90%~95%的条件下,憎水水泥也适合长距离运输和长时间储存。憎水水泥也用于一定的建设工程,如地基加固。憎水水泥混凝土或砂浆的抗冻融和抗盐冻破坏能力的增加或许归功于其引气作用[L 125, K 40, P 19, P 20, W 36, W 18, F 39, k 3, J 1, S 53]。

憎水水泥通常是一种波特兰水泥,生产过程中就加入约0.5%质量分数的憎水物质,一般有油酸、十二烷、硬脂酸、环烷酸及其相应的盐和五氯酚等[k 3, J 1, W 18, B 37]。这些憎水物质在水泥颗粒表面形成一层膜,水泥水化初期,抑制水泥的水化,但这种作用在混凝土搅拌中就失去效应。地基加固工程中憎水水泥分散到土壤里时,几乎不吸收水分,只有当它们被埋入到土里时才开始水化。因此这种水泥容易处理,特别是对于土壤中水分含量较高和难以处理的土壤或在潮湿气候等情况[F 39]。用于提供憎水作用的化合物应不会被雨水冲掉,或不会被化学或生物降解掉,并能降低固结土壤毛细管的吸水能力[W 35]。

9.9 超细粘结剂

超细粘结剂,也就是超细水泥,自1985年开始生产。超细水泥的发展是从1974年由日本开始的,当时由于环保原因,不允许使用有机化学溶液注入到土壤或岩石中去,以提高地基的承载能力和抗渗性能[B 38, B 44, O 38, U 1, U 2, Y 11, Y 10]。然而,当用悬浮液取代这些溶液时,必须考虑悬浮液的渗透能力会随着水泥颗粒尺寸的增加和土壤颗粒尺寸的减小而下降。从80年代末开始,包括德国在内的其他国家也有了这种水泥。超细水泥正越来越多地用于其他目的,如作为生产高性能混凝土和稠砂浆的掺合料,用于混凝土中裂纹的填缝以及油井衬砌的封漏[B 45, K 106, K 107, S 82, P 24, S 80, T 19, T 34, P 25, P 23, S 54, S 52, L 18]。

超细水泥的主要组分一般有水泥熟料和高炉炉渣,也可能有矿物添加剂以及注浆助剂,即延缓与水反应和改善固体组分在悬浮液中的分散度的添加剂。

初始物料可以共同和/或分别研磨,采用助磨剂,然后进行分级。细度一般在8000cm^2/g以上[K 106]。然而,注浆行为并不取决于比表面积而取决于无法渗入细孔并阻塞通道的较粗颗粒的比例。因此,细度定为d_{95}粒径,d_{95}是指95%(质量分数)的颗粒粒径尺寸小于该尺寸,只有 5%（质量分数）的颗粒大于该尺寸。对于超细水泥来说，d_{95} 值在 6~24μm 之间，主要取决于超细水泥的类型。图 9.5 为含有 CEM Ⅰ 32.5R 和 CEM Ⅱ 52.5R 四种类型的超细水泥的粒径分布对比图 [P 23]。

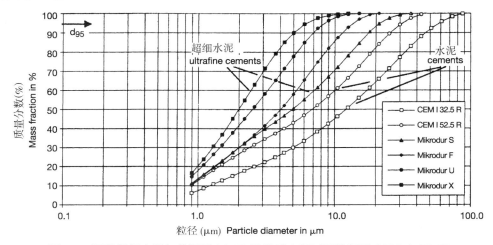

图 9.5　四种超细水泥与普通型 32.5R 波特兰水泥以及快硬型 CEM Ⅰ 52.5R 型波特兰水泥颗粒粒径分布的比较

Figure 9.5: Particle size distribution of four types of ultrafine cement in comparison with CEM I 32,5 R normal hardening Portland cement and CEM I 52,5 R Portland cement with rapid initial hardening [P 23]

然而，注浆行为不受干粉粒径分布的控制，而是取决于注浆的含水悬浮液的粒径分布。一般来说，与水接触后，粒径会变粗大，因此，注浆能力变差，水灰比降低，大约在 0.5~10 的范围之间。这是由于悬浮液中形成的吸引力使颗粒结团，以及由于水化产物沉积而颗粒变粗。注浆助剂加入到超细水泥中降低了粒子间的吸引力，阻碍颗粒与水的反应。因此，经过优化调整，水溶液中的超细水泥颗粒分布只比干态下略粗。强化混合，如使用叶轮式搅拌机，使水泥在悬浮液中充分分散也是有必要的 [T 17]。

9.10　喷射混凝土用水泥

喷射混凝土是通过喷嘴以高速喷射到修补或加固的表面，并在冲击力下密实的混凝土。这种工艺主要应用在隧道工程、岩壁加固以及混凝土表面的修复等。湿喷工艺中混凝土是预先混好的，而干喷工艺中混合水是在喷嘴加入混合料中。浇注喷射混凝土已废弃的德文术语是"Torkretieren"，是以在德国引入此工艺的 Torkret 建设公司命名的。喷射混凝土的英文术语是"gunniting"，在美国称为"shotcreting"。

能够加快凝结的外加剂经常被用到喷射混凝土中。为了环保，在多数情况下喷射混凝土不应含有任何会将碱金属氧化物释放到地下水中的添加物。已经开发了专门用于这些场合的特种水泥，尽管凝结较快，但它实际上完全可以能够生产密实的混凝土 [M 32]。

喷射混凝土用水泥是波特兰水泥，掺有少量石膏，有时外加少量促凝剂。最初是在奥地利生产的，稍后德国也开始生产。由于快凝性，喷射混凝土用水泥不符合普通水泥标准。因此由于喷射混凝土用水泥不是标准水泥，它们需要授权许可才能使用。喷射混凝土用水泥的牌号是

"CEM I32.5 R–SE 喷射混凝土用水泥"或"42.5 R–SE",当水泥成分满足高抗硫酸盐侵蚀需求时,上述牌号后可能加后缀 HS。

目前正在研究一些测试喷射混凝土用水泥的特殊的方法,如用压入硬度试验测试凝结。用这种方法测试的初凝时间,一般在几秒到几分钟之内,个别特定的最大值能达到 2~15min。快速凝结意味着在制作强度测试的试块时必须采取一些特殊的方法。

9.11 砌筑水泥

砌筑砂浆和灰浆一般是从能够改善新拌砂浆的工作性和保水性,但强度低于水泥的胶凝材料生产的,因此硬化砂浆仍然有足够的变形能力。砌筑砂浆的法语术语为 ciment maçonner,德语术语为 Binder,比较常见的有 Putz– und Mauerbinder。

这些粘结剂一般包括水泥、粒化高炉矿渣、火山灰,有时加入熟石灰或水硬石灰和填料。它们也含一些能促进浆体工作性、保水性和抗冻融性的引气物质 [A 44, W 89, N 1, l 3, k 3]。

德国标准 DIN 4211[D 56] 定义的砌筑水泥组成为波特兰水泥熟料或一种符合德国标准 DIN 1164–1 的适用水泥以及无机材料,也可能包含某些有机物质。无机物质一般是填料,如石灰石粉或生料,里面也可含有引气剂。根据标准 DIN 4211[D56],砌筑水泥分为两种强度级别,以 MC 标示,根据标准 DIN EN 196–1 测试的 28d 最低强度为 5 N/mm^2 和 12.5 N/mm^2 来加以区分。若砌筑砂浆强度等级为 MC5,熟料质量分数至少占 25%,若砌筑砂浆强度等级为 MC12.5,熟料质量分数至少占 40%。德国标准 DIN EN 413-2[D 45] 规定了检测新拌砂浆黏稠度、保水性、含气量、工作性的程序。

9.12 超硫酸盐水泥

高硫酸盐水泥,1953 年以前称为石膏矿渣水泥,是 H. Kühl 在 1908 年在有活化硫酸盐的粒化高炉矿渣中发现的。相应的法语术语为 ciment métallurgique sursulfaté 或 ciment sursulfaté,德语术语为 Sulfathüttenzement。各国有不同的标准,如比利时(NBN 132),英国(BS 4248:1968),法国(P.15-313)。在德国这种水泥已经停产,相应的标准 DIN 4210 也已废除。

高硫酸盐水泥的硬化几乎完全取决于被硫酸盐激发的粒化高炉矿渣,特别是硫酸钙(β- 硬石膏)。因此,超硫酸盐水泥标准规定粒化高炉矿渣的最少质量分数为 75%,SO_3 的最少质量分数在 3% 至 5%。取决于国家标准,需要在水化过程中提供一定碱度的水泥熟料所占的质量百分比不应超过 5%。工业用超硫酸盐水泥通常含质量分数为 10%~15% 的硬石膏,质量分数为 1%~3% 的水泥熟料。粒化高炉矿渣必须具有特殊活性,用于生产超硫酸盐水泥的粒化高炉矿渣 CaO 的质量分数通常在 44%~47% 之间,$Al_2O_3+TiO_2$ 的质量分数在 15%~20% 之间 [S 91]。

超硫酸盐水泥的水化在 7.3.4 节已经作了介绍。能提供强度的水化产物主要是水化硅酸钙,至少初期有钙矾石。尽管有钙矾石形成,超硫酸盐水泥还是有很好的尺寸稳定性,这可能是由于超硫酸盐水泥在水化过程中无 $Ca(OH)_2$ 的形成。由于 $Ca(OH)_2$ 孔隙溶液不饱和,孔溶液的 pH 值在 11.0~12.4 之间 [S 91]。这种情况下,钙矾石晶粒生长压强可能很低,所以不会发生膨胀。相应地,如果超硫酸盐水泥与其他波特兰水泥混合使用,其结果是孔溶液的pH值大于12.5,经常会出现硫酸盐膨胀。

超硫酸盐水泥对储存条件比其他水泥更为敏感[B 81]。这可能是由于空气中的水分和CO_2会促进熟料的水化,进而对凝结和硬化产生特别的影响。

超硫酸盐水泥也有其强度受水灰比影响的特点。其他水泥基混凝土的强度会随着水灰比的升高而均匀地降低,而超硫酸盐水泥的强度随着水灰比的增加开始是升高的,仅当水灰比为0.6~0.7 [M 135, S 91]达到最高值后时,才开始下降。这种现象的产生或许是由于最佳水化过程要求有一定的pH值,而这要根据混凝土的水泥量和水泥熟料的反应活性达到一定含水量时才能达到。

据溶液水化热测定法测定,超硫酸盐水泥的水化热较低,7d能达到165~190J/g,而28d为190~210J/g。在40℃的较高温度下,可以加速硬化。加热温度超过50℃或在高压蒸汽养护下会引起水泥强度的显著降低,这显然是由于钙矾石脱水或分解的缘故[l 3]。

超硫酸盐水泥被认为是一种高抗硫酸盐侵蚀的水泥[R 39]。用超硫酸盐水泥制备的混凝土在空气中放置一段时间,可以观察到有一层很薄的砂子和灰层,可以从混凝土的表面擦落下来。这个"起灰"现象是因为空气中CO_2导致钙矾石的分解而造成的[A 36, R 39]。这也证实超硫酸盐水泥混凝土碳化区域较未碳化区域强度要低得多。虽然在水化过程中无氢氧化钙形成,但在没有碳化的区域,钢筋受到保护而不被腐蚀[W 34]。很明显,与水化硅酸盐相适应的孔溶液的pH值尽管小于12(7.3.4节),也足以使钢筋钝化(8.8.3节)。然而,为确保混凝土一直处在潮湿条件下,超硫酸盐水泥大多被推荐用于大体积混凝土工程和承重墙混凝土以及水利工程和基础工程,而不是用于建筑构造的精细部件上[R 39, S 91]。

9.13 高铝水泥

9.13.1 定义和描述

对比目前使用较多的波特兰水泥,高铝水泥的主要成分是铝酸钙,铝酸钙加水混合后,形成有足够硬化能力的水化铝酸钙。高铝水泥也称作 Aluminous cement(高铝水泥)或 calcium aluminate cement(铝酸钙水泥)。高铝水泥的法语术语为 ciment alumineux,德语术语为 Tonerdezement。经熔融产出的高铝水泥在德国叫做 Tonerdeschmelz zement,在法国叫做 ciment alumineux fondu。

通常高铝水泥不像波特兰水泥那样作为粘结剂用于普通混凝土中,由于具有特殊性能,高铝水泥一般趋向用于特殊工程中。高铝水泥的特殊性能包括[S 99]:

——低温下能快速硬化;

——高温耐久性,耐火性;

——能够抗多种化学介质侵蚀。

高性能高铝水泥混凝土也具有高抗磨损性[S 98]。

高铝水泥也可以少量地加入到其他粘结料中,可大大加快凝结,如用于波特兰水泥;还可以与硫酸盐一起生产可控膨胀的膨胀水泥(9.6节)。

9.13.2 生产

生产高铝水泥的原料主要为石灰石和铝矾土(一种疏松的沉积岩,以法国南部首次发现铝矾土的Les Baux-en-Provence命名),Al_2O_3的含量相对较低,质量分数最高为60%。铝矾土的组成为凝胶状氢氧化铝,三水铝石$\gamma\text{-}Al(OH)_3$)和硬水铝石($\alpha\text{-}AlOOH$)。主要化学成分含量为Al_2O_3质量分数为50%~70%,Fe_2O_3质量分数为25%,SiO_2质量分数为2%~3%,H_2O质量分数为12%~40%,同时还含有一定量的次要的微量元素,特别是TiO_2[K 123]。

目前,高铝水泥一般是原料混合物在带立筒预热器的烧煤粉或油的窑炉中在1450~1600℃的温度下完全熔融而生产的(图9.6)。这种条件下,部分铁还原为Fe^{2+}。熔体连续地流到浅型模具中进行冷却和结晶,然后在通常的水泥磨机中将其粉磨到所需水泥细度。由于非常难磨,磨蚀性相应很高[r 3, N 30, P 58, t 1, S 99]。

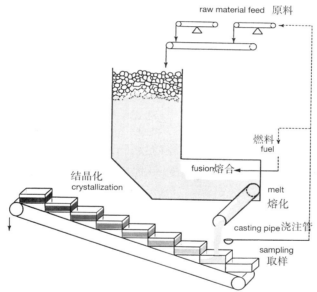

图9.6 带有立筒预热器的池窑,用于通过熔融原料生产高铝水泥 [r 3,P 58,S 99]
Figure 9.6: Tank furnace with shaft preheater for producing high-alumina cement by melting the raw mix (via a melt) [r 3, P 58, S 99]

一般要用较纯的、经过适当处理的原料在回转窑中通过烧结制备Al_2O_3含量较高的高铝水泥。因此,高铝水泥几乎不含SiO_2或Fe_2O_3,主要用于生产耐火材料[S 99]。

在德国用熔融法生产高铝水泥持续到1981年。在Lübeck冶金厂,特种生铁生产过程中,在高炉中获得铝酸钙熔体[L 34, k 3]。目前,法国、英国、西班牙、美国、日本、克罗地亚、中国、波兰、巴西、印度和前苏联的一些国家都有高铝水泥生产线[S 99]。

9.13.3 成分

1. 化学组成

高铝水泥的组成包括至少25%至几乎100%质量分数的$CaO + Al_2O_3$,0~20%质量分数的

铁氧化物 $Fe_2O_3 + FeO$。化学组成中若 Al_2O_3 的含量越多而 Fe_2O_3 的含量越少,则在高温下其耐久性越好。表 9.2 列出依照铝和铁的氧化物的含量不同而进行的分类情况。次要组分包括可高达 2% 质量分数的 TiO_2,可高达 1% 质量分数的 MgO,碱以 Na_2O 当量质量计,含量约为 0.4%;FeO 含量相对较高,质量分数约为 4% 到 7%。在德国,用熔融法生产的高铝水泥根据 Al_2O_3 的含量高低分为两类(表 9.2),因为它是从冶炼钢铁工艺中生产出来的,所以几乎不含 Fe_2O_3,但含有可达 0.6%(质量分数)的 FeO 和可达 1.3%(质量分数)的 S^{2-}[L 34, k 3]。

表 9.2 高铝水泥根据含铝和铁氧化物的水平进行的分类

种类 Class	Al_2O_3	CaO	Fe_2O_3+FeO	SiO_2
低 – Al_2O_3 low–Al_2O_3 富铁氧化物 iron-oxide-rich	36⋯42	36⋯42	12⋯20	4⋯8
低 – Al_2O_3 low–Al_2O_3 低铁氧化物 low-iron-oxide	48⋯60	36⋯42	1⋯3	3⋯8
高 Al_2O_3 increased Al_2O_3	65⋯75	25⋯35	<0.5	<0.5
富 – Al_2O_3 Al_2O_3-rich	>80	<20	<0.2	<0.2

高铝水泥的颜色主要取决于铁氧化物的含量。铁氧化物含量多的水泥颜色从黄到棕色,到暗灰色,铁氧化物含量低的水泥颜色主要为淡棕色至浅灰色,无铁氧化物的水泥颜色几乎为白色。

2. 标准的高铝水泥的相组成

所有的高铝水泥的水硬性都依赖于铝酸一钙 CA 的含量(3.1.6 节,图 3.3),质量分数不少于 40%。Fe_2O_3 与 Al_2O_3 和 CaO 形成铁铝酸钙 $C_2(A,F)$,$C_2(A,F)$ 和富含 Fe_2O_3 的生料的质量分数可达到 20%~40%。其他组分的参与比例低于 10%。具体来说,这些组分包括 $C_{12}A_7$,含有 SiO_2 的钙铝黄长石 C_2AS 和硅酸二钙 C_2S 以及方铁矿 FeO。高铝水泥中 TiO_2 的质量分数可达 2% 以上,只是很少形成单独的化合物 $CaTiO_3$,在其他相中它一般是以固溶体的形式存在。

以棱柱或条状形式结晶形成的复合多色性晶体(因为它有明显的多色性),有一定的重要性。多色性是用来描述双折射晶体吸收偏光的特性,偏光的吸收随相对于晶体位置振动方向的不同而不同。多色晶体可以在偏光显微镜下用偏光进行检验,通过显微镜底架转动时晶体颜色或亮度的改变 [M 91, M 10] 来辨认。

根据最新的研究发现 [H 13],多色晶是一种具有下列分子式的混合晶体化合物:

$$Ca_{20}Al_{32-2n}Mg_nSi_nO_{68}$$

工业用高铝水泥中,经常含有二价和三价铁,其分子式 [S 99]:

$$Ca_{20}Al_{22.6}Fe^{3+}_{2.4}Mg_{3.2}Fe^{2+}_{0.3}Si_{3.5}O_{68}$$

因此它的形成条件主要是存在富含铁氧化物的原料混合物和窑的强烈还原气氛下,且熔体含有较多的 Fe^{2+}。多色晶体和钙铝黄长石 C_2AS 有着相似的晶格,因此研究预测形成相组分的间层结构也应该是相似的 [S 166]。

组成 SiO_2,FeO 和 Fe_2O_3 对高铝水泥的水化硬化能力起着负面的影响,因为它们在各相中相应地固化了一部分 Al_2O_3,这些相对硬化无贡献或贡献很小,特别是铁铝酸钙、多色晶体和钙铝黄长石相。结果它们降低了对硬化过程至关重要的铝酸一钙的含量。为了避免如钙铝黄长石相的形成，SiO_2 的质量分数不应超过 6%[G 19]。

3. 标准的高铝水泥相组成确定

由于对应相平衡，下列相分组，进行一定的简化，可出现在含 Al_2O_3 较低、标准的高铝水泥中 [P 7, S 99]：

$CA-C_2(A,F)-C_{12}A_7-FeO-$ 多色晶体

$CA-C_2(A,F)-C_{12}A_7-C_2S-$ 多色晶体

$CA-C_2(A,F)-C_2S-C_2AS-$ 多色晶体

$CA-C_2(A,F)-C_2S-FeO-$ 多色晶体

$CA-C_2(A,F)-C_2AS-FeO-$ 尖晶石

原则上，可以计算每一个平衡式的潜在相组成。但是，由于熔体中的非均匀性和冷却速率的差异，也有可能会出现和热平衡不对应的其他相，如 $C_{12}A_7$。

计算的时候需注意高铝水泥中的晶相主要是以固溶体 [M 8, J 10, S 99, S 167, S 166] 的形式存在的。例如 CA 可包含质量分数高达约 4.8% 的 Fe^{3+} 和 SiO_2；铁铝酸钙中 Al_2O_3/Fe_2O_3 的比率是可变的，晶格点阵中包含着较大量的 SiO_2、TiO_2 和 MgO。钙铝黄长石也能包含大量的 Fe^{3+}。但是可以进行各种假定和简化来估算主要相的含量 [C 1, S 165]。

X 射线衍射是一种进行定量测定的好方法，尽管主要相的衍射峰会有很大程度的重合，并且它们的位置也会因为混合晶体 [M 89, P 21, R 25] 的形成而变化。尽管会有很多的烦琐，但是原则上可以采用粉磨样品和切片样品进行显微镜观察 [S 99]。

9.13.4 水化

在标准的高铝水泥组分中，水化速度最快的是铝酸一钙 CA 和 12/7 铝酸钙 $C_{12}A_7$，水化只发生在低浓度下（3.1.5 节）。所以其他组分反应很慢，甚至完全不与水反应。因此，高铝水泥的硬化速率主要取决于 CA 的水化速度，即 CA 与水反应形成水化铝酸一钙——$CaO \cdot Al_2O_3 \cdot 10H_2O$，$CAH_{10}$ 的速度（7.2.4 节）。

CA 或高铝水泥与水混合形成的溶液，放置短暂时间之后，成为稳态或亚稳态的过饱和溶液。CaO/Al_2O_3 的摩尔比约为 1.1。然而，只有在一个相当长的诱导期之后，当晶核长到临界尺寸时，才会形成较大量的水化产物。这段诱导期随溶液浓度的增加而缩短，这还与形成的水化产物的类型有很大的关系。C_2AH_8 和氢氧化铝 AH_3 在 CAH_{10} 之前形成。因此，溶液中 CaO/Al_2O_3 建立了恒定的约为 1.05~1.10 之间的摩尔比。这个摩尔比在 CAH_{10} 结晶化过程中是保持不变的，溶液的过饱和度很高时 CAH_{10} 开始形成。因此，$CaO-Al_2O_3-H_2O$ 三元系统中，CAH_{10} 沿着亚稳定相 AH_3 和 C_2AH_8 主要沉积区之间一段很窄的区域内的一条线被沉积下来，这条线被设定为最小不稳定性线（图 9.7）。主要的水化产物在诱导期结束后生成，此时水泥开始硬化。水化产物的数量和类型主要取决于水泥的组成和温度。CAH_{10} 是标准的高铝水泥在 10℃ 下水化期间生成的主要产物。CAH_{10} 和 C_2AH_8 是由 CA 直接生成的，而不是通过 CAH_{10} 转化的，在

10~27℃之间生成。更高温度下，C_3AH_6 和 $\gamma\text{-}AH_3$ 三水铝石作为稳定相开始生成，而 C_2AH_8 也在较早的时间生成了 [G 21, W 31, F 6, B 14, B 13, B 65, R 6, E 3, t 1, B 53, S 99]。相应的反应方程式如下：

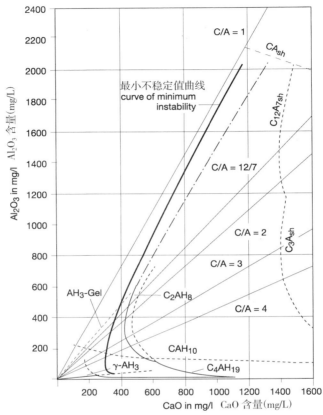

图 9.7　铝酸钙 $CaO·Al_2O_3$，"$12CaO·7Al_2O_3$" 和 $3CaO·Al_2O_3$ 的假设溶解度 sh 以及 $CaO\text{-}Al_2O_3\text{-}H_2O$ 体系中最小不稳定值曲线
[W 31, F 6, B 13, B 14, A 35, J 24, B 65]

Figure 9.7: Hypothetical solubility sh of the calcium aluminates $CaO·Al_2O_3$, "$12CaO·7Al_2O_3$" and $3CaO·Al_2O_3$ and the "curve of minimum instability" in the $CaO\text{-}Al_2O_3\text{-}H_2O$ system
[W 31, F 6, B 13, B 14, A 35, J 24, B 65]

$$CA + 10H \longrightarrow CAH_{10}$$
$$2CA + 11H \longrightarrow C_2AH_8 + AH_3$$
$$3CA + 12H \longrightarrow C_3AH_6 + 2AH_3$$

根据以上分析，可以计算出整个水化过程的需水量。与铝酸一钙 CA 质量相对应的需水量为：

CAH_{10}　　114.0 M.-% 或 W/C=1.14

$C_2AH_8 + AH_3$　62.7 M.-% 或 W/C=0.63

$C_3AH_6 + 2AH_3$　45.6 M.-% 或 W/C=0.46

高铝水泥水化过程中的所有其他组成成分，特别是铁铝酸钙 $C_2(A,F)$，在水化过程中要么完全不水化,要么比铝酸盐水化慢得多。富铝 $C_2(A,F)H_x$ 混合晶粒和富铁非晶态氢氧化铁(Ⅲ)在较低温度下生成,而水化石榴石(7.2.7 节)在高于约 25℃的较高温度下生成。少量二氧化硅被结合成水化钙铝黄长石 C_2ASH_8 (7.2.8 节)和水化石榴石 [S 90, S 92, N 6, S 99]。

标准的高铝水泥达到标准稠度的需水量在 24%~28% 之间,比早期强度高的波特兰水泥低很多。高铝水泥的凝结较慢,但是初凝与终凝时间相隔较短。由于水化特快,标准的高铝水泥的硬化速度特别快。后期强度实际上可与波特兰水泥相比,但只在几天后就能达到该强度。水化热释放速度也较快。但是高铝水泥总水化热较波特兰水泥只高一点 [r 3]。

9.13.5 硬化高铝水泥的微观结构和性能

高铝水泥的化学收缩(8.3.2 节)大约为每 100g 水泥 $16cm^3$,比波特兰水泥 [r 3] 要高很多。然而,为保证其耐久性,高铝水泥混凝土中水泥的含量至少为 $400 kg/m^3$,并且水灰比不应超过 0.4[F 6, G 20],所以,即使铝酸一钙 CA 含量很低,加水量仍不足以使水泥完全水化。所以,总的来说高铝水泥的化学收缩比波特兰水泥大不了很多 [S 99]。

10℃时硬化的高铝水泥浆体的组成主要相为铝酸一钙。由于水灰比较低,硬化浆体的孔隙率低,相应的强度就很高。原则上,高铝水泥孔隙率与强度的关系同硬化波特兰水泥浆孔隙率与强度的关系类似。若水泥是在 70℃硬化,浆体中会形成稳定相 C_3AH_6 和 γ-AH_3 三水铝石,在水灰比超过 0.4 时,孔隙率会提高,而强度相应地会降低。高铝水泥浆体制成的高与直径都是 12.7mm 的圆柱形试块,在 $345N/mm^2$ 的压力和 150℃ 或 250℃ 的温度下热压养护半小时可以获得 355~480N/mm^2 的极高强度。这种条件下的水化产物主要为 C_3AH_6、γ-AH_3 和 $C_4A_3H_3$,还有少量一水软铝石 γ-AlOOH[C 59, G 21, G 53, S 99]。

高铝水泥混凝土在较长时间干燥后出现的收缩是同波特兰水泥混凝土类似。然而,由于水化速度较快,最终尺寸的达到速度比波特兰水泥混凝土快得多,徐变速度也与波特兰水泥混凝土类似 [r 3, S 99]。

倘若 CAH_{10} 和 C_2AH_8 在高温高湿的影响下尚未转变,高铝水泥混凝土能抗硫酸盐化学侵蚀。C_3AH_6 作为中间产物和硫酸盐溶液反应形成钙矾石,并产生硫酸盐膨胀。硬化的高铝水泥也会和碱性溶液中的 CO_2 极其迅速地反应。$CaCO_3$、α-AH_3 和 γ-AH_3 作为反应产物生成。硬化高铝水泥有抗无 CO_2 碱金属氧化物溶液和其他碱金属溶液、弱酸和海水侵蚀的能力 [r 3, B 20, M 90, S 52, S 51]。

9.13.6 硬化高铝水泥水化产物的转变及其对性能的影响

CAH_{10} 是高铝水泥水化产物相强度形成的主要物质,生成的 C_2AH_8 常温下是亚稳态物质,生成量少。在超过 23℃的温度和相应的湿度下,这些水化产物会转变为稳定相 C_3AH_6 和三水铝石 γ-AH_3:

$$3CAH_{10} \longrightarrow C_3AH_6 + 2\gamma\text{-}AH_3 + 18H$$

$$3C_2AH_8 \longrightarrow 2C_3AH_6 + \gamma\text{-}AH_3 + 9H$$

CAH_{10} 的密度为 $1.72g/cm^3$,C_2AH_8 的密度为 $1.95g/cm^3$,C_3AH_6 的密度为 $2.52g/cm^3$,γ-AH_3

的密度为 $2.35g/cm^3$,水的密度为 $1.00g/cm^3$,因此理论上说,固相转化产物 C_3AH_6 和 $\gamma\text{-}AH_3$ 仅占 CAH_{10} 体积的 48.0%,C_2AH_8 体积的 63.6%。因此,由于该转变,就会有一个很大的空隙体积增长产生,并且出现强度降低。转化过程中,大量的水分也会释放出来。CAH_{10} 转化过程中,该部分水的体积将会占到 55%,比转变过程中形成的空隙体积稍大。因此,致密硬化水泥浆体中的压应力会增大并引起体积膨胀 [k 3]。

较高温度下,凝结过程中的转变速度会大大加快 [C 58]。即使是在转化后,发生的速度也更快,并且水灰比和温度更高,孔溶液中碱含量更高。随着在 18℃下养护的继续进行,亚稳态水化产物会逐渐转化为稳定的水化产物,并且强度不损失 [M 92]。假如 $1m^3$ 混凝土中含 400kg 以上的水泥,并水灰比不超过 0.4,转化会延迟。这种情况下,水泥水化不完全。在稍后的阶段,未水化的水泥会与转化过程中释放的水反应,产物会对强度有贡献,并且会延缓转化进程。如果混凝土和较少的水分结合,相应水灰比不超过 0.35,在 18℃下充分潮湿的环境初步养护后,会在不低于 50℃的热水中硬化 [G 21, G 20, A 23, M 87, T 39, C 59, R 6, S 151, L 30, F 54],这样就可以避免后续的强度损失。

这种转化还会影响到钢筋的腐蚀保护。未转变的硬化高铝水泥浆体的主要成分是亚稳态水化铝酸钙。由于孔溶液中 $Ca(OH)_2$ 浓度相对较高,因此,有足够的碱性物质钝化钢筋,保护它们免于侵蚀。转化过程中形成的稳定的水化相与孔溶液中低得多的 $Ca(OH)_2$ 含量相平衡。因为转化过程中,孔隙率和渗透率大大增加,碱度也会由于碳化而下降。因此,钢筋失去了防腐保护的钝化层。因此在适当的环境条件下会产生钢筋的腐蚀,氯化物由于没有被永久结合为一氯化物(7.2.6 节)[C 64, G 20, S 90, N 17, B 53, S 99, G 49] 也会加重钢筋腐蚀。

德国发生的高铝水泥基预应力混凝土构件断裂事故是由钢筋中应力腐蚀断裂(氢脆)引起的。原因是高铝水泥中的 S^{2-} 的含量较多,以及转化了的高铝水泥混凝土的 pH 值降低到 9 以下(在 8.8.6 节中有所描述)[N 3, R 37, K 121, R 7, S 99, S 90]。这种破坏就是为什么高铝水泥不能做高负荷混凝土构件的原因。

9.13.7 其他水泥混合物和水泥成分

M 型膨胀水泥 [M 60](9.6 节)是一种混合物,含 65%(质量)的波特兰水泥,20%(质量)的高铝水泥,15%(质量)的硫酸钙。波特兰水泥和高铝水泥在每次加入其他水泥时在相互作用影响下凝结加快。一般来说,每种水泥的性能对混合水泥的性能都有很重要的影响,而净浆水泥在高铝水泥含量在 25%~75%(质量)之间,波特兰水泥含量在 75%~25%(质量)之间时硬化最快。然而这种混合水泥的强度增长非常缓慢 [r 3, C 60, t 1, S 99]。

高铝水泥和粒化高炉矿渣混合材在水化初期生成 CAH_{10} 和 C_2AH_8。稍后,20℃温度下和高炉矿渣的参与下得到水化石榴石(7.2.7 节)。在 40℃时获得含有铁离子和镁离子的钙铝黄长石水化产物 C_2ASH_8(7.2.8 节),它是水化产物的主要相。孔溶液中的 Ca^{2+} 离子形成一种新的水化相,这阻碍着亚稳态水化铝酸钙转化为稳态 C_3AH_6,但强度不会损失。高铝水泥与粒化高炉矿渣为 1:1 的混合材硬化比纯高铝水泥慢,但是在水中养护较长时间后可达到相同的强度。这种技术被运用到水泥净浆和砂浆及混凝土试件中。硬化的高铝水泥和粒化高炉矿渣混合材有极强的抗硫酸盐侵蚀能力 [E 2, M 4, M 6, M 7, R 11]。添加15%(质量分数)的硅灰同样也会阻碍亚稳态水化铝酸钙转化为稳态 C_3AH_6,因而防止了强度的降低。粉煤灰不适合作为抗硫酸盐腐蚀的掺加料,为起到作用,使用量应不少于40%(质量分数),而这会造成强度的急剧下降 [C 38]。细粒碳酸钙或消石灰集料的加入也会阻碍或者延缓这种转化。这是由于生成了单碳酸盐(7.2.6 节)代替了不同百分含量的亚稳态水化铝酸钙 [C 66, F 31, K 129]。

9.13.8 高铝水泥基耐火混凝土

波特兰水泥作为粘结剂配制的混凝土使用温度一般可达 500℃,如果混凝土中使用特殊的集料,如耐火黏土,则使用温度可达 1000℃。混凝土使用温度的限制因素主要是 CaO 的形成,是由 $Ca(OH)_2$ 脱水形成的,并且在湿空气中会引起膨胀,石英作为集料的一种组分,会在晶型转变过程中破坏混凝土的微观结构 [L 33, L 32, L 59, k 3]。

高铝水泥混凝土,在硬化过程中不会产生 $Ca(OH)_2$,防火温度可高达 1900℃,这主要是取决于水泥的组成和集料的类型 [S 99]。一般来说,水泥含量相对高(20%~30% 质量分数)的混凝土被选作在低温下使用的混凝土,而水泥含量较低(如 10%)的混凝土则可以耐高温 [L 34]。最高耐火度的混凝土其集料由熔融的氧化铝和少量的高铝水泥组成,为 5%~15%(质量分数),并且高铝水泥中至少要含 70% 的 Al_2O_3,这些混凝土有较高的耐火度。当这种混凝土加热时,起初强度下降,900~1100℃的温度范围内强度达到最低点,接着强度会重新升高,这是由于在新生成的高熔相 [S 99, t 1] 间形成陶瓷结合键。

10 水泥和混凝土的环境相容性

10.1 水泥粉尘

早期的文献记载曾提到,有人在水泥厂工作长期吸入水泥粉尘得上了上呼吸道慢性炎症。但是,即使在水泥工业发展的初期,吸入结晶型 SiO_2(也就是石英,方英石和鳞石英)而引起的矽肺病也很少或根本不会在水泥厂职工中出现。因为水泥粉尘不含游离的结晶型二氧化硅,并且原料混合物中也很少含有石英。除此之外,工厂内的所有粉尘来源都经过了除尘处理,所以水泥厂的工作区域内很少有粉尘污染 [E 12]。

MAC 和 BAT 列出的数值中 [d 1],把 $1.5mg/m^3$ 吸入空气的适宜呼吸空气颗粒物浓度(肺泡中沉积的尘土浓度)和 $4.0mg/m^3$ 吸入空气的可吸入空气颗粒物浓度规定为通常的粉尘限值。对于晶体石英(包括方英石和鳞石英),MAC 的限值为每立方米吸入空气 1.5mg。对于波特兰水泥粉尘 MAC 限值是每立方米吸入空气 5mg[V 82]。

10.2 碱的作用

潮湿的环境下,水泥会发生碱性反应。水泥与水拌合后形成的溶液充满 $Ca(OH)_2$ 和其他碱性氢氧化物,pH 值一般大于 12.5。直接或长期接触新拌混凝土或新拌砂浆,眼睛会被灼伤,皮肤也是如此。根据 GefStoffV(危险物品条例规定),水泥具有"刺激作用"[K 37],因此必须相应地做出标示 [b 5,V 58,V 64]。

当今以机械化生产水泥为主的年代,基本上不会再有长期的皮肤接触问题。人工处理水泥过程中可通过戴合适的手套和防护服来避免皮肤接触水泥 [V 50]。

10.3 铬酸盐作用

不论人的体质如何、接触时间的长短或强度大小,因为水泥中会有少量可溶铬酸盐,经常接触水泥的人员皮肤上会有刺激性反应并且会有铬酸盐过敏 [E 22,U 12]。由于目前大部分水泥生产和浇筑都已实现工业化,所以铬酸盐过敏的风险是很低的。人工浇筑新拌混凝土有较大的过敏风险。从事砌砖、抹灰和地板铺设行业的人员特别容易受到影响 [V 50]。

水泥中铬元素总量介于 20~100ppm(0.002%~0.01%,铬质量分数)之间。铬几乎完全来自天然原料,主要以 Cr^{3+} 形式存在于不溶于水的化合物中。熟料煅烧过程中,在氧化、碱性环境中,Cr^{3+} 被氧化成 Cr^{6+},形成水溶性铬酸盐(6.3.7 节)。到新拌混凝土浇筑后期,约有 10%~20% 铬酸盐被搅拌用水溶解。与此同时,溶解的铬酸盐随着水化过程的进行越来越多地被结合到水泥水化产物中。硬化的混凝土中,铬酸盐几乎是以不溶物的形式存在 [P 39,V 50,E 8],所以铬酸盐过敏只会发生在混凝土的浇筑阶段。

预防铬酸盐过敏的一种可行措施是将 Cr^{6+} 还原成 Cr^{3+}。合适的还原剂是硫酸亚铁,这是从生产 TiO_2 过程中得到的 $FeSO_4·7H_2O$ 和 $FeSO_4·4H_2O$ 的混合物 [M 24]。还原剂的加入使得水

10 水泥和混凝土的环境相容性

泥中 Cr^{6+} 在混合溶液中含量能降低到限定值 2ppm 以下 [T 33,V 81]。在德国,将还原剂添加到袋装水泥、工厂干混砂浆和预拌砂浆的过程有时仍为手工操作过程。在水泥加工工厂加入 Fe^{2+} 已使用了一段时间,例如在石棉水泥厂,添加 Fe^{2+} 是为了防止循环水中铬酸盐的富集 [k 3]。

10.4 水泥和环境相关物质的固定性

配制适当的混凝土对静水和侵蚀性溶液有良好的抗渗性。它本质上的水密性微观结构也可阻止水泥、骨料及掺入的外来杂质中有害物质的析出。因此,任何对环境有害的影响能降低到可接受的水平 [V 57]。

如果样品研磨到分析细度并进行分析,我们就可得到环境相关物质总的质量。使用酸性溶液浸滤磨细试验材料,可找到极端的条件下的可浸出性的特点 [W 12]。对于残渣和沉淀物的洗提,有标准的振荡试验方法 [D 60],以研究块状固体。与实际情况更加接近的试验条件是通过所谓的台架试验或水槽法获得的,即将试件,例如边长 10cm 的立方体或 4cm×4cm×16cm 棱柱,放入滤液的容器中洗提 [S 37,E 8]。洗提是在静态或搅动的水或弱酸条件下进行的 [V 63]。可以通过混凝土孔固定液中的微量元素的浓度来快速获得材料对环境的适配性程度 [V 77]。

有害物质与水泥的稳定性和固化性可通过由水泥工业研究院开发的流水处理方法来测试 [S 188,R 17,R 16,R 19]。这一方法提供水泥和固化的有害物质的浸出特性和可渗透性。这个方法采用直径为 96mm、高为 120mm 的圆柱体作为试件,试件是由骨料和质量分数为 11% 的水泥以及达到最优密实度所需的水配制成的。测试时将水在 10mw.g(98kPa) 压强下轴向地压入试件。通过计算单位时间、压力和试件的尺寸下压入水的量得到水的渗透系数,即也是试件的抗渗性。通过分析压入的水可得出被滤出物质的性质和质量。

用台架试验测试水泥的环境兼容性的结果表明:水泥引入混凝土中的重金属铬、汞、铊的浸出遵循扩散定律,浸出速率很低,即使重金属含量通过加入到混合水而人为地提高和使用含有可溶解石灰的碳酸(有极强化学侵蚀性)的水作为洗提液,洗出液中重金属浓度仍低于德国饮用水条例规定的标准:如由高孔隙度混凝土(W/C=0.70)制成的试件至少低于标准 20 倍,而密实混凝土(W/C=0.50)[S 186,S 185,F 46] 制成的试件至少低于标准 100 倍。然而,发现当用 $CaCl_2$ 添加到含有 10% 的 $Pb(OH)_2$ 的水泥混合物中以补偿铅的缓凝作用时,滤出率升高 [C 21]。

生产新拌混凝土过程中,粉煤灰中的氨和高效减水剂中的甲醛会挥发出来。不过浓度显著低于 MAC 值 [d 1],所以对浇筑混凝土的人是没有健康风险也不会有不良反应的 [S 169]。

10.5 放射性与混凝土

10.5.1 放射性辐射

某些元素的原子核通过衰变成为其他不同的原子核,并在此过程中以 α、β、γ 辐射形式释放能量,这种特性为放射性。α 射线是带正电的氦核,能量很低,以致 0.1mm 厚的铝箔或写字纸就能将其屏蔽。β 射线是带负电荷的电子,它们的穿透力明显比 α 射线强。γ 射线是能量很强的短波电磁辐射,通常只有铅板或混凝土才能将其屏蔽。天然辐射过程中,基本上只发生 α、β、 γ辐射,但是中子射线在人工辐射性中也起着重要的作用。它们是不带电的大量氢核或质子颗粒的射线。

由于电子的消失或捕集,放射性辐射在空气中引起强电离,利用此现象可以探测辐射。放射性辐射中释放的能量最终全部转化成热,这可以用爱因斯坦质能方程中的质量损失来解释。方程为 $m=E/c^2$(其中 c 为光速)[V 109,B 103,b 6]。

10.5.2 放射性元素的半衰期

不同放射元素以不同速度衰变。半衰期是表示衰变速率的物理量,是指一个放射性元素中衰减到初始原子的一半时所用的时间。放射性元素释放的辐射强度值也降一半。天然放射性元素的半衰期介于 (^{212}Po) 的 10^{-7}s 和 (^{204}Pb) 的 10^{18} 年之间。在核技术中使用的铀238(^{238}U) 的半衰期为 4.47×10^9 年 [b 6]。

10.5.3 放射性的度量单位

一种物质释放出放射性辐射的影响取决于物质中放射性元素的浓度及辐射的性质和能量。值得注意的是,在放射性元素衰变过程中会生成别的放射性元素(母元素和子元素)。

物质的放射性采用国际标准 SI(列于表 10.1)进行评价,表中同时还列出了过去用的单位和相应的转化系数 [D 59,K 69,V 109,b 6,O 36]。活度 A 的单位贝可(beequere)以符号 Bq 表示,指 1s 内原子核发生嬗变的数量。过去的单位居里,符号为 Ci(Curie)用来表征 1g226Ra 的活性(根据最新研究,精确值应该是 1.011g226Ra 的活性)[D 59]。

表 10.1 放射性的度量单位 [D 59,V 109, b 6,O 36]
Table 10.1: Units of measurement for radioactivity [D 59, V 109, b 6, O 36]

名称 Term	缩写 Abbreviation	单位 Units		转换 Conversions
		SI	用至 1985 年 12 月 31 日 up to 31. 12. 1985	
放射性活度 Activity	A	贝可(Becquerel) Bq Becquerel Bq	Curie Ci	1 Bq=0.27·10^{-10} Ci 1 Ci=3.7·10^{-10}Bq
放射性比活度 Specific activity	a	Bq/kg	Ci/kg	1Bq/kg=0.27·10^{-10}Ci/kg 1Ci/kg=3.7·10^{10}Bq/kg
能量剂量 Energy dose	D	戈(瑞)(Gray) Gy (= 1 J/kg) Gray Gy (= 1 J/kg)	辐射吸收量(Radiation absorbed dose), rad Radiation ab–sorbed dose, rad	1 Gy=100 rad 1 Gy=100 rad
等效剂量 Equivalent dose	H	希沃特(Sievert) Sv Sievert Sv	辐射人体当量(Radiation equivalent man), rem Radiation equi–valent man, rem	1 Sv=100 rem 1 rem=0.01 Sv
等效剂量率 Equivalent dose rate	h	Sv/a	rem/a	1 Sv/a=100 rem/a 1 rem/a=0.01 Sv/a

放射性比活度 a 是指单位质量的活性。它的单位是 Bq/kg,即它是衡量每千克物质每秒释放的 α、β 粒子和 γ 量子辐射的物理量。气体放射性比活度的单位为 Bq/m³。

能量剂量 D 和能量剂量率 $\dot{D}$ 都是指单位时间吸收电离辐射所转换成的能量。单位为 J/kg 和 J/(kg·s),其中 1J/kg 也可表示成 1Gy(gray)。过去用的单位是 rad 或 rd(辐射吸收量)。

动力学剂量 K 是指间接电离射线(质子,中子)所释放的所有动能的总量。它是 kerma(比释动能)的简写,也表示成戈(瑞)(gray—Gy)。

离子剂量 I 用于描述由电离辐射引起的次生效应,度量单位为每千克库仑数(C/kg)。

等效剂量 H 用于表示放射线的生物效应。单位为希(沃特)Sv,数值可通过能量剂量 D 与较小尺寸影响参数 q 相乘而得,其中 q 主要取决于射线本身的性质。对于 β、γ 射线,q 值为 1;而对于 α 射线,q 值为 10。当氡的衰变产物直接作用于肺组织,q 值为 20。值得注意的是,q 值对于成年人和孩子是不同的[b 6]。等效剂量过去的单位是 rem(辐射人体当量)。等效剂量率 h 表示单位时间的等效剂量,若连续暴露则单位时间指 1 年,如果是短期暴露则单位时间为 1s 或 1min。

10.5.4 人类的放射性暴露

人类受到的放射性辐射是由自然环境的放射性与技术和文明密切相关的人工放射性辐射两部分组成。建筑材料的辐射与两者都有关系,这是因为它含有的放射性元素是来自于天然,而建筑材料的选择和使用应归于与技术和文明有关。

自然辐射暴露不仅来源于地面的辐射(地表辐射)和宇宙辐射,还来源于吸收的食物和吸入的空气。地表辐射暴露来自土地中的放射性元素,因此它是随着土壤组成的不同而变化。例如:花岗岩的辐射活性相对较高,而石灰石和大理石活性较低。海水中放射性元素的浓度很低,所以放射活性也很低。宇宙辐射来自外层空间。在海平面上它的等效剂量率 h 为 0.3mSv/a,在海拔 3000 米 h 值为 1.1mSv/a[b 6]。平均而言,人每年从消化的食物中吸入 360mg 铀,大约 10% 存在于人的不同器官中[b 6]。一种放射性稀有气体氡(Rn)是由土地或建筑材料中含有的放射性元素镭和钍衰变(见下文)而产生的,人通过呼吸而吸入。空气的平均放射性比活度是敞开空间 15Bq/m^3 和封闭空间 50Bq/m^3 的平均值[b 6]。

平均等效剂量率总和为 2.87mSv/a,其中地表辐射为 0.55mSv/a,海平面上的宇宙辐射为 0.30Sv/a,通过食物的辐射为 0.22mSv/a,通过空气的辐射为 1.8mSv/a[b 6]。包括 1mSv/a 的平均波动值,平均值为 2.4mSv/a±1mSv/a[b 6]。具体分类值见表 10.2。

表 10.2 天然来源的放射性;1991 年德国人口平均等效剂量 H(根据[b 6,B 135])
Table 10.2: Radioactivity from natural sources; average equivalent dose H of the population in Germany 1991 (according to [b 6, B 135])

来源 Origin	H 的近似值,(mSv)H in mSv approximate values
海平面上的宇宙辐射 cosmic radiation at sea level	0.3
外界地面辐射 terrestrial radiation from outside	0.5
室外开放空间(5h/d) when staying in the open (5 h/d)	0.1
室内(19h/d) when staying in buildings (19 h/d)	0.4
氡衰变产物的吸入量 inhalation of radon decay products	1.3
室外开放空间(5h/d) when staying in the open (5 h/d) provisional estimate	0.2
室内(19h/d) when staying in buildings (19 h/d)	1.1
食物中天然辐射物质的吸入量 ingestion of natural radioactive substances with food	0.3
天然辐射量的总和 Total of natural radiation exposure	2.4

与技术和文明有关的辐射暴露如表 10.3 所示。表中数据为平均值,个别人可能显著地高

于或低于平均值。然而必须承认的是:使用 X 射线进行医学诊断和治疗所引起辐射暴露的影响远远超过所有其他因素的影响 [b 6]。

表 10.3 与技术和文明相关的放射性,1991 年德国人口平均等效剂量 H(根据 [b 6,B 135])
Table 10.3: Radioactivity from sources attributable to civilization and technology; average equivalent dose H of the population in Germany in 1991 (according to [b 6, B 135])

来源 Origin	H (mSv) H in mSv
核工业 nuclear plants	< 0.01
医学方面的辐射物质和电离辐射 radioactive substances and ionizing radiation in medicine	近似 1.5 approx. 1.5
在研究、技术和家庭方面的辐射物质和电离辐射 radioactive substances and ionizing radiation in research, technology and households	
工业产品 industrial products	< 0.01
技术辐射来源 technical radiation sources	< 0.01
杂散发射器 spurious emitters	< 0.01
职业性辐射(归于人口平均辐射)occupational radiation exposure(contribution to the average radiation exposure of the population)	< 0.01
核武器试验的释放量 fall-out from nuclear weapon trials	< 0.01
来自外界开放空间 from outside in the open	< 0.01
吸入的放射性物质 ingested radioactive substances	< 0.01
与技术和文明相关总的辐射量 Total radiation exposure resulting from civilization and technology	近似 1.5 approx. 1.5

10.5.5 建筑材料的放射性

建筑材料中所含的放射性元素来自天然原材料。放射性主要是由原子序数为 19 的钾(40K),原子序数为 88 的镭(226Ra)和原子序数为 90 的钍(232Th)以及它们衰变的产物决定的 [b 6, N 29]。原子序数,标在元素符号前的下方,是用来表示元素在化学元素周期表中的位置。铀和钍的许多同位素都具有放射性。钾在自然界中有三种同位素,即 93.2581%K-39,0.0117%K-40 和 6.7302%K-41,钾的这些同位素中只有 K-40 有放射性。

术语同位素(希腊语,意味同等位置)用来区别在化学元素周期表中位置相同而原子核的中子数目不同的原子,并且作为原子量标在元素符号前的上方。然而,由于它们的核电荷、电子层和原子序数都相同,所以它们的化学性质是相同的。核素是指原子核中的质子和中子数相同而且电子层中电子的数目和位置也相同的原子。

评价建筑材料的放射性是由材料中 γ 射线的含量决定的 [N 29, K 31, T 61, H 69, T 62, V 109, B 103, b 6]。奥地利标准 S 5200[O 36] 将建筑材料总的自然放射对人引起的辐射量限定为 2.5mSv/a。等效剂量率的转换是必要的,这样就可以得到决定建筑材料放射性的三种放射核素 K-40、Ra-226 和 Th-232 的放射性比活度产生的生物效应。对于体外照射(外部环境对人体表面的辐射影响),ÖNORM S 5200[O 36] 也规定了相对于 $1Bq/m^3$ 放射性比活度的下列值(原文为 1Bq/kg,但此处应为 $1Bq/m^3$)。

$$k-40: 0.25 \quad \mu Sv/a$$
$$Ra-226: 2.5 \quad \mu Sv/a$$
$$Th-232: 3.7 \quad \mu Sv/a$$

10 水泥和混凝土的环境相容性

根据 ÖNORM S 5200[O 36]，如果以下条件满足，则建筑材料的自然放射所引起的外部辐射暴露量将不会超过 2.5 mSv/a 的指导值：

$$(a_K/10000)+(a_{Ra}/1000)+(a_{Th}/670) \leq 1$$

这个条件与列宁格勒方程在原则上相对应，列宁格勒方程是在 1971 年提出，已被国际采用[b 6]：

$$(a_K/4810)+(a_{Ra}/370)+(a_{Th}/259) \leq 1$$

这两个方程中的数值都只对给定单位为 Bq/m^3 的放射性比活度的数据适用。对于其他度量单位例如 Ci/kg（表 10.1）必须做出相应的转换。

列宁格勒方程建立在一个计算机模型之上，这个模型假想房间没有门或窗，并且还有由特定建筑材料制成的无限厚的墙壁，那么在这种住宅里人的辐射量不超过 1.5mSv/a。如果考虑门和窗的开口，那么容许浓度就可增加 2 倍。这时采用如下条件[K 32]：

$$(a_K/9\,620)+(a_{Ra}/740)+(a_{Th}/520) \leq 1$$

内部辐射暴露量，即由于吸入氡 –222 而引起的辐射暴露量，在 ÖNORM 标准 [O 36] 的方程中通过一个修正项进行考虑的，但是在列宁格勒方程中并没有考虑。

最初的列宁格勒方程过高估计了由建筑材料引起的辐射暴露，常被用来评价不同建筑材料的放射性[N 29, B 134, V 109, b 6]。相应的值如表 10.4 所示。从表中可看出，对于重要的建筑材料，累积公式算出的平均值小于 1。这就意味着这些建筑材料的使用不存在明显的风险 [b 6]。有个别值是大于平均值的，岩浆成因的岩石，例如花岗岩、凝灰岩和浮石的值是大于平均值的。这些物质的风化物即黏土、亚黏土和铝土矿也采用此方法。

表 10.4 对列宁格勒方程式中建筑材料的自然放射性的评估 [N 29, B 134, K 98, V 109, b 6]
Table 10.4: Evaluation of the natural radioactivity in building materials in accordance with the Leningrad formula
[N 29, B 134, K 98, V 109, b 6]

建筑材料 Building materials	样品数量 Number of samples	求和公式 Summation formula	
		平均值 average value	范围 range
天然岩石 Natural rocks			
花岗岩 Granite	32	0.9	0.4⋯2.8
凝灰岩，浮石 Tuff, pumice	20	1.0	0.3⋯1.8
页岩 Shale	8	0.5	0.3⋯0.7
石灰石，大理石 Limestone, marble	20	0.1	0.0⋯0.2
砂岩，石英岩 Sandstone, quartzite	18	0.3	0.1⋯0.7
砌体砖 Masonry bricks			
无添加剂常规类型的黏土砖 Clay bricks, conventional type, without additives	109	0.6	0.2⋯1.6
耐火黏土 Fireclay	9	0.6	0.3⋯0.9
用浮石作为骨料的水泥胶结砖 with aggregate made from Pumice	31	0.7	0.3⋯1.9
砖碎块 Brick chippings	3	0.5	0.3⋯0.7
膨胀黏土 Expanded clay	17	0.3	0.1⋯0.6
矿渣 Slag	9	0.9	0.2⋯3.4
木头 Wood	5	0.1	0.1⋯0.2
天然岩石 Natural rock	4	0.2	0.2⋯0.3
灰砂砖，泡沫混凝土 Sand-lime brick, foamed concrete	31	0.3	0.1⋯0.6
骨料和添加剂 Aggregates and Additives			

建筑材料 Building materials	样品数量 Number of samples	求和公式 Summation formula	
		平均值 average value	范围 range
砂,砾石 Sand, gravel	50	0.2	0.0…0.4
膨胀黏土,膨胀页岩 Expanded clay, expanded shale	11	0.5	0.2…0.7
高炉矿渣 Blastfurnace slag	12	0.9	0.3…3.0
粉煤灰 Coal fly ash	28	1.2	0.5…2.3
胶凝材料 Binders			
波特兰水泥 Portland cement	14	0.2	0.1…0.4
高炉水泥 Blastfurnance cement	3	0.5	0.2…0.8
高铝水泥 High-alumina cement	2	1.0	0.8…1.3
石灰 Lime	8	0.2	0.1…0.5
天然石膏 Natural gypsum	23	0.1	0.0…0.3
化工石膏(磷灰石)Chemical gypsum (apatite)	2	0.2	0.1…0.3
(磷矿)(phosphorite)	33	1.6	0.8…3.6
原料 Raw materials			
铝土矿,赤泥 Bauxite, red mud	14	2.1	0.3…6.1
黏土,沃土 Clay, loam	11	0.7	0.2…1.1

赤泥,加工铝土矿提取铝时的残留物,有更高的值。制取磷酸作为废渣得到的化学石膏,如果用磷灰石作为原料,那么化学石膏的辐射值很低,但如果用磷矿石作为原料,那么此值相对较高。这两种矿物基本上具有相同的化学组成,相应于分子式$Ca_5[(F,Cl,OH)(PO_4)_3]$。但是,它们自然形成的方式不同。

单独混凝土组分的累积值用来计算六种混凝土在组成基础上的累积值 [K 97, b 6]。对于以波特兰水泥或高炉矿渣水泥作为胶凝材料,掺入或不掺入粉煤灰、掺入砂及砾石作为骨料的混凝土,累积公式计算出的值介于 0.16~0.2 之间。当使用玄武岩、膨胀黏土或花岗岩作为骨料,那么此值就会增加到 0.26~0.54。因此在混凝土放射性方面,骨料的影响比水泥要大。任何情况下,累积值都远远小于 1。如果测定混凝土中放射性核素 K40、Ra-226 和 Th-232 的放射性比活度,仍然可以得到相似的值[K 116, E 8, b 6]。因此结论就是:混凝土释放出的辐射是非常轻微的。混凝土也可以屏蔽放射性辐射。衰减系数随着墙壁厚度的增加而近似呈线性增加 [D 29, b 6]。

10.5.6 氡

原子序数为 86 的氡(^{86}Rn)是一种放射性稀有气体,是由土地和建筑材料中的放射性元素镭和钍衰减形成的。自然界中存在三种同位素即 Rn-222, Rn-220, Rn-219。半衰期为 3.8 天的 Rn-222 来自 ^{238}U-^{226}Ra 衰变系列;半衰期为 56s 的 Rn-220 来自 ^{232}Th-^{224}Ra 衰变系列;半衰期为 4s 的 Rn-219 来自 ^{235}U-^{227}Ac-^{223}Ra 衰变系列。原始命名的衰变系列产物氡、钍、锕中,依据衰变系列,目前只有氡用于三种同位素。

只有 Rn-222 和 Rn-220 对辐射防护很重要。它们和它们的 α- 辐射衰变产物 ^{218}Po、^{214}Pb 及 ^{214}Bi 在人类辐射中占据最大的份额 [K 69, O 36]。衰变产物是粉尘颗粒吸附的固体。以这种方法产生的气溶胶是极细的颗粒,因此可以像气体氡一样容易进入肺部 [b 6]。

从 1980 年到 1984 年,在德国 5970 个住宅中超过 20000 人进行了人口辐射量调查 [B 136, R 40, K 69, K 34, b 6]。结果呈现对数正态分布。民宅中的最高值为 1100Bq/m^3[K 69, b 6]。德国

10 水泥和混凝土的环境相容性

民宅室内空气的平均值和室外氡的平均浓度分别为 $50Bq/m^3$ 和 $19Bq/m^3$[b 6]。

结果表明：室内氡浓度增高并不是来自建筑材料，而是来源于房屋下面土地里面输入的氡[B 132]。因此土壤中岩石的种类尤其重要。在德国，花岗岩地上方的空气中氡及其衰变产物的浓度很高。例如：菲契丹 Gebirge 巴伐利亚森林、黑森林及艾菲尔第三纪火山活动区域，氡及其衰变产物的浓度比石灰岩沉积层要高得多。氡是从地面渗入房子的，所以从地窖到更高楼层，氡的含量逐渐降低。显然混凝土基础板能大大地阻碍氡的渗入。氡也溶解于地下水，平均含量为 $37000Bq/m^3$，而在饮用水中含量为 $4400Bq/m^3$，这就意味着氡溶解于雨中 [K 69, b 6]。室内和室外空气的交换对室内空气中氡的含量有着很大的影响 [T 62]。房间通风越强烈，氡及其放射性衰变产物的浓度就越低(图 10.1)。

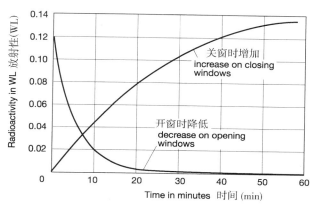

图 10.1　定期通风对室内放射性的减少量 [T 61, b 6]（纵坐标 WL 是"工作水平——Working Level"的简写，作为氡衰变产物的一种量度
1WL 相当于 $2.1 Gy/m^3$ 或 $2.1J/m^3$[K 31, b 6]）

Figure 10.1: Reduction of the radioactivity in rooms through regular ventilation [T 61, b 6] (WL on the ordinate scale signifies "Working Level" as a measure of the radon decay products
1 WL corresponds to $2.1 Gy/m^3$ or $2.1 J/m^3$ [K 31, b 6])

瑞典规定现居住房室内空气辐射暴露量最大值为 $400 Bq/m^3$，而对于新房屋最大值为 $70Bq/m^3$。根据国际辐射防护委员会(ICRP)提议的参比框架，如果现有建筑中室内空气中辐射暴露量超过 $600Bq/m^3$ 的指导值或新建筑室内空气中辐射暴露量超过 $300 Bq/m^3$ 的指导值，那么就应该考虑采取保护措施。根据德国辐射防护委员会的提议，如果室内空气中氡的浓度长期平均值超过 $250Bq/m^3$，那么就应该核实保护修复措施是否恰当 [K 33, b 6]。

对建筑物保护的主要问题是密封，这是为了强化对周围地面中氡渗入的防护措施。特别是应该安装致密的基础板，并且墙壁间的裂缝和开口及基础板和外墙的管道都应该是封闭的。据称，通过排水系统排除氡特别有效 [K 33, K 34]。

11 参考文献

参考文献的顺序是按照(第一)作者名字和出版物英文全称的字母顺序排列的,为读者提供本著作内容的参考信息。括号内的符号表示用 ISO639 编码的出版物所使用的语言。

cs 捷克语　　es 西班牙语　　ja 日语

de 德语　　　fr 法语　　　　ru 俄语

en 英语　　　it 意大利语　　zh 中文

a 1 ACI committee 223 : Klein Symposium on Expansive Cement Concrete (en); ACI Publ. SP-38; Detroit, Mich. (1973), 491 pp.

a 2 Albrecht, W., Mannherz, U.: Additives, Coating Materials, Accessory Materials for Concrete and Mortar (de); Bauverlag, Wiesbaden and Berlin (1968).

a 3 Altner, W., Reichel, W.: Rapid Concrete Hardening – Principles and Techniques, 3. Edition (de); Beton-Verlag GmbH, Düsseldorf (1981) pp 55-61.

a 4 Ans, J. D', Lax, E.: Pocket Book for Chemists and Physicists, Vol. 1, 4. Edition (de); Springer Verl., Heidelberg, 1992.

A 1 Aardt, J.H.P. van, Visser, S.: Calcium hydroxide attack on feldspars and clays (en); Cem. Concr. Res. 7 (1977) No. 6, pp. 643-648.

A 2 Abdel-Jawad, Y., Hansen, W.: Pore structure of hydrated cement determined by mercury and nitrogen sorption technique (en); Thesis, TU Clausthal (1956); Schriftenreihe der Zementindustrie No. 20 (1956); Verein Deutscher Zementwerke e.V., Düsseldorf; Tonind.-Ztg. 81 (1957) No. 1/2, pp. 1-5;

A 3 Abdul-Maula, S., Odler, I.: Effect of oxidic 2 (1972)

A 4 ACI Committee 201: Proposed revision of: Guide to durable concrete (en); ACI Mat. J. 88 (1991) No. 5, pp. 544-582.

A 5 ACI Committee 222: Corrosion of metals in concrete (en); ACI 222R-85, Am. Concr. Inst.; Detroit, Mich. (1985).

A 6 Ackmann, G.: The influence of mineral composition on the grindability of cement clinker (de); 5. Intern Sympos. Chem. Cem., Tokio (1968) Vol. 2, pp. 118-126.

A 7 Adlhoch, H.-J.: Advances in the design and evaluation of filter plants (de); ZKG INTERN. 46 (1993) No. 5, pp. 256-260.

A 8 Advisory Committee "Long-Time of Cement Performance in Concrete" (W.C. Hansen, Chairman): Twenty-year report on the long-time of cement performance in concrete (en); PCA Res. Dept. Bull. 175 (1965).

A 9 Agarwal, R.K., Paralkar, S.V., Chatterjee, A.K.: Chloride salts as reaction medium for low temperature clinkerisation - a probe into alinite technology (en); 8. Intern. Congr. Chem. Cem., Rio de Janeiro (1986) Vol. 2, pp. 327-333.

A 10 Aggarwal, P.S., Gard, J.A., Glasser, F.P., Biggar, G.M.: Synthesis and properties of dicalcium aluminate $2CaO \cdot Al_2O_3$ (en); Mater. Res. Soc. Sympos. Proc. 137 (1989) pp. 105-Cem. Concr. Res. No. 3, pp. 291-297.

A 11 Ahmed, S.J., Dent Glasser, L.S., Taylor, H.F.W.: Crystal structures and reactions of C_4AH_{12} composition on Portland cement raw meal and derived basic salts (en); burnability (en); World Cem. Techn. 11 (1980) No. 7, pp.

330-336.

A 12 Aitcin, P.C., Carles-Gibergues, A., Oudjit, M.N., Vaquier, A.: Influence of elements Si, Al, K, Na, Ca, Cl, C) on the reactivity of condensed silica fume (fr); 8. Intern. Congr. Chem. Cem., Rio de Janeiro (1986); Vol. 4, pp. 22-29.

A 13 Aitcin, P.C., Pinsonneault, P., Roy, D.M.: Physical and chemical characterization of condensed silica fume (en); 423 Am. Ceram. Soc. Bull. 63 (1984) No. 12, pp. 1487-1491.

A 14 Aïtcin, P.C.: Density and porosity measurements of solids (en); J. Mat. 6 (1971) No. 2, pp. 282-294.

A 15 Akatsu, K., Maeda, K., Ikeda, I.: The effect of Cr_2O_3 and P_2O_5 on the strength and color of Portland cement clinker (en); Cem. Assoc. Japan, Rev. 24. Gen. Meet. (1970) pp. 20-23.

A 16 Akatsu, K., Maeda, K.: Effect of manganese on the ferrite phase (en); Cem. Assoc. Japan, Rev. 21. Gen. Meet. (1967) pp. 34-37.

A 17 Akstinat, M.: Cementation at temperatures in the range of 0 °C to -10 °C (de); ZKG INTERN. 38 (1985) No. 5, pp. 271-276.

A 18 A18 Akstinat, M.H., Arens, K.: Cementation of deep boreholes - a contribution to the improvement of the annular cementation of deep and super deep boreholes (de); TIZ-Fachber. 107 (1983) No. 10, pp. 727-735.

A 19 Albeck, J., Kirchner, G.: Influence of process technology on the production of market-oriented cements (de+en); VDZ-Congress '93 - Process Technology of Cement Manufacturing; Verein Deutscher Zementwerke e.V., Düsseldorf (1994) pp. 2-19; ZKG INTERN. 46 (1993) No. 10, pp. 615-626.

A 20 Aldridge, L.P.: Accuracy and precision of an x-ray diffraction method for analysing Portland cements (en); Cem. Concr. Res. 12 (1982) No. 4, pp. 437-446.

A 21 Aldridge, L.P.: Accuracy and precision of phase analysis in Portland cement by Bogue, microscope and x-ray diffraction methods (en); Cem. Concr. Res. 12 (1982) No. 3, pp. 381-398.

A 22 Alègre, R.: The calorimetry of cements at CERILH; Part 2: The thermos bottle method (fr); Rev. Matér. Constr. (1961) No. 544, pp. 218-229, 247-262.

A 23 Alègre, R.: Study of the temperature dependent $CaO \cdot Al_2O_3 \cdot 10H_2O$ transformation and its effect on the hydrated high alumina cement (fr); Rev. Matér. Constr. (1968) No. 630, pp. 101-108.

A 24 Alex, W.: Particle size analysis (de); Mitt. Dtsch. Pharmaz. Ges. 39 (1969) No. 4, pp. 34-57. Adv. Cem. Res. 6 (1994) No. 22, pp. 57-60.

A 25 Allen, W.L.: Gravel bed filters - the pros and cons of their effective use with clinker coolers (en); World Cem. 14 (1983) No. 3. pp. 102-107.

A 26 Alonso, C., Andrade, C., González, J.A.: Relation between resistivity and corrosion rate of reinforcement in carbonated mortar made several cement types (en); Cem. Concr. Res. 18 (1988) No. 5, pp. 687-698.

A 27 Alsted Nielsen, H.C.: Setting of Portland cement and the formation of lumps in the silo (de); ZKG INTERN. 26 (1973) No. 8, pp. 380-384.

A 28 American Petroleum Institute: Specification for cements and materials for well cementing (en); API Specifications 10A, 10B, 22nd Edition, American Petroleum Institute, Washington DC (1995).

A 29 Andac, O., Glasser, F.P.: Polymorphism of calcium sulfoaluminate ($Ca_4A_{l6}O_{16} \cdot SO_3$) and its solid solutions (en); Adv. Cem. Res. 6 (1994) No. 22, pp. 57-60.

A 30 Anderegg, F.O.: Determining degree of burning in kilns by litre-weight of clinker (en); Rock Prod. 57 (1954) No. 11, pp. 76 and 107-108.

A 31 Andersen, P.J., Kumar, A., Roy, D.M., Wolfe-Confer, D.: The effect of calcium sulfate concentration on the adsorption of a super plasticizer on a cement: Methods, zeta-potential and adsorption studies (en); Cem. Concr. Res. 16 (1986) No. 2, pp. 255-259.

A 32 Andrade, C., Alonso, C., Santos, P., Macias, A.: Corrosion behaviour of steel during accelerated carbonation of solutions which simulate the pore concrete solution (en); 8. Intern. Congr. Chem. Cem., Rio de Janeiro (1986); Vol. 5, pp. 256-262.

A 33 Anonym: Production of cement and sulfuric acid from gypsum (en); Cem. Lime Manuf. 16 (1968) No. 4, pp. 53-60; No. 5, pp. 75-77.

A 34 Ans, J. D', Eick, H.: The system $CaO-Al_2O_3-CaSO_4-H_2O$ at 20 °C (de); ZKG INTERN. 6 (1953) No. 9, pp. 302-311.

A 35 Ans, J. D', Eick, H.: The system $CaO-Al_2O_3-H_2O$ at 20 °C and the hardening of high alumina cements (de); ZKG INTERN. 6 (1953) No. 6, pp. 197-210.

A 36 Ans, J. D', Eick, H.: Investigations on the setting of hydraulic blast furnace slags (de); ZKG INTERN. 7 (1954) No. 12, pp. 449-459.

A 37 Anselm, W.: A method to determine the clinker quality (de); Zement 25 (1936) No. 38, pp. 633-644.

A 38 Arens, K.-H., Akstinat, M.: Improvement of the annular cementation of deep and super deep boreholes; part 2: Oilwell cements and additives (de); BMFT-Forschungsber.T 82-112 (1982) 115 pp.

A 39 Arjunan, P., Silsbee, M.R., Roy, D.M.: Sulfoaluminate-belite cement from low-calcium fly ash and sulfur-rich and other industrial by-products (en); Cem. Concr. Res. 29 (1999) No. 8, pp. 1305-1311.

A 40 Arligue, G., Duval, R., Longuet, P.: Behaviour of zinc in cement paste (fr); Ciments, Betons, Plâtres, Chaux (1979) No. 719, pp. 201-206.

A 41 Arliguie, G., Ollivier, J.P., Grandet, J.: Investigation of the retarding effect of zinc on the hydration of Portland cement paste (fr); Cem. Concr. Res. 12 (1982) No. 1, pp. 79-86.

A 42 Aruja, E.: The unit cell of orthorhombic pentacalcium trialuminate $5CaO·3Al_2O_3$ (en); Acta Cryst. 10 (1957) pp. 337-339.

A 43 ASTM C 33-99: Standard specification for concrete aggregates (en); Annual Book of ASTM-Standards (1999) Vol. 04.02, pp. 10-17.

A 44 ASTM C 91-98: Standard specification for masonry cement (en); Annual Book of ASTM-Standards (1999) Vol. 04.01, pp. 69-73.

A 45 ASTM C 109/C 109M-99: Standard test method for compressing strength of hydraulic cement mortars (using 2 in. [or 50 mm] cube specimens) (en); Annual Book of ASTM-Standards (1999) Vol. 04.01, pp. 74-79.

A 46 ASTM C 150-98: Standard specification for Portland cement (en); Annual Book of ASTM-Standards (1999) Vol. 04.01, pp. 140-144.

A 47 ASTM C 173-94: Standard test method for air content of freshly mixed concrete by the volumetric method (en); Annual Book of ASTM-Standards (1999) Vol. 04.02, pp. 107-109.

A 48 ASTM C 186-98: Standard test method for heat of hydration of hydraulic cement (en); Annual Book of ASTM-Standards (1999) Vol. 04.01, pp. 160-165.

A 49 ASTM C 219-99: Standard terminology relating to hydraulic cement (en); Annual Book of ASTM-Standards (1999) Vol. 04.01, pp. 185-186.

A 50 ASTM C 227-97a: Standard test method for potential alkali reactivity of cement-aggregate combinations (mortar-bar method) (en); Annual Book of ASTM-Standards (1999) Vol. 04.02, pp. 125-129.

A 51 ASTM C 231-97: Standard test method for air content of freshly mixed concrete by the pressure method (en); Annual Book of ASTM-Standards (1999) Vol. 04.02, pp. 130-137.

11 参考文献

A 52 ASTM C 289-94: Standard test method for potential reactivity of aggregates (chemical method) (en); Annual Book of ASTM-Standards (1999) Vol. 04.02, pp. 156-162.

A 53 ASTM C 295-98: Standard guide for petrograhic examination of aggregates for concrete (en); Annual Book of ASTM-Standards (1999) Vol. 04.02, pp. 175-182.

A 54 ASTM C 342-97: Standard test method for potential volume change of cement-aggregate combinations (en); Annual Book of ASTM-Standards (1999) Vol. 04.02, pp. 209-211.

A 55 ASTM C 441-97: Standard test method for effectiveness of mineral admixtures or ground blast- furnace slag in preventing excessive expansion of concrete due to the alkali-silica reaction (en); Annual Book of ASTM-Standards (1999) Vol. 04.02, pp. 225-227.

A 56 ASTM C 452-95: Standard test method for potential expansion of Portland cement mortars exposed to sulfate (en); Annual Book of ASTM-Standards (1999) Vol. 04.01, pp. 235-237.

A 57 ASTM C 457-98: Standard test method for microscopical determination of parameters of the air-void system in hardened concrete (en); Annual Book of ASTM-Standards (1999) Vol. 04.02, pp. 228-240.

A 58 ASTM C 490-96: Standard practice for use of apparatus for the determination of length change of hardened cement paste, mortar, and concrete (en); 425 Annual Book of ASTM-Standards (1999) Vol. 04.02, pp. 249-253.

A 59 ASTM C 586-92: Standard test method for potential reactivity of carbonate rocks for concrete aggregates (rock cylinder method) (en); Annual Book of ASTM-Standards (1999) Vol. 04.02, pp. 289-292.

A 60 ASTM C 595-98: Standard specifications for blended hydraulic cements (en); Annual Book of ASTM-Standards (1999) Vol. 04.01, pp. 306-311.

A 61 ASTM C 666-97: Standard test method for resistance of concrete to rapid freezing and thawing (en); Annual Book of ASTM-Standards (1999) Vol. 04.02, pp. 317-322.

A 62 ASTM C 671-94: Standard test method for critical dilation of concrete specimens subjected to freezing (en); Annual Book of ASTM-Standards (1999) Vol. 04.02, pp. 331-335.

A 63 ASTM C 672/C 672M-98: Standard test method for scaling resistance of concrete surfaces exposed to deicing chemicals (en); Annual Book of ASTM-Standards (1999) Vol. 04.02, pp. 336-338.

A 64 ASTM C 845-96: Standard specification for expansive hydraulic cement (en); Annual Book of ASTM-Standards (1999) Vol. 04.01, pp. 411-413.

A 65 ASTM C 1105-95: Standard test method for length change of concrete due to alkali-carbonate rock reaction (en); Annual Book of ASTM-Standards (1999) Vol. 04.02, pp. 566-571.

A 66 ASTM C 1157-98a: Standard performance specification for hydraulic cement (en); Annual Book of ASTM-Standards (1999) Vol. 04.01, pp. 498-502.

A 67 ASTM Committee C-1, Working Committee on Sulfate Resistance: A performance test for potential sulfate resistance of Portland cement (en); ASTM Bull. (1956) No. 212, pp. 37-44.

A 68 Auxilia, G. B.: Ten years of horomill operation confirm our 1993 vision (en); VDZ-Congress 2002 - Process Technology of Cement Manufacturing; Verein Deutscher Zementwerke e.V., Düsseldorf (2003) pp. 172-180.

b 1 1. BImSchVwV, TA Luft, Erste allgemeine Verwaltungsvorschrift zum Bundes- Immissionsschutzgesetz (Technische Anleitung zur Reinhaltung der Luft), Febr. 1986 und Mai 1991und Juli 24, 2002, GMBI pp.511 (de).

b 2 17. BImSchV, Siebzehnte Verordnung zur Durchführung des Bundes-Immissionsschutz- gesetzes (Verordnung über die Verbrennung und die Mitverbrennung von Abfällen), September 26, 2002 BGBI.I pp. 3830 (de).

b 3 BImSchG, Federal Ambient Pollution Protection Control Act (Gesetz zum Schutz vor schädlichen Umwelteinwirkungen durch Luftverunreinigungen, Geräusche, Erschütterungen und ähnliche Vorgänge), May 1990, July 1995, September 26, 2002, BGBI.I pp. 3830 (de).

b 4 Biczók, I.: Concrete Corrosion - Concrete Protection, 8th Edition (en) Akadémiai Kiadó, Budapest, 1972.

b 5 Bliefert, C.: Environmental Chemistry (de); VCH Verlagsges., Weinheim, New York, Basel, Cambridge, Tokyo, 1994.

b 6 Brandt, J., Rechenberg, W.: Environment, Radioactivity and Concrete - State of the Art - Report (de); Beton-Verlag, Düsseldorf 1994.

B 1 Bache, H.H.: Densified cement/ultra fine particle based materials (en); 2nd Intern. Conf. Super plasticizers in Concrete, Ottawa (1981); Aalborg Portland, Dänemark.

B 2 Bager, D.H., Sellevold, E.J.: Mercury- porosimetry of hardened cement paste: The influence of particle size (en); Cem. Concr. Res. 5 (1975) No. 2, pp. 171-177.

B 3 Bakharev, T., Sanjayan, J.G., Cheng, Y.-B.: Alkali activation of Australian slag cements (en); Cem. Concr. Res. 29 (1999) No. 1, pp. 113-120.

B 4 Bakker, R.F.M.: About the cause of resistance of blastfurnace cement concrete to the alkali-silica reaction (en); Proc. 5. Intern. Conf. Alkali-Aggregate Reaction in Concrete, Cape Town 1981; Paper pp. 252-29.

B 5 Bakker, R.F.M.: Permeability of blended cement concrete (en); In V.M. Malhotra (Hersg.): Fly Ash, Silica Fume, Slag and other By-Products in Concrete, Vol. 1; Am Concr. Inst., Publication SP-79 (1983) pp. 589-605.

B 6 Bakker, R.F.M.: About the cause of resistance of blastfurnace cement concrete to the alkali-silica reaction and to sulfate attack (de); Thesis RWTH Aachen (1980).

B 7 Balshin, M.J.: Dependence of the mechanical properties of powdery metals on the porosity and on the boundary quality of porous metallic material (ru); Dokl. Akad. Nauk, UdSSR 67 (1949) No. 5, pp. 831-834.

B 8 Bambauer, H.U., Schäfer, H.: The mineral composition of a thallium containing clean gas dust from the cement production (de); Naturwiss. 68 (1981) p. 157; Fortschr. Miner. 62 (1984) No. 1, pp. 33-50.

B 9 Barnes, B.D., Diamond, S., Dolch, W.L.: Micromorphology of the interfacial zone around aggregates in Portland cement mortar (en); J. Am. Ceram. Soc. 62 (1979) No. 1-2, pp. 21-24.

B 10 Barnes, B.D., Diamond, S., Dolch, W.L.: The contact zone between Portland cement paste and glass "aggregate" surfaces (en); Cem. Concr. Res. 8 (1978) No. 2, pp. 233-243.

B 11 Barnes, P., Jeffery, J.W., Sarkar, S.L.: Composition of Portland cement belites (en); Cem. Concr. Res. 8 (1978) No. 5, pp. 559-564.

B 12 Barneyback, R.S., Diamond, S.: Expression and analysis of pore fluids from hardened cement pastes and mortars (en); Cem. Concr. Res. 11 (1981) No. 2, pp. 279-285.

B 13 Barret, P., Bertrandie, D.: Minimum instability curve in a metastable solution of CA (fr); 7. Intern. Congr. Chem. Cem., Paris (1980), Vol. 3, pp. V/134-139.

B 14 Barret, P., Ménétrier, D., Bertrandie, D.: Contribution to the study of the kinetic mechanism of aluminous cement setting, 1. Latent periods in heterogeneous and homogeneous milieus and the absence of heterogeous nucleation; 2. Release of the factor responsible for breaking the latent period by the dissolution of a fraction of the initial cement (en); Cem. Concr. Res. 4 (1974) No. 4, pp. 545-556; No. 5, pp. 723-733.

B 15 Bartsch, P., Holzapfel, Th., Scholz, H.: Mineralogical composition of pit coal ashes (de); Tonind.-Ztg. 110 (1986) No. 1, pp. 47-51.

B 16 Basalla, A.: An adiabatic calorimeter for determining the evolution of heat in concrete (de); ZKG INTERN. 15 (1962) No. 3, pp. 136-140.

B 17 Basalla, A.: Evolution of heat in concrete (de); Zement-Taschenbuch 1964/65; Ed. Verein Deutscher Zementwerke, pp. 275-304.

B 18 Basile, F., Biagini, S., Ferrari, G., Collepardi, M.: Effect of the gypsum state in industrial cements on the action of super plasticizers (en); Cem. Concr. Res. 17 (1987) No.5, pp. 715-722.

B 19 Bassett, H.: Comments on the system lime- water and on the determination of calcium (en); J. Chem. Soc. (1934) pp. 1270-1275.

B 20 Bate, S.C.C.: Report on failure of roof beams at Sir John Cass' Foundation and Red Coat Church of England secondary school, Stepney (en); Build. Res. Estab. Current Paper 58/74 (1974) 18 p.

B 21 Bates, R.G., Bower, V.E., Smith, E.R.: Calcium hydroxide as a highly alkaline pH standard (en); J. Res. Nat. Bur. Stand. 56 (1956) No. 6, pp. 305-312.

B 22 Bauer, C.: PYRO-JET burners to reduce NOx emissions - current developments and practical experience (en); World Cem. 21 (1990) No. 4, pp. 118-124.

B 23 Bayliss, P.: Interlayer absorption in CSH(I) (en); Cem. Concr. Res. 5 (1975) No. 3, pp. 221-223.

B 24 Beaudoin, J.J., Brown, P.W.: The structure of hardened cement paste (en); 9. Intern. Congr. Chem. Cem., New Delhi (1992) Vol. 1, pp. 485-525.

B 25 Beaudoin, J.J., Feldman, R.F.: High-strength cement paste - A critical appraisal (en); Cem. Concr. Res. 15 (1985) No. 1, pp. 105-116.

B 26 Beaudoin, J.J., Feldman, R.F.: Stresses and strains in the hardened cement paste - water system (en); Cem. Concr. Res. 14 (1984) No. 2, pp. 231-237.

B 27 Beaudoin, J.J., MacInnis, C.: The mechanism of frost damage in hardened cement paste (en); Cem. Concr. Res. 4 (1974) No. 2, pp. 139-147.

B 28 Beaudoin, J.J., Ramachandran, V.S., Feldman, R.F.: Interaction of chloride and C-S-H (en); Cem. Concr. Res. 20 (1990) No. 6, pp. 875-883.

B 29 Beaudoin, J.J.: Interaction of aliphatic alcohols with cement systems (it+en); Il Cemento 83 (1986) No. 3, pp. 199-210.

B 30 Beaudoin, J.J.: Validity of using methanol for studying the microstructure of cement paste (en); Mat. Struct. 20 (1987) pp. 27-31.

B 31 Becker, F., Schrämli, W.: Build-up ring caused by spurrite formation (en); Cem. Lime Manuf. 42 (1969) No. 5, pp. 91-94.

B 32 Becker, Th.: Mechanism of the efficiency of concrete plasticizers (de); Thesis TU Clausthal (1979).

B 33 Bemst, A. van: Contribution to the study of calcium silicate hydration (fr); Sil. Ind. 22 (1957) No. 4, pp. 213-218.

B 34 Bender, F., Wefing, H.: Producing energy from oil shale and using the residue as structural material – An integrated and approved draft (de); Tonind.-Ztg. 105 (1981) No. 1, pp. 34-38.

B 35 Bennett, I.C., Vivian, H.E.: Studies in cement-aggregate reaction; XXII. The effect of fine- ground opaline material on mortar expansion (en); Austr. J. Appl. Sci. 6 (1955) No. 1, pp. 88-93.

B 36 Bensted, J.: Cements with a specific application - Oilwell cements (en); World Cem. 18 (1987) No. 2, pp. 72-78.

B 37 Bensted, J.: Hydrophobic Portland cement (en); World Cem. 23 (1992) No. 7, pp. 30-31.

B 38 Bensted, J.: Microfine cements (en); World Cem. 23 (1992) No. 2, pp. 45-47.

B 39 Bensted, J.: Oilwell cement standards - an update (en); World Cem. 23 (1992) No. 3, pp. 38-44.

B 40 Bensted, J.: Oilwell cements - Standards in current use (en); World Cem. 19 (1988) No. 8, pp. 310-319.

B 41 Bensted, J.: Oilwell cements (en); World Cem. 20 (1989) No. 10. pp. 346-357.

B 42 Bensted, J.: Presentations on well cementing at the Symposium on chemicals in the oil industry, University of Manchester 19-20 April 1988 (en); World Cem. 19 (1988) No. 6, pp. 246-248.

B 43 Bensted, J.: Quality control tests for various oilwell cement additives (it+en); Il Cemento 92 (1995) No. 4, pp. 225-252.

B 44 Bensted, J.: Special cements (en); In P.C. Hewlett (Hrsg.) "Lea's Chemistry of Cement and Concrete", 4. Edition; Arnold, London NW1 3BH, 1998, pp. 779-835.

B 45 Bensted, J.: Special oilwell cements (en); World Cem. 23 (1992) No. 11, pp. 40-45.

B 46 Bensted, J., Munn, J.: Discussion to [F 57] (en).; Cem. Concr. Res. 27 (1997) No. 11, 1773-1775.

B 47 Bensted, J., Prakash Varma, S.: Studies of ettringite and its derivatives; Part 2: Chromate substitution (en).; Sil. Ind. 37 (1972) No. 12, pp. 315-318.

B 48 Bensted, J., Prakash Varma, S.: Studies of ettringite and its derivatives, Part 1 (en).; Cem. Technol. 2 (1971) No. 3, pp. 73-76 and 100.

B 49 Bensted, J., Prakash Varma, S.: Studies of ettringite and its derivatives, Part 3: Investigation of strontium and barium substitution in ettringite (en); Cem. Technol. 3 (1972) No. 5, pp. 185-187.

B 50 Bensted, J., Prakash Varma, S.: Studies of ettringite and its derivatives, Part 4, The low sulfate form of calcium sulfoaluminate (monosulfate) (en); Cem. Technol. 4 (1973) No. 3, pp. 112-114 and 116.

B 51 Bensted, J., Prakash Varma, S.: Studies of thaumasite; Part 2 (en); Sil. Ind. 39 (1974) No. 1, pp. 11-19.

B 52 Bensted, J.: Early hydration of Portland cement - Effects of water/cement ratio (en); Cem. Concr. Res. 13 (1983) No. 4, pp. 493-498.

B 53 Bensted, J.: High alumina cement - Present state of knowledge (en); ZKG INTERN. 46 (1993) No. 9, pp. 560-566.

B 54 Bensted, J., Haynes, P.E., Henderson, E., Jones, A., Smallwood, T.B.: Chemical aspects of oilwell cementing (en); Spec. Publ. No. 45: Chemicals in the Oil Industry (Ed.: P.H. Ogden) (1983), pp. 42-60.

B 55 Bentur, A., Cohen, M.D.: Effect of condensed silica fume on the microstructure of the interfacial zone in Portland cement mortars (en); J. Am. Ceram. Soc. 70 (1987) No. 10, pp. 738-743.

B 56 Bentur, A., Goldman, A., Cohen, M.D.: The contribution of the transition zone to the strength of high quality silica fume concretes (en); Mater. Res. Soc. Sympos. Proc. 114 (1988) pp. 97-103.

B 57 Bentur, A.: The pore structure of hydrated cementitious compounds of different chemical composition (en); J. Am. Ceram. Soc. 63 (1980) No. 7-8, pp. 381-386.

B 58 Berger, R.L., McGregor, J.D.: Effect of temperature and water-solid ratio on growth of $Ca(OH)_2$ crystals formed during hydration of Ca_3SiO_5 (en); J. Am. Ceram. Soc. 56 (1973) No. 2, pp. 73-79.

B 59 Bergler, I., Zeitelberger, I.: Radioactivity in the environment and radiation load; annual report 1987 (de); Der Bundesminister für Umwelt, Naturschutz und Reaktorsicherheit, Bonn 1987.

B 60 Bergström, S.G.: Curing temperature, age and strength of concrete (en); Mag. Concr. Res. 5 (1953) No. 14, pp. 61-66.

B 61 Berra, M., Baronio, G.: Thaumasite in deteriorated concretes in the presence of sulfates (en); Concrete Durability, Katherine and Bryant Mather International Conference, Vol. 2, Editor J.M. Scanlon, Am. Concr. Inst., SP-100 (1987) pp. 2073- 2089.

B 62 Berry, E.E., MacDonald, L.P.: Experimental burning of automotive crankcase oil in a dry-process cement kiln (en); J. Hazardous Materials 1 (1975/76) pp. 137-156.

B 63 Bertan, J.: Maintenance-free preheater operation achieved by using air guns or air blast units (de+en); VDZ-Congress '85 – Process Technology of Cement Manufacturing; Verein Deutscher Zementwerke e.V., Düsseldorf (1987) pp. 391-394; ZKG INTERN. 39 (1986) No. 3, pp. 141-142.

B 64 Bertram, D.: Reinforcing steel, connecting elements, prestressing steel (de); Beton-Kalender 91 (2002)

BK 1, Part B, pp. 153-215; Verl. Ernst &. Sohn, Berlin

B 65 Bertrandie, D., Barret, P.: Hydration elementary interfacial steps of calcium aluminates as cement compounds (fr); 8. Intern. Congr. Chem. Cem., Rio de Janeiro (1986) Vol. 3, pp. 79-85.

B 66 Bezou, C., Nonat, A., Mutin, J.-C., Noerlund Christensen, A., Lehmann, M.S.: Investigation of the crystal structure of γ-$CaSO_4$, $CaSO_4 \cdot 0,5 H_2O$, and $CaSO_4 \cdot 0,6 H_2O$ by powder diffraction methods (en); J. Solid State Chem. 117 (1995) pp. 165-176.

B 67 Bielak, E., Hempel, G., Rudert, V., Weh, S.: Distinguishing evaluation of expanding reactions effecting deterioration of concrete in service with special regard to alkali aggregate reaction (de+en); Betonw. u. Fertigteil-Techn. 59 (1993) No. 8, pp. 103-106.

B 68 Bigaré M., Guinier, A., Mazières, C., Regourd, M., Yannaquis, N., Eysel, W., Hahn, Th., Woermann, E.: Polymorphism of tricalcium silicate and its solid solution (en); J. Am. Ceram. Soc. 50 (1967) No. 11, pp. 609-619.

B 69 Bijen, J., Niël, E.: Super sulfated cement from blastfurnace slag and chemical gypsum available in the Netherlands and neighbouring countries (en); Cem. Concr. Res. 11 (1981) No. 3, pp. 307-322.

B 70 Billhardt, W., Kuhlmann, K., Ruhland, W., Schneider, M., Xeller, H.: Current state of NOx abatement in the cement industry (de+en); ZKG INTERN. 49 (1996) No. 10, pp. 545-560.

B 71 Binn, F.J.: Modernization of existing dust collectors in cement plants (de); ZKG INTERN. 41 (1988) No. 4, pp. 183-186.

B 72 Birchall, J.D., Howard, A.J., Kendall, K.: Flexural strength and porosity of cements (en); Nature 289 (1981) pp. 388-390.

B 73 Bird, C.E.: The influence of minor constituents of Portland cement on the behaviour of galvanized steel in concrete (en); Corrosion Prev. Contr. 11 (1964) No. 7, pp. 17-21.

B 74 Birnin-Yauri, U.A., Glasser, F.P.: Chlorides in cement: Phase studies of the system $Ca(OH)_2$- $CaCl_2$-H_2O (it+en); Il Cemento 88 (1991) No. 3, pp. 151-157.

B 75 Bisque, R.E., Lemish, J.: Chemical characteristics of some carbonate aggregates as related to durability of concrete (en); Highway Res. Board Bull. 196 (1958) pp. 29-45.

B 76 Bisque, R.E., Lemish, J.: Effect of illitic clay on chemical stability of carbonate aggregates (en); Highway Res. Board Bull. 275 (1960) pp. 32-38.

B 77 Bisque, R.E., Lemish, J.: Silification of carbonate aggregates in concrete (en); Highway Res. Board Bull. 239 (1960) pp. 41-55.

B 78 Blachere, J.R., Young, J.E.: The freezing point of water in porous glass (en); J. Am. Ceram. Soc. 55 (1972) No. 6, pp. 306-308.

B 79 Blaine, R.L.: A simplified air permeability fineness apparatus (en); ASTM Bull. (1943) No. 123, pp. 51-55.

B 80 Blanks, R.F., Meissner, H.S.: The expansion test as a measure of alkali-aggregate reaction (en); J. Am. Concr. Inst., Proc. 42 (1945/46) Apr., pp. 517-539.

B 81 Blondiau, L.: Storage of super sulfated slag cement (fr); Rev. Matér. Constr. (1962) No. 559, pp. 103-114.

B 82 Blondiau, L.: Considerations on the testing the chemical resistance to calcium sulfate after Le Chatelier-Anstett-method (fr); Rev. Matér. Constr. (1961) No. 546, pp. 189-200.

B 83 Blondiau, L.: On the control of the granulated slag for the utilization in the cement plant (fr); Rev. Matèr. Constr. (1951) No. 424, pp. 6-9, No. 425, pp. 42-46.

B 84 Blümel, O.W., Jung, F.: Investigations on cement efflorescences (de); Betonstein-Ztg. 28 (1962) No, 6, pp. 286-291; No. 7, pp. 363-370.

B 85 Bodor, E.E., Odler, I., Skalny, J.: An analytical method for pore structure analysis (en); J. Coll. Interface Sci. 32 (1970) pp. 367-369.

B 86 Boes, K.-H.: Measures to reduce the SO_2 emission during clinker burning at Nordcement AG's Höver works (de+en); VDZ-Congress '93 - Process Technology of Cement Manufacturing; Verein Deutscher Zementwerke e.V., Düsseldorf (1994) pp. 514-518.

B 87 Bogue, R.H.: Calculation of the compounds in Portland cement (en); Ind. Eng. Chem. 1 (1929) No. 4, pp. 192-197; PCA-Fellowship, Paper 21 (1929).

B 88 Boikova, A.I., Domansky, A.I., Paramonova, V.A., Stavitskaja, G.P., Nikushenko, V.M.: The influence of Na_2O on the structure and properties of $3CaO \cdot Al_2O_3$ (en); Cem. Concr. Res. 7 (1977) No. 5, pp. 483-491.

B 89 Bolio-Arceo, H., Glasser, F.P.: Formation of spurrite, $Ca_5(SiO_4)_{22}CO_3$ (en); Cem. Concr. Res. 20 (1990) No. 2, pp. 301-307.

B 90 Bombled, J.P., Bellina, G., Mortureux, B.: Particle size distribution and specific surface measurements of components of interground blended cements: Application to fillers and slags (fr); 8. Intern. Congr. Chem. Cem., Rio de Janeiro (1986) Vol. 4, pp. 74-80.

B 91 Bombled, J.P.: Rheology of fresh concrete: Influence of filler addition to the cement (fr); 8. Intern. Congr. Chem. Cem., Rio de Janeiro (1986) Vol. 4, pp. 190-196.

B 92 Bonen, B.: Calcium hydroxide deposition in the near interfacial zone in plain concrete (en); J. Am. Ceram. Soc. 77 (1994) No. 1, pp. 193-196.

B 93 Bonn, W., Bosshard, U.: Cement works experience and considerations to the design of bypass systems (de+en); VDZ-Congress '71 - Process Technology of Cement Manufacturing; Verein Deutscher Zementwerke e.V., Düsseldorf (1971) pp. 162-164; ZKG INTERN. 25 (1972) No. 6, pp. 281-282.

B 94 Bonn, W., Lang, Th.: Burning processes (de+en); VDZ-Congress '85 - Process Technology of Cement Manufacturing; Verein Deutscher Zementwerke e.V., Düsseldorf (1987) pp. 368-384; ZKG INTERN. 39 (1986) No. 3, pp. 105-114.

B 95 Bonzel, J., Dahms, J.: Alkali aggregate reaction in concrete (de); Beton 23 (1973) No. 11, pp. 495-500; No. 12, pp. 547-554.

B 96 Bonzel, J., Dahms, J.: The testing of the frost resistance of concrete aggregate (de); Beton 26 (1976) No. 5, pp. 172-176; No. 6, pp. 206-211.

B 97 Bonzel, J., Manns, W.: Concrete with special properties (de); Zement-Taschenbuch, 48. Edition (1984); Ed.. Verein Deutscher Zementwerke, Bauverlag Wiesbaden, pp. 287-305.

B 98 Bonzel, J., Siebel, E.: Determination of the parameters of the air-void system in hardened concrete – Guide to the microscopical air-void determination (de); Beton 31 (1981) No. 12, pp. 459-466.

B 99 Bonzel, J., Siebel, E.: Recent studies on the resistance of concrete to frost and de-icing salts (de); Beton 27 (1977) No. 4, pp. 153-157; No. 5, pp. 205-211, No. 6, pp. 237-244.

B 100 Bonzel, J.: Concrete (de); Beton-Kalender 77 (1988) Teil I, pp. 1-142.

B 101 Bordoloi, D., Baruah, A. Ch., Barkakati, P., Borthakur, P. Ch.: Influence of ZnO on clinkerization and properties of cement from VSK clinker (en); Cem. Concr. Res. 28 (1998) No. 3, pp. 329-333.

B 102 Borgholm, H.E., Herfort, D., Rasmussen, S.: A new blended cement based on mineralized clinker (en); World Cem., Res. Div. (1995) No. 8, pp. 27-33.

B 103 Brandt, J., Rechenberg, W.: Natural radioactivity of concrete (de); Beton 43 (1993) No. 11, pp. 582-586.

B 104 Bredsdorff, P., Idorn, G.M., Kjaer, A., Plum, N.M., Poulsen, E.: Chemical reactions involving aggregates (en); Proc. 4. Intern. Sympos. Chem. Cem., Washington 1960, Vol. 2, pp. 749-783.

B 105 Brehler, B.: On the behaviour of compressed crystals in their solution (de); Neues Jb. Min., Monatsh., (1951) pp. 110-131.

B 106 Breit, W.: Critical corrosion inducing chloride content, Part 1. State of the art, Part 2. Recent test results (de); Beton 48 (1998) No. 7, pp. 442-449; No. 8, pp. 511-520.

B 107 Breitenbaumer, C.: Operating results and NOx emissions with the ROTAFLAM burner at the Retznei cement works (de); ZKG INTERN. 45 (1992) No. 5, pp. 239-243.

B 108 Breitenbücher, R.: Forced compressive stress and crack formation caused by heat of hydration (de); Thesis TU München (1989).

B 109 Brentrup, L., Rose, D.: Safety when using coke filters in the cement industry (de+en); ZKG INTERN. 48 (1995) No. 5, pp. 286-296.

B 110 Breton, D., Carles-Gibergues, A., Ballivy, G., Grandet, J.: Contribution to the formation mechanism of the transition zone between rock - cement paste (en).; Cem. Concr. Res. 23 (1993) No. 2, pp. 335-346.

B 111 Breval, E.: The effect of prehydration on the liquid hydration of $3CaO \cdot Al2O3$ with $CaSO_4 \cdot 2H_2O$ (en); J. Am. Ceram. Soc. 62 (1979) No. 7/8, pp. 395-398.

B 112 Briesemann, D.: Corrosion inhibitors for steel in concrete (de); ZKG INTERN. 26 (1973) No. 2, pp. 88-91.

B 113 Brisi, C., Lucco Borlera, M.: Excess oxygen in "$12CaO \cdot 7Al_2O_3$" and related phases (it+en); Il Cemento 80 (1983) No. 3, pp. 155-164.

B 114 Brisi, C., Lucco Borlera, M.: Researches on the compound $5CaO \cdot 3Al_2O_3$ (it+en); Il Cemento 81 (1984) No. 4, pp. 187-195.

B 115 Brodersen, H.A.: On the transport processes of various ions in concrete in dependence on structure and composition of the hardened cement (de); Thesis RWTH Aachen (1982).

B 116 Brown, L.S., Pierson, C.U.: Linear traverse technique for measurement of air in hardened concrete (en); J. Am. Concr. Inst., Proc. 47 (1950/51) Okt., pp. 117-123. PCA Res. Dept. Bull. 35.

B 117 Brown, P.W.: The implications of phase equilibria on hydration in the tricalcium silicate - water and the tricalcium aluminate - gypsum - water systems (en); 8. Intern. Congr. Chem. Cem., Rio de Janeiro (1986) Vol. 3, pp. 231-238.

B 118 Brownmiller, L.T., Bogue, R.H.: The system $CaO-Na_2O-Al_2O_3$ (en); Am. J. Sci. 23 (1932) No. 138, pp. 501-524; PCA-Fellowship, Paper 25 (1932).

B 119 Brugan, J.M.: State of the art raw grinding (de); ZKG INTERN. 45 (1992) No. 1, pp. 9-13.

B 120 Brumsack, H.J., Förstner, U., Heinrichs, H.: Environmental problems caused by products of combustion with a high concentration of metals – potential emissions from coal fired power stations in the Federal Republic of Germany (de); Chemiker-Ztg. 107 (1983) No. 5, pp. 161-168.

B 121 Brunauer, S., Copeland, L.E., Bragg, R.H.: The stoichiometry of the hydration of tricalcium silicate at room temperature; 1. Hydration in a ball mill; 2. Hydration in paste form (en); J. Phys. Chem. 60 (1956) pp. 112-120; PCA Res. Dept. Bull. 65.

B 122 Brunauer, S., Emmett, P.H., Teller, E.: Adsorption of gases in multimolecular layers (en); J. Am. Chem. Soc. 60 (1938) Febr., pp. 309-319.

B 123 Brunauer, S., Greenberg, S.A.: The hydration of tricalcium silicate and β-dicalcium silicate at room temperature (en); 4. Intern. Sympos. Chem. Cem., Washinton (1960), Vol. 1, pp. 135-165. PCA Res. Dept.

Bull. 152.

B 124 Brunauer, S., Kantro, D.L., Copeland, L.E.: The stoichiometry of the hydration of β-dicalcium silicate und tricalcium silicate at room temperature (en); J. Am. Chem. Soc. 80 (1958) No. 4, pp. 761-766; PCA Res. Dept. Bull. 86.

B 125 Brunauer, S., Kantro, D.L., Weise, C.H.: The surface energy of tobermorite (en); 431 Can. J. Chem. 37 (1959) pp. 714-724. PCA Res. Dept. Bull. 105.

B 126 Brunauer, S., Odler, I., Yudenfreund, M.: The new model of hardened cement paste (en); Highway Res. Rec. No. 328 (1970) pp. 89-101.

B 127 Brundiek, H.: The Loesche mill for comminution of cement clinker and interground additives in practical operation (de+en); ZKG INTERN. 47 (1994) No. 4, pp. 179-186.

B 128 Bucchi, R.: Influence of the nature and preparation of raw materials on the reactivity of raw mix (en); 7. Intern. Congr. Chem. Cem., Paris (1980), Vol. 1, pp. I-3-43.

B 129 Budnikov, P.P., Kravchenko, I.V.: Expansive cements (en); 5. Intern. Sympos. Chem. Cem., Tokio (1968) Vol. 4, pp. 319-331.

B 130 Buhlert, R., Kuzel, H.-J.: The replacement of Al^{3+} by Cr^{3+} and Fe^{3+} in ettringite (de); ZKG INTERN. 24 (1971) No. 2, pp. 83-85.

B 131 Bühnen, T.: Measurement of emission with a tubular electrostatic precipitator in the clean gas of a cement rotary kiln plant (de); Diss., dipl., FH Niederrhein Krefeld (1992).

B 132 Bundesministerium des Innern: Radiation exposition and possible risk of lung carcinoma caused by inhalation of decay products of radon in buildings (de); Bauphysik 8 (1986) No. 2, pp. 59-61.

B 133 Bundesministerium für Umwelt, Naturschutz und Reaktorsicherheit: Radioactivity in the environment and radiation load (de); Annual Report 1989, Bonn.

B 134 Bundesministerium des Innern: revision of concrete products with a dense structure for the resistance to freezing and to de-icing salt (de); Preliminary leaflet, Jan. 1979; Betonw. + Fertigteil-Techn. 45 (1979) No. 5, pp. 304-305.

B 138 Bürger, D., Ludwig, U.: Synthesis of calcium silicates at low temperatures and influences on their reactivity (en); 8. Intern. Congr. Chem. Cem., Rio de Janeiro (1986) Vol. 2, pp. 372-378.

B 139 Bürger, D., Ludwig, U.: Reactivity of calcium silicates prepared at low temperatures (de) Silikattechn. 37 (1986) No. 4, pp. 131-133.

B 140 Bürger, D.: Contribution to synthesis and reactivity of calcium silicates prepared at low temperatures (de); Thesis RWTH Aachen (1985).

B 141 Büssem, W., Eitel, A.: The structure of pentacalcium trialuminate (de); Z. Krist. A 95 (1936) No. 3/4, pp. 175-188.

B 142 Butt, Y.M., Timashew, V.V.: The mechanism of clinker formation processes and ways of modification of clinker structure (en); 6. Intern. Congr. Chem. Cem., Moskau (1974), Principal Paper I-4.

B 143 Butt, Yu.M., Kolbasov, V.M., Timashev, V.V.: High temperature curing of concrete under atmospheric pressure (en); 5. Intern. Sympos. Chem. Cem., Tokio (1968), Vol. 3, pp. 437-471.

B 144 Buttler, F.G., Taylor, H.F.W.: Action of water and lime solutions on anhydrous calcium aluminates at 5 °C (en); J. Appl. Chem. 9 (1959) pp. 616-620.

B 145 Buttler, F.G., Taylor, H.F.W.: The system $CaO-Al_2O_3-H_2O$ at 5 °C (en); Radioactivity in the environment and radiation load J. pp. 2103-2110. (de); Annual Report 1978.

B 135 Bundesministerium für Umwelt, Naturschutz und Reaktorsicherheit: Report of the Federal Government on radioactivity and radiation load in 1991 (de). Deutscher Bundestag, 12. Wahlperiode, Drucksache 12/4687 vom 5. 4. 1993.

B 136 Bundesministerium für Umwelt, Naturschutz und Reaktorsicherheit: Radioactivity in the environment and radiation load (de); Annual Report 1987, Bonn.

B 137 Bundesverband Dt. Beton- und Fertigteilindustrie: Preliminary leaflet for the Chem. Soc. (1958)

B 146 Buzzi, S.: BHG-Mill – a new grinding system (de+en); VDZ-Kongress '93 - Process Technology of Cement Manufacturing; Verein Deutscher Zementwerke e.V., Düsseldorf (1994) pp. 697-700.

B 147 Buzzi, S.: The Horomill - a new mill for fine comminution (de+en); ZKG INTERN. 50 (1997) No. 3, pp. 127-138.

c1 Correns, C.W.: Introduction to Mineralogy (de); Springer-Verlag, Berlin-Göttingen-Heidelberg, 1949.

c2 Czernin, W.: Cement Chemistry for Civil Engineers, 3. Ed. (de); Bauverlag, Wiesbaden u. Berlin, 1977.

C 1 Calleja, J.: Calculation of hypothetically possible potential compositions of high-alumina cements (en); 7. Intern. Congr. Chem. Cem., Paris (1980), Vol. 3, pp. V/102-107.

C 2 Campus, F.: Summarizing report on tests and observations of mortar and concrete test specimens during a period of 30 years (1934-1964) of which a large number has been stored completely immersed in the North Sea near Ostende (fr); Memoires C.E.R.E.S. (Nouvelle Série) No. 24 (1968).

C 3 Carlson, E.T.: The system lime-alumina- water at 1 °C (en); J. Res. Nat. Bur. Stand. 61 (1958) No. 1, pp. 1-11, RP 2877.

C 4 Carlson, R.W.: Accelerated test of concrete expansion due to alkali-aggregate reaction (en); J. Am. Concr. Inst., Proc. 40 (1943/44) No. , pp. 205-212.

C 5 Carlson, R.W.: Contribution to discussion of [S 208] (en) J. Am. Concr. Inst., Proc. 38 (1942/42) Nov., pp. 236/13-236/14

C 6 Carpenter, A.B., Chalmers, R.A., Gard, J.A., Speakman, K., Taylor, H.F.W.: Jennite, a new mineral (en); Am. Miner. 51 (1966) pp. 56-74.

C 7 Cembureau: Best available techniques for the cement industry (en); CEMBUREAU, Nov. 1997.

C 8 CEN TC 51 Working Group 6: Procedure for the determination of total organic carbon content (TOC) in lime stone (en); ZKG INTERN. 43 (1990) No. 8, pp. 409-412.

C 9 Cervantes Lee, F., Glasser, F.P.: Powder diffraction data for compounds in the series $Na_x(Ca_3\text{-}xNa_x)Al_2O_6$ (en); J. Appl. Cryst. 12 (1979) pp. 407-410.

C 10 Chandra, S., Xu, A.: Influence of presaturation and freeze-thaw test conditions on length changes of Portland cement mortar (en); Cem. Concr. Res. 22 (1992) No. 4, pp. 515-524.

C 11 Chartschenko, I., Rudert, V., Wihler, H.-D.: Factors affecting the hydration process and properties of expansive cement, Part 1, (de+en); ZKG INTERN. 49 (1996) No. 8, pp. 432-443. Cem. Concr. Res. 29 (1999) No. 6, pp. 885-897.

C 12 Chartschenko, I., Stark, J.: Theoretical basis for the use of expansive cements in the construction engineering (de); Int. Sympos. "75 Jahre Quellzement", Weimar, 1995, Sympos. Proceed. pp. 31-46.

C 13 Chatterjee, A.K.: High belite cements - Present status and future technological options, Part 1 and 2, (en); Cem. Concr. Res. 26 (1996) No. 8, pp. 1213-1237.

C 14 Chatterjee, A.K.: Special and new cements (en); 9. Intern. Congr. Chem. Cem., New Delhi (1992) Vol. 1, pp. 177-212.

C 15 Chatterji, S., Jeffery, J.W.: A new hypothesis of sulfate expansion (en); Mag. Concr. Res. 15 (1963) No. 44, pp. 83-86.

C 16 Chatterji, S., Jeffery, J.W.: The effect of various heat treatments of the clinker on the early hydration of cement pastes (en); Mag. Concr. Res. 16 (1964) No. 46, pp. 3-10.

C 17 Chatterji, S., Jeffery, J.W.: Further evidence relating to the "new hypothesis of sulfate expansion", (en); Mag. Concr. Res. 19 (1967) No. 60, pp. 185-189.

C 18 Chatterji, S., Thaulow, N.: Unambiguous demonstration of destructive crystal growth pressure (en); Cem. Concr. Res. 27 (1997) No. 6, pp. 811-816.

C 19 Chatterji, S.: Aspects of the freezing process in a porous material - water system, Part 1. Freezing and the properties of water and ice; Part 2. Freezing and properties of frozen porous materials, (en); Cem. Concr. Res. 29 (1999) No. 4, pp. 627-630; No. 5, pp. 781-784.

C 20 Chatterji, S.K.: Mechanisms of sulfate expansion of hardened cement pastes (en); 5. Intern. Sympos. Chem. Cem., Tokio (1968) Vol. 3, pp. 336-340.

C 21 Cheeseman, C.R., Asavapisit, S.: Effect of calcium chloride on the hydration and leaching of lead-retarded cement (en); Cem. Concr. Res. 29 (1999) No. 6, pp. 885-897.

C 22 Chen Zhi Yuan, Odler, I.: The interfacial zone between marble and tricalcium silicate paste (en); Cem. Concr. Res. 17 (1987) No. 5, pp. 784-792.

C 23 Cheng-Yi, H., Feldman, R.F.: Influence of silica fume on the micro-structural development in cement mortars (en); Cem. Concr. Res. 15 (1985) No. 2, pp. 285-294.

C 24 Cheng-Yi, H., Feldman, R.F.: Hydration reactions in Portland cement-silica fume blends (en); Cem. Concr. Res. 15 (1985) No. 4, pp. 585-592.

C 25 Chiocchio, G., Mangialardi, T., Paolini, A.E.: Effects of addition time of super plasticizers on workability of Portland cement pastes with different mineralogical composition (it+en); Il Cemento 83 (1986) No. 2, pp. 69-80.

C 26 Chiocchio, G., Paolini, A.E.: Optimum time for adding super plasticizers to Portland cement pastes (en); Cem. Concr. Res. 15 (1985) No. 5, pp. 901-908.

C 27 Christensen, N.H., Johansen, V.: Role of liquid phase and mineralizers (en); J. Skalny (Hrsg.): Cement Production and Use. Engineering Foundation, US Army Research Office (1979) pp. 55-69.

C 28 Chromy, S.: Staining the free CaO and the silicates in polished specimens of Portland cement clinker (de); ZKG INTERN. 27 (1974) No. 2, pp. 79-84.

C 29 Chromy, S.: Conversion of dicalcium silicate modifications (de); ZKG INTERN. 23 (1970) No. 8, pp. 382-389.

C 30 Cléret de Langavant, J.: Measurement of the heat of hydration of cements by means of the thermos method (fr); CERILH, Publ. Techn. No. 7 (1948) 8 pp.

C 31 Cohen, M.D., Goldman, A., Chen, Wai-Fah: The role of silica fume in mortar (en); Cem. Concr. Res. 24 (1994) No. 1, pp. 95-98.

C 32 Cohen, M.D.: Theories of expansion in sulfoaluminate-type expansive cements: Schools of thought (en); Cem. Concr. Res. 13 (1983) No. 6, pp. 809-813.

C 33 Cohrs, P., Trautwein, G.: Experimental investigation on the effect of cement dust on animals (de); Arch. experim. Veterinärmed. 13 (1959) No. 3, pp.403-421.

C 34 Cole, W.F., Kroone, B.: Carbon dioxide in hydrated Portland cement (en); J. Am. Concr. Inst., Proc. 56 (1960/61) Juni, pp. 1275-1295.

C 35 Collepardi, M., Baldini, G., Pauri, M., Corradi, M.: Retardation of tricalcium aluminate hydration by calcium sulfate (en); J. Am. Ceram. Soc. 62 (1979) No. 1-2, pp. 33-35.

C 36 Collepardi, M., Corradi, M.: High strength and reliable concretes (en); Sil. Ind. 44 (1979) No. 1, pp. 13-22.

C 37 Collepardi, M., Marcialis, A., Solinas, V.: The influence of calcium chloride on the properties of cement pastes (it+en); Il Cemento 70 (1973) No. 2, pp. 83-92.

C 38 Collepardi, M., Monosi, S., Piccioli, P.: The influence of pozzolanic materials on the mechanical stability of aluminious cement (en); Cem. Concr. Res. 25 (1995) No. 5, pp. 961-968.

C 39 Collepardi, M.: A holistic approach and new hypothesis: Concrete damages by delayed ettringite formation, (en); Concrete Intern. 21 (1999)No. 1, pp. 69-74.

C 40 Collepardi, M.: A holistic approach to concrete damage induced by delayed ettringite formation, (en); 5. CANMET/ACI Intern. Conf. Super plasticizers and other Chem. Admixt. in Concr.; Rom 1997, pp. 373-396.

C 41 Collins, R.J., Bareham, P.D.: Alkali-silica- reaction: Suppression of expansion using porous aggregates (en); Cem. Concr. Res. 17 (1987) No. 1, pp. 89-96.

C 42 Colville, A.A., Geller, S.: The crystal structure of Brownmillerite Ca_2FeAlO_5 (en); Acta Cryst. B27 (1971) pp. 2311-2315.

C 43 Connell, M.D., Higgins, D.D.: Effectiveness of granulated blastfunace slag to avoid alkali silica reaction (en); 9. Intern. Conf. Alkali-Aggregate-Reaction in Concrete; London, 1992, Vol. 1, pp. 175-183;

C 44 Cook, D.J.: Calcined clay, shale and other soils (en); In Concrete Technology and Design; Vol. 3, Swamy, R.N. (Ed.): Cement Replacement Materials, pp. 40-72; Surrey University Press, Glasgow- London, 1986.

C 45 Cook, D.J.: Natural Pozzolanas (en); In Concrete Technology and Design; Vol. 3, Swamy, R.N. (Ed.): Cement Replacement Materials, pp. 1-39; Surrey University Press, Glasgow- London, 1986.

C 46 Cook, D.J.: Rice husk ash (en); In Concrete Technology and Design; Vol. 3, Swamy, R.N. (Ed.): Cement Replacement Materials, pp. 171-196; Surrey University Press, Glasgow- London, 1986.

C 47 Cook, R.A., Hover, K.C.: Mercury porosimetry of hardened cement pastes (en); Cem. Concr. Res. 29 (1999) No. 6, pp. 933-943.

C 48 Copeland, L.E., Bodor, E., Chang, T.N., Weise, C.H.: Reactions of tobermorite gel with aluminates, ferrites, und sulfates (en); J. PCA Res. Dev. Lab. 9 (1967) No. 1, pp. 61-74; PCA Res. Dept. Bull. 211.

C 49 Copeland, L.E., Hayes, J.C.: Determination of non-evaporable water in hardened Portland cement paste (en); ASTM Bull. (1953) No. 194, pp. 70-74; PCA Res. Dept. Bull.

C 50 Copeland, L.E., Hayes, J.C.: Porosity of hardened Portland cement pastes (en); J. Am. Concr. Inst., Proc. 52 (1956) No. 2, pp. 633-640; PCA Res. Dept. Bull. 68.

C 51 Copeland, L.E., Kantro, D.L., Verbeck, G.: Chemistry of hydration of Portland cement (en); 4. Intern. Sympos. Chem. Cem., Washington (1960) Vol. 1, pp. 429-465.

C 52 Copeland, L.E.: Spezific volume of evaporable water in hardened Portland cement paste (en); J. Am. Concr. Inst., Proc. 52 (1956) April, pp. 863- 874. PCA Res. Dept. Bull. 75.

C 53 Cordonnier, A.: The Horomill – A new finish grinding mill (en); ZKG INTERN. 47 (1994) No. 11, pp. 643-647.

C 54 Correns, C.W.: Growth and dissolution of crystals under linear pressure (en); Disc. Faraday Soc. (1949) pp. 267-271.

C 55 Corstanje, W.A., Stein, H.N., Stevels, J.M.: Hydration reactions in pastes $C_3S+C_3A+CaSO_4 \cdot 2aq+H_2O$ at 25 °C, Parts 1, 2, and 3 (en); Cem. Concr. Res. 3 (1973) No. 6, pp. 791-806; 4 (1974) No. 2, pp. 193-202, No. 3, pp. 417-431.

C 56 Costa, U., Massazza, F.: Influence of the thermal treatment on the reactivity of some natural pozzolanas with lime (it+en); Il Cemento 74 (1977) No. 3, pp. 105-122.

C 57 Costa, U., Massazza, F.: Natural pozzolanas and fly-ashes – conformities and differences (en); Mater. Res. Soc. Ann. Meeting, Proc. Sympos. N (1981) pp. 134-144.

C 58 Cottin, B., George, C.M.: Reactivity of industrial aluminous cement: An analysis of the effect of curing conditions on strength developmen (en); Proc. Intern. Seminar Calcium Aluminates, Turin (1982) pp. 160-170.

C 59 Cottin, B., Reif, P.: Physical parameters deciding the mechanical properties of hardened pastes of aluminous binders (fr); Rev. Matér. Constr. (1970) No. 661, pp. 293-305.

C 60 Cottin, B.F.: Hydration of mixes of calcium silicates and aluminates (fr); 7. Intern. Congr. Chem. Cem., Paris (1980), Vol. 3, pp. V/113-118.

C 61 Courtier, R.H.: The assessment of ASR- affected structures (en); Cem. Concr. Compos. 12 (1990) No. 3, pp. 191-201.

C 62 Coutinho, A.S.: Discussion of "a new test for sulfate resistance of cements" (en); J. Test. Eval. 4 (1976) No. 1, pp. 40-41.

C 63 Craig, R.J., Wood, L.E.: Effectiveness of corrosion inhibitors and their influence on the physical properties of Portland cement mortars (en); Highway Res. Rec. No. 328 (1970) pp. 77-88.

C 64 Crammond, H.J., Currie, R.J.: Survey of condition of precast high-alumina cement concrete components in internal locations in 14 existing buildings (en); Mag. Concr. Res. 45 (1993) No. 165, pp. 275-279.

C 65 Cui Xuchua, Deng Min, Tang Mingshu: Application of expansive cement with magnesia in dams (en); Int. Sympos. "75 Jahre Quellzement", Weimar (1995), Sympos. Proceed. pp. 67-74.

C 66 Cussino, L., Negro, A.: Hydration of aluminous cement in the presence of silicic and calcareous aggregate (fr); 7. Intern. Congr. Chem. Cem., Paris (1980), Vol. 3, pp. V/62-67.

C 67 Czaja, A.Th.: The effect of atomized lime and cement on plants (de); Qualitas Plantarum et Materiae Vegitabilis 7 (1960) pp. 184-212.

C 68 Czaja, A.Th.: The effect of cement dust on plants (de); Staub 22 (1962) No.6, pp. 228-232.

C 69 Czaja, A.Th.: On the effect of dusts specifically cement kiln dust on plants (de); Angew. Botanik 11 (1966) No. 3/4, pp. 106-120.

C 70 Czernin, W.: On the chemical shrinkage of the hydrating cement (de); ZKG INTERN. 9 (1956) No. 12, pp. 525-530.

d 1 Deutsche Forschungsgemeinschaft, Senate commission for the assessment of working media injurious to health: List of MAK and BAT values 1999, Comunication 35 (de); VCH Verlagsges. mbH (Publishing company), Weinheim (1999).

d 2 Deutscher Zement (German Cement) 1852- 1952 (de); Editor: Verein Deutscher Portland- und Hüttenzementwerke e.V., Düsseldorf (1952).

d 3 Duda, W.H.: Cement-Data-Book, Vol. 1 International Process Engineering in the Cement Industry, 3rd edition (de+en); Bauverl. GmbH, Wiesbaden (1985).

D 1 Dahl, L.A.: Estimation of phase composition of clinker in the system $3CaO \cdot SiO_2$- $2CaO \cdot SiO_2$-$3CaO \cdot Al_2O_3$-$4CaO \cdot Al_2O_3 \cdot Fe_2O_3$ at clinkering temperatures (en)

Rock Prod. 41 (1938) No. 9, pp. 48-50; No. 10, pp. 46-48; No. 11, pp. 42-44; No. 12, pp. 44-47; 42 (1939) No. 1, pp. 68-70; No. 2, pp. 46-49; No. 4, pp. 50-53; PCA, Res. Dept., Bull. 21 (1939); see also [S 109].

D 2 Dahl, L.A.: Analytical treatment of multicomponent systems (en); J. Phys. Coll. Chem. 52 (1948) pp. 698-729; PCA Fellowship, Paper 51.

D 3 Dahms, J.: Normal aggregate (de); Zement-Taschenbuch, 48.Edition (1984); Ed.. Verein Deutscher

Zementwerke, Bauverl. Wiesbaden, pp. 133-157.

D 4 Dahms, J.: Alkali aggregate reaction in concrete (de); Beton 44 (1994) No. 10, pp. 588-593

D 5 Daimon, M., Abo-el-enein, S.A., Hosaka, G., Goto, S., Kondo, R.: Pore structure of calcium silicate hydrate in hydrated tricalcium silicate (en); J. Am. Ceram. Soc. 60 (1977) No. 3/4, pp. 110-114.

D 6 Daimon, M., Roy, D.M.: Rheological properties of cement mixes: 1. Methods, preliminary experiments ans adsorption studies (en); Cem. Concr. Res. 8 (1978) No. 6, pp. 753-764.

D 7 Daimon, M., Roy, D.M.: Rheological properties of cement mixes: 2. Zeta potential and preliminary viscosity studies (en); Cem. Concr. Res. 9 (1979) No. 1, pp. 103-109; Discussion on [D 6] and [D 7]: Cem. Concr. Res. 9 (1979) No. 6, pp. 795-796.

D 8 Dalziel, J.A., Gutteridge, W.A.: The influence of pulverized fuel ash upon the hydration characteristics and certain physical properties of a Portland cement paste (en); Cem. Concr. Assoc., Techn. Rep. 560 (1986).

D 9 Danielson, U.: Heat of hydration of cement as affected by water-cement-ratio (en); Proc. 4. Intern. Sympos. Chem. Cem., Washington 1960, Vol. 1, pp. 519-526.

D 10 Davis, C.E.S.: Studies in cement-aggregate reaction; XVIII. The effect of soda content and of cooling rate of Portland cement clinker on its reaction with opal in mortar (en); Austr. J. Appl. Sci. 2 (1951) No. 1, pp. 123-131.

D 11 Davis, C.E.S.: Studies in cement-aggregate reaction; XXVI. Comparison of the effect of soda and potash on expansion (en); Austr. J. Appl. Sci. 9 (1958) No. 1, pp. 52-62.

D 12 Davis, H.E.: Autogenous volume changes of concrete (en); Proc. ASTM 40 (1940) pp. 1103-1110.

D 13 Davis, R.W., Young, J.F.: Hydration and strength development in tricalcium silicate pastes seeded with afwillite (en); J. Am. Ceram. Soc. 58 (1975) No. 1-2, pp. 67-70.

D 14 Day, R.L.: Reactions between methanol and Portland cement paste (en); Cem. Concr. Res. 11 (1981) No. 3, pp. 341-349.

D 15 Day, R.L., Marsh, B.K.: Measurement of porosity in blended cement pastes (en); Cem. Concr. Res. 18 (1988) No. 1, pp. 63-73.

D 16 Deckers, R.: Cooling of cement during grinding and cement properties (de); Thesis, TU Clausthal (1990).

D 17 Demoulian, E., Vernet, F., Hawthorn, F., Gourdin, P.: Slag content determination in cements by selective dissolution (fr); 7. Intern. Congr. Chem. Cem., Paris (1980) Vol. 2, pp. III 151-156.

D 18 Deng, M., Tang, M.: Measures to inhibit alkali dolomite reaction (en); Cem. Concr. Res. 23 (1993) No. 5, pp. 1115-1120.

D 19 Deng, M., Tang, M.: Mechanism of dedolomitization and expansion of dolomitic rocks (en); Cem. Concr. Res. 23 (1993) No. 6, pp. 1397-1408.

D 20 Dettling, H.: The thermal expansion of hardened cement paste, aggregates and concretes (de); Deutscher Ausschuß für Stahlbeton, H. 164, part 2, pp. 1-64; 436 Verl. Wilhelm Ernst & Sohn KG, Berlin-München-Düsseldorf (1964).

D 21 Detwiler, R., Krishnan, K., Mehta, P.: Effect of granulated blastfurnace slag and the transition zone in concrete (en); Concrete Durability, Katherine and Bryant Mather Intern. Conf., Vol. 1; Ed. J.M. Scanlon, Am. Concr. Inst., SP-100 (1987) pp. 63-72.

D 22 Detwiler, R.J., Monteiro, P.J.M., Wenk, H.- R., Zhong, Z.: Texture of calcium hydroxide near the cement paste-aggregate interface (en); Cem. Concr. Res. 18 (1988) No. 5, pp. 823-829.

D 23 Detwiler, R.J.: Blended cement, now and in the future (en); Rock Prod. Cem. Ed. (1996) No. 7, pp. 27-33.

D 24 Deutscher Ausschuß für Stahlbeton (DAfStb): Recommendation on the heat treatment of concrete,

September 1989 (de+en); Beuth Verl. GmbH, Berlin und Köln.

D 25 Deutscher Ausschuß für Stahlbeton, Arbeitsaussch. DIN 1048: Testing of concrete; recommendations and advices, in addition to DIN 1048 (compiled by N. Bunke) (de); Deutscher Ausschuß für Stahlbeton, No. 422; Beuth Verl. GmbH, Berlin und Köln (1991).

D 26 Deutscher Ausschuß für Stahlbeton: DAfStb-Richtlinie "Utilization of fly ash according to DIN EN 450 in concrete construction" (de); Sept. 1996; Beuth Verl. GmbH, Berlin und Köln, Vertriebs-No. 65025.

D 27 Deutscher Ausschuß für Stahlbeton: DAfStb-Richtlinie "Precautionary measure against detrimental alkali aggregate reaction in concrete (Alkali Guide Line)", May 2001 (de); Beuth Verl. GmbH, Berlin und Köln, Vertr.-No. 65027.

D 28 Deutscher Beton-Verein: Method for the testing the resistance of concrete for bridge coping and for similar construction units to frost and de- icing salt (de); Betonw. + Fertigteil-Techn. 42 (1976) No. 1, pp. 27.

D 29 Deutscher Beton-Verein: Merkblatt Strahlenschutzbeton: Leaflet fort he planning manufacture and testing of concrete fort the structural engineering protective screen (Version 1978, revised 1996) (de); Deutscher Beton-Verein, Wiesbaden.

D 30 Dhir, R.K.: Pulverized-fuel ash (en); In Concrete Technology and Design, Vol. 3; Swamy, R.N. (Ed.): Cement Replacement Materials, pp. 197-255; Surrey University Press, Glasgow- London, 1986.

D 31 Diamond, S.: A critical comparision of mercury porosimetry and capillary condensation pore size distributions of Portland cement pastes (en); Cem. Concr. Res. 1 (1971) No. 5, pp. 531-545.

D 32 Diamond, S.: Pore structure of hardened cement paste as influenced by hydration temperature (en); Proc. RILEM/IUPAC Int. Sympos. "Pore Structure and Properties of Materials", Vol. 1, B73-88, Prag (1973).

D 33 Diamond, S.: A review of alkali-silica reaction and expansion mechanisms; 1. Alkalies in cements and in concrete pore solutions; 2. Reactive aggregates (en); Cem. Concr. Res. 5 (1975) No. 4, pp. 329-345; 6 (1976) No. 4, pp. 549-560.

D 34 Diamond, S.: Cement paste microstructure - an overview at several levels (en); In: Hydraulic cement pastes: their structure and properties; Proc. Conf. Sheffield (1976); Cem. Concr. Assoc. (1976) pp. 2-30.

D 35 Diamond, S.: An alternative to gypsum set regulation for Portland cements (en); World Cem. Techn. 11 (1980) No. 3, pp. 116-121.

D 36 Diamond, S., Ravina, D., Lovell, J.: The occurrence of duplex films on flyash surfaces (en); Cem. Concr. Res. 10 (1980) No. 2, pp. 297-300.

D 37 Diamond, S.: The characterization of fly ashes (en); Mater. Res. Soc. Ann. Meeting, Proc. Sympos. N (1981) pp. 12-23.

D 38 Diamond, S., Barneyback jr., R.S., Struble, L.J.: On the physics and chemistry of alkali- aggregate reaction (en); Proc. 5. Intern. Conf. Alkali-Aggregate Reaction in Concrete, Kapstadt (1981) S252/Paper 22, 11 pp.

D 39 Diamond, S.: Very high strength cement- based materials - A prospective (en); Mater. Res. Soc. Symp. Proc. 42 (1985) pp. 233-243.

D 40 Diamond, S.: The microstructures of cement paste in concrete (en); 8. Intern. Congr. Chem. Cem., Rio de Janeiro (1986) Vol. 1, pp. 122-147.

D 41 Diamond, S.: The relevance of laboratory studies on delayed ettringite formation to DEF in field concretes (en); Cem. Concr. Res. 30 (2000) No. 12, pp. 1987-1991.

D 42 DIN EN 196: Methods for testing cement (de + e); Beuth Verl. GmbH, 10772 Berlin.

D 43 DIN EN 197-1:2000 (Feb. 2001): Cement –Part 1: Composition, specifications and conformity criteria for common cements (de); German version EN 197-1:2000. European Committee for Standardization, Brussels

11 参考文献

D 44 DIN EN 206-1:2000; Concrete – Part 1: Specification, performance, production and conformity (de); German version EN 206-1:2000 Beuth Verl. GmbH, Berlin.

D 45 DIN EN 413-2 (1994): Masonry cement – Part 2: Test methods (de); Beuth Verlag GmbH, Berlin.

D 46 DIN EN 933-9 (Dez. 1998): Test for geometrical properties of aggregates - Part 9: Assessment of fines – Methylene blue test (en), English version EN 933-9: 1998.

D 47 DIN EN 13639 (Juli 2002): Determination of total organic carbon in limestone (en), English version EN 13639:2002

D 48 DIN 1045 (Juli 1988): Reinforced concrete structures; design and construction (de) Beuth Verl. GmbH, Berlin.

D 49 DIN 1045-2 (Juli 2001): Concrete, reinforced and prestressed concrete structures - Part 2: Concrete-Specification, properties, production and conformity - Application rules for DIN EN 206-1 (de); Beuth Verl. GmbH, Berlin.

D 50 DIN 1048: Concrete – Methods for testing (June 1991) (de); Beuth Verl. GmbH, Berlin.

D 51 DIN 1164: Cement; Part 1: Composition, specifications (Oktober 1994); Part 2: Attestation of conformity (November 1996); Part 8: Determination of the heat of hydration with the heat of solution calorimeter (November 1978) (de); Beuth Verl. GmbH, Berlin.

D 52 DIN 1164 (Nov. 2000) Special cement – Composition, specifications and attestation of conformity (de) Beuth Verl. GmbH, Berlin.

D 53 DIN 1343 (Jan. 1990): Reference conditions, normal conditions, normal volume -Concepts and values (de) Beuth Verl. GmbH, Berlin.

D 54 DIN 1871 (May 1980): Gaseous fuels and other gases; density and relative density under standard conditions (de); Beuth Verl. GmbH, Berlin

D 55 DIN 4030 (June 1991): Evaluation of liquids, soils and gases aggressive to concrete, Part 1: Basic requirements and ultimate limits, Part 2: Sampling and analysis of water and soil samples (de) Beuth Verl. GmbH, Berlin.

D 56 DIN 4211 (March 1995) Masonry cement, Part 1: Specifications, control, Part 2: EN 413-2: Test methods (de); Beuth Verlag GmbH, Berlin.

D 57 DIN 4226 (April 1983): Aggregates for concrete, Part 1: Aggregate of compact structure - Terms, designation and requirements, Part 2: Aggregate of porous structure (light-weight aggregate) - Terms, designation and requirements, Part 3: Testing of aggregate of compact or porous structure, Part 4: Supervision (quality control) (de); Beuth Verl. GmbH, Berlin.

D 58 DIN 4227: Prestressed concrete, Part 1 (July 1988): Structural members made of normal weight concrete, with limited concrete tensile stresses or with concrete tensile stresses, Part 5 (Dec. 1979): Injection of cement mortar into prestressing ducts (de), Beuth Verl. GmbH, Berlin.

D 59 DIN 6814: Terms and definitions in the field of radiological technique; Part 3 (Dec. 1985): Dose quantities and units; Part 4 (Oct. 1994): Radioactivity (de); Beuth Verl. GmbH, Berlin.

D 60 DIN 38414, Part 4: German unit methods for testing water, waste water, mud, slurry and sediments (Section S), determination of the leachability with water (S 4) (October 1984) (de); Beuth Verl. GmbH, Berlin-Köln.

D 61 DIN 50008: Constant test atmospheres over aqueous solutions; Part 1 (Febr. 1981): Saturated saline solutions - glycerine solutions; Part 2 (July 1981): Solutions of sulfuric acid (de); Beuth Verl. GmbH, Berlin.

D 62 DIN 50900: Corrosion of metal - Terms; Part 1 (April 1982): General terms; Part 2 (Jan. 1984): Electrochemical terms; Part 3 (Sept. 1985): Terms of corrosion testing (de); Beuth Verl. GmbH, Berlin.

D 63 DIN 50918 (June 1978): Corrosion of metal - Electrochemical corrosion test (de); Beuth Verl. GmbH, Berlin.

D 64 DIN 51043 (Aug. 1979): Trass -Requirements, tests (de). Beuth Verl. GmbH, Berlin.

D 65 DIN 52102 (Aug. 1988): Testing of natural stone and mineral aggregates - Determination of absolute density, dry density, compactness and porosity (en); Beuth Verl. GmbH, Berlin.

D 66 DIN 52104: Testing of natural stones; Part 1 (Nov. 1982): Freeze-thaw-cycling test. method A to Q; Part 2 (Nov. 1982): Freeze-thaw-cycling test. method Z; Part 3 (Sept. 1992): Freeze-thaw-cycling test; Testing of mineral aggregates with a thawing medium; (de) Beuth Verl. GmbH, Berlin.

D 67 DIN 66131 (Oct. 1973): Determination of specific surface area of solids by gas adsorption using the method of Brunauer, Emmett and Teller (BET) - Fundamentals (de); Beuth Verl. GmbH, Berlin.

D 68 DIN 66145 (April 1976): Graphical representation of particle size distributions - RRSB- grid (de); Beuth Verl. GmbH, Berlin.

D 69 Ding, J., Fu, Y., Beaudoin, J.J.: Strätlingite formation in high-alumina - zeolite systems (en); Adv. Cem. Res. 7 (1995) No. 28, pp. 171-178.

D 70 Divet, L., Randriambololona, R.: Delayed ettringite formation: The effect of temperature and basicity on the interaction of sulfate and C-S-H- Phase (en); Cem. Concr. Res. 28 (1998) No. 3, pp. 357-363.

D 71 Djabarov, N.B.: Highly expansive cements with controllable strong self-stressing (de); Int. Sympos. "75 Jahre Quellzement", Weimar (1995), Sympos. Proceed. pp. 139-147.

D 72 Dorner, H.W.: Microcalorimetric study of ice formation in chloride containing cement stone (de); Cem. Concr. Res. 14 (1984) No. 6, pp. 807-815.

D 73 Dorner, H.W., Rüger, V.: Resistance of high performance concrete to acetic acid (en); 4. Intern. Sympos. Utilization of High-strength/High performance concrete; Paris, 1996; pp. 607-616.

D 74 Dörr, F.H.: Investigations in the system $CaO-Al_2O_3-SiO_2-H_2O$ (de); Thesis, Univ. Mainz (1955).

D 75 Dörr, H.: The initial stage of the tricalcium silicate hydration (de); Thesis, TU Clausthal (1978); (see also [O 13]).

D 76 Dosch, W.: Inner crystalline absorption of water and organic substances in tetracalcium aluminate hydrate (de); Neues Jb. Miner. 106 (1967) Abh. pp. 200-239.

D 77 Dosch, W., Keller, H., Strassen, H. zur: Discussion to [S 92] (en); 5. Intern. Sympos. Chem. Cem., Tokyo (1968) Vol. 2, pp. 72-77.

D 78 Drebelhoff, S., Scharf, K.-F.: Preparation and utilization of waste materials in a fluidized-bed gasifier of a cement kiln (de+en); CEM. INTERN. 1 (2003) No. 3, pp. 56-63.

D 79 Dron, R.: Structure and reactivity of glassy slags (fr); 8. Intern. Congr. Chem. Cem., Rio de Janeiro (1986) Vol. 4, pp. 81-85.

D 80 Duda, A.: Hydraulic reaction of LD steelwork slags (en); Cem. Concr. Res. 19 (1989) No. 5, pp. 793-801.

D 81 Duda, W.H.: Simultaneous production of cement clinker and sulfuric acid (en); Minerals Processing 7 (1966) No. 8, pp. 10-13, 26.

D 82 Durekovic, A., Popovic, K.: The influence of silica fume on the mono-di silicate anion ratio during the hydration of CSF-containing cement paste (en); Cem. Concr. Res. 17 (1987) No. 1, pp. 108-114.

D 83 Duriez, M., Lézy, R.: New possibilities to rapid hardening of cement, mortar and concrete (fr); Ann. de l'Inst. Techn. Bât. Trav. Publ. 9 (1956) No. 98, pp. 137-156.

D 84 Durrer, R.: Electric precipitation of solid and fluid particles from gases (de); Stahl u. Eisen 39 (1919) No. 46, pp. 1377-1385, No. 47, pp. 1423-1430, No. 49, pp. 1511-1518, No. 50, pp. 1546-1554.

D 85 Dyckerhoff, H.: Formation of air voids in concrete (de); ZKG INTERN. 1 (1949) No. 5, pp. 93-95.

D 86 Dyckerhoff, K.: Investigations on cement raw mixes with very high silica ratio (de); Thesis, TU Clausthal (1957); Techn. Mitt. Krupp 16 (1958) No. 1, pp. 1-21; ZKG INTERN. 11 (1958) No. 5, pp. 196-211.

E 1 Edge, R., Taylor, H.F.W.: Crystal structure of thaumasite, $[Ca_3Si(OH)_6 \cdot 12H_2O](SO_4)(CO_3)$ (en); Acta. Cryst. B27 (1971) pp. 594-601.

E 2 Edmonds, R.N., Majumdar, A.J.: The hydration of mixtures of monocalcium aluminate and blastfurnace slag (en); Cem. Concr. Res. 19 (1989) No. 5, pp. 779-782.

E 3 Edmonds, R.N., Majumdar, A.J.: The hydration of Secar 71 aluminous cement at different temperatures (en); Cem. Concr. Res. 19 (1989) No. 2, pp. 289-294. incineration plants (de); Brennst.-Wärme-Kraft (1990) No. 10, Special, pp. R37-R49.

E 4 Efes, Y, Lühr, H.-P.: Valuation of the chemical attack by carbonic acid on mortar prepared from cements with various ratios of clinker- blastfurnace slag (de); Tonind.-Ztg. 104 (1980) No. 3, pp. 153-167.

E 5 Efes, Y.: Effect of cements with varying content of granulated blast furnace slag on chloride diffusion in concrete (de+en); Betonw. + Fertigteil-Techn. 46 (1980) No. 4, pp.224-229; No. 5, pp. 302-306; No. 6, pp. 365-368.

E 6 Effenberger, H., Kirfel, A., Will, G., Zobetz, E.: A further refinement of crystal structure of thaumasite, $Ca_3Si(OH)_6CO_3SO_4 \cdot 12H_2O$ (en); N. Jb. Mineral. Mh. (1983) No. 2, pp. 60-68.

E 7 Egelöv, A.H.: Experience with NO- measurements in connection with Fuzzy-Logic- Control of rotary kilns (de); ZKG INTERN. 35 (1982) No. 3, pp. 122-126.

E 8 Ehrenberg, A., Bialucha, R., Geiseler, J.: Ecological properties of blastfurnace cement-life cycle stage utilization: Leaching and radioactivity (de); Beton-Informationen 38 (1998) No. 4, pp. 3-19.

E 9 Ehrenberg, A., Lang, E., Geiseler, J.: Slag- containing cements with bimodal particle size distribution (en); 5. Intern. VDZ-Congress 2002 - Process Technology of Cement Manufacturing; Verein Deutscher Zementwerke e.V., Düsseldorf (2003) pp. 25-32; CEM. INTERN. 1 (2003) No. 2, pp. 88-94 (de+en).

E 10 Ehrenberg, A.: Optimization of grain size distribution of slag containing cements (de); Thesis, TU Clausthal (2001) Schriftenreihe Forschungsgemeinschaft Eisenhüttenschlacken, No. 10 (2001).

E 11 Eicken, M., Esser-Schmittmann, W., Lambertz, J., Ritter, G.: Lignite coke for flue gas cleaning and minimization the residues of waste tricalcium aluminate (de); Zement 30 (1941) No. 2, pp. 17-21; No. 3, pp. 29-32.

E 12 Einbrodt, H.J., Dietze, H.-J., Kirchhoff, E., Oberthür, W., Hentschel, D.: On the dust precipitation in the environment of cement plants with regard to public health (2. communication) (de); Arch. f. Hygiene u. Bakteriologie 151 (1967) pp. 211-220.

E 13 Eitel, W.: Investigation of the system $CaO-5CaO \cdot 3Al_2O_3-CaF_2$ and on the stability of the tricalcium aluminate (de); Zement 30 (1941) No. 2, pp. 17-21; No. 3, pp. 29-32.

E 14 Elkjaer, H.P.: Precalciner kiln system (en+fr); Ciments, Betons, Platres, Chaux (1980) No. 723, pp. 66-72.

E 15 Ellerbrock, H.-G., Mathiak, H.: Comminution technology and energy management (de+en); VDZ Congress '93 - Process Technology of Cement Manufacturing; Verein Deutscher Zementwerke e.V., Düsseldorf (1994) pp. 630-647; ZKG INTERN. 47 (1994) No. 9, pp. 524-534 (de); ZKG INTERN. 47 (1994) No. 11, Ed. B, pp. 296-305 (en).

E 16 Ellerbrock, H.-G., Sprung, S., Kuhlmann, K.: Particle size distribution and properties of cement, Part 3: Influence of the grinding process (de); ZKG INTERN. 43 (1990) No. 1, pp. 13-19.

E 17 Ellerbrock, H.-G., Deckers, R.: Mill temperature and cement properties (de); ZKG INTERN. 41 (1988) No. 1, pp. 1-12.

E 18 Ellerbrock, H.-G., Schiller, B.: Energy input for cement grinding (de); ZKG INTERN. 41 (1988) No. 2, pp. 57-63.

E 19 Ellerbrock, H.-G.: Influences upon the temperature in cement grinding (de); ZKG INTERN. 35 (1982) No. 2, pp. 49-57.

E 20 Ellerbrock, H.-G.: High pressure grinding rolls (de+en); VDZ Congress '93 - Process Technology of Cement Manufacturing; Verein Deutscher Zementwerke e.V., Düsseldorf (1994) pp. 648-659; ZKG INTERN. 47 (1994) No. 2, pp. 75-82.

E 21 Ellerbrock, H.-G.: On the grindability test of cement clinker (de); DECHEMA-Monographien Vol. 79, Part A/1, 440 pp. 197-211; Verlag Chemie GmbH, Weinheim (1976).

E 22 Elliehausen, H.-J., Konerding, J., Stroh, W.: The cement eczema – an avoidable occupational dermatosis (de); Sozialmed., Umweltmed. 33 (1998) No. 12, pp. 539-543.

E 23 EMPA: Guide line test No. 6: characteristic values of pores (de), SIA 162/1, number 3 06; 2. Ed. 1987, 3. Ed. 1989.

E 24 EN 206 – 1: 2000: Concrete – Part 1: Specification, performance, production and conformity (de+en+fr);

E 25 EN 196-9: Test methods for cements; Part 9: Heat of hydration – Partially adiabatic method (de+en+fr); Beuth Verl. GmbH, Berlin.

E 26 EN 197-1 (Febr. 2001): Cement – Part 1: Composition, specifications and conformity criteria for common cements (de+en+fr); Beuth Verl. GmbH, Berlin.

E 27 EN 933-9 (Dec.1998): Test for geometrical properties of aggregates – Part 9: Assessment of fines – Methylene blue test (de+en+fr) Beuth Verl. GmbH, Berlin.

E 28 EN 1338 (Aug. 2003): Concrete paving blocks – Requirements and test methods for the freeze-thaw resistance of concrete – : Test with water or with sodium chloride solutions (de+en+fr); Beuth Verl. GmbH, Berlin.

E 29 EN 13639 (July 2002): Determination of total organic carbon in limestone (de+en+fr) Beuth Verl. GmbH, Berlin.

E 30 Endell, J., Müller, J.: Sintering of cement raw meal on the base of blastfurnace slag (de); Ber. Dt. Keram. Ges. 41 (1964) No. 9, pp. 565-569.

E 31 Engelbrechtsen, J.: Superficial brown discolorations on grey concrete products (de+en); Betonw. + Fertigteil-Techn. 62 (1996) No. 2, pp. 70-77.

E 32 Enkegaard, T.: The modern planetary cooler (en); Cem. Technol. 3 (1972) No. 2, pp. 45-51.

E 33 Enkegaard, T.: NOx emission from modern dry process kilns (en); Proc. 14. Int. Cem. Seminar (1978) pp. 42-47. pp. 175-192, RP 2069; PCA-Fellowship, Paper 56.

E 34 Erdogdu, K., Tokyay, M., Türker, P.: Comparision of intergrinding and separate grinding for the production of natural pozzolan and GBFS- incorporated blended cements (en); Cem. Concr. Res. 29 (1999) No. 5, pp. 743-746.

E 35 Erhard, H.S., Scheuer, A.: Burning technology and thermal economy (de+en); VDZ Congress '93 – Process Technology of Cement Manufacturing; Verein Deutscher Zementwerke e.V., Düsseldorf (1994) pp. 278-295; ZKG INTERN. 46 (1993) No. 12, pp. 743-754.

E 36 Eubank, W.R.: Phase equilibrium studies of the high-lime portion of the quinary system Na_2O-CaO-Al_2O_3-Fe_2O_3-SiO_2 (en); Beuth Verl. GmbH, Berlin. J. Nat. . No. 2, Res. Bur Stand. 44 (1950)

E 37 Eustache, J., Magnan, R.: Method for determining resistance of mortars to sulfate attack (en); J. Am. Ceram. Soc. 55 (1972) No. 5, pp. 237-239.

E 38 Ewert, R.: The effect of cement dust on the vegetation (de); Zement 15 (1926) No. 3, pp. 39-42; No. 4, pp. 61-64; No. 5, pp. 83-85; No. 6, pp. 103-106; No. 7, pp. 128-130; No. 8, pp. 148-150; No. 9, pp. 168-170; No. 11, pp. 203-206.

E 39 Eysel, W., Hahn, Th.: Polymorphism and solid solution of Ca_2GeO_4 und Ca_2SiO_4 (en); Zeit. Krist. 131 (1970) pp. 322-341.

f1 Fischer, R., Vogelsang, K.: Values and units in physics and technics, 6. Ed. (de); Verlag Technik GmbH; Berlin, München 1993.

F 1 Fagerlund, G.: Determination of pore size distribution from freezing-point depression (en); Mat. Struct./Matér. Constr. 6 (1973) No. 33, pp. 215-225.

F 2 Fagerlund, G.: The critical degree of saturation method of assessing the freeze/thaw resistance of concrete (en); Mat. Struct./Matér. Constr. 10 (1977) No. 58, pp. 217-229.

F 3 Fagerlund, G.: The significance of critical degrees of saturation at freezing of porous and brittle materials (en); Sympos. Am. Concr. Inst. "Durability of Concrete", Atlantic City und Ottawa 1973, ACI-Publ. SP-47 (1975) pp. 13-65.

F 4 Fajun, W., Grutzeck, M.W., Roy, D.M.: The retarding effect of fly ash upon the hydration of cement pastes: The first 24 hours (en); Cem. Concr. Res. 15 (1985) No. 1, pp. 174-185.

F 5 Farag, L.M.: Thermal evaluation of cement dry process with complete kiln exit gas removal through bypass (en); ZKG INTERN. 43 (1990) No. 11, pp. 542-549.

F 6 Faurie-Mounier, M.-T.: Contribution to the investigation of the system $CaO - Al_2O_3 - H_2O$ (fr); Rev. Matér. Constr. (1968) No. 635-636, pp. 305-312.

F 7 Feige, F.: The roller grinding mill – current technical position and potential for development (de+en); ZKG INTERN. 46 (1993) No. 8, pp. 451-456.

F 8 Feldman, R.F., Beaudoin, J.J.: Microstructure and strength of hydrated cement (en); 6. Intern. Congr. Chem. Cem., Moskau (1974) Suppl. Paper.

F 9 Feldman, R.F., Beaudoin, J.J.: Pretreatment of hardened hydrated cement pastes for mercury intrusion (en); Cem. Concr. Res. 21 (1991) No. 2/3, pp. 297-308.

F 10 Feldman, R.F., Huang Cheng-Yi: Properties of Portland cement-silica fume pastes; I. Porosity and surface properties (en); Cem. Concr. Res. 15 (1985) No. 5, pp. 765-774.

F 11 Feldman, R.F., Huang Cheng-Yi: Properties of Portland cement-silica fume pastes; II. Mechanical properties (en); Cem. Concr. Res. 15 (1985) No. 6, pp. 943-952.

F 12 Feldman, R.F., Ramachandran, V.S.: A study of the state of water and stoichiometry of bottle- hydrated $Ca3SiO_25$ (en); Cem. Concr. Res. 4 (1974) No. 2, pp. 155-166.

F 13 Feldman, R.F., Ramachandran, V.S.: Differentiation of interlayer and adsorbed water in hydrated Portland cement by thermal analysis (en); Cem. Concr. Res. 1 (1971) No. 6, pp. 607-620.

F 14 Feldman, R.F., Sereda, P.J.: A model for der hydrated Portland cement paste as deduced from sorption length change and mechanical properties (en); Mat. Struct./Matér. Constr. 1 (1968) No. 6, pp. 509-520.

F 15 Feldman, R.F., Sereda, P.J.: A new model for hydrated Portland cement and its practical

F 16 Feldman, R.F.: Application of the helium inflow technique for measuring surface area and hydraulic radius of hydrated Portland cement (en); Cem. Concr. Res. 10 (1980) No. 5, pp. 657-664.

F 17 Feldman, R.F.: Changes to structure of hydrated Portland cement on drying and rewetting observed by helium flow techniques (en); Cem. Concr. Res. 4 (1974) No. 1, pp. 1-11.

F 18 Feldman, R.F.: Density and porosity studies of hydrated Portland cement (en); Cem. Technol. 3 (1972) No. 1, pp. 5-14.

F 19 Feldman, R.F.: Diffusion measurements in cement paste by water replacement using propan-2- ol (en); Cem. Concr. Res. 17 (1987) No. 4, pp. 602-612.

F 20 Feldman, R.F.: Effect of predrying on rate of water replacement from cement paste by propan-2- ol (it+en); Il Cemento 85 (1988) No. 3, pp. 193-202.

F 21 Feldman, R.F.: Helium flow and density measurement of the hydrated tricalcium silicate – water system (en); Cem. Concr. Res. 2 (1972) No. 1, pp. 123-136.

F 22 Feldman, R.F.: Helium flow characteristics of rewetted specimens of dried hydrated Portland cement (en); Cem. Concr. Res. 3 (1973) No. 6, pp. 777-790.

F 23 Feldman, R.F.: Influence of condensed silica fume and sand/cement ratio on pore structure and frost resistance of Portland cement mortar (en); In V.M. Malhotra (Hersg.): Fly Ash, Silica Fume, Slag, and Natural Pozzolans in Concrete, Vol. 2; Am Concr. Inst., Publication SP 91-47 (1986) pp. 973-989.

F 24 Feldman, R.F.: Mechanism of creep of hydrated Portland cement paste (en); Cem. Concr. Res. 2 (1972) No. 5, pp. 521-540.

F 25 Feldman, R.F.: Pore structure damage in blended cements caused by mercury intrusion (en); J. Am. Ceram. Soc. 67 (1984) No. 1, pp. 30-33.

F 26 Feldman, R.F.: Pore structure, permeability and diffusivity as related to durability (en); 8. Intern. Congr. Chem. Cem., Rio de Janeiro (1986) Vol. 1, pp. 336-356.

F 27 Feldman, R.F.: Sorption and length-change scanning isotherms of methanol and water on hydrated Portland cement (en); 4425. Intern Sympos. Chem. Cem., Tokio (1968) Vol. 3, pp. 53-66.

F 28 Feldman, R.F.: The effect of sand/cement ratio and silica fume on the microstructure of mortars (en); Cem. Concr. Res. 16 (1986) No. 1, pp. 31-39.

F 29 Feldman, R.F.: The porosity and pore structure of hydrated Portland cement paste (en); In L.R. Roberts, J.P. Skalny (Hrsg.): Pore Structure and Permeability of Cementitious Materials, Mat. Res. Soc. Symp. Proc. 137 (1989) pp. 59-73.

F 30 Fenimore, C.P.: Formation of nitric oxide from fuel nitrogen in ethylene flames (en); Combustion and Flame 19 (1972) pp. 289-296.

F 31 Fentiman, C.H.: Hydration of carbo- aluminous cement at different temperatures (en); Cem. Concr. Res. 15 (1985) No. 4, pp. 622-630.

F 32 Fernández-Jiménez, A., Puertas, F.: Alkali- activated slag cements: Kinetic studies (en); Cem. Concr. Res. 27 (1997) No. 3, pp. 359-368.

F 33 Fierens, P., Verhaegen, J.P.: Structure and reactivity of chromium-doped tricalcium silicate (en); J. Am. Ceram. Soc. 55 (1972) No. 6, pp. 309-312.

F 34 Fischer, R., Kuzel, H.-J.: Reinvestigation of the system $C_4A \cdot nH_2O$-$C_4A \cdot CO_2 \cdot nH_2O$ (en); Cem. Concr. Res. 12 (1982) No. 4, pp. 517-526.

F 35 Fleischer, W.: Influence of cement on shrinkage and swelling of concrete (de); Thesis, TU München (1992); TU München, Baustoffinstitut No. 1, 1992.

F 36 Fletcher, K.E., Midgley, H.G., Moore, A.E.: Data on the binary system $3CaO \cdot Al_2O_3$-$Na_2O \cdot 8CaO \cdot 3Al_2O_3$ within the system CaO-Al_2O_3-Na_2O (en); Mag. Concr. Res. 17 (1965) No. 53, pp. 171-176

F 37 Flint, E.P., McMurdie, H.F., Wells, L.S.: Hydrothermal and x-ray studies of the garnet- hydrogarnet series and the relationship of series to hydration products of Portland cement (en); J. Res. Nat. Bur. Stand. 26 (1941) pp. 13-33; RP 1355.

F 38 Flint, E.P., Wells, L.S.: Relationship of the garnet-hydrogarnet series to the sulfate resistance of Portland cements (en); J. Res. Nat. Bur. Stand. 27 (1941) pp. 171-180; RP 1411.

F 39 Forschungsges. Straßen- u. Verkehrsw.: Leaflet for soil stabilization with cement (de); Köln (1984) pp. 1-18.

F 40 Forschungsgesellschaft für Straßen- und Verkehrswesen, Arbeitsgr. Betonstraßen: Leaflet for the production and processing of concrete containing air pores (de); Ausg. 1991; 50679 Köln, Alfred-Schütte-Allee 10.

F 41 Forschungsinstitut der Zementindustrie: Internal report (de).

F 42 Forschungsinstitut der Zementindustrie: VDZ-Report '96 (de+en); Verein Deutscher Zementwerke e.V., Forschungsinstitut der Zementindustrie, Düsseldorf (1997) pp. 42-43.

F 43 Forschungsinstitut der Zementindustrie: VDZ-Report '96 (de+en); Verein Deutscher Zementwerke e.V., Forschungsinstitut der Zementindustrie, Düsseldorf (1997) pp. 17-18.

F 44 Forschungsinstitut der Zementindustrie: VDZ-Report '97 (de+en); Verein Deutscher Zementwerke e.V., Forschungsinstitut der Zementindustrie, Düsseldorf (1998) pp. 8-11.

F 45 Forschungsinstitut der Zementindustrie: VDZ-Report '97 (de+en); Verein Deutscher Zementwerke e.V., Forschungsinstitut der Zementindustrie, Düsseldorf (1998) pp. 15-18.

F 46 Forschungsinstitut der Zementindustrie: VDZ-Report '97 (de+en); Verein Deutscher Zementwerke e.V., Forschungsinstitut der Zementindustrie, Düsseldorf (1998) pp. 29-30.

F 47 Forss, B.: F-cement, a new low-porosity slag cement (en); Sil. ind. 48 (1983) No. 3, pp. 79-82.

F 48 Foulkes, F.R., McGrath, P.: A rapid cyclic voltammetric method for studying cement factors affecting the corrosion ot reinforced concrete (en); Cem. Concr. Res. 29 (1999) No. 6, pp. 873-883.

F 49 Franke, B.: Determination of calcium oxide and calcium hydroxide in the presence of anhydrous and hydrous calcium silicate (de); Z. anorg. allgem. Ch. 247 (1941) pp. 180-184.

F 50 Frankenberger, R.: Effect of dust cycles on the efficiency of raw meal preheaters (de); ZKG INTERN. 23 (1970) No. 6, pp. 254-262.

F 51 Fratini, N.: Solubility of calcium hydroxide in the presence of potassium hydroxide and sodium hydroxide (it); Ann. Chim. 39 (1949) pp. 616-620.

F 52 Fratini, N.: Investigation on calcium hydroxide formed by hydrolysis in cement pastes (it); Ann. Chim. 39 (1949) pp. 41-49; Ann. Chim. 40 (1950) pp. 461-469.

F 53 Frearson, J.P.H.: Sulfate resistance of combinations of Portland cement and ground granulated blastfurnace slag (en); In V.M. Malhotra (Ed.): Fly Ash, Silica Fume, Slag and Natural Pozzolans in Concrete, Proc. 2. Int. Conf., Madrid (1986), Vol. 2; Am Concr. Inst. SP-91 (1986) pp. 1495-1524.

F 54 French, P.J., Montgomery, R.G.J., Robson, T.D.: High concrete strength within the hour (en); Concrete 5 (1971) Aug., pp. 253-258.

F 55 Frey, H., Siebel, E., Werse, H.-P.: Comparison of two test methods for the resistance of concrete to freezing and de-icing salt (de); Beton 31 (1981) No. 5, pp. 185-188.

F 56 Friede, H., Schubert, P.: To determine the thickness of the corroded layer of concrete attacked by lime-dissolving carbonic acid (de); Tonind.-Ztg. 107 (1983) No. 1, pp. 38-43.

F 57 Frigione, G., Marra, S.: Relationship between particle size distribution and compressive strength in Portland cement (en); Cem. Concr. Res. 6 (1976) No. 1, pp. 113-127.

F 58 Fu, Y., Beaudoin, J.J.: On the distinction between delayed and secondary ettringite formation in concrete (en); Cem. Concr. Res. 26 (1996) No. 6, pp. 979-980; Disc. Bensted, J., Munn, J.; Cem. Concr. Res. 27 (1997) No. 11, pp 1773-1775.

F 59 Fu, Y., Gu, P., Xie, P., Beaudoin, J.J.: A kinetic study of delayed ettringite formation in hydrated Portland cement paste (en); Cem. Concr. Res. 25 (1995)

No. 1, pp. 63-70.

F 60 Fu, Y., Xie, P., Gu, P., Beaudoin, J.J.: Effect of temperature on sulfate adsorption/desorption by tricalcium silicate hydrate (en); Cem. Concr. Res. 24 (1994) No. 8, pp. 1428-1432.

F 61 Fukaya, Y., Hoshihara, H., Mizukami, Y.: Effect of particle size distribution on the structure and strength of cement paste (ja, sum. en); Cem. Assoc. Japan, Proc. Cem. Concr. No. 45 (1991) pp. 92-97.

F 62 Fukuda, K., Taguchi, H.: Hydration of a′L- and β-dicalcium silicates with identical concentration of phosphorous oxide (en); Cem. Concr. Res. 29 (1999) No. 4, pp. 503-506.

F 63 Fungk, E., Ilgner, R., Lang, E.: Brown-coal filter ashes of the G.D.R. as interground additives in the manufacture of cement (de); Silikattechn. 20 (1969) No. 9, pp. 302-307.

F 64 Fungk, E.: Oilwell cement (de); Silikattechn. 13 (1962) No. 7, pp. 237-241.

F 65 Funke, G.: Application of fabric filters in cement works (de); ZKG INTERN. 38 (1985) No. 6, pp. 316-323.

F 66 Funke, G.: Electrical dust precipitators in the cement industry (de); ZKG INTERN. 12 (1959) No. 5, pp. 189-196.

F 67 Funke, G.: Electrical dust precipitation plant (de); ZKG INTERN. 18 (1965) No. 3, pp. 94-106.

F 68 Funke, G.: Measures for the reduction of dust and gas emission in the binder and natural stone industry (de); Report, 12. Kontaktstudium Steine und Erden, Goslar (1981).

F 69 Funke, G.: Measures for prevention of CO switch-offs on rotary cement kilns (de); ZKG INTERN. 34 (1981) No. 10, pp. 519-521.

F 70 Funke, G.: Environmental protection and safety at work (de); In O. Labahn, B. Kohlhaas (Hrsg.): Ratgeber für Zementingenieure, 6. Aufl.; Bauverlag GmbH, Wiesbaden, 1982; pp. 617-692.

g 1 Gypsum-Data book (de); Editor: Bundesverb. Gips- u. Gipsbauplattenind. e.V., Darmstadt, 1995.

g 2 Grube, H.: Impermeable concrete structures (de); H. Bub, H.-G. Meyer (Ed.): Bauphysik für die Baupraxis; Otto Elsner Verlagsges., Darmstadt, 1982.

G1 Gajewski, S., Hoenig, V.: Influence of pulverized coal fineness on the formation of NOx in rotary kilns in the cement industry (de+en); ZKG INTERN. 52 (1999) No. 1, pp. 44-53.

G2 Gajewski, S.: Theoretical and operational investigations of pyrotechnical measures for the NOx reduction of rotary kiln plants in the cement industry (de); Thesis, TU Clausthal (1999); Schriftenreihe der Zementindustrie No. 60 (1999); Verein Deutscher Zementwerke e.V., Düsseldorf; Verlag Bau+Technik GmbH, Düsseldorf.

G3 Gao, X.F., Lo, Y., Tam, C.M., Chung, C.Y.: Analysis of the infrared spectrum and microstructure of hardened cement paste (en); Cem. Concr. Res. 29 (1999) No. 6, pp. 805-812.

G4 Gard, J.A., Taylor, H.F.W., Cliff, G., Lorimer, G.W.: A reexamination of jennite (en); Am. Miner. 62 (1977) pp. 365-368.

G5 Gardeik, H.O., Ludwig, H., Steinbiß, E.: Calculation of heat loss through the walls of rotary kilns and mills; Part 1: Fundamentals; Part 2: Approximation equations and applications (de); ZKG INTERN. 33 (1980) No. 2, pp. 53-62; 38 (1985) No. 3, pp. 144-149.

G6 Gardeik, H.O., Rosemann, H., Scheuer, A.: Formation and decomposition of NO in cement kiln plants, Part 1: Measurements on industrial installations (de); ZKG INTERN. 37 (1984) No. 10, pp. 508-512; Part 2 see [S 30].

G7 Gardeik, H.O., Rosemann, H., Sprung, S., Rechenberg, W.: Behaviour of nitrogen oxides in rotary kiln plants of the cement industry (de); ZKG INTERN. 37 (1984) No. 10, pp. 499-507.

G8 Gardeik, H.O.: Effect of the clinkering temperature on the specific energy consumption in cement clinker burning (de); ZKG INTERN. 34 (1981) No. 4, pp. 169-174.

G9 Gardeik, H.O.: Optimization of rotary tube kilns in the cement industry with respect to the product quality, energy use and emission of polutants (de) ZKG INTERN. 44 (1991) No. 3, pp. 105-109.

G 10 Gartner, E.M., Jennings, H.M.: Thermodynamics of calcium silicate hydrates and their solutions (en); J. Am. Ceram. Soc. 70 (1987) No. 10, pp. 743-749.

G 11 Gaskin, A.J., Jones, R.H., Vivian, H.E.: Studies in cement – aggregate reaction; XXI: The reactivity of various forms of silica in relation to the expansion of mortar bars (en); Austr. J. Appl. Sci. 6 (1955) No. 1, pp. 78-87.

G 12 Gasser, M.: Investigation on the occurrence of sulfate expansion (de); Thesis, TU Clausthal (1987).

G 13 Gautier, E.: Two methods to measure the heat of hydration of cements (fr); Rev. Matér. Constr. (1973) No. 677, pp. 17-27.

G 14 Gebler, S., Klieger, P.: Effect of fly ash on the air-void stability of concrete (en); In V.M. Malhotra (Ed.): Fly Ash, Silica Fume, Slag and other By-Products in Concrete, Vol. 1; Am Concr. Inst., Publication SP-79 (1983) pp. 103-142.

G 15 Gebler, S.: Evaluation of calcium formate and sodium formate as accelerating admixtures for Portland cement concrete (en); J. Am. Concr. Inst., Proc. 80 (1983) No. 5, pp. 439-444.

G 16 Geiker, M., Knudsen, T.: Chemical shrinkage of Portland cement paste (en); Cem. Concr. Res. 12 (1982) No. 5, pp. 603-610.

G 17 Geiseler, J., Lang, E.: Durability of blastfurnace cement concrete without artificial air pores (de); Wiss. Z. Arch. Bauw. Weimar 40 (1994) No. 5-7, pp. 105-110.

G 18 Gennaro, M. de', Petrosino, P., Conte, M.T., Munno, R., Colella, C.: Chemistry and distribution of the zeolite in a deposit of Neapolitan yellow tuff (en); Eur. J. Mineral. 2 (1990) No. 6, pp. 779-786.

G 19 George, C.M.: Aluminous cements - A review of recent literature (en); 7. Intern. Congr. Chem. Cem., Paris (1980); Vol. 1, pp. V-1/3-26.

G 20 George, C.M.: Application of aluminous cement in the building industry (fr); Ciments, Bétons, Plâtres, Chaux (1976) No. 701, pp. 201-209.

G 21 George, C.M.: Industrial aluminous cements (en); In P. Barnes (Ed.): Structure and Performance of Cements; Applied Science Publishers, London, New York 1983; pp. 415-470.

G 22 Gessner, H.: Specification for the investigation of soils on danger to cement (de) Diskussionsbericht No. 29 der Eidgenössischen Materialprüf- und Versuchsanstalt, Zürich (1928).

G 23 Ghorab, H.Y., Kishar, E.A.: Studies on the stability of the calcium sulfoaluminate hydrates; Part 1: Effect of temperature on the stability of ettringite in pure water (en); Cem. Concr. Res. 15 (1985) No. 1, pp. 93-99.

G 24 Ghorab, H.Y., Ludwig, U.: Model tests to explain the reason for damages to heat treated concrete elements, Part 1: Stability of monophases and ettringites (de); Tonind. Ztg. 105 (1981) No. 9, pp. 634-640; (Part 2 see [H 36]).

G 25 Ghorab, H.Y.: Thermal and chemical stability of calcium aluminate sulfate hydrates (de); Thesis, RWTH Aachen (1979).

G 26 Ghose, A., Pratt, P.L.: Studies on the hydration reactions and microstructure of cement – flyash pastes (en); In S. Diamond (Ed.): Effects of Fly Ash Incorporation in Cement and Concrete; Mat. Res. Soc. Ann. Meeting, Proc. Sympos. N (1981) pp. 82- 91.

G 27 Ghosh, S.N.: Hydration of the polymorphic modifications of the dicalcium silicate (it+en); Il Cemento 82 (1985) No. 3, pp. 139-146.

G 28 Giaccio, G., Giovambattista, A.: Bleeding: Evaluation of its effect on concrete behaviour (en); Mat.

Struct. 19 (1986) No. 112, pp. 265-271.

G 29 Gies, A., Knöfel, D.: Influence of alkalies on the composition of belite-rich clinkers and the technological properties of the resulting cements (en); Cem. Concr. Res. 16 (1986) No. 3, pp. 411-422.

G 30 Gies, A., Töpfer, P., Knöfel, D.: Alkali activated belite cement (de); German Patent 05 34 14 196 (1986).

G 31 Gilioli, C., Massazza, F., Pezzuoli, M.: Strontium sulfoaluminate and its relationship to calcium sulfo aluminate (en); Cem. Concr. Res. 1 (1971) No. 6, pp. 621-629.

G 32 Gille, F., Ruhland, W.: The grindability of rotary kiln clinker (de); ZKG INTERN. 16 (1963) No. 5, pp. 170-176.

G 33 Gille, F.: Preparation of thin sections and polished thin sections especially from water sensitive samples (de); Schriftenreihe der Zementindustrie No. 10 (1952), pp. 31-48; Verein Deutscher Zementwerke e.V., Düsseldorf; Bauverlag GmbH, Wiesbaden.

G 34 Gille, F.: On the depth of carbonated layer of old concrete (de); Beton 10 (1960) No. 7, pp. 328-330.

G 35 Gille, F.: Investigations on the magnesia expansion of Portland cement (de) ZKG INTERN. 5 (1952) No. 5, pp. 142-151; Schriftenreihe der Zementindustrie No. 10 (1952) pp. 5-30; Verein Deutscher Zementwerke e.V., Düsseldorf; Bauverlag GmbH Wiesbaden.

G 36 Gillott, J.E., Duncan, M.A.G., Swenson, E.G.: Alkali aggregate reaction in Nova Scotia; IV. Character of the reaction (en); Cem. Concr. Res. 3 (1973) No. 5, pp. 521-535.

G 37 Gillott, J.E.: Mechanism and kinetics of expansion in the alkali-carbonate rock reaction (en); Can. J. Earth Sci. 1 (1964) pp. 121-145.

G 38 Glasser, F.P., Kindness, A., Stronach, S.A.: Stability and solubility relationships in AFm phases: Part 1. Chloride, sulfate and hydroxide (en); Cem. Concr. Res. 29 (1999) No. 6, pp. 861-866.

G 39 Glasser, F.P., Marr, J.: Sulfates in cement clinkering: Immiscibility between sulfate and oxide melts at 1350 °C (en); Cem. Concr. Res. 10 (1980) No. 6, pp. 753-758.

G 40 Glasser, F.P., Sagoe-Crentsil, K.K.: Steel in concrete: Part 2, Electron microscopy analysis (en); Mag. Concr. Res. 41 (1989) No. 149, pp. 213-220.

G 41 Glasser, F.P.: The formation and thermal stability of spurrite, $Ca_5(SiO_4)_2CO_3$ (en); Cem. Concr. Res. 3 (1973) No. 1, pp. 23-28.

G 42 Glucklich, J., Ishai, O.: Creep mechanism in cement mortar (en); J. Am. Concr. Inst., Proc. 59 (1962) No. 7, pp 923-948.

G 43 Glukhovskij, V., Zaitsev, Yy., Pakhomov, V.: Slag-alkaline cements and concretes, structures, properties, technological and economical aspects of the use (en); Sil. ind. 48 (1983) No. 10, pp. 197-200.

G 44 Goes, C.: On the behaviour of the alkalis in cement clinker burning (de); Thesis, TU Clausthal (1959); Tonind.-Ztg. 84 (1960) No. 6, pp. 125-133; Schriftenreihe der Zementindustrie No. 24 (1960); Verein Deutscher Zementwerke e.V., Düsseldorf.

G 45 Goffin, O., Mußgnug, G.: The manganese in Portland cement clinker (de); Zement 22 (1933) No. 17, pp. 218-221; No. 18, pp. 231-234.

G 46 Göhlert, I., Petzold, A.: Sedimentation behaviour of aqueous cement suspension (de); Silikattechn. 14 (1963) No. 8, pp. 255-258.

G 47 Gohy, C., Levert, J.M., Riquier, Y., Dumortier, C., Blondiau, L.M., Cotman, F., Rival, A., Lerat, A.: The utilization of LD steel slags in the cement plant (fr); Ciments, Bétons, Plâtres, Chaux (1980) No. 727, pp. 367-368.

G 48 Goldmann, W., Kreft, W., Schütte, R.: Cyclic phenomena of sulfur in cement clinker (en); World Cem.

Techn. 12 (1981) No. , pp. 424-430.

G 49 Goñi, S., Andrade, C., Page, C.L.: Corrosion behaviour of steel in high alumina cement mortar samples: Effect of chloride (en); Cem. Concr. Res. 21 (1991) No. 4, pp. 635-646.

G 50 Goto, S., Roy, D.M.: The effect of w/c ratio and curing temperature on the permeability of hardened cement paste (en); Cem. Concr. Res. 11 (1981) No. 4, pp. 575-579.

G 51 Götte, A., Ziegler, E.: Tests to reduce the resistance to comminution of solid materials by gaseous or vaporous additions (de); VDI-Zeitschr. 98 (1956) No. 9, pp. 373-376.

G 52 Götz-Neunhoeffer, F., Neubauer, J.: Crystal structure refinement of Na-substituted C3A by Rietveld analysis and quantification in OPC (en); 10. Intern. Congr. Chem. Cem., Göteborg (1997) Vol.. 1, pp. 1i056, 8 pp.

G 53 Gouda, G.R., Roy, D.M.: Properties of hot- pressed calcium aluminate cements (en); Cem. Concr. Res. 5 (1975) No. 6, pp. 551-563.

G 54 Gouda, V.K., Monfore, G.E.: A rapid method for studying inhibition of steel in concrete (en); J. PCA Res. Dev. Lab. 7 (1965) No. 3, pp. 24-31; PCA Res. Dept. Bull. 187.

G 55 Grabowski, E., Gillott, J.E.: Effect of replacement of silica flour with silica fume on engineering properties of oilwell cements at normal and elevated temperatures and pressures (en); Cem. Concr. Res. 19 (1989) No. 3, pp. 333-344.

G 56 Gräf, H., Grube, H.: A procedure for checking the gas and water permeability of mortar and concrete (de); Beton 36 (1986) No. 5, pp. 184-187; No. 6, pp. 222-226.

G 57 Gräf, H., Thielen, G.: Influences of concrete technology affecting the initiation and progress of steel corrosion in concrete (de); Beton 45 (1995) No. 9, pp. 640-646.

G 58 Gräf, H.: On the porosity and permeability of hardened cement paste, mortar and concrete and their influence on the technical properties of concrete (de); Thesis, Univ.-GH Essen (1988).

G 59 Gräfen, H., Horn, E.-M., Gramberg, U.: Corrosion (de); Ullmanns Encyklopädie der technischen Chemie, 4. Ed., Vol. 15; Verl. Chemie, Weinheim (1978) pp. 1-59.

G 60 Grattan-Bellew, P.E., Beaudoin, J.J., Vallée, V.-G.: Effect of aggregate particle size and composition on expansion of mortar bars due to delayed ettingite formation (en); Cem. Concr. Res. 28 (1998) No.8, pp. 1147-1156.

G 61 Greene, K.T., Bogue, R.H.: Phase equilibrium relations in a portion of the system Na_2O-CaO-Al_2O_3-SiO_2 (en); J. Res. Nat. Bur. Stand. 36 (1946) No. 2, pp. 185-207, RP 1699; PCA-Fellowship, Paper 47.

G 62 Greene, K.T.: Early hydration reactions of Portland cement (en); 4. Intern. Sympos. Chem. Cem., Washington (1960) Vol. 1, pp. 359-374.

G 63 Greening, N.R., Copeland, L.E., Verbeck, G.J.: Modified Portland cement and process (en); US Patent No. 3 628 973, Dec. 21 (1971).

G 64 Greening, N.R.: Some causes for variation in required amount of air-entraining agent in Portland cement mortar (en); J. PCA Res. Dev. Lab. 9 (1967) No. 2, pp. 22-36; PCA Res. Dept. Bull.

G 65 Groves, G.W.: Microcrystalline calcium hydroxide in Portland cement pastes of low water/ cement ratio (en); Cem. Concr. Res. 11 (1981) No. 5/6, pp. 713-718.

G 66 Grube, H., Hintzen, W.: Test method for predicting the temperature rise in concrete caused by the heat of hydration of the cement (de+en); Beton 43 (1993) No. 5, pp. 230-234, No. pp, pp. 292-295.

G 67 Grube, H., Krell, J.: Concerning the assessment of carbonization depth of mortar and concrete (de); Beton 36 (1986) No. 3, pp. 104-109.

G 68 Grube, H., Rechenberg, W.: Concrete erosion by chemically aggressive acidic waters (de); Beton 37 (1987) No. 11, pp. 446-451, No. 12, pp. 495-498.

G 69 Grube, H., Rechenberg, W.: The influence of „acidic rain" on concrete (de); Deutsches Architektenblatt 23 (1991) No. 1, pp. 115-116.

G 70 Grube, H.: Concrete resistant to chemical attack (de+en); Betonw. + Fertigteil-Techn. 62 (1996) No. 1, pp. 122-130.

G 71 Grube, H.: Cause of shrinkage of concrete and its effect on structural concrete members (de); 447 Schriftenreihe der Zementindustrie No. 52 (1991); Verein Deutscher Zementwerke e.V.; Beton-Verlag GmbH Düsseldorf.

G 72 Grübl, P., Sotkin, A.: Rapid ice formation in hardened cement paste, mortar and concrete due to super cooling (en); Cem. Concr. Res. 10 (1980) No. 3, pp. 333-345.

G 73 Grübl, P.: On the effect of ice in the structure of cement bound structural material (de); Beton 31 (1981) No. 2, pp. 54-58.

G 74 Grutzeck, M.W., Roy, D.M., Scheetz, B.E.: Hydration mechanisms of high-lime fly ash in Portland cement composites (en); In S. Diamond (Hersg.): Effects of Fly Ash Incorporation in Cement and Concrete; Mat. Res. Soc. Ann. Meeting, Proc. Sympos. N (1981) pp. 92-101.

G 75 Gu, P., Fu, Y., Xie, P., Beaudoin, J.J.: Characterization of surface corrosion of reinforcing steel in cement paste by low frequency impedance spectroscopy (en); Cem. Concr. Res. 24 (1994) No. 2, pp. 231-242.

G 76 Guinier, A., Yannaquis, N.: Concerning the polymorphism of dicalcium silicate (fr); Compt. rend. hebd. Acad. Sci. Paris 244 (1957) S.2623-2625.

G 77 Gunkel, P., Geiseler, J.: Chloride containing hydrate phases in hardened cement paste (de); Beton-Inform. 30 (1990) No. 2, pp. 20-23.

G 78 Gunkel, P.: The binding of chloride in hardened cement paste and the composition of chloride containing pore solutions (de); Beton-Inform. 29 (1989) No. 1, pp. 3-11.

G 79 Gunkel, P.: The composition of the liquid phase of setting and hardening cements (de); Beton-Inform. 23 (1983) No. 1, pp. 3-8.

G 80 Gunkel, P.: On the danger of corrosion of prestressing steel in concrete with blastfurnace cement (de); Beton-Inform. 36 (1996) No. 5, pp. 71-79.

G 81 Gunter, M., Bier, Th., Hilsdorf, H.: Effect of curing and type of cement on the resistance of concrete to freezing and deicing salt solutions (en); Concrete Durability, Katherine and Bryant Mather International Conference, Bd. 1, Hrsg. J.M. Scanlon, Am. Concr. Inst., SP-100 (1987) pp. 877-899.

G 82 Günther, R.: Combustion and firings (de); Springer-Verlag, Berlin-Heidelberg-New York 1974.

G 83 Gutberlet, H.: Influence of kind of firing on the poisoning of DENOX catalyzer by arsenic (de); VGB-Kraftwerkstechn. (1988) No. 3, pp. 287-293.

G 84 Gutt, W., Gaze, M.E.: Trinidad porcellanite as a pozzolan (en); Mat. Struct. 8 (1975) No. 48, pp. 439-450.

G 85 Gutt, W., Nixon, P.J.: Use of waste materials in the construction industry (en); Mater. Struct./Matér. Constr. 12 (1979) No. 70, pp. 255-306.

G 86 Gutt, W., Smith, M.A.: Calcium fluoride as a mineralizer in the cement/sulfuric acid process (en); Cem. Technol. 2 (1971) No. 1, pp. 9-14.

G 87 Gutt, W., Smith, M.A.: Studies of phosphatic Portland cements (en); 6. Intern. Congr. Chem. Cem., Moskau (1974) Suppl. Paper; Build. Res. Estab. Current Paper 95/74 (1974) 19 pages.

G 88 Gutt, W., Smith, M.A.: Studies of the role of calcium sulfate in the manufacture of Portland cement clinker (en); Trans. Brit. Ceram. Soc. 67 (1968) No. 10, pp. 487-509; Build. Res. Stat.; Current Paper 89/68 (1968)

23 S.

G 89 Gutt, W.: High temperature phase equilibria in polycomponent silicate systems (en); Ph. D. Thesis, London (1966).

G 90 Gutt, W.: Manufacture of Portland cement from phosphatic raw materials (en); 5. Intern. Sympos. Chem. Cem., Tokyo (1968) Vol. 1, pp. 93-105.

G 91 Guttmann, A., Gille, F.: The manganese in cement clinker, in addition a contribution to the constitution of cements (de); Zement 18 (1929) No. 16, pp. 500-506; No. 17, pp. 537-541; No. 18, pp. 570-574.

G 92 Guttmann, A.: The effect of gypsum and calcium chloride addition to the cement on its shrinkage (de); Zement 9 (1920) No. 25, pp. 310-313; No. 34, pp. 429-432.

G 93 Guttmann, A.: Method to produce a concrete without shrinkage cracks (de); DRP No. 330 784 (29. 1. 1920).

h 1 Haegermann, G.: From Caementum to Cement (de); Part A in "From Caementum to Prestressed Concrete", Ed.: Dyckerhoff Zementwerke AG; Bauverlag GmbH, Wiesbaden 1964.

h 2 Hobbs, D.W.: Alkali-Silica-Reaction in Concrete (en); Thomas Telford, London 1988.

h 3 Hömig, H.E.: Metal and Water – An Introduction into the Science of Corrosion, 5. Ed.

H1 Hadley, D.W.: Alkali reactivity of carbonate rocks – Expansion and dedolomitization (en); Highway Res. Board Proc. 40 (1961) pp. 462-474; PCA Res. Dept. Bull. 139.

H2 Hadley, D.W.: Alkali reactivity of dolomitic carbonate rocks (en); Highway Res. Rec. No. 45 (1964) pp. 1-19.

H3 Haegermann, B.: Vaporous compounds of heavy-metals in the exhaust gas of cement kilns (de); Thesis, grad. eng., TU Clausthal (1982).

H4 Haegermann, B.: Effect of curing and storage on the concrete quality in particular regarding the resistance to freezing and to de-icing salt (de); Beton-Informationen 28 (1988) No. 1, pp. 3-9

H5 Haegermann, G.: On the assessment of the hardening ability of hydraulic additives in mixtures with Portland cement (de); Zement 33 (1944) No. 5, pp. 93-97.

H6 Haese, U.: Investigations of cement clinkers with the grindability tester design Tonindustrie (de); Tonind.-Ztg. 79 (1955) No. 15/16, pp. 239-241.

H7 Hahn, Th., Eysel, W., Woermann, E.: A BO -compounds: Polymorphism and solid Acta Cryst. B 36 (1980) pp. 2863-2869.

H8 Hallich, K.: Measurements of coating formation in cement silos (de); ZKG INTERN. 33 (1980) No. 9, pp. 443-445.

H9 Halse, Y., Pratt, P.L., Dalziel, J.A., Gutteridge, W.A.: Development of microstructure and other properties in fly ash OPC systems (en); Cem. Concr. Res. 14 (1984) No. 4, pp. 491-498.

H 10 Halstead P.E., Moore, A.E.: Composition and crystallography of an hydrous calcium aluminosulfate (en); J. Appl. Chem. 12 (1962) No. 9, pp. 413-417.

H 11 Hamid, S.A.: The crystal structure of the 11Å natural tobermorite $Ca_{2.25}[Si_3O_{7.5}(OH)_{1.5}] \cdot 1H_2O$ (en); Z. Kristallogr.154 (1981) pp. 189-198.

H 12 Hand, R.J.: Calcium sulfate hydrates: A survey (en); Brit. Ceram. Trans. 96 (1997) No. 3, pp. 116-120.

H 13 Hanic, F., Handlovic, M., Kaprálik I.: Structure of a quaternary phase $Ca_{20}Al_{32-2n}Mg_nSinO_{68}$ (en); Acta Cryst. B 36 (1980) pp. 2863-2869.

H 14 Hannawayya, F.: The properties of C4AF hydrated for 8 years (en); Proc. 8. Intern. Congr. Chem. Cem., Rio de Janeiro (1986), Vol. 3, pp. 217-224.

H 15 Hansen, F.E., Clausen, H.J.: Cement strength and cooling by water injections during grinding (de); ZKG

INTERN. 27 (1974) No. 7, pp. 333-336.

H 16 Hansen, T.C.: Creep and stress relaxation of concrete – A theoretical and experimental investigation (en); Swedish Cem. Concr. Res. Inst., Royal Inst. Techn., Stockholm; Proc. No. 31 (1960).

H 17 Hansen, T.C.: Creep of concrete - A discussion of some fundamental problems (en); Swedish Cem. Concr. Res. Inst., Royal Inst. Techn., Stockholm; Bull. No. 33 (1958).

H 18 Hansen, W.: Drying shrinkage mechanism in Portland cement paste (en); J. Am. Ceram. Soc. 70 (1987) No. 5, pp. 323-328.

H 19 Hansen, W.C., Brownmiller, L.T., Bogue, R.H.: Studies on the system CaO-Al_2O_3-Fe_2O_3 (en); J. Am. Chem. Soc. 50 (1928) pp. 396-406.

H 20 Hansen, W.C.: Studies relating to the mechanism by which the alkali-aggregate reaction produces expansion in concrete (en); J. Am. Concr. Inst., Proc. 40 (1944) pp. 213-227.

H 21 Härdtl, R.: The change of concrete structure by the efficiency of fly ash and its influence on concrete properties (de); Deutscher Ausschuss für Stahlbeton, No. 448; Beuth Verl. GmbH, Berlin, (1995).

H 22 Harnik, A.B., Meier, U., Rösli, A.: Combined influence of freezing and deicing salt on concrete – physical aspects (en); Proc. 1. Int. Conf. Durability of Building Materials and Components, Ottawa, 1978; ASTM STP 691 (1980) pp. 474-484.

H 23 Harrison, A.M., Winter, N.B., Taylor, H.F.W.: An examination of some pure and composite Portland cement pastes using scanning electron microscopy with x-ray analytical capability (en); 8. Intern. Congr. Chem. Cem., Rio de Janeiro (1986), Vol. 4, pp. 170-175.

H 24 Harrison, A.M., Winter, N.B., Taylor, H.F.W.: Microstructure and microchemistry of slag cement pastes (en); In L.J. Struble, P.W. Brown (Hersg.): Microstructural Development During Hydration of Cement; Mat. Res. Soc. Symp. Proc. 85 (1987) pp. 213-222.

H 25 Hartl, G., Lukas, W.: Investigations on the penetration of chloride into concrete and on the effect of cracks on chloride induced corrosion of reinforcement (de+en); Betonw. + Fertigteil-Techn. 53 (1987) No. 7, pp. 497-506.

H 26 Hartmann, V.: Optimization and calibration of the freezing de-icing salt test of concrete (de); Thesis, Univ.-GH Essen (1992).

H 27 Hartshorn, S.A., Sharp, J.H., Swamy, R.N.: Thaumasite formation in Portland limestone cement pastes (en); Cem. Concr. Res. 29 (1999) No. 8, pp. 1331-1340.

H 28 Hasselman, D.P.H.: On the porosity dependence of the elastic moduli of polycristalline refractory materials (en); J. Am. Ceram. Soc. 45 (1962) No. 9, pp. 452-453.

H 29 Hasselman, D.P.H.: Relation between effects of porosity on strength and on Young's modulus of elasticity of polycrystalline materials (en); J. Am. Ceram. Soc. 46 (1963) No. 11, pp. 564-565.

H 30 Hausmann, D.A.: Steel corrosion in concrete - How does it occur? (en); Mater. Protection 6 (1967) No. 11, pp. 19-23.

H 31 Hayden, R.: The setting of Portland cement (de); ZKG INTERN. 10 (1957) No. 1, pp. 16-18.

H 32 Hearn, N., Hooton, R.D.: Sample mass and dimension effects on mercury intrusion porosimetry results (en); Cem. Concr. Res. 22 (1992) No. 5, pp. 970-980.

H 33 Hedin, R.: Saturation concentration of calcium hydroxide (en); Swed. Cem. Concr. Inst., Proc. No. 27 (1955), 14 pp.

H 34 Hein, W.: Sulfate attack of sea water on concrete (de); Mitteilungsbl. Bundesanst. Wasserbau No. 35 (1973) pp. 55-69.

H 35 Heinrichs, H., Brumsack, H.J., Lange, H.: Emissions from power stations operated with mineral coal and lignite in Germany (de); Fortschr. Miner. 62 (1984) No. 1, pp. 79-105.

H 36 Heinz, D., Ludwig, U., Nasr, R.: Model tests to clear up the cause of damages to heat treated prefabricated concrete elements; Part 2: Heat treatment of mortars and late ettringite formation (de); Tonind. Ztg. 106 (1982) No. 3, pp. 178-183. (Part 1 see [G 24]).

H 37 Heinz, D., Ludwig, U.: Mechanism of secondary ettringite formation in mortars and concretes subjected to heat treatment (en); Concrete Durability, Katherine and Bryant Mather International Conference, Vol. 2, Editor J.M. Scanlon, Am. Concr. Inst., SP-100 (1987) pp. 2059-2071.

H 38 Heinz, D.: Injurious formation of phases similar to ettringite in heat treated mortars and concretes (de); Thesis, RWTH Aachen (1986).

H 39 Heller, H., Poulheim, K.F.: The exposition by radon and its decay products in dwelling houses in the federal republic of Germanyand their qualification (de); Veröffentl. Strahlenschutzkommission Vol. 19. Gustav Fischer Verl., Stuttgart-Jena-New York 1992.

H 40 Helmuth, R.A.: Dimensional changes of hardened Portland cement pastes caused by temperature changes (en); Highway Res. Board Proc. 40 (1961) pp. 315-336; PCA Res. Dept. Bull. 129.

H 41 Helmuth, R.A., Turk, D.H.: The reversible and irreversible drying shrinkage of hardened Portland cement and tricalcium silicate pastes (en); J. PCA Res. Dev. Lab. 9 (1967) No. 2, pp. 8-21; PCA Res. Dept. Bull. 215.

H 42 Hempel, G., Böhmer, A., Otte, M.: Investigation of the influence of material- technological parameters on the durability of heat treated concretes (de+en); Betonw. + Fertigteil-Techn. 58 (1992) No. 5, pp. 75-79.

H 43 Henkel, H., Rost, F.: On the crystallisation pressure of concrete destroying sulfates as cause of the sulfate expansion (de); Deutscher Ausschuss für Stahlbeton, No. 118; Verlag Wilhelm Ernst & Sohn, Berlin (1954) pp. 39-51.

H 44 Hentschel, G., Kuzel, H.-J.: Strätlingite, $2CaO \cdot Al_2O_3 \cdot SiO_2 \cdot 8H_2O$, an new mineral (de); N. Jb. Miner., Mh. (1976) No. 7, pp. 326-330.

H 45 Hentschel, G.: Mayenit, $12CaO \cdot 7Al_2O_3$, hydration (de+en); Beton 49 (1999) No. 10, pp. 595-599; No. 11, pp. 655-658.

H 46 Herchenbach, H.: Dust cycles - influences in the air-suspension preheater upon coating, precalcining and partial gas extraction (de+en); VDZ-Congress '71 - Process Technology of Cement Manufacturing; Verein Deutscher Zementwerke e.V., Düsseldorf (1971) pp. 160-162; ZKG INTERN. 25 (1972) No. 1, pp. 13-14.

H 47 Herr, A.M., Hennig, W., Scholze, H.: Formation of spurrite in cement raw meal (de); Tonind.-Ztg. 92 (1968) No. 12, pp. 491-494.

H 48 Heufers, H.: Light-weight concrete (de); Zement-Taschenbuch, 48. Ed. (1984); Editor Verein Deutscher Zementwerke, Bauverl. Wiesbaden, pp. 335-369.

H 49 Hilsdorf, H.K., Günter, M.: Influence of curing and of type of cement on the resistance of concrete to frost and de-icing salt (de); Beton- u. Stahlbetonbau 81 (1986) No. 3, pp. 57-62.

H 50 Hilsdorf, N.K., Reinhardt, H.-W.: Concrete (de); Beton-Kalender 89 (2000), Ed. J. Eibl, Part 1, pp. 1-117; Publ. Ernst & Sohn, Berlin.

H 51 Hime, W.G.: Clinker sulfate: A cause for distress and a need for specification (en); Concrete in the Service of Mankind; Vol. Concrete for Environment, Enhancement and Protection; Ed. R.W.Dhir, T.D. Dyer; Publ. by F.N. Spon, London, 1996, pp. 387-395.

H 52 Hinrichs, W., Odler, I.: Investigation of the hydration of Portland blastfurnace slag cement: Hydration kinetics (en); Adv. Cem. Res. 2 (1989) No. 5, pp. 9-13. (see [O 16]).

H 53 Hinrichs, W.: Investigations on the hydration of slag cements (de); Thesis, TU Clausthal (1987).

H 54 Hintzen, W., Thielen, G.: Influences of concrete technology on cracking due to the heat of hydration (de+en); Beton 49 (1999) No. 10, pp. 595-599; No. 11, pp. 655-658.

H 55 Hintzen, W.: On the behaviour of young concrete under centric constraint during heat of hydration is flowing off (de); Thesis, RWTH Aachen (1998). Schriftenreihe der Zementindustrie No. 59 (1998); Verein Deutscher Zementwerke e.V.; Verlag Bau+Technik GmbH, Düsseldorf.

H 56 Hinz, W.: Environmental protection and energy utilization (de+en); VDZ-Congress '77 - Process Technology of Cement Manufacturing; Verein Deutscher Zementwerke e.V., Düsseldorf (1979) pp. 524-549; ZKG INTERN. 31 (1978) No. 5, pp. 215-229.

H 57 Hirljak, J., Wu, Z.Q., Young, J.F.: Silicate polymerization during the hydration of alite (en); Cem. Concr. Res. 13 (1983) No. 6, pp. 877-886.

H 58 Hjorth, L.: Microsilica in concrete (en); Nordic Concr. Res., Publ. No. 1; Paper 9 (1982) pp. 1-18.

H 59 Hladky, K., Callow, L.M., Dawson, J.L.: Corrosion rates from impedance measurements: An introduction (en); Brit. Corros. J. 15 (1980) No. 1, pp. 20-25.

H 60 Hobbs, D.W., Gutteridge, W.A.: Particle size of aggregate and its influence upon the expansion caused by the alkali silica reaction (en); Mag. Concr. Res. 31 (1979) No. 109, pp. 235-242.

H 61 Hobbs, D.W.: Alkali-silica reaction in concrete (en); Struct. Engineer 64A (1986) No. 12, pp. 381-383.

H 62 Hobbs, D.W.: Deleterious expansion of concrete due to alkali-silica reaction: Influence of pfa and slag (en); Mag. Concr. Res. 38 (1986) No. 137, pp. 191-205.

H 63 Hobbs, D.W.: Influence of pulverized fuel ash and granulated blastfurnace slag upon expansion caused by alkali-silica reaction (en); Mag. Concr. Res. 34 (1982) No. 119, pp. 83-94.

H 64 Hobbs, D.W.: The alkali-silica reaction - a model for predicting expansion in mortar (en); Mag. Concr. Res. 33 (1981) No. 117, pp. 208-219.

H 65 Hochdahl, O.: Fuels and heat economics (de+en); VDZ-Congress '85 – Process Technology of Cement Manufacturing; Verein Deutscher Zementwerke e.V., Düsseldorf (1987) pp. 286-302; ZKG INTERN. 39 (1986) No. 2, pp. 57-66.

H 66 Hoenig, V., Gajewski, S.: Influence of burner and fuel on the operation and NOx-emissions of rotary kilns in the the cement industry (de); ZKG INTERN. 47 (1994) No. 8, pp. 462-466.

H 67 Hoenig, V., Söllenböhmer, F., Zunzer, U.: Origination and abatement of raw material-induced emissions during the clinker burning process (de); Lecture Techn.-Wiss. Zement-Tagung 1998, Verein Deutscher Zementwerke.

H 68 Hoenig, V., Sylla, H.-M.: Industrial clinker cooling with due regarding to the cement properties (de+en); ZKG INTERN. 51 (1998) No. 6, pp. 318-333.

H 69 Hofmann, W.: Radiation risk of construction material-The radioactivity of construction material and the resulting radiation risk for mankind (de); Zement u. Beton 29 (1984) No. 4, pp. 163-166.

H 70 Höidalen, Ö., Thomassen, A., Syverud, T.: Reducing NOx at the Brevik cement works in Norway-Trials with stepped fuel supply to the calciner (de+en); VDZ-Kongress '93 - Process Technology of Cement Manufacturing; Verein Deutscher Zementwerke e.V., Düsseldorf (1993) pp. 550-554; ZKG INTERN. 47 (1994) No. 1, pp. 40-42.

H 71 Holter, H.: The manufacture of Portland cement and simultaneous extraction of potash (de); Prot. 45. Gen.-Vers. Verein Dt. Portl.-Cem. Fabr. (1922) pp. 172-187.

H 72 Holzapfel, T., Bambauer, H.-U.: Fly ash upgrading: New raw materials and recycling (de); Tonind.-Ztg. 111 (1987) No. 2, pp. 78-83.

H 78 Huber, H.: Rapid method to test a uniform heat development of cements (de); Zement u. Beton 33 (1988) No. 3, pp. 162-163.

H 79 Hughes, D.C.: Sulfate resistance of OPC, OPC/fly ash and SRPC pastes: Pore structure and permeability (en); Cem. Concr. Res. 15 (1985) No. 6, pp. 1003-1012.

H 80 Hummel, H.-U.: "In the labyrinth of gypsum phases ", wrong track for crystallographers-goal flight for plasterers (de) 50 Jahre Inst. Nichtmet. Werkst., Festschrift der TU Clausthal, 1999.

H 81 Hutchison, R.G., Chang, J.T., Jennings, H.M., Brodwin, M.E.: Thermal acceleration of Portland cement mortars with microwave energy (en); Cem. Concr. Res. 21 (1991) No. 5, pp. 795-799.

H 73 Hooton, R.D.: Permeability and pore structure of cement pastes containing fly ash, slag, and silica fume (en); 7. Intern. Congr. Chem. Cem., Paris (1980), Vol. 2, pp. III 31-36.

H 74 Houtepen, C.J.M., Stein, H.N.: The enthalpies of formation and of dehydration of some AFm-phases with singly charged anions (en); Cem. Concr. Res. 6 (1976) No. 5, pp. 651-658.

H 75 Huang, Cheng-yi, Feldman, R.F.: Hydration reactions in Portland cement – silica fume blends (en); Cem. Concr. Res. 15 (1985) No. 4, pp. 585-592.

H 76 Huang, Cheng-yi, Feldman, R.F.: Influence of silica fume on the microstructural development in cement mortar (en); Cem. Concr. Res. 15 (1985) No. 2, pp. 285-294.

H 77 Hubbard, F.H., Dhir, R.K., Ellis, M.S.: Pulverized fuel ash for concrete: Compositional characterization of United Kingdom PFA (en); Cem. Concr. Res. 15 (1985) No. 1, pp. 185-198.

I 1 Ichikawa, M., Komukai, Y.: Effect of burning conditions and minor components on the color of Portland cement clinker (en); Cem. Concr. Res. 23 (1993) No. 4, pp. 933-938.

I 2 Idorn, G.M.: Durability of concrete structures in Denmark (en); Thesis, Techn. Univ. Copenhagen (1967).

I 3 Ikeda, K.: Cements along the join C_4A_3S-C_2S (en); 7. Intern. Congr. Chem. Cem., Paris (1980), Vol. 2, pp. III 31-36.

I 4 Imlach, J.A., Dent Glasser, L.S., Glasser, F.P.: Excess oxygen and the stability of "$12CaO \cdot 7Al_2O_3$" (en); Cem. Concr. Res. 1 (1971) No. 1, pp. 57-61.

I 5 Institut für Bautechnik: Guidelines for the assignment of test marks for concrete additions (test guidelines) (de); Mitt. Inst. Bautechn. 21 (1990) No. 4, pp. 131-140; 22 (1991) No. 5, pp. 146.

I 6 Institut für Bautechnik: Guidelines for the assignment of test marks for concrete admixtures (test guidelines) (de); Mitt. Inst. Bautechn. 21 (1990) No. 1, pp. 16-26; No. 5, pp. 175; 22 (1991) No. 2, pp. 44.

I 7 Irassar, E.F., Di Maio, A., Batic, O.R.: Sulfate attack on concrete with mineral admixtures (en); Cem. Concr. Res. 26 (1996) No. 1, pp. 113-123.

I 8 Ishida, H., Mabuchi, K., Sasaki, K., Mitsuda, T.: Low temperature synthesis of β-Ca_2SiO_4 from hillebrandite (en); J. Am. Ceram. Soc. 75 (1992) No. 9, pp. 2427-2432.

I 9 Ishida, H., Sasaki, K., Okada, Y., Mitsuda, T.: Hydration of β-C2S prepared at 600 °C from hillebrandite: C-S-H with Ca/Si = 1.9 - 2.0 (en); 9. Intern. Congr. Chem. Cem., New Delhi (1992), Vol. 4., pp. 76-82.

I 10 Ish-Shalom, M., Bentur, A., Grinberg, T.: Cementing properties of oil-shale ash: 1. Effect of burning method and temperature (en); Cem. Concr. Res. 10 (1980) No. 6, pp. 799-807.

I 11 ISO 9277:1995: Determination of the specific surface area of solids by gas adsorption using the BET method (en)

I 12 Isozaki, K., Iwamoto, S., Nakagawa, K.: Several properties of alkali activated slag cements (ja, sum. en); Cem. Assoc. Japan, Rev. 40. Gen. Meet., Tokio (1986) pp. 120-123.

J 1 Jackson, P.J.: Portland cement: Classification and manufacture (en); Classification and manufacture (en); In P.C. Hewlett (Editor) "Lea's Chemistry of Cement and Concrete", 4. Ed.; Arnold, London NW1 3BH, 1998, pp. 26-94.

J 2 Jäger, R.G., Esser, G., Knöfel, D.: Development of compressive strength and porosity of some regulated set cements (RSCS) both from rotary kilns and laboratory oven, hydrated at 20 °C und 5 °C (de); Cem. Concr. Res. 5 (1993) No. 3, pp. 700-710.

J 3 Jakobs, J.: Utilization of combustion residues from power plant firing units (de); VGB Kraftwerkstechn. 58 (1978) No. 5, pp. 342-353.

J 4 Jarrige, A.: Fly ashes – Properties, industrial utilization (fr); Éd. Eyrolles, Paris (1971).

J 5 Jaspers, M.J.M.: Contribution to the experimental Le Chatelier-Anstett test for the resistance of cements to sulfates and chlorides (fr); Rev. Matér. Constr. (1968) No. 633-634, pp. 244-256.

J 6 Javelas, R., Maso, J.C., Ollivier, J.P., Thenoz, B.: Direct observation by transmission electron microscope of the cement paste – aggregate bond in calcite and quartz mortars (fr); Cem. Concr. Res. 5 (1975) No. 4, pp. 285-293.

J 7 Jawed, I., Klemm, W.A., Skalny, J.: The effect of fluxing agents and mineralizers on the reduction of cement kiln temperatures (en); Martin Marietta Lab., TR 80 - 24 (1980).

J 8 Jawed, I., Skalny, J., Young, J.F.: Hydration of Portland cement (en); In P. Barnes (Editor) "Structure and Performance of Cements"; Applied Science Publishers, London, New York 1983; pp. 237-317.

J 9 Jawed, I., Skalny, J.: Hydration of tricalcium silicate in the presence of fly ash (en); In S. Diamond (Ed.): Effects of Fly Ash Incorporation in Cement and Concrete; Mat. Res. Soc. Ann. Meeting, Proc. Sympos. N (1981) pp. 60-70.

J 10 Jeanne, M.: Study of industrial alumina cements by electronic microprobe (fr); Rev. Matér. Constr. (1968) No. 629, pp. 53-58.

J 11 Jeevaratnam, J., Glasser, F.P., Dent Glasser, L.S.: Anion substitution and structure of $12CaO \cdot 7Al_2O_3$ (en); J. Am. Ceram. Soc. 47 (1964) No. 2, pp. 105-106.

J 12 JJennings, H.J., Neubauer, C.M., Breneman, K.D., Christensen, B.J.: Phase diagrams relevant to hydration of C_3S. Part 1: A case for metastable equilibrium (en); 10. Intern. Congr. Chem. Cem., Göteborg (1997) Vol. 2, 2ii057, 9 pp. (Part 2 see [N 8]).

J 13 Jennings, H.J.: Comment on the mechanism of C_3S hydration (en); E. Gartner (Hrsg.): Advances in Cement Manufacture and Use. Engineering Foundation, New York (1988) pp. 79-88.

J 14 Jennings, H.M., Parrott, L.J.: Microstructural analysis of hardened alite paste, Part 1 Porosity, Part 2 Microscopy and hydration products (en); J. Mater. Sci. 21 (1986) pp. 4048-4052, 4053-4059.

J 15 Jennings, H.M., Xi, Y.: Cement-aggregate compatibility and structure property relationships including modelling (en); 9. Intern. Congr. Chem. Cem., New Delhi (1992); Vol. 1, pp. 663-691.

J 16 Jennings, H.M.: Aqueous solubility relationships fort wo types of calcium silicate hydrates (en); J. Am. Ceram. Soc. 69 (1986) No. 8, pp. 614-618. Disc.: J. Am. Ceram. Soc. 71 (1988) No. 2, pp. C113-C116.

J 17 Jepsen, O.L.: Cement strengths and their relation to cooling rate and type of cooler (de); ZKG INTERN. 29 (1976) No. 2, pp. 62-64.

J 18 Jockel, W., Hömig, H.-J., Mistele, J.: Standardization of emission measurement of toxic dust constituents, February 1987; Supplement: mercury, April 1988 (de); Forschungsber. 87-104 02 157 des TÜV Rheinland, Köln, im Auftrag des Umweltbundesamtes.

J 19 Joel, H.: Some practical aspects of dustfall measurements (de); ZKG INTERN. 20 (1967) No. 4, pp. 157-161.

J 20 Joel, H.: Dust precipitation measurements in the vicinity of cement works (de); ZKG INTERN. 18 (1965) No. 3, pp. 114-121.

J 21 Johansen, V., Kouznetsova, T.V.: Clinker formation and new processes (en); 9. Intern. Congr. Chem. Cem., New Delhi (1992); Vol. 1, pp. 49-79.

J 22 Johansen, V., Thaulow, N., Idorn, G.M.: Expansion reactions in mortar and concrete (de+en); ZKG INTERN. 47 (1994) No. 3, pp. 150-155.

J 23 Johansen, V., Thaulow, N., Jakobsen, U.H., Palböl, L.: Heat treatment as the cause of expansion (en); 3. Beijing Int. Symp. Cem. Concr., China 1993, No. 47, 13 S.

J 24 Jones, F.E., Roberts, M.H.: The system $CaO - Al_2O_3 - H_2O$ at 25 °C (en); Build. Res. Stat.; Current Paper Res. Ser. 1 (1962) 62 pp.

J 25 Jones, F.E.: Hydration of calcium aluminates and ferrites (en); 4. Int. Sympos. Chem. Cem., Washington (1960) Vol. 1, pp. 204-242.

J 26 Jong, J.G.M. de, Stein, H.N., Stevels, J.M.: Hydration of tricalcium silicate (en); J. Appl. Chem. 17 (1967) No. 9, pp. 246-250.

J 27 Jong, J.G.M. de: Mechanism of the hydration reaction of slag cements (fr); Sil. Ind. 42 (1977) No. 1, pp. 5-11.

J 28 Jorget, S.: The new CF/FCB low NOx- precalciner – a decisive advance in environmental protection (en); ZKG INTERN. 46 (1993) No. 4, pp. 193-196.

J 29 Joshi, R.C., Malhotra, V.M.: Relationship between pozzolanic activity and chemical and physical characteristics of selected canadian fly ashes (en); Mat. Res. Soc. Symp. Proc. Vol. 65 (1986) pp. 167- 170.

J 30 Joshi, R.C., Marsh, B.K.: Some physical, chemical and mineralogical properties of some canadian fly ashes (en); Mat. Res. Soc. Symp. Proc. Vol. 86 (1987) pp. 113- 125.

J 31 Jozewicz, W., Gullett, B.K.: Structural transformations in Ca-based sorbents used for SO_2 emission control (en); ZKG INTERN. 47 (1994) No. 1, pp. 31-38.

J 32 Jung, O.: MPS vertical roller mills for blended cements (en); World Cem. 20 (1989) No. 9, pp. 309-311.

J 33 Jungermann, B.: The chemical process of the carbonation of concrete (de+en); Betonw. + Fertigteil-Techn. 48 (1982) No. 6, pp. 358-362.

J 34 Just, Th., Kelm, S.: Mechanisms of NOx formation and reduction in technical combustion (de); IF - Die Industriefeuerung H. 38 (1986) pp. 96-102.

k 1 Karsten, R.: Bauchemie (Building materials chemistry), 8. Ed. (de); Verlag C.F. Müller, Karlsruhe, 1989.

k 2 Keil, F.: Hochofenschlacke (Blastfurnace slag) (de), 2. Ed.; Verlag Stahleisen, Düsseldorf, 1963.

k 3 Keil, F.: Zement – Herstellung und Eigenschaften (Cement – Manufacture and properties) (de); Springer-Verlag, Heidelberg, 1971.

k 4 Klas, H., Steinrath, H.: Die Korrosion des Eisens und ihre Verhütung (The corrosion of iron and its prevention) (de), 2. Ed.; Verl. Stahleisen m.b.H.; Düsseldorf, 1974.

k 5 Klockmann, F., Ramdohr, P., Strunz, H.: Lehrbuch der Mineralogie (Compendium of mineralogy) (de), 16. Ed.; Ferdinand Enke Verlag, Stuttgart, 1978.

k 6 Kühl, H.: Zement-Chemie, (Cement Chemistry) Vol. 2, 3. Ed. (de); VEB Verlag Technik, Berlin, 1958.

k 7 Kühl, H.: Zement-Chemie, (Cement Chemistry) Vol. 3, 3. Ed. (de); VEB Verlag Technik, Berlin, 1961.

K1 Kaemp, R.N., Dyckerhoff, R., Schott, F: On new screen arrangements and dust collecting devices (de); Prot. 10. Gen.-Vers. Verein Dt. Cem.-Fabr. (1887) pp. 72-75.

K2 Kalde, C., Ludwig, U.: On the effect of expanding agents with Portland cements (de); Int. Sympos. "75 Jahre Quellzement", Weimar (1995), Tagungsber. pp. 75-95.

K3 Kakali, G., Parissakis, G., Bouras, D.: A study on the burnability and the phase formation of PC clinker containing Cu oxide (en); Cem. Concr. Res. 26 (1996) No. 10, pp. 1473-1478.

K4 Kakali, G., Parissakis, G.: Investigation of the effect of Zn oxide on the formation of Portland cement clinker (en); Cem. Concr. Res. 25 (1995) No. 1, pp. 79-85.

K5 Kalkert, P.: New measuring instrument for on-line determination of particle sizes (de+en); ZKG INTERN. 52 (1999) No. 7, pp. 384-389.

K 6 Kalousek, G.L.: High-temperature steam curing of concrete at high pressure (en); 5. Intern. Sympos. Chem. Cem., Tokio (1968), Vol. 3, pp. 523-540.

K7 Kamm, K., Obländer, W., Weisweiler, W.: Limitation of the thallium emission in the cement production with suspension preheater (de); Staub - Reinhaltung der Luft 43 (1983) No.5, pp. 193-198.

K8 Kamm, K.: The vaporization and condensation behaviour of thallium in the internal cycle of a cement kiln with preheater (de); ZKG INTERN. 38 (1985) No. 6, pp. 324-329.

K 9 Kamm, K.: Model to describe enrichments and emissions of heavy metals in the cement industry (de); Thesis, TU Graz (1986).

K 10 Kamm, K.: Enrichment of heavy metals and particle size (de); Staub - Reinhaltung der Luft 46 (1986) No.3, pp. 116-119.

K 11 Kämmerer, E.-A., Wiedekind, G.: Operational experience in grinding of cement in a vertical roller mill (lecture review) (de); ZKG INTERN. 37 (1984) No. 4, pp. 213.

K 12 Kantro, D.L.: Tricalcium silicate hydration in the presence of various salts (en); J. Test. Eval. 3 (1975) No. 4, pp. 312-321.

K 13 Kapur, P.C.: Production of reactive bio- silica from the combustion of rice husk in a Tube-in- Basket (TiB) burner (en); Powder Techn. 44 (1985) pp. 63-67.

K 14 Kardumian, G., Krool, M., Tour, V.: Technological and structural properties of self- stressed concrete (en); Int. Sympos. "75 Jahre Quellzement", Weimar (1995), Conf. Proc. pp. 129-137.

K 15 Kassautzki, M.: Phonolite as a pozzolanic addition to cement (de); ZKG INTERN. 36 (1983) No. 12, pp. 688-692.

K 16 Kassebohm, B., Asmuth, P., Wolferung, G.: Possibilities for still better cleaning of exhaust gas of waste incineration plants (de); VGB Kraftwerkstechn. 69 (1989) pp. 88-95.

K 17 Kasselouri, V., Ftikos, Ch.: The effect of MoO_3 on the C_3S and C_3A formation (en); Cem. Concr. Res. 27 (1997) No. 6, pp. 917-923.

K 18 Kasselouri, V., Ftikos, Ch.: The effect of V_2O_5 on the C_3S and C_3A formation (en); Cem. Concr. Res. 25 (1995) No. 4, pp. 721-726.

K 19 Kato, A., Hirose, K.: Factors in cement grinding process affecting strength of cement (en); Cem. Assoc. Japan, Rev. 23. Gen. Meeting (1969) pp. 109-112.

K 20 Katyal, N.K., Parkash, R., Ahluwalia, S.C., Samuel, G.: Influence of titanium oxide on the formation of tricalcium silicate (en); Cem. Concr. Res. 29 (1999) No. 3, pp. 355-359.

K 21 Kautz, K., Kirsch, H.; Laufhütte, D.W.: On trace element contents in hard coal and the adequate clean gas dust (de); VGB Kraftwerkstechnik 55 (1975) No. 10, pp. 672-676.

K 22 Kautz, K., Oberheuser, G., Sajó, I., Zobel, W.: Determination of the reactivity of hard coal fly ashes with Aktimet or on the basis of compressive strength of mortar (de); VGB Kraftwerkstechn. 65 (1985) No. 11, pp. 1044-1051.

K 23 Kautz, K.: Mineralogical aspects of the combustion of hard coal in power plants – From coal to fly ash (en); Fortschr. Miner. 62 (1984) No. 1, pp. 51-72.

K 24 Kayser, W.: The influence of grain size distribution on the properties of slag cements and Portland cements (de); Thesis, TH Karlsruhe (1965).

K 25 Keienburg, R.-R.: Grain size distribution and standard strength of Portland cement (de); Schriftenreihe der Zementindustrie No. 42 (1976); Verein Deutscher Zementwerke e.V.; Beton-Verlag GmbH, Düsseldorf.

K 26 Keil, F.: Strength increase diagram and comparison strength (de); ZKG INTERN. 18 (1965) No. 2, pp. 64-66.

K 27 Keil, F.: Evaluation of slags for cement production (de); Zement 33 (1944) No. 5, pp. 90-93.

K 28 Keil, F.: Twenty-year report on the long- time study of cement performance in concrete (de); Beton 16 (1966) No.1, pp.27-35; No. 2, pp. 77-83.

K 29 Keinhorst, H.: Emission conditions associated with the use of raw materials containing thallium in the rotary cement kiln with suspension preheater (de); ZKG INTERN. 33 (1980) No. 12, pp. 648-652.

K 30 Keinhorst, H.: Thallium emissions from cement rotary kiln plants – Thoughts to establish limiting values for the emission of thallium compounds (de); Staub - Reinhaltung der Luft 40 (1980) No.1, pp. 26-29.

K 31 Keller, G., Muth, H.: The influence of the natural radioactivity of the construction material on the radiation exposition of the population (de); Bauphysik 5 (1983) No. 2, pp. 39-42.

K 32 Keller, G., Muth, H.: Natural radioactivity (de); In J. Beckert, F.P. Mechel, H.-O. Lamprecht (Edit.): Gesundes Wohnen, pp. 150-163; Beton-Verlag, Düsseldorf 1986.

K 33 Keller, G.: The radiation exposition of the population by construction materials considering in particular the secondary raw materials (de); VGB-Konferenz "Verwertung von Reststoffen und Entsorgung von Abfällen aus Kohlekraftwerken 1994"; Essen 1994, VGB-TB 704, V 4, 6 pp.

K 34 Keller, G.W.: Radon exposure in dwellings (de, sum. en); Bauphysik 15 (1993) No. 5, pp. 141-145.

K 35 Khan, M.S., Ayers, M.E.: Curing requirements of silica fume and fly ash mortars (en); Cem. Concr. Res. 23 (1993) No. 6, pp. 1480-1490.

K 36 Khatri, R.P., Sirivivatnanon, V., Yang, J.L.: Role of permeability in sulfate attack (en); Cem. Concr. Res. 27 (1997) No. 8, pp. 1179-1189.

K 37 Kietzmann, M., Bäumer, W., Bien, E., Lubach, D.: In vivo and in vitro studies addressing skin irritation by cement (de, sum. en); Dermatosen 47 (1999) No. 5, pp. 184-189.

K 38 Kikas, W.: Composition and binder properties of Estonian kukersite oil shale ash (de+en); ZKG INTERN. 50 (1997) No. 2, pp. 112-126.

K 39 Kind, W.W.: The influence of chlorides on the velocity of the sulfatic corrosion (ru); Zement (Leningrad) 22 (1956) No. 1, pp. 3-6.

K 40 Kipp, R.: Soil stabilization with Pectacrete cement during the construction of the German Autobahn Oberhausen-Emmerich (Hollandlinie) (de); Straßenbau-Techn. 19 (1966) No. 5, pp. 283-288.

K 41 Kirchartz, B.: Reaction and separation of trace elements in the burning of cement clinker (de); Thesis, RWTH Aachen (1994); Schriftenreihe der Zementindustrie No. 56 (1994); Verein Deutscher Zementwerke e.V.; Beton-Verlag GmbH, Düsseldorf.

K 42 Kirchner, G., Rechenberg, W.: Balances of trace elements of cement rotary kilns (de); In B. Welz (Hersg.): Fortschritte in der atomspektrometrischen Spurenanalytik, Vol. 2; VCH Verlagsges, Weinheim, 1986; pp. 299-306.

K 43 Kirchner, G.: Behaviour of thallium in the cement clinker burning process (de); Thesis, TU Clausthal (1995); Schriftenreihe der Zementindustrie No. 47 (1986); Verein Deutscher Zementwerke e.V.; Beton-Verlag GmbH, Düsseldorf.

K 44 Kirchner, G.: Reactions of cadmium in the clinker burning process (de); ZKG INTERN. 38 (1985) No. 9,

pp. 535-539.

K 45 Kirchner, G.: Thallium cycles and thallium emissions in cement clinker burning (de); ZKG INTERN. 40 (1987) No. 3, pp. 134-144.

K 46 Kirsch, J., Scheuer, A.: Activities of VDZ- Committee "NO -reduction" (de); ZKG INTERN. 41 (1988) No. 1, pp. 32-36.

K 47 Kirsch, J.: Measures to protect the environment(de+en); VDZ-Congress '93 – Process Technology of Cement Manufacture; Verein Deutscher Zementwerke e.V., Düsseldorf (1994) pp. 468-483; ZKG INTERN. 47 (1994) No. 1, pp. 1-11.

K 48 Kitamura, M., Tanaka, I., Suzuki. N.: Properties of concrete using spherical cement (ja, sum. en); Cem. Assoc. Japan, Proc. Cem. Concr. No. 45 (1991) pp. 168-173.

K 49 Kjellsen, K.O., Detwiler, R.J., Gjörv, O.E.: Development of microstructures in plain cement pastes hydrated at different temperatures (en); Cem. Concr. Res. 21 (1991) No. 1, pp. 179-189.

K 50 Kjellsen, K.O., Detwiler, R.J., Gjörv, O.E.: Pore structure of plain cement pastes hydrated at different temperatures (en); Cem. Concr. Res. 20 (1990) No. 6, pp. 927-933.

K 51 Klaska, R., Baetzner, S., Möller, H., Paul, M., Roppelt, Th.: Effect of secondary fuels on clinker mineralogy (de+en); CEM. INTERN. 1 (2003) No. 4, pp. 88-98.

K 52 Klein Symposium on expansive cement concretes (en); Publication SP-38, Am. Concr. Assoc. (1973).

K 53 Klein, A., Troxell, G.E.: Studies of calcium solfoaluminate admixtures for expansive cements (en); Proc. ASTM 58 (1958) pp. 986-1008.

K 54 Klein, A.: Expansive and shrinkage compensated cements (en); US Patent 3 251 701 (1966).

K 55 Klemm, W.A., Adams, L.A.: An investigation of the formation of carboaluminates (en); in P. Klieger und R.D. Hooton (Eds.) "Carbonate Additions to Cement", ASTM Stand. Techn. Publ. 1064 (1990) pp. 60-72:

K 56 Klemm, W.A., Skalny, J.: Mineralizers and fluxes in the clinker burning process (en); Cem. Res. Progr. 1976, pp. 259-291; Am. Ceram. Soc., Columbus, Ohio, 1977.

K 57 Knöfel, D., Degenkolb, M.: Expanding components for masonry mortar (de); Int. Sympos. "75 Jahre Quellzement", Weimar (1995), Conf. Proc. pp. 55-66.

K 58 Knöfel, D., Strunge, J., Bambauer, H.U.: Effect of manganese on the properties of Portland cement clinker and Portland cement (de); ZKG INTERN. 36 (1983) No. 7, pp. 402-408.

K 59 Knöfel, D., Wang, J.-F.: The carbonation of rapid-setting cements and the formation of the three $CaCO_3$-modifications calcite, vaterite and aragonite (de); Wiss. Z. Hochsch. Archit. Bauwes., Weimar 39 (1993) No. 3, pp. 225-229.

K 60 Knöfel, D., Wang, J.-F.: Properties of three newly developed quick cements (en); Cem. Concr. Res. 24 (1994) No. 5, pp. 801-812.

K 61 Knöfel, D.: Modifying some properties of Portland cement clinker and Portland cement by means of ZnO and ZnS (de) ZKG INTERN. 31 (1978) No. 3, pp. 157-161.

K 62 Knöfel, D.: Modifying some properties of Portland cement clinker and Portland cement by means of TiO_2 (de); ZKG INTERN. 30 (1977) No. 4, pp. 191-196.

K 63 Knöfel, D.: Influence of frost and thawing agents on cement stone and aggregates (de); Betonw. + Fertigteil-Techn. 45 (1979) No. 4, pp.221-227; No. 5, pp. 315-320.

K 64 Knudsen, T., Thaulow, N.: Quantitative microanalysis of alkali-silica-gel in concrete (en); Cem. Concr. Res. 5 (1975) No. 5, pp. 443-454.

K 65 Köberich, F.: On the method of producing Gipsschlackenzement (super sulfated slag cement) and new possibilities of development (de); ZKG INTERN. 2 (1949) No. 2, pp. 109-113.

K 66 Koch, A., Steinegger, H.: A rapid method for testing the resistance of cements to sulfate attack (de); ZKG INTERN. 13 (1960) No. 7, pp. 317-324.

K 67 Koelliker, E.: The effect of water and aqueous solution of carbonic acid on concrete (de); Intern. Koll. "Werkstoffwissenschaften und Bausanierung", Berichtsband TA Esslingen (1983) pp. 195-200.

K 68 Koelliker, E.: On the hydrolytic decomposition of cement paste and the behaviour of calcareous aggregate during the corrosion of concrete by water (de+en); Betonw. + Fertigteil-Techn. 52 (1986) No. 4, pp.234-239.

K 69 Koelzer, W.: Human radiation exposures from natural and man-made sources (de, sum en); GIT Fachz. f.d. Lab. 30 (1986) No. 3, pp. 674-688.

K 70 Koishi, M., Honda, H., Matsuno, T.: Micro hybridization technology in modification of powders (en); Proc. 2. World Congr. Part. Technol., Kyoto, Japan (1990) pp. 361-368.

K 71 Kokubu, M.: Fly ash and fly ash cement (en); 5. Intern. Sympos. Chem. Cem., Tokio (1968), Vol. 4, pp. 75-105.

K 72 Kollmann, H., Strübel, G., Trost, F.: Mineral synthetic investigations on causes of expansion by Ca-Al-sulfate-hydrate and Ca-Si-carbonate-sulfate- hydrate (de); Tonind. Ztg. 101 (1977) No. 3, pp. 63-70.

K 73 Kollo, H., Geiseler, J.: Valuation of the quality of granulated blastfurnace slag on the basis of characteristic values (de.); Beton-Inform. 27 (1987) No. 4, pp. 48-51.

K 74 Kollo, H., Geiseler, J.: Characteristic indications of durable concrete with blastfurnace cement as binding agent (de); Beton-Inform. 31 (1991) No. 3/4, pp. 41-46.

K 75 Kollo, H.: Hydraulic properties and cement technological suitability of steelmaking slag (de); Beton-Inform. 26 (1986) No. 4, pp. 35-40.

K 76 Kollo, H.: Sulfate resistance – an aspect of concrete durability (de); Beton-Inform. 30 (1990) No. 1, pp. 8-11.

K 77 Komarneni, S., Roy, R., Roy, D.M., Fyfe, C.A., Kennedy, G.J.: Al-substituted tobermorite – the coordination of aluminum as revealed by solid- state 27Al magic angle spinning (MAS) NMR (en); Cem. Concr. Res. 15 (1985) No. 4, pp. 723-728.

K 78 Kondo, R., Goto, S., Daimon, M., Hosoka, G.: Effect of heat curing on cement hydration (ja, sum. en); Cem. Assoc. Japan, Rev. 27. Gen. Meeting (1973) pp. 41-43.

K 79 Kondo, R., Goto, S., Fukuhara, M.: Substitution of Al and Fe in tetracalcium aluminoferrite by Mn and its effect on the hydration (ja, sum. en); Cem. Assoc. Japan, Rev. 32. Gen. Meeting (1978) pp. 38-40.

K 80 Kondo, R., Ueda, S.: Kinetics and mechanisms of the hydration of cements (en); 5. Intern. Sympos. Chem. Cem., Tokio (1968), Vol. 2, pp. 203-248.

K 81 Koráb, O., Ryba, J.: The effect of P_2O_5 and $P_2O_5 + CaCl_2$ mixture on the formation of Ca_3SiO_{25} (cs, sum. en); Silikáty 15 (1971) No. 2, pp. 159-164.

K 82 Köster, H., Odler, I.: Investigations on the structure of fully hydrated Portland cement and tricalcium silicate pastes; 1. Bound water, chemical shrinkage and density of hydrates (en); Cem. Concr. Res. 16 (1986) No. 2, pp. 207-214. (Parts 2 and 3 see [O 18]).

K 83 Köster, H., Rößler, M., Odler, I.: Determination of pore size distribution from gas sorption isotherms with a method independent of the shape of the pores (de); Tonind.-Ztg. 107 (1983) No. 3, pp. 169-171.

K 84 Kostogloudis, G.C., Kalogridis, D., Ftikos, C., Malami, C., Georgali, B., Kaloidas, V.: Comparative investigation of corrosion resistance of steel reinforcement in alinite and Portland cement mortars (en); Cem. Concr. Res. 28 (1998) No. 7, pp. 995-1010.

K 85 Kovacs, R., Talaber, J.: State of the utilization of fly ash for cement production in Eastern-European and some other countries (en); Sil. Ind. 49 (1984) No. 2, pp. 31-34.

K 86 Krause, M.: Lignite filter ashes from the GDR as interground additive in the cement industry (de); Baustoffind. 14 (1971) No. 12, pp. 19-23.

K 87 Krcmar, W., Linner, B., Weisweiler, W.: Investigations into the behaviour of trace elements during clinker burning in a rotary kiln system with grate preheater (de); ZKG INTERN. 47 (1994) No. 10, pp. 600-605.

K 88 Kreft, W., Schütte, R.: Alkali, sulfur, chlorine-cyclic behaviour and emission (de+en); Polysius teilt mit 97 (1983).

K 89 Kreft, W., Schütte, R.: Influence of nitrogen oxide emission of the operating parameters of the cement burning peocess (de+en); VDZ-Congress '85 – Process Technology of Cement Manufacturing; Verein Deutscher Zementwerke e.V., Düsseldorf (1987) pp. 645-649; ZKG INTERN. 39 (1986) No. 10, pp. 566-568.

K 90 Kreft, W.: Alkali and sulfur vaporization in cement kilns in the presence of high chlorine intake levels (de); ZKG INTERN. 38 (1985) No. 8, pp. 418-422.

K 91 Kreft, W.: Environmental protection concepts in the cement industry (de); ZKG INTERN. 41 (1988) No. 4, pp. 193-201.

K 92 Krell, J.: The consistency of cement paste, mortar and concrete and their change with time (de); Thesis, RWTH Aachen (1985); Schriftenreihe der Zementindustrie No. 46 (1985); Verein Deutscher Zementwerke e.V.; Beton-Verlag GmbH, Düsseldorf.

K 93 Kremer, H., Schulz, W., Zelkowski, J.: NOx formation in combustion accessories (de); VGB-TB 310 Verl. techn.-wiss. Schriften, Essen, 1985, pp. 24-43.

K 94 Kremer, H.: NOx formation and abatement – fundamentals (de); Erdöl und Kohle 40 (1987) No. 3, pp. 132-133.

K 95 Kremer, H.: NO formation and abatement –fundamentals (de); Gas-warme-Intern. 35 (1986) No. 4, pp. 239-246.

K 96 Kresse, P.: Efflorescence – Mechanism of occurrence and possibilities of prevention (de+en); Betonw. + Fertigteil-Techn. 53 (1987) No. 3, pp. 160-168.

K 97 Krieger, R.: Radioactivity of construction materials (de+en); Betonw. + Fertigteil-Techn. 47 (1981) No. 8, pp. 468-472.

K 98 Krisiuk, E.M., Tarasov, S.I., Shamov, V.P., Shalak, N.I., Lisachenko, E.P., Gomelsky, L.G.: A study on radioactivity in building materials (en); Leningrad, Research Institute for Radiation Hygiene (1971).

K 99 Kroboth, K., Kuhlmann, K., Xeller, H.: Current state of emission reduction technology in Europe (de); ZKG INTERN. 43 (1990) No. 3, pp. 121-131.

K 100 Kroboth, K., Xeller, H.: Developments in environmental protection in the cement industry (de+en); VDZ-Congress '85 – Process Technology of Cement Manufacturing; Verein Deutscher Zementwerke e.V., Düsseldorf (1987) pp. 600-621; ZKG INTERN. 39 (1986) No. 1, pp. 1-14.

K 101 Krogbeumker, G.: Safety arrangements for the auxiliary combustion of waste oils containing PCB in rotary cement kilns (de); ZKG INTERN. 41 (1988) No. 4, pp. 188-192.

K 102 Krüger, J.E., Sehlke, K.H.L., van Aardt, J.H.P.: High-temperature studies on blastfurnace slags (en); Cem. Lime Manuf. 37 (1964) No. 4, pp. 63-70; No.5, pp. 89-93.

K 103 Kühl, H.: The lime saturation factor of Portland cements (de); Tonind.-Ztg. 57 (1933) No. 40, pp. 460-464.

K 104 Kühl, H.: Solved and unsolved problems of cement research (de); Prot. 59. Hauptvers. Verein Ge. Portl.

Cem. Fabr. (1936) pp. 196-216.

K 105 Kühle, K., Ludwig, U.: On the utilization of granulated blastfurnace slag rich in MgO in the production of blastfurnace cements (de); Sprechsaal Keram. Glas Email Silik. 105 (1972) No. 10, pp. 421-432.

K 106 Kühling, G.: Ultrafine cements – microfine hydraulic binding material (de); Tiefbau, Ingenieurbau, Strassenbau 32 (1990) No. 11, pp. 782-784.

K 107 Kühling, G.: Crack pressing with ultra-fine cements (de+en); Betonw. + Fertigteil-Techn. 58 (1992) No. 3, pp.106-110.

K 108 Kuhlmann, K., Ellerbrock, H.-G., Sprung, S.: Particle size distribution and properties of cement, Part 1: Strength of Portland cement (de); ZKG INTERN. 38 (1985) No. 4, pp. 169-178.

K 109 Kuhlmann, K., Kirchartz, B., Rechenberg, W., Bachmann, G.: Sampling of trace constituents in the clean gas from rotary cement kilns (de); ZKG INTERN. 44 (1991) No. 5, pp. 209-216.

K 110 Kuhlmann, K., Ellerbrock, H.G.: Changes in the flow behaviour of cement during storage (de); ZKG INTERN. 33 (1980) No. 9, pp. 435-442.

K 111 Kuhlmann, K.: Significance of classification in cement grinding – results of a balance analysis of the grinding circuit (de); ZKG INTERN. 37 (1984) No. 9, pp. 474-480.

K 112 Kuhlmann, K.: Improvement of energy utilization in cement grinding (de); Thesis, RWTH Aachen (1985); Schriftenreihe der Zementindustrie No. 44 (1985); Verein Deutscher Zementwerke e.V.; Beton-Verlag GmbH, Düsseldorf.

K 113 Kumar, A., Roy, D.M.: The effect of desiccation on the porosity and pore structure of freeze dried hardened Portland cement and slag- blended pastes (en); Cem. Concr. Res. 16 (1986) No. 1, pp. 74-78.

K 114 Kumar, S.S., Sunder, K.S.: Effect of indian fly ashes on development and optimization of blended cements and concretes (en); World Cem. Techn. 12 (1981) No. 10, pp. 460-468.

K 115 Künnecke, M.: Combating rings in rotary cement kilns (de+en); VDZ-Congress '71 – Process Technology of Cement Manufacturing; Verein Deutscher Zementwerke e.V., Düsseldorf (1972) pp. 181-183; ZKG INTERN. 25 (1972) No. 1, pp. 28-30.

K 116 Kunsch, B., Hartl, G.: Radon exhalation of various concretes (de); Zement u. Beton 34 (1989) No. 1, pp. 28-31.

K 117 Kupper, D., Adler, K.: Multi-stage combustion minimises NOx-emissions (en); Intern. Cem. Rev. (1993) June, pp. 61-69.

K 118 Kupper, D., Brentrup, L.: SNCR technology for NO reduction in the cement industry (en); World Cem. 23 (1992) No. 3, pp. 4-8.

K 119 Kupper, D., Rother, W., Unland, G.: Trends in desulfuration and denitration techniques in the cement industry (en); World Cem. 22 (1991) No. 3, pp. 94-103.

K 120 Kupper, D., Knobloch, O.: Finish grinding of cement with POLYCOM high-pressure grinding rolls (de); ZKG INTERN. 44 (1991) No. 1, pp. 21-27.

K 121 Kupzog, E., Leers, K.-J., Rauschenfels, E.: The pH-value of hydrated calcium aluminates and high-aluminate cement (de); Mh. (1976) No.

K 122 KKurczyk, H.-G., Schwiete, H.E.: Electron microscopic and thermo chemical investigations on the hydration of the calcium silicates $3CaO \cdot SiO_2$ and $\beta\text{-}2CaO \cdot SiO_2$ and the influence of calcium chloride and gypsum on the hydration process

K 123 Kurdowski, W., George, C.M., Sorrentino, F.P.: Special cements (en); 8. Intern. Congr. Chem. Cem., Rio de Janeiro (1986) Vol. 1, pp. 292-318.

K 124 Kurdowski, W., Sorrentino, F.P.: Special cements (en); In P. Barnes (Edit.) "Structure and Performance of Cements"; Applied Science Publishers, London, New York 1983; pp. 471-554.

K 125 Kurdowski, W., Moryc, U.: Once more about bromide alinite (en); Cem. Concr. Res. 19 (1989) No. 4, pp. 657-661.

K 126 Kurdowski, W., Poleszak, M.: Utilization of fly ash in the cement production (de); Tonind.-Ztg. 102 (1978) No. 12, pp. 696-700.

K 127 Kurdowski, W.: Bromide alinite (en); Cem. Concr. Res. 17 (1987) No. 2, pp. 361-364.

K 128 Kurdowski, W.: Expansive cements (en); 7. Intern. Congr. Chem. Cem., Paris (1980), Vol. 1, pp. V-2/1-11.

K 129 Kuzel, H.-J., Baier, H.: Hydration of calcium aluminate cements in the presence of calcium carbonate (en); Eur. J. Mineral. 8 (1996) No. 1, pp. 129-141.

K 130 Kuzel, H.-J.: Replacement of Al^{3+} by Cr^{3+} and Fe^{3+} in $3CaO \cdot Al_2O_3 \cdot CaCl_2 \cdot nH_2O$ and $3CaO \cdot Al_2O_3 \cdot CaSO_4 \cdot nH_2O$ (de); ZKG INTERN. 21 (1968) No. 12, pp. 493-499.

K 131 Kuzel, H.-J.: Crystallographic data and thermal decomposition of synthetic gehlenite hydrate $2CaO \cdot Al_2O_3 \cdot SiO_2 \cdot 8H_2O$ (en); N. Jb. Miner., Mh. (1976) No. 7, pp. 319-325.

K 132 Kuzel, H.-J.: Rietveld quantitative x-ray diffraction analysis of Portland cement: 1. Theory and application for hydration of C3A in the presence of gypsum (en); Proc. 18. Intern. Conf. Cem. Microscopy, Houston, Texas, USA, (1996) pp. 87-99; Part 2 see [N 10].

K 133 Kuzel, H.-J.: X-ray diffraction investigations in the system $3CaO \cdot Al_2O_3 \cdot CaSO_4 \cdot nH_2O$-$3CaO \cdot Al_2O_3 \cdot CaCl_2 \cdot nH_2O$-$H_2O$ (de); N. Jb. Miner., Mh. (1966) No. 7, pp. 193-200.

K 134 Kuzel, H.-J.: The stages of hydration of hydroxi compounds $3CaO \cdot Me_2O_3 \cdot CaCl_2 \cdot nH_2O$ and $3CaO \cdot Me_2O_3 \cdot Ca(NO_3)_2 \cdot nH_2O$ (de); N. Jb. Miner., Mh. (1970) No. 8, pp. 363-374.

K 135 Kuznetsova, T.V.: State of the art and prospects of special cements (en); 8. Intern. Congr. Chem. Cem., Rio de Janeiro (1986) Vol. 1, pp. 283-291.

K 136 Kwech, L.: Pyroprocessing (de+en); VDZ-Congress '77 – Process Technology of Cement Manufacturing; Verein Deutscher Zementwerke e.V., Düsseldorf (1979) pp. 228-243; ZKG INTERN. 30 (1977) No. 12, pp. 597-607.

l1 Lamprecht, H.-O., Kind-Barkauskas, F., Wolf, H. (Edit.): Concrete encyclopaedia (de); Beton-Verl., Düsseldorf, 1990.

l2 Lamprecht, H.-O.: Opus Caementitium, Structural technique of the romans (de); Beton-Verl., Düsseldorf (1985).

l3 Lea, F.M.: The Chemistry of Cement and Concrete (en), 3. Ed. Edward Arnold (Publishers) Ltd, 1970.

L 1 Lachowski, E.E., Diamond, S.: Investigation of the composition and morphology of individual particles of Portland cement paste: 1. C-S-H-gel and calcium hydroxide particles (en); Cem. Concr. Res. 13 (1983) No. 2, pp. 177-185.

L 2 Lachowski, E.E.: Trimethylsilylation as a tool for the study of cement pastes; 1. Comparison of methods of derivatisation (en); Cem. Concr. Res. 9 (1979) No. 1, pp. 111-114.

L 3 Lachowski, E.E.: Trimethylsilylation as a tool for the study of cement pastes; 2. Quantitative analysis of the silicate fraction of Portland cement pastes (en); Cem. Concr. Res. 9 (1979) No. 3, pp. 337-342.

L 4 Lackner, K.: Swelling and shrinkage in organic clay causes damage of a building (de); Geotechnik 14 (1991) No. 3, pp. 118-124.

L 5 Lafuma, H.: Expansive cements (en); 3. Intern. Sympos. Chem. Cem., London (1952) pp. 581-592.

L 6 Laibacher, U.: NOx-elimination with the SCR-technique for cement kiln plants (de+en); ZKG INTERN. 49

(1996) No. 6, pp. A43-A46.

L 7 Lämmel, Y.: Literature survey on the micro structure of the contact surface between aggregate and cement paste (de); Wiss. Z. Bauhaus-Univ. Weimar 42 (1996) No.4/5, pp. 91-93.

L 8 Lampe, F. v., Hilmer, W., Jost, K.H., Reck, G., Boikova, A.I.: Synthesis, structure and thermal decomposition of alinite (en); Cem. Concr. Res. 16 (1986) No. 4, pp. 505-510.

L 9 Lampe, F.v., Jost, K.H., Wallis, B., Leibnitz, B.: Synthesis, crystal structure and properties of a new calcium magnesium monosilicate chloride, $Ca_8Mg[(SiO_4)_4Cl_2]$ (en); Cem. Concr. Res. 16 (1986) No. 5, pp. 624-632.

L 10 Lampe, F.v.: Isomorphous substitution in Alinite (de); Silikattechn. 39 (1988) No. 6, pp. 194-198.

L 11 Lang, E., Lohmann, D.: Examination and assessment of the active alkali content of cements containing blastfurnace slag in concrete with alkali- sensitive aggregates (de+en); CEM INTERN. 1 (2003) No. 1 pp. 86-94.

L 12 Lang, E.: Influence of consolidated blastfurnace slag on its properties (de); Report Forsch. Eisenhüttenschl. 4 (1997) No. 2, pp. 2-6.

L 13 Lang, E.: Guide line for the utilization of fly ash according to DIN EN 450 in concrete constructions (de); Beton-Inform. 37 (1997) No. 2, pp. 25-27.

L 14 Lang, E.: Sulfate resistance of cement – some aspects of test methods (de); Beton-Inform. 33 (1993) No. 4, pp. 44-47.

L 15 Lang, E.: Investigations on the sulfate resistance of cement-fly ash mixtures (de); Report Forsch. Eisenhüttenschl. 5 (1998) No. 1, pp. 4-6.

L 16 Lang, E.: Investigation with the aim to increase the frost – thawing agent resistance of blastfurnace cement concrete (de); Report Forsch. Eisenhüttenschl. 3 (1996) No. 1, pp. 2-3.

L 17 Lang, K., Sauman, Z.: A study of the chemism of quick-hardening sulfoaluminate cements (cs, sum. en); Silikáty 32 (1988) No. 1, pp. 79-84.

L 18 Lange, F., Mörtel, H., Rudert, V., Wällisch, A.: Influence of superfine cements with granulated blastfurnace slag on the properties of mortars (de.); Beton-Inform. 39 (1999) No. 3, pp. 3-10.

L 19 Larbi, J.A., Bijen, J.M.J.M.: Orientation of calcium hydroxide at the Portland cement paste-aggregate interface in mortars in the presence of silica fume: A contribution (en); Cem. Concr. Res. 20 (1990) No. 3, pp. 461-470.

L 20 Laubenheimer, H.: Technological investigation on the utilization of oil shale of the region Braunschweig-Hondelage in Germany for the production of hydraulic binding material and gas- concrete (de); Tonind.-Ztg. 92 (1968) No. 8, pp. 296-305.

L 21 Lawrence, C.D.: An examination of possible errors in the determination of nitrogen isotherms on hydrated cements (en); Cem. Concr. Assoc., Techn. Rep. 520 (1978).

L 22 Lawrence, C.D.: Laboratory studies of concrete expansion arising from delayed ettringite formation (en); British Cem. Assoc. Publ. C/16 (1993) 147 pp.

L 23 Lawrence, C.D.: Mortar expansion as a result of delayed ettringite formation; effect of duration of curing and temperature (en); Cem. Concr. Res. 25 (1995) No.4, pp. 903-914.

L 24 Lawrence, C.D.: Sulfate attack on concrete (en); Mag. Concr. Res. 42 (1990) No. 153, pp. 249-264.

L 25 Le Chatelier, H.: Experimental investigations on the constitution of the hydraulic mortars (fr); Annales des Mines 11, 8. Ser. (1887) pp. 345-465.

L 26 Lea, F.M., Parker, T.W.: The quaternary system $CaO-Al_2O_3-SiO_2-Fe2O3$ regarding the cement technology (en); Build. Res. Techn. Paper No. 16 (1935).

L 27 Lea, F.M., Parker, T.W.: Investigation on a portion of the quaternary system $CaO-Al_2O_3-SiO_2-Fe_2O_3$: The quaternary system CaO-2CaO·SiO$_2$- 5CaO·3Al$_2$O$_3$-4CaO·Al$_2$O$_3$·Fe$_2$O$_3$ (en); Phil. Trans. Royal Soc. London, Ser. A, 234 (1934) No. 731, pp. 1-41

L 28 Lea, F.M.: The application of the phase equilibria studies in the system CaO-Al$_2$O$_3$-SiO$_2$- Fe$_2$O$_3$ on the cement technology (en); Cem. and Cem. Manuf. 8 (1935) No. 2, pp. 3-23.

L 29 Lehmann, H., Haese, U.: The grindability tester an apparatus to investigate the grinding properties of solid materials (de); Tonind.-Ztg. 79 (1955) No. 7/8, pp. 91-94.

L 30 Lehmann, H., Leers, K.-J.: Reactions in the hardening of high-alumina cements (de); Tonind.-Ztg. 87 (1963) No. 2, pp. 29-41.

L 31 Lehmann, H., Locher, F.W., Prussog, D.: Quantitative determination of calcium hydroxide in hydrating cements (de); Tonind.-Ztg. 94 (1970) No. 6, pp. 230-235.

L 32 Lehmann, H., Mälzig, G.: The behaviour of mortars prepared from model cements with various composition at high temperatures (de); Tonind.-Ztg. 89 (1965) No. 19/20, pp. 437-451.

L 33 Lehmann, H., Mälzig, G.: The hot crushing strength of concrete (de); Tonind.-Ztg. 84 (1960) No. 17, pp. 414-417.

L 34 Lehmann, H., Mitusch, H.: Refractory concrete with high-alumina cement (de); Schriftenreihe Steine u. Erden Vol. 3, H. Hübener Verl. Goslar (1959).

L 35 Lehmann, H., Niesel, K., Thormann, P.: The stability ranges of the dicalcium silicate modifications (de); Tonind. Ztg. 93 (1969) No. 6, pp. 197-209.

L 36 Lehmann, H., Traustel, S., Jacob, P.J.: Investigations to determine the long range order of alite (de); Tonind.-Ztg. 86 (1962) No. 12, pp. 316-321; No. 13/14, pp. 339-344.

L 37 Lentz, C.W.: Analysis of the silicate structure of hydrating Portland cement paste (en); Sympos. Struct. Portl. Cem. Paste and Concrete; Highway Research Board, Spec. Rep. 90, Washington D.C. (1966) pp. 269-283.

L 38 Lenzner, D., Ludwig, U.: Alkali aggregate reaction with opal-containing sandstone from Schleswig-Holstein North-Germany (en); Proc. 4. Intern. Conf. Effects of Alkalies in Cement and Concrete, Purdue Univ., West Lafayette, Ind., USA (1978) pp. 11-34.

L 39 Lenzner, D.: Investigation in the alkaliaggregate reaction with opal containing sandstone from Schleswig-Holstein (de); Thesis, RWTH Aachen (1981).

L 40 Lerch, W., Bogue, R.H.: The heat of hydration of Portland cement pastes (en); Journ. Res. Nat. Bur. Stand. 12 (1934) pp. 645-654.

L 41 Lerch, W., Taylor, W.C.: Some effects of heat treatment of Portland cement clinker (en); Concrete, Cem. Mill sect. 45 (1937) pp. 199-202, 217-223; PCA-Fellowship, Paper 33 (1937).

L 42 Lerch, W.: The influence of gypsum on the hydration and properties of Portland cement pastes (en); ASTM Proc. 46 (1946) pp. 1252-1292.

L 43 Leyser, W., Hill, P., Sillem, H.: Grinding of cements with extenders on MPS vertical roller mills (de+en); VDZ-Congress '85 – Process Technology of Cement Manufacture; Verein Deutscher Zementwerke e.V., Düsseldorf (1987) pp. 53-57; ZKG INTERN. 39 (1986) No. 6, pp. 340-342.

L 44 Lieber, W., Bleher, K.: The estimation of the sulfate resistance of cements according to conventional rapid methods (de); ZKG INTERN. 13 (1960) No. 7, pp. 310-316.

L 45 Lieber, W., Gänzler, H.: Metal corrosion by cement mortar (de); Beton 12 (1962) No. 3, pp. 108-109.

L 46 Lieber, W., Richartz, W.: Effect of triethanolamine, sugar and boric acids on the setting and hardening of cements (de); ZKG INTERN. 25 (1972) No. 9, pp. 403-409.

L 47 Lieber, W.: The sedimentation (bleeding) of cements (de); ZKG INTERN. 21 (1968) No. 11, pp. 457-463.

L 48 Lieber, W.: The influence of lead and zinc compounds on the hydration of Portland cement (en); 462 5. Intern. Sympos. Chem. Cem., Tokio (1968) Vol. 2, pp. 444-453.

L 49 Lieber, W.: Effect of zinc oxide on the setting and hardening of Portland cements (de); ZKG INTERN. 20 (1967) No. 3, pp. 91-95.

L 50 Lieber, W.: Ettringite formation at higher temperatures (de); ZKG INTERN. 16 (1963) No. 9, pp. 364-365.

L 51 Lieber, W.: New rapid method of determining the hydraulic properties of granulated blastfurnace slags (de); ZKG INTERN. 19 (1966) No. 3, pp. 124-127.

L 52 Lieber, W.: Effect of inorganic admixtures on the setting and hardening of Portland cement (de); ZKG INTERN. 26 (1973) No. 2, pp. 75-79.

L 53 Lippmaa, E., Mägi, M., Samoson, A., Engelhardt, G., Grimmer, A.-R.: Structural studies of silicates by solid-state high-resolution 29Si NMR (en); J. Am. Chem.Soc. 102 (1980) pp. 4889-4893.

L 54 Lippmaa, E., Mägi, M., Tarmak, M., Wieker, W., Grimmer, A.R.: A high resolution 29Si NMR study of the hydration of tricalcium silicate (en); Cem. Concr. Res. 12 (1982) No. 5, pp. 597-602.

L 55 Litvan, G.G.: Phase transitions of adsorbates; 3. Heat effects and dimensional changes in nonequilibrium temperature cycles (en); J. Coll. Interf. Sci. 38 (1972) No. 1, pp. 75-83.

L 56 Litvan, G.G.: Phase transitions of adsorbates; 4. Mechanism of frost action in hardened cement paste (en); J. Am. Ceram. Soc. 55 (1972) No. 1, pp. 38-42.

L 57 Litvan, G.G.: Phase transitions of adsorbates; 6. Effect of deicing agents on the freezing of cement paste (en); J. Am. Ceram. Soc. 58 (1975) No. 1/2, pp. 26-30.

L 58 Litvan, G.G.: Variability of the nitrogen surface area of hydrated cement paste (en); Cem. Concr. Res. 6 (1976) No. 1, pp. 139-143.

L 59 Livovich, A.F.: Portland- vs. Calcium aluminate cements in cyclic heating tests (en); Ceram. Bull. 40 (1961) No. 9, pp. 559-562.

L 60 Locher, Ch., Ludwig, U.: Measuring oxygen diffusion to evaluate the open porosity of mortar and concrete (de+en); Betonw. + Fertigteil-Techn. 53 (1987) No. 3, pp. 177-182.

L 61 Locher, Ch.: On the influence of various admixtures on the structure of hardening cement stone in mortars and concretes (de); Thesis, RWTH Aachen (1988).

L 62 Locher, D., Odler, I.: Interaction phenomena in the combined hydration of clinker minerals (en); Il Cemento 86 (1989) No. 1, pp. 25-36.

L 63 Locher, D.: Hydration and strength development of clinker mineral mixtures (de); Thesis, TU Clausthal (1986).

L 64 Locher, F.W., Rechenberg, W., Sprung, S.: Concrete after a 20-year action of lime-dissolving carbonic acid (de); Beton 34 (1984) No. 5, pp. 193-198.

L 65 Locher, F.W., Richartz, W., Sprung, S, Sylla, H.-M.: Setting of cement – Part 3: Influence of clinker manufacture (de); ZKG INTERN. 35 (1982) No. 12, pp. 669-676.

L 66 Locher, F.W., Richartz, W., Sprung, S., Rechenberg, W.: Setting of cement – Part 4: Influence of composition of solution (de); ZKG INTERN. 29 (1983) No.4, pp. 224-231.

L 67 Locher, F.W., Richartz, W., Sprung, S.: Setting of cement – Part 1: Reaction and development of structure (de); ZKG INTERN. 29 (1976) No.10, pp. 435-442.

L 68 Locher, F.W., Richartz, W., Sprung, S.: Setting of cement – Part 2: Effect of adding calcium sulfate (de); ZKG INTERN. 33 (1980) No.6, pp. 271-277.

L 69 Locher, F.W., Sprung, S., Korf, P.: The effect of the particle size distribution on the strength of Portland cement (de); ZKG INTERN. 26 (1973) No. 8, pp. 349-355.

L 70 Locher, F.W., Sprung, S., Opitz, D.: Reactions associated with the kiln gases-cyclic processes of volatile substances, coatings, removal of rings (de); VDZ-Congress '71 – Process Technology of Cement Manufacturing; Verein Deutscher Zementwerke e.V., Düsseldorf (1972) pp. 149-160; ZKG INTERN. 25 (1972) No. 1, pp. 1-12.

L 71 Locher, F.W., Sprung, S.: The resistance of concrete to aggressive carbonic acid (de); Beton 25 (1975) No. 7, pp. 241-245.

L 72 Locher, F.W., Sprung, S.: Influences on the alkali-silica reaction in concrete (de); ZKG INTERN. 28 (1975) No. 4, pp. 162-169.

L 73 Locher, F.W., Sprung, S.: The effect of hydrochloric acid-laden PVC combustion gases on concrete (de); Beton 20 (1970) No. 2, pp. 63-65, No. 3, pp. 99-104.

L 74 Locher, F.W., Sprung, S.: Cause and mechanism of alkali aggregate reaction (de); Beton 23 (1973) No. 7, pp. 303-306; No. 8, pp. 349-353.

L 75 Locher, F.W., Wischers, G.: Constitution and properties of hardened cement paste (de); Zement-Taschenbuch, 48. Ausg. (1984); Hrsg. Verein Deutscher Zementwerke, Bauverl. Wiesbaden, pp. 73-88.

L 76 Locher, F.W., Wuhrer, J., Schweden, K.: Influence of fineness and grain size distribution on the properties of Portland and slag cements and of hydraulic lime (de); Tonind.-Ztg. 90 (1966) No. 12, pp. 547-554; (see also [S 85]).

L 77 Locher, F.W.: Calculation of clinker phases (de); ZKG INTERN. 14 (1961) No. 12, pp. 573-580; Schriftenreihe der Zementindustrie No. 29 (1962) pp. 7-29; Verein Deutscher Zementwerke e.V.

L 78 Locher, F.W.: The strength of cement (de); Beton 26 (1976) No. 7, pp. 247-249; No. 8, pp. 283-286.

L 79 Locher, F.W.: Testing the sulfate resistance of cements (de); ZKG INTERN. 9 (1956) No. 5, pp. 204-210.

L 80 Locher, F.W.: Influence of clinker manufacture on the properties of cement (de); ZKG INTERN. 28 (1975) No. 7, pp. 265-272.

L 81 Locher, F.W.: The effect of hydrochloric acid-laden vapours on concrete and other building material (de); Allianz-Bericht für Betriebstechnik und Schadenverhütung No. 19 (1973) pp. 11-16.

L 82 Locher, F.W.: Development of environmental protection in the cement industry (de); ZKG INTERN. 42 (1989) No. 3, pp. 120-127.

L 83 Locher, F.W.: Progresses in the technology of cement manufacture – Influence of the grinding technique on the properties of cement (en); E. Gartner (Hrsg.): Advances in Cement Manufacture and Use. Engineering Foundation, New York (1988) pp. 197-202.

L 84 Locher, F.W.: Influence of burning conditions on clinker characteristics (en); J. Skalny (Hrsg.): Cement Production and Use. Engineering Foundation, US Army Research Office (1979) pp. 81-95.

L 85 Locher, F.W.: Influence of chloride and hydrogencarbonate on the sulfate attack (en); 5. Intern. Sympos. Chem. Cem., Tokio (1968) Vol. 3, pp. 328-335.

L 86 Locher, F.W.: Low energy clinker (en); 8. Intern. Congr. Chem. Cem., Rio de Janeiro (1986) Vol. 1, pp. 57-67.

L 87 Locher, F.W.: Stoichiometry of the hydration of tricalcium silicate (en); Sympos. Struct. Portl. Cem. Paste and Concrete; Highway Research Board, Spec. Rep. 90, Washington D.C. (1966) pp. 300-308.

L 88 Locher, F.W.: Material cycles and emissions in burning cement clinker (de); Fortschr. Miner. 60 (1982) No. 2, pp. 215-234.

L 89 Locher, F.W.: Sulfate resistance of cement and its testing (de); ZKG INTERN. 51 (1998) No. 7, pp. 388-398.

L 90 Locher, F.W.: The German regulations for low alkali cements (en); Proc. 4. Intern. Conf. Effects of Alkalies in Cement and Concrete, Purdue Univ., West Lafayette, Ind., USA (1978) pp. 215-228.

L 91 Locher, F.W.: Testing the concrete of bank protection sructures on Helgoland (de); Beton 18 (1968) No. 2, pp. 47-50; No. 3, pp. 82-84.

L 92 Locher, F.W.: Influence of process technology on cement properties (de+en); VDZ-Congress '77 – Process Technology of Cement Manufacturing; Verein Deutscher Zementwerke e.V., Düsseldorf (1979) pp. 627-641; ZKG INTERN. 31 (1978) No. 6, pp. 269-277.

L 93 Locher, F.W.: Volume change during the hardening of cement (de); Zement und Beton (1975) H. 85/86, pp. 22-25.

L 94 Locher, F.W.: The problem of the sulfate resistance of slag cements (de); ZKG INTERN. 19 (1966) No. 9, pp. 395-401.

L 95 Locher, G., Schneider, M.: Implementation of the European incineration directive in the German cement industry (de+en); ZKG INTERN. 54 (2001) No. 1, pp. 1-9.

L 96 Loesche, E.G.: Stage of development of high-capacity shaft kilns (de); ZKG INTERN. 19 (1966) No. 7, pp. 295-299.

L 97 Longuet, P., Burglen, L., Zelwer, A.: The liquid phase of the hydrating cement (fr); Rev. Matér. Constr. (1973) No. 676, pp. 35-41.

L 98 Lord, G.W., Willis, T.F.: Calculation of air bubble size distribution from results of a Rosival traverse of aerated concrete (en); ASTM Bull. 177 (1951) Okt., pp. 56-61.

L 99 Lossier, H.: Non-shrinking and expanding cements (fr); Génie civil 109 (1936) pp. 285-287.

L 100 Lotze, J., Wargalla, G.: Characteristic data and possible utilization of ashes from a firing system with circulating fluidized bed, Part 1: process engineering and characteristic, Part 2: suitability and utilization in the building industry (de), ZKG INTERN. 38 (1985) No. 5, pp. 239-243; No. 7, pp. 374-378.

L 101 Lucco Borlera, M., Brisi, C.: Stability of the compound C_5A_3 in the system $CaO-Al_2O_3$ (en); 8. Intern. Congr. Chem. Cem., Rio de Janeiro (1986) Vol. 4, pp. 371-375.

L 102 Ludera, L.M.: Methods fort he calculation of cyclone preheater of rotary kilns (de); ZKG INTERN. 41 (1988) No. 11, pp. 551-558.

L 103 Ludwig, H.: Binding of water and volume change of cement stone (de); Thesis, TU Clausthal (1985).

L 104 Ludwig, H.-M., Stark, J.: Resistance to freeze-thaw and freeze-thaw with de-icing salt of blastfurnace cements with a high slag content (de); Wiss. Z. Arch. Bauw. Weimar 40 (1994) No. 5-7, pp. 111-117.

L 105 Ludwig, H.-M.: Influence of process technology on the manufacture of market-oriented cements, (de+en) 5th VDZ-Congress 2002 – Process Technology of Cement Manufacturing; Verein Deutscher Zementwerke e.V., Düsseldorf (2003) pp. 2-24; CEM. INTERN. 1 (2003) No. 3, pp. 76-85.

L 106 Ludwig, U., Heinz, D.: Influences on the injurious reactions in heat treated concrete (de); In Baustoffe '85, Aachen; Bauverl. GmbH, Wiesbaden 1985; S.105-110.

L 107 Ludwig, U., Pöhlmann, R.: Investigations on the production of low lime Portland cements (en); 8. Intern. Congr. Chem. Cem., Rio de Janeiro (1986) Bd. 2, pp. 363-371.

L 108 Ludwig, U., Schwiete, H.-E.: Contribution to the constitution of some rhenish trass (de); ZKG INTERN. 15 (1962) No. 4, pp. 160-165.

L 109 Ludwig, U., Schwiete, H.-E.: The hydration of a super sulfated slag cement (de); Tonind.-Ztg. 89 (1965) No. 7/8, pp. 174-176.

L 110 Ludwig, U., Schwiete, H.-E.: Binding of lime and new formations in the reactions of trass with lime (de);

ZKG INTERN. 15 (1963) No. 10, pp. 421-431.

L 111 Ludwig, U., Schwiete, H.E.: Investigations of German trass (de); Silic. Industr. 28 (1963) No. 10, pp. 439-447.

L 112 Ludwig, U., Sideris, K.: Mechanism and mode of action of the alkali aggregate reaction (de); Sprechsaal f. Keram, Glas, Baust. 108 (1975) pp. 128-137.

L 113 Ludwig, U., Urbonas, L.: Synthesis and reactivity of fluoralinites and fluoralinite cements (de); ZKG INTERN. 46 (1993) No. 9, pp. 568-572.

L 114 Ludwig, U., Wolter, A.: The formation and stability of tricalcium silicate and alites (de); ZKG INTERN. 32 (1979) No. 9, pp. 455-459.

L 115 Ludwig, U.: Influence on the sintering behaviour of cement raw meal (de); ZKG INTERN. 34 (1981) No. 4, pp. 175-186.

L 116 Ludwig, U.: The influence of various sulfates upon the setting and hardening of cements (de); ZKG INTERN. 21 (1968) No. 2, pp. 81-90; No. 3, pp. 109-119; No. 4, pp. 175-180.

L 117 Ludwig, U.: The effect of retarders on the setting of cements (de); Beton-Inform. 23 (1983) No. 3, pp. 31-35.

L 118 Lukas, W.: Relationship between chloride content in concrete and corrosion in untensioned reinforcement on Austrian bridges and concrete road surfaces (de+en); Betonw. + Fertigteil-Techn. 51 (1985) No. 11, pp. 730-734.

L 119 Luke, K., Glasser, F.P.: Internal chemical development of the constitution of blended cements (en); Cem. Concr. Res. 18 (1988) No. 4, pp. 495-502.

L 120 Luke, K., Glasser, F.P.: Selective dissolving of hydrated blastfurnace cements (en); Cem. Concr. Res. 17 (1987) No. 2, pp. 273-282.

L 121 Lumley, J.S., Gollop, R.S., Moir, G.K., Taylor, H.F.W.: Degree of reaction of granulated blastfurnace slag in several mixtures with Portland cement (en); Cem. Concr. Res. 26 (1996) No.1, pp. 139-151.

L 122 Lumley, J.S.: The ASR expansion of concrete prisms made from cements partially replaced by ground granulated blastfurnace slag (en); 9. Intern. Conf. Alkali-Aggregate Reaction in Concrete; London, 1992; pp. 622-629.

L 123 Luping, T.: A study of the quantitative relationship between strength and pore-size distribution of porous materials (en); Cem. Concr. Res. 16 (1986) No. 1, pp. 87-96.

L 124 Lusche, M.: Contribution to the mechanism of fracture of standard and light-weight concrete with closed structure in compression (de); Thesis, Univ. Bochum (1971); Schriftenreihe der Zementindustrie No. 39 (1972); Verein Deutscher Zementwerke e.V.; Beton-Verlag GmbH, Düsseldorf.

L 125 Lüth, E.: The hydrophobic pectacrete- cement, the advantages of its application in road construction (de); Straßenbau 52 (1961) No. 5, pp. 328.

m1 Malhotra, V.M., Ramachandran, V.S., Feldman, R., Aïtcin, P.-C.: Condensed silica fume in concrete (en); CRC Press, Inc., Boca Raton, Florida 33431, USA (1987).

m2 Mehta, P.K.: Concrete – Structure, Properties and Materials (en); Prentice-Hall, Inc., Englewood Cliffs, New Jersey 07632, USA (1986).

m3 Mindess, S., Young, J.F.: Concrete (en); **M2** MacInnis, C., Racic, D.: The effect of superplasticizers on the entrained air void system in concrete (en); Cem. Concr. Res. 16 (1986) No. 3, pp. 345-352.

m4 Mittag, C.: Comminution (de); Springer-Verlag, Berlin/Göttingen/Heidelberg 1953.

M1 MacInnis, C., Lau, E.C.: Maximum aggregate size effect on frost resistance of concrete (en); J. Am. Concr. Inst., Proc. 68 (1971) No. 2, pp. 144-149.

M 2 MacInnis, C., Racic, D.: The effect of superplasticizers on the entrained air void system in concrete (en); Cem. Concr. Res. 16 (1986) No. 3, pp. 345-352.

M 3 Majling, J., Sahu, S., Vina, M., Roy, D.M.: Relationship between raw mixture and mineralogical composition of solfoaluminate belite clinkers in the system $CaO-SiO_2-Al_2O_3-Fe_2O_3-SO_3$ (en); Cem. Concr. Res. 23 (1993) No. 6, pp. 1351-1356.

M4 Majumdar, A.J., Edmonds, R.N., Singh, B.: Hydration of Secar 71 aluminous cement in presence of granulated blastfurnace slag (en); Cem. Concr. Res. 20 (1990) No. 1, pp. 7-14.

M5 Majumdar, A.J., Roy, R.: The system $CaO-Al_2O_3-H_2O$ (en); J. Am. Ceram. Soc. 39 (1956) No. 12, pp. 434-442.

M6 Majumdar, A.J., Singh, B., Edmonds, R.N.: Hydration of mixtures of "Ciment Fondu" aluminous cement and granulated blastfurnace slag (en); Cem. Concr. Res. 20 (1990) No. 2, pp. 197-208.

M7 Majumdar, A.J., Singh, B.: Properties of some blended high alumina cements (en); Cem. Concr. Res. 22 (1992) No. 6, pp. 1101-1114.

M8 Majumdar, A.J.: High temperature studies on individual constituents of high-alumina cements (en); Sil. Ind. 32 (1967) No. 9, pp. 297-307; Build. Res. Station, Current Paper 17/68 (1968) 12 S.

M9 Majumdar, A.J.: The ferrite Phase in cements (en); Trans. Brit. Ceram. Soc. 64 (1965) No. 2, pp. 105-119; Build. Res. Current Papers, Res. Ser. 27 (1965).

M 10 Majumdar, A.J.: The quaternary phase in high alumina cement, (en); Trans. Brit. Ceram. Soc. 63 (1964) pp. 347-364.

M 11 Maki, I., Chromy, S.: Microscopical investigation of polymorphism of Ca_3SiO_5 (en); Cem. Concr. Res. 8 (1978) No. 4, pp. 407-414.

M 12 Maki, I., Kato, K.: Phase analysis of alite in Portland cement clinker (en); Cem. Concr. Res. 12 (1982) No. 1, pp. 93-100.

M 13 Maki, I., Tanioka, T., Hibino, T.: Formation of Portland clinker nodules in rotary kilns and fine textures of constituent phases (it+en); Il Cemento 86 (1989) No. 1, pp. 3-10.

M 14 Maki, I.: Mechanism of glass formation in Portland cement clinker (en); Cem. Concr. Res. 9 (1979) No. 6, pp. 757-763.

M 15 Maki, I.: Nature of prismatic dark interstitial material in Portland cement clinker (en); Cem. Concr. Res. 3 (1973) No. 3, pp. 295-313.

M 16 Maki, I.: Optics and phase relations of the optical anisotropic C A (en); Cem. Concr. Res. 6 (1976) No. 6, pp. 797-802.

M 17 Maki, I.: Optical properties of the anisotropic C_3A (en); Cem. Concr. Res. 6 (1976) No. 2, pp. 183-192.

M 18 Makridis, H.: Effect of thallium in cement kiln dust on growth and thallium incorporation of several cultivated plants to ascertain thallium limits in plants and soils (de); Thesis, TU München (1987).

M 19 Malek, R.I.A., Roy, D.M.: Effect of slag cements and aggregate type on alkali-aggregate reaction and its mechanisms (en); Proc. 6. Intern. Conf. Alkalis in Concrete, Copenhagen 1983; pp. 223-230.

M 20 Mälzig, G., Thier, B.: Size reduction and homogenizing (de+en); VDZ Congress '85 - Process Technology of Cement Manufacturing; Verein Deutscher Zementwerke e.V., Düsseldorf (1987) pp. 178-194; ZKG INTERN. 38 (1985) No. 12, pp. 689-698.

M 21 Mander, J.E., Adams, L.D., Larkin, E.E.: A method for the determination of some minor compounds in Portland cement and clinker by x-ray diffraction (en); Cem. Concr. Res. 4 (1974) No. 4, pp. 533-544.

M 22 Mander, J.E., Skalny, J.P.: Calcium alkali sulfates in clinker (en); Am. Ceram. Bull. 56 (1977) No. 11,

pp. 987-990.

M 23 Manns, W., Eichler, W.R.: The corrosion promoting action of concrete admixtures containing thiocyanate (de+en); Betonw. + Fertigteil-Techn. 48 (1982) No. 3, pp. 154-162.

M 24 Manns, W., Laskowski, C.: Iron(II)sulfate as an additive for chromate reduction (de); Beton 49 (1999) No. 2, pp. 78-85.

M 25 Manns, W., Schatz, O.: Effect of carbonation upon the strength of cement mortars (de+en); Betonstein-Ztg. 33 (1967) No. 4, S.148-156.

M 26 Manns, W., Thielen, G., Laskowski, C.: Evaluation of the results of tests for building inspectorate approval of Portland limestone cements (de+en); Beton 48 (1998) No. 12, pp. 779-784.

M 27 Manns, W., Wesche, K.: Variation of strength of mortars made with different cements due to carbonation (en); 5. Intern. Symp. Chem. Cem., Tokio (1968) Bd. 3, pp. 385-393.

M 28 Manns, W., Zeus, K.: The significance of aggregate and cement for the resistance of concrete to freezing and de-icing media (de); Straße und Autobahn 30 (1979) No. 4, pp. 167-173; No. 5, pp. 226-227.

M 29 Manns, W.: Remarks to the spacing factor as characteristic value for the frost resistance of concrete (de); Beton 20 (1970) No. 6, pp. 253-255.

M 30 Manns, W.: Modulus of elasticity of hardened cement paste and concrete (de); Beton 20 (1970) No. 9, pp. 401-405; No. 10, pp. 455-460.

M 31 Manns, W.: Deformation of concrete (de); Zement-Taschenbuch, 48. Ausg. (1984); Ed. Verein Deutscher Zementwerke, Bauverl. Wiesbaden, pp. 307-333.

M 32 Manns, W.: Special cements for shotcreting (de); Vortrag, VDZ-Kolloquium (1999).

M 33 Manz, O.E.: Review of international specifications for use of fly ash in Portland cement concrete (en); In V.M. Malhotra (Ed.): Fly Ash, Silica Fume, Slag and other By-Products in Concrete, Vol. 1; Am Concr. Inst., Publication SP-79 (1983) pp. 187- 200.

M 34 Marchese, B.: Morphology and composition of microcracks at the steel/cement paste interface (it+en); Il Cemento 83 (1986) No. 4, pp. 491-506.

M 35 Margraf, A.: Dust collection from exhaust air of coolers by means of fibrous filters (de); ZKG INTERN. 34 (1981) No. 10, pp. 506-509.

M 36 Marinho, M.B., Glasser, F.P.: Polymorphism and phase changes in ferrite phase of cements induced by titanium substitution (en); Cem. Concr. Res. 14 (1984) No. 3, S.360-368.

M 37 Markestad, A.S.: Proposal for a reliable method of determining the strength properties of a cement without the use of standard sand (de); ZKG INTERN. 25 (1972) No. 9, pp. 419-425.

M 38 Martin, H., Rauen, A., Schießl, P.: Carbonation of concrete using various cements (de); Betonw. + Fertigteil-Techn. 41 (1975) No. 12, pp. 588-590.

M 39 Marusin, S.L.: Concrete failure caused by delayed ettringite formation, case study (en); 3. CANMET/ACI int. Conf. "Durability of Concrete"; Nizza, Frankreich, 1994, pp. 78-94.

M 40 Marusin, S.L.: SEM studies of concrete failures caused by delayed ettringite formation (en); Proc. 4. Euroseminar "Microscopy Applied to Building Materials"; Swed. Nat. Test. Res. Inst.; Build. Technol. 1993.

M 41 Marusin, S.L.: SEM studies of DEF in hardened concrete (en); Proc. 15. Int. Conf. Cem. Microscopy, Dallas, USA (1993), pp. 289-299.

M 42 Maso, J.C.: The bond between aggregates and hydrated cement paste (en); 7. Intern. Congr. Chem. Cem., Paris (1980) Vol. 1, pp. VII-1/3-15.

M 43 Massazza, F., Daimon, M.: Chemistry of hydration of cement and cementitious systems (en); 9. Intern.

Congr. Chem. Cem., New Delhi (1992) Vol. 1, pp. 383-446.

M 44 Massazza, F., Gilioli, C.: Contribution to the alinite knowledge (it+en); Il Cemento 80 (1983) No. 2, pp. 101-106.

M 45 Massazza, F., Testolin, M.: Trimethylsilylation in the study of pozzolana containing pastes (it+en); Il Cemento 80 (1983) No. 1, pp. 49-62.

M 46 Massazza, F.: Chemistry of pozzolanic additions and mixed cements (it+en); 6. Intern. Congr. Chem. Cem., Moskau (1974) Principal Paper III-6; Il Cemento 73 (1976) No. 1, pp. 3-38.

M 47 Massazza, F.: Concrete resistance to sea water and marine environment (it+en); Il Cemento 82 (1985) No. 1, pp. 3-26.

M 48 Mather, B.: Ettringite technology (en); Cem. Concr. Res. 26 (1996) No. 11, pp. 1745.

M 49 Mather, B.: Measuring of air in hardened concrete (en); J. Am. Concr. Inst., Proc. 49 (1952/53) ., pp. 61-64.

M 50 Mather, K.: Factors affecting sulfate resistance of mortars (en); 7. Intern. Congr. Chem. Cem., Paris (1980) Bd. 4, pp. 580-585.

M 51 Matouschek, F.: Corrosion of metals by cement-and-water pastes (de); ZKG INTERN. 10 (1957) No. 4, pp. 124-127.

M 52 Maus, W.: Dedusting of cooler waste air by means of gravel bed filters (de); ZKG INTERN. 34 (1981) No. 10, pp. 510-513.

M 53 Mavruk, S.: Conditions of formation and recrystallization of ettringite (de); Dipl.-Arbeit, Univ. Münster (1980).

M 54 Maycock, J.N., McCarty, M.: Crystal lattice defects in dicalcium silicate (en); XI. Siliconf, Budapest (1973) pp. 389-399; Cem. Concr. Res. 3 (1973) No. , pp. 701-713.

M 55 McClellan, A.L., Harnsberger, H.F.: Cross- sectional areas of molecules adsorbed on solid surfaces (en); J. Coll. Interf. Sci. 23 (1967) 577-599.

M 56 McConnell, D., Mielenz, R.C., Holland, W.Y., Greene, K.T.: Cement-aggregate reaction in concrete (en); J. Am. Concr. Inst., Proc. 44 (1947/48) Oct., pp. 93- 128.

M 57 McGowan, J.K., Vivian, H.E.: Studies in cement-aggregate reaction; XXIII. The effect of superincumbent load on mortar bar expansion (en); Austr. J. Appl. Sci. 6 (1955) No. 1, pp. 94-99.

M 58 McKenzie, S.G.: Techniques for monitoring corrosion of steel in concrete (en); Corr. Prot. Contr. 34 (1987) No.1, pp. 11-17.

M 59 Megaw, H.D., Kelsey, C.H.: Crystal structure of tobermorite (en); Nature 177 (1956) pp. 390-391.

M 60 Mehta, P., Polivka, M.: Expansive cements (en); 6. Intern. Congr. Chem. Cem., Moskau (1974) Principal Paper III-5.

M 61 Mehta, P.K., Hu, F.: Further evidence for expansion of ettringite by water adsorption (en); J. Am. Ceram. Soc. 61 (1978) No. 3-4, pp. 179-181.

M 62 Mehta, P.K., Klein, A.: Investigation of the hydration products in the system $4CaO \diamond 3Al_2O_3 \diamond SO_3\text{-}CaSO_4\text{-}CaO\text{-}H_2O$ (en); Highway Research. Board, Special Rep. 90 (1966) pp. 328-352.

M 63 Mehta, P.K., Manmohan, D.: Pore size distribution and permeability of hardened cement paste (en); 7. Intern. Congr. Chem. Cem., Paris (1980) Vol. 3, pp. VII-1-5. 5.

M 64 Mehta, P.K., Monteiro, P.J.M.: Effect of aggregate cement and mineral admixtures on the microstructure of the transition zone (en); Mater. Res. Soc. Sympos. Proc. 114 (1988) pp. 65-75.

M 65 Mehta, P.K., Gjorv, O.E.: A new test for sulfate resistance of cement (en); J. Test. Eval. 2 (1974) No. 6,

pp. 510-515.

M 66 Mehta, P.K., Pirtz, D., Kommandant, G.J.: Magnesium oxide additive for producing self stress in mass concrete (en); 7. Intern. Congr. Chem. Cem., Paris (1980) Vol. 3, pp. V 6-9.

M 67 Mehta, P.K., Schießl, P., Raupach, M.: Performance and durability of concrete systems (en); 9. Intern. Congr. Chem. Cem., New Delhi (1992) Vol. 1, pp. 571-659.

M 68 Mehta, P.K., Wang, S.: Expansion of ettringite by water adsorption (en); Cem. Concr. Res. 12 (1982) No. 1, pp. 121-122.

M 69 Mehta, P.K.: Condensed silica-fume (en); In Concrete Technology and Design, Vol.3; Swamy, R.N. (Ed.): Cement Replacement Materials, pp. 134-170; Surrey University Press, Glasgow-London, 1986.

M 70 Mehta, P.K.: Properties of blended cements with rice husk ash (en); J. Am. Concr. Inst., Proc. 74 (1977) No. 9, pp. 440-442.

M 71 Mehta, P.K.: Influence of fly ash characteristics on the strength of Portland fly ash mixtures (en); Cem. Concr. Res. 15 (1985) No. 4, pp. 669-674.

M 72 Mehta, P.K.: Evaluation of sulfate-resisting cements by a new test method (en); J. Am. Concr. Inst., Proc. 72 (1975) No. 10, October, pp. 573-575.

M 73 Mehta, P.K.: Investigations on energy-saving cements (en); World Cem. Techn.11 (1980) No. 5, pp. 166-177.

M 74 Mehta, P.K.: Mechanism of expansion associated with ettringite formation (en); Cem. Concr. Res. 3 (1973) No. 1, pp. 1-6.

M 75 Mehta, P.K.: Mechanism of sulfate attack on Portland cement concrete – Another look (en); Cem. Concr. Res. 13 (1983) No. 3, pp. 401-406.

M 76 Meier, U.G.: On the freezing of water in finely porous solids (de); Beton 29 (1979) No. 1, pp. 24-27.

M 77 Meintrup, E.: Chlorine and its behaviour in preheater kilns (de+en); Polysius teilt mit 58 (1979).

M 78 Menzel, C.A.: Strength and volume change of steam-cured Portland cement mortar and concrete (en); J. Am. Concr. Inst., Proc. 31 (1934) No. 2, pp. 125-149.

M 79 Meredith, P., Donald, A.M., Luke, K.: Pre-induction and induction hydration of tricalcium silicate: an environmental scanning electron microscopy study (en); J. Mat. Sci. 30 (1995) pp. 1921-1930.

M 80 Méric, J.P.: Application of Laser-diffraction on the regulation of the cement mills (fr); DECHEMA-Monographien Vol. 79, Part A/1, pp. 403-418; Verlag Chemie GmbH, Weinheim (1976).

M 81 Meyer, A., Wierig, H.-J., Husmann, K.: Carbonation of concrete (de); Deutscher Ausschuß für Stahlbeton, No. 182; Verl. Wilhelm Ernst & Sohn KG, Berlin (1967).

M 82 Meyers, S.L.: How temperature and moisture changes may affect the durability of concretes (en); Rock Prod. 54 (1951) August, pp. 153-157, 178.

M 83 Michaëlis, W.: The hardening process of calcareous hydraulic binding agents (de); Tonind. Ztg. 33 (1909) No. 114, pp. 1243-1251.

M 84 Michaux, M., Defosse, C.: Oil well cement slurries; 1. Microstructural approach of their rheology (en); Cem. Concr. Res. 16 (1986) No. 1, pp. 23-30.

M 85 Michaux, M., Oberste-Padtberg, R., Defosse, C.: Oil well cement slurries; 2. Adsorption behavior of dispersants (en); Cem. Concr. Res. 16 (1986) No. 6, pp. 921-930.

M 86 Midgley, H.G., Illston, J.M.: Some comments on the microstructure of hardened cement pastes (en); Cem. Concr. Res. 13 (1983) No. 2, pp. 197-206.

M 87 Midgley, H.G., Midgley, A.: The conversion of high alumina cement (en); Mag. Concr. Res. 27 (1975)

No. 91, pp. 59-77.

M 88 Midgley, H.G., Moore, A.E.: The ferrite phase in Portland cement clinker (en); Cem. Technol. 1 (1979) No. 5, pp. 153-156.

M 89 Midgley, H.G.: Quantitative determination of phases in high alumina cement clinkers by x-ray diffraction (en); Cem. Concr. Res. 6 (1976) No. 2, pp. 217-223.

M 90 Midgley, H.G.: The chemical resistance of high alumina cement concrete (en); 7. Intern. Congr. Chem. Cem., Paris (1980) Vol. 3, pp. V/85-87.

M 91 Midgley, H.G.: The composition and possible structure of the quaternary phase in high- alumina cement and its relation to other phases in the system $CaO-MgO-Al_2O_3$ (en); 121 commercial cements (en); Proc. Am. Soc. Test. Mat. 45 (1945) pp. 165-194.

M 92 Midgley, H.G.: The mineralogy of set high- alumina cement (en); Build. Res. Station, Current Paper 19/68 (1968) 17 S.

M 93 Mielenz, R.C., Witte, L.P., Glantz, O.J.: Effect of calcinations on natural pozzolans (en); Symposium on Use of Pozzolanic Materials in Mortars and Concretes, San Francisco (1949); ASTM Spec. Techn. Publ. No. 99 (1950) pp. 43-91.

M 94 Mielke, I., Stark, J., Stürmer, S.: Sulfate resisting injection mortars (de); Tagungsber. 13. Int. Baustofftagung ibausil, Weimar 1997, Vol. 2, pp. 2/1069-1082.

M 95 Mikhail, R.Sh., Copeland, L.E., Brunauer, S.: Pore structures and surface areas of hardened Portland cement pastes by nitrogen adsorption (en); Can. J. Chem. 42 (1964) No. 2, pp. 426-438; PCA Res. Dept. Bull. 167.

M 96 Mikhail, R.Sh., Selim, S.A.: Adsorption of organic vapors in relation to the pore structure of hardened Portland cement pastes (en); Sympos. Struct. Portl. Cem. Paste and Concrete; Highway Research Board, Spec. Rep. 90, Washington D.C. (1966) pp. 123-134.

M 97 Mikhailov, V.V.: Expansive cement and the mechanism of self-stressing concrete regulation (en); 4. Intern. Sympos. Chem. Cem., Washington (1960) Vol. 2, pp. 927-954.

M 98 Millard, S.G., Gowers, K.R., Gill, J.S.: Reinforcement corrosion assessment using linear polarization techniques (en); Proc. ACI Intern. Conf. Eval. Rehab. Concr. Struct. and Innov. Design, Hongkong (1991) pp. 373-394.

M 99 Miller, D.G., Manson, P.W.: Test of 106 commercial cements for sulfate resistance (en); Proc. Am. Soc. Test. Mat. 40 (1940) pp. 988-1006.

M 100 Miller, D.G., Snyder, C.G.: Report on comparative short-time tests for sulfate resistance of 121 commercial cements (en); Proc. Am. Soc. Test. Mat. 45 (1945) pp. 165-194.

M 101 Miller, F.A., Egelöv, A.H.: Relationship between cement kiln operation and content of NOx in kiln exit gases (de); ZKG INTERN. 33 (1980) No. 6, pp. 310-313.

M 102 Miller, F.M., Tang, F.J.: The distribution of sulfur in present-day clinkers of variable sulfur content (en); Cem. Concr. Res. 26 (1996) No. 12, pp. 1821-1829.

M 103 Mindess, S.: Bonding in cementitious composites: How important is it? (en); Mater. Res. Soc. Sympos. Proc. 114 (1988) pp. 3-10.

M 104 Mindess, S.: Mechanical performance of cementitious systems (en); In P. Barnes (Edit.): Structure and performance of cements, Applied Science Publishers, London, New York (1983) pp. 319-363.

M 105 Mishima, K.: Relation between the hydration of alumina cement mortars and their strength in the early stages (en); 5. Intern. Sympos. Chem. Cem., Tokio (1968) Vol. 3, pp. 167-174.

M 106 Mohan, K., Glasser, F.P.: The thermal decomposition of Ca_3SiO_5 at temperatures below 1250 °C:

1. Pure C3S and the influence of excess CaO or Ca_2SiO_4; 2. The influence of Mg, Fe, Al und Na oxides on the decomposition; 3. The influence of water and sulfate on the decomposition (en); Cem. Concr. Res. 7 (1977) No. 1, pp. 1-7. No. 3, pp. 269-275. No. 4, pp. 379-383.

M 107 Mohan, K., Taylor, H.F.W.: A trimethylsilylation study of tricalcium silicate pastes (en); Cem. Conr. Res. 12 (1982) No. 1, pp. 25-31.

M 108 Mohan, K., Taylor, H.F.W.: Pastes of tricalcium silicate with fly ash – Analytical, electron microscopy, trimethylsilylation and other studies (en); Mat. Res. Soc. Ann. Meeting, Proc. Sympos. N (1981) pp. 54-59.

M 109 Moir, G.K.: Mineralised high alite cements (en); World Cem. Techn.13 (1982) No. 10, pp. 374-382.

M 110 Möller, H.: Automatic profile investigation by the Rietveld method for standardless quantitative phase analysis (de+en); ZKG INTERN. 51 (1998) No. 1, pp. 40-50.

M 111 Möller, H.: Standardless quantitative phase analysis of Portland cement clinkers (en); World Cem. 26 (1995) No 9, pp. 75-84.

M 112 Mondal, P., Jeffery, J.W.: The crystal structure of tricalcium aluminate $Ca_3Al_2O_6$ (en); Acta Cryst. B31 (1975) pp. 689-697.

M 113 Monfore, G.E., Ost, B.: An isothermal conduction calorimeter for study of the early hydration reactions of Portland cement (en); J. PCA Res. Dev. Lab. 8 (1966) No. 2, pp. 13-20; PCA Res. Dept. Bull. 201.

M 114 Monteiro, P.J.M., Maso, J.C., Ollivier, J.P.: The aggregate – mortar interface (en); Cem. Concr. Res. 15 (1985) No. 6, pp. 953-958.

M 115 Monteiro, P.J.M., Mehta, P.K.: Interaction between carbonate rock and cement paste (en); Cem. Concr. Res. 16 (1986) No. 2, pp. 127-134.

M 116 Monteiro, P.J.M., Mehta, P.K.: The transition zone between aggregate and type K expansive cement (en); Cem. Concr. Res. 16 (1986) No. 1, pp. 111-114.

M 117 Moore, A.E., Taylor, H.F.W.: Crystal structure of ettringite (en); Nature 218 (1968) No. 5146, pp. 1048-1049; Acta Cryst. B26 (1970) No. 4, pp. 386-393.

M 118 Moranville-Regourd, M.: Cements made from blastfurnace slag (en); In P.C. Hewlett (Ed..) "Lea's Chemistry of Cement and Concrete", 4. Ed.; Arnold, London NW1 3BH, 1998, pp. 633-674.

M 119 Morse, G.M.: Utilization of fly ash in cement: An analysis of possible environmental problems (en); Miner. Industr. Bull. 22 (1979) No. 3, pp. 1-12.

M 120 Mortensen, A.H., Hintsteiner, E.H., Rosholm, P.: Converting two kiln lines to 100 % high sulfur petroleum coke firing – Procedures for implementing a cost-saving scheme, Part 1 and 2 (de+en); ZKG INTERN. 51 (1998) No. 2, pp. 84-93; No. 4, pp. 184-196.

M 121 Möser, B., Stark, J.: ESEM-FEG: A new scanning electron microscope for building materials research (de+en); ZKG INTERN. 52 (1999) No. 4, pp. 212-221.

M 122 Möser, B.: Observation of the early hydration of clinker phases with the ESEM-FEG (de); Tagungsber. 13. Int. Baustofftagung ibausil, Weimar 1997, Bd. 1. 1/0791-0811.

M 123 Motzet, H., Pöllmann, H.: Synthesis and characterization of sulfite-containing AFm-Phases in the system $CaO-Al_2O_3-SO_2-H_2O$ (en); Cem. Concr. Res. 29 (1999) No. 7, pp. 1005-1011.

M 124 Motzet, M., König, U., Pöllmann, H.: Reflected light microscopic studies on OPC clinkers from different operating conditions – Phase quantification and examination of structure (de); Tagungsber. 13. Int. Baustofftagung ibausil, Weimar 1997, Vol. 1, pp. 1/0779-0789.

M 125 Motzet, M., Pöllmann, H., König, U., Neubauer, J.: Phase quantification and microstructure of a clinker series with lime saturation factors in the range of 100 (en); 10. Intern. Congr. Chem. Cem., Göteborg (1997)

Vol. 1, 1i039, 8 S.

M 126 Moukwa, M., Aïtcin, P.C.: The effect of drying on cement paste pore structure as determined by mercury porosimetry (en); Cem. Concr. Res. 18 (1988) No. 5, pp. 745-752.

M 127 Mukherjee, K., Ludwig, U.: Influencing the hydration velocity of C_3S and β-C_2S by additions of calcium chloride and calcium sulfate (de); Tonind.-Ztg. 97 (1973) No. 8, pp. 211-216.

M 128 Mukherjee, P.K., Bickley, J.A.: Performance of glass as concrete aggregates (en); Proc. 7. Intern. Conf. Concrete Alkali-Aggregate Reactions; P.E. Grattan-Bellew (Ed.), Ottawa (1986) pp. 36-42.

M 129 Müller, A., Stark, J., Rümpler, K.: Present position in developing an active belite cement (de); ZKG INTERN. 38 (1985) No. 6, pp. 303-304.

M 130 Müller-Pfeiffer, M., Ellerbrock, H.-G., Sprung, S.: Grinding methods and performance of cements consisting of several main constituents (de+en); ZKG INTERN. 53 (2000) No. 5, pp. 241-250.

M 131 Müller-Vonmoos, M., Kohler, E.E.: Geotechnique and disposal (de); In K. Jasmund, G. Lagaly (Ed.): Clay minerals and clays; Steinkopff Verlag, Darmstadt, (1993) pp. 312- 332.

M 132 Münzner, H., Bonn, B., Schilling, H.-D.: Reduction of sulfur dioxide emission of the fluodized bed combustion of coal by adding limestone (de); Chem.-Ing.-Tech. 56 (1984) No. 4, pp. 318-319.

M 133 Murat, M., Sorrentino, F.: Effect of large additions of Cd, Pb, Cr, Zn to cement raw meal on the composition and the properties of the clinker and the cement (en); Cem. Concr. Res. 26 (1996) No. 3, pp. 377-385.

M 134 Mußgnug, G.: Contribution to the alkali problem of cyclone preheater kilns (de); ZKG INTERN. 15 (1962) No. 5, pp. 197-204.

M 135 Mußgnug, G.: Some characteristic properties of the super sulfated slag cement (de); ZKG INTERN. 4 (1951) No. 8, pp. 208-213.

M 136 Mußgnug, G.: Application of blastfurnace slag in the cement industry (de); Stahl u. Eisen 71 (1951) No. 6, pp. 294-297.

M 137 Mußgnug, G.: Possibilities to manufacture concrete free of cracks with regard to the cement technological fundamentals (de); Zement 32 (1943) No. 7/8, pp. 61-68; No. 9/10, pp. 89-93.

M 138 Muzhen, Su, Kurdowski, W., Sorrentino, F.P.: Development in non-Portland cements (en); 9. Intern. Congr. Chem. Cem., New Delhi (1992) Vol. 1, pp. 317-353.

N 1 Nagai, S.: Special masonry cement having high slag content (en); 4. Intern. Sympos. Chem. Cem., Washington (1960) Vol. II, pp. 1043-1055.

N2 Nägele, E.: The zeta potential of cement (en); Cem. Concr. Res. 15 (1985) No. 3, pp. 453-464. Part 2: Effect of pH value (de) Cem. Concr. Res. 16 (1986) No. 6, pp. 853-863.

N 3 Naumann, F.K., Bäumel, A.: Damages because of breaking the prestressing steel wires as the result of hydrogen absorption in high alumina cement concrete. (de); Arch. Eisenhüttenwesen 32 (1961) No. 2, pp. 89-94.

N 4 Naumann, F.K.: Corrosion damages to prestressing steel (de); Beton- und Stahlbetonbau 64 (1969) No. 1, pp. 10-17.

N 5 Neck, U.: Effect of heat treatment on strength and durability of concrete (de); Beton 38 (1988) No. 11, pp. 449-454.

N 6 Negro, A., Stafferi, L.: The hydration of calcium ferrites and calcium aluminoferrites (de); ZKG INTERN. 32 (1979) No. 2, pp. 83-88.

N 7 Nesvetajev, G.V., Airapetov, G.A.: Experience with expansive cements used in wall plates and roof constructions (de); Int. Sympos. "75 Jahre Quellzement", Weimar (1995), Tagungsber. pp. 161-173.

N 8 Neubauer, C.M., Thomas, J.J., Garci, M.C., Breneman, K.D., Olson, G.B., Jennings, H.M.: Phase diagrams relevant to hydration of C_3S. Part 2: Phase diagram for the CaO–SiO_2–H_2O system (en); 10. Intern. Congr. Chem. Cem., Göteborg (1997) Vol. II, 2ii058, 15 pp (Part 1 see [J 12]).

N 9 Neubauer, C.M., Yang, M., Jennings, H.M.: Interparticle potential and sedimentation behaviour of cement suspensions: Effects of admixtures (en); Adv. Cem. Based Mat. 8 (1998) No. 1, pp. 17-27.

N 10 Neubauer, J., Kuzel, H.-J., Sieber, R.: Rietveld quantitative XRD analysis of Portland cement: II. Quantification of synthetic and technical Portland cement clinker (en); Proc. 18. Intern. Conf. Cem. Microscopy, Houston, Texas, USA, (1996) pp. 100-111. (Part 1 see [K 132]).

N 11 Neubauer, J., Pöllmann, H., Meyer, H.W.: Quantitative X-ray analysis of OPC clinker by Rietveld refinement (en); Proc. 10. Int. Congr. Chem. Cem., Göteborg (1997) Vol. 3, 3v007, 12 pp.

N 12 Neubauer, J., Pöllmann, H.: Alinite - Chemical composition, solid solution and hydration behaviour (en); Cem. Concr. Res. 24 (1994) No. 8, pp. 1413-1422. (Disc.: Cem. Concr. Res. 25 (1995) No. 8, pp. 1806-1810).

N 13 Neubauer, J., Sieber, R., Kuzel, H.-J., Ecker, M.: Investigations on introducing Si and Mg into Brownmillerite – A Rietveld refinement (en); Cem. Concr. Res. 26 (1996) No. 1, pp. 77-82.

N 14 Neubauer, J.: Application of Rietveld quantitative X-ray diffraction analysis on technically produced OPC clinkers, OPC's and OPC/HAC blends (en); Tagungsber. 13. Int. Baustofftagung ibausil, Weimar 1997, Vol. 1, pp. 1/0127-1/0136.

N 15 Neuhaus, S., Diekmann, A., Gutberlet, H.: Sampling technique and measuring method for material balances of volatile trace elements in coal firing systems (de); VGB Kraftwerkstechnik 68 (1988) No. 3, pp. 281-287.

N 16 Neukirchen, B.: Experience from construction, installing and putting into operation of an activated coke filter (de); VGB Kraftwerkstechn. 72 (1992) No. 7, pp 622-625.

N 17 Neville, A.: High-alumina cement - A current review (en); Il Cemento 75 (1978) No. 3, pp. 291-302.

N 18 Newberry, S.B., Newberry, W.B.: The constitution of hydraulic cements (en); Journ. Soc. Chem. Ind. 16 (1897) pp. 887-893.

N 19 Newkirk, T.F., Thwaite, R.D.: Pseudoternary system calcium oxide – monocalcium aluminate ($CaO·Al_2O_3$) – dicalcium ferrite ($2CaO·FeO$) (en); **N 29** NN: Natural radioactivity in building material (de); Bauwirtschaft 30 (1976) No. 43, pp. 2115-2117.

N 20 Newlon, H.H., jr., Sherwood, W.C.: Methods for reducing expansion of concrete caused by alkali-carbonate rock reactions (en); Highway Res. Rec. No. 45 (1964) pp. 134-150.

N 21 Niemeyer, E.A.: Concrete aggregates in Schleswig-Holstein (North Germany) (de); Schriftenreihe der Zementindustrie No. 40 (1973) pp 37-55; Verein Deutscher Zementwerke e.V.; Beton-Verlag GmbH, Düsseldorf.

N 22 Niesel, K., Thormann, P.: The stability fields of dicalcium silicate modifications (de); Tonind. Ztg. 91 (1967) No. 9, pp. 362-369.

N 23 Niesel, K.: The stability ranges of dicalcium silicate and their significance for technological processes; Thesis, TU Clausthal (1968).

N 24 Nischer, P., Wilk, W., Springenschmid, R.: Testing the resistance to freezing and de-icing salts (de); Int. Koll. "Frostbeständigkeit von Beton", Wien, 1980; Mitt. Forschungsinst. Verein Österr. Zementfabr., No. 33, pp. 93-106.

N 25 Nischer, P.: Concrete with high resistance to expansive attack and its testing (de); Zement und Beton 33 (1988) No. 3, pp. 159-161.

N 26 Nischer, P.: Testing the resistance to frost and de-icing salts (de+en); Betonw. + Fertigteil-Techn. 46 (1980) No. 10, pp. 616-620, No. 11, pp. 681-684.

N 27 Nischer, P.: Workshsop: Leaching behaviour of concrete and cementitious materials (de); Zement und

Beton 37 (1992) No. 3, pp. 9-11.

N 28 Nishi, F., Takéuchi, Y.: The Al6O18 rings of tetrahedra in the structure of $Ca_{8.5}NaAl_6O_{18}$ (en); Acta Cryst. B31 (1975) pp. 1169-1173.

N 29 NN: Natural radioactivity in building material (de); Bauwirtschaft 30 (1976) No. 43, pp. 2115-2117.

N 30 NN: The manufacture of high-alumina cement (en); Cem. Lime Manuf. 40 (1967) No. 1, pp. 1-6.

N 31 Nobst, P., Ludwig, H.-M., Stark, J.: Reactions of monosulfate and ettringite with simultaneous influence of freezing and de-icing salt (de); Wiss. Z. Arch. Bauw. Weimar 40 (1994) No. 5-7, pp. 119-125.

N 32 Norme française NF P 15-436 Binding materials; testing the heat of hydration of cements with a semi-adiabatic calorimeter (called Langavant calorimeter) (fr); Association française de normalisation (afnor) Paris, 1988

N 33 Noudelman, B., Bikbaou, M., Sventsitski, A., Ilukhine, V.: Structure and properties of alinite and alinite cements (fr); 7. Intern. Congr. Chem Cem., Paris (1980) Vol. III, pp. V 169-V 174.

N 34 Novak, G.A., Colville, A.A.: Efflorescent mineral assemblages associated with cracked and degraded residential concrete foundations in Southern California (en); Cem. Concr. Res. 19 (1989) No. 1, pp. 1-6.

N 35 Nudelman, B.I.: Clinker formation in calcium chloride melts (en); 6. Intern. Congr. Chem. Cem., Moskau (1974) Section 1-4, Paper 17.

N 36 Nudelmann, B.I., and others: Method to produce cement clinker from a chlorine containing raw mixture (de); AS 27 22 635, 18. 5. 1977.

N 37 Nürnberger, U.: Chloride corrosion of steel in concrete (de+en); Betonw. + Fertigteil-Techn. 50 (1984) No. 9, pp. 601-612, No. 10, pp. 697-704.

N 38 Nurse, R.W., Welch, J.H., Majumdar, A.J.: The $12CaO \cdot 7Al_2O_3$ phase in the $CaO-Al_2O_3$ system (en); Trans. Brit. Ceram. Soc. 64 (1965) No. 6, pp. 323-332. Build. Res., Current Papers, Res. Ser. No. 44 (1965).

N 39 Nurse, R.W., Welch, J.H., Majumdar, A.J.: The $CaO-Al_2O_3$ system in a moisture-free atmosphere (en); Trans. Brit. Ceram. Soc. 64 (1965) No. 9, pp. 409-418; Build. Res. Current Papers, Res. Ser. 56 (1965)

N 40 Nurse, R.W.: Phase equilibria and formation of Portland cement minerals (en); 5. Intern. Sympos. Chem. Cem., Tokio (1968) Vol. I, pp. 77-89.

N 41 Nurse, R.W.: Phase equilibria and composition of Portland cement clinker (en); 4. Intern. Sympos. Chem. Cem., Washington (1960) Vol. I, pp. 9-21.

N 42 Nurse, R.W.: The effect of phosphate on the constitution and hardening of Portland cement (en); J. Appl. Chem. 2 (1952) pp. 708-716.

N 43 Nyame, B.K., Illston, J.M.: Capillary pore structure and permeability of hardened cement paste (en); 7. Intern. Congr. Chem. Cem., Paris (1980) Vol. 3, pp. VI-181-VI-185.

O1 Oberholster, R.E., Aardt, J.H.P. van, Brandt, M.P.: Durability of cementitious systems (en); In P. Barnes (Ed.) "Structure and Performance of Cements"; Applied Science Publishers, London, New York 1983; pp. 365-413.

O2 Oberholster, R.E.: Reactivity of siliceous rock aggregates: Diagnosis of the reaction, testing of cement and aggregate and prescription of preventive measures (en); Proc. 5. Intern. Conf. Alkalies in Concrete - Research and Practice, Copenhagen (1983) pp. 419-433.

O3 Oberste-Padtberg, R., Motzet, H., Spicker, V.: Production and use of alinite cement made from refuse incineration residues (de); VGB Kraftwerkstechn. 73 (1993) No. 10, pp. 907-910.

O4 Oberste-Padtberg, R., Roeder, A., Motzet, H., Spicker, V.: Alinite cement, a hydraulic binder made from refuse incineration residues (de); ZKG INTERN. 45 (1992) No. 9, pp. 451-455.

O5 Odler, I., Abdul-Maula, S.: Effect of mineralizers on the burning of Portland cement clinker; Part 1: Kinetics of the process (de); ZKG INTERN. 33 (1980) No. 3, pp. 132-136; Part 2: Mode of action of the mineralizers (de); ZKG INTERN. 33 (1980) No. 6, pp. 278-282.

O6 Odler, I., Abdul-Maula, S.: Structure and properties of Portland cement clinker doped with CaF2 (en); J. Am. Ceram. Soc. 63 (1980) No. 11-12, pp. 654-659.

O7 Odler, I., Abdul-Maula, S.: Possibilities of quantitative determination of the AFt- (ettringite) and AFm- (monosulfate) phases in hydrated cement pastes (en); Cem. Concr. Res. 14 (1984) No. 1, pp. 133-141.

O8 Odler, I., Abdul-Maula, S.: Possibilities fort he separation of the individual constituents of the Portland cement by means of selective solvents (de); ZKG INTERN. 32 (1979) No. 10, pp. 504-507.

O9 Odler, I., Becker, Th.: Effect of some liquefying agents on properties and hydration of Portland cement and tricalcium silicate pastes (en); Cem. Concr. Res. 10 (1980) No. 3, pp. 321-331.

O 10 Odler, I., Borstel, Th. von: Laser- granulometer study of cement suspensions (en); Cem. Concr. Res. 19 (1989) No. 2, pp. 295-305

O 11 Odler, I., Chen, Y.: Influence of grinding by means of high pressure grinding rolls on the properties of Portland cement (de); ZKG INTERN. 43 (1990) No. 4, pp. 188-191.

O 12 Odler, I., Colán-Subauste, J.: Investigations on cement expansion associated with ettringite formation (en); Cem Concr. Res. 29 (1999) No. 5, pp. 731-735.

O 13 Odler, I., Dörr, H.: Early hydration of tricalcium silicate 1. Kinetics of the hydratation process and the stoichiometry of the hydration products (en); Cem. Concr. Res. 9 (1979) No. 2, pp. 239-248; (see also [D 75]).

O 14 Odler, I., Dörr, H.: Early hydration of tricalcium silicate 2. The induction period (en); Cem. Concr. Res. 9 (1979) No. 3, pp. 277-284.

O 15 Odler, I., Gasser, M.: Mechanism of sulfate expansion in hydrated Portland cement (en); J. Am. Ceram. Soc. 71 (1988) No. 11, pp. 1015-1020.

O 16 Odler, I., Hinrichs, W.: Investigation of the hydration of Portland blastfurnace slag cement: Composition, structure and properties of the hydrated material (en); Adv. Cem. Res. 2 (1989) No. 5, pp. 15-20. (see also [H 52]).

O 17 Odler, I., Jawed, I.: Expansive reactions in concrete (en); In J. Skalny, S. Mindess (Ed.) "Materials Science of Concrete II"; The American Ceramic Society, Inc., Westerville, OH, USA.

O 18 Odler, I., Köster, H.: Investigations on the structure of fully hydrated Portland cement and tricalcium silicate pastes; 2. Total porosity and pore size distribution (en); Cem. Concr. Res. 16 (1986) No. 6, pp. 893-901; 3. Specific surface area and permeability (en); Mater. Res. Soc. Sympos. Proc. 114 (1988) pp. 21-27.

O 19 Odler, I., Rößler, M.: Investigations on the relationship between Porosity, structure and strength of hydrated Portland cement pastes. 2. Effect of pore structure and of degree of hydration (en); Cem. Concr. Res. 15 (1985) No. 3, pp. 401-410. (Part 1 see [R 87])

O 20 Odler, I., Schmidt, O.: Structure and properties of Portland cement clinker doped with zinc oxide (en); J. Am. Ceram. Soc. 63 (1980) No. 1-2, pp. 13-16.

O 21 Odler, I., Schüppstuhl, J.: Combined hydration of tricalcium silicate and β-dicalcium silicate (en); Cem. Concr. Res. 12 (1982) No. 1, pp. 13-20; (see also [S 83]).

O 22 Odler, I., Stassinopoulos, E.N.: The composition of pore fluid of hydrated cement paste; Tonind.-Ztg. 106 (1982) No. 6, pp. 394-401.

O 23 Odler, I., Abdul-Maula, S.: Investigations on the relationship between porosity, structure and strength of hydrated Portland cement pastes. 3. Effect of clinker composition and gypsum addition (en); Cem. Concr. Res. 17 (1987) No. 1, pp. 22-30.

O 24 Odler, I., und Chen, Y.: Effect of cement composition on the expansion of heat-cured cement pastes (en); Cem. Concr. Res. 25 (1995) No. 4, pp. 853-862.

O 25 Odler, I., Wonnemann, R.: Hydration of C_3A in Portland cement in the presence of different forms of calcium sulfate (en); 7. Intern. Congr. Chem. Cem., Paris (1980), Vol. IV, pp. 510-513.

O 26 Odler, I., Wonnemann, R.: Effect of alkalies on Portland cement hydration; 1. Alkali oxides incorporated into the crystal lattice of clinker minerals (en) Cem. Concr. Res. 13 (1983) No. 4, pp. 477-482 2. Alkalies present in form of sulfates (en); Cem. Concr. Res. 13 (1983) No. 6, pp. 771-777; (see also [W 85]).

O 27 Odler, I., Zürz, A.: Structure and bond strength of cement-aggregate interfaces (en); ettringite formation, and its expansion mechanism (en); Part 1. Expansion, ettringite stability; Cem. Concr. Res. 11 (1981) No. , pp. 741-750. Part 2. Microstructural observation of expansion; Cem. Concr. Res. 12 (1982) No. 1, pp. 101-109. Part 3. Effect of CaO, NaOH and NaCl, conclusions; Cem. Concr. Res. 12 (1982) No. 2, pp. 247-256.

O 28 Odler, I.: Ettringite nomenclature (en); Cem. Concr. Res. 27 (1997) No. 3, pp. 473-474.

O 29 Ogawa, K., Roy, D.M.: $C_4A_3SO_3$ hydration, ettringite formation, and its expansion mechanism (en); Part 1. Expansion, ettringite stability; Cem. Concr. Res. 11 (1981) No. , pp. 741-750. Part 2. Microstructural observation of expansion; Cem. Concr. Res. 12 (1982) No. 1, pp. 101-109. Part 3. Effect of CaO, NaOH and NaCl, conclusions; Cem. Concr. Res. 12 (1982) No. 2, pp. 247-256.

O 30 Ogawa, K., Uchikawa, H., Takemoto, K., Yasui, I.: The mechanism of the hydration in the system C_3S-pozzolana (en); Cem. Concr. Res. 10 (1980) No. 5, pp. 683-696.

O 31 Oleson, C.C., Verbeck, G.: Long-time study of cement performance in concrete; Chapter 8. Illinois test plot (en); PCA Res. Dept. Bull. 217 (1967).

O 32 Ono, K., Asaga, K., Daimon, M.: Hydration in the system cement and silica fume (en); Cem. Assoc. Japan, Rev. 39. Gen. Meet. (1985) pp. 40-43.

O 33 Ono, M., Otsuka, K., Sato, T.: Solid solution of SiO_2 in the ferrite phase (en); Cem. Assoc. Japan, Rev. 35. Gen. Meet. (1981) pp. 35-37.

O 34 Ono, Y., Uno, T., Soda, Y.: The mortar strength of the polymorphic forms of Ca_3SiO_5 (en); Cem. Assoc. Japan, Rev. 20. Gen. Meeting (1966) pp. 53-57.

O 35 Onoda Cement Co.: Hydraulic cement composition (de); OS 2 165 434 (1971);

O 36 ÖNORM S 5200: Radioactivity in building materials (April 1996) (de); Österreichisches Normungsinstitut, A-1021 Wien

O 37 ÖNORM B 3306, 9.82: Testing the resistance to freezing-de-icing salt of pre-fabricated concrete products (de); Österreichisches Normungsinstitut, Wien,

O 38 Onuma, E.: Possibilities of the manufacture of fine and very fine powder products in commercial closed-circuit grinding plants (ja, sum. en) J. Res. Onoda Cem. Co. 38 (1986) No. 114, pp. 60-66.

O 39 Opitz, D.: The coating rings in cement rotary kilns (de); Schriftenreihe der Zementindustrie No. 41 (1974); Verein Deutscher Zementwerke e.V.; Beton-Verlag GmbH, Düsseldorf.

O 40 Opitz, D.: Particle size distribution of cement clinker (de+en); VDZ-Congress '85 – Process Technology of Cement Manufacturing; Verein Deutscher Zementwerke e.V., Düsseldorf, Bauverlag GmbH, Wiesbaden (1987) pp. 446-449; ZKG INTERN. 39 (1986) No. 12, pp. 673-675.

O 41 Oppel, Chr.v., Schiffers, A.: Difficulties in using ammonium containing river water as additional water in the re-cooling plant (de); Energie 26 (1974) No. 5, pp. 173-175.

O 42 Osbaeck, B.: Calculation of water-soluble alkali content in Portland cement clinker (de); ZKG INTERN. 37 (1984) No. 9, pp. 486-493.

O 43 Osbaeck, B.: The influence of alkalis on the strength properties of Portland cement (de); ZKG INTERN. 32 (1979) No. 2, pp. 72-77.

O 44 Osborne, G.J.: Determination of the sulfate resistance of blastfurnace slag cements using small- scale accelerated methods of test (en); Adv. Cem. Res. 2 (1989) No. 5, pp. 21-27.

O 45 Osborne, G.J.: Exploratory studies of regulated-set cements (en); Cem. Techn. 5 (1974) No. 3, pp. 335-354.

O 46 Osborne, G.J.: The sulfate resistance of Portland and blastfurnace slag concretes (en); In V.M. Malhotra (Hrsg.): Durability of Concrete, Proc. 2. Conf., Montreal (1991), Vol. II; Am Concr. Inst. SP-126 (1991) pp. 1047-1071.

O 47 Osokin, A.P., Kriwoborodov, J.P.: Sulfoferrite containing expansive cements (de); Int. Sympos. "75 Jahre Quellzement", Weimar (1995), Tagungsber. pp. 97-105.

O 48 Osokin, A.P., Odler, I.: Properties of cements containing calcium ferrosulfate (de); ZKG INTERN. 45 (1992) No. 10, pp. 536-537.

O 49 Otterbein, H.: Burning of cement clinker (de); Lecture on the Techn.-wiss. Zement-Tagung VDZ, Berlin 1972, Tagungsber.; ZKG INTERN. 25 (1972) No. 11, pp. 560-564.

p 1 Pourbaix, M.J.: Atlas of electrochemical equilibria in aqueous solutions (en); Pergamon Press; CEBELCOR; Brüssel 1966.

P 1 Page, C.L., Vennesland, Ö.: Pore solution composition and chloride binding capacity of silica- fume cement pastes (en); Matér. Constr. 16 (1983) No. 91, pp. 19-25.

P 2 Pajenkamp, H.: Effect of cement kiln dust on plants and animals (de); Schriftenreihe der Zementindustrie No. 27 (1961) pp. 23-41; Verein Deutscher Zementwerke e.V. ZKG INTERN. 14 (1961) No. 3, pp. 88-95.

P 3 Palomo, A., Grutzeck, M.W., Blanco, M.T.: Alkali-activated fly ashes – A cement for the future (en); Cem. Concr. Res. 29 (1999) No. 8, pp. 1323-1329.

P 4 Panchenko, A.: Durability of expansive concrete (en); Int. Sympos. "75 Jahre Quellzement", Weimar (1995), Tagungsber. pp. 119-128

P 5 Papadakis, V.G.: Experimental investigation and theoretical modelling of silica fume activity in concrete (en); Cem. Concr. Res. 29 (1999) No. 1, pp. 79-86.

P 6 Parker, T.W.: Contribution to discussion of Malquori, G., Cirilli, V.: The ferrite phase (en); 3. Intern. Sympos. Chem. Cem., London (1952) pp. 143-149.

P 7 Parker, T.W.: The constitution of aluminous cement (en); 3. Intern. Sympos. Chem. Cem., London (1952) pp. 485-515.

P 8 Parpart, J.: Dust collection from exhaust air of coolers (de); ZKG INTERN. 34 (1981) No. 10, pp. 504-505.

P 9 Parrott, L.: Measurement and modelling of porosity in drying cement paste (en); Mater. Res. Soc. Sympos. Proc. 85 (1987) pp. 91-104.

P 10 Parrott, L.J., Geiker, M., Gutteridge, W.A., Killoh, D.: Monitoring Portland cement hydration: Comparison of methods (en); Cem. Concr. Res. 20 (1990) No. 6, pp. 919-926.

P 11 Parrott, L.J., Patel, R.G., Killoh, D.C., Jennings, H.M.: Effect of age on diffusion in hydrated alite cement (en); J. Am. Ceram. Soc. 67 (1984) No. 4, pp. 233-237.

P 12 Parrott, L.J.: Carbonation, corrosion and standardization (en); 476 Proc. Int. Conf. Protection of Concrete, Dundee (1990) pp. 1009-1023.

P 13 Parrott, L.J.: Effect of drying history upon the exchange of pore water with methanol and upon subsequent methanol sorption behaviour in hydrated alite paste (en); Cem. Concr. Res. 11 (1981) No. 5/6, pp. 651-658.

P 14 Parrott, L.J.: Effect of first drying upon the pore structure of hydrated alite paste (en); Cem. Concr. Res. 10 (1980) No. 5, pp. 647-655.

11 参考文献

P 15 Parrott, L.J.: Thermogravimetric and sorption studies of methanol exchange in alite paste (en); Cem. Concr. Res. 13 (1983) No. 1, pp. 18-22.

P 16 Passaglia, E., Vezzalini, G., Carnevali, R.: Diagenetic chabasite und phillipsite in Italy: Crystal chemistry and genesis (en); Eur. J. Mineral. 2 (1990) No. 6, pp. 827-839.

P 17 Passow, H.: Procedure for the manufacture of cement from slag (de); PS 151 228, Berlin (1902).

P 18 Patel, R.G., Killoh, D.C., Parrott, L.J., Gutteridge, W.A.: Influence of curing at different relative humidities upon compound reactions and porosity in Portland cement paste (en); Matér. Constr. 21 (1988) pp. 192-197.

P 19 Paulmann, G.: Soil stabilization with cement (de); Schriftenreihe der Bauberatung Zement, Ed. Bundesverb. Dt. Zementind. (1967) 49 S.

P 20 Paulmann, G.: Soil stabilization with cement (de); Zement-Taschenbuch 1966/67; Ed.. Verein Deutscher Zementwerke, Bauverl. Wiesbaden, pp. 379-407.

P 21 Pekárek, D.: Rapid semiquantitative X-ray diffraction analysis of alumina cements (cs, sum. en); Silikáty 32 (1988) No. 3, pp. 267-271:

P 22 Péra, J., Ambroise, J., Chabannet, M.: Properties of blast-furnace slags containing high amounts of manganese (en); Cem. Concr. Res. 29 (1999) No. 2, pp. 171-177.

P 23 Perbix, W., Krüger, T., Bechtoldt, C.: Ultrafine cements, applicability in the industry-groundtechnique (de); Industriebau (1995) No. 4, pp. 77-85.

P 24 Perbix, W.: Applications of injections with ultra-fine binding materials (de); Felsbau 11 (1993) No. 6.

P 25 Perbix, W.: Ultra-fine cements for injections (de); Tagungsber. 12. Int. Baustofftagung ibausil, Weimar 1994, Bd. 1, pp. 119-128.

P 26 Percival, A., Buttler, F.G., Taylor, H.F.W.: The precipitation of $CaO \cdot Al_2O_3 \cdot 10H_2O$ from Cem. Concr. Res. 10 (1980) No. 5, pp. 647-655.

P 27 Percival, A., Taylor, H.F.W.: Monocalcium aluminate hydrate in the system $CaO-Al_2O_3-H_2O$ at 21°C (en); J. Chem. Soc. (1959) pp. 2629-2631.

P 28 Petersen, I.F.: The ability of clinker nodule formation (en); 8. Intern. Congr. Chem. Cem., Rio de Janeiro (1986), Vol. 2, pp. 21-24.

P 29 Petersen, I.F.: A. model for the size distribution of rotary kiln cement clinker – Parts 1 and 2 (en); World Cem. Techn. 11 (1980) No. 9, pp. 435-439; No. 10, pp. 467-470.

P 30 Petersen, I.F.: Isothermal sintering of Portland cement raw mixes – Parts 1 and 2 (en); World Cem. Technol. 14 (1983) No.5, pp. 188-196; No.6, pp. 220-228.

P 31 Philleo, R.: Frost susceptibility of high-strength concrete (en); Concrete Durability, Katherine and Bryant Mather International Conference, Vol. 1, Ed. J.M. Scanlon, Am. Concr. Inst., SP-100 (1987) pp. 819-841.

P 32 Philleo, R.E.: Contribution to the discussion of [L 98]; ASTM Bull. 179 (1952) Jan., pp. 73-74.

P 33 Phillips, B., Muan, A.J.: Phase equilibria in the system CaO-iron oxide-SiO_2 in air (en); J. Am. Ceram. Soc. 42 (1959) No. 9, pp. 413-423.

P 34 Pielow, E.: Damage in the environment of a cement plant caused by thallium (de); Umwelt 9 (1979) No. 5, 394-396.

P 35 Pigeon, M., Prévost, J., Simard, J.-M.: Freeze–thaw durability versus freezing rate (en); J. Am. Concr. Inst., Proc. 82 (1985) pp. 684-692.

P 36 Pike, R.G., Hubbard, D., Newman, E.S.: Binary silicate glasses in the study of alkali-aggregate reaction (en); Highway Res. Board, Bull. 275 (1960) pp. 39-44.

P 37 Pike, R.G.: Pressures developed in cement pastes and mortars by the alkali-aggregate reaction (en); Highway Res. Board, Bull. 171 (1958) pp. 34-36.

P 38 Ping Xie, Beaudoin, J.J., Brousseau, R.: Effect of aggregate size on transition zone properties at the Portland cement paste interface; Cem. Concr. Res. 21 (1991) No. 6, pp. 999-1005.

P 39 Pisters, H.: Chromium in cement and chromate allergy (de); ZKG INTERN. 19 (1966) No. 10, pp. 467-472.

P 40 Plähn, J., Golz, W.: Comparative tests with four testing methods for the resistance to freezing and de-icing salts (de); Straße und Autobahn 1 (1984) No. 35, pp. 14-21.

P 41 Poellmann, H., Kuzel, H.-J., Wenda, R.: Solid solution of ettringite. Part 1: Incorporation of OH– and CO_2– in $3CaO \cdot Al_2O_3 \cdot 3CaSO \cdot 32H_2O$ (en); Cem. Concr. Res. 20 (1990) No. 6, pp. 941-947.

P 42 Pöhlmann, R.: Clinkerability of Portland cement raw meal as a function of lime saturation factor, additions and the hydraulic reactivity in the transition from high lime to low lime Portland cements (de); Thesis, RWTH Aachen (1986).

P 43 Pollitt, H.W.W., Brown, A.W.: The distribution of alkalis in Portland cement clinker (en); 5. Intern. Sympos. Chem. Cem., Tokio (1968), Vol. 1, pp. 322-333.

P 44 Pöllmann, H.: The crystal chemistry of new formations caused by reaction of pollutants with hydraulic binding agents (de); Thesis, Univ. Erlangen-Nürnberg (1984).

P 45 Pöllmann, H.: Solid solution in the system $3CaO \cdot Al_2O_3 \cdot CaSO \cdot aq-3CaO \cdot Al_2O_3 \cdot Ca(OH) \cdot aq-H_2O$ at 25 °C, 45 °C, 60 °C, 80 °C (en); Neues Jb. Miner., Abh. 161 (1989) pp. 27-40.

P 46 Portl. Cem. Assoc.: Rapid setting Portland cement composition and method of its manufacture (de); OS 1 929 684 (1969).

P 47 Powers, T.C., Brownyard, T.L.: Studies of the physical properties of hardened Portland cement paste (en); J. Am. Concr. Inst., Proc. 43 (1947); PCA Res. Dept. Bull. 22; pp. 101-132; 249-336; 469-504; 549-602; 669-712; 845-864; 865-880; 933-969; 971-992.

P 48 Powers, T.C., Copeland, L.E., Hayes, J.C., Mann, H.M.: Permeability of Portland cement paste (en); J. Am. Concr. Inst., Proc. 51 (1954) pp. 285-298; PCA Res. Dept. Bull. 53.

P 49 Powers, T.C., Copeland, L.E., Mann, H.M.: Capillary continuity or discontinuity in cement pastes (en); J. PCA Res. Dev. Lab. 1 (1959) No. 2, pp. 38-48.

P 50 Powers, T.C.: A working hypothesis for further studies of frost resistance of concrete (en) J. Am. Concr. Inst., Proc. 41 (1945) No. 4, pp. 245-272; PCA Res. Dept. Bull. 5.

P 51 Powers, T.C.: Physical properties of cement paste (en); 4. Intern. Sympos. Chem. Cem., Washington (1960), Vol. 2, pp. 577-609.

P 52 Powers, T.C.: Resistance of concrete to frost at early ages (en); Proc. RILEM Sympos. Winter Concreting, Session C (1956) pp. 1-47.

P 53 Powers, T.C.: Some physical aspects of the hydration of Portland cement (en); J. PCA Res. Dev. Lab. 3 (1961) No. 1, pp. 47-56

P 54 Powers, T.C.: The air requirement of frost- resistant concrete (en); Proc. Highway Res. Board 29 (1949) pp. 184-202; PCA Res. Dept. Bull. 33; Disc. see [W 51].

P 55 Powers, T.C.: The mechanisms of shrinkage and reversible creep of hardened cement paste (en); Intern. Conf. Struct. Concr. and its Behaviour under Load, London (1965) pp. 319-344; Cem. Concr. Assoc., London, 1968.

P 56 Powers, T.C.: The physical structure and engineering properties of concrete (en); PCA Res. Dept. Bull. 90 (1958).

P 57 Powers, T.C.: The pysical structure of Portland cement paste (en); In H.F.W. Taylor: The Chemistry of Cements, Vol. I; Academic Press, London/New York (1964) pp. 391- 416.

P 58 Pozun, A.: Operating experience in the production of high alumina cement (de); ZKG INTERN. 41 (1988) No. 7, pp. 344-346.

P 59 Prakash Varma, S., Bensted, J.: Studies of thaumasite (en); Sil. Ind. 38 (1973) No. 2, pp. 29-32.

P 60 Pressler, E.E., Brunauer, S., Kantro, D.L. Weise, C.H.: Determination of the free calcium hydroxide contents of hydrated Portland cements and calcium silicates (en); Anal. Chem. 33 (1961) No. 7, pp. 877-882. PCA Res. Dept. Bull. 127.

P 61 Pressler, E.E., Brunauer, S., Kantro, D.L.: Investigation of the Franke method of determining free calcium hydroxide and free calcium oxide (en); Anal. Chem. 28 (1956) pp. 896-902. PCA Res. Dept. Bull. 62.

P 62 Prince, W., Perami, R.: Mechanism of the alkali-dolomite reaction (en); Proc. 9. Intern. Conf. Alkali-Aggregate Reaction in Concrete, London (1992) Vol. 2, pp. 799-806

P 63 Prinz, B., Krause, G.H.M., Stratmann, H.: Damages caused by thallium in the surroundings of the Dyckerhoff cement plant Lengerich (de); Staub - Reinh. Luft 39 (1979) No. 12, pp. 457-462.

P 64 Przemeck, E.: Investigations on the long- term effect of cement kiln dust precipitated on soils used for agricultural purposes (de); Landwirtsch. Forsch. 23 (1970) No. 3, pp. 204-213.

P 65 Przemeck, E.: Effects of cement kiln dust precipitation on soils used for agricultural purposes (de); ZKG INTERN. 23 (1970) No. 3, pp. 119-124.

Q1 Quietmeyer, F.: The history of the Portland cement invention (de); Thesis, Techn. Hochsch. Hannover; Edit. Tonind.- Ztg., Berlin 1911.

r1 Rahmel, A., Schwenk, W.: Corrosion and corrosion protection of steel (de); Verlag Chemie GmbH, Weinheim 1977.

r2 Rauscher, K., Voigt, J., Wilke, I., Wilke, K.- Th. Friebe, R.: Chemical tables and computation tables for the analytical practice (de), 9. Ed.; Verlag Harri Deutsch, Thun und Frankfurt/M. 1993.

r3 Robson, T.D.: High-alumina cements and concretes (en); John Wiley & Sons, Inc., New York 1962.

r4 Römpp Chemie Lexikon (de), 9. Ed., 6 Volumes; Franckh'sche Verlagsbuchhandlung, Stuttgart 1989- 1992.

R 1 Radji, F., Sellevold, E.J., Richards, C.W.: Effect of freezing on the dynamic mechanical response of hardened cement paste down to -60 °C (en); Cem. Concr. Res. 2 (1972) No. 6, pp. 697-715.

R 2 Raina, S.J., Viswanathan, V.N., Chatterjee, A.K.: Early hydration characteristics of Porsal cement (de); ZKG INTERN. 31 (1978) No. 10, pp. 516-518.

R 3 Ramachandran, V.S., Zhang Chun-mei: Cement with calcium carbonate additions (en); 8. Intern. Congr. Chem. Cem., Rio de Janeiro (1986); Vol. 6, pp. 178-182.

R 4 Ramachandran, V.S.: Hydration of cement – Role of triethanolamine (en); Cem. Concr. Res. 6 (1976) No. 5, pp. 623-631.

R 5 Rankin, G.A., Wright, F.E.: The ternary system $CaO-Al_2O_3-SiO_2$ (en); Am. J. Sci. [4. Ser.] 39 (1915) pp. 1-79.

R 6 Rashid, S., Barnes, P., Turrillas, X.: The rapid conversion of calcium aluminate cement hydrates, as revealed by synchrotron energy- dispersive diffraction (en); Adv. Cem. Res. 4 (1991/92) No. 14, pp. 61-67.

R 7 Rauen, A.: Damage to prestressed concrete components of high-alumina cement (de); Betonw. + Fertigteil-Techn. 41 (1975) No. 12, pp. 591-593.

R 8 Raupach, M.: Chloride-induced macrocell corrosion of steel in concrete (de); Deutscher Ausschuß für Stahlbeton, No. 433; Beuth Verlag GmbH, Berlin (1992).

R 9 Rauschenfels, E.: Clinkerability of cement raw meal (de); ZKG INTERN. 29 (1976) No. 2, pp. 78-85.

R 10 Rayment, D.L., Lachowsky, E.E.: The analysis of OPC pastes: A comparison between analytical electron microscopy and electron probe microanalysis (en); Cem. Concr. Res. 14 (1984) No. 1, pp. 43-48.

R 11 Rayment, D.L., Majumdar, A.J.: Microanalysis of high-alumina cement clinker and hydrated HAC/slag mixtures (en); Cem. Concr. Res. 24 (1994) No. 2, pp. 335-342.

R 12 Rayment, D.L., Majumdar, A.J.: The compostion of the C-S-H-phases in Portland cement pastes (en); Cem. Concr. Res. 12 (1982) No. 6, pp. 753-764.

R 13 Rechberger, P.: Elektrochemical model tests relating to the problem of chloride-induced corrosion of reinforcing steel (de); ZKG INTERN. 36 (1983) No. 10, pp. 582-590.

R 14 Rechenberg, W., Siebel, E.: Chemical attack on concrete; Reference to the application of DIN 4030 (de); Schriftenreihe der Zementindustrie No. 53 (1992); Verein Deutscher Zementwerke e.V.; Beton-Verlag GmbH, Düsseldorf.

R 15 Rechenberg, W., Spanka, G., Thielen, G.: Fixation of harmful organic substances by stabilization with cement (de+en); Beton 43 (1993) No. 2, pp. 72-76; No. 3, pp. 122-125.

R 16 Rechenberg, W., Sprung, S., Sylla, H.-M.: A test method for the determination of leachability of trace elements from wastes bound with cement (en); J.J.J.R. Goumans, H.A. van der Sloot and Th.G.Aalbers (Hrsg.): Waste Materials in Construction; Elsevier Science Publishers B.V. (1991), pp. 301-309.

R 17 Rechenberg, W., Sprung, S.: A new method for testing the leachability of trace elements relevant to environmental protection from cement consolidated wastes (de); B. Welz (Hrsg.): 4. Coll. Atomspektr. Spureanalytik, Konstanz; Perkin-Elmer & Co. GmbH, Überlingen (1987).

R 18 Rechenberg, W., Sprung, S.: Preparation of samples for the valuation of the leaching of trace elements relevant to environmental protection from cement consolidated materials (de); Abwassertechn. (1990) No. 3, pp. 24-27; No. 4, pp. 33-35.

R 19 Rechenberg, W., Sprung, S.: Environmentally safe deposit of waste consolidated with cement (de); Seminar "Analytik von Feststoffen, Abfall, Altlasten", des Instituts für Siedlungswasserwirtschaft, RWTH Aachen (1990) S 178-204; Gewässerschutz-Wasser-Abwasser, No. 118.

R 20 Rechenberg, W., Sprung, S.: Composition of the solution in the hydration of cement (en); Cem. Concr. Res. 13 (1983) No. 1, pp. 119-126.

R 21 Rechenberg, W.: Young concrete in highly aggressive water (de); beton 25 (1975) No. 4, pp. 143-145.

R 22 Rechenberg, W.: Personal communication.

R 23 Rechenberg, W.: On the behaviour of grinding aids in the grinding of cements (de); ZKG INTERN. 39 (1986) No. 10, pp. 577-580.

R 24 Rechmeier, H.: The five-stage preheater kiln for the burning of clinker from limestone and oil shale (de); ZKG INTERN. 23 (1970) No. 6, pp. 249-253.

R 25 Redler, L.: Quantitative X-ray analysis of high alumina cements (en); Cem. Concr. Res. 21 (1991) No. 5, pp. 873-884.

R 26 Redmann, W.A.: Development of a novel sampling system to determine metals and metalloids and their compounds in the flue gas (de); Thesis, Univ. Hamburg (1986).

R 27 Regourd, M., Chromy, S., Hjorth, L., Mortureux, B., Guinier, A.: Polymorphism of the solid solutions of sodium in tricalcium aluminate (fr); J. Appl. Cryst. 6 (1973) pp. 355-364.

R 28 Regourd, M., Guinier, A.: The crystal chemistry of the constituents of Portland cement clinker (en); 6. Intern. Congr. Chem. Cem., Moskau (1974); Principal Paper.

R 29 Regourd, M.: Characteristics and activation of blending components (fr); 8. Intern. Congr. Chem. Cem., Rio de Janeiro (1986); Vol. I, pp. 199-229.

R 30 Regourd, M.: Fundamentals of cement production: The crystal chemistry of Portland cement minerals. New data (en); Cement Production and Use (Hrsg.: J. Skalny); Engin. Found. Conf., Rindge, New Hampshire (1979) pp. 41-48.

R 31 Regourd, M.: Crystallization and reactivity of the tricalcium aluminate in Portland cement (fr); Il Cemento 75 (1978) No.3, pp. 323-336.

R 32 Regourd, M.: Structure and behaviour of slag Portland cement hydrates (en); 7. Intern. Congr. Chem. Cem., Paris (1980); Vol. I, pp. III-2/10-III-2/26.

R 33 Rehm, G., Lämmke, A.: Corrosion behaviour of galvanized steel in cement mortar and concrete (de); Bauwirtsch. 30 (1976) No. 42, p. 2033.

R 34 Rehm, G., Lämmke, A.: Investigations on reactions of zinc under the effect of alkalis with regard to the behaviour of galvanized steels in concrete (de); Betonstein-Ztg. 36 (1970) No. 6, pp. 360-365.

R 35 Rehm, G., Nürnberger, U., Neubert, B., Nenninger, F.: Influence of concrete quality, water economy and time on the penetration of chlorides in concrete (de); Deutscher Ausschuß für Stahlbeton, No. 390; Beuth Verlag GmbH, Berlin (1988) pp. 7-41.

R 36 Rehm, G., Nürnberger, U., Neubert, B.: Chloride corrosion of steel in cracked concrete (de); A. State of knowlege, pp. 43-57; B. Investigation of the 30 years old west mole at Helgoland, pp. 43-57; C. Storage of cracked concrete beams with galvanized and not galvanized reinforcing steel at Helgoland, pp. 89-144; Deutscher Ausschuß für Stahlbeton, No. 390; Beuth Verlag GmbH, Berlin (1988) pp. 43-144.

R 37 Rehm, G.: Damage to prestressed concrete members made with high alumina cement (de); Betonstein-Ztg. 29 (1963) No. 12, pp. 651-661.

R 38 Reinhardt, H.W., Gaber, K.: From pore size distribution to an equivalent pore size of cement mortar (en); Matér. Constr. 23 (1990) pp. 3-15.

R 39 Reinsdorf, S.: Properties and utilization of super sulfated slag cement (SHZ) (de); Bauplan.-Bautechn. 16 (1962) No. 5, pp. 230-234.

R 40 Reiter, R.: Natural radioactivity inside the room, a danger? (de); Bauphysik 6 (1984) No.4, pp. 115-121; No. 5, pp. 169-175.

R 41 Rendchen, K.: Resistance to freezing and de-icing salt of concrete with blastfurnace cement – example from practice (dt.); Beton-Inform. 39 (1999) No. 4, pp. 3-23.

R 42 Rendchen, K.: Heat treatment of concrete with micro waves (de); Beton-Inform. 32 (1992) No. 5, pp. 64-66.

R 43 Richard, N., Lequeux, N., Boch, P.: EXAFS study of refractory cement phases: $CaAl_2O_{14}H_{20}$, $Ca_2Al_2O_{13}H_{16}$, and $Ca_3Al_2O_{12}H_{12}$ (en); J. Phys. III France 5 (1995) No. 11 pp. 1849-1864.

R 44 Richardson, I.G., Groves, G.W.: The incorporation of minor and trace elements into calcium silicate hydrate (C-S-H) gel in hydrated cement pastes (en); Cem. Concr. Res. 23 (1993) No. 1, pp. 131-138.

R 45 Richardson, I.G.: The nature of C-S-H in hardened cements (en); Cem. Concr. Res. 29 (1999) No. 8, pp. 1129-1147.

R 46 Richartz, W., Locher, F.W.: A contribution to the morphology and water binding of calcium silicate hydrates and to the structure of the hardened cement paste (de); ZKG INTERN. 18 (1965) No. 9, pp. 449-459.

R 47 Richartz, W.: Preparation of ettringite for X- ray diffraction investigations; Internal recommendation;

R 48 Richartz, W.: Elimination of sources of error in X-ray fluorescence analysis (de); ZKG INTERN. 24 (1971)

No. 2, pp. 72-78.

R 49 Richartz, W.: The combining of chloride in the hardening of cement (de); ZKG INTERN. 22 (1969) No. 10, pp. 447-456.

R 50 Richartz, W.: Effect of the K2O content and degree of sulfatization on the setting and hardening of cement (de); ZKG INTERN. 39 (1986) No. 12, pp. 678-687.

R 51 Richartz, W.: Influence of fly ashes on structure and properties of hardened cement paste (de); Aus der Forschung - Für die Praxis, Forschungsbericht No. 9 (1989); Verein Deutscher Zementwerke e.V., Forschungsinstitut der Zementindustrie, Düsseldorf.

R 52 Richartz, W.: Influence of additions on the setting and hardening of cement (de); Aus der Forschung - Für die Praxis; Forschungsbericht No. 5 (1983); Verein Deutscher Zementwerke e.V., Forschungsinstitut der Zementindustrie, Düsseldorf.

R 53 Richartz, W.: The influence of additives on the setting behaviour of cement (de); beton 33 (1983) No. 11, pp. 425-429; No. 12, pp. 465-471.

R 54 Richartz, W.: Electron microscopic investigations about the relations between structure and strength of hardened cement (en); 5. Intern Sympos. Chem. Cem., Tokio (1968) Part 3, pp. 119-128.

R 55 Richartz, W.: On the formation of aluminous hydrate phases during the setting of cement (de); Tonind.-Ztg. 90 (1966) No. 10, pp. 449-457.

R 56 Richartz, W.: The development of the structure and strength of hardened cement paste; beton 19 (1969) No. 5, pp. 203-206; No. 6, pp. 245-248.

R 57 Richartz, W.: Unpublished test result.

R 58 Riedhammer, M.: Quarrying and processing of oil shale for the efficient manufacture of high-grade oil shale cements (de); ZKG INTERN. 40 (1987) No. 8, pp. 393-398.

R 59 Rietveld, H.M.: A profile refinement method for nuclear and magnetic structures (en); J. Appl. Cryst. 2 (1969) pp. 65-71.

R 60 Rietveld, H.M.: Line profiles of neutron powder diffraction peaks for structure refinements (en); Acta. Cryst. 22 (1967) pp. 151.

R 61 RILEM Committee 68-MMH, Task Group 3: The hydration of tricalcium silicate (en); Matér. Constr. 17 (1984) No. 102, pp. 457-468.

R 62 RILEM TC 117-FDC: Draft recommendation for test method for the freeze-thaw resistance of concrete. Test with water (CF) or with sodium chloride solution (CDF) (en); Mat. Struct. 28 (1995) No. 177, pp. 175-182.

R 63 RILEM Technical Committee 32-RCA, Sub Committee "Long-time Studies": Seawater attack on concrete and precautionary measures (en); Mater. Struct. 18 (1985) No. 105, S 223-226.

R 64 RILEM 4 CDC 1977: Methods of carrying out and reporting freeze thaw tests on concrete with deicing chemicals (en+fr); Mat. Struct. 10 (1977) No. 58, pp. 212-215.

R 65 Rinaldi, R., Sacerdoti, M., Passaglia, E.: Strätlingite: crystal structure, chemistry, and a reexamination of its polytype vertumnite (en); Eur. J. Mineral. 2 (1990) No. 6, pp. 841-849.

R 66 Rinne, A., Marzaganov, R., Rostásy, F.S.: Application of expansive cements in point-up mortars reinforced by LC-fibers (de); Int. Sympos. "75 Jahre Quellzement", Weimar (1995), Tagungsber. pp. 149-160.

R 67 Ritzmann, H.: The effect of dust cycles on the heat consumption of rotary kiln plants with raw meal preheaters (de); ZKG INTERN. 24 (1971) No. 12, pp. 576-580.

R 68 Ritzmann, H.: Cyclic phenomena in rotary kiln systems (de); ZKG INTERN. 24 (1971) No. 8, pp. 338-343.

R 69 Ritzmann, H.: On the relation between the particle size distribution and the strength of Portland cement (de); ZKG INTERN. 21 (1968) No. 9, pp. 390-396.

R 70 Roberts, M.H.: Calcium aluminate hydrates and related basic salt solid solutions (en); 5. Intern Sympos. Chem. Cem., Tokio (1968) Part 2, pp. 104-117.

R 71 Robertson, B., Mills, R.H.: Influence of sorbed fluids on compressive strength of cement paste (en); Cem. Concr. Res. 15 (1985) No. 2, pp. 225-232.

R 72 Robson, T.D.: The chemistry of calcium aluminates and their relating compounds (en); 5. Intern Sympos. Chem. Cem., Tokio (1968) Part 1, pp. 349-365.

R 73 Rodger, S.A., Groves, G.W., Clayden, N.J., Dobson, C.M.: Hydration of tricalcium silicate followed by 29Si NMR with cross-polarization (en); J. Am. Ceram. Soc. 71 (1988) No. 2, pp. 91-96.

R 74 Rodger, S.A., Groves, G.W.: The microstructure of tricalcium silicate/pulverized fuel ash blended cement pastes (en); Adv. Cem. Res. 1 (1988) No. 2, pp. 84-91.

R 75 Rodger, S.A., Groves, G.W.: Electron microscopy study of ordinary Portland cement - pulverized fuel ash blended pastes (en); J. Am. Ceram. Soc. 72 (1989) No. 6, pp. 1037-1039.

R 76 Rogers, D.E., Aldrige, L.P.: Hydrates of calcium ferrites and calcium aluminoferrites (en); Cem. Concr. Res. 7 (1977) No. 4, pp. 399-409.

R 77 Rohrbach, R.: Manufacture of oil shale cement and electric power generation with oil shale according to the Rohrbach-Lurgi process (de); ZKG INTERN. 22 (1969) No. 7, pp. 293-296.

R 78 Romberg, H.: Pores of hardened cement paste and properties of concrete (de); Beton-Inf. 5 (1978) pp. 50-55.

R 79 Rose, D., Brentrup, L.: Effective emission reduction when using secondary materials at the Siggenthal cement works in Switzerland (de+en); ZKG INTERN. 48 (1995) No. 4, pp. 204-214.

R 80 Rose, D., Kupper, D.: Investigations into adsorptive and catalytic flue gas cleaning of exhaust gases from cement plants (de); Part 1: Laboratory and small-scale technical investigations ZKG INTERN. 44 (1991) No. 11, pp. 221-227; Part 2: Pilot trials in two clinker burning systems; ZKG INTERN. 45 (1992) No. 11, pp. 571-578.

R 81 Rosemann, H., Ellerbrock, H.-G.: Grinding technology for cement production – Development, current situation and outlook (de+en); ZKG INTERN. 51 (1998) No. 2, pp. 51-62.

R 82 Rosemann, H., Gardeik, H.O.: Influences upon energy conversion in calciners in the precalcination of cement raw meal (de); ZKG INTERN. 36 (1983) No. 9, pp. 506-511.

R 83 Rosemann, H., Hochdahl, O., Ellerbrock, H.-G., Richartz, W.: Investigations on a high-pressure roll mill used for cement grinding (de); ZKG INTERN. 42 (1989) No. 4, pp. 165-169.

R 84 Rosemann, H., Künne, P.: Operating experience with a new type of burner for rotary kilns (de); ZKG INTERN. 43 (1990) No. 9, pp. 421-424.

R 85 Rosemann, H.: Theoretical and operational investigations on fuel energy consumption of cement rotary kiln plants with precalcining (de); Thesis, TU Clausthal (1986); Schriftenreihe der Zementindustrie No. 48 (1987); Verein Deutscher Zementwerke e.V.; Beton-Verlag GmbH, Düsseldorf.

R 86 Rösli, A., Harnik, A.B.: The freezing-de-icing salt resistance of concrete (de); Schweizer Ing. u. Arch. (1979) No. 46, pp. 929-934.

R 87 Rößler, M., Odler, I.: Investigations on the relationship between porosity, structure and strength of hydrated Portland cement pastes. 1. Effect of porosity (en); Cem. Concr. Res. 15 (1985) No. 2, pp. 320-330.

R 88 Rother, W., Kupper, D.: Stepped fuel supply - an effective way of reducing NOx emissions (de); ZKG INTERN. 42 (1989) No. 9, pp. 444-447.

R 89 Roy, D.M., Gouda, G.R., Bobrowsky, A.: Very high strength cement pastes prepared by hot pressing and other high pressure techniques (en); Cem. Concr. Res. 2 (1972) No. 3, pp. 349-366.

R 90 Roy, D.M., Gouda, G.R.: High strength generation in cement pastes (en); Cem. Concr. Res. 3 (1973) No. 6, pp. 807-820.

R 91 Roy, D.M., Gouda, G.R.: Optimization of strength in cement pastes (en); Cem. Concr. Res. 5 (1975) No. 2, pp. 153-162.

R 92 Roy, D.M., Gouda, G.R.: Porosity-strength relation in cementitious materials with very high strengths (en); J. Am. Ceram. Soc. 56 (1973) No. 10, pp. 549-550.

R 93 Roy, D.M., Luke, K., Diamond, S.: Characterization of fly ash and its reactions in concrete (en) In G.J. McCarthy, R.J. Lauf (Hersg.): Fly Ash and Coal Conversion By-Products: Characterization, Utilization, and Disposal I, Mat. Res. Soc. Symp. Proc. Vol. 43 (1985) pp. 3-20.

R 94 Roy, D.M.: Advanced cement systems, including CBC, DSP, MDF (en); 9. Intern. Congr. Chem. Cem., New Delhi (1992) Vol. 1, 357-380.

R 95 Roy, D.M.: Alkali-activated cements – Opportunities and challenges (en); Cem. Concr. Res. 29 (1999) No. 2, pp. 249-254.

R 96 Roy, D.M.: Mechanisms of cement paste degradation due to chemical and physical factors (en); 8. Intern. Congr. Chem. Cem., Rio de Janeiro (1986); Vol. I, pp. 362-380.

R 97 Roy, J.M., Tingley, L.R.: High performance aluminas for refractories (en); Interceram 43 (1994) No. 4, pp. 236-239.

R 98 Rudert, V., Chartschenko, I., Wihler, H.-D.: Structure anomaly of expansive cements at tridimensional hindrance of the expansion (de); Int. Sympos. "75 Jahre Quellzement", Weimar (1995), Tagungsber. pp. 175-182.

R 99 Rumpf, H.: On the adherence of paticles at solid walls (de); VDI-Zeitschr. 99 (1957) No. 13, pp. 576-578.

R 100 Rüsch, H., Jungwirth, D., Hilsdorf, H.: Critical testing of the methods considering the influences of creep and shrinkage of the concrete on the behaviour of the supporting structure (de). Beton- und Stahlbetonbau 68 (1973) No. 3, pp. 49-60; No. 4, pp. 76-86; No. 6, pp. 152-158.

R 101 Ryshkewitch, E.: Compression strength of porous sintered alumina and zirconia (with discussion of W. Duckworth)(en); J. Am. Ceram. Soc. 36 (1953) No. 2, pp. 65-68.

s1 Salmang, H., Scholze, H.: The physical and chemical principles of the ceramics (de); 5. Ed.; Springer-Verlag, Berlin, Heidelberg, New York, 1968.

s2 Soroka, I.: Portland cement paste and concrete; The Macmillan Press Ltd., London, 1979.

s3 Stark, J., Lehrstuhl Baustoffkunde, HAB Weimar (Ed.): 75 years expansive cement; Int. Sympos. Weimar (1995), Reports.

S 1 Saalfeld, H.: On the structure of the dicalcium silicate (de); Ber. Dt. Keram. Ges. 30 (1953) No. 8, pp. 185-189.

S 2 Saasen, A., Log, P.A.: The effect of ilmenite plant dusts on rheological properties of class G oil well cement slurries (en); Cem. Concr. Res. 26 (1996) No. 5, pp. 707-715.

S 3 Sadran, G., Dellyes, R.: The linear representation of the mechanical cement strength as a function of the time. Utilization in the standardization (fr); Rev. Matér. (1966) No. 606, pp. 93-106.

S 4 Sagoe-Crentsil, K.K., Glasser, F.P., Irvine, J.T.S.: Electrochemical characteristics of reinforced concrete corrosion as determined by impedance spectroscopy (en); Brit. Corr. J. 27 (1992) No. 2, pp. 113-118.

S 5 Sagoe-Crentsil, K.K., Glasser, F.P., Yilmaz, V.T.: Corrosion inhibitors for mild steel; stannous tin (Sn II) in ordinary Portland cement (en); Cem. Concr. Res. 24 (1994) No. 2, pp. 313-318.

S 6 Sagoe-Crentsil, K.K., Glasser, F.P.: Steel in concrete: Part I, A review of the electrochemical and thermodynamic aspects (en); Mag. Concr. Res. 41 (1989) No. 149, pp. 205-212.

S 7 Sagoe-Crentsil, K.K., Yilmaz, V.T., Glasser, F.P.: Corrosion inhibition of steel by carboxylic acids (en); Cem. Concr. Res. 23 (1993) No. 6, pp. 1380-1388.

S 8 Sagrera, J.L.: Le Chatelier-Anstett test – Influence of time and of the method of hydration (fr); Rev. Matér. Constr. (1973) No. 683, pp. 14-20.

S 9 Sagrera, J.L.: Study on the durability of sulfate: Application of Le Chatelier-Anstett method to an ordinary Portland cement (en); Il Cemento 68 (1971) No. 4, pp. 155-160; Cem. Concr. Res. 2 (1972) No. 3, pp. 253-260; Silic. Ind. 38 (1973) No. 3, pp. 57-63.

S 10 Sahu, S., Majling, J.: Preparation of sulfoaluminate belite cement from fly ash (en); Cem. Concr. Res. 24 (1994) No. 6, pp. 1065-1072.

S 11 Saito, T., Oshio, A., Kinoshita, K., Imai, T., Goto, Y., Omori, Y.: High strength concrete; Part 1: Investigation of mix proportion, effect of type of cement and quality of aggregete, microscopic study; Part 2: Strength property, durability and thermal characteristics (ja, sum. en); J. Res. Onoda Cement Co. 28 (1976) No. 95, pp. 30-48; No. 96, pp. 98-113.

S 12 Sakurai, T., Sato, T.: The effect of chromium oxide on the structure and the properties of calcium alumino ferrite (en); Cem. Assoc. Japan, Rev. 22. Gen. Meet. (1968) pp. 35-39.

S 13 Salge, H., Thormann, P.: The effect of P_2O_5 on the constitution of Portland cement clinker (de); ZKG INTERN. 26 (1973) No. 11, pp. 532-539.

S 14 Salge, H.: Investigation of the solubility of sulfur in blastfurnace slag (System $CaO-Al_2O_3-SiO_2$) (de); Tonind.-Ztg. 86 (1962) No. 22/23, pp. 586-589.

S 15 Samarin, A., Munn, R.L., Ashby, J.B.: The use of fly ash in concrete – Australian experience (en); In V.M. Malhotra (Edit.): Fly Ash, Silica Fume, Slag and other By-Products in Concrete, Vol. 1; Am Concr. Inst., Publication SP-79 (1983) pp. 143-172.

S 16 Samarin, A.: Discussion to [H 60] (en); Mag. Concr. Res. 32 (1980) No. 113, pp. 251-252.

S 17 Sánchez de Rochas, M.I., Rivera, J., Frías, M.: Influence of the microsilica state on pozzolanic reaction rate (en); Cem. Concr. Res. 29 (1999) No. 6, pp. 945-949.

S 18 Sarkar, S.L.: Polymorphism of dicalcium silicate (en); World Cem. Techn. 11 (1980) No. 1, pp. 20-33.

S 19 Satarin, V.I.: Portland slag cement (en); 6. Intern. Congr. Chem. Cem., Moscow (1974) Principal Paper III-2.

S 20 Sato, K., Konishi, E., Fukaya, K., Koibuchi, K., Ishikawa, Y., Iijima, Y.: Properties of very fine blastfurnace slag prepared by classification (en); 8. Intern Congr. Chem. Cem., Rio de Janeiro (1986) Vol. 4, pp. 239-244.

S 21 Saul, A.G.A.: Principles underlying the steam-curing of concrete at atmospheric pressure (en); Mag. Concr. Res. 2 (1951) No. 6, pp. 127-140.

S 22 Sauman, Z., Lach, V.: Long-term carbonization of the phases $3CaO \cdot Al_2O_3 \cdot 6H_2O$ and $3CaO \cdot Al_2O_3 \cdot SiO_2 \cdot 4H_2O$ (en); Cem. Concr. Res. 2 (1972) No. 4, pp. 435-446.

S 23 Sauman, Z.: Principle of the formation of efflorescence on the surface of autoclaved porous concrete products (en); Silikáty 36 (1992) No. 3, pp. 121-128.

S 24 Schäfer, A.: Determination of the air content of concrete (de); Beton 13 (1963) No. 8, pp. 383-386.

S 25 Schäfer, A.: Frost resistance and pore structure of concrete – relations and test methods (de); Deutscher Ausschuss für Stahlbeton, No. 167; Verl. Wilhelm Ernst & Sohn, Berlin (1964) pp. 3-57.

S 26 Schäfer, H., Bambauer, H.U.: Electron microscopic phase analysis of a thallium-containing cleaned gas dust (de); Beitr. elektronenmikroskop. Direktabb. Oberfl. 15 (1982) pp. 325-329.

S 27 Scheffer, F., Przemeck, E., Wetzold, P.: Effect of cement kiln dust immission on the soil (de); Landwirtsch. Forsch. 22 (1969) No. 4, pp. 326-345.

S 28 Scheibe, W., Bernhardt, C., Winkler, E.: Investigation related to the determination of grindability and the size of tube mills (de); Aufber.-Techn. 9 (1968) No. 11, 574-582.

S 29 Scherer, G.W.: Structure and properties of gels (en); Cem. Concr. Res. 29 (1999) No. 8, pp. 1149-1157.

S 30 Scheuer, A., Gardeik, H.O.: Formation and decomposition of NO in cement kiln plants; Part 2: Model calculations and comparisions with measurements (de); ZKG INTERN. 38 (1985) No. 2, pp. 57-66. Teil 1 see [G 6].

S 31 Scheuer, A., Rechenberg, W.: Ammonium reactions during cement clinker burning (de); ZKG INTERN. 43 (1990) No. 3, pp. 144-148.

S 32 Scheuer, A., Schmidt, K.D., Gardeik, H.O., Rosemann, H.: Effects on the formation of gaseous pollutants in rotary kiln plants of the cement industry and primary measures for their reduction (de); IF - Die Industriefeuerung No. 38 (1986) pp. 65-78.

S 33 Scheuer, A.: Assessment of the mode of operation of clinker coolers and the effect on the clinker properties (de); ZKG INTERN. 41 (1988) No. 3, pp. 113-118.

S 34 Scheuer, A.: Reduction of NOx emission in cement clinker burning (de); ZKG INTERN. 41 (1988) No. 1, pp. 37-42.

S 35 Scheuer, A.: Non-katalytic reduction of NO with NH in the cement burning process (de); ZKG INTERN. 43 (1990) No. 1, pp. 1-12.

S 36 Scheuer, A.: Theoretical and operational investigations on formation and decomposition of nitrogen monoxide in cement rotary kiln plants (de); Thesis, TU Clausthal (1985); Schriftenreihe der Zementindustrie No. 49 (1987); Verein Deutscher Zementwerke e.V.; Beton-Verlag GmbH, Düsseldorf.

S 37 Schießl, P., Hohberg, I.: Comparative tests for the standardization of leaching methods for cement-bound building materials (de); Inst. Bauforsch., Aachen; Abschlussbericht F 594 (1998).

S 38 Schießl, P., Raupach, M.: Chloride induced corrosion of steel in concrete – investigation with concrete corrosion cells (de) Beton-Inform. 28 (1988) No. 3/4, pp. 33-45.

S 39 Schießl, P., Raupach, M.: Effect of concrete composition and exposure conditions on the chloride-induced corrosion of steel in concrete (de); Beton-Inform. 30 (1990) No. 4, pp. 43-54.

S 40 Schießl, P., Raupach, M.: Influence of the type of cement on the corrosion behaviour of steel in concrete (en); 9. Intern. Congr. Chem. Cem., New Delhi (1992) Vol. 5, pp. 296-301.

S 41 Schießl, P., Schwarzkopf, M.: Chloride- induced corrosion of steel in concrete (de+en); Betonw. + Fertigteil-Techn. 52 (1986) No. 10, pp. 626-635.

S 42 Schießl, P.: On the problem of admissible crack width and required concrete cover in reinforced concrete constructions with special regard to carbonation of the concrete (de); Deutscher Ausschuss für Stahlbeton, No. 255; Verl. Wilhelm Ernst & Sohn KG, Berlin-München- Düsseldorf (1976).

S 43 Schiffers, A., Oppel, Chr.v., Kaltwasser, H.: Investigation of the destruction of asbestos cement plates and concrete in the cooling tower with natural air draft of the power station at Ensdorf (de) Energie 28 (1976) No. 9, pp. 252-254.

S 44 Schiffers, A., Pietzner, H.: Chemical and physical investigations of the flue gas residues from lignite-fired boiler plant in the Rhenish district (de); Braunkohle (1976) No. 1/2, pp. 1-11.

S 45 Schiller, B., Ellerbrock, H.-G.: Grindability of cement components and power consumption of cement mills (de); ZKG INTERN. 42 (1989) No. 11, pp. 553-557.

S 46 Schiller, B., Ellerbrock, H.-G.: The grinding and properties of cements with several main constituents (de); ZKG INTERN. 45 (1992) No. 7, pp. 325-334.

S 47 Schiller, B.: Grindability of the main components of the cement and their influence on the energy consumption for grinding and the cement properties (de); Thesis, RWTH Aachen (1992); Schriftenreihe der Zementindustrie No. 54 (1992); Verein Deutscher Zementwerke e.V.; Beton-Verlag GmbH, Düsseldorf.

S 48 Schiller, K.K.: Strength of porous materials (en); Cem. Concr. Res. 1 (1971) No. 4, pp. 419-422.

S 49 Schmidt, H.-J., Driscoll, B.E.: The reduction of alkali build-ups in suspension preheaters by the use of zirconium silicate based refractories (de+en); VDZ-Kongress '85 - Process Technology of Cement Manufacturing; Verein Deutscher Zementwerke e.V., Düsseldorf (1987) pp. 471-474; ZKG INTERN. 39 (1986) No. 7, pp. 405-407.

S 50 Schmidt, K.D., Gardeik, H.O., Ruhland, W.: Process engineering influences on SO emission from rotary kiln plants (de); ZKG INTERN. 39 (1986) No. 2, pp. 93-101.

S 51 Schmidt, M., Hormann, K., Hofmann, F.-J., Wagner, E.: Concrete with greater resistance to acid and to corrosion by biogenous sulfuric acid (de+en); Betonw. + Fertigteil-Techn. 63 (1997) No. 4, pp. 64-70.

S 52 Schmidt, M.: Innovative cements _ rapid hardening cements, cement for sprayed concrete, ultra-fine cement and cements with high resistance to sufate or acid (de+en); ZKG INTERN. 51 (1998) No. 8, pp. 444-450.

S 53 Schmidt, M.: Hydraulic road binder (de); Zement-Taschenbuch, 48. Ausg. (1984); Ed. Verein Deutscher Zementwerke, Bauverl. Wiesbaden- Berlin, pp. 455-487.

S 54 Schmidt, M.: Special cements (de); Tagungsber. 13. Int. Baustofftagung ibausil, Weimar 1997, Vol. 1, pp. 1/1071-1/1080

S 55 Schmidt, O.: Influence of ZnO and PbO on the properties of Portland clinker and Portland cement (de); Thesis, TU Clausthal (1980).

S 56 Schmidt-Döhl, F., Rostasy, F.S.: Crystallization and hydration pressure or formation pressure of solid phases (en); Cem. Concr. Res. 25 (1995) No. 2, pp. 255-256.

S 57 Schmitt, C.H.: Discussion of [J 25] (en); 4. Intern. Sympos. Chem. Cem., Washington (1960) Vol. 1, pp. 244.

S 58 Schmitt, C.H.: Research to clear up the hardening of cements. Investigations in the systems with the components CaO, Al_2O_3, Fe_2O_3, SiO_2, H_2O (de); Thesis, Univ. Mainz (1957).

S 59 Schmitt, C.H.:On the bonding of lime by granulated blastfurnace slag in the hydraulic hardening of slag cements (de); ZKG INTERN. 16 (1963) No. 8, pp. 321-324.

S 60 Schnatz, R., Ellerbrock, H.G., Sprung, S.: Influencing the workability characteristics of cement during finish grinding with high-pressure grinding rolls (de); ZKG INTERN. 48 (1995) No. 2, pp. 63-71 (de); ZKG INTERN. 48 (1995) No. 5, Ed. B, pp. 264-273 (en).

S 61 Schnatz, R., Ellerbrock, H.G., Sprung, S.: Description and reproducibility of measured particle size distributions of finely ground substances; (de+en); Part 1: ZKG INTERN. 52 (1999) No. 2, pp. 57-67; Part 2: ZKG INTERN. 52 (1999) No. 3, pp. 128-133.

S 62 Schnatz, R.: Workability characteristics of cement in the finish grinding with high-pressure grinding rolls (de); Thesis, TU Clausthal (1996); Schriftenreihe der Zementindustrie No. 58 (1997); Verein Deutscher Zementwerke e.V.; Verlag Bau+Technik GmbH, Düsseldorf.

S 63 Schneider, H.: On the utilization of grinding aids in cement grinding (de); ZKG INTERN. 22 (1969) No. 5, pp. 193-201.

S 64 Schneider, M., Puntke, S., Sylla, Lipus, K.: The influence of cement on the sulfate resistance of mortar and concrete (de+en); CEM. INTERN. No.1 (2002) pp. 130-148.

S 65 Schneider, M., Hoenig, V., Hoppe, H.: Application of „Best Available Techniques" (BAT) in the German cement industry (de+en); ZKG INTERN. 53 (2000) No. 1, pp 1-11.

S 66 Schneider, M., Kuhlmann, K.: The influence of dust emissions from cement manufacture on the ambient pollution levels in the vicinity of the works (de+en); ZKG INTERN. 49 (1996) No. 8, pp. 413-423.

S 67 Schneider, M., Kuhlmann, K.: Environmental relevance of the use of secondary constituents in cement production (de+en); ZKG INTERN. 50 (1997) No. 1, 10-19.

S 68 Schneider, M., Oerter, M.: Limiting and determining mercury emissions in the cement industry (de+en); ZKG INTERN. 53 (2000) No. 3, pp. 121-130.

S 69 Schneider, U., Dumat, S.: Heat curing of concrete with microwaves (de); Deutscher Ausschuss für Stahlbeton, No. 418; Beuth Verl. GmbH, Berlin 30 und Köln 1 (1991).

S 70 Scholze, H., Hildebrandt, U.: Compounds containing carbonate and sulfate in cement manufacture (de); ZKG INTERN. 23 (1970) No. 12, pp. 573-579.

S 71 Schönert, K., Knobloch, O.: Grinding of cement in high-pressure grinding rolls (de); ZKG INTERN. 37 (1984) No. 11, pp. 563-568.

S 72 Schönert, K.: Process technology, in particular processing fine particles (de); Fridericiana, Zeitschrift der Universität Karlsruhe, Heft 21 (1977) pp. 12-33.

S 73 Schott, O.: Looking back at the development of the industrial dust collection plants (de); Zement 18 (1929) No. 21, pp. 666-669.

S 74 Schremmer, H.: Concrete attack in sewers by hydrogen sulfide (de); Wasser/Abwasser 113 (1972) No. 12, pp. 591-595.

S 75 Schröder, F.: Slags and slag cements (en); 5. Intern. Sympos. Chem. Cem., Tokio (1968) Vol. 4, pp. 149-199.

S 76 Schröder, F.: Vaterite the metastable calcium carbonate as a secondary mineral in hardened cement paste (de); Tonind.-Ztg. 86 (1962) No. 10, pp. 254-260.

S 77 Schröder, H. Th., Hallauer, O., Scholz, W.: Resistance of various concrete types to seawater and to sulfate bearing water (de); Deutscher Ausschuss für Stahlbeton, No. 252; Verl. Wilhelm Ernst & Sohn KG, Berlin-München-Düsseldorf (1975).

S 78 Schubert, A. (coordin.): Preliminary specification for injection work with ultrafine cements in porous ground (de); Bautechn. 70 (1993) No. 9, pp. 550-560.

S 79 Schubert, P., Lühr, H.P.: Testing concrete units of road construction for resistance to freezing and to de-icing agents (de); Betonw. + Fertigteil-Techn. 42 (1976) No. 11, pp. 546-550; No. 12, S. 604-608.

S 80 Schulze, B., Kühling, G., Tax, M.: New additives for microfine grouts with low water-cement ratio (de); Bauing. 67 (1992) No. 11, pp. 499-504.

S 81 Schulze, W., Reichel, W., Günzler, J.: Determination of the net density of cement stone (de); Beton 16 (1966) No. 11, pp. 452-457.

S 82 Schunack, H.: Experiments with crystallization nuclei in the concrete manufacture to reach high initial strengths (de); Silikattechn. 10 (1959) No. 7, pp. 326-330.

S 83 Schüppstuhl, J.: Investigations in the system C_3S-β-C_2S-H_2O (de); Thesis, TU Clausthal (1983); (see also [O 21]).

S 84 Schütte, R.: Possibilities of the formation and for the reduction of SO emissions in cement plants (de); ZKG INTERN. 42 (1989) No. 3, pp. 128-133.

S 85 Schweden, K.: Influence of fineness and grain size distribution on the properties of Portland and slag cements and of hydraulic lime (de); Thesis, TU Clausthal (1965); (see also [L 76]).

S 86 Schwenk, W.: Principle of the corrosion – chemical behaviour of structural steel (de+en); Betonw. + Fertigteil-Techn. 51 (1985) No. 4, pp. 216-223.

S 87 Schwiete, H.-E., Böhme, H.-J., Ludwig, U.: Measurements of gas diffusion to estimate the open porosity of mortar and concrete (de); Beton-Inform. 8 (1968) No. 2, pp. 22-26.

S 88 Schwiete, H.E., Iwai, T.: On the behaviour of the ferritic phase in the cement during the hydration (de); ZKG INTERN. 17 (1964) No. 9, pp. 379-386.

S 89 Schwiete, H.E., Ludwig, U., Jäger, P.: Investigations in the system $3CaO \cdot Al_2O_3\text{-}CaSO_4\text{-}CaO\text{-}H_2O$ (de); ZKG INTERN. 17 (1964) No. 6, pp. 229-236.

S 90 Schwiete, H.-E., Ludwig, U., Müller, P.: Investigations on calcium aluminate hydrates (de); Betonstein-Ztg. 32 (1966) No. 3, pp. 141-149, No. 4, pp. 238-243.

S 91 Schwiete, H.-E., Ludwig, U., Otto, P.: Investigations on super sulfated slag cements (de); Forschungsber. NRW, No. 2227, Westdeutscher Verl., Opladen (1971).

S 92 Schwiete, H.E., Ludwig, U.: Crystal structures and properties of cement hydration products (Hydrated calcium aluminates and ferrites) (en); 5. Intern. Sympos. Chem. Cem., Tokio (1968) Vol. 2, pp. 37-67.

S 93 Schwiete, H.E., Ludwig, U.: The tuff, its origin and constitution and its utilization in the building trade as reflected in the literature (de); Forschungsber. NRW, No. 948, Westdeutscher Verl., Köln u. Opladen (1961).

S 94 Schwiete, H.E., Ludwig, U.: The combination of the free lime and the new compounds formed during the reactions between trass and lime (de); Forschungsber. NRW, No. 979, Westdeutscher Verl., **Köln u. Opladen (1961).**

S 95 Schwiete, H.-E., Ludwig, U.: On the determination of the open porosity of the hardened cement paste (de); Tonind.-Ztg. 90 (1966) No. 12, pp. 562-574.

S 96 Schwiete, H.E., Strassen, H. zur: The influence of magnesia in Portland cement clinker on the tetracalcium aluminate ferrite – A contribution to the system $CaO\text{-}MgO\text{-}Al_2O_3\text{-}FeO$ (de);

S 97 Scrivener, K.L., Bentur, A., Pratt, P.L.: Quantitative characterization of the transition zone in high strength concretes (en); Adv. Cem. Res. 1 (1988) No. 4, pp. 230-237.

S 98 Scrivener, K.L., Cabiron, J.-L., Letourneux, R.: High-performance concretes from calcium aluminate cements (en); Cem. Concr. Res. 29 (1999) No. 8, pp. 1215-1223.

S 99 Scrivener, K.L., Capmas, A.: Calcium aluminate cements (en); In P.C. Hewlett (Ed.) "Lea's Chemistry of Cement and Concrete", 4. Ed.; Arnold, London NW1 3BH, 1998, pp. 709-778.

S 100 Scrivener, K.L., Crumble, A.K., P.L. Pratt: A study of the interfacial region between cement paste and aggregate in concrete (en); Mat. Res. Soc. Symp. Proc. 114 (1988) pp. 87-88.

S 101 Scrivener, K.L., Gartner, E.M.: Microstructural gradients in cement paste around aggregate particles (en); Mater. Res. Soc. Symp. Proc. Vol. 114 (1988) pp. 77-85.

S 102 Scrivener, K.L., Nemati, K.M.: The percolation of pore space in the cement paste/ aggregate interfacial zone of concrete (en); Cem. Concr. Res. 26 (1996) No. 1, pp. 35-40.

S 103 Scrivener, K.L., Patel, H.H., Pratt, P.L., Parrott, L.J.: Analysis of phases in cement paste using backscattered electron images, methanol adsorption and thermogravimetric analysis (en); Mat. Res. Soc. Symp. Proc. 85 (1987) pp. 67-76.

S 104 Scrivener, K.L., Pratt, P.L.: A preliminary study of the microstructure of the cement/sand bond in mortars (en); 8. Intern Congr. Chem. Cem., Rio de Janeiro (1986) Vol. 3, pp. 466-471.

S 105 Scrivener, K.L.: The microstructure of concrete (en); In J.P. Skalny: Materials science of concrete, Vol. 1; The American Ceramic Society, Inc. (1989) pp. 127-161.

S 106 Scrivener, K.L.: The use of backscattered electron microscopy and image analysis to study the porosity of cement paste (en); Mat. Res. Soc. Symp. Proc. Vol. 137 (1989) pp. 129-140.

S 107 Seebach, H.M. v., Tompkins, J.B.: The behaviour of metals in cement kilns (en); Rock Prod. 26. International Cement Seminar, New Orleans, 1990.

S 108 Seebach, H.M. v.: The effect of vapors of organic liquids on the grinding of cement clinker in ball mills (de); Thesis, TU Clausthal (1969); Schriftenreihe der Zementindustrie No. 35 (1969); Verein Deutscher Zementwerke e.V.; Beton-Verlag GmbH, Düsseldorf. ZKG INTERN. 22 (1969) No. 5, pp. 202-211.

S 109 Seidel, K.: On the determination of the phase composition of cement clinker in the system $3CaO \cdot SiO_2$-$2CaO \cdot SiO_2$-$3CaO \cdot Al_2O_3$-$4CaO \cdot Al_2O_3 \cdot Fe_2O_3$ at sintering temperature; Zement 28 (1939) No. 45, pp. 649-653; No. 46, pp. 657-661; No. 47, pp. 667-671; No. 48, pp. 679-682; pp. see also [D 1]. S 110 Seidler, T., Hoenig,

S 110 Seidler, T., Hoenig, V.: Investigations into the formation and reduction of raw-material-derived SO2 emissions in the cement industry (de+en); CEM. INTERN. No. 1 (2002) pp. 66-84

S 111 Seligmann, P., Greening, N.R.: New techniques for temperature and humidity control in X-ray diffractometry (en); J. PCA Res. Dev. Lab. 4 (1962) No. 2, pp. 2-9. PCA Res. Dept. Bull. 143.

S 112 Seligmann, P., Greening, N.R.: Phase equilibria of cement – water (en); 5. Intern. Sympos. Chem. Cem., Tokio (1968) Bd. 2, pp. 179-200.

S 113 Seligmann, P.: Nuclear magnetic resonance studies of the water in hardened cement paste (de); J. PCA Res. Dev. Lab. 10 (1968) No. 1, pp. 52-65; PCA Res. Dept. Bull. 222.

S 114 Sellevold, E.J.: Mercury porosimetry of hardened cement paste cured or stored at 97 °C; Cem. Concr. Res. 4 (1974) No. 3, pp. 399-404.

S 115 Sersale, R., Aiello, R., Colella, C., Frigione, G.: Other utilization of blastfurnace slag (fr); Sil. Ind. 41 (1976) No. 12, pp. 513-519.

S 116 Setzer, M.J., Auberg, R.: Resisting to freezing de-icing salt of concrete paving blocks; correlation and comparison between CDF- and Slab-Test (de); Univ.-GH Essen, Forschungsber. FB Bauwesen 56 (1994).

S 117 Setzer, M.J., Hartmann, V.: CDF test specifications (de+en); Betonw. + Fertigteil-Techn. 57 (1991) No. 9, pp. 83-86.

S 118 Setzer, M.J., Hartmann, V.: Improved frost/ de-icing salt resistance testing (de+en); Betonw. + Fertigteil-Techn. 57 (1991) No. 9, pp. 73-82.

S 119 Setzer, M.J., Schrage, I.: Testing for frost de-icing salt resistance of concrete paving blocks (de+en); Betonw. + Fertigteil-Techn. 57 (1991) No. 6, pp. 58-69.

S 120 Setzer, M.J., Stark, J., Auberg, R., Ludwig, H.-M.: Experience with the CDF-test for the resistance to freezing and de-icing salt at UG Esssen and HAB Weimar (de); Wiss. Z. Arch. Bauw. Weimar 40 (1994) No. 5-7, pp. 127-131.

S 121 Setzer, M.J.: Influence of water content on the properties of hardened concrete (de); Deutscher Ausschuss für Stahlbeton, No. 280; Verl. Wilhelm Ernst & Sohn KG, Berlin-München- Düsseldorf (1977) pp. 43-117.

S 122 Setzer, M.J.: Development and precision of a test method for the resistance to freezing and de- icing salt (de); Wiss. Z. Arch. Bauw. Weimar 40 (1994) No. 5-7, pp. 87-93.

S 123 Setzer, M.J.: Testing the resistance of concrete products to freezing and to de-icing salt (de); Univ.-GH Essen, Forschungsber. FB Bauwesen 49 (1990).

S 124 Shayan, A., Quick, G.W., Lancucki, C.J., Way, S.J.: Investigation of some greywacke aggregates for alkali-aggregate reactivity (en)

9. Intern. Conf. Alkali-Aggregate Reaction in Concrete, London (1992) Vol. 2, pp. 958-979.

11 参考文献

S 125 Shepherd, E.S., Rankin, G.A., Wright, F.E.: The binary systems of alumina with silica, lime and magnesia (en); Am. J. Sci. [4] 28 (1909) pp. 293-333.

S 126 Sherwood, W.C., Newlon, H.H. jr.: Studies on the mechanisms of alkali-carbonate reaction; Part 1. Chemical reactions (en); Highway Res. Rec. No. 45 (1964) pp. 41-56.

S 127 Shi, D., Winslow, D.N.: Contact angle and damage during mercury intrusion into cement paste (en); Cem. Concr. Res. 15 (1985) No. 4, pp. 645-654.

S 128 Sideris, K.: Theory of the mechanism of the alkali-silica reaction (de); Thesis, RWTH Aachen (1974).

S 129 Siebel, E., Eickschen, E.: Determination of the characteristic value for the air void content of fresh concrete (de); Forschung Straßenbau und Straßenverkehrstechnik No. 640 (1993); Ed.: Bundesminister für Verkehr, Abtlg. Straßenbau, Bonn-Bad Godesberg.

S 130 Siebel, E., Reschke, Th., Sylla, H.-M.: Alkali reaction with aggregates from the southern region of the new federal states - Investigation of damaged structures (de); Beton 46 (1996) No. 5, pp. 298-301; No. 6, pp. 366-370.

S 131 Siebel, E., Reschke, Th.: Alkali reaction with aggregates from the southern region of the new federal states - Investigations carried out on laboratory concretes (de); Beton 46 (1996) No. 12, pp. 740-744; 47 (1997) No. 1, pp. 26-32.

S 132 Siebel, E., Sprung, S.: Influence of limestone in Portland limestone cement on the durability of concrete (de); Beton 41 (1991) No. 3, pp. 113-117, No. 4, pp. 185-188.

S 133 Siebel, E.: Air-void chracteristics and freezing and thawing of superplasticized air- entrained concrete with high workability (en); Proc. 3. Intern Conf. "Superplasticizers and other chemical admixtures in concrete", Ottawa (1989) Am. Concr. Inst. SP-119, pp. 297-319.

S 134 Siebel, E.: Factors effecting the air-void parameters of concrete and its resistance to freeze- thaw with de-icing salt (de); Beton 45 (1995) No. 10, 724-730.

S 135 Siebel, E.: Freeze-thaw resistance of concrete without and with de-icing salt, estimation by means of concrete cube method (de); Beton 42 (1992) No. 9, 496-501.

S 136 Siebel, E.: Deformation behavior and energy consumption of normal and light-weight concrete under short-term pressure (de); Thesis, TH Darmstadt (1988); Schriftenreihe der Zementindustrie No. 50 (1989); Verein Deutscher Zementwerke e.V.; Beton-Verlag GmbH, Düsseldorf.

S 137 Sillem, H., Ellerbrock, H.-G., Funke, G.: The development of process engineering as reflected in the congress reports of the German cement industry (de+en); VDZ-Congress '77 - Process Technology of Cement Manufacturing; Verein Deutscher Zementwerke e.V., Düsseldorf, und Bauverlag GmbH, Wiesbaden und Berlin (1979) pp. 18-35; ZKG INTERN. 30 (1977) No. 9, pp. 430-438.

S 138 Sinh, N.B., Abha, K.: Effect of calcium formate on the hydration of tricalcium silicate (en); Cem. Concr. Res. 13 (1983) No. 5, pp. 619-625.

S 139 Skalny, J.P., Diamond, S., Lee, R.J.: Sulfate attack, interfaces and concrete deterioration (en); Proc. RILEM 2. Int. Conf. The Interfacial transition Zone in cementitious composites; Edit. A. Katz, A. Bentur, M. Alexander, G. Artiguie NBRI Technion Haifa, Israel, 1998, pp. 127-136.

S 140 Skalny, S., Locher, F.W.: Curing practices and internal sulfate attack - The European experience (en); Cem. Concr. Aggr. 21 (1999)No. 1, pp. 59-63.

S 141 Skoblinskaya, N.N., Krasilnikov, K.G.: Changes in crystal structure of ettringite on dehydration (en); Cem. Concr. Res. 5 (1975) No. 4, pp. 381-393.

S 142 Slegers, P.A., Rouxhet, P.G.: Carbonation of the hydration products of tricalcium silicate (en); Cem.

Concr. Res. 6 (1976) No. 3, pp. 381-388.

S 143 Smith, D.K., Majumdar, A.J., Ordway, F.: Re-examination of the polymorphism of dicalcium silicate (en); J. Am. Ceram. Soc. 44 (1961) No. 8, pp. 405-411.

S 144 Smith, D.K., Majumdar, A., Ordway, F.: The crystal structure of γ-dicalcium silicate (en); Acta Cryst. 18 (1965) No. 4, pp. 787-795.

S 145 Smith, M.A., Halliwell, F.: The application of the BS 4550 test for pozzolanic cements to cements containing pulverized – fuel ashes (en); Mag. Concr. Res. 31 (1979) No. 108, pp. 159-170.

S 146 Smith, R.H., Bayliss, P.: Interlayer desorption of CSH(I) (en); Cem. Concr. Res. 2 (1972) No. 6, pp. 643-646.

S 147 Smolczyk, H.-G., Romberg, H.: The effect of curing and storage on later hardening and further development of pore size distribution of concrete (de); Tonind.-Ztg. 100 (1976) No. 11, pp. 381-390.

S 148 Smolczyk, H.-G.: Chemical reactions of strong chloride-solutions with concrete (en); 5. Intern. Sympos. Chem. Cem., Tokio (1968) Vol. 3, pp. 274-280.

S 149 Smolczyk, H.-G.: The ettrigite phases in blastfurnace cement (de); ZKG INTERN. 14 (1961) No. 7, pp. 277-284.

S 150 Smolczyk, H.-G.: The hydration products of cements with a high content of blastfurnace slag (de); ZKG INTERN. 18 (1965) No. 5, pp. 238-246.

S 151 Smolczyk, H.-G.: The assessment by X-ray diffraction of concrete made with high alumina cement (de); Betonstein-Ztg. 30 (1964) No. 11, pp. 573-579.

S 152 Smolczyk, H.-G.: Fluid in the pores of concrete – Composition and transportation processes in the liquid phase of the cement stone (de); Beton-Inform. 24 (1984) No. 1, pp. 3-10.

S 153 Smolczyk, H.-G.: Fundamental questions and new investigation about the X-ray diffraction determination of the crystalline phases of the cement clinker (de).; Schriftenreihe der Zementindustrie No.. 29 (1962) pp. 31-77; Verein Deutscher Zementwerke e.V., Düsseldorf.

S 154 Smolczyk, H.-G.: Testing and assessment of concrete aggregate (de); Schriftenreihe der Zementindustrie No. 40 (1973) pp. 57-67; Verein Deutscher Zementwerke e.V.; Beton-Verlag GmbH, Düsseldorf.

S 155 Smolczyk, H.-G.: Slag structures and identification of of slags (en); 7. Intern Congr. Chem. Cem., Paris (1980) Bd. 1, pp. III-1/3-1/17.

S 156 Smolczyk, H.-G.: State of knowledge on chloride diffusion in concrete (de+en); Betonw. + Fertigteil-Techn. 50 (1984) No. 12, pp. 837-843.

S 157 Smolczyk, H.-G.: The effect of the chemistry of the slag on the strengths of blastfurnace cements (de+en); VDZ-Congress '77 – Process Technology of Cement Manufacturing; Verein Deutscher Zementwerke e.V., Düsseldorf, und Bauverlag GmbH, Wiesbaden und Berlin (1979) pp. 668-673; ZKG INTERN. 31 (1978) No. 6, pp. 294-296.

S 158 Smolczyk, H.-G.: The effect of clinker on the strength development of blastfurnace cement (de); Beton-Informationen 21 (1981) No. 4, pp. 43-49.

S 159 Soete, de, G.G.: Physico-chemical mechanisms in the formation of nitrogen oxide in industrial flames (de+en); Gas-Wärme-Intern. 30 (1981) No. 1, pp. 15-24.

S 160 Sohn, D., Johnson, D.L.: Microwave curing effects on the 28-day strength of cementitious materials (en); Cem. Concr. Res. 29 (1999) No. 2, pp. 241-247.

S 161 Sommer, H., Knöfel, D.: Aggregates (de+en); Int. Koll. „Frostbeständigkeit von Beton", Wien, 1980; Mitt. Forschungsinst. Verein Österr. Zementfabr., No. 33, pp. 121-134.

S 162 Sommer, H.: A new method of making concrete resistant to frost and de-icing salts (de+en); Betonw. + Fertigteil-Techn. 44 (1978) No. 9, pp. 476-484.

S 163 Song, S., Jennings, H.M.: Pore solution chemistry of alkali-activated ground blast-furnace slag (en); Cem. Concr. Res. 29 (1999) No. 2, pp. 159-170.

S 164 Soretz, St., Siebel, E., Wischers, G.: Effect of the cement on the resistance to frost (de+en); Int. Koll. "Frostbeständigkeit von Beton", Wien, 1980; Mitt. Forschungsinst. Verein Österr. Zementfabr., H. 33, pp. 149-154.

S 165 Sorrentino, F., Glasser, F.P.: The phase composition of high alumina cement clinkers (en); Proc. Intern. Seminar Calcium Aluminates, Turin (1982) pp. 14-43.

S 166 Sourie, A., Glasser, F.P., Lachowski, E.E.: Microstructural studies on pleochroite (en); Trans. Brit. Ceram. Soc. 93 (1994) No. 2, pp. 41-48.

S 167 Sourie, A., Glasser, F.P.: Studies of the mineralogy of high alumina cement clinkers (en); Trans. Brit. Ceram. Soc. 90 (1991) No. 3, pp. 71-76.

S 168 Spanka, G., Grube, H., Thielen, G.: Operative mechanism of plasticizing concrete admixtures (de+en); Beton 45 (1995) No. 11, pp. 802-808, No. 12, pp. 876-881.

S 169 Spanka, G., Thielen, G.: Release of volatile substances of cement-bound building products (de); Beton 49 (1999) No. 2, pp. 111-114; No. 3, pp. 173-177.

S 170 Spohn, E., Lieber, W.: Reactions between calcium carbonate and Portland cement, contribution to the systems C_3A-$CaCO_3$-H_2O und C_4AF-$CaCO_3$-H_2O (de); ZKG INTERN. 18 (1965) No. 9, pp. 483-485.

S 171 Spohn, E., Woermann, E., Knoefel, D.: A refinement of the lime standard formula (en); 5. Intern Sympos. Chem. Cem., Tokio (1968) Vol. 1, pp. 172-179 ZKG INTERN. 22 (1969) No. 2, pp. 55-60.

S 172 Spohn, E.: The lime deviation method for cement raw mix control (de); ZKG INTERN. 12 (1959) No. 12, pp. 560-566.

S 173 Spohn, E.: The lime limit of Portland cement (de); Zement 21 (1932) No. 50, pp. 702-706; No. 51, pp. 717-723; No. 52, pp. 731-736.

S 174 Spohn, E.: Cements for mass concrete (de); Heidelb. Portländer (1963) No. 3, pp. 25-29.

S 175 Spohn, E.:Shaft kiln development in two generations (de); ZKG INTERN. 15 (1962) No. 6, pp. 251-254.

S 176 Springenschmid, R. Breitenbücher, R., Kussmann, W.: Cracking tendency to concretes with blastfurnace slag cements due to outflow of heat of hydration (de+en); Betonw. + Fertigteil-Techn. 53 (1987) No. 12, pp. 817-821.

S 177 Springenschmid, R. Breitenbücher, R.: Are low-heat cements the most favourable cements for the prevention of cracks due to heat of hydration? (de) Betonw. + Fertigteil-Techn. 52 (1986) No. 11, pp. 704-711.

S 178 Springenschmid, R., Nischer, P.: Investigations on the cause of transverse cracks in young concrete (de); Beton- u. Stahlbetonbau 68 (1973) No. 9, pp. 221-226.

S 179 Springenschmid, R., Plannerer, M.: Crown cracks in the inner lining of large tunnels - Causes and methods for avoidance (de); Beton- und Stahlbetonbau 92 (1997) No. 3, pp. 68-72.

S 180 Springenschmid, R.: Determination of stress caused by shrinkage and heat of hydration in concrete (de); Beton- u. Stahlbetonbau 79 (1984) No. 10, pp. 263-269.

S 181 Springenschmid, R.: Experience with the use of air entraining agents in road construction (de+en); Betonw. + Fertigteil-Techn. 38 (1972) No. 8, pp. 587-593.

S 182 Springenschmid, R.: Cracks in concrete caused by heat of hydration (de); ZKG INTERN. 44 (1991) No. 3, pp. 132-138.

S 183 Sprung, S., Kirchner, G., Rechenberg, W.: Reactions of poorly volatile trace elements in cement clinker burning (de); ZKG INTERN. 37 (1984) No. 10, pp. 513-518.

S 184 Sprung, S., Kuhlmann, K., Ellerbrock, H.- G.: Particle size distribution and properties of cement; Part 2: Water demand of Portland cement (de); ZKG INTERN. 38 (1985) No. 9, pp. 528-534.

S 185 Sprung, S., Rechenberg, W., Bachmann, G.: Environmental compatibility of cement and concrete (en); J.J.J.M. Goumans, H.A. van der Sloot and Th.G.Aalbers (Ed.): Environmental Aspects of Construction with Waste Materials; Elsevier Science B.V. (1994), pp. 369-386.

S 186 Sprung, S., Rechenberg, W., Bachmann, G.: Environmental compatibility of cement (de+en); VDZ-Congress '93 - Process Technology of Cement Manufacturing; Verein Deutscher Zementwerke e.V., Düsseldorf, and Bauverlag GmbH, Wiesbaden und Berlin (1994) pp. 112-120; ZKG INTERN. 47 (1994) No. 8, pp. 456-461.

S 187 Sprung, S., Rechenberg, W.: The reactions of lead and zinc in the burning of cement clinker (de+en); VDZ-Congress '77 - Process Technology of Cement Manufacturing; Verein Deutscher Zementwerke e.V., Düsseldorf, and Bauverlag GmbH, Wiesbaden und Berlin (1979) pp. 598-603; ZKG INTERN. 31 (1978) No. 7, pp. 327-329.

S 188 Sprung, S., Rechenberg, W.: Binding of heavy metals in secondary material through consolidation with cement (de); Beton 38 (1988) No. 5, pp. 193-198. Schlussbericht, AIF-Forschungsvorh. No. 5803 (1987) 170 pp.

S 189 Sprung, S., Rechenberg, W.: Reactions of lead and zinc in the cement production (de); ZKG INTERN. 36 (1983) No. 10, pp. 539-548.

S 190 Sprung, S., Rechenberg, W.: Levels of heavy metals in clinker and cement (de); ZKG INTERN. 47 (1994) No. 5, pp. 258-263.

S 191 Sprung, S., Seebach, H.M. v.: Fluorine balance and fluorine emission from cement kilns (de); ZKG INTERN. 21 (1968) No. 1, pp. 1-8.

S 192 Sprung, S., Siebel, E.: Assessment of the suitability of limestone for producing Portland limestone cement (PKZ) (de); ZKG INTERN. 44 (1991) No. 1, pp. 1-11.

S 193 Sprung, S., Sybertz, F., Thielen, G.: The new German cement standard DIN 1164-1 (de+en); Beton 45 (1995) No. 7, pp. 490-497.

S 194 Sprung, S., Sylla, H.-M.: Course of the alkali/silica reaction in concrete with different types of aggregate (de+en); ZKG INTERN. 51 (1998) No. 6, pp. 334-346.

S 195 Sprung, S.: Concrete for seawater desalination plants (de); Beton 28 (1978) No. 7, 241-245.

S 196 Sprung, S.: The behaviour of sulfur in the burning of cement clinker (de); Thesis, TU Clausthal (1964). Schriftenreihe der Zementindustrie No. 31 (1964); Verein Deutscher Zementwerke e.V.; Beton-Verlag GmbH, Düsseldorf. Tonind.-Ztg. 89 (1965) No. 5/6, pp. 124-130.

S 197 Sprung, S.: The chemical and mineralogical composition of cement kiln dust (de); Tonind.-Ztg. 90 !966) No. 10, pp. 441-449.

S 198 Sprung, S.: Effect of storage conditions on the properties of cement (de+en); VDZ-Congress '77 - Process Technology of Cement Manufacturing; Verein Deutscher Zementwerke e.V., Düsseldorf, und Bauverlag GmbH, Wiesbaden und Berlin (1979) pp. 686-695; ZKG INTERN. 31 (1978) No. 6, pp. 305-309.

S 199 Sprung, S.: Effect of mill atmosphere on the setting and strength of cement (de); ZKG INTERN. 27 (1974) No. 5, pp. 259-267.

S 200 Sprung, S.: Influence of the composition of clinker and cement on the rheological behavior of fresh concrete (en); 8. Intern Congr. Chem. Cem., Rio de Janeiro (1986) Vol. 6, pp. 279-283.

S 201 Sprung, S.: Influence of cement and additions on the alkali aggregate reaction (de); Schriftenreihe der Zementindustrie No. 40 (1973) pp. 69-78; Verein Deutscher Zementwerke e.V.; Beton-Verlag GmbH, Düsseldorf.

S 202 Sprung, S.: Influence of process technology on cement properties (de+en); VDZ-Congress '85 – Process

Technology of Cement Manufacturing; Verein Deutscher Zementwerke e.V., Düsseldorf, und Bauverlag GmbH, Wiesbaden und Berlin (1987) pp. 2-17; ZKG INTERN. 38 (1985) No. 10, pp. 577-585.

S 203 Sprung, S.: Influences on the alkali- aggregate reaction in concrete (en); Intern. Sympos. Alkali-Aggregate Reaction, Preventive Measures; Reykjavik (1975) pp. 231-244.

S 204 Sprung, S.: Technological problems with burning of cement clinker, cause and solution (de); Schriftenreihe der Zementindustrie No. 43 (1982); Verein Deutscher Zementwerke e.V.; Beton-Verlag GmbH, Düsseldorf.

S 205 Stade, H., Müller, D., Scheler, G.: On the structure of ill-crystallized calcium hydrogen silicates. V. Studies on the coordination of Al in C-S-H (Di, Poly) by 27Al-NMR spectroscopy (de); Z. anorg. allg. Chem. 510 (1984) pp. 16-24.

S 206 Stade, H., Müller, D.: On the coordination of Al in ill-crystallized C-S-H-phases formed by hydration of tricalcium silicate and by precipitation reactions at ambient temperature (en); Cem. Concr. Res. 17 (1987) No. 4, pp. 553-561.

S 207 Stade, H., Wieker, W.: On the structure of ill-crystallized calcium hydrogen silicates. III. Incorporation of Al3+ ions into C-S-H(Di, Poly) and formation of an instable 11Å tobermorite (de); Z. anorg. allg. Chem. 494 (1982) pp. 179-188.

S 208 Stanton, T.E., Portep, O.J., Meder, L.C., Nicol, A.: California experience with the expansion of concrete through reaction between cement and aggregate (en); J. Am. Concr. Inst., Proc. 38 (1941/42) No. , pp. 209-236.

S 209 Stanton, T.E.: Expansion of concrete through reaction between cement and aggregate (en); Proc. Am. Soc. Civ. Engrs. 66 (1940) pp. 1781-1811; 107 (1942) pp. 54-84 (reprint with disc. pp. 85-126).

S 210 Stanton, T.E.: Influence of cement and aggregate on concrete expansion (en); Eng. News Rec. 124 (1940) pp. 171-173.

S 211 Stark, D.: Alkali silica reactivity in the Rocky Mountain region (en); Proc. 4. Intern. Conf. Effects of Alkalies in Cement

S 212 Stark, D.: Alkali-silica reactivity: Some reconsiderations (en); Cem. Concr. Aggreg. 2 (1980) No. 2, pp. 92-94.

S 213 Stark, J., Chartschenko, I.: Development of expansive cements for the construction engineering (de); Int. Sympos. "75 Jahre Quellzement", Weimar (1995), Tagungsber. pp. 5-30.

S 214 Stark, J., Ludwig, H.-M.: The role of phase conversions in the hardened cement paste when concrete is attacked by freeze-thaw and freeze-thaw with de-icing salt (de+en); ZKG INTERN. 49 (1996) No. 11, pp. 648-663.

S 215 Stark, J., Ludwig, H.-M.: Resistance of concrete to freeze-thaw and freeze-thaw with de-icing salt – a purely physical problem? (de); Wiss. Z. Arch. Bauw. Weimar 40 (1994) No. 5-7, pp. 95-104.

S 216 Stark, J., Ludwig, M.: The resistance of concrete made with blastfurnace cement to freeze- thaw attack with de-icing salt (de); Beton 47 (1997) No.11, pp. 646-656.

S 217 Stark, J., Müller, A., Schrader, R., Rümpler, K.: Existence conditions of hydraulically active belite cement (de); ZKG INTERN. 34 (1981) No. 9, pp. 476-481.

S 218 Stark, J., Müller, A.: International development trends in low-energy cements (de); ZKG INTERN. 41 (1988) No. 4, pp. 162-165.

S 219 Stark, J., Wicht, B.: On the 100th anniversary of the erection of the first rotary kiln for cement production in Germany (de); Wiss. Z. Bauhaus Univ. Weimar 42 (1996) No. 4-5, pp. 03-07.

S 220 Stark, J.: Relationship between phase composition, cooling rate and Na_2O-content in belite clinkers (de);

ZKG INTERN. 41 (1988) No. 4, pp. 169-170.

S 221 Stein, H.N., Stevels, J.M.: Influence of silica on the hydration of $3CaO \cdot SiO_2$ (en); J. Appl. Chem. 14 (1964) pp. 338-346.

S 222 Stein, H.N.: The reaction of $3CaO \cdot Al_2O_3$ with water in the presence of $CaSO_4 \cdot 2H_2O$ (en); J. Appl. Chem. 15 (1965) pp. 314-325.

S 223 Stein, H.N.: Some characteristics of the hydration of $3CaO \cdot Al_2O_3$ in the presence of $CaSO_4 \cdot 2H_2O$ (en); and Concrete, Purdue Univ., West Lafayette, Ind., USA (1978) pp. 235-243. Sil. Ind. 28 (1963) No. 3, pp. 141-145.

S 224 Stein, H.N.: Influence of some additives on the hydration reactions of Portland cement; I. Non- ionic organic additives (en); J. Appl. Chem. 11 (1961) pp. 474-482.

S 225 Steinbiß, E.: Experience with precalcining with due regard to substitute fuels (de); ZKG INTERN. 32 (1979) No. 5, pp. 211-221.

S 226 Steinbiß, E.: Combustion engineering (de); **S 234** Stockhausen, N., Dorner, H., Zech, B., Setzer, M.J.: Investigation of freezing processes in cement stone by means of DTA (de); Cem. Concr. Res. 9 (1979) No. 6, pp. 783-794.

S 227 Steinegger, H.: Testing and estimation of the resistance of cements to sulfate attack (de); ZKG INTERN. 23 (1970) No. 2, pp. 67-71.

S 228 Steinour, H.H.: The reactions and thermochemistry of cement hydration at ordinary temperature (en); 3. Intern Sympos. Chem. Cem., London (1952) pp. 261-289.

S 229 Steinour, H.H.: The effect of phosphate in Portland cement clinker (en); Pit and Quarry 50 (1957) No. 3, 93-101; No. 4, 80-85, 101; PCA Res. Dept. Bull. 85 (1957).

S 230 Stephan, D., Maleki, H., Knöfel, D., Eber, B., Härdtl, R.: Influence of Cr, Ni and Zn on the properties of pure clinker phases (en): Part 1. C_3S; Cem. Concr. Res. 29 (1999) No. 4, pp. 545-552; Part 2. C_3A and C_4AF; Cem. Concr. Res. 29 (1999) No. 5, pp. 651-657.

S 231 Steuerwald, F., Hackenberg, P., Scholze, H.: Vapour pressure of spurrite $2C_2S \cdot CaCO_3$ (de); ZKG INTERN. 23 (1970) No. 12, pp. 579-580.

S 232 Stevenson, R.J., Collier, J.C., Crashell, J.J., Quandt, L.R.: Characterization of North American lignite fly ashes; 1: Chemical variation (en); In G.J.McCarthy, F.P Glasser, D.M. Roy, R.T. Hemmings (Ed.): Fly Ash and Coal Conversion By- Products: Characterization, Utilization and Disposal IV (en); Mat. Res. Soc. Symp. Proc. Vol. 113 (1988) pp. 87- 98.

S 233 Stevenson, R.J., Huber, T.P.: SEM-study of chemical variations in western U.S. fly ash (en) In G.J. McCarthy, F.P. Glasser, D.M. Roy, S. Diamond (Ed.): Fly Ash and Coal Conversion By- Products: Characterization, Utilization and Disposal III (en); Mat. Res. Soc. Symp. Proc. Vol. 86 (1987) pp. 99- 108.

S 234 Stockhausen, N., Dorner, H., Zech, B., Setzer, M.J.: Investigation of freezing processes in cement stone by means of DTA (de); Cem. Concr. Res. 9 (1979) No. 6, pp. 783-794.

S 235 Stokes, R.H., Robinson, R.A.: Standard solutions for humidity control at 25 °C (en); Ind. Eng. Chem. 41 (1949) pp. 2013.

S 236 Strassen, H. zur, Schmitt, C.H.: On the stability of C_3FH_6 and C_4FH_{14} (en); 4. Intern Sympos. Chem. Cem., Washington (1960) Vol. 1, pp. 243.

S 237 Strassen, H. zur: The theoretical heat requirement for cement burning (de); ZKG INTERN. 10 (1957) No. 1, pp. 1-12.

S 238 Strassen, H. zur: The chemical reactions involved in the hardening of cement (de); ZKG INTERN. 11 (1958) No. 4, pp. 137-143.

S 239 Strassen, H. zur: Survey of the cement hydration reactions (de); Tagungsberichte der Zementindustrie H. 21, 1. Teil (1961) pp. 71-87.

S 240 Strassen, H. zur: On the problem of non-selective hydration of clinker minerals (de); Zement und Beton (1959) No. 16, pp. 32-34.

S 241 Strasser, S., Wolter, A.: Future potential for grinding with roller presses (de); ZKG INTERN. 44 (1991) No. 7, pp. 345-350.

S 242 Strätling, W.: The reaction between calcined kaolin and lime in aqueous solution (de); Thesis, TH Braunschweig (1938).

S 243 Striebel, W.: Development in the field of oil well cements (de); Erdoel-Z. 77 (1961) No. 12, pp. 614-623.

S 244 Strohbauch, G., Kuzel, H.-J.: Carbonation reactions as cause of damage to heat-treated precast concrete units (de); ZKG INTERN. 41 (1988) No. 7, pp. 358-360.

S 245 Struble, L., Diamond, S.: Unstable swelling behavior of alkali silica gels (en); Cem. Concr. Res. 11 (1981) No. 4, pp. 611-617.

S 246 Struble, L., Skalny, J., Mindess, S.: A review of the cement-aggregate bond (en); Cem. Concr. Res. 10 (1980) No. 2, pp. 277-286.

S 247 Struble, L.: Microstructure and fracture at the cement paste – aggregate interface (en); Mat. Res. Soc. Sympos. Proc. 114 (1988) pp. 11-20.

S 248 Struble, L.J., Diamond, S.: Swelling properties of synthetic alkali silica gels (en); J. Am. Ceram. Soc. 64 (1981) No. 11, pp. 652-655.

S 249 Struble, L.J.: Synthesis and characterization of ettringite and related phases (en); 8. Intern Congr. Chem. Cem., Rio de Janeiro (1986) Vol. 6, pp. 582-588.

S 250 Strunge, J., Knöfel, D., Dreizler, I.: Influence of alkalies and sulfur on the properties of cement; Part 1: Effect of the SO_3-content on the cement properties (de); ZKG INTERN. 38 (1985) No. 3, pp. 150-158; Part 2: Influence of alkalies and sulfate on the properties of cement, taking account of the silica ratio (de); ZKG INTERN. 38 (1985) No. 8, pp. 441-450.

S 251 Strunge, J.: Determination of the content of clinker phases with microscopic methods (de); Conference report of the VDZ Committee "Cement Chemistry"; ZKG INTERN. 47 (1994) No. 12, p. 728.

S 252 Stutterheim, N.: Properties and uses of high-magnesia Portland slag cement concretes (en); J. Am. Concr. Inst. 31 (1960) No. 10, pp. 1027-1045.

S 253 Stutterheim, N.: The risk of unsoundness due to periclase in high-magnesia blast-furnace slags (en); 4. Intern Sympos. Chem. Cem., Washington (1960) Vol. 2, pp. 1035-1040.

S 254 Sudoh, G., Ohta, T., Harada, H.: High strength cement in the CaO-Al_2O_3-SiO_2-SO_3 system and its application (en); 7. Intern Congr. Chem. Cem., Paris (1980) Vol. 3, pp. V-152-157.

S 255 Suzuki, K., Ito, S., Nishikawa, T., Shinno, I.: Effect of Na, K and Fe on the formation of α- and β-Ca_2SiO_4 (en); Cem. Concr. Res. 16 (1986) No. 6, pp. 885-892.

S 256 Svendsen, J.: Low-alkali cement from high-alkali raw materials with energy saving process technology (de+en); VDZ-Congress '77 – Process Technology of Cement Manufacturing; Verein Deutscher Zementwerke e.V., Düsseldorf, und Bauverlag GmbH, Wiesbaden und Berlin (1979) pp. 648-653; ZKG INTERN. 31 (1978) No. 6, pp. 281-284.

S 257 Swamy, R.N., Al-Asali, M.M.: Expansion of concrete due to alkali-silica reaction (en); ACI Mat. J. 85 (1988) No. 1, pp. 33-40.

S 258 Swayze, M.A.: A report on studies of 1. the ternary system CaO-C_5A_3-C_2F, 2. the quaternary system CaO-

C_5A_3-C_2F-C_2S, 3. the quaternary system as modified by 5 % magnesia (en); Am. J. Sci. 244 (1946) No.1, pp. 1-30, No. 2, pp. 65-94.

S 259 Swenson, E.G., Gillott, J.E.: Alkali reactivity of dolomitic limestone aggregate (en); Mag. Concr. Res. 19 (1967) No. 59, pp. 95-104.

S 260 Swenson, E.G., Gillott, J.E.: Alkali- carbonate rock reaction (en); Highway Res. Rec. No. 45 (1964) pp. 21-40.

S 261 Swenson, E.G., Gillott, J.E.: Characteristics of Kingston carbonate rock reaction (en); Highway Res. Board Bull. 275 (1960) pp. 18-31.

S 262 Swenson, E.G., Legget, R.F.: Can. Consult. Engnr. 2 (1960).

S 263 Swenson, E.G.: A reactive aggregate undetected by ASTM tests (en); ASTM Bull. (1957) No. 226, pp. 48-51.

S 264 Sybertz, F., Thielen, G.: The European cement standard and its effect in Germany (de); Beton 51 (2001) Teil/Part 1, No. 4, S./p. 231-235 ; Teil/Part 2, No. 5, S./p. 287-290.

S 265 Sybertz, F.: Assessment of the efficiency of pit coal fly ashes as concrete admixture (de); Deutscher Ausschuss für Stahlbeton, No. 434; Beuth Verl. GmbH, Berlin 30 und Köln 1 (1993).

S 266 Sylla, H.-M., Steinbach, V.: Effect of clinker cooling on the cement properties (de); ZKG INTERN. 41 (1988) No. 1, pp. 13-20.

S 267 Sylla, H.M., Sybertz, F.: Determination of the percentage of granulated blastfurnace slag in Portland slag cements and blastfurnace cements (de+en); ZKG INTERN. 49 (1996) No. 2, pp. 108-113.

S 268 Sylla, H.-M.: Coating formation by salt melts (de); ZKG INTERN. 30 (1977) No. 9, pp. 487-494.

S 269 Sylla, H.-M.: Effect of clinker cooling on the setting and strength of cement (de); ZKG INTERN. 28 (1975) No. 9, pp. 357-362.

S 270 Sylla, H.-M.: Effect of heat treatment on the chemical reactions of the cement (de); Verein Deutscher Zementwerke e.V., Forschungsinstitut der Zementindustrie; Forschungsber. No. 8 (1987), 134 S.

S 271 Sylla, H.-M.: Effect of reductive burning on the properties of cement clinker (de); ZKG INTERN. 34 (1981) No. 12, pp. 618-630.

S 272 Sylla, H.-M.: Personal communication.

S 273 Sylla, H.-M.: Reactions in hardened cement paste under heat treatment (de); beton 38 (1988) No. 11, pp. 449-454.

S 274 Sylla, H.-M.: Investigation in the Research Institute of the German Cement Industry

S 275 Sylla, H.-M.: Investigations on the formation of rings in rotary cement kilns (de); ZKG INTERN. 27 (1974) No. 10, pp. 499-508.

S 276 Sylla, H.-M.: Unpublished report "Influence of decomposed aggregate on the durability of concrete" (1973);

S 277 Sytschova, L.I.: Ettringite formation in aqueous solutions (de) Int. Sympos. "75 Jahre Quellzement", Weimar (1995), Tagungsber. pp. 183-193.

S 278 Syverud, T., Thomassen, A., Höidalen, Ö.: Reducing NOx at the Brevik cement works in Norway – Trials with stepped fuel supply to the calciner (de+en); ZKG INTERN. 47 (1994) No. 1, pp. 40-42.

t1 Taylor, H.F.W.: Cement Chemistry (en); 2nd Edition (en); Thomas Telford Publishing, London, 1997.

T 1 Tadros, M.E., Skalny, J., Kalyoncu, R.S.: Early hydration of tricalcium silicate (en); J. Am. Ceram. Soc. 59 (1976) No. 7-8, pp. 344-347.

T 2 Taha, A.S., El-Didamony, H., Abo-El-Enein, S.A., Amer, H.A.: Physico-chemical properties of supersulfated cement pastes (en); ZKG INTERN. 34 (1981) No. 6, pp. 315-317.

T 3 Takemoto, K., Uchikawa, H.: Hydration of pozzolanic cement (en); 7. Intern. Congr. Chem. Cem., Paris (1980), Vol. 1, pp. IV-2/1-29.

T 4 Takéuchi, Y., Nishi, F., Maki, I.: Crystal- chemical chracterization of the $3CaO \cdot Al_2O_3$-Na_2O solid-solution series (en); Z. Krist. 152 (1980) pp. 259-307.

T 5 Takeuchi, Y., Nishi, F., Maki, I.: Structural aspects of the C_3A-Na_2O solid solutions (en); 7. Intern. Congr. Chem. Cem., Paris (1980), Vol. 4, pp. 426-431.

T 6 Tamas, F.D., Sarkar, A.K., Roy, D.M.: Effect of variables upon the silylation products of hydrated cements (en); Conf. on hydraulic cement pastes; their structure and properties, Sheffield; Cem. Concr. Assoc. (1976) pp. 55-72.

T 7 Tanaka, H., Totani, Y., Saito, Y.: Structure of hydrated glassy blastfurnace slag in concrete (en); In V.M. Malhotra (Hersg.): Fly Ash, Silica Fume, Slag and other By-Products in Concrete, Vol. 2; Am Concr. Inst., Publication SP-79 (1983) pp. 963- 977.

T 8 Tanaka, I., Suzuki, N., Hitotsuya, K.: Fluidity of spherical cement (ja, sum. en); Cem. Assoc. Japan, Proc. Cem. Concr. No. 46 (1992) pp. 198-203.

T 9 Tanaka, I., Suzuki, N., Koishi, M.: Properties of spherical cement (ja, sum. en); Cem. Assoc. Japan, Proc. Cem. Concr. No. 45 (1991) pp. 162-167.

T 10 Tanaka, I., Suzuki, N., Ono, Y., Koishi, M.: A comparison of the fluidity of spherical cement with that of broad cement and a study of the properties of fresh concrete using spherical cement (en); Cem. Concr. Res. 29 (1999) No. 4, pp. 553-560.

T 11 Tanaka, I., Suzuki, N.: Improvement in cement performance through surface modification (en); Shimizu Tech. Res. Bull. No. 12 (1993) March, pp. 1-10.

T 12 Tanaka, T., Sakai, T., Yamane, J.: Composition of Japanese blastfurnace slags for super sulfated slag cements (de); ZKG INTERN. 11 (1958) No.2, pp. 50-55.

T 13 Tang, F.J., Gartner, E.M.: Influence of sulfate source on Portland cement hydration (en); Adv. Cem. Res. 1 (1988) No. 2, pp. 67-74.

T 14 Tang, M., Jiu, Z., Han, S.: Mechanism of alkali-carbonate reaction (en); Proc. 7. Intern. Conf. Concrete Alkali-Aggregate Reactions; Edit. P.E. Grattan-Bellew, Ottawa (1986) pp. 275-279.

T 15 Taplin, J.H.: A method for following the hydration reactions in Portland cement paste (en); Australian J. Appl. Sci. 10 (1959) pp. 329-345.

T 16 Tashiro, T., Ikeda, K.: Effect upon strength of cement paste by addition of cement hydrates (en); Cem. Assoc. Japan, Rev. 23. Gen. Meet. (1969) pp. 136-141.

T 17 Tausch, N., Teichert, H.-D.: Injections with ultrafine binding agents – on the penetration behaviour of suspension with MIKRODUR in loose textured deposits (de); 5. Christian-Vedder-Kolloquium "Neue Entwicklungen in der Baugrundverbesserung (New developments in the improvement of building ground)" (1990) Graz.

T 18 Tavasci, B., Massazza, F., Costa, U.: Anisotropic forms of C3A: Phase relations (en); 7. Intern. Congr. Chem. Cem., Paris (1980), Vol. 4, pp. 432-437.

T 19 TT=ax, M., Kühling, G., Schulze, B.: Improvement of the injectability and the chemical resistance of ultrafine cement suspensions (de); Felsbau (1993) No. 2, pp.

T 20 Taylor, H.F.W., Mohan, K., Moir, G.K.: Analytical study of pure and extended Portland cement pastes (en): 1. Pure Portland cement pastes; 2. Fly ash and slag cement pastes; J. Am. Ceram. Soc. 68 (1985) No. 12, pp. 680-685; 685-690.

T 21 Taylor, H.F.W., Newbury, D.E.: An electron microprobe study of a mature cement paste (en); Cem. Concr. Res. 14 (1984) No. 4, pp. 565-573.

T 22 Taylor, H.F.W., Roy, D.M.: Structure and composition of hydrates (en); 7. Intern. Congr. Chem. Cem., Paris (1980), Vol. 1, pp. II-2/1-13.

T 23 Taylor, H.F.W., Turner, A.B.: Reactions of tricalcium silicate paste with organic liquids (en); Cem. Concr. Res. 17 (1987) No. 4, pp. 613-623.

T 24 Taylor, H.F.W.: Chemistry of cement hydration (en); 8. Intern. Congr. Chem. Cem., Rio de Janeiro (1986), Vol. 1, pp. 82-110.

T 25 Taylor, H.F.W.: The calcium silicate hydrates (en); 5. Intern. Sympos. Chem. Cem., Tokio (1968), Vol. 2, pp. 1-26.

T 26 Taylor, H.F.W.: Distribution of sulfate between phases in Portland cement clinkers (en); Cem. Concr. Res. 29 (1999) No. 8, pp. 1173-1179.

T 27 Taylor, H.F.W.: Bound water in cement pastes and its significance for pore solution compositions (en); In L.J. Struble, P.W. Brown (Ed.): Microstructural Development During Hydration of Cement; Mat. Res. Soc. Symp. Proc. Vol. 85 (1987) pp. 47-54.

T 28 Taylor, H.F.W.: Hydrated calcium silicates, 1. Compound formation at ordinary temperatures (en); J. Chem. Soc. (1950) pp. 3682-3690.

T 29 Taylor, H.F.W.: Proposed structure for calcium silicate hydrate gel (en); J. Am. Ceram. Soc. 69 (1986) No. 6, pp. 464-467.

T 30 Taylor, J.C., Aldridge, L.P.: Full-profile Rietveld quantitative XRD analysis of Portland cement: Standard XRD profiles for the major phase tricalcium silicate (C_3S: $3CaO \cdot SiO_2$) (en); Powder Diffr. 8 (1993) No. 3, pp. 138-144.

T 31 Taylor, W.C.: The system $2CaO \cdot SiO_2$- $K_2O \cdot CaO \cdot SiO_2$ and other phase-equilibrium studies involving potash (en); J. Res. Nat. Bur. Stand. 27 (1941) pp. 311-323; Res. Paper 1421; PCA-Fellowship, Paper 40 (1941).

T 32 Techn. Forsch. Ber. Stelle schweiz. Zementind., TFB: Testing the resistance to freezing and to de-icing salt of hardened concrete (de); Cementbulletin 54 (1986) No. 10, 8 pp.

T 33 Technical rules for dangerous substances, substitutes, substitute methods and restriction of utilization for chromate containing cements and preparations with chromate containing cements (de); TRGS 613 (1993), Bundesarbeitsblatt 4/1993, pp. 63-64.

T 34 Teichert, H.-D., Perbix, W.: Ultrafine binder agents for injections in loose textured deposits – reflections about the selection of optimized suspensions and their sutability proof (de); Mitt. Inst. Grundbau, Bodenmech. u. Energiewasserbau, Univ. Hannover No. 40 (1994); Festschr. 60. Geb. Prof. H. Müller-Kirchenbauer.

T 35 Teoreanu, I., Muntean, M., Dragnea, I.: Type $3(CaO \cdot Al_2O_3) \cdot Mx(SO_4)y$ compounds and compatibility relations in $CaO-CaO \cdot Al_2O_3$ $Mx(SO_4)y$ systems (it+en); Il Cemento 83 (1986) No. 1, pp. 39-46.

T 36 Teoreanu, I., Puri, A.: Activation of granulated blastfurnace slag with sodium silicate (de); Silikattechn. 26 (1975) No. 6, pp. 209-210.

T 37 Teoreanu, I.: The interaction mechanism of blast-furnace slags with water. The role of activating agents (it+en); Il Cemento 88 (1991) No. 2, pp. 91-97.

T 38 Teramoto, H.: Manufacture of superhigh early strength Portland cement (en); Am. Ceram. Soc. Bull. 51 (1972) No. 8, pp. 625-629.

T 39 Teychenné, D.C.: Long-term research into the characteristics of high alumina cement concrete (en); Mag. Concr. Res. 27 (1975) No. 91, pp. 78-102.

T 40 Theisen, K.: Quantitative determination of clinker phases and pore structure using image analysis (en); Proc. 19. Intern. Conf. Cem. Microscopy, Cincinnati, Ohio USA, (1997) pp. 30-44; World Cem. 28 (1997) No. 8, pp. 71-76.

T 41 Theissing, E.M., Hest-Wardenier, P. v., Wind, G. de: The combining of sodium chloride and calcium chloride by a number of different hardened cement pastes (en); Cem. Concr. Res. 8 (1978) No. 6, pp. 683-691.

T 42 Thielen, G., Grube, H.: Measures for avoiding cracks in concrete (de); Beton- u. Stahlbetonbau 85 (1990) No. 6, pp. 161-167.

T 43 Thielen, G., Hintzen, W.: Measures for avoiding cracks in tunnel inner shells made of in-situ concrete (de); Beton 44 (1994) No. 9, pp. 522-526; No. 10, pp. 600-607.

T 44 Thomas, M.D.A., Bamforth, P.B.: Modelling chloride diffusion in concrete: Effect of fly ash and slag (en); Cem. Concr. Res. 29 (1999) No. 4, pp. 487-495.

T 45 Thomas, M.D.A.: The suitability of solvent exchange techniques for studying the pore structure of hardened cement paste (en); Adv. Cem. Res. 2 (1989) No. 5, pp. 29-34.

T 46 Thomas, N.L., Birchall, J.D.: The retarding effect of sugars on cement hydration (en); Cem. Concr. Res. 13 (1983) No. 6, pp. 830-842. Discussion with S. Chatterji Cem. Concr. Res. 14 (1984) No. 5, pp. 759-762.

T 47 Thomas, N.L., Jameson, D.A., Double, D.D.: The effect of lead nitrate on the early hydration of Portland cement (en); Cem. Concr. Res. 11 (1981) No. 1, pp. 143-153.

T 48 Thomsen, K.: NOx reduction – a systematic approach (de+en); VDZ Congress '93 - Process Technology of Cement Manufacturing; Verein Deutscher Zementwerke e.V., Düsseldorf, und Bauverlag GmbH, Wiesbaden und Berlin (1994) pp. 624-627.

T 49 Thormann, P., Schmitz, T.: Influencing the properties of cement by grinding clinker with high-pressure grinding rolls (de); ZKG INTERN. 45 (1992) No. 4, pp. 188-193.

T 50 Thorvaldson, T.: Chemical aspects of the durability of cement products (en); 3. Intern. Sympos. Chem. Cem., London (1952) pp. 436-466.

T 51 Thurat, T., Wolter, A.: High-pressure roll mills for cement raw meal, coal and lime grinding (de); ZKG INTERN. 42 (1989) No. 4, pp. 179-183.

T 52 Tiggesbäumker, P., Merz, H.: Investigations for determining the burn-out behaviour of fine-grained fuels in calciners (de); ZKG INTERN. 38 (1985) No. 5, pp. 233-238.

T 53 Tordorf, M.A.: Assessment of pre-stressed concrete bridges suffering from alkali-silica reaction (en); Cem. Concr. Compos.12 (1990) No. 3, pp. 203-210.

T 54 Törnebohm, A.E.: The petrography of Portland cements (de); Tonind.-Ztg. 21 (1897) pp. 1148-1151; pp. 1157-1159.

T 55 Toumbakari, E.-E., Gemert, D. van, Tassios, T.P., Tenoutasse, N.: Effect of mixing procedure on injectability of cementitious grouts (en); Cem. Concr. Res. 29 (1999) No. 6, pp. 867-872.

T 56 Traetteberg, A.: Silica fumes as a pozzolanic material (en); Il Cemento 75 (1978) No. 3, pp. 369-376.

T 57 Trettin, R., Wieker, W.: About the hydration of tricalcium silicate; 1. Reasons for the induction period; 2. Course of hydration after the induction period (de); Silikattechn. 37 (1986) No. 3, pp. 75-78; No. 11, pp. 363-366.

T 58 Tritthart, J.: Corrosion of reinforcement – The capacity of cement to combine chloride (de); ZKG INTERN. 37 (1984) No. 4, pp. 200-204.

T 59 Tritthart, J.: Chloride binding in cement (en). 1. Investigations to determine the composition of pore water in hardened cement; Cem. Concr. Res. 19 (1989) No. 4, pp. 586-594; 2. The influence of hydroxide concentration in the pore solution of hardened cement paste on chloride binding; Cem. Concr. Res. 19 (1989) No. 5, pp. 683-691.

T 60 Trojer, F.: Contribution to the knowledge of intermediate phases in the hydration of the cement clinker minerals (de); Zement und Beton (1964) No. 29, pp. 1-5.

T 61 Tschirf, E.: Radioactivity in living rooms natural and caused by building material (de); Zement u. Beton 29 (1984) No. 4, pp. 145-151.

T 62 Tschirf, E.: On the radioactivity of concrete (de); Verein Österr. Zementfabr. (Hrsg.): Beton im Wohnbau, Wien (1985) pp. 31-34.

T 63 Tsimas, S., Moutsatsou, A., Parissakis, G.: About the fineness after grinding of cement clinker, slag and other materials in relation to grinding temperature (en); ZKG INTERN. 39 (1986) No. 6, pp. 330-332.

T 64 Tsivilis, S., Tsimas, S., Moutsatsou, A.: Contribution to the problems arising from grinding of multicomponent cements (en); Cem. Concr. Res. 22 (1992) No. 1, pp. 95-102.

T 65 Turriziani, R.: Internal degradation of concrete: Alkali aggregate reaction, reinforcement steel corrosion (en); 8. Intern. Congr. Chem. Cem., Rio de Janeiro (1986), Vol. 1, pp. 388-442.

T 66 Tuutti, K.: Corrosion of steel in concrete (en); CBI fo 4-82, Swedish Cement and Concrete Research Institute, Stockholm 1982.

U 1 Uchida, K., Fukubayashi, Y., Yamashita, S., Kawasaki, H.: Special cement using ultra-finely- pulverized clinker (en); Cem. Assoc. Japan, Rev. 42. Gen. Meet. (1988) pp. 62-65.

U 2 Uchida, K., Yamashita, S., Konishi, M.: Influence of ultra fine particle fraction of cement clinker on fluidity of cement (ja, sum en); Cem. Assoc. Japan, Proc. Cem. Concr. No. 43 (1989) pp. 48-53;

U 3 Uchida, S., Okamura, T., Takehiro, M., Uchikawa, H.: Influence of particle size distribution of cement and kinds of aggregate on fluidity and strength development of mortar (ja, sum en); Cem. Assoc. Japan, Proc. Cem. Concr. No. 45 (1991) pp. 98-104.

U 4 Uchikawa, H., Uchida, S.: The hydration of $11CaO \cdot 7Al_2O_3 \cdot CaF_2$ at 20 °C (en); Cem. Concr. Res. 2 (1972) No. 6, pp. 681-695.

U 5 Uchikawa, H., Tsukiyama, K.: The hydration of jet cement at 20 °C (en); Cem. Concr. Res. 3 (1973) No. 3, pp. 263-277.

U 6 Uchikawa, H., Uchida, S.: The influence of additives upon the hydration of the mixture of $11CaO \cdot 7Al_2O_3 \cdot CaF_2$, $3CaO \cdot SiO_2$ and $CaSO_4$ at 20 °C (en); Cem. Concr. Res. 3 (1973) No. 5, pp. 607-624.

U 7 Uchikawa, H., Furuta, R.:Hydration of C_3S-pozzolana paste estimated by trimethylsilylation (en); Cem. Concr. Res. 11 (1981) No. 1, pp. 65-78.

U 8 Uchikawa, H.: Effect of blending components on hydration and structure formation (en); 8. Intern. Congr. Chem. Cem., Rio de Janeiro (1986); Vol. 1, pp. 249-280. Completed version: J. Res. Onoda Cem. Co. 38 (1986) No. 115, pp. 79-155.

U 9 Uchikawa, H., Uchida, S., Hanahara, S.: Flocculation structure of fresh cement paste determined by sample freezing – back scattered electron image method (it+en); Il Cemento 84 (1987) No. 1, pp. 3-22.

U 10 Uchikawa, H., Uchida, S., Okamura, T.: Influence of fineness and particle size distribution of cement on fluidity of fresh cement paste, mortar and concrete (ja, sum en); Cem. Assoc. Japan, Proc. Cem. Concr. No. 43 (1989) pp. 42-47.

U 11 Uchikawa, H., Uchida, S., Hanehara, S.: Measuring method of pore structure in hardened cement paste, mortar and concrete (it+en); Il Cemento 88 (1991) No. 2, pp. 67-90.

U 12 Uter, W.: Risk of sensitization by chromate in cement: Influence of added ferrous sulfate and change in cement manufacturing process (de); Dermatosen 46 (1998) No. 6, pp. 264.

v 1 Verein Deutscher Zementwerke e.V. (Ed.): Old quarries – New life, (de); Beton-Verlag GmbH, Düsseldorf; 1.

Ed. 1984, 2. Ed. 1990.

v 2 Verein Deutscher Ingenieure, VDI-Ges. Verfahrenstechnik u. Chemieingenieurwesen (GVC) (Ed.): VDI-Wärmeatlas (Heat Atlas) (de), 7. Ed.; VDI-Verl., Düsseldorf 1994.

v 3 Verein Deutscher Zementwerke e.V. (Ed.): Collection of cement clinker photomicrographs (de); Beton-Verlag GmbH, Düsseldorf 1965.

V 1 Vénuat, M.: The cements containing blastfurnace slag or fly ash (fr); Rev. Matér. Constr. (1975) No. 692, pp. 30-35.

V 2 Verband der Chemischen Industrie (Ed.): Dioxins in the environment (de); Schriftenreihe Chemie + Fortschritt, No. 1 (1985).

V 3 Verbeck, G.J., Helmuth, R.H.: Structures and physical properties of cement pastes (en); 5. Intern. Symp. Chem. Cem., Tokio (1968); Vol. 3, pp. 1-32.

V 4 Verbeck, G.J.: Field and laboratory studies of the sulfate resistance of concrete (en); Sympos. Performance of Concrete, Toronto, 1967, pp. 113-124. PCA Res. Dept. Bull. 227.

V 5 Verein Deutscher Ingenieure: VDI- Richtlinie 2066 Particulate matter measurement (de) Part 1: Measuring particulate matter in flowing gases. Gravimetric determination of dust load – Fundamentals (de)(1975). Part 2: Manual dust measurement in flowing gases; gravimetric determination of dust load; tubular filter devices (4 m3/h, 12 m3/h) (de+en) (1993). Part 3: Manual dust measurement in flowing gases; gravimetric determination of dust load; tubular filter devices (40 m3/h) (de+en) (1994); Part 4: Measurement of particulate matter in flowing gases; determination of dust load by continuous measurement of optical transmission (de+en) (1989) Beuth Verlag GmbH, Berlin.

V 6 Verein Deutscher Ingenieure: VDI- Richtlinie 2094 Emission control – Cement plants, (de+en) (2003); Beuth Verlag GmbH, Berlin.

V 7 Verein Deutscher Ingenieure: VDI- Richtlinie 2119 Measurement of dustfall Part 1: Survey (1972) (de); Part 2: Determination of the dust precipitation with collecting pots made of glass (Bergerhoff method) or plastic (1994) (de); Part 3: Determination of the particulate precipitation with the Hibernia- und Löbner-Liesegang instruments (1972) (de); Part 4: Microscopic differentiation and size fractionated determination of particle deposition on adhesive collection plates, sigma-2 sampler (1997) (de+en) Beuth Verlag GmbH, Berlin.

V 8 Verein Deutscher Ingenieure: VDI- Richtlinie 2310 Maximum immission values referring to human health (de+en); Part 11: Maximum immission concentrations for sulfur dioxide, (1984); Part 12: Maximum immission concentrations for nitrogen dioxide, (1985); Beuth Verlag GmbH, Berlin.

V 9 Verein Deutscher Ingenieure: VDI- Richtlinie 2451 Measurement of gaseous immissions, Measurement of the sulfur dioxide concentration; Sheet 1: Adsorption method (Silica gel) (de) (1968); Sheet 2: Conductivity method (Ultragas 3) (de) (1968); Sheet 3: Photometric method (TCM-Verfahren) (de) (1994); Sheet 4: Conductivity method (Picoflux) (de) (1968); Sheet 5: Conductivity method (Ultragas U3ES) (de) (1977); Sheet 6: Conductivity method (Ultragas U3EK) (de) (1987): VDI-Handbuch Reinhaltung der Luft, Vol. 5; Beuth Verlag GmbH, Berlin.

V 10 Verein Deutscher Ingenieure: VDI- Richtlinie 2453 Gaseous air pollution measurement; Part 1: Determination of nitrogen dioxide concentration, Photometric manual standard method (Saltzman) (de+en), (1990); Part 2: Measurement of nitrogen monoxide; Oxidation to nitrogen dioxide and measuring by photometric method (Saltzman) (de) (1974);) Part 3: Determination of the nitrogen monoxide and nitrogen dioxide concentration, Preparation of the calibration gases and determination of their concentration (de+en) (1993); Part 4: Measurement of nitrogen dioxide concentration, Recording photometric method (IMCOMETER) (de) (1974); Part 5: Measurement of nitrogen monoxide contents, Determination of nitrogen dioxide contents by use of a converter, Chemiluminescence analyzer Monitor Labs Model 8440 (de) (1979); Part 6: Measurement of nitrogen monoxide contents, Determination of nitrogen dioxide contents by use of a converter, Chemiluminescence analyzer Bendix Model 8101 C (de) (1980) VDI-Handbuch Reinhaltung der Luft, Bd. 5; Beuth Verlag GmbH, Berlin.

V 11 Verein Deutscher Ingenieure: VDI- Richtlinie 3499 Emission measurement; Part 1: Determination of polychlorinated dibenzo-p- dioxins (PCDD) and dibenzofurans (PCDF) (de); Part 2 (draft): Filter/condenser method (1993) Beuth Verlag GmbH, Berlin.

V 12 Verein Deutscher Ingenieure: VDI- Richtlinie 3676 Inertia-force separators (1998) (de+en). Beuth Verlag GmbH, Berlin.

V 13 Verein Deutscher Ingenieure: VDI- Richtlinie 3677 (1997) Part 1:Fabric filters – Surface filtration (de+en); Beuth Verlag GmbH, Berlin.

V 14 Verein Deutscher Ingenieure: VDI- Richtlinie 3678 (1998) Part 1: Electrostatic precipitators – Process and waste gas cleaning (de+en); Beuth Verlag GmbH, Berlin.

V 15 Verein Deutscher Ingenieure: VDI- Richtlinie 3782 (1992) Dispersion of pollutants in the atmosphere Part 1: Gaussian dispersion model for air quality management (de+en); Part 3: Determination of plume rise (de+en). Beuth Verlag GmbH, Berlin.

V 16 Verein Deutscher Ingenieure: VDI- Richtlinie 3868 Determination of total emission of metals, metalloids and their compounds; Part 1: Manual measurement in flowing, emitted gases – Sampling system for particulate and filter- passing matter (de+en) (1994); Part 2 (draft): Measurement of mercury –Atomic absorption spectrometry with cold vapour technique (de) (1995); Beuth Verlag GmbH, Berlin.

V 17 Verein Deutscher Zementwerke e.V., VDZ- Kommission "Carbonation of concrete" (de); Beton 22 (1972) No. 7, pp 296-299.

V 18 Verein Deutscher Zementwerke e.V., VDZ- Kommission „Sulfatwiderstand": Blastfurnace cement with high sulfate resistance (de); Beton 30 (1980) No. 12, pp. 459-462.

V 19 Verein Deutscher Zementwerke e.V., Forschungsinstitut der Zementindustrie: Activity Report 1963-64, pp. 75 (de).

V 20 Verein Deutscher Zementwerke e.V., Forschungsinstitut der Zementindustrie: Activity Report 1965-66, pp. 72 (de).

V 21 Verein Deutscher Zementwerke e.V., Forschungsinstitut der Zementindustrie: Activity Report 1967-68, pp. 100-101 (de).

V 22 Verein Deutscher Zementwerke e.V., Forschungsinstitut der Zementindustrie: Activity Report 1969-71, pp. 42-44 (de).

V 23 Verein Deutscher Zementwerke e.V., Forschungsinstitut der Zementindustrie: Activity Report 1969-71, pp. 68-72 (de).

V 24 Verein Deutscher Zementwerke e.V., Forschungsinstitut der Zementindustrie: Activity Report 1969-71, pp. 73-74 (de).

V 25 Verein Deutscher Zementwerke e.V., Forschungsinstitut der Zementindustrie: Activity Report 1972-74, pp. 105-111 (de).

V 26 Verein Deutscher Zementwerke e.V., Forschungsinstitut der Zementindustrie: Activity Report 1975-78, pp. 49 (de).

V 27 Verein Deutscher Zementwerke e.V., Forschungsinstitut der Zementindustrie: Activity Report 1975-78, pp. 50-51 (de).

V 28 Verein Deutscher Zementwerke e.V., Forschungsinstitut der Zementindustrie: Activity Report 1978-81, pp. 57-58 (de).

V 29 Verein Deutscher Zementwerke e.V., Forschungsinstitut der Zementindustrie: Activity Report 1978-81, pp. 61-67 (de).

V 30 Verein Deutscher Zementwerke e.V., Forschungsinstitut der Zementindustrie: Activity Report 1978-81, pp. 66 (de).

V 31 Verein Deutscher Zementwerke e.V., Forschungsinstitut der Zementindustrie: Activity Report 1978-81, pp. 68-69 (de).

V 32 Verein Deutscher Zementwerke e.V., Forschungsinstitut der Zementindustrie: Activity Report 1981-84, pp. 25 (de).

V 33 Verein Deutscher Zementwerke e.V., Forschungsinstitut der Zementindustrie: Activity Report 1981-84, pp. 32-34 (de).

V 34 Verein Deutscher Zementwerke e.V., Forschungsinstitut der Zementindustrie: Activity Report 1981-84, pp. 34-40 (de).

V 35 Verein Deutscher Zementwerke e.V., Forschungsinstitut der Zementindustrie: Activity Report 1981-84, pp. 45-47 (de).

V 36 Verein Deutscher Zementwerke e.V., Forschungsinstitut der Zementindustrie: Activity Report 1984-87, pp. 36-39 (de).

V 37 Verein Deutscher Zementwerke e.V., Forschungsinstitut der Zementindustrie: Activity Report 1984-87, pp. 46 (de).

V 38 Verein Deutscher Zementwerke e.V., Forschungsinstitut der Zementindustrie: Activity Report 1987-90, pp. 43 (de).

V 39 Verein Deutscher Zementwerke e.V., Forschungsinstitut der Zementindustrie: Activity Report 1987-90, pp. 58-59 (de).

V 40 Verein Deutscher Zementwerke e.V., Forschungsinstitut der Zementindustrie: Activity Report 1987-90, pp. 61 (de).

V 41 Verein Deutscher Zementwerke e.V., Forschungsinstitut der Zementindustrie: Activity Report 1990-93, pp. 75-76 (de).

V 42 Verein Deutscher Zementwerke e.V., Forschungsinstitut der Zementindustrie: s Activity Report 1990-93, pp. 80-82 (de).

V 43 Verein Deutscher Zementwerke e.V., Forschungsinstitut der Zementindustrie: Activity Report 1990-93, pp. 85-88 (de).

V 44 Verein Deutscher Zementwerke e.V., Forschungsinstitut der Zementindustrie: Activity Report 1990-93, pp. 115-118 (de).

V 45 Verein Deutscher Zementwerke e.V., Forschungsinstitut der Zementindustrie: Activity Report 1993-96, pp. 45 (de).

V 46 Verein Deutscher Zementwerke e.V., Forschungsinstitut der Zementindustrie: Activity Report 1993-96, pp. 48-49 (de).

V 47 Verein Deutscher Zementwerke e.V., Forschungsinstitut der Zementindustrie: Activity Report 1993-96, pp. 56-57 (de).

V 48 Verein Deutscher Zementwerke e.V., Forschungsinstitut der Zementindustrie: Activity Report 1993-96, pp. 68 (de).

V 49 Verein Deutscher Zementwerke e.V., Forschungsinstitut der Zementindustrie: Activity Report 1993-96, pp. 88-91 (de).

V 50 Verein Deutscher Zementwerke e.V., Forschungsinstitut der Zementindustrie: Activity Report 1993-96, pp. 103-104 (de).

V 51 Verein Deutscher Zementwerke e.V., Forschungsinstitut der Zementindustrie: Activity Report 1996-99, pp. 49-50 (de).

V 52 Verein Deutscher Zementwerke e.V., Forschungsinstitut der Zementindustrie: Activity Report 1996-99, pp. 103-104 (de).

V 53 Verein Deutscher Zementwerke e.V.: Interne VDZ-Mitteilungen No. 69/1985, p. 7 (de).

V 54 Verein Deutscher Zementwerke e.V.: Interne VDZ-Mitteilungen No. 85/1991, p. 5 (de).

V 55 Verein Deutscher Zementwerke e.V.: Interne VDZ-Mitteilungen No. 86/1991, p. 2 (de).

V 56 Verein Deutscher Zementwerke e.V.: Interne VDZ-Mitteilungen No. 87/1991, p. 3 (de).

V 57 Verein Deutscher Zementwerke e.V.: Interne VDZ-Mitteilungen No. 89/1992, p. 3 (de).

V 58 Verein Deutscher Zementwerke e.V.: Interne VDZ-Mitteilungen No. 89/1992, p. 12 (de).

V 59 Verein Deutscher Zementwerke e.V.: Interne VDZ-Mitteilungen No. 89/1992, p. 15 (de).

V 60 Verein Deutscher Zementwerke e.V.: Interne VDZ-Mitteilungen No. 90/1992, p. 7 (de).

V 61 Verein Deutscher Zementwerke e.V.: Interne VDZ-Mitteilungen No. 91/1992, p. 5 (de).

V 62 Verein Deutscher Zementwerke e.V.: Interne VDZ-Mitteilungen No. 93/1993, p. 3 (de).

V 63 Verein Deutscher Zementwerke e.V.: Interne VDZ-Mitteilungen No. 93/1993, p. 10 (de).

V 64 Verein Deutscher Zementwerke e.V.: Interne VDZ-Mitteilungen No. 94/1994, p. 1 (de).

V 65 Verein Deutscher Zementwerke e.V.: Interne VDZ-Mitteilungen No. 95/1994, p. 11 (de).

V 66 Verein Deutscher Zementwerke e.V.: Interne VDZ-Mitteilungen No. 96/1994, p. 2 (de).

V 67 Verein Deutscher Zementwerke e.V.: Interne VDZ-Mitteilungen No. 98/1995, p. 2 (de).

V 68 Verein Deutscher Zementwerke e.V.: Interne VDZ-Mitteilungen No. 98/1995, p. 3 (de).

V 69 Verein Deutscher Zementwerke e.V.: Interne VDZ-Mitteilungen No. 98/1995, p. 4 (de).

V 70 Verein Deutscher Zementwerke e.V.: Interne VDZ-Mitteilungen No. 98/1995, p. 5 (de).

V 71 Verein Deutscher Zementwerke e.V.: Interne VDZ-Mitteilungen No. 99/1995, p. 6 (de).

V 72 Verein Deutscher Zementwerke e.V.: Interne VDZ-Mitteilungen No. 99/1995, p. 7 (de).

V 73 Verein Deutscher Zementwerke e.V.: Interne VDZ-Mitteilungen No. 100/1996, p. 7 (de).

V 74 Verein Deutscher Zementwerke e.V.: Interne VDZ-Mitteilungen No. 101/1996, p. 3 (de).

V 75 Verein Deutscher Zementwerke e.V.: Interne VDZ-Mitteilungen No. 101/1996, p. 5 (de).

V 76 Verein Deutscher Zementwerke e.V.: Interne VDZ-Mitteilungen No. 102/1996, p. 9 (de).

V 77 Verein Deutscher Zementwerke e.V.: Interne VDZ-Mitteilungen No. 104/1997, p. 4 (de).

V 78 Verein Deutscher Zementwerke e.V.: Interne VDZ-Mitteilungen No. 105/1997, p. 4 (de).

V 79 Verein Deutscher Zementwerke e.V.: Interne VDZ-Mitteilungen No. 106/1998, p. 7 (de).

V 80 Verein Deutscher Zementwerke e.V.: Interne VDZ-Mitteilungen No. 107/1998, p. 9 (de).

V 81 Verein Deutscher Zementwerke e.V.: Interne VDZ-Mitteilungen No. 108/1998, pp. 1-2 (de).

V 82 Verein Deutscher Zementwerke e.V.: Interne VDZ-Mitteilungen No. 108/1998, p. 9 (de).

V 83 Verein Deutscher Zementwerke e.V.: Interne VDZ-Mitteilungen No. 109/1999, p. 6 (de).

V 84 Verein Deutscher Zementwerke e.V.: Interne VDZ-Mitteilungen No. 109/1999, p. 7 (de).

V 85 Verein Deutscher Zementwerke e.V.: Interne VDZ-Mitteilungen No. 109/1999, p. 9 (de).

V 86 Verein Deutscher Zementwerke e.V.: Interne VDZ-Mitteilungen No. 109/1999, p. 11 (de).

V 87 Verein Deutscher Zementwerke e.V.: Interne VDZ-Mitteilungen No. 112/2000, p. 3 (de).

V 88 Verein Deutscher Zementwerke e.V.: Interne VDZ-Mitteilungen No. 116/2001, p. 7 (de).

V 89 Verein Deutscher Zementwerke e.V.: Interne VDZ-Mitteilungen No. 117/2001, pp. 1-2 (de).

V 90 Verein Deutscher Zementwerke e.V.: Interne VDZ-Mitteilungen No. 117/2001, p. 6 (de).

V 91 Verein Deutscher Zementwerke e.V.: Interne VDZ-Mitteilungen No. 117/2001, p. 10 (de).

V 92 Verein Deutscher Zementwerke e.V.: Interne VDZ-Mitteilungen No. 118/2002, p. 3 (de).

V 93 Verein Deutscher Zementwerke e.V.: Interne VDZ-Mitteilungen No. 120/2002, p. 2 (de).

V 94 Verein Deutscher Zementwerke e.V.: Fineness of cement – Guide line for the determination (de); Schriftenreihe der Zementindustrie No. 33 (1967); Verein Deutscher Zementwerke e.V.; Beton-Verlag GmbH, Düsseldorf 1967.

V 95 Verein Deutscher Zementwerke e.V.: Guide line for the cement analysis (de); Schriftenreihe der ZementindustrieNo. 37 (1970); Verein Deutscher Zementwerke e.V.; Beton-Verlag GmbH, Düsseldorf.

V 96 Verein Deutscher Zementwerke e.V.: Determination of trace elements in substances of the cement manufacture (de); Schriftenreihe der Zementindustrie No. 55 (1993); Verein Deutscher Zementwerke e.V.; Beton-Verlag GmbH, Düsseldorf.

V 97 Verein Deutscher Zementwerke e.V.: Preliminary leaflet on the behaviour of concrete in contact with mineral and tar oil (de); Beton 16 (1966) No. 11, pp. 461-463.

V 98 Verein Deutscher Zementwerke e.V.: Preliminary leaflet for the measurement of the temperature increase of the concrete with the adiabatic calorimeter (de); Beton 20 (1970) No. 12, pp. 545-549.

V 99 Verein Deutscher Zementwerke e.V.: Leaflet for protective coatings on concrete surface with very strong attack according to DIN 4030 (de); Beton 23 (1973) No. 9, pp. 399-403.

V 100 Verein Deutscher Zementwerke e.V.: Measuring technique in the cement industry, 05 Determination of gas quantity by measuring the gas velocity (de) (1961).

V 101 Verein Deutscher Zementwerke e.V.: Measuring technique in the cement industry, 07 Determination of dust quantity in cement plants (de) (1962).

V 102 Verein Deutscher Zementwerke e.V.: Combustion equipments for rotary kilns (de); Leaflet Vt 1 (1974).

V 103 Verein Deutscher Zementwerke e.V.: Grate, planetary and rotary clinker coolers in the cement industry (de); Leaflet Vt 8 (1989).

V 104 Verein Deutscher Zementwerke e.V.: Continuous gas analysis in cement plants (de); Leaflet Vt 9 (1990).

V 105 Verein Deutscher Zementwerke e.V.: Execution and evaluation of kiln tests (de); Leaflet Vt 10 (1992).

V 106 Verein Deutscher Zementwerke e.V., Forschungsinstitut der Zementindustrie: AIF research project No. 3984 „Incorporation of lead and zinc in the cement clinker and their influence on the setting and hardening of cement „ (de), Final Report (1982).

V 107 Veser, K., Weislehner, G.: Three years' operating experience with the Ljungström cooler in a dust collection system for a clinker cooler (de); ZKG INTERN. 33 (1980) No. 9, pp. 465-468.

V 108 Vidick, B.: Specific surface area determination by gas adsorption: Influence of the adsorbate (en); Cem. Concr. Res. 17 (1987) No. 5; pp. 845-847.

V 109 Vinkeloe, R.: Radioactivity of construction materials (de); Beton-Inform. 27 (1987) No. 1, pp. 3-7.

V 110 Viswanathan, V.N., Raina, S.J., Chatterjee, A.K.: An exploratory investigation on Porsal cement (en); World Cem. Techn. 9 (1978) No. 5/6, pp.109-118

V 111 Vivian, H.E.: Studies in cement-aggregate reaction; X. The effect on mortar expansion of amount of reactive component in the aggregate (en); Commonwealth Sci. Ind. Res. Organ., Australia, Bull. No. 256 (1950) pp. 13-20.

V 112 Vivian, H.E.: Studies in cement-aggregate reaction; XIX. The effect on mortar expansion of the particle size of the reactive component in the aggregate (en); Austr. J. Appl. Sci. 2 (1951) No. 4, pp. 488-494.

V 113 Vivian, H.E.: Studies in cement-aggregate reaction; XV. The reaction product of alkalis and opal (en); Commonwealth Sci. Ind. Res. Organ., Australia, Bull. No. 256 (1950) pp. 60-78.

V 114 Vivian, H.E.: Studies in cement-aggregate reaction; XVI. The effect of hydroxyl ions on the reaction of opal (en); Austr. J. Appl. Sci. 2 (1951) No. 1, pp. 108-113.

V 115 Vivian, H.E.: Studies in cement-aggregate reaction; XVII. Some effects of temperature on mortar expansion (en); Austr. J. Appl. Sci. 2 (1951) No. 1, pp. 114-122.

V 116 Voinovitch, I., Raverdy, M., Dron, R.: Slag cement without clinker (fr); 7. Intern. Congr. Chem. Cem., Paris (1980); Vol. 2, pp. III/122-127.

V 117 Volke, K.: Production of expansive cements from native raw material (de); Int. Sympos. "75 Jahre Quellzement", Weimar (1995), Conf. Report. pp. 195-207.

w 1 Walz, K.: Manufacture of concrete according to DIN 1045, 2. Ed. Beton-Verlag GmbH, Düsseldorf, 1972.

w 2 Weber, R., Tegelaar, R.: Good quality concrete – Advices for appropriate concrete manufacture (de), 20. Ed..; Editor. Bundesverband der Deutschen Zementindustrie e.V. Verl. Bau+Technik, Erkrath 2001

w 3 Wedepohl, K.H. (Editor): Handbook of Geochemistry (en); Springer-Verlag Berlin-Heidelberg-New York

W 1 Walz, K., Bonzel, J.: Efflorescences on concrete surfaces (de); Beton 12 (1962) No. 3, pp. 115-120; No.4, pp. 157-160.

W 2 Walz, K., Bonzel, J.: Strength development of various cements at low temperatures (de); Beton 11 (1961) No. 1, pp. 35-48.

W 3 Walz, K., Wischers, G.: Tasks and present state of concrete technology (de); Beton 26 (1976) No. 10, pp. 403-408; No. 11, pp. 422-424; No. 12, pp. 476-480.

W 4 Walz, K., Wischers, G.: The resistance of concrete to the mechanical effects of water at high speed (de); Beton 19 (1969) No. 9, pp. 403-406; No. 10, pp. 457-460.

W 5 Walz, K.: The relationship between water- cement ratio, standard strength of the cement (DIN 1164, June 1970) and concrete compressive strength (de); Beton 20 (1970) No. 11, pp. 499-503

W 6 Walz, K.: The properties and behaviour of concrete after 29 years storage in the open air (de); Beton 22 (1972) No. 2, pp. 63-69.

W 7 Walz, K.: Air-entraining agents (de); Deutscher Ausschuß für Stahlbeton, No. 123; Verl. Wilhelm Ernst & Sohn, Berlin (1956).

W 8 Walz, K.: Weather-resisting concrete (de); Deutscher Ausschuß für Stahlbeton, No. 127; Verl. Wilhelm Ernst & Sohn KG, Berlin (1957).

W 9 Wang, J.G.: Sulfate attack on hardened cement paste (en); Cem. Concr. Res. 24 (1994) No. 4, pp. 735-742.

W 10 Wang, S.D., Scrivener, K.L.: Hydration products of alkali activated slag cement (en); Cem. Concr. Res. 29 (1999) No. 3, pp. 561-571.

W 11 Warshawsky, J., Porter, E.S.: Reduction of alkali and sulfur content of clinker by kiln bypass in flash calciner system (de+en); VDZ Congress '77 – Process technology of cement manufacturing, Verein Deutscher Zementwerke e.V., Düsseldorf, and Bauverlag GmbH, Wiesbaden und Berlin (1979) pp. 652-658; ZKG INTERN. 31 (1978) No. 6, pp. 284-287.

W 12 Wastewater Techn. Centre, Environment Canada (Ed.): Compendium of waste leaching tests (en); Report EPS 3/HA/7, May 1990, 68 pp.

W 13 Way, S.J., Cole, W.F.: Calcium hydroxide attack on rocks (en); Cem. Concr. Res. 12 (1982) No. 5, pp.

611-617.

W 14 Weber, P.: Dust collection of rotary kilns with dry calcinators (de); 504 ZKG INTERN. 8 (1955) No. 8, pp. 261-268.

W 15 Weber, P.: Technical limits of the heat consumption of dry-process rotary kilns with preheaters (de); ZKG INTERN. 10 (1957) No. 10, pp. 400-409.

W 16 Weber, P.: Heat transfer in the rotary kiln with regard to cycle processes and phase formation Thesis, TU Clausthal, 1959; Zement-Kalk-Gips, Sonderausgabe No. 9 (1960).

W 17 Weigler, H., Karl, S.: Green concrete – Stresses, strength, deformation (de); Betonw. + Fertigteil-Techn. 40 (1974) No. 6, pp. 292-401; No. 7, pp. 481-484.

W 18 Weigler, H., Nicolay, J.: Comparative investigations on hydrophobic cements and associated Portland cements (de); Betonstein-Ztg. 34 (1968) No. 1, pp. 16-25.

W 19 Weigler, H., Segmüller, E.: Protection of concrete against chemical attack (de); Brief preparation of a report of the ACI Committee 515; Beton 17 (1967) No. 8, pp. 293-299; No. 9, pp. 331-337.

W 20 Weislehner, G.: Dust collection system with regenerative heat exchanger for cleaning exhaust air from a clinker cooler (de); ZKG INTERN. 32 (1979) No. 6, pp. 270-274.

W 21 Weisweiler, W., Blome, K., Kaeding, L.: Thallium and lead cycles in rotary kilns for cement production (de); Staub - Reinhaltung der Luft 45 (1985) No.10, pp. 461-466.

W 22 Weisweiler, W., Dallibor, W., Lück, M.P.: Lead, cadmium and thallium balances of a cement kiln plant with grate preheater, operating with increased chloride input (de); ZKG INTERN. 40 (1987) No. 11, pp. 571-573.

W 23 Weisweiler, W., Keller, A.: The problem of gaseous emissions of mercury in cement plants (de); ZKG INTERN. 45 (1992) No. 10, pp. 529-532.

W 24 Weisweiler, W., Krcmar, W.: Arsenic and antimony balances of a cement kiln plant with grate preheater (de); ZKG INTERN. 42 (1989) No. 3, pp. 133-135.

W 25 Weisweiler, W., Krcmar, W.: Heavy metal balances of a cement kiln plant with grate preheater (de); ZKG INTERN. 43 (1990) No. 3, pp. 149-152.

W 26 Weisweiler, W., Linner, B., Krcmar, W.: Analysis of precipitator dust from the cement industry for different chromium compounds (de); ZKG INTERN. 43 (1990) No. 12, pp. 596-600.

W 27 Weisweiler, W., Mallonn, E., Schwarz, B.: Enrichment of thallium and lead halides: Vaporization analysis of electric separator dust from cement plants (de); Staub – Reinhaltung der Luft 46 (1986) No.3, pp. 120-124.

W 28 Weisweiler, W., Mallonn, E.: Vaporization analysis of electric separator dust from a cement plant ensured thallium iodide (de); Naturwiss. 70 (1983) pp. 304-305.

W 29 Welch, J.H., Gutt, W.: The effect of minor components on the hydraulicity of the calcium silicates (en); 4. Intern. Sympos. Chem. Cem., Washington (1960) Vol.1, pp. 59-68.

W 30 Welch, J.H., Gutt, W.: Tricalcium silicate and ist stability within the system $CaO - SiO_2$ (en); J. Am. Ceram. Soc. 42 (1959) No. 1, pp. 11-15.

W 31 Wells, L.S., Carlson, E.T.: Hydration of aluminous cements and its relation to the phase equilibria in the system lime-alumina-water (en); J. Res. Nat. Bur. Stand. 57 (1956) No. 6, pp. 335-353, RP 2723.

W 32 Welzel, K., Winkler, H.D.: Thallium emissions, causes and internal cycle – Long-term tests with purple ore as the iron oxide agent in a suspension preheater kiln (de); ZKG INTERN. 34 (1981) No. 10, pp. 530-534.

W 33 Wenger, B.: Absorption tests on mortar prisms with water and de-icing salt solutions (de); Beton 28 (1978) No. 2, pp. 52-54.

W 34 Wesche, K., Manns, W.: Concrete from super sulfated slag cement in higher age – compressive strength, carbonation and corrosion protection (dt.); Deutscher Ausschuß für Stahlbeton, No. 186; Verl. Wilhelm Ernst & Sohn, Berlin (1966).

W 35 Wessel, H., Kämmerer, E.-A.: Ground stabilization with special cement (de); Straße und Autobahn (1968) No. 11, pp. 406-411.

W 36 Wessel, H., Kämmerer, E.-A.: Effect of mixing on the strength of specimens in the suitability test for soil stabilization (de); Straßenbau-Technik 21 (1968) No.9, pp.

W 37 Wetzel, E.: Report on the status of investigations on the constitution of Portland cement, accomplished in the Kgl. Materialprüfungsamt on the motion of the Association of the German Cement Manufacturers (de); Zem. Prot. (1911) pp. 281-306; (1912) pp. 217-249; (1913) pp. 347-358; (1914) pp. 145-160.

W 38 Wheeler, J., Chatterji, S.: Settling of particles in fresh cement pastes (en); J. Am. Ceram. Soc. 55 (1972) No. 9, pp. 461-464.

W 39 Wicke, E.: Investigations on ad- and desorption processes in granular layers of adsorbents penetrated by flowing materials (de); Kolloid-Zeitschr. 93 (1940) No. 2, pp. 128-157.

W 40 Wickert, H.: Pyrite in raw material and its significance for the SO2 emission from cement kilns (de); Holderbank News 10 (1985) pp. 18-21.

W 41 Wiederholt, W., Sonntag, J.: Corrosion of metals in the construction engineering (de); Ber. a.d. Bauforschung No. 44, Verl. W. Ernst & Sohn, Berlin 1965.

W 42 Wiegmann, D., Müller-Pfeiffer, M.: Production of slag cements at the Schwelgern cement works using different plant systems (de+en); ZKG INTERN. 50 (1997) No. 3, pp. 154-160.

W 43 Wierig, H.-J., Kurz, M.: Alkali silica expansion with restraint extension of the concrete (de); Institut Baustoffk. u. Materialprüfung. Univ. Hannover, H. 66 (1994).

W 44 Wierig, H.-J., Langkamp, H.: Penetration of chloride in non-carbonated and carbonated concrete (de); ZKG INTERN. 48 (1995) No.3, pp. 184-192.

W 45 Wierig, H.-J.: Alkali expansion with restraint extension of the concrete (de); Wiss. Z. Arch. Bauw. Weimar 40 (1994) No. 5-7, pp. 195-198.

W 46 Wierig, H.-J.: The carbonation of concrete (de); Naturstein-Industrie 22 (1986) No. 5, pp. 26 u. 28-35.

W 47 Wierig, H.-J.: Heat curing of concrete (de) Zement-Taschenbuch 1970/71; Edit. Verein Deutscher Zementwerke, Bauverl. Wiesbaden- Berlin; pp. 203-236.

W 48 Wierig, H.-J.: Influences on the expansion of injection grouts (de); Int. Sympos. „75 Jahre Quellzement", Weimar (1995), Tagungsber. pp. 107-118.

W 49 Wierig, H.-J.: Reactivity of pit coal fly ash (de); Baustoffe '85; Edit. Inst. Bauforsch., RWTH Aachen; Bauverl., Wiesbaden 1985; pp. 241-243.

W 50 Willis, J.P.: Elementary characterization of South African coal and fly ash (en); Proc. Intern. Coal Sci., Düsseldorf (1981), Verl. Glückauf GmbH, Essen, pp. 745-750.

W 51 Willis, T.F.: Discussion to [P 54].

W 52 Winslow, D., Liu, D.: The pore structure of paste in concrete (en); Cem. Concr. Res. 20 (1990) No. 2, pp. 227-235.

W 53 Winslow, D.N., Diamond, S.: A mercury porosimetry study of the evolution of porosity in Portland cement (en); J. Mat. 5 (1970) No. 3, pp. 564-585.

W 54 Winslow, D.N., Diamond, S.: Specific surface of hardened Portland cement paste as determined by small-angle x-ray scattering (en); J. Am. Ceram. Soc. 57 (1974) No. 5, pp. 193-197.

W 55 Wirsching, F.: Gypsum; Ullmanns Encyklopädie der technischen Chemie, 4. Ed., Vol. 8; Verl. Chemie, Weinheim (1974) pp. 289-315.

W 56 Wischers, G., Dahms, J.: Strength development of concrete (de); Zement-Taschenbuch, 48. Ed. (1984); Edit. Verein Deutscher Zementwerke, Bauverl. Wiesbaden- Berlin, pp. 261-285.

W 57 Wischers, G., Lusche, M.: The influence of internal stress distribution on the load-bearing behaviour of normal and lightweight concrete subjected to compressive stress (de); Beton 22 (1972) No. 8, pp. 343-347, No. 9, pp. 397-403.

W 58 Wischers, G., Richartz, W.: Influence of the constituents and granulometry of the cement on the structure of cement stone (de); Beton 32 (1982) No. 9, pp. 337-341; No. 10, pp. 379-386.

W 59 Wischers, G., Sprung, S.: Improving the sulfate resistance of concrete through the addition of pit coal fly ash – State of the art report, may 1989 (de) Beton 40 (1990) No. 1, pp. 17-21; No. 2, pp. 62-66.

W 60 Wischers, G.: Remarks on the „leaflet on the manufacture of sound concrete surfaces when heat- treatment is applied"(de) Beton 17 (1967) No. 3, pp. 101-103; No. 4, pp. 139-142.

W 61 Wischers, G.: Structural engineering properties of the cement; Zement-Taschenbuch, 48. Ed. (1984); Edit. Verein Deutscher Zementwerke, Bauverl. Wiesbaden- Berlin, pp. 89-118.

W 62 Wischers, G.: Concrete technical and constructional measures for the prevention of temperature cracks in massive structural members; Beton 14 (1964) No. 1 pp. 22-26; No. 2, pp. 65-73.

W 63 Wischers, G.: Influence of cement type on corrosion protection of the steel reinforcement (de); Baustoffe '85; Hrsg. Inst. Bauforsch., RWTH Aachen; Bauverl., Wiesbaden 1985; pp. 244-250.

W 64 Wischers, G.: Effect of a change in temperature on strength of cement stone and cement mortar with aggregates with various temperature expansion (de); Thesis, RWTH Aachen (1961); Schriftenreihe der Zementindustrie No. 28 (1961); Verein Deutscher Zementwerke e.V., Düsseldorf.

W 65 Wischers, G.: A hundred years of German Cement Works Association (de+en); VDZ-Congress '77 – Process Technology of Cement Manufacturing; Verein Deutscher Zementwerke e.V., Düsseldorf, and Bauverlag GmbH, Wiesbaden and Berlin (1979) pp. 4-19; ZKG INTERN. 30 (1977) No. 9, pp. 412-419.

W 66 Wischers, G.: Corrosion mechanism with reaction of chloride on reinforced concrete units; unpublished report (de).

W 67 Wischers, G.: Optimization of cements with mineral additions (en); 8. Intern. Congr. Chem. Cem., Rio de Janeiro (1986) Vol. 6, pp. 211-216.

W 68 Wischers, G.: Physical properties of cement stone (de); Beton 11 (1961) No. 7, pp. 481-486.

W 69 Wischers, G.: Expansive cement – Advantages and limits of its application (de); Deutscher Beton-Verein, Betontag 1969, pp. 290-306.

W 70 Wittekindt, W.: Sulfate resistant cements and their testing (de); ZKG INTERN. 13 (1960) No. 12, pp. 565-572.

W 71 Wittmann, F.H.: Discussion of some factors influencing creep of concrete (en); The State Inst. Techn. Res., Finland, 1971; Res. Ser. III-Building, No. 167.

W 72 Wittmann, F.H.: Interaction of hardened cement paste and water (en); J. Am. Ceram. Soc. 56 (1973) No. 8, pp. 409-415.

W 73 Wittmann, F.: Surface tension shrinkage and strength of hardened paste (en); Mater. Struct. 1 (1968) No. 6, pp. 547-552.

W 74 Wittmann, F.: The structure of hardened cement paste – A basis for a better understanding of the materials properties (en); In: Hydraulic cement pastes: their structure and properties; Proceed. Conf. Sheffield (1976); Cem.

Concr. Assoc. (1976) pp. 96-117.

W 75 Wittmann, F.H.: Basis of a model to describe characteristic properties of the concrete (de); Deutscher Ausschuß für Stahlbeton, No. 290; Verl. Wilhelm Ernst & Sohn KG, Berlin (1977) pp. 43- 101.

W 76 Woermann, E., Eysel, W., Hahn, Th.: Polymorphism and solid solution of the ferrite phase (en); 5. Intern. Sympos. Chem. Cem., Tokio (1968) Vol. 1, pp. 54-60.

W 77 Woermann, E.: The microscopic investigation of clinker and cement samples (de); Schriftenreihe der Zementindustrie No. 29 (1962) pp. 79-111; Verein Deutscher Zementwerke e.V., Düsseldorf.

W 78 Woermann, E.: Decomposition of alite in technical Portland cement clinker (en); 4. Intern. Sympos. Chem. Cem., Washington (1960) Vol. 1, pp. 119-128.

W 79 Wolf, F., Hille, J.: Properties of Portland cements produced in the gypsum-sulfuric acid process (de); Silikattechn. 18 (1967) No. 1, pp. 1-8; No. 2, pp. 55-57.

W 80 Wolfrum, E., Scherrer, E.: Pulverized lignite – Properties and safety engineering aspects of its use (de); ZKG INTERN. 34 (1981) No. 8, pp. 417-423.

W 81 Wolochow, D.: Determination of the sulfate resistance of Portland cement (en); Proc. Am. Soc. Test. Mat. 52 (1952) pp. 250-266.

W 82 Wolter, A.: Gas trace analysis as a means of process optimization and pollutant reduction in cement plants (de); ZKG INTERN. 40 (1987) No. 11, pp. 561-566.

W 83 Wolter, A.: Phase composition of calcined raw meal (en); 507 8. Intern. Congr. Chem. Cem., Rio de Janeiro (1986) Vol. 2, pp. 89-94.

W 84 Wolter, A.: Formation and stability of tricalcium silicate and alites (de); Forschungsber. NRW, No. 3092, Westdeutscher Verl., Opladen (1982).

W 85 Wonnemann, R.: Investigations on the role of sulfates and alkalis in the Portland cement hydration (de); Thesis, TU Clausthal (1982); (see also [O 26]).

W 86 Woods, H.: Concrete and concrete-making materials (en); PCA Res. Dept. Bull. 198.

W 87 Woods, H.: Corrosion by concrete of embedded material other than reinforcing steel (en); Mater. Perform. 13 (1974) No. 10, pp. 31-33.

W 88 Woolf, D.O.: Reaction of aggregate with low alkali cement (en); Publ. Roads 27 (1952) No. 3, pp. 50-56; 49.

W 89 Wuerpel, C.E.: Masonry cement (en); 3. Intern. Sympos. Chem. Cem., London (1952) pp. 633-675.

W 90 Wüstner, H.: Compressive size reduction – New methods of energy saving in cement clinker and slag grinding (de+en); VDZ-Congress '85 – Process Technology of Cement Manufacturing; Verein Deutscher Zementwerke e.V., Düsseldorf, and Bauverlag GmbH, Wiesbaden and Berlin (1987) pp. 279-284; ZKG INTERN. 38 (1985) No. 12, pp. 725-727.

X 1 Xeller, H.: Reducing the formation of NO by using a step burner with exit gas recycling from the preheater (de); ZKG INTERN. 40 (1987) No. 2, pp. 57-63.

X 2 Xeller, H.: Modernization of conditioning towers in the cement industry (de); ZKG INTERN. 41 (1988) No. 4, pp. 176-182.

X 3 Xeller, H.: Measuring and processing environmentally relevant data (de+en); VDZ-Congress '93 – Process Technology of Cement Manufacturing; Verein Deutscher Zementwerke e.V., Düsseldorf, and Bauverlag GmbH, Wiesbaden and Berlin (1994) pp. 484-499; ZKG INTERN. 47 (1994) No. 1, pp. 13-24.

X 4 Xeller, H.: New developments in NOx abatement in the cement industry (de); ZKG INERN. 51 (1998) No. 3, pp. 144-150.

X 5 Xie, P., Beaudoin, J.J. Mechanism of sulfate expansion (en); 1. Thermodynamic principle of crystallization pressure; Cem. Concr. Res. 22 (1992) No. 4, pp. 631-640. 2. Validation of thermodynamic theory; Cem. Concr. Res. 22 (1992) No. 5, pp. 845-854.

X 6 Xu, H.: On the alkali content of cement in AAR (en); Proc. 7. Intern. Conf. Concr. Alkali Aggr. Reaction, Ottawa 1986, pp. 451-455.

Y 1 Yamamoto, C., Makita, M., Moriyama, Y., Numata, S.: Effect of ground granulated blast furnace slag admixture and granulated air-cooled blast furnace slag aggregate on alkali-aggregate reactions and their mechanisms (en); Proc. 7. Intern. Conf. Concrete Alkali-Aggregate Reactions, Ottawa, 1986; pp. 49-54.

Y 2 Yamamoto, H., Suzuki, N., Satake, S., Takeshi, T., Kitamura, M., Tanaka, I. Hitotsuya, K.: A study on spherical cement (ja, sum. en); J. Res. Onoda Cem. Co. 43 (1991) No. 125, pp. 125-135.

Y 3 Yang, Q.: Inner relative humidity and degree of saturation in high-performance concrete stored in water or salt solution for 2 years (en); Cem. Concr. Res. 29 (1999) No. 1, pp. 45-53.

Y 4 Yang, R., Lawrence, C.D., Lynsdale, C.J., Sharp, J.H.: Delayed ettringite formation in heat- cured Portland cement motars (en); Cem. Concr. Res. 29 (1999) No. 1, pp. 17-25.

Y 5 Yang, R., Lawrence, C.D., Sharp, J.H.: Delayed ettringite formation in a 4-year-old cement paste (en); Cem. Concr. Res. 26 (1996) No. 11, pp. 1649-1659. Disc. Cem Concr. Res. 27 (1997) No. 4, pp. 629-633.

Y 6 Yang, R., Liu, B., Wu, Z.: Study of the pore structure of hardened cement paste by SAXS (en); Cem. Concr. Res. 20 (1990) No. 3, pp. 385-393.

Y 7 Yannaquis, N., Guinier, A.: The polymorphic transition $\beta - \gamma$ of calcium orthosilicate (fr); Bull. Soc. franç. minér. crist. 82 (1959) pp. 126-136.

Y 8 Yeomans, S.R.: Comparative studies of galvanized and epoxy coated steel reinforcement in concrete (en); 2. Conf. Durability of Concrete, Montreal (1991) Vol. 1, Ed. V.M. Malhotra, Am. Concr. Inst., SP- 126, pp. 355-370.

Y 9 Yogendran, V., Langan, B.W., Ward, M.A.: Hydration of pastes from cement and silica fume (en); Cem. Concr. Res. 21 (1991) No. 5, pp. 691-708.

Y 10 Yoshida, K., Okabayashi, S., Ohsaki, M.: Early hydration reaction of finely ground cement (ja, sum. en); Cem. Assoc. Japan, Proc. Cem. Concr. No. 44 (1990) pp. 52-57.

Y 11 Yoshida, K., Okabayashi, S.: Properties of finely ground cements (ja, sum. en); Cem. Assoc. Japan, Proc. Cem. Concr. No. 43 (1989) pp. 54-59.

Y 12 Young, J.F., Berger, R.L., Breese, J.: Accelerated curing of compacted calcium silicate mortars on exposure to CO_2 (en); J. Am. Ceram Soc. 57 (1974) No. 9, pp. 394-397.

Y 13 Young, J.F., Hansen, W.: Volume relationships for C-S-H formation based on hydration stoichiometries (en); In L.J. Struble, P.W. Brown (Ed.): Microstructural Development During Hydration of Cement; Mat. Res. Soc. Sympos. Proc. 85 (1987) pp. 313-322.

Y 14 Young, J.F.: Investigations of calcium silicate hydrate structure using silicon-29 nuclear magnetic resonance spectroscopy (en); J. Am. Ceram. Soc. 71 (1988) No. 3, pp. C 118–C 120.

Y 15 Yu, Q., Sawayama, K., Sugita, S., Shoya, M., Isojima, Y.: The reaction between rice husk ash and $Ca(OH)_2$ solution and the nature of its product (en); Cem. Concr. Res. 29 (1999) No. 1, pp. 37-43.

Y 16 Yudenfreund, M., Hanna, K.M., Skalny, J., Odler, F., Brunauer, S.: Hardened Portland cement pastes of low porosities, 5. Compressive strength (en); Cem. Concr. Res. 2 (1972) No. 6, pp. 731-743.

Z 1 Zagar, L.: Principles for the investigation of the permeability to gas of refractory material (de); Arch. Eisenhüttenw. 26 (1955) No.12, pp. 777-782.

Z 2 Zech, B., Setzer, M.J.: The dynamic elastic modulus of hardened cement paste. Part 1: A new statistical model – water and ice filled pores (en); Matér. Constr. 21 (1988) pp. 323-328.

Z 3 Zeeh, H.: Investigation to clarify the hardening of the cements – Experiments in the systems without iron $CaO-Al_2O_3-SiO_2-CaSO_4-H_2O$ (de); Thesis, Univ. Mainz (1956).

Z 4 Zeisel, H.G.: Development of a method to determine the grindability (de); Thesis, RWTH Aachen (1952); Schriftenreihe der Zementindustrie No. 14 (1952) pp. 31-72; Verein Deutscher Zementwerke e.V., Düsseldorf.

Z 5 Zhang, M.-H., Gjorv, O.E.: Backscattered electron imaging studies on the interfacial zone between high strength lightweight aggregate and cement paste (en); Adv. Cem. Res. 2 (1989) No. 8, pp. 141-146.

Z 6 Zhang, M.-H., Gjorv, O.E.: Influence of silica fume on the hydration of cement in pastes with low porosities (en); Cem. Concr. Res. 21 (1991) No. 5, pp. 800-808.

Z 7 Zhmoidin, G.I., Chatterjee, A.K.: Conditions and mechanism of interconvertibility of compounds $12CaO \cdot 7Al_2O_3$ und $5CaO \cdot 3Al_2O_3$ (en); Cem. Concr. Res. 14 (1984) No. 3, pp. 386-396.

Z 8 Zhmoidin, .G.I., Chatterjee, A.K.: Sorption of gases by crystalline and molten $12CaO \cdot 7Al_2O_3$ (en); Cem. Concr. Res. 15 (1985) No. 3, pp. 442-452.

Z 9 Ziegler, E.: Influencing the grindability of solids with addition of surface active substances (de); Thesis, RWTH Aachen (1956); Schriftenreihe der Zementindustrie No. 19 (1956); Verein Deutscher Zementwerke e.V., Düsseldorf.

Z 10 Ziemer, B., Oliew, G.: The combined hydration of alite und belite (de); Silikattechn. 37 (1986) No. 5, pp. 171-172.

Z 11 Zimbelmann, R.: A contribution to the problem of cement-aggregate bond (en); Cem. Concr. Res. 15 (1985) No. 5, pp. 801-808.

Z 12 Zimbelmann, R.: The resistance of concrete to frost/de-icing salt in the light of new findings (de); Beton- u. Stahlbetonbau 84 (1989) No. 5, pp. 116-120.

Z 13 Zimmermann, E.: Measurement of dust in flue gas (de); VDI-Zeitschr. 75 (1931) No. 16, pp. 481-486.

Z 14 Zürz, A., Odler, I.: XRD studies of portlandite present in hydrated Portland cement paste (en); Adv. Cem. Res. 1 (1987) No. 1, pp. 27-30.

Z 15 Zvezdov, A.I., Martirosov, G.M.: The experience of using concretes with expanding or stressing cements (en); Int. Sympos. "75 Jahre Quellzement", Weimar (1995), Tagungsber. pp. 47-53.

12　化学方程式

在给定的关键词列表中包含经验公式,有些情况下也包含结构式(斜体)和水泥矿物简式(黑体)。

Al(OH)$_3$, Al$_2$O$_3$•3H$_2$O, **AH$_3$** Aluminium hydroxide

α–Al(OH)$_3$, α–Al$_2$O$_3$•3H$_2$O, α–**AH$_3$** Bayerite

γ–Al(OH)$_3$, γ–Al$_2$O$_3$•3H$_2$O, γ–**AH$_3$** Gibbsite (hydrargillite)

α–AlOOH, α–Al$_2$O$_3$•H$_2$O, α–**AH** Diaspore

γ–AlOOH, γ–Al$_2$O$_3$•H$_2$O, γ–**AH** Boehmite

α–Al$_2$O$_3$ Corundum

Al$_2$(SO$_4$)$_3$ Aluminium sulfate

3Al$_2$O$_3$•2SiO$_2$, **A$_3$S$_2$** Mullite

BaSO$_4$ Barium sulfate, barytes

(CH$_3$)$_3$SiCl Trimethylsilyl chloride

CO Carbon monoxide

CO$_2$ Carbon dioxide

C–S–H Calcium silicate hydrate

CaCO$_3$ Calcium carbonate, calcite, aragonite, vaterite

CaCl$_2$ Calcium chloride

Ca(HSO$_3$)$_2$ Calcium hydrogen sulfite

CaK$_2$(CO$_3$)$_2$ Bütschliite

CaMg(CO$_4$)$_2$ Dolomite

CaNa$_2$(CO$_3$)$_2$•2H$_2$O Pirssonite

CaNa$_2$(CO$_3$)$_2$•5H$_2$O Gaylussite

CaO•6Al$_2$O$_3$ Calcium hexa–aluminate

CaO•Al$_2$O$_3$•10H$_2$O, **CAH$_{10}$** Monocalcium aluminate hydrate

CaO•Al$_2$O$_3$, **CA** Monocalcium aluminate

CaO•MgO•SiO$_2$ Monticellite

CaO•TiO$_2$, CaTiO$_3$ Perovskite

2CaO•(Al$_2$O$_3$,Fe$_2$O$_3$), **C$_2$(A,F)** Calcium aluminoferrite

2CaO•Al$_2$O$_3$•8H$_2$O, **C$_2$AH$_8$** Dicalcium aluminate hydrate

C$_{2...2,4}$AH$_{8...10,2}$ Dicalcium aluminated hydrate mixed crystal series

$2CaO \cdot Al_2O_3 \cdot SiO \cdot 8H_2O$, C_2ASH_8 Gehlenite hydrate, strätlingite

$2CaO \cdot Al_2O_3 \cdot SiO_2$, C_2AS Gehlenite

$2CaO \cdot Al_2O_3$, C_2A Dicalcium aluminate

$2CaO \cdot Fe_2O_3$, C_2F Dicalcium ferrite

$2CaO \cdot MgO \cdot 2SiO_2$, C_2MS Åkermanite

$2CaO \cdot SiO_2 \cdot H_2O$, C_2SH Hillebrandite

$2CaO \cdot SiO_2$, C_2S Dicalcium silicate, belite

$2CaO \cdot 3SiO_2 \cdot 3H_2O$, C_3S_3H Gyrolite

$3CaO \cdot 5Al_2O_3$, C_3A_5 3/5 calcium aluminate

$3CaO \cdot Al_2O_3 \cdot CaCl_3 \cdot 10H_2O$, $C_4A \cdot CaCl_3 \cdot H_{10}$ Monochloride, Friedels salt

$3CaO \cdot Al_2O_3 \cdot 3Ca(OH)_2 \cdot 32H_2O$, $C_3A \cdot 3Ca(OH)_2 \cdot H_{32}$ Trihydroxide

$3CaO \cdot Al_2O_3 \cdot 3CaCl_2 \cdot 32H_2O$, $C_3A \cdot 3CaCl_2 \cdot H_{32}$ Trichloride

$3CaO \cdot Al_2O_3 \cdot 3CaCO_3 \cdot 32H_2O$, $C_3A \cdot 3CaCO_3 \cdot H_{32}$ Tricarbonate

$3CaO \cdot Al_2O_3 \cdot 3CaSO_4 \cdot 32H_2O$, $C_3A \cdot 3CaSO_4 \cdot H_{32}$, Trisulfate, ettringite
$\{Ca_6[Al(OH)_6]_2 \cdot 24H_2O\} \cdot \{(SO_4)_3 \cdot 2H_2O\}$

$3CaO \cdot Al_2O_3 \cdot 3SiO_2$, $Ca_3Al_2[SiO_4]_3$, C_3AS_3 Calcium–aluminium garnet, grossular

$3CaO \cdot Al_2O_3 \cdot 6H_2O$, $Ca_3Al_2[(OH)_4]_3$, C_3AH_6 Tricalcium aluminate hexahydrate

$3CaO \cdot Al_2O_3 \cdot CaCO_3 \cdot 11H_2O$, $C_3A \cdot CaCO_3 \cdot H_{11}$ Monocarbonate

$3CaO \cdot Al_2O_3 \cdot CaSO_4 \cdot 12H_2O$, $C_3A \cdot CaSO_4 \cdot H_{12}$ Monosulfate

$3CaO \cdot Al_2O_3$, C_3A Tricalcium aluminate

$3CaO \cdot Al_2O_3 \, 5CaO \cdot 3Al_2O_3 \cdot Ca(OH)_2 \cdot 18H_2O$, $C_3A \cdot Ca(OH)_2 \cdot H_{18}$ Monohydroxide

$3CaO \cdot 3Al_2O_3 \cdot CaSO_4$, $C_3A_4 \cdot CaSO_4, C_5A_3 \cdot (SO_3)$ Calcium aluminate sulfate

$3CaO \cdot Fe_2O_3 \cdot 3SiO_2$, $Ca_3Fe_2[SiO_4]_3$, C_3FS_3 Calcium–iron garnet, andradite

$3CaO \cdot Fe_2O_3 \cdot 6H_2O$, $Ca_3Fe_2[(OH)_4]_3$, C_3FH_6 Tricalcium ferrite hexahydrate

$3CaO \cdot 3Fe_2O_3 \cdot CaSO_4$, $C_3F_3 \cdot CaSO_4, C_4F_3 \cdot (SO_3)$ Calcium ferrite sulfate

$3CaO \cdot MgO \cdot 2SiO_2$, C_3MS_3 Merwinite

$3CaO \cdot SiO_2$, C_3S Tricalcium silicate, alite

$3CaO \cdot SiO_2 \cdot 2H_2O$, C_3SH_2; Tricalcium silicate hydrate

$4CaO \cdot 3Al_2O_3 \cdot 3H_2O$, $C_4A_3H_3$ 4/3 calcium aluminate hydrate

$4CaO \cdot (Al_2O_3, Fe_2O_3) \cdot 19H_2O$, $C_4(A,F)H_{19}$ Tetracalcium aluminate/ferrite hydrate

$4CaO \cdot (Al_2O_3, Fe_2O_3)$, C_4AF Tetracalcium aluminate ferrite, brownmillerite

$4CaO \cdot Al_2O_3 \cdot 19H_2O$, C_4AH_{19}; Tetracalicum aluminate hydrate

$4CaO \cdot Al_2O_3 \cdot 13H_2O$, C_4AH_{13}; Tetracalcium ferrite hydrate

$4CaO \cdot Al_2O_3 \cdot 7H_2O$, C_4AH_7;

$4CaO \cdot Al_2O_3 \cdot nH_2O$, C_4AH_n

$4CaO \cdot Fe_2O_3 \cdot 19H_2O$, C_4FH_{19};

$4CaO \cdot Fe_2O_3 \cdot 13H_2O$, C_4FH_{13}

$5CaO \cdot 3A_2O_3$, C_5A_3 5/3 calcium aluminate

$5CaO \cdot 6SiO_2 \cdot 5H_2O$, $Ca_5[Si_6O_{18}H_2] \cdot 4H_2O$, $C_5S_6H_5$ 1.1 nm tobermorite

$5CaO \cdot 6SiO_2 \cdot 9H_2O$, $Ca_5[Si_6O_{18}H_2] \cdot 8H_2O$, $C_5S_6H_9$ 1.4 nm tobermorite

$6CaO \cdot 6SiO_2 \cdot H_2O$, C_6S_6H Xonotlite

$7CaO \cdot 12SiO_2 \cdot 3H_2O$, $C_7S_{12}H_3$ Truscottite

$9CaO \cdot 6SiO_2 \cdot 11H_2O$, Jennite (1.05 nm)

$Ca_9[Si_6O_{18}H_2(OH)_8] \cdot 6H_2O$, $C_9S_6H_{11}$

$9CaO \cdot 6SiO_2 \cdot 7H_2O$, Metajennite (0.87 nm)

$Ca_9[Si_6O_{18}H_2(OH)_8] \cdot 2H_2O$, $C_9S_6H_7$

$12CaO \cdot 7Al_2O_3$, $C_{12}A_7$; 12/7 calcium aluminate

$(12-x)CaO \cdot 7Al_2O_3 \cdot xCa(O,OH)_2$

$2(2CaO \cdot SiO_2) \cdot CaCO_3$, $2C_2S \cdot CaCO_3$ Spurrite

$2(2CaO \cdot SiO_2) \cdot CaSO_4$, $2C_2S \cdot CaSO_4$ Sulfate spurrite

$\alpha-CaO \cdot SiO_2$, $\alpha-CS$ Pseudowollastonite

$\alpha-2CaO \cdot SiO_2 \cdot H_2O$, $\alpha-C_2SH$ α-dicalcium silicate hydrate

$Ca(OH)_2$, $CaO \cdot H_2O$, CH_2 Calcium hydroxide

$Ca_3(OH)_2(CO_3)_2 \cdot 1,5H_2O$ Basic calcium carbonate

$Ca_5(PO_4)_3(OH,F)$ Apatite

$CaSO_4$ Anhydrit

$CaSO_4 \cdot 2H_2O$ Gypsum

$CaSiO_4 \cdot CaCO_4 \cdot CaSO_5 \cdot 16H_2O$, Thaumasite

$\{Ca_6[Si(OH)_6]_2 \cdot 24H_2O\} \cdot \{(CO_3)_2 \cdot (SO_4)_2 \cdot 2H_2O\}$

$Ca[Zn(OH)_3]_2 \cdot 2H_2O$ Calcium hydroxide zincate

CrO_4^{2-} Chromate

$FeCO_3$ Siderite

FeO Wuestite

$\alpha-Fe_2O_3$ Haematite

$\alpha-FeOOH$, $\alpha-Fe_2O_3 \cdot H_2O$, $\alpha-FH$ Needle iron ore

$\gamma-Fe_2O_3$ Maghemite

Fe_3O_4 Magnetite

FeS_2 Pyrites, Markasite

$FeTiO_3$ Ilmenite

H_2S Hydrogen sulfide

KCl Sylvine

$KAl_3(SO_4)_2(OH)_6$ Alunite

$K_3Na(SO_4)_2$ Glaserite

$K_2O \cdot 23CaO \cdot 12SiO_2$, $KC_{23}S_{12}$ Dicalcium silicate with K_2O

K_2SO_4 Arcanite

$K_2SO_4 \cdot 2CaSO_4$, $K_2Ca_2(SO_4)_3$ Ca-langbeinite

$K_2SO_4 \cdot 2MgSO_4$, $K_2Mg_2(SO_4)_3$ Langbeinite

$K_2SO_4 \cdot CaSO_4 \cdot H_2O$, $K_2Ca(SO_4)_2 \cdot H_2O$ Syngenite

$MgO \cdot Al_2O_3$, $MgAl_2O_4$ Spinel

$3MgO \cdot Al_2O_3 \cdot MgCO_3 \cdot 2Mg(OH)_2 \cdot 10H_2O$, Hydrotalkite

$Mg_6Al_2[CO_3(OH)_{16}] \cdot 4H_2O$

$Mg(OH)_2$ Magnesium hydroxide, periclase

NH_3 Ammonia

NO Nitrogen monoxide

NO_2 Nitrogen dioxide

N_2O Dinitrogen oxide, laughing gas

$Na_2O \cdot 8CaO \cdot 3Al_2O_3$, NC_8A_3 Tricalcium aluminate with Na_2O

Na_2SO_4 Thenardite

$(Na,K)_3SO_4$ Aphthitalite

SO_2 Sulfur dioxide

SiO Silicon monoxide

TiO_2 Titanium dioxide

水泥的生产和使用是一个复杂的过程,其中重要的部分包括生产成本效益的控制和环境保护的措施。了解材料的生产过程和材料的内部联系有利于掌握和解决现实中出现的相关问题。

F.W.Locher 教授继 2000 年成功推出水泥著作的范本之后,现又考虑到特定国家的具体特点和标准,出版广受吁求的《水泥》中文版。该书面向水泥行业、机器制造业、建筑工业、材料测试和环保行业的化学家、物理学家、工程师和技术人员。这本简明、实用的书将会加深他们对水泥的加工、性能和应用的理解,以满足他们日常工作的需要。同时,此书对于正在高等院校学习建筑材料科学的学生也是一本理想的教科书。

劳赫教授作为水泥化学和水泥技术部门的带头人和德国水泥厂协会的高管成员之一在德国水泥工业研究院的工作了35年。

内容：

水泥的分类／水泥的历史／水泥熟料／水泥的其他主要组分／水泥粉磨／水泥生产过程中的环境保护／水泥硬化／硬化水泥浆的构造和性能／特殊性能的标准水泥、特种水泥／水泥与混凝土的环境相容性。

DALOG® D-MPC
设备保护理念

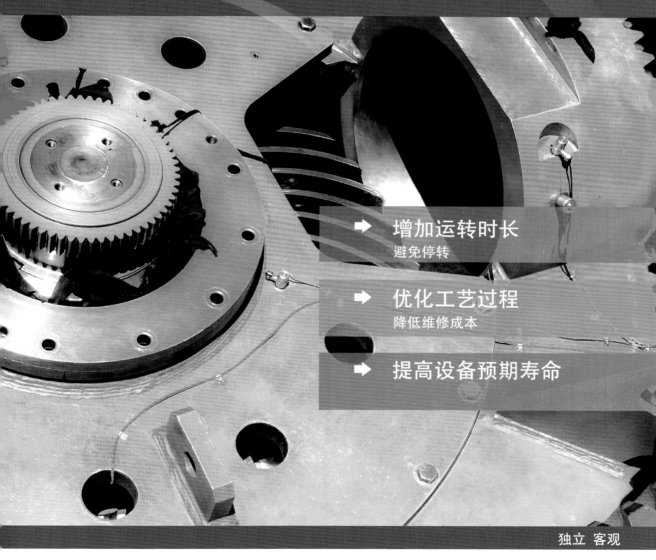

- 增加运转时长
  避免停转
- 优化工艺过程
  降低维修成本
- 提高设备预期寿命

独立 客观

水泥工业在线状态监测

回转窑

立磨

辊压机

球磨

DALOG®
www.dalog.net

湖北大学天沭新能源材料工业研究设计院

为企业打造专属的绿色供应链

国家高校产学研重点资助项目

尾矿钢渣高效回收深度循环利用技术

国家发明专利-专利号：201110432856.2

    本项目技术，是利用矿山及钢厂的尾矿、固体废弃物生产绿色生态新型墙体材料，该技术的研究成果使尾矿和钢渣的综合利用得到重大的突破。尾矿、钢渣高效回收深度循环利用技术，是在科学分析了尾矿、钢渣的物理和化学特性的前提下，将尾矿、钢渣进行改性激发后调配成合理的矿物相体系，通过有价、有色金属提取、预处理等工艺有效保证尾矿、钢渣的实际应用和使用量，同时也激发了尾矿、钢渣粉的活性，能等量取代30%~50%胶凝材料用量，可广泛应用于建材行业和海防工程。

一、工艺线路图

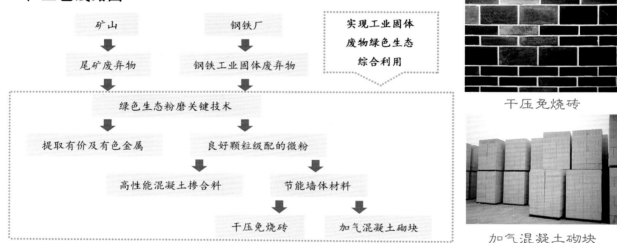

干压免烧砖

加气混凝土砌块

二、技术性能指标

    尾矿、钢渣高效回收深度循环资源化利用技术是一种固体废弃物回收再利用、节能环保、节能减排和高产高效的绿色供应链制造模式，其技术性能指标如下：

1. 尾矿、钢渣经物理与化学复合激发技术处理后活性指数提高50%以上，在新型建筑墙体材料中的掺量可达到30%~50%。
2. 工艺及装备：比传统工艺节能10%以上。
3. 有价金属提取：粒子钢（含铁量≥85%）≥2%，渣铁（含铁量≥45%）≥14%。
4. 有色金属提取：尾矿转化富矿；铜含量≥40%，金含量≥1g/t，银含量≥20g/t，金属回收率≥95%。
5. 尾矿、钢渣微粉：比表面积≥450m²/kg，控制颗粒分布在35μm以下颗粒含量≥80%。
6. 环保标准：达到国家标准规范，墙体材料产品内照射指数小于1.0，外照射指数小于1.0。

电话：027-88107877   传真：027-88107177   E-mail：hbdxtssjy@163.com
地址：湖北省武汉市武昌区友谊大道368号湖北大学雁桥路   网址：http://tssjy.hubu.edu.cn

国内重大关键共性技术

绿色生态矿粉与水泥共性集成粉磨工艺

国家发明专利-专利号：201410289143.9

绿色生态矿粉与水泥共性集成粉磨工艺是国家高校产学研重点资助项目、湖北省高新科技产业专项资助项目。该工艺从粉磨理论及装备创新入手，通过对机械能、化学能、颗粒级配及形貌方面的研究，破坏物质分子表面结合力，一举攻克了矿渣与水泥粉磨重大关键共性集成粉磨的难题，开拓性地创造出既能高效粉磨矿渣又能高效粉磨水泥的集成新工艺，实现了企业高产量、高品质、低能耗的目标。

此工艺可用于单独粉磨水泥或矿渣，可针对各类不同粉磨系统、物料特性，通过对粉磨原理的根本性改进，优化颗粒级配，改善颗粒形貌，增加比表面积。改造后可使产量提高20%以上，电耗降低20%左右，水泥比表面积≥370m²/kg；矿渣微粉比表面积≥420m²/kg。

传统粉磨系统技改集成粉磨效果对比表

	改造前	改造后
磨机型号	φ3.2×13m	φ3.2×13m
原料配比	工业废渣=100	工业废渣=100
产量(t/h)	35	60~80
电耗（kWh/t)	50~60	42~48
比表面积(m²/kg)	360	420~520

先进设备的应用

1. 热阻断双滑履矿渣磨：

① 有效降低磨机滑履单位面积的热传导，实现热阻断。
② 实现长时间运转时磨头、磨尾滑履温度≤60℃。

2. 高效分级式选粉机：

① 物料比表面积在150~350 m²/kg之间可调，有效提高了磨机的粉磨效率。
② 产品粒度分布更加合理，3~32μm区间内颗粒分布明显增加。

3. 低压损高耐磨耐腐蚀袋式收尘器：

① 处理含尘气体水分高达20%。
② 处理气体含尘浓度高。

新型复合耐磨钢板的应用

新型复合耐磨钢板是我院针对高浓度粉尘气体对设备造成严重磨损而研发的一种新型材料，莫氏硬度达到7.0~8.0，是目前市场上莫氏硬度较高，耐磨效果较好的耐磨材料。

众多企业经常会面临选粉机壳体内部、选粉机转子、风机叶片等严重磨损，甚至一台新设备用不了多久就要更换易损件，对企业生产带来了严重影响，并且增大了维护费用。

针对这一问题，我院经过深入研究、反复试验，将高磨蚀材料与钢板完美结合在一起，开发出了高磨蚀材料-钢板复合耐磨材料-复合耐磨钢板，现已应用在我院自主研发的在线干燥器、高效分级式选粉机、风机等众多设备当中，深受业主的青睐，得到广大企业的一致好评，从根本上解决了设备磨损问题。

复合耐磨钢板特点：

① 硬度高，莫氏硬度7.0~8.0，高于一般的耐磨钢板。
② 耐刮擦、易于清洁、耐磨性强，远高于氟碳喷涂和粉末喷粉的耐磨效果。
③ 使用寿命长，保证使用寿命3~5年。
④ 耐酸碱性，绝缘，不可燃等级A级。

复合耐磨钢板　　　　复合耐磨风机转子

1906 – 2017
111 YEARS INNOVATIVE ENGINEERING

莱歇-传统与革新设计

莱歇立磨用在水泥工业已经有超过100年的历史了。在粉磨水泥生料和煤方面，这些设备已经远远地超越了其它类型的粉磨设备。莱歇立磨也已在粉磨水泥方面运行近25年了，在世界各地已售出300多台水泥磨。

更多的信息敬请登录：

LOESCHE